# 《枸杞通史》组委会、顾委会、编委会

### 组织工作委员会

主　　任　徐庆林
副 主 任　王东平　王自新　郭宏玲　徐　忠
成　　员　（以姓氏笔画为序）
　　　　　马利奋　王东平　王自新　王志啸　王　迪　王静戟
　　　　　仇志虎　石建宁　叶进军　史振亚　吕学民　乔彩云
　　　　　朱　斌　刘旭东　祁　伟　李志刚　李怀珠　李国民
　　　　　李　贤　李惠军　何鹏力　汪泽鹏　张全科　张　雨
　　　　　陈　泳　赵庆丰　胡学玲　徐　忠　郭宏玲　郭　栋

### 顾问工作委员会

主　　任　袁汉民
副 主 任　李后魂　吴忠礼　王英华
成　　员　（以姓氏笔画为序）
　　　　　马　晖　王　毅　刘　炜　严光星　李生滨　鲁人勇
　　　　　漠　月

### 编纂工作委员会

主　　编　杨森林
副 主 编　曹有龙　周兴华
撰　　稿　（以姓氏笔画为序）
　　　　　王自贵　王　鑫　尹德相（韩国）　安　巍　祁　伟
　　　　　李　锋　李晓莺　李惠军　周兴华　周晓娟　赵建华
　　　　　胡忠庆　姚入宇　秦　垦　袁海静　曹有龙　曹　雄
韩文翻译　袁汉民
文字统筹　杨　昊　祁　伟
封面题字　郭进挺
图片提供　杨月凤　王　毅　邢学武　赵永琪　马　德
图片编辑　赵永琪　乔文君

# 枸杞通史

（上卷）

《枸杞通史》编纂委员会 编著

黄河出版传媒集团
阳光出版社

图书在版编目（CIP）数据

枸杞通史：上、下卷 /《枸杞通史》编纂委员会编著．
—银川：阳光出版社，2019.6
ISBN 978-7-5525-4941-6

Ⅰ．①枸… Ⅱ．①枸… Ⅲ．①枸杞—史料—宁夏 Ⅳ．① S567.1

中国版本图书馆 CIP 数据核字（2019）第 126382 号

## 枸杞通史（上、下卷） 　　　　《枸杞通史》编纂委员会　编著

责任编辑　马　晖
封面设计　沈家菡
责任印制　岳建宁

黄河出版传媒集团
阳 光 出 版 社 　出版发行

出 版 人　薛文斌
地　　址　宁夏银川市北京东路 139 号出版大厦（750001）
网　　址　http://www.ygchbs.com
网上书店　http://shop129132959.taobao.com
电子信箱　yangguangchubanshe@163.com
邮购电话　0951-5014139
经　　销　全国新华书店
印刷装订　宁夏凤鸣彩印广告有限公司
印刷委托书号　（宁）0013896

开　　本　787mm×1092mm　　1/16
印　　张　50
字　　数　500 千字
版　　次　2019 年 6 月第 1 版
印　　次　2019 年 6 月第 1 次印刷
书　　号　ISBN 978-7-5525-4941-6
定　　价　388.00 元（上、下卷）

版权所有　翻印必究

红枸杞

枸杞花开

枸杞由花变果

枸杞由绿变红

白枸杞

黄枸杞

黑枸杞

硬枝插条

嫩枝扦插

覆膜

硬枝扦插

嫩枝发芽

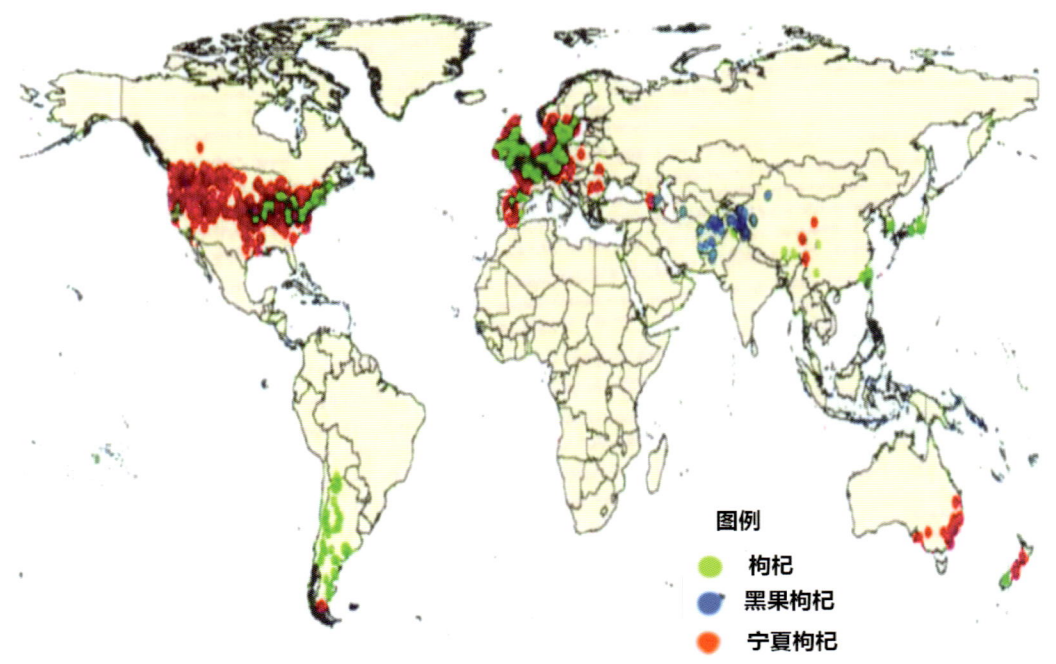

全球枸杞空间分布图（源于·温美佳，基于气候特征不同产地枸杞品种及生态适应性区划研究，2013）

墨西哥索诺拉州叶考拉地区野生枸杞　　墨西哥索诺拉州奥夫雷贡市郊野生枸杞

枸杞传人张佐汉 20 世纪 70 年代管理枸杞图

枸杞剪枝

# 序

记得孩童时代，在家乡宁夏中宁县的沃野、荒漠、山崖甚至盐碱滩上，随处可见一种绿色灌木，结出的果实如同玉坠般大小、红玛瑙般鲜活。形状有圆形和椭圆形的，外面一层薄薄的果皮包裹着里面厚厚的果肉，中心是如同芝麻般大小的种子。果实是红色的，被人们称为"枸杞子"。每当麦子快收获的时候，生产队里枸杞（茨）园的枸杞就像樱桃一样，又大又甜，我时不时地翻过土夯的矮园墙，挑大个的枸杞红果品尝，有时"品尝"得太多了还流些鼻血，验证了老人告诫的：红枸杞"火"大，吃得多了是要流鼻血的。如今，我已进入古稀之年，尚耳聪目明，可能与从小就食用枸杞有关。

我曾经走遍中宁县每个乡和镇以及绝大多数的乡村，随处可以见到枸杞茨园。随着年龄的增长，学校和工作单位的变化，我逐步地离开了中国枸杞之乡中宁。中年的我跑遍了宁夏每个市县区、国营农场，偶尔能见到规模较大的枸杞种植园，但是野生枸杞的身影随处可见。我到过祖国各地，也到过亚洲、欧洲、拉丁美洲、澳洲的 20 多个国家和地区。无论我走到哪里，都抹不去我的枸杞情怀。我长期从事农作物遗传育种研究工作，而没有专门从事枸杞研究。但是我却是一名枸杞爱好者。每到一处，总是留心观察所到之处是否有野生枸杞生长。记得 2008 年，我到江苏省扬州市参观何园。何园的导游小姐一一介绍了该园内许多名贵树木是来自祖国各地的。随后我告诉她，园内还有一种名贵树种被遗漏，那就是在我脚下石缝中长出的那棵很小的枸杞树。后来，在墨西哥国际玉米小麦改良中心执行小麦穿梭育种合作研究任务时，我发现在墨美边界墨方一侧有大量野生枸杞。从而证实，枸杞是一个全球性分布的茄科物种。2019年4月，我有幸陪同《枸杞通史》的主编杨森林先生赴韩国忠清南道青阳县考察韩国枸杞种质资源、育种、栽培等。当时请教韩国"枸杞子研究所"育种团队的首席专家尹德相研究员："你是否认为韩国枸杞是从中国传播过来的？"对方回答："我不这样认为，因为我们山上有大量的野生枸杞种质资源，我们野生种枸杞的学名属于中华枸杞（*Lycium chinense Mill.*）。"他的回答说明：按照植物学分类，世界各地的枸杞，有可能是中华枸杞或是宁夏枸杞，但是不一定来自中国。然而，中国的汉医学却传播到了韩国等国，韩语中的枸杞子发音：Gou-Ji-Za，基本上与中文相同。

中国是世界枸杞生产的第一大国，种植面积和产量均稳居世界第一，产区主要集中在西北地区。从植物学分类上，中国宁夏枸杞为茄科枸杞属7种之一。宁夏、青海、甘肃、新疆和内蒙古等地人工栽培的主要品种均来自宁夏枸杞。宁夏枸杞，历史文化悠久，底蕴深厚，被誉为"国药瑰宝"，居宁夏"五宝"之首，古今中外视为延年益寿的佳品。宁夏是枸杞的核心产区，无论是对野生种还是栽培种而言，宁夏是宁夏枸杞的主要产地和道地产区。记得2007年，我在全国人大第十届常务委员会任委员时，时任全国人大常务委员会委员长的吴邦国同志对我说："你们中宁枸杞在世界上很有名，我到过中宁县。"

《枸杞通史》是一部非常有价值的史学著作。我拜读了《枸杞通史》，很多问题在该书中都能找到答案。这部历经4年编纂的《枸杞通史》不仅涵盖了枸杞史源，枸杞在世界各地的分布、分类、传播，枸杞种植历史的回顾，还囊括了枸杞食用养生、枸杞医药医理、枸杞科学研究、枸杞产地规模、枸杞品牌创立、枸杞病虫害防治、枸杞饮食文化、枸杞诗词歌赋艺术、枸杞加工产品等诸多方面的综述，尽显了枸杞的前世今生与健康养生的方方面面。

仔细阅读《枸杞通史》，反复琢磨，我觉得该通史有以下五个特点：

一、真实性：该通史所叙述描写的内容，都是经过严格的实物考证和古书籍古诗词的考证之后才得出的结论，具有真实性、可信性。每章每节每段内容，有据可查，有案可稽，材料翔实，出处可靠，经得起质疑。

二、权威性：参加编写本通史的作者，都是从事了多年枸杞工作的专家，甚至毕生都奋斗在枸杞事业上。有从事枸杞栽培种植的，有从事枸杞良种培育的，有从事枸杞产业经营管理的，有从事枸杞深加工的，有从事枸杞医药功能研究的，有从事枸杞化学成分研究及科学考察的，有从事枸杞文化研究的，还有从事枸杞文物考古研究的。参与审阅此书稿的专家学者涉及农业、林业、植物保护、历史、文学、方志、中医药研究、编辑等领域的权威人士，他们为该通史作出了积极的贡献。

三、公正性：通读该书，可以看出虽然枸杞产业在消费者心中形成了不同的品牌印象，但并没有评价不同产地的枸杞优劣，同时尽量避免具体运营枸杞的企业单位，不给个人专开章节作传——"不为企业打广告，不给个人作传记"，力求保持通史的公正性。虽然该通史编写中，在发展史中不可避免的要涉及相关枸杞品牌企业，以及绕不过去的具体相关人员，也只是为了叙述枸杞发展史中某阶段如实的来龙去脉。

四、开放性：参加编写该通史的作者能够"身处宁夏跳出宁夏，站在全球看枸杞"，以全球的角度编写《枸杞通史》，视野开阔。该通史的编写没有局限于某地区、某国家、某大洲，而是将时间与事件这两条轴线舒展开来——时间是从有人类文字记载以来，事件是全球每个地方。以此表达枸杞通史之全貌。

五、可读性：该通史所涉及的古代部分，文字尽量朝着古朴简洁的文风靠拢贴近。涉及的现代部分，文字全都使用喜闻乐见的现代文本——不管哪种文本，内容丰富，文采飞扬，纲举目张，一目了然。

我相信，这部通史能将枸杞客观地、系统地展现在世人面前，能为关注生命、关注人类健康，钟爱枸杞的美食家、保健养生爱好者解疑释惑，对中国枸杞产业的发展和国内外交流起到证往鉴来的积极作用，也对促进枸杞产业持续健康发展大有裨益。

2019年5月25日

# 目 录

## 上卷

序 ································································································ 1

### 第一章 枸杞史源 ························································································ 1

第一节 枸杞的起源 ········································································ 1
第二节 枸杞的分布 ········································································ 3
第三节 枸杞的植物学特性 ······························································ 7
第四节 中国是枸杞的重要原产地之一 ············································ 15
第五节 先周古国与枸杞种植的古籍记载 ········································ 22
第六节 枸杞原产地域的考证 ·························································· 39
第七节 枸杞名称的历史沿袭 ·························································· 43

### 第二章 古代枸杞种植史 ············································································ 48

第一节 殷商时期的枸杞种植 ·························································· 48
第二节 周朝时期的枸杞种植 ·························································· 51
第三节 汉唐时期的枸杞种植 ·························································· 57
第四节 宋元时期的枸杞种植 ·························································· 63
第五节 明清时期的枸杞种植 ·························································· 68

## 第三章　现代枸杞栽培史 …………………………………… 74

第一节　中华民国年间的枸杞栽培 …………………………… 74
第二节　20世纪50年代第一部枸杞专著的问世 …………… 76
第三节　20世纪60年代枸杞栽培技术的研究 ……………… 80
第四节　20世纪70年代枸杞栽培技术的推广 ……………… 85
第五节　20世纪80~90年代枸杞现代综合栽培技术的形成
　　　　………………………………………………………… 88

附录一　枸杞苗圃培育现代综合栽培技术 ……………… 106
附录二　枸杞建园现代综合栽培技术 …………………… 115
附录三　枸杞土、水、肥管理现代综合栽培技术 ……… 129
附录四　幼龄枸杞早产丰产现代综合栽培技术 ………… 136
附录五　成龄枸杞优质高产现代综合栽培技术 ………… 143

## 第四章　枸杞食用史 ………………………………………… 148

第一节　远古时期的枸杞服食 ………………………………… 148
第二节　商周时期的枸杞佳酿 ………………………………… 151
第三节　秦汉时期的枸杞仙方 ………………………………… 153
第四节　魏晋南北朝时期的枸杞家训 ………………………… 158
第五节　唐宋时期的枸杞美食 ………………………………… 161
第六节　元明清时期的枸杞御膳 ……………………………… 171
第七节　中华民国时期的枸杞服食 …………………………… 177
第八节　现代枸杞的食用 ……………………………………… 178

## 第五章　枸杞医药史 …… 180

第一节　枸杞的主要成分及功能 …… 180
第二节　先秦时期对枸杞的医药功能认识 …… 184
第三节　汉唐时期对枸杞的医药研究 …… 186
第四节　宋元时期枸杞制药的继承发展 …… 189
第五节　明清时期枸杞医药的集大成 …… 198
第六节　现代中国对枸杞医药功能机理研究 …… 225
第七节　现代世界对枸杞医药功能机理研究 …… 227

## 第六章　宁夏枸杞传播与韩国枸杞种植概况 …… 229

第一节　大陆板块漂移说 …… 229
第二节　宁夏枸杞在国内的传播 …… 233
第三节　宁夏枸杞向国外传播及中华枸杞在国外 …… 238
第四节　宁夏枸杞品牌形成的历史沿革 …… 240
第五节　宁夏枸杞产业 …… 244
第六节　韩国枸杞种植概况 …… 260

# 下卷

## 第七章　枸杞病虫害防治史 …… 279

第一节　枸杞病虫害防治研究过程 …… 279

第二节　枸杞病害症状类型及综合防治 …………………… 286

　　第三节　枸杞虫害种类的防治措施 ………………………… 304

　　第四节　化学农药防治枸杞病虫害 ………………………… 363

　　第五节　生物农药防治枸杞病虫害 ………………………… 366

　　第六节　机械化作业防治枸杞病虫害 ……………………… 370

　　第七节　绿色环保工程防治枸杞病虫害 …………………… 373

## 第八章　枸杞优良品种选育史 ……………………………………… 383

　　第一节　"大麻叶"走出中宁 ……………………………… 383

　　第二节　宁杞1号、宁杞2号、宁杞3号优良品种培育过程
　　　　　　………………………………………………………… 387

　　第三节　宁杞4号优良品种培育过程 ……………………… 395

　　第四节　宁杞5号优良品种培育过程 ……………………… 397

　　第五节　宁杞7号优良品种培育过程 ……………………… 401

　　第六节　宁杞6号、宁杞8号优良品种培育过程 ………… 404

　　第七节　宁杞9号优良品种培育过程 ……………………… 407

　　第八节　宁杞10号优良品种培育过程 …………………… 410

　　第九节　蒙杞1号优良品种培育 …………………………… 414

　　第十节　青海枸杞良种选育 ………………………………… 416

　　第十一节　新疆枸杞良种选育 ……………………………… 416

　　第十二节　枸杞菜用品种 …………………………………… 417

## 第九章　枸杞科学研究史 …………………………………………… 421

　　第一节　中国枸杞植物学基础研究 ………………………… 421

第二节　宁夏枸杞育种研究 …………………………………… 427
第三节　枸杞成分分析 …………………………………………… 435
第四节　枸杞多糖分析研究 ……………………………………… 444
第五节　枸杞基础药理学研究 …………………………………… 449
第六节　枸杞免疫学研究 ………………………………………… 456
第七节　枸杞抗衰老研究 ………………………………………… 461
第八节　枸杞抗氧化效能研究 …………………………………… 464
第九节　枸杞抗肿瘤研究 ………………………………………… 470
第十节　枸杞临床应用试验研究 ………………………………… 476
第十一节　枸杞优良品种搭乘太空试验研究 …………………… 485

## 第十章　枸杞加工史 …………………………………………… 487

第一节　从鲜枸杞到干枸杞的加工 ……………………………… 487
第二节　枸杞酒 …………………………………………………… 498
第三节　枸杞膏 …………………………………………………… 505
第四节　枸杞茶 …………………………………………………… 511
第五节　保鲜枸杞汁 ……………………………………………… 516
第六节　枸杞籽油 ………………………………………………… 519
第七节　枸杞粉 …………………………………………………… 522
第八节　枸杞蜂蜜 ………………………………………………… 526
第九节　枸杞奶 …………………………………………………… 529
第十节　枸杞饮料 ………………………………………………… 529
第十一节　枸杞糖果 ……………………………………………… 530
第十二节　枸杞香醋 ……………………………………………… 531
第十三节　枸杞胶囊 ……………………………………………… 532

## 第十一章　宁夏（中宁）枸杞历史沿革与组织管理史 …… 533

### 第一节　"中宁枸杞"与"宁夏枸杞" …… 533
### 第二节　明清时期的宁夏枸杞组织管理 …… 536
### 第三节　中华民国年间的枸杞组织管理 …… 538
### 第四节　中华人民共和国成立以后的枸杞组织管理 …… 539
### 第五节　改革开放以来的枸杞组织管理 …… 540

## 第十二章　枸杞文化史 …… 543

### 第一节　枸杞的人本文化 …… 543
### 第二节　枸杞的农耕文化 …… 545
### 第三节　枸杞的饮食文化 …… 548
### 第四节　枸杞的医药文化 …… 554
### 第五节　枸杞的著述文化 …… 558
### 第六节　枸杞的民间文化 …… 580
### 第七节　当代枸杞之乡作家群及主要作品 …… 590
### 第八节　枸杞文化艺术节（2001~2018 年） …… 597
### 第九节　枸杞艺术作品 …… 599

## 主要参考文献 …… 608
## 后记 …… 611

# 第一章 枸杞史源

## 第一节 枸杞的起源

枸杞，原本是一种野生灌木，其结出的小果实也叫"枸杞子"。枸杞后经人工种植，其果、其叶、其子、其花、其粉、其皮、其根，均是养生保健的极品和药用上品，自古备受推崇。枸杞历来被誉为"健康之果""生命之果""长寿之果"和"成仙之果"。关于它的起源，学术界较为一致的看法是：南美洲（阿根廷、巴西等）是枸杞属物种的起源中心[1]。最早有文字记载枸杞的是殷商甲骨文，中国的《山海经》和《诗经》[2]均有记载。栽培枸杞最早源于中国。

按照苏联植物学家瓦维洛夫提出作物起源中心学说，主要内容以及作物8大起源中心，全世界枸杞属物种有80余种[3]，多数种分布在南美洲、北美洲，南美洲南部分布最多达30余种，北美洲南部约20种，欧亚大陆约有10种——主要分布在中亚，非洲南部分布约20种。1932年，Hitchcock[4]认为，从形态学上看枸杞属植物与北美洲同属物种 *Lycium carolinianum* Walt. var. *quadrifidum*（Moc & Sesse'ex Dunal）C. L. Hitchcock 有很近的亲缘关系，再加上枸杞属的姊妹属 *Grabowskia* 的分布仅限于南美洲[5]。因此，目前大多数学者认为，南美洲是枸杞属物种的起源中心。

Fukuda 认为，世界各地分布的枸杞属物种之间存在以下演化关系[6]：

一是枸杞属物种起源于美洲大陆，美洲大陆的枸杞属物种包括了一个并系集合群体；

二是南美洲、澳洲和欧亚大陆的枸杞属物种是一个单一群系，它们都有一个共同的来自美洲大陆的祖先；

三是南非枸杞属物种也是一个并系集合群体，澳洲和欧亚大陆的枸杞属物种曾起源于南非；

四是 *Lycium sandwicense* 与美洲大陆群体中某一个系处于同一个进化分支上。

也有学者认为，美国亚利桑那州和阿根廷形成了两个分布中心，并以南美洲的种类最为丰富[7]。

中国多数种类分布于西北和华北，只有一个种的枸杞分布于南方各省[8]。中国枸杞种质分别属于7个种3个变种。宁夏枸杞原产我国北方，河北、内蒙古、山西、陕西、甘肃、新疆、青海等省、自治区都有野生，而中心分布区域是在甘肃河西走廊、青海柴达木盆地以及青海至山西的黄河沿岸地带。宁夏地区分布的枸杞有宁夏枸杞、黑果枸杞、中华枸杞的3个种和1个变种黄果枸杞[9]。

虽然中国枸杞种质资源只有7个种，但是它们之间存在很大的差异。例如,新疆枸杞的变种红枝枸杞（老枝干时呈红色）和云南高原上的特有种——云南枸杞（果实小，其直径仅约4毫米，种子呈圆盘状，子粒在20粒以上，长约1毫米）。它们是在完全不同的生态条件下形成的。这反映出该属植物早期发生在不同地域环境里的分化。

D. Arcy[10] 在研究茄科植物地理学时指出，茄科植物只有10个属的野生种自然分布于新、旧两个世界（指植物区系区的划界），3个属即酸浆属、茄属和枸杞属分布于东半球、西半球。

**本节注释**

[1] 潘家驹.作物育种学总论[M].北京:中国农业出版社,2000:22~26.

[2]《诗经》公元前11世纪~公元前6世纪.

[3] 钟鉎元.枸杞高产栽培技术[M].北京:金盾出版社,2005:8~17.

[4] Hitchcock C L. A monographic study of thegenus *Lycium* of the western hemisphere [J]. Ann Missouri Bot Gard, 1932, 19(2):171~374.

[5] Hawkes J G, Lester R N, Skelding A D. The biology and taxonomy of the Solanaceae[M]. London: Academic Press, 1979:1~738.

[6] Fukuda T, Yokoyama J, Ohashi H. Phylogeny and biogeography of the genus Lycium(Solanaceae):inferences from chloroplast DNA sequences[J]. Mol Phylogenet Evol, 2001, 19(2):246~258.

[7] 钱丹,纪瑞锋,郭威,等.中国枸杞属种间亲缘关系和栽培枸杞起源研究进展[J].中国中药杂志,2017,42(17):2382~2385.

[8] 路安民.中国枸杞属的分类//钟鉎元.枸杞研究[M].银川:宁夏人民出版社,1999:3~10.

[9] 秦国峰.枸杞是我国重要的经济植物资源//钟鉎元.枸杞研究[M].银川:宁夏人民出版社,1982:1~9.

[10] D. Arcy W G. The classification of the Solanaceae [A]. In: Hawkes IG, Lester R N, Skelding A D.(eds.), The Biology and Taxonomy of the Solanaceae. London:Linnean Society of London, Academic Press. 1979:3~48.

## 第二节 枸杞的分布

野生枸杞是栽培枸杞的祖先,是枸杞种质资源的重要组成部分。枸杞属物种,多数种分布南、北美洲,有50余种[1],以美国亚利桑那州和阿根廷形成两个分布中心;欧亚大陆有10余种,主要分布在中亚；澳大利亚1种，南非6种[12]。有文献资料表明，非洲南部分布约20种[13]，中亚种类最多。然而，热带地区尚未发现其分布。这说明枸杞具有一定的"冬性"，即需要一定的低温，满足其"春化"的要求，才能完成其生长发育史，开花，结实，繁衍生息。

枸杞属植物在全球呈现离散型的分布，或称作"间断分布"。温美佳（2013年）通过全球物种分布数据库（http://www.gbif.org/）得到全球枸杞（中华枸杞）、宁夏枸杞、黑果枸杞的分布数据，以及利用美国地质调查局（USGS）EROS数据中心（http://www.usgs.gov）发布的全球DEW数据，利用变异系数计算出枸杞、宁夏枸杞、黑果枸杞适宜的气候要素值，枸杞种药用植物地理分布表明以下三点。

一是黑果枸杞与枸杞、宁夏枸杞分布差异性很大，枸杞和宁夏枸杞主要分布在欧洲、北美洲、亚洲、南美洲、大洋洲，而黑果枸杞主要分布在中亚地区。

二是枸杞和宁夏枸杞全球分布具有很明显的地域特点，呈现明显的两条带分布，主要分布在南纬60°~20°、北纬20°~60°的区域，这两个区域属于典型的温带气候，受西风带和副热带的影响，夏季炎热多雨，冬季温和干燥。黑果枸杞全球分布没有明显的地域特点，主要分布在北纬27°~42°、东经47°~85°，属于典型的亚热带气候，该区域属副热带高压带控制的干旱区，冬温夏热、四季分明，降水丰沛，季节分配比较均匀。

三是枸杞和宁夏枸杞在海拔低于500米的地区分布很广，在高海拔地区分布较少，而黑果枸杞在海拔0~4 000米内均匀分布。这也说明，高海拔是限制枸杞和宁夏枸杞生长的主要因素。

实际上，枸杞及宁夏枸杞等种群分布的范围大大超出了上述全球枸杞空间分布图，宁夏农林科学院袁汉民研究员曾在墨西哥索诺拉州发现野生枸杞种类较多。宁夏枸杞作为枸杞分类学的一个种，它们不仅在中国或宁夏生长，而且遍及世界各地。

在中国，枸杞的植物自然分布，除海南省外，其他各地均有。中国台湾地区分布的种为中华枸杞（*Lycium chinense* Mill.）。在这些种类中，我国传统医药广泛利用的有两个种，即中华枸杞（*L. chinense* Mill.）和宁夏枸杞（*L. barbarum* L.）。在 20 世纪 80 年代中期以前，中国两大栽培枸杞产区（即宁夏和天津）的枸杞被当作了不同的种。路安民等中国科学院植物研究专家在 20 世纪 70 年代对天津静海县和河北青县的栽培枸杞进行了调查，这里的栽培枸杞与宁夏栽培枸杞是同一个种，即宁夏枸杞（*L. barbarum*）。20 世纪 80 年代只有河北一些地区栽培的是中华枸杞（*L. chinense*）的一个变种，即北方枸

图 1-1　墨西哥索诺拉州叶考拉地区野生枸杞
（图片提供　袁汉民）

图 1-2　墨西哥索诺拉州奥夫雷贡市郊野生枸杞
（图片提供　袁汉民）

杞（*L. chinense* var. *potaninii*）。

在中国，中华枸杞和云南枸杞总体上分布于多雨潮湿的地区，宁夏枸杞、黑果枸杞、截萼枸杞、新疆枸杞和柱筒枸杞分布于干旱的荒漠草原地区。这两类地区的成土状况、土壤中营养元素和非营养元素状况、水源状况、自然地理条件（如海拔高度）、生态环境和植被状况等都有差别[14]。袁汉民研究员在山东省城阳县大海边、江苏省扬州市、四川省的峨眉山均发现过野生枸杞的踪迹。我国浙江省舟山群岛有个小岛叫作"枸杞岛"，岛上的野生枸杞群体较多。

**本节注释**

[11] 路安民. 中国枸杞属的分类//白寿宁. 宁夏枸杞研究[M]. 银川：宁夏人民出版社，1999，3~10.

[12] 路安民，王美林. 关于中药现代化中的物种鉴定问题——基于枸杞分类和生产问题的讨论[J]. 西北植物学报，2003，23（7）：1077.

[13] 董静洲，杨俊军，王瑛. 我国枸杞属物种资源及国内外研究进展[J]. 中国中药杂志，2008，33（18）：2 020~2 027.

[14] 温美佳. 基于气候特征不同产地枸杞品种及生态适应性区划研究[D]. 太原：山西大学，2013.

## 第三节 枸杞的植物学特性

### 一、枸杞的植物学特点

枸杞属植物的主要特点为：灌木，通常有棘刺或稀无刺。单叶互生或因侧枝极度缩短而数枚簇生，条状圆柱形或扁平、全缘，有叶柄或近于无柄。花有梗，单生于叶腋或簇生于极度缩短的侧枝上。花萼钟状，具不等大的 2~5 萼齿或裂片，在花蕾中镊合状排列，花后不甚增大，宿存。花冠漏斗状、稀筒状或近钟状，檐部 5 裂或稀 4 裂，裂片在花蕾中呈覆瓦状排列，基部有显著的耳片或耳片不明显，筒常在喉部扩大。雄蕊 5，着生于花冠筒的中部或中部之下，伸出或不伸出于花冠，花丝基部稍上处有一圈绒毛或无毛，花药长椭圆形，药室平行，纵缝裂开。子房 2 室，花柱丝状，柱头 2 浅裂，胚珠多数或少数。浆果，具肉质果皮。种子多数或由于不发育仅有少数，扁平，种皮骨质，密布网纹状凹穴。胚弯曲成大于半圆的环，位于周边，子叶半圆棒状[15]。

宁夏枸杞与中华枸杞的鉴别特征见表 1-1。

### 二、枸杞的植物学分类学进展史

#### (一)植物学及茄科植物分类学进展史

植物分类学内容由三方面组成：分类、鉴定、命名。它的研究对象为全世界生活的植物。

植物分类学是发展较早的一门学科，它的任务不仅要识别物种、鉴定名称，而且还要阐明物种之间的亲缘关系和分类系统，进而研

表 1-1　宁夏枸杞与中华枸杞的鉴别特征

| 区别点 | 宁夏枸杞 | 中华枸杞 |
| --- | --- | --- |
| 习性 | 灌木或栽培者呈小乔木状 | 多为分枝灌木 |
| 茎 | 直立，多年栽培地径可达10~20厘米 | 弯曲或扶直 |
| 叶 | 披针形、长椭圆状披针形 | 卵形，长椭圆形、卵状披针形 |
| 花萼 | 花萼2中裂片或每个裂片顶端有2~3小齿 | 花萼中裂或不规则的3~4齿裂 |
| 花冠 | 花冠筒明显长于檐部裂片，边缘无缘毛 | 花冠筒短于或近等于檐部裂片，边缘有缘毛 |
| 果实 | 果实甜，无苦味 | 果实甜，后味微苦 |
| 种子 | 种子较小，长约2毫米 | 种子较大，长2.5~3.0毫米 |
| 分布区 | 草原荒漠区 | 森林区 |

究物种的起源、分布中心、演化过程和演化趋势。因此，它是一门既有实用价值又富有理论意义的学科。

为了分类各个植物类群，人们根据植物类群范围大小和等级高低给它一定的名称，这就是分类的等级单位。

按照国际植物命名法规（The International Code of Botanical Nomenclature，缩写为ICBN），有关绿色植物命名（包括真菌）共包括12个主要等级（阶元，Category）。主要分类阶元如下：

门　Divisio（Phylum）

纲　Classis（Class）

目　Ordo（Order）

科　Familia（Family）

族　Tribus（Tribe）

属　Genus（Genus）

组　Sectio　(Section)

系　Series　(Series)

种　Species　(Species)

亚种　Subspecies　(Subspecies)

变种　Varietas　(Variety)

变型　Forma　(Form)

植物分类学思想已经经历了三次飞跃：人为分类、自然分类、系统分类。三种不同的分类系统：人为分类系统、自然分类系统、系统发育的分类系统。三个分类时期的划分如下：

人为分类系统时期（？~1830年），代表人有李时珍、林奈等；

进化论发表前的自然分类系统时期（1763~1920年），代表人有亚当森、裕苏、拉马克、德堪多、本瑟姆、虎克等；

系统发育的分类系统时期（1883~），代表人有艾希勒、恩格勒、哈钦松、塔赫他间、克朗奎斯特、佐恩、诺·达格瑞、斯特宾斯、田村道夫等。

目前，全世界植物学分类的趋势是在系统发育的分类系统的基础上，借助飞速发展的分子生物学技术、计算机技术，进行物种的起源、分布中心、演化过程和演化趋势进行植物类别鉴定、分类研究，即所谓植物分类学思想的第四次飞跃。

**(二)枸杞的植物学分类学进展史**

我国枸杞分类研究始于1934年。王云章教授1934年曾对中国产枸杞属植物作了初步的整理，当时由于材料所限，共记录了5种，其中描写了一个新种——截萼枸杞，但对一些种名及种的鉴别特征未能正确考证。后来苏联植物分类学者A·保雅柯娃于1950年写了《中亚和中国产红果枸杞属植物的种类》一文，将枸杞属分为三个组：东方枸杞组（4种）、中国枸杞组（6种）、截果枸杞组（3种）。对于分布在我国和中亚具红色果实的枸杞进行了系统的整理，并进行了地理分布和系统发育的分析，由于种类分得过细，造成了一些混乱。20世纪50年代后期，秦国峰等人将宁夏已有的农家品种按照农艺性状、植株的植物学形态、果实形态等进行了系统的归类与整理，从纷乱的农家品种中筛选出了22个有代表性的农家品种，其中大麻叶和小麻叶被确定为最佳品系，并对原有的枸杞栽培技术进行了总结与理论性的提升。

路安民在编著《中国植物志·茄科》的过程中，对于该属植物作了进一步研究，并尽可能地到野外和栽培产区进行实地观察，分析种内的变异式样和种间界限，记载了7种3变种。现行的枸杞植物学分类是在依据路安民在1978年出版的《中国植物志·茄科》的基础上，做适当修改而写成的《中国枸杞属的分类研究》。栽培枸杞的品种分类，目前尚无系统资料。

21世纪以来，中国枸杞研究工作者已加强了对枸杞的野生种质资源的搜集，对枸杞系统发育学、地理分布等基础知识进行深入的研究，利用分子生物学手段研究枸杞栽培品种和野生种间的关系，开展枸杞属植物的分子育种、分子标记、枸杞基因组等研究，从不同角度、利用不同方法对枸杞进行聚类进行研究，形成了探索枸杞属的植物分类学思想的第四次飞跃。

1. 石志刚等（2008年）[16]利用nrDNA ITS序列，探讨18份宁夏枸杞资源的遗传多样性。利用合成的特异引物对其DNA中nrDNA ITS区进行扩增、克隆，对目的片段测序分析并对测序结果进行聚类分析。通过测序首次获得了18种宁夏枸杞nrDNA ITS区碱基序列。聚类结果表明了18份宁夏枸杞的亲缘关系与差异，可分为3个大类。

2. 吴莉莉等（2011年）[17]通过对枸杞DNA进行PCR扩增、纯化，使用核基因颗粒性结合淀粉合成酶基因（GBSSI）片段，对我国7个类群的枸杞属植物进行了分子系统学研究。结果表明：中国分布的枸杞属植物属于旧世界类群并分为4个强烈支持的分支，而新类群的形成与杂交密切相关。此外，初步分析还显示宁夏枸杞有较高的遗传分化。

3. 尚洁等（2010年）[18]利用13个经筛选在样品间具多态性的10碱基随机引物，对宁夏枸杞（*Lycium barbarum* L.）4个主要栽培品种及3个宁夏野生枸杞的总DNA进行PCR扩增。结果表明：宁夏枸杞栽培品种间遗传关系较近，特别是宁杞1号和宁杞2号，相似性系数达81.82%；而野生枸杞与栽培品种间遗传关系较远。

4. 李彦龙等（2011年）对15份枸杞种质（包括7个种、3个变种、5个品种品系）[19]的亲缘关系进行初步研究。应用DNA-AFLP分子标记技术和NTSYS类平均法对枸杞种质进行聚类分析。聚类结果显示，可将全部受试枸杞种质分为9种、5种和3种聚合类群。在分子水平上枸杞种间的遗传多样性十分丰富；雄性不育枸杞YX-1与白花枸杞和圆果枸杞亲缘关系较近，而与宁夏枸杞栽培品种的亲缘关系较远；中国枸杞的3个变种的聚类结果与传统的形态学分类存在着明显不同。

5. 袁海静等（2013年）[20]利用主成分和聚类分析方法，对宁夏保存的31份中国枸杞以及1份美国枸杞、1份韩国枸杞种质资源的主要形态学性状进行了分析。发现枸杞叶片形状、枝条硬度和颜色、果实颜色、花器等性状的演化，尤其是果实的颜色由黑色—红色—黄色演变，叶片形状由披针—条状披针—条状演变的趋势较为明显；宁夏黄果枸杞与中宁黑果枸杞的遗传距离较远，与宁夏枸杞栽培种宁杞1号、宁杞2号遗传距离较近，再次证明宁夏黄果枸杞是宁夏枸杞的1个变种；中国枸杞种质资源可以分为10个类群，与7种3

变种植物学分类结果相似；结果还表明，类群 1 和类群 2 是两大高产、优质、适应性强的遗传类群，宁夏高产优质枸杞新品种宁杞 1 号、宁杞 2 号均归属于类群 2。这一分析结果与李彦龙等结论相同。

6. 袁海静等（2017 年）[21] 采用现行的植物学分类、常规杂交、PCR-SSR 分子标记检测、超高效液相色谱-高分辨质谱［UPLC-MS（HRMS）］等方法，围绕宁夏野生苦味枸杞的苦味性状进行了研究。结果表明：野生苦味枸杞花丝、花柱的长度、种子大小和颜色等方面与其他中国枸杞种质资源存在较大差异，其花蕾中的雄蕊花丝、雌蕊花柱呈弓曲状，多数情况下其浆果簇状着生。利用 PCR-SSR 分子标记检测发现，宁夏野生苦味枸杞 DNA 扩增出了栽培枸杞品种宁杞 1 号、宁杞 2 号、宁杞 3 号、宁杞 4 号、宁杞 5 号、宁杞 7 号等所没有的条带；在 111~147 bp，扩增出了略高于中国枸杞其他种质资源的特有的一条带，证明宁夏野生苦味枸杞与中国枸杞其遗传差异明显。通过常规杂交手段，检测野生苦味枸杞与栽培品种宁杞 7 号的杂交亲和性。进一步研究结果表明，宁夏野生苦味枸杞苦味性状可能受多个显性加性基因控制并与细胞核、质遗传物质互作有关。而甜味性状可能受隐性基因控制。初步判定，苦味物质是具有二氢槲皮素结构的黄酮类化合物。

因此，枸杞的植物学分类像其他植物的分类进展一样，随着科学技术的发展将会更准确、种质资源更加丰富。

## 三、中国现行枸杞的植物学分类及分布

1978 年，路安民在对我国西北五省区，河南、河北和天津地区的枸杞属植物进行深入调查之后，确定的中国枸杞属种质资源。7 种为：黑果枸杞、截萼枸杞、新疆枸杞、宁夏枸杞、柱筒枸杞、中国枸杞（亦称中华枸杞）、云南枸杞。3 变种为：北方枸杞、黄果枸杞、

红枝枸杞[22]。

(一)枸杞（*Lycium chinense* Mill.）

从植被角度分析，它是长在森林区内低海拔地段的一个森林区分布种，其分布东起日本、韩国、朝鲜，直达我国的东北、华北、华中、华南和西南，西可到喜马拉雅和巴基斯坦，是一个常见的典型东亚种。该种中有一个变种——北方枸杞［*Lycium chinense* Mill. var. *potaninii* (Pojark.) A. M. Lu］，分布于河北北部、山西北部、陕西北部、甘肃西部、青海东部、内蒙古、宁夏和新疆，多长在山地阳坡和沟谷地。

(二)宁夏枸杞（*Lycium barbarum* L.）

宁夏枸杞又名甘枸杞，主要分布在川北、华北北部、内蒙古、陕西、甘肃、宁夏、青海和新疆，从植被角度分析，这是一个草原荒漠区分布种。由于在我国有悠久的栽培史，有的已野生化。该种1740~1743年被引入法国[20]，欧洲及地中海沿岸国家普遍栽培并逸为野生。

(三)黑果枸杞（*Lycium ruthenicum* Murr.）

黑果枸杞广布于我国的陕西北部、宁夏、甘肃、青海、新疆和西藏，中亚、高加索和欧洲也有分布。该种枸杞的生态适应表现在更耐干旱，常长在盐碱化的荒地上。

(四)截萼枸杞（*Lycium truncatum* Y. C. Wang）

截萼枸杞分布于山西、陕西北部、内蒙古和甘肃，多长在海拔800~1500米的山区。

(五)新疆枸杞（*Lycium dasystemum* Pojark.）

新疆枸杞除分布于我国的新疆、甘肃和青海省区外，还分布于中亚地区，多长在海拔1200~2700米的山坡、沙滩或绿洲处。该种的变种——红枝枸杞（*Lycium dasystemum* Pojark. var. *rubricaulium* A.

M. Lu）仅产于青海诺木洪地区，长在海拔 2900 米的灌丛中。

**（六）柱筒枸杞**（*Lycium cylindricum* Kuang et A.M. Lu）

柱筒枸杞产于我国的新疆地区。

**（七）云南枸杞**（*Lycium yunnanense* Kuang et A.M. Lu）

云南枸杞是在云南省的禄劝县和景东县发现的，多长在海拔 1360~1450 米河滩沙地的潮湿处或丛林中。中国枸杞属植物的自然分布，除海南省外，其他各地均有。台湾省分布的种为 Lycium chinense Mill。在这些种类中，我国传统医药广泛利用的有两种，即枸杞（*L. chinense*）和宁夏枸杞（*L. barbarum*）。

**（八）北方枸杞**［*L. chinese* Mill. var. *potaninii*（Pojark.）A. M. Lu］

北方枸杞是枸杞的变种，分布于我国河北、山西、陕西等省。北部、甘肃西部、青海东部、内蒙古、宁夏和新疆，多长在山地阳坡和沟谷地。

**（九）黄果枸杞**（*L. barbarum* L. var. *auranticarpum* K. F. Ching）

黄果枸杞是宁夏枸杞的变种，仅分布于宁夏银川地区，多长在田边和宅旁。

**（十）红枝枸杞**（*L. dasystemum* Pojark. var. *rubricaulium* A.M.Lu）

红枝枸杞是新疆枸杞的变种，产于青海诺木洪。生于海拔 2900 米的灌丛中。

**本节注释**

[15] 中国科学院中国植物志编辑委员会.中国植物志[M].北京:科学出版社,2006.

[16] 石志刚,安巍,焦恩宁,等.基于 nrDNA ITS 序列的 18 份宁夏枸杞资源的遗传多样性[J].安徽农业科学,2008,36(24):10379~10380.

[17] 吴莉莉,韦若勋,杨庆文,等.枸杞属(茄科)新类群杂交起源初探[J].广西植物,2011,31(3):304~311.

[18] 尚洁,李收,张靠稳.宁夏枸杞遗传多样性的 RAPD 分析[J].植物研究,2010,30(1):116~119.

[19] 李彦龙,范云芳,戴国礼,等。枸杞种质遗传多样性的 AFLP 分析[J].中草药,2011,42(4):770.

[20] 袁海静,安巍,李立会,等。中国枸杞种质资源主要形态学性状调查与聚类分析[J].植物遗传资源学报,2013,14(4):627.

[21] 袁海静,袁汉民,刘飞,等.宁夏野生枸杞(*Lycium barbarum* L.)苦味性状研究[J].植特遗传资源学报,2017,(5):991~1000.

[22] 秦国峰,枸杞是我国重要的经济植物资源//钟钰元.枸杞研究[M].银川:宁夏人民出版社,1982:1~9.

## 第四节 中国是枸杞的重要原产地之一

《山海经》[23] 是中国古代最早记载枸杞的文献典籍之一。

《山海经》大体成书于战国中后期到汉代初中期,但今书收集整理的却是原始社会到秦汉时期的原始巫术活动、远古神话传说、风俗民情、地理交通、山川物产等资料,它在很大程度上反映了上古社会的原始面貌。

《山海经·西山经》载:"又西八十里,曰小华之山,其木多荆、杞,其兽多㸲牛,其阴多磐石,其阳多㻬琈之玉。鸟多赤鷩,可以御火。其草有萆荔,状如乌韭,而生于石上,亦缘木而生,食之已心痛。"《山海经·西山经》说小华之山上生长着枸杞等树木,这座山上有野兽，多野牛。有能制作乐器的磬石，还有丰富的玉石、能灭火的锦鸡、能治疗心绞痛的薜荔草。

《山海经·西山经》载："西次三经之首，曰崇吾之山，在河之南，北望冢遂，南望䍃之泽，西望帝之搏兽之丘，东望螞渊。有木焉，员叶而白柎，赤华而黑理，其实如枳，食之宜子孙。有兽焉，其状如禺而文臂，豹虎而善投，名曰举父。有鸟焉，其状如凫而一翼一目，相得乃飞，名曰蛮蛮，见则天下大水。"

《山海经·西山经》说崇吾之山上生长有一种树木，圆叶，白色花萼，红色花朵，黑色木纹，果实像枳。人吃了这种果实，有利于繁衍子孙。还说这座山上有一种野兽名叫举父，身形似禺，臂有花纹，力如虎豹，擅长投掷。山上还有只长一只翅膀和一只眼睛，唯有结对才能比翼双飞的蛮蛮鸟，只要它出现，天下就要洪水泛滥。

《山海经·西山经》记述的地域范围，大致东起山（西）陕（西）间黄河，南起陕（西）甘（肃）秦岭山脉，北抵宁夏盐池西北、陕西榆林东北一线，西南抵鸟鼠山、青海湖一线，西北可能到达新疆东南角的阿尔金山，但不包括罗布泊以西以北。《山海经·西山经》分为四（次）经，前三经由东而西，西次四经由南而北（从泾谷山以下自东而西）[24]，大致分布在山西、陕西两省之间的黄河大峡谷以西。

宁夏属于《山海经·西山经》范围，不同历史时期成书的《山海经》、殷商甲古卜辞、《诗经》《尔雅》及宁夏《宣德宁夏志》《弘治宁夏新志》《嘉靖宁夏新志》《朔方新志》《本草纲目》《宁夏府志》《银川小志》《嘉靖固原州志》《乾隆中卫县志》《乾隆盐茶厅志》《嘉庆灵州志迹》《道光中卫县志》《光绪海城县志》《光绪宁灵厅志草》《花马池志迹》等史志中都有关于宁夏枸杞的记载，多数古籍将其列入"药类"产品，如《花马池志迹》载："枸杞，刺如枸之刺，茎如杞之条，故名。子（籽）色红润。根名地骨皮。宁安堡产者佳。"

《山海经·南山经》载："又东四百里，曰虖勺之山，其上多梓楠，其下多荆杞"。郭璞注释说："杞，苟杞也，子赤。"《山海经·南山经》说虖勺之山上长满枸杞等树木。

《山海经·南山经》记述的地域范围，大致东起今浙江舟山群岛，西抵湖南西部，南抵广东南海，包括现今的浙、闽、赣、粤、湘五省，不包括今广西、贵州、云南等省，也不包括广东西南部高、雷一带和海南岛。《山海经·南山经》由北而南排为三（次）经，皆为自西而东走向。

《山海经·东山经》载："又南三百八十里，曰余峨之山，其上多梓楠，其下多荆芑。……"《山海经·东山经》说，当时的芑（即枸杞）分布在余峨山坡的下半部。

《山海经·东山经》载："又南三百二十里，曰东始之山，上多苍玉。有木焉，其状如杨而赤理，其汁如血，不实，其名曰芑，可以服马。……"《山海经·东山经》说分布在东始山上的枸杞树形像杨树，（其成熟的浆果）液汁与血相似，涂抹在马身上可以使马驯服。

《山海经·东山经》由西而东分成四（次）经，大致呈由北而南（女烝之山以下偏东南、东北方向）的走向。

《山海经·东山经》记述的地域范围，大致北起莱州湾，东抵成山角，西包泰山山脉，除东次二经南段大致到达今苏、皖二省北境外，其余三经首尾全在今山东省境内。

《山海经·中山经》载："又东北七十里，曰历石之山，其木多荆芑，其阳多黄金，其阴多砥石。"《山海经·中山经》说历石山上生长的主要是荆条和枸杞。山的南坡多黄金，北坡多砥石。

《山海经·中山经》载："又东南一百八十里，曰暴山，其木多棕、枏（楠）、荆、芑（杞）、竹箭、䉋、菌，其上多黄金、玉，其下多文石、铁,其兽多麋、鹿、麈,其鸟多就。"《山海经·中山经》说暴山中生长的多为枸杞等树木,还有很多黄金、玉石、花石头、铁,还有麋鹿、鸟等飞禽走兽。

《山海经·中山经》载:"又南九十里,曰柴桑之山,其上多银,其下多碧,多泠石、赭,其木多柳、芑、楮、桑,其兽多麋、鹿,多白蛇、飞蛇。"《山海经·中山经》说柴桑山上生长的多为枸杞等树木,山上还有很多银、玉石等矿物及麋鹿、白蛇和螣蛇。

《山海经·中山经》载:"又东南二百三十里,曰荣余之山,其上多铜,其下多银,其木多柳、芑,其虫多怪蛇、怪虫。"《山海经·中山经》说荣余山中生长的多为枸杞等树木及很多铜、银及怪蛇、怪虫。

《山海经·中山经》记述的地域范围,大致在巴、蜀及其以东的湘、鄂、豫部分地区,不包括今滇、黔、桂等省。《山海经·中山经》分为十二(次)经,基本上都为东西走向。

《山海经·海内经》载:"西南海黑水之间,有都广之野……有木,青叶紫茎,玄华黄实,名曰建木,百仞无枝,上有九欐,下有九枸,其实如麻,其叶如芒,大皞爰过,黄帝所为。"从《山海经·海内经》可以看出,此时此地的枸杞已由山坡野生转变为田野,即平地生长的过程。由于此时枸杞树较健壮,称作"建木,百仞无枝",生长繁茂"青叶紫茎,玄华黄实",果实累累"其实如麻",说明古人已开始驯化、栽培、人工选择枸杞栽培种植的工作了。"西南海黑水"断句应为"西、南海、黑水",此是大西北的三个古地名。"西"指西海,即今河西走廊额济纳旗居延海。"南海"即今青海湖。"黑水"即发源于古昆仑山(今祁连山)东北角的张掖河,张掖河至河西走廊中部的合黎山分为两支,一支史称"合黎水"或"弱水",北流入今额济纳旗居延海;另一支蜿蜒南流,大禹"导黑水至于三危。入于南海(《尚书·禹贡》)"。《尔雅注疏卷七·释地第九》载:"《禹贡》

云：'黑水、西河唯雍州。'孔安国云：'西距黑水，东据河。'案：郦道元《水经》黑水出张掖鸡山，南流至敦煌，过三危山南流入于南海。然则雍州之境，东据龙门、河西距此黑水也。""都广之野"即位于今河西地区居延海、青海湖、张掖河之间的河西走廊及其毗邻地区。

关于枸杞的最早文献解释，《尔雅汉注·释木》[25]说："杞，枸檵。舍人曰：枸杞也。孙曰：即今枸芑。"其后，郑玄、孔颖达在注疏《诗经》中说："芑，枸杞"。"芑"通"杞"。"九枸"，汉《尔雅·释木》载："枸，枸继（今枸杞也），一名苦杞（中华枸杞），一名地骨，服之轻身益气。"[26]据此，九枸即九颗大枸杞树。《山海经·海内经》又载："西南黑水之闲，有都广之野，后稷葬焉。"据《山海经·西山经》西次三经，三皇系列的后稷陵墓三处都记载在西次三经所在的地域内，西次三经山脉从其首山崇吾之山至望翼之山计二十三山，均自东向西排列在今河西走廊地区至新疆和田县域境。由此可证，《山海经·海内经》记载的后稷陵墓所在的都广之野在今河西走廊及其毗邻地区。《淮南子·坠形训》[27]云："建木在都广（今河西走廊及其毗邻地区），众帝所自上下"，"郭璞注：櫙，枝回曲也，枸，根盘错也。"郭璞注："众帝王、帝尧、昆吾从都广山以建木为天梯上天还地，故曰上下。""都广之野"在今河西走廊及其毗邻地区，《山海经·海内经》说通天大树"建木"下面有九棵巨大的枸杞树也在今河西走廊及其毗邻地区，枸杞树上结满了密密麻麻的枸杞子。众帝王通过"九枸""建木""九櫙"这类神树搭建的天梯上下天庭，这都是黄帝时代栽种下的。此说与服食枸杞"轻身益气""羽化登仙"的传说、记载完全相符。从古代枸杞生长种植的传统地区来看，河西地区的枸杞种属确有大树："今陕之兰州、灵州、九原以西枸杞，并是大树，其叶厚根粗。河西及甘州者，其子圆如樱桃，暴干紧小少核，干亦红润甘美，味如葡萄，可作果食，异于他处者。（据明代李时珍《本草纲目》说）"[28] "陕西极边生者高丈余，大可作柱。叶长数寸，无刺。根皮如厚朴。（据沈括《梦溪笔谈》说）"[29] 宋代沈括《梦溪笔谈》与明代李时珍《本草纲目》之说可作为生长"九枸"这类大枸杞树的"都广之野"在今河西走廊及其毗邻地区的实证。袁珂校注《山海经》云"杨慎《山海经补注》云：'黑水广都，今之成都也。'衡以地望，庶几近之。"杨慎说的黑水指的是发源于四川省大邑县双河乡境内的黑水河，又名长石坝河。"都广之野"一名出自先秦《山海经·海内经》，"广都"一名出自《蜀王本纪》："蜀王本治广都樊乡，徙居成都。"《蜀王本纪》旧题汉扬雄撰。杨慎的补注是将《山海经》原文"都广"两字倒过来写为"广都"以便与《蜀王本纪》的"广都"两字对号入座，这属改经适意，并无训诂学上的文字出处与证据。所以，杨慎将先秦《山海经·海内经》的原文"都广之野"改为汉代《蜀王本纪》上的"广都"并将其考证到四川成都平原，实为无据之言，故杨慎此注，袁珂推测均与《山海经·海内经》原文不符。

以上《山海经》崇吾之山、小华之山、虔勺之山、余峨之山、东始之山、历石之山、暴山、尧山、柴桑之山、荣余之山10座大山及都广之野都生长着枸杞（芑）。杜甫《兵车行》中"君不闻汉家山东二百州，千村万落生荆杞。""荆杞"即荆棘和枸杞，此处枸杞指荒芜了的枸杞园田。根据杜甫《兵车行》，可知当时人们已将枸杞种植成果园。

以上记载的枸杞分布区域，以今地言之，主要分布于我国宁夏、甘肃、陕西、青海、内蒙古、新疆、河南、河北、山东、山西以及东北、西南、华中、华南和华东各省、自治区，或是野生，或是人工栽培。

## 本节注释

[23]《山海经》是中国一部记述古代地理和社会的古籍书,大体是战国中后期到汉代初中期的楚国人或巴蜀人所作。《山海经》全书现存18篇,其余篇章内容早佚。原共22篇约32 650字。内容主要是民间传说中的地理知识,包括山川、道里、民族、物产、药物、祭祀、巫医等。保存了包括夸父逐日、女娲补天、精卫填海、大禹治水等不少脍炙人口的远古神话传说和寓言故事。《山海经》具有非凡的文献价值,对中国古代历史、地理、文化、中外交通、民俗、神话等的研究,均有参考,其中的矿物记录篇章,更是世界上最早的有关文献。

[24] 从泾谷山以下自东而西。

[25]《尔雅》被认为是中国训诂的开山之作,在训诂学、音韵学、词源学、方言学、古文字学方面都有着重要的影响,其中的今话是汉代的话。《尔雅》是我国第一部按义类编排的综合性辞书,是疏通包括五经在内的上古文献中词语古文的重要工具书。由于《尔雅》在文字训诂学方面的巨大贡献,自它以后的训诂学、音韵学、词源学、文字学、方言学乃至医药本草著作,都基本遵循了它的体例。后世还出了许多仿照《尔雅》写的著作,被称为"群雅",由此研究《尔雅》也产生了"雅学"。

[26] 汉《尔雅·释木》载,"枸,枸继今枸杞也,一名苦杞,一名地骨,服之轻身益气。"

[27]《淮南子》(又名《淮南鸿烈》《刘安子》),是西汉皇族淮南王刘安及其门客集体编写的一部哲学著作,属于杂家作品。《淮南子》相传是由西汉皇族淮南王刘安主持撰写,故而得名。该书在继承先秦道家思想的基础上,综合了诸子百家学说中的精华部分,对后世研究秦汉时期文化起到了不可替代的作用。

[28] 李时珍(约1518~1593年),明代杰出医药学家,字东璧,晚号濒湖山人。蕲州(今湖北蕲春)人。自嘉靖三十一年(1552年)至万历六年(1578年),历时27载,三易其稿,著成《本草纲目》52卷。此书采用"目随纲举"编写体例,故以"纲目"名书。李时珍的足迹踏遍了江西、江苏、安徽、湖南、广东,有关他和《本草纲目》在全国、全世界都声名远播。《本草纲目》现在仍然广泛地应用于医学界。

[29]《梦溪笔谈》是北宋科学家、政治家沈括(1031~1095年)撰,是一部涉及古代中国自然科学、工艺技术及社会历史现象的综合性笔记体著作。该书在国际上亦受重视,英国科学史家李约瑟评价其为"中国科学史上的里程碑"。

## 第五节 先周古国与枸杞种植的古籍记载

周族姬姓,是生活在我国西北地区的一支古老族群。《史记·周本纪》[30]载:"周后稷,名弃。其母有邰氏女,曰姜原。……弃为儿时,屹如巨人之志。其游戏,好种树麻、菽,麻、菽美。及为成人,遂好耕农,相地之宜,宜谷者稼穑焉,民皆法则之。帝尧闻之,举弃为农师,天下得其利,有功。帝舜曰:'弃,黎民始饥,尔后稷播时百谷。'封弃于邰,号曰后稷,别姓姬氏。"周弃受封的邰地,徐广说:邰地在"扶风"。《括地志》[31]说"故斄(邰)城一名武功城,在雍州武功县西南二十二里,古邰国,后稷所封也。有后稷及姜嫄祠。"此后稷周弃为尧舜时代的一世后稷,为华夏地区传统农业创生的始祖。

按通常解释,周朝兴起于今陕西武功县。现在的问题是,周朝兴起于今陕西武功县之前,邰国后稷的先祖在什么地方?从哪里来?

我国古文献称周族为黄帝之后裔,与夏人同祖。夏人本古氐人。"氐""狄"同音,周族实为北狄的一支。从《尚书》[32]记载看,周族尊崇夏人。《史记·殷本纪》载:"殷契,母曰简狄,有娀氏之女,为帝喾次妃。"《史记·周本纪》载:"周后稷,名弃。其母有邰氏女,曰姜原。姜原为帝喾元妃。"据此则殷人的祖先"契"和周人的祖先"弃"同出于帝喾部落。帝喾号高辛氏,是黄帝曾孙,生于穷桑。《拾遗记》[33] 说"穷桑者西海之滨。"郦道元《水经注》[34] 引"《地理志》[35] 曰：谷（水出）姑臧南山，北至武威入海，屈此水流两分，一水北入休屠泽，俗谓之西海。"西海即今甘肃省武威市民勤县的青土湖、白亭海。将黄帝登帝位的"穷桑"考证在河西走廊与《山海经》记载的黄帝族属及其早期活动区域相合。据此印证，邰国后稷周弃的先祖帝喾部落早期活动于今河西走廊地区。

周族先祖始兴于西域，最早建立的"西周之国"在河西走廊的今甘肃张掖地区。五帝之末，周族兴起于大西北，周族先祖活动于西域，时称西周之国。据《山海经·大荒西经》载：周人先祖最早建立的部族国家名为"西周之国"，位于今河西走廊。《山海经·大荒西经》载："西北海之外，赤水之东，有长胫之国。有西周之国，姬姓，食谷。有人方耕，名曰叔均。帝俊生后稷，稷降以百谷。稷之弟曰台玺，生叔均。叔均是代其父及稷播百谷，始作耕。有赤国妻氏。有双山。"帝俊即后稷周弃的父亲帝喾。关于赤水所出，《山海经·西山经》说："西南四百里，曰昆仑之丘，……河水出焉，而南流东注于无达。赤水出焉，而东南流注于泛天之水。洋水出焉，而西南流注于丑涂之水。黑水出焉，而四流于大杅。"这就是说，赤水与河水、洋水、黑水同出于昆仑之丘。西周之国在赤水之东，即在昆仑之丘的毗邻地区。以今地言之，昆仑之丘当在敦煌南面的祁连山，也就是后稷周弃的父辈帝喾部落活动区域。

《山海经》时代，三皇系列的后稷陵墓在河西走廊西部。后稷葬所有文字记载的见于《山海经·西山经》，西次三经者有三：第一，后稷葬所在峚山所出的丹水之尾，"又西北四百二十里，曰峚山……丹水出焉，西流注于稷泽"。郭璞注："后稷神所凭，因名云"，故稷泽即后稷葬所。峚山东距崇吾之山约447千米，在今甘肃河西走廊永昌至山丹南面祁连山冷龙岭。丹水即今甘肃张掖山丹河，属黑河支流，黑河向北注入内蒙古额济纳旗西居延海。稷泽在古山丹河尾流西注的古代湖泊。第二，在槐江之山可以西望后稷葬所："又西三百二十里，曰槐江之山……西望大泽，后稷所潜也。"大泽即后稷葬所稷泽。槐江之山东距崇吾之山约824千米，在嘉峪关市南面肃南县祁连山西部，可以西望稷泽。第三，后稷葬所在乐游之山所出的桃水之尾："又西三百七十里，曰乐游之山。桃水出焉，西流注于稷泽。"乐游之山东距崇吾之山约1141千米，在敦煌南面的甘肃祁连山西段。桃水即今甘肃嘉峪关市讨赖河，讨赖河属黑河水系，与黑河合而西流注入西居延海。由上可见，后稷葬所一是在丹水尾流西入的稷泽，二是在桃水尾流西入的稷泽，以今水道对应言之，山丹河（丹水）、讨赖河（桃水）[36]都是黑河支流，两河合入黑河后西流注入今内蒙古阿拉善额济纳旗西居延海，这与后稷葬所位于丹水、桃水尾流注入的稷泽完全相合。槐江之山即今甘肃嘉峪关市南祁连山西段，站在此山西望额济纳旗古居延海稷泽与"西望大泽，后稷所潜也"完全相合。《山海经·海内经》载："西南黑水之间，有都广之野，后稷葬焉。"据《山海经·西山经》西次三经，三皇系列的后稷陵墓三处都记载在西次三经，由此可证，《山海经·海内经》后稷葬所的都广之野在今河西走廊毗邻地区。据此，今河西走廊应是最早的原始农业发祥地。

周王自称"西土""西土之人"，这在商周古籍中多有记载。《尚书·周书》说："乃穆考文王，肇国在西土。""封，我西土棐徂邦君，御事小子，尚克用文王教，不腆于酒。""逖矣，西土之人！"《逸周书》[37]说：王维厥故，斯用显我西土。《穆天子传·卷二》[38]载："大王亶父之始作西土，封其元子吴太伯于东吴。""西"是相对于中原一带的地理方位，上古时代，它主要指黄土高原西北的西域一带。

著名的史学家、古文字学家丁山[39]教授考证说：以周人先祖实行"火葬习惯、大事纪年、与'七日来复'"与殷人比较，殷人则实行"王在位纪年、十日为旬、与夫棺葬"，周人和殷人在这"三重大事实迥异"。由此丁山先生得出结论："余知成王以前，周人文化，实与古代波斯印度成一系统，绝非偶然之事。……孟子尝称文王为'西夷之人'，由今考之，西夷殆及西域矣。穆王西征，与大王妻元女于赤乌氏，固皆周人来自西域之旁证。"

《诗经·大雅·公刘》载："笃公刘，于豳斯馆。"唐《括地志》载："原、宁、庆三州，秦北地郡，战国及春秋时为义渠戎国之地。周先公刘、不窋居之，古西戎也。"《史记正义》引《括地志》载："不窋故城在庆州弘化县南三里。"不窋是周人的第二代先祖，其所筑城在今甘肃庆阳庆城县。"原、宁、庆三州"，汉属右扶风、安定、北地三郡，是周人先祖不窋、公刘、庆节创业、发展传统农业，建立古豳国之地。西魏废帝二年（553年），改豳州为宁州（治今甘肃宁县）；隋大业元年（605年），改宁州为北地郡；次年，改北地郡为豳州；大业八年（613年），改豳州为北地郡。唐代杜佑《通典·卷一百七十三》[40]对古豳国的沿革进行了总结："邠州，古豳国，昔公刘居豳，即其地也。秦始皇属内史，汉为右扶风、安定、北地三郡地。后汉末置新平郡，兼旧安定，为二郡地。魏晋亦同，西魏置豳州，后周及隋皆因之。炀帝初，州废，以其地为安定、北地二郡。大唐复置豳州，开元十三年改豳为邠，其后或为新平郡。"唐代李吉甫《元和郡县志》[41]、宋代乐史《太平寰宇记》[42]并持此说。

杜佑《通典》载：昔公刘居豳，其地秦始皇属内史，汉为右扶风、安定、北地三郡地。《读史方舆纪要》[43]载："古公刘邑，春秋为义渠戎国，秦属北地郡，汉为北地郡及上郡地，后汉兼属安定郡。"宁夏香山春秋属义渠戎国，秦汉属北地郡地，后汉属安定郡地，先秦属公刘古豳国之地。秦北地郡辖义渠、乌氏、朝那、阴密、富平、泥阳、鹑觚、朐衍、泾阳、除道、直路、郁郅诸县[44]，今宁夏全境及甘肃陇山地区大部属之。现今盛产枸杞的宁夏中卫市秦属北地郡，汉属安定郡，均在古豳国境内。

周族先祖庆节建都之地在今宁夏香山同心县境。《史记·周本纪》载："武王征九牧之君，登豳之阜，以望商邑。"[45] 张守节《史记正义》载："《括地志》云'豳州三水县西十里有豳原，周先公刘所都之地也。豳城在此原上，因公为名。'按：盖武王登此城望商邑。"《括地志》所说的"豳州三水县"，《汉书·地理志》载：安定郡"三水（县），属国都尉治。有盐官。莽曰广延亭。"《水经注·河水二》载："高平又北，迳三水县西，肥水注之。水出高平县西北二百里牵条山西，东北流，与若勃溪水合。水有二源，总归一渎，东北流，入肥。肥水又东北流，违泉水注焉。泉流所发，导于若勃溪东，东北流入肥。肥水又东北出峡，注于高平川，水东有山，山东有三水县故城，本属国都尉治，王莽之广延亭也。西南去安定郡三百四十里。议郎张奂，为安定属国都尉，治此。羌有献金马者，奂召主簿张祁入于羌前，以酒酹地曰：使马如羊，不以入厩；使金如粟，不以入怀。尽还不受，威化大行。县东有温泉，温泉东有盐池。故《地理志》曰：县有盐官。今于城之东北有故城，城北有三泉，疑即县之盐官也。"《通典》说古豳国"领县四：新平、三水、永寿、宜禄"。

三水县是西汉武帝时置。西魏置恒州。亦汉枸邑县地，故城在今同心县城东北。考古工作者到红城水遗址实地考察时，从遗址地表遍布的彩陶片、红陶片等遗址遗物看，在汉武帝置三水县之前，红城水遗址原本就是新石器时代遗存下来的古人类聚落遗址。以彩陶片、红陶片等遗迹遗物考之，红城水遗址应是先周古豳国都城所在，汉代继为三水县治。古文献记载与实地调查证实，今宁夏同心县及其毗邻地区属崇吾之山（今宁夏香山）的范围，属先周古豳国疆域。

周人第一代始祖周后稷，名弃。《史记·周本纪》载："周后稷，名弃。其母有邰氏女，曰姜原。姜原为帝喾元妃。姜原出野，见巨人迹，心忻然说，欲践之，践之而身动如孕者。居期而生子，以为不祥，弃之隘巷，马牛过者皆辟不践；徙置之林中，适会山林多人。迁之；而弃渠中冰上，飞鸟以其翼覆荐之。姜原以为神，遂收养长之。初欲弃之，因名曰弃。"《史记·周本纪》载："后稷之兴，在陶、唐、虞、夏之"。《国语·周语》[46]载："昔我先王世后稷以服侍虞夏。及夏之衰也弃稷不务，我先王不窋用失其官而自窜于戎狄之间。"综上所述，周人先祖从虞舜到夏禹时代，都任各个时代的稷官。虞舜时代的首任稷官是帝喾与姜原的儿子，第一代始祖弃，史称周后稷。

周人第二代先祖不窋是夏桀王朝的最后一任稷官。到了夏桀末年，周人先祖不窋失去了稷官，逃奔到戎狄地区另谋发展。所以，周人兴起革命，推翻殷商建立周朝的丰功伟业是其先祖不窋开创的，与其此前在虞夏殷商时代当稷官的各位远祖并无关系。

周人第二代先祖"不窋立。不窋末年，夏后氏政衰，去稷不务，不窋以失其官而奔戎狄之间。"（《史记·周本纪》）这就是说，在不窋时代，周人活动在崇吾之山所在的原、宁、庆三州，在戎狄之间。

周人第四代先祖"公刘立。公刘虽在戎狄之间，复修后稷之业，务耕种，行地宜，自漆、沮度渭，取材用，行者有资，居者有畜积，民赖其庆。百姓怀之，多徙而保归焉。周道之兴自此始"（《史记·周本纪》）这就是说，在公刘时代，周人虽然活动在原、宁、庆三州的戎狄之间，但已进入传统的农业时代。此时，周人活动的范围已从漆水、沮水渡过渭水，周人兴起。

《史记·匈奴列传》记载夏朝时，周人第四代先祖"公刘失其稷官，变于西戎，邑于豳。"《诗经·大雅·公刘》说："笃公刘，既溥既长，既景乃冈。……度其夕阳，豳居允荒。""笃公刘，于豳斯馆。涉渭为乱，取厉取锻。"《史记会注考证》[47]说："按《诗》笃公刘'于豳斯馆'，则公刘时已迁豳，不至庆节也。"《史记·匈奴列传》说公刘"邑于豳"，《诗经·公刘》说公刘"豳居""于豳斯馆"，这说明公刘时代在豳建有城邑。《史记·周本纪》载：周人第五代先祖"庆节立，国于豳"，这就是说，到了庆节时代，周人在原、宁、庆三州的戎狄之间已经建立了豳国，都于豳。"豳"即"古豳国"。今宁夏同心县红城水遗址应是先周古豳国的都城所在。

崇吾之山（今宁夏香山）地区本属先周族群不窋、公刘时代所建的古豳国。不窋、公刘、庆节时代周人活动已达崇吾之山（今宁夏香山）。以今地言之，即宁夏固原至香山一带，甘肃镇原及庆阳地区，均属六盘山北麓，《山海经》称其为崇吾之山，南北朝称牵屯山，明清时期的古崇吾之山包括今宁夏香山地区、宁夏固原地区、甘肃庆阳地区。

周族先祖三迁于岐下，先周古公亶父建立的古国在今陕西岐山县周原。周人是何时迁徙到陕西岐山县的呢？据《史记·周本纪》记载，周人第十三代先祖"古公亶父……薰育戎狄攻之……乃与私属遂去豳，度漆、沮，逾梁山，止于岐下。豳人举国扶老携弱，尽复归古公于岐下。……于是古公乃贬戎狄之俗，而营筑城郭室屋，而邑别居之。作五官有司。"豳字后人亦写作"邠"字，《孟子·梁惠王下》[48]载："孟子对曰：'昔者大王居邠（豳），狄人侵之，去之岐山之下居焉。'""岐山之下"的"邠"为先周古公亶父迁徙之地。《尔雅·释地》[49]载："东至于泰远，西至于邠国，南至于濮铅，北至于祝栗，谓之四极。""邠国"为周人西土极远之地。这就是说，在古公亶父时代，因为戎狄的进攻，古公亶父才带领他自己的族群离开在原、宁、庆三州建立的古豳国，走出崇吾之山，翻越陇山（今六盘山），渡过漆水、沮水，逾过梁山，在岐山下后世称之为"周原"的地方定居下来。随之，原、宁、庆三州古豳国的百姓也都追随古公亶父来到岐山定居。此时，古公亶父改革了戎狄之俗，建筑了城郭，营造了屋室，设置了国家机构。周族进入关中地区后，其大致活动在今甘肃、陕西的泾渭地区。

由上可知，古公亶父以前的周人第二代先祖不窋至周人第十二代先祖公叔祖类，至少有11代周人先祖从未涉足过今陕西岐山县境内的岐水、"姬水"和姜水。至于周人第二代先祖不窋以前的后稷弃等的许多先祖，是在尧舜朝堂中当管理农业的稷官，谈不到率领周人独立建国。

《史记·周本纪》记载："古公卒，季历立，是为公季。"据《竹书纪年》[50]，商王武乙"三十四年，周王季历来朝，武乙赐地三十里，玉十瑴，马八疋。"据夏商周断代工程，商王武乙在位于前1147年~前1113年，在位35年，则周王季历来朝当在公元前1112年。周先王一代以30年计，则古公亶父约在公元前1142年带领周人从今宁夏同心县下马关乡红城水古城迁徙到今陕西岐山县周原定居的。所以说，古公亶父以后至周文王时代，周人兴起于陕西岐山县渭水流域，史有明载。若说黄帝族系、炎帝族系及周人古公亶父以前的先民都起源于陕西岐山县渭水流域则无根据。

周族先祖文王西伯姬昌四迁于丰邑，先周文王西伯姬昌建立的古国在今陕西长安县沣河西。周人第十五代先祖"昌立，是为西伯。西伯曰文王，遵后稷、公刘之业，则古公、公季之法，笃仁，敬老，慈少。礼下贤者，日中不暇食以待士，士以此多归之。……而作丰邑，自岐下而徙都丰。明年，西伯崩，太子发立，是为武王。"（见

《史记·周本纪》）到周人第十五代先祖西伯昌，又将周都从陕西岐山县周原迁徙到今长安县西的丰邑了。

周族先祖武王姬发五迁于镐京，周武王姬发建立的周朝都城在今陕西西安。公元前 1046 年，周武王统师伐纣，灭了商朝，建立了周朝，定都于镐京[51]。周武王"十一年十二月戊午，师毕渡盟津，诸侯咸会。……纣师皆倒兵以战，以开武王。武王驰之，纣兵皆崩，畔纣。纣走，反入登于鹿台之上，蒙衣其珠玉，自燔于火而死。"（见《史记·周本纪》）

综上所述，周族历代从河西走廊的西周之国迁徙到今陕西西安建立周朝，经历了 15 代[52]（以《史记》记载为据，不包括失载世系，周族世系约有 40 余代）的接续奋斗，五次举国迁徙。宁夏香山地区是周族先祖不窋、公刘、庆节建国立都之地，是华夏传统农业的创生地区。

由上可知，周族先祖公刘建立的古豳国位于汉三水县，汉三水县是西汉武帝时置，以今地考之，汉三水县即今宁夏同心县及其毗邻地区。

古豳国地属崇吾之山（今宁夏香山）范围。今陕西岐山县周原的豳国为周人第十三代先祖"古公亶父"建立，至此，周族才南越今六盘山。所以，西周文化是自西北向东南演进，其源流是南越六盘山而不是北越六盘山。周人族群由西北向东南逐渐扩展。周族从不窋、公刘开始，庆节、皇仆、差弗、毁喻、公非、高圉、亚圉、公叔祖类十代先祖皆立国于豳（崇吾之山所在的原、宁、庆三州）。

周朝建立前后，宁夏香山及其毗邻地区属周族的活动范围，是传统农业的创生地区。先周不窋、公刘时代，周人族群已从河西走廊迁徙到崇吾之山（崇吾之山所在的今宁夏中卫香山及原、宁、庆三州），周人在称此地为"豳"地。先周庆节时代，周人族群在豳地建立了古豳国，国都建在"豳原上"[53]——今天的宁夏回族自治区同心县上垣村北红城水古城。

据《史记·货殖列传》记载，周人自"公刘适邠，大三、王季在岐，文王作丰，武王治镐，故其民犹有先王之遗风，好稼穑，殖五谷"由此可知，传统农业是周代的经济主体，《诗经》中的《大雅·公刘》《豳风·七月》《大雅·绵》等诗篇反映了西周传统农业的兴旺发达。其中，《郑风·将仲子》《小雅·四牡》《小雅·杕杜》《小雅·南山有台》《小雅·湛露》《小雅·四月》《小雅·北山》《大雅·文王有声》《小雅·采芑》《诗经·大雅·生民》10篇则反映了周朝的枸杞生产。

《诗经》10篇歌咏的枸杞在什么地方？其中6篇没有明指其具体地点，4篇确有地望可考：《大雅·生民》《小雅·北山》《诗经·豳风》歌咏采摘的就是今天宁夏地区生产的枸杞，《诗经·文王有声》歌咏的是今陕西丰水岸边生长的枸杞。

《诗经·大雅·生民》共8章，是周人歌咏其始祖后稷功德和圣迹的诗篇。其中第一、二、三章写姜原履大脚印岩画后感生后稷，后稷被弃而不死的神异故事。第四、五、六章写后稷对种植农业的伟大贡献，特别是第六章专门写了后稷种植枸杞等农作物的高超技艺：天神把枸杞这样的优良种子赏赐给了后稷，后稷在农田中种满了枸杞，每块田中收获的枸杞子非常多，人们挑着背着赶快送回家，回到家中就开始祭祀神灵。

从《大雅·生民》可以看出，先周古国种植枸杞的历史已成为神农氏后稷诞生、种植农业创生、周人祭神盛典历史传说中的一个重要组成部分。"芑"，音"起"。"芑"初生时色微白，故旧释"芑"为"白苗嘉谷"或"白苗高粱"，这种解释是不对的。实际上，"色微白"是枸杞树的典型特征，故农民至今还称枸杞为"白茨"。农《山海经》《礼记正义·卷五十四·表记第三十二·郑玄注、孔颖达疏》[54]

对"苢"字的释例,《生民》诗中的"苢"应为枸杞。

后稷诞生于陇右地区,今宁夏香山、甘肃河西均属后稷发展种植农业的地区,现发现于这一地区的大量的脚印岩画、彩陶、石磨盘、石磨辊、农耕石器就是明证。周族后裔由西北向东南逐渐扩展,"原、宁、庆三州"等义渠戎国之地,以今地言之,即六盘山北麓至黄河内岸的固原、镇原、庆阳及其毗邻地区。这就是说,先周时期,今宁夏西南部属周族活动的中心地区,是周族首先发展种植农业的地区。《大雅·生民》歌咏的枸杞等农作物,就是在香山等陇右地区种植的枸杞等农作物。

《诗经·小雅·北山》篇名为"北山",该诗开篇头两句就是"陟彼北山,言采其杞",其意是说登上北山那高梁,采点枸杞子尝一尝。

### 诗经·小雅·北山

陟彼北山,言采其杞。
偕偕士子,朝夕从事。
王事靡盬,忧我父母。
溥天之下,莫非王土;
率土之滨,莫非王臣。
大夫不均,我从事独贤。
四牡彭彭,王事傍傍。
嘉我未老,鲜我方将。
旅力方刚,经营四方。
或燕燕居息,或尽瘁事国;
或息偃在床,或不已于行。
或不知叫号,或惨惨劬劳;
或栖迟偃仰,或王事鞅掌。

或湛乐饮酒，或惨惨畏咎；

或出入风议，或靡事不为。

关于诗中的"北山"。《山海经第十三·海内东经》载："泾水出长城北山，山在郁郅长垣北。"《合校水经注·卷十九·赵补泾水》[55]说："泾水导源安定朝那县笄头山，秦始皇巡北地西出笄头山即是山也，盖大陇山之异名。""大陇山"，即今之六盘山，乃泾水之所出。泾水所出的"长城北山"，应是今宁夏固原六盘山。该山古有长城，故《山海经》称之为"长城北山"。《逸周书·王会解》有"禺氏"，《穆天子传》有"禺知"，以上部族，西周时期皆在今宁夏西南及其毗邻地区。"郁""禺"古音近似，"氏"古音"支"，与"知""郅"同音，"禺氏""禺知"即郁郅。汉置郁郅县，在今固原、庆阳地区，此辖境与"禺知""禺氏"古代所在地域范围相同。所以，西周的"禺知""禺氏"，以地名而言，即《山海经》中的"郁郅"，汉代的郁郅县。《山海经·海内东经》记载的"郁郅长垣"，即指存在于这一地区的古代长城。这一地区存在的古代长城，即存留于今的宁夏固原长城、甘肃庆阳长城及其向两侧延伸的长城。

关于"泾水出长城北山，山在郁郅长垣北。"《山海经》所说的"长城北山"，即指"郁郅长垣"北面的"北山"。"郁郅长垣"即今宁夏固原长城。固原长城北面的"北山"，即今六盘山北垂香山地区，亦即横亘于今宁夏中卫市海原县、中宁县及原宁夏中卫县香山地区的低山丘岭区。这一带的山脉，《山海经》称作"长城北山"，《诗经》称作"北山"。这一称呼延续时间很长。《三国志·魏书》[56]载："若（诸葛）亮跨渭登原，连兵北山，隔绝陇道，摇荡民夷，此非国之利也。"上文中的"渭"即渭水；"原"即大原，今称固原、原州；"北山"即今宁夏固原六盘山北垂及其余脉；"陇道"

即穿越今宁夏固原、海原、同心、中宁的高平道（清水河道）。《三国志》[57]说如果诸葛亮统兵渡过渭水，进入固原，占据六盘山北垂及其余脉的陇道（高平道）关隘，就切断了曹魏从中原通往河西的陇山大道。

由上可知，这一地区称作"北山"由来已久。这块低山丘岭区，古今都是盛产枸杞子的好地方。《山海经·西山经》等篇对枸杞子也有多处记载，指的就是在这块地方及其毗邻地带生长种植的枸杞。

**本节注释**

[30]《史记》是西汉史学家司马迁撰写的纪传体史书，是中国历史上第一部纪传体通史，记载了上至上古传说中的黄帝时代，下至汉武帝太初四年间共3000多年的历史。太初元年（前104年），司马迁开始了《太史公书》即后来被称为《史记》的史书创作。司马迁撰写的中国第一部纪传体通史，是二十四史的第一部，全书分12本纪，10表，8书，30世家，70列传，共130篇，52万余字，记载了我国从传说中的黄帝到汉武帝太初四年长达3000年左右的历史。《殷本纪》出自《史记卷三·殷本纪第三》。

[31]《括地志》是中国唐朝时的一部大型地理著作，由唐初魏王李泰主编。全书正文550卷、序略5卷。它吸收了《汉书·地理志》和顾野王《舆地志》两书编纂上的特点，创立了一种新的地理书体裁，为后来的《元和郡县志》《太平寰宇记》开了先河。全书按贞观十道排比358州，再以州为单位，分述辖境各县的沿革、地望、得名、山川、城池、古迹、神话传说、重大历史事件等。征引广博，保存了许多六朝地理书中的珍贵资料。原书字数无考，今存《括地志辑校》四卷，约13万字。

[32]《尚书》，最早书名为《书》，约成书于前五世纪，传统《尚书》（又称《今文尚书》）由伏生传下来。传说为上古文化《三坟五典》遗留著作。《尚书》列为重要核

心儒家经典之一,"尚"即"上",《尚书》就是上古的书,它是中国上古历史文献和部分追述古代事迹著作的汇编,是我国最早的一部历史文献汇编。《尚书》被尊称为《经》,又称《书经》,这同《诗》三百篇叫《诗经》《周易》叫《易经》是一个道理。流传至今,先后有过四个版本。先秦的《尚书》百篇本亡于秦朝,伏生的《今文尚书》亡于晋朝,孔安国的《古文尚书》亡于唐朝,只有梅赜所献的《孔传古文尚书》一直流传至今。

[33]《拾遗记》,又名《拾遗录》《王子年拾遗记》。古代中国神话志怪小说集。作者东晋王嘉,字子年,陇西安阳(今甘肃渭源)人。《拾遗记》共10卷。前9卷记载了自上古庖牺氏、神农氏至东晋各代的历史异闻,其中关于古史的部分很多是荒唐怪诞的神话。汉魏以下也有许多道听途说的传闻,尤其宣扬神仙方术,多诞谩无实,为正史所不载。末一卷则记昆仑等8座仙山。

[34]《水经注》是古代中国地理名著,共40卷。作者是北魏晚期的郦道元。《水经注》因注《水经》而得名,《水经》一书约1万余字,《唐六典·注》说其"引天下之水,百三十七"。《水经注》看似为《水经》之注,实则以《水经》为纲,详细记载了1000多条大小河流及有关的历史遗迹、人物掌故、神话传说等,是中国古代最全面、最系统的综合性地理著作。该书还记录了不少碑刻墨迹和渔歌民谣,文笔绚烂,语言清丽,具有较高的文学价值。由于书中所引用的大量文献中很多散失了,所以《水经注》保存了许多资料,对研究中国古代的历史、地理有很高的参考价值。

[35]《汉书·地理志》包括上、下两分卷,是班固新制的古代历史地理杰作。

[36] 山丹河(丹水)、讨赖河(桃水)。

[37]《逸周书》是先秦史籍,本名《周书》,隋唐以后亦称《汲冢周书》。内容主要记载从周文王、周武王、周公、成王、康王、穆王、厉王到景王年间的时事。

[38]《穆天子传》,又名《周王传》《穆王传》《周穆王传》《周穆王游行记》,是西周的历史典籍之一。《穆天子传》以日月为序,分为6卷,前4卷详细记载了周穆王驾八骏西巡天下之事,行程三万五千里,会见西王母。其周游路线自宗周北渡黄河,逾太行,涉滹沱,出雁门,抵包头,过贺兰山,经祁连山,走天山北路至西王母之邦(乌鲁木齐);又北行一千九百里,至"飞鸟之所解羽"的"西北大旷原",即哈萨克

斯坦；回国时走天山南路。第五卷,则叙述姬满两次向东的旅游经历。

[39] 丁山:1901 年出生于安徽和县,中国历史学家、古文字学家,1924 年毕业于国立北京大学,历任厦门大学助教、中山大学教授、中央研究院历史语言所专任研究员、中央大学教授、山东大学教授。

[40]《通典》,唐代政治家、史学家杜佑所撰,共 200 百卷。是中国历史上第一部体例完备的政书,"十通"之一。《通典》中记述了唐天宝以前历代经济、政治、礼法、兵刑等典章制度及地志、民族的专书。唐杜佑撰,共 200 百卷,内分 9 门,子目 1500 余条,约 190 万字。

[41]《元和郡县图志》是现存最早的古代总地志,全书创作完成于唐宪宗元和八年,公元 813 年,故名。唐代李吉甫撰。这部地理总志,对古代政区地理沿革有比较系统的叙述。

[42]《太平寰宇记》是中国地理志史,记述了宋朝的疆域版图。宋太宗赵炅时地理总志;乐史撰,200 卷,是继《元和郡县志》后又一部现存较早较完整的地理总志。

[43]《读史方舆纪要》是清朝初年顾祖禹所撰,中华书局 2005 年出版。《读史方舆纪要》共 130 卷(后附《舆地要览》4 卷),约 280 万字。原名《二十一史方舆纪要》,古代中国历史地理、兵要地志专著。常简称《方舆纪要》。作者于明亡后隐居不仕,历时 30 年,约在康熙三十一年(1692 年)成书。着重考订古今郡县变迁,详列山川险要战守利害。

[44] 今宁夏香山。马非百著《秦集史》,由中华书局出版,1982 年,北京,第 1 版。

[45] 张守节,唐代开元年间学者,曾经给司马迁的著作《史记》作注,起名《史记正义》。他在这本书中引用了唐宗室魏王李泰和萧德言等人所撰写的一部地理著作《括地志》。

[46]《国语》是中国最早的一部国别体著作。记录范围为上起周穆王二年(前 975 年)西征犬戎(约前 947 年),下至智伯被灭(前 453 年)。《国语》中包括各国贵族间朝聘、宴飨、讽谏、辩说、应对之辞以及部分历史事件与传说。《国语·周语》《国语·周语》是《国语》中的一篇,作者是左丘明。

[47]《史记会注考证》,日本汉学家泷川资言(1865—1946)编撰,1934年刊行于世。《史记会注考证》是继三家注之后,对《史记》研究成果最重要的总结和梳理,集《史记》问世以来,两千年来注家、学者对其研究之大成。泷川资言收集了宋以前的《史记》版本,又据日本学者的校勘成果,进行全面校刊。在此基础上,搜罗中日120余种典籍,将历代注释整理后加上自身的研究成果,以"考证"的形式,与经订补后的三家注,合刻于《史记》正文之下,成就此书。《史记会注考证》问世70余年来,至今仍无人能出其右,乃《史记》爱好者的必读之书。

[48] 孟子,名轲,字子舆,战国时期邹国人,鲁国庆父后裔。现山东邹城人。孟子是中国古代著名思想家,战国时期儒家代表人物。孟子继承并发扬了孔子的思想,成为仅次于孔子的一代儒家宗师,有"亚圣"之称,与孔子合称为"孔孟"。《孟子》一书7篇,系战国时期孟子的言论汇编,记录了孟子与其他诸家思想的争辩、对弟子的言传身教、游说诸侯等内容,由孟子及其弟子(万章等)共同编撰而成。《孟子对滕文公》选自《孟子·梁惠王下》。

[49]《尔雅·释地》,是《尔雅》的第9篇。《尔雅》是第一部词典,"尔"是"近"的意思(后来写作"迩"),"雅"是"正"的意思,在这里专指"雅言",即在语音、词汇和语法等方面都合乎规范的标准语。《尔雅》的意思是接近、符合雅言,即以雅正之言解释古汉语词、方言词,使之近于规范。《尔雅》收集了比较丰富的古汉语词汇,它不仅是辞书之祖,还是典籍《十三经》的一种,是传统文化的核心组成部分。

[50]《竹书纪年》是春秋时期晋国史官和战国时期魏国史官所作的编年体通史。

[51] 今陕西西安。

[52] 以《史记》记载为据,不包括失载世系,周族世系约有40余代。

[53] 今宁夏同心县上垣村北红城水古城。

[54]《礼记》又名《小戴礼记》《小戴记》,据传为孔子的72弟子及其学生们所作,西汉礼学家戴圣所编,是中国古代一部重要的典章制度选集,共20卷49篇,主要记载了先秦的礼制,体现了先秦儒家的哲学思想(如天道观、宇宙观、人生观)、教育思想(如个人修身、教育制度、教学方法、学校管理)、政治思想(如以教化政、大同社会、礼制与刑律)、美学思想(如物动心感说、礼乐中和说),是研究先

秦社会的重要资料,是一部儒家思想的资料汇编。《礼记正义》是儒家十三经之一,是学习、研究古代文化遗产的重要文献。

[55]《水经注》在长期的流传过程中出现了大量舛讹之处和经注混淆的问题,自明末朱谋㙔起,开始比较深入系统地研究《水经注》。清代随着考据学的兴盛,有更多的学者研究校勘此书,其中尤以全祖望、赵一清、戴震的成就最为卓著。为便利学者使用,清末王先谦以戴震校定的殿本为底本,附注朱赵两家的校本异文,另外还吸收了孙星衍、董佑诚、卢文、丁履恒、谢钟英等的校勘成果,编成《合校水经注》一书。包含了杨守敬、熊会贞《水经注疏》以前的几种最重要的校本,繁简得当,是最便于读者使用的读本,故刊行以来风行学界。

[56][57]《三国志》是由西晋史学家陈寿所著,记载中国三国时期的魏、蜀、吴纪传体国别史,是二十四史中评价最高的"前四史"之一。当时魏、吴两国先已有史,如官修的王沈《魏书》、私撰的鱼豢《魏略》、官修的韦昭《吴书》,此三书当是陈寿依据的基本材料。蜀国无史官一职,故自行采集,仅得15卷。而最终成书,却又有史官职务的因素在内,因此《三国志》是三国分立时期结束后文化重新整合的产物。三国志最早以《魏书》《蜀书》《吴书》三书单独流传,直至北宋咸平六年(1003年)三书才合为一书。《三国志》也是二十五史中最为特殊的一部,因为其过于简略,没有记载王侯、百官世系的"表",也没有记载经济、地理、职官、礼乐、律历等的"志",不符合《史记》和《汉书》所确立下来的一般正史的规范。

## 第六节　枸杞原产地域的考证

据中国《神农本草经》[58]记载："枸杞处处有之，春生苗叶，如石榴叶而软嫩，可蔬食。"《本草纲目·枸杞子》载："(南北朝陶)弘景曰：枸杞叶作羹，小苦。俗谚云：去家千里，勿食萝摩、枸杞。此言二物补益精气，强盛阴道也。枸杞根、实为服食家用，其说甚美，名为仙人之杖，远有旨乎？"陶弘景说服食枸杞"补益精气，强盛阴道"，即言服食枸杞有助于繁衍子孙。

唐代《千金翼方》[59]曰：枸杞"甘州者为真，叶厚大者是，大抵出河西诸郡，其次江、淮间堁上者，实圆如樱桃，全少核，暴干如饼，极膏腴有味"。《本草纲目·木部·第三十六卷》载："今陕之兰州、灵州、九原以西枸杞，并是大树，其叶厚根粗。河西及甘州者，其子圆如樱桃，暴干紧小少核，干亦红润甘美，味如葡萄，可作果食，异于他处者。"

汉唐时代的"河西诸郡"指今宁夏、甘肃、青海黄河以西地区，今宁夏中卫香山（崇吾之山）地属汉灵州，并在唐宋"灵州、九原以西"，自当属枸杞之原产地。这一地区枸杞"红润甘美，味如葡萄，可作果食，异于他处者。"《本草经集注》[60]云：枸杞"补益精气，强盛阴道。"唐代《悬解录》记载的"五子守仙丸"，明朝李梴《医学入门》[61]记载的"五子衍宗丸"，是用枸杞配合菟丝子等做成蜜丸，用淡盐水送服，治疗男子阳痿早泄、久不生育，须发早白及小便后余沥不禁。《太平圣惠方》[62]载枸杞子煎"通神明。安五脏。延年不老。并主妇人无子。"

以上《本草纲目》记载的河西枸杞"其子圆如樱桃"，《保寿堂方》等记载服食枸杞"阳事强健",治疗男子阳痿早泄、久不生育,《太平圣惠方》记载服食枸杞"主妇人无子",均与《山海经·西山经》记载枸杞"其实如枳",与"食之宜子孙"同形同义,即服食枸杞"阳事强健",能繁衍子孙。这就是说,常吃枸杞具有养生保健、促进性功能、多生子孙、益寿延年的神奇功效。所以,《山海经·西山经》记载崇吾之山"有员叶而白柎,赤华而黑理,其实如枳,食之宜子孙"的神奇果木,崇吾之山中的枸杞应是河西、灵州地区最早的原生枸杞种属之一。

《三国志·魏书》载:"若(诸葛)亮跨渭登原,连兵北山,隔绝陇道,摇荡民夷,此非国之利也。"上文中的"渭"即渭水;"原"即大原,今称固原、原州;"北山"即今宁夏固原六盘山北垂及其余脉;"陇道"即穿越今宁夏固原、海原、同心、中宁的高平道。

由上可知,今宁夏六盘山北垂香山地区(崇吾之山)称作"北山"由来已久。这块低山丘岭区,经六盘山水系浸润流出的清水河水流灌其地,古今都是盛产枸杞子的好地方。所以,崇吾之山"员叶而白柎,赤华而黑理,其实如枳,食之宜子孙"的神奇果木应是本地最早的原生枸杞。

宁夏中卫香山东南支脉天景山,地处古清水河流域,最适宜枸杞生长。今宁夏中卫市中宁县自汉代至民国二十二年(1933年)与原中卫县为一县,明清时期属中卫县宁安堡,位于香山支脉天景山东北麓。宁安堡位于天景山东北麓,枸杞又名"天精""天精子""天精草",天景山(天精山)得名源于此地盛产"天精草(枸杞)",天景山是天精山的俗称。

宁安堡(今宁夏中宁县)自古以来就是现今中国驰名商标"中宁枸杞"的原产地。宋代《广韵》[63]载:"枸杞,春名天精子,夏名枸杞叶,秋名却老枝,冬名地骨根"。明代《本草纲目》载:枸杞又名

"天精""天精子""天精草"。清代《中卫县志》"药类"条载:"枸杞,宁安一带,家种杞园。各省入药甘枸杞,皆宁产也"。清代乾隆年间中卫知县黄恩锡咏枸杞诗说:"六月杞园树树红,宁安药果擅寰中"。

2007年,宁夏中宁县舟塔乡茶坊庙两个石墩上雕刻的"仙鹤与枸杞"(图1-4)"梅花鹿与荷花妙音鸟"图,被摄影家拍照后在电脑屏幕上放大发现:仙鹤枸杞石雕图上的枸杞图是枸杞树,枝头挂着的果实是盛果期的枸杞果实,仙鹤画面显示的是"仙鹤啄食枸杞"之景象,寓意为食枸杞可以像仙鹤一般延年益寿。

据有关文物专家初步鉴定:根据两件石刻的风化程度、实质材料和雕刻的艺术风格,与西夏[64]王陵"大力士"的石雕手法和石头的质地极为相似(见封面彩图)。

黄河从甘肃山地冲出黑山峡至牛首山之间,造就了"卫宁平原"。平原中部原中卫县与中宁县区域划分处,一条从六盘山发源经固原开城流经北部同心到达中宁的清水河流,经山河桥汇入黄河。两水相汇,水质奇特,浇灌出来的枸杞果,子少肉多,油性较大,所含微量元素丰富。烘干后,用手捏住成团,手指放开,自然分散。今天,黄河与清水河两河相汇的平原台地上,还保留着原始的枸杞物种(图1-5)。

图1-4 石雕"仙鹤与枸杞"

(图片提供 王毅)

图 1-5　中宁野生枸杞

（图片提供　王毅）

**本节注释**

[58]《神农本草经》又称《本草经》或《本经》,中医四大经典著作之一,作为现存最早的中药学著作。在李时珍出版《本草纲目》之前,该书一直是被看作是最权威的医书。

[59]《千金翼方》是唐代医学家孙思邈所撰,约成书于永淳二年(682年)。《千金翼方》全书共30卷,北宋时期校正医书局对其传本予以校正,并刊行全国。《千金翼方》是我国历史上最重要的中医药典籍之一。

[60]《本草经集注》是古代药学著作,共7卷,南北朝梁代陶弘景所编著于约公元480~498年前。陶氏认为《本经》自"魏晋以来,吴普、李当之等更复损益,或五百九十五,或四百四十一,或三百一十九,或三品混揉,冷热交错,草石不分,虫兽无辨,且所主治,互有得失,医家不能备见"等问题,于是给予整理、作注。又从《名医别录》中选取365种药与《本经》合编,用红、黑二色分别写《本经》与《别录》的内容,名之为《本草经集注》。本书原书已佚,现仅存有敦煌石室所藏的残本。但原书中的主要内容,还可从《证类本草》和《本草纲目》之中见到。

[61]《医学入门》,中医全书。共8卷,卷首1卷。明代李梃(健斋)撰。刊于明万历三年(1575年)。此书以《医经小学》为蓝本。用歌赋形式为正文,以注文补充阐述。内容有医学略论、医家传略、经络、脏腑、诊法、针灸、本草、外感病、内伤病、内科杂病、妇人病、小儿病、外科病、各科用药及急救方等。

[62]《太平圣惠方》,方书,简称《圣惠方》,100卷。北宋王怀隐、王祐等奉敕编写。本书为我国现存公元10世纪以前最大的官修方书。

[63]《广韵》是中国现存的一部重要韵书,全名《大宋重修广韵》,是宋真宗大中祥符元年(1008年)陈彭年、丘雍等人奉诏根据前代《切韵》《唐韵》等韵书修订而成。

[64] 西夏(1038~1227年)是中国历史上由党项人在中国西北部建立的一个朝代,历经10帝,历时189年。西夏陵又称西夏帝陵、西夏皇陵,是西夏历代帝王陵以及皇家陵墓。王陵位于宁夏银川市西,西傍贺兰山,东临银川平原,海拔1130~1200米,是中国现存规模最大、地面遗址最完整的帝王陵园之一,也是现存规模最大的一处西夏文化遗址。

## 第七节　枸杞名称的历史沿袭

枸杞在古代文献中随着时代的变迁,以其产地、形态、属性、功效、奇异、谐音、异字等区别,其称呼或异写的别名很多。

据《山海经》及历代《本草》等文献记载,枸杞别名约有80多个,如:杞,芑,杞芭,句,苞杞,苟杞,苦杞,枸,枸继,枸棘,枸忌,枸己,枸芭,枸杞,杞树,杞本,杞根,苟起子,枸杞子,枸杞豆,枸杞叶,枸杞果,狗地芽,枸地芽子,拘蹄子,枸茄茄,狗奶子,苟乳,羊乳,天精,天精子,天精草,天门精,长生草,地筋,地仙，地节，地辅，地骨，地骨子，地骨根，枳柜，枳棋，木蜜，木饧，鸡爪子，鸡距子，鸡橘子，珊瑚，珊瑚果，血枸子，血杞子，红耳坠，红青椒，红榴榴科，甜菜子，枸杞头，枸杞菜，药苗，仙苗，灵草，神草，把子，橐卢、象柴、纯卢、托卢，却暑，却老，却老枝，石寿树，杞狗，瑞犬，仙狗，灵庞，神药，千载枸杞，千岁枸杞，仙人杞，仙人杖，西王母杖，甘枸杞，津枸杞等。

源自神农氏时代的《神农本草经》记载："枸杞，一名杞根，一名地骨，一名枸忌，一名地辅。"枸杞一名载于《神农本草经》，说明枸杞具有的药食文化，源于华夏农业文化的始祖神农氏时代。

源自禹夏时代的《山海经·西山经》载："又西八十里，曰小华之山，其木多荆、杞……"《山海经·东山经》载："又南三百八十里，曰余峨之山。其上多梓枏，其下多荆、芑……"说明枸杞名称早与华夏山脉联系在一起。

殷墟甲骨文中称枸杞为"杞"。殷商甲骨卜辞载"己卯卜行贞，王其田亡灾，在杞。""庚辰卜行贞，王其步自杞，亡灾。""庚寅卜在女香贞，王步于杞，亡灾。""壬辰卜，在杞贞，王步于意，亡灾。"甲骨卜辞将枸"杞"名称与"田"、与"杞"田联系在一起，将枸"杞"名称与贞卜枸杞生产有无自然灾害联系在一起，说明殷商时期枸杞已属人工种植的农田作物，中国枸杞种植已走向农业文明。

《诗经》将枸杞名称与"薄言采芑，于彼新田，呈此菑亩""隰有杞桋""无折我树杞""言采其杞""薄言采芑"等联系在一起，说明西周时代已大规模种植、栽培、采摘枸杞，枸杞种植已进入传统农业的行列。

秦汉时期的《神农本草经》将枸杞名称与神仙联系在了一起，敬称为"仙人杖""西王母杖""橐卢""扶老木"，赋予枸杞"仙人所食""轻身不老"的"成仙"美意。

西汉刘安（前179~前122年）《淮南枕中记》载：枸杞"春名天精，夏名枸杞，秋名地骨，冬名仙人杖，亦名西王母杖。"

汉代刘向（前77~前6年）的《列仙传》载，枸杞别名云："陆通，食橐卢、木实。"刘向《列仙传·陆通》载："陆通者，云楚狂接舆也。好养生，食橐卢、木实及芜菁子。游诸名山，在蜀峨眉山上，世世见之，历数百年去。"

西汉刘歆（前50~公元23年）《西京杂记》[65]载，枸杞别名云："蓬莱杏（东郡都尉于吉所献。一株花杂五色，六出，云是仙人所食）。……扶老木十株。""扶老木"即枸杞别名。

汉代《五十二病方》[66]载："毒乌（喙）者：取杞本长尺，大如指，削，（舂）木臼中，煮以酒"。"杞本"即枸杞根颈。

汉代《名医别录》[67]载："枸杞，根大寒，子微寒，无毒。主风湿，下胸胁气，客热，头痛，补内伤，大劳嘘吸，坚筋骨，强阴，利大小肠，耐寒暑。"《名医别录》的枸杞资料来自《神农本草经》等先秦古籍。

魏晋南北朝时期，枸杞别名为"象柴""纯卢""天精""却老""仙人杖""西王母杖"等等。"纯卢"即"橐卢""托卢"。

三国魏《广雅》[68]将枸杞称为"地筋"（"地筋，枸杞也。"）

三国魏《吴普本草》[69]载：枸杞，"一名杞苣，一名羊乳。"

晋代名医葛洪（284~364年）在《抱朴子·内篇·仙药论》说枸杞别名云："象柴，一名纯卢是也。或云仙人杖，或云西王母杖，或名天精，或名却老，或名地骨，或名苟杞也。"纯卢即"橐卢"，即苟杞（枸杞），系秦汉神仙服食之"仙药"。

隋唐宋元时期，枸杞名称标示着："尝枸杞"（吃枸杞）"药苗""枸杞菜""拌食枸杞头""千年枸杞当晨餐""春间嫩芽叶可作菜食""（枸杞）煮作饮代茶饮之""枸杞酒""（枸杞）叶和羊肉作羹""(枸杞)面拌,熟煮吞之""日取枸杞菜,煮作汤沐浴",等等。这些枸杞名称标示的内容记录着枸杞药食兼用的神奇功效,使枸杞向食疗领域、向美食领域迅速拓展。

唐代刘禹锡(772~842年)《咏枸杞井》称枸杞为"枝繁本是仙人杖,根老新成瑞犬形。"

宋代《御览·名医》说枸杞名称"一名羊乳,一名却暑,一名仙人杖,一名西王母杖。"

宋代苏轼(1037~1101年)将枸杞称为"神药""仙人杞""王母杖":"神药不自闷,罗生满山泽。"(见《小圃五咏·枸杞》);"相从归故山,不愧仙人杞。"(见《以黄子木拄杖为子由生日之寿》);"扶衰赖有王母杖,名字于今挂仙录。"(见《周教授索枸杞因以诗赠录呈广倅萧大夫》)。

元明清时期"枸杞"这一名称的通用性代表着医药界和社会各界对枸杞的共识,代表着对枸杞药食兼用属性的历史性总结,使枸杞药食兼用的属性向深度、广度发展并传承光大。

中华民国时期到21世纪,随着枸杞与人类健康的科学发现,枸杞被称之为"健康之果""长寿之果"。

**本节注释**

[65]《西京杂记》汉代刘歆著,东晋葛洪辑抄。译书是古代历史笔记小说集,其中的"西京"指的是西汉的首都长安。原二卷,今本作六卷。该书写的是西汉的杂史。既有历史又有西汉的许多奇闻轶事。

[66]《五十二病方》,医方著作,约成书于战国时期,作者失考。1973年出土于湖南长沙马王堆三号汉墓之帛书,原无书名,整理小组按其目录后题有"凡五十

二"字样命名。是我国现存最早的医方著作。

[67]《名医别录》,药学著作,简称《别录》,3卷,辑者佚名(一作陶氏)。约成书于汉末。该书是秦汉医家在《神农本草经》一书药物的药性功用主治等内容有所补充之外,又补记365种新药物。由于本书系历代医家陆续汇集,故称为《名医别录》。原书早佚。

[68]《广雅》是我国最早的一部百科词典,共收字18 150个,是仿照《尔雅》体裁编纂的一部训诂学汇编,相当于《尔雅》的续篇,篇目也分为19类。各篇的名称、顺序,说解的方式,以致全书的体例,都和《尔雅》相同,甚至有些条目的顺序也与《尔雅》相同。

[69]《吴普本草》,吴普,三国魏医药学家。名医华佗弟子。广陵(今江苏省扬州市)人。他以华佗所创五禽戏进行养生锻炼,因获长寿,"年九十余,耳目聪明,齿牙完坚",但主要是在本草学上有一定成就,所撰《吴普本草》6卷,又名《吴氏本草》,为《神农本草经》古辑注本之一。流行于世达数百年,后代有不少子书引述其内容,如南北朝贾思勰《齐民要术》、唐代官修《艺文类聚》,《唐书·艺文志》还载有该书六卷书目。宋初所修《太平御览》,仍收载其较多条文。自此,该书即散佚不存,清焦循有辑本。

# 第二章 古代枸杞种植史

## 第一节 殷商时期的枸杞种植

枸杞的人工种植到底始于什么时代？现今流行的一些文章说，枸杞最早见于我国2000多年前的《诗经》[1]，并据此推断枸杞种植历史有2000多年，这种说法与史实不符，失之偏晚。还有人说宁夏枸杞种植距今已有600多年的历史，此说是把枸杞在明代时作为朝廷贡果与枸杞的人工种植历史混为一谈了。

据出土的殷商时期甲骨文记载，枸杞种植载于殷商甲骨文。甲骨文中称枸杞为"杞"。

武丁时期的卜辞载：癸巳卜，令登赍杞。

祖庚，祖甲时期的卜辞载：己卯卜行贞，王其田亡灾，在杞；庚辰卜行贞，王其步自杞，亡灾。

帝乙，帝辛时期的卜辞载：庚寅卜在女香贞，王步于杞，亡灾；壬辰卜，在杞贞，王步于意，亡灾。

甲骨文名家罗振玉[2]依据《说文解字》[3]解释说："杞，枸杞也，从木己声"。《尔雅·释木》载："杞，枸檵。舍人曰：句，杞也。孙曰：即今枸芑。"

图 2-1　枸杞见载于殷墟甲骨文及龟甲实物

（图片提供　周兴华）

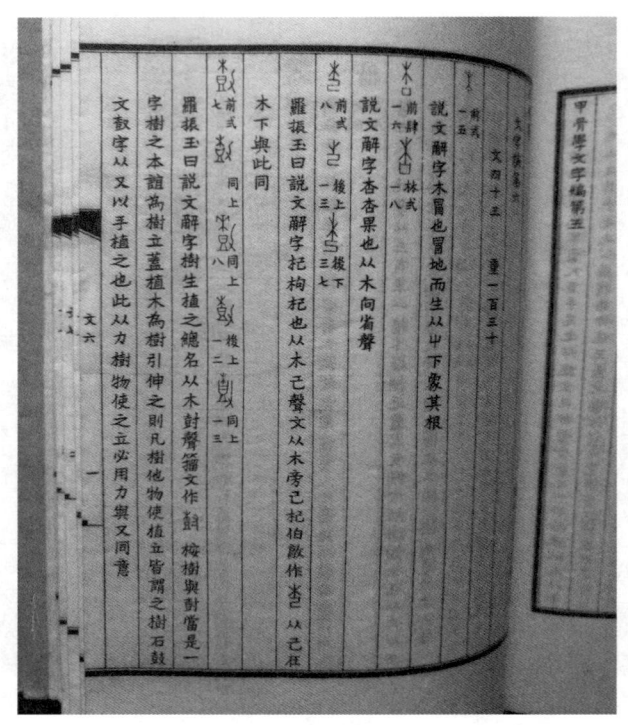

图 2-2　枸杞见载于殷墟甲骨文
（图片提供　周兴华）

殷商时期，枸杞已属农田人工栽培果木。甲骨卜辞中关于殷商时期农田生产的内容颇多，卜辞中有"田""作大田"的记载，还有"黍""稷""麦""稻""杞"等农作物的名称，并将"杞"等农作物与"田"联系在一起。

甲骨卜辞已有"己卯卜行贞，王其田亡灾，在杞"的记载，这就是说殷商国王在"杞""田"中占卜枸杞有无自然灾害。"杞"即枸杞。关于"田"字，《说文解字》释为"树穀曰田"，《释名》释为"五稼填满其中也"。这就是说，这条甲骨卜辞中的"田"字，是指种满了枸杞的农"田"。种满了枸杞的农"田"，此处当然是指人工种植枸杞的农田了。所以，甲骨卜辞"王其田亡灾，在杞"的记载，准确无误地证明枸杞在殷商时期已属人工种植的农田果木了。

甲骨卜辞"庚辰卜行贞，王其步自杞，亡灾"；"庚寅卜在女香贞，王步于杞，亡灾；壬辰卜，在杞贞，王步于意，亡灾"。以上卜辞都是说殷商国王在枸杞"田"中进行占卜，预测枸杞有无自然灾害，均得到了"亡灾"的吉兆。

以上甲骨卜辞关于枸杞的记载证实：一是殷商时期枸杞已属人工种植的农田作物；二是枸杞易受自然灾害影响；三是殷商帝王对枸杞生产非常重视；四是殷人迷信占卜，无事不卜。殷商帝王为了祈祷、预测自然灾害和农作物的丰歉，他们经常进行占卜。甲骨卜辞中关于对枸杞有无灾害进行占卜的记载，就是殷商帝王这种心态的反映。

枸杞见载于殷商甲骨文，其种植年代必在甲骨文之前。由此可知，枸杞的种植、采摘、食用至少也有 4000 年左右的历史，绝非 2000 年，更不是 600 多年。

## 第二节　周朝时期的枸杞种植

西周时代，枸杞的人工种植载于《诗经》。

《诗经》305 首诗作中，写到枸杞的就有 10 首（第一章已经详细列出过篇目）。《诗经》把枸杞与贤惠的君子、忠贞的爱情、情感的家园、力量的源泉、尊贵的场面、建功立业等精神愿望、文化内涵紧密联系，任意比兴，纵情歌咏。

### 诗经·将仲子

将仲子兮，无逾我里，无折我树杞。岂敢爱之？
畏我父母。仲可怀也，父母之言，亦可畏也。

将仲子兮，无逾我墙，无折我树桑。岂敢爱之？
畏我诸兄。仲可怀也，诸兄之言，亦可畏也。
将仲子兮，无逾我园，无折我树檀。岂敢爱之？
畏人之多言。仲可怀也，人之多言，亦可畏也。

《诗经·将仲子》说"无逾我里，无折我树杞"，就是说请你不要翻过我家的院墙，不要折断我家的枸杞树。这说明周朝时期有些枸杞树、桑树、檀树都是栽种在自家的院子里。

### 诗经·四月

四月维夏，六月徂暑。先祖匪人，胡宁忍予？
秋日凄凄，百卉具腓。乱离瘼矣，爰其适归？

图 2-3 《诗经·将仲子》歌咏的枸杞园子
（图片提供 周兴华）

# 第二章 古代枸杞种植史

图 2-4 《诗经》歌咏鹈鸪落在枸杞树上
（图片提供 周兴华）

冬日烈烈，飘风发发。民莫不谷，我独何害？
山有嘉卉，侯栗侯梅。废为残贼，莫知其尤！
相彼泉水，载清载浊。我日构祸，曷云能谷？
滔滔江汉，南国之纪。尽瘁以仕，宁莫我有？
匪鹑匪鸢，翰飞戾天。匪鳣匪鲔，潜逃于渊。
山有蕨薇，隰有杞桋。君子作歌，维以告哀。

关于"隰有杞桋"的"隰"字，《诗·周颂·载芟》写道："载芟载柞，其耕泽泽。千耦其耘，徂隰徂畛。……有略其耜，俶载南亩，播厥百谷。"这几句话是说西周时期，很多农人都在田野里除杂草，砍棘刺，开垦土地。很多农人都在耕耘田地，都要去洼田、坡田里用耒耜翻耕土地,播撒百谷。据此,"隰"即洼田。所以,"隰有杞桋"的意思是:"隰"即洼田,"杞"即枸杞子,"桋"即桋桑,这就是说在洼田里种上枸杞和小桑树。《诗经·四月》是西周农人在开垦的农田里种植枸杞的直接文献记载。

## 小雅·采芑

薄言采芑,于彼新田,于此菑亩。方叔莅止,其车三千。师干之试,方叔率止。乘其四骐,四骐翼翼。路车有奭,簟茀鱼服,钩膺鞗革。薄言采芑,于彼新田,于此中乡。方叔莅止,其车三千。旂旐央央,方叔率止。约軧错衡,八鸾玱玱。服其命服,朱芾斯皇,有玱葱珩。鴥彼飞隼,其飞戾天,亦集爰止。方叔莅止,其车三千。师干之试,方叔率止。钲人伐鼓,陈师鞠旅。显允方叔,伐鼓渊渊,振旅阗阗。蠢尔蛮荆,大邦为仇。方叔元老,克壮其犹。方叔率止,执讯获丑。戎车啴啴,啴啴焞焞,如霆如雷。显允方叔,征伐玁狁,蛮荆来威。

《礼记正义·卷五十四·表记第三十二·郑玄注、孔颖达疏》载:"芑,枸杞也。"关于《采芑》诗中的"新田",《尔雅·释地》说:"田一岁曰菑,二岁曰新田,三岁曰畲。"杨宽先生在其《古史新探》中说:"菑田、新田、畲田的正确解释应该是三种垦种不同年数的农田","第一年初开垦的荒田叫菑田,第二年已能种植的田叫新田,第三年耕种的田叫畲田"。从第一年初开垦出来的生荒田到第二年可以耕种的新田,再到第三年已改造好的熟田,这是西周时期垦荒到熟田的必然过程。既然"新田"是第二年就可以种植的田,《采芑》诗中的周人不会跑到能种植的"新田"中去挖野菜,作为官员的方叔也不会专门到"新田"中去检查挖野菜的情况。《采芑》诗中的"芑"字,旧释为一种野菜,这一注释与"芑"字的释例及西周的"三田"耕作制度不合。"苣"字在《山海经》中均指枸杞,在"文王有声"中亦被郑玄、孔颖达注疏为枸杞。据此,《采苣》是说已经在"新田"中种上了枸杞,周人前去郊外的"新田"中采摘枸杞,官员方叔又亲涖"新田"去检查劳动情况。将《采苣》诗中的"苣"注释为枸杞,这就完全符合《诗经》的文字本意与诗句原意了,并与西周"三田"耕作制度吻合。

西周时期,种植栽培枸杞已作为耕作制度的一环。《诗经·生民》证实,西周采摘的枸杞不是野生的,而是栽培种植在田"亩"中的枸杞。何谓"亩"?《书·盘庚》曰:"惰农自安,不昏作劳,不服田亩",把采摘枸杞与"新田""田亩"、农夫联系在一起,这当然是指农民在农田里种植枸杞了。从《国风·将仲子》"无折我树杞"看,西周时期的庄园主已经有了自己的枸杞园子,他们园子中的枸杞子

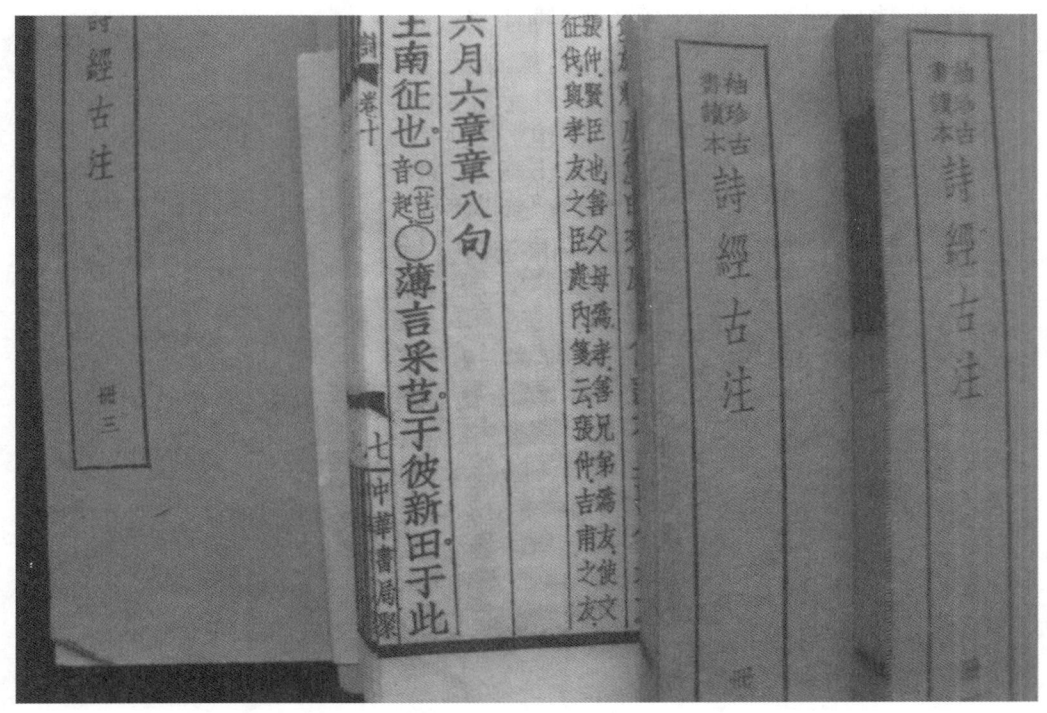

图 2-5 《诗经》歌咏"新田"中种植的枸杞

(图片提供 周兴华)

是不允许别人采摘的。这说明在西周时期已经有人工种植枸杞园。

《诗经·文王有声》载：丰水有芑，武王岂不仕？诒厥孙谋，以燕翼子。武王烝哉！"

对于"文王有声"的"芑"字，《礼记正义·卷五十四·表记第三十二·郑玄注、孔颖达疏》载："《诗》云：'丰水有芑，武王岂不仕。诒厥孙谋，以燕翼子。武王烝哉！'数世之人也。芑，枸杞也。仕之言事也。诒，遗也。燕，安也。烝，君也。言武王岂不念天下之事乎，如丰水之有芑矣，乃遗其后世之子孙以善谋，以安翼其子也。君哉武王，美之也。曰：'芑，枸杞'，《尔雅·释木》文。孙炎云：'则今枸芑也。'"

"丰水"，在今天陕西省户县东南，注入渭水。该诗歌咏的枸杞是今陕西西安沣水岸边种植的枸杞。

春秋战国时期，枸杞实行园圃生产。

《春秋左传》曰："鲁昭公十二年（公元前530年）。季平子立，而不礼于南蒯。……南蒯之将叛也，其乡人或知之，过之而叹，且言曰：'恤恤乎，湫乎，攸乎！深思而浅谋，迩身而远志，家臣而君图，有人矣哉！'"……（南蒯）将适费，饮乡人酒。乡人或歌之曰：

### 左传·南蒯歌

我有圃，生之杞乎！

从我者，子乎！

去我者，鄙乎！

倍其邻者，耻乎！

已乎，已乎！

非吾党之士乎！

鲁昭公在位年间，季平子任鲁国正卿，辅佐鲁昭公执政。南蒯是鲁国官二代南遗的儿子，他担任鲁国费城（今山东费县）宰。季平子专权，对南蒯很不喜欢，南蒯不满，密谋作乱，欲赶走季平子。南蒯家乡的老百姓得知南蒯将要叛乱的消息后，在与南蒯饮酒期间，即以自家园圃中种植的枸杞子为比喻，唱了这支歌，歌词说：枸杞子是在自己的园圃中生长出来的，不能背离养育自己的园圃，只有永远生活在自己的园圃中才是尊贵的君子。枸杞一旦背离了养育自己的园圃，那就是可鄙、可耻的背叛者，那就不是我们的乡亲了！南蒯家乡的老百姓以此歌劝告南蒯不要叛乱。由此可知，东周至战国时期的枸杞是在园圃里生产的。

## 第三节　汉唐时期的枸杞种植

汉朝时期，中国已经有了农林专著《氾胜之书》[4]。

《氾胜之书》虽已失传，但其残篇散见于后世相关著述。据《氾胜之书》记载，汉代种植林木五谷，田间作业采取"区种"的方法，《氾胜之书》记载："汤有旱灾，伊尹作为区田，教民粪种，负水浇稼。""区田以粪气为美，非必须良田也。诸山、陵、近邑高危倾阪及丘城上，皆可为区田。""以亩为率，令一亩之地，长十八丈，广四丈八尺；当横分八十八丈作十五町；町间分为十四道，以通人行，道广一尺五寸；町皆广一丈五寸，长四丈八尺。尺直横凿町作沟，沟广一尺，深亦一尺。积壤于沟间，相去亦一尺。尝悉以一尺地积壤，不相受，令弘作二尺地以积壤。""凡区种，不先治地，便荒地为之。""区田不耕旁地，庶尽地力。"

"区种"法能够充分利用荒山荒地，这种分区作畦，开沟种植的方法，便于水肥集中，为后世种植枸杞"开厾""作坑""作畦"的方法开了先河。

汉唐时期，由于对枸杞医药、养生等药理作用的认识不断深化，枸杞药用、食用广泛，需求量不断增大，对枸杞的栽培种植已形成了一整套完整的耕作制度。

《证类本草》[5]载："世传蓬莱县南丘村多枸杞。高者一二丈，其根蟠结甚固。故其乡人多寿考，亦饮食其水土之品使然耳。"因此，汉代《西京杂记》中记载的"仙人所食"的"蓬莱杏"及"千年长生树""万年长生树""扶老木"，应是"却老""却老枝""仙人杖""西王母杖"类枸杞属植物的别名。

1972年，湖南长沙马王堆汉墓出土了《五十二药方》。其中一号墓保存极其良好，墓主为利苍夫人。该墓中曾发现豆豉、枸杞、丁香、肉桂等多种中药材，说明枸杞在汉代作为医疗保健品已得到高度重视，生者想长期服用它，逝者想长期与之相伴。

汉代《名医别录》载："枸杞，生常山平泽及诸丘陵阪岸。冬采根，春、夏采叶，秋采茎、实，阴干"。枸杞浑身是宝，汉代四季采摘枸杞。

唐代，枸杞栽培种植载于孙思邈撰《千金翼方》、韩鄂撰《四时纂要》[6]等古籍。韩鄂说，他的资料来源于"编阅农书，搜罗杂诀"。这就是说，孙思邈、韩鄂的"种枸杞法"在唐朝以前就已有之，孙思邈、韩鄂的"种枸杞法"是对前人栽培种植枸杞经验的继承总结。

唐朝在京都长安（今陕西西安）建置有"太医署"。"太医署"建有"药园"，"药园"在长安城中占有"良田三顷"，有药园师负责种植、栽培、采集和鉴别各种药物，当然包括枸杞在内。

唐代著名医药学家孙思邈，世称"药王"。孙思邈在其《千金要方》[7]《千金翼方》[8]中总结了自上古至唐代的医疗经验和药物学知识，他在《千金翼方·卷第十四·种造药第六》中专门总结了前人种植枸杞的方法。

"种枸杞法：拣好地，熟加粪讫，然后逐长开圻，深七八寸，令宽。乃取枸杞连茎，锉长四寸许，以草为索慢束，束如羹碗许大，于圻中立种之，每束相去一尺。下束讫，别调烂牛粪稀如面糊，灌束子上，令满，减则更灌。然后以肥土拥之满讫。土上更加熟牛粪，然后灌水。不久即生。乃如剪韭法，从一头起首割之。得半亩，料理如法，可供数人。其割时与地面平，高留则无叶，深剪即伤根。割仍避热及雨中，但早朝为佳。

"又法：但作束子作坑，方一尺，深于束子三寸。即下束子讫，着好粪满坑填之，以水浇粪下，即更着粪填，以不减为度。令粪上束子一二寸即得。生后极肥，数锄拥，每月加一粪尤佳。"

"又法：但畦中种子，如种菜法，上粪下水，当年虽瘦，二年以后悉肥。勿令长苗，即不堪食。如食不尽，即剪作干菜，以备冬中常使。如此从春及秋，其苗不绝。取甘州者为真，叶厚（浓）大者是。有刺叶小者是白棘，不堪服食，慎之。"

"更不要煮炼，每种用二月，初一年但五度剪，不可过此也。"

"凡枸杞生西南郡谷中及甘州者，其子味过于蒲桃。今兰州西去，邺城、灵州、九原并多，根茎尤大。"

由上可知，唐朝种植枸杞有多种方法：第一种是开沟法（开圻栽苗），第二种是挖坑法（作坑栽苗），第三种是播种法（畦中撒种），第四种是束草安种法（缚草作圻布种）。

对枸杞的采摘时节，孙思邈在《千金翼方·采药时节第一》中说：

"枸杞，春夏采叶，秋采茎实，冬采根，阴干。"

孙思邈对各地生产的枸杞子进行了比较分析。他在《千金翼方》中说："凡枸杞生西南郡谷中及甘州者，其子味过于蒲桃。今兰州西去，邺城、灵州、九原并多，根茎尤大。"宁夏中卫、中宁及其毗邻地区属汉唐灵州地区，这里生产的枸杞子，按"药王"孙思邈的评介，"其子味过于蒲桃（葡萄）……根茎（指枸杞根茎）尤大"。

唐代韩鄂的《四时纂要》也记载了枸杞的栽培、收剪、选种诸方法。韩鄂是唐玄宗时宰相韩休之兄的玄孙，活动于开元年间。韩鄂在《四时纂要》中说："种枸杞，作畦，种法具十月收枸杞子门中。"关于枸杞的具体种植方法，《四时纂要》载：收枸杞子，秋冬间收得子，先于水盆中挼，令散，曝干。候春，先熟地作畦。畦中去却五寸土，匀（勾）作五垄。垄中覆草稕，如臂长短，（置）畦（中），即以泥涂草稕上，裹令遍能（满），即以枸杞子布于泥上，令稀稠得所。即以细土盖一重，令遍。又以烂牛粪一重，又以一重土，令畦平。待苗出时，以水浇之，堪吃便剪，如韭法。每种，用二月初。一年只可五度剪。欲种，取甘者种之。若种，根叶厚大无刺者。有刺叶小者，名枸棘，不堪。

唐人喜欢种植服食枸杞，许多著名诗人都留下了歌咏自家种植的枸杞园子的传世佳作。

## 恶 树

（唐）杜 甫 [9]

独绕虚斋径，常持小斧柯。
幽阴成颇杂，恶木剪还多。
枸杞因吾有，鸡栖奈汝何。
方知不材者，生长漫婆娑。

关于杜甫诗中的"恶树"，旧说"恶树"指枸杞树，非也。杜甫《恶树》诗写的是修剪枸杞园子里的杂木，管理自家枸杞园子的事情。恶树,指鸡栖树,亦即皂角树。裴松之注引晋郭颁《魏晋世语》[10]说:"放、资久典机任。献、肇心内不平。殿中有鸡栖树,二人相谓:'此亦久矣,其能复几?'指谓放、资。放、资惧,乃劝帝召宣王。"鸡栖树即皂角树,李时珍《本草纲目·木二·皂荚》载:"《广志》谓之鸡栖子,曾氏方谓之乌犀,《外丹本草》谓之悬刀。"皂角树为豆科植物,属于落叶乔木,树高可达15~20米,树冠可达15米,棘刺粗壮。

由上可知,杜甫种的枸杞树被棘刺、粗壮、树冠高大的鸡栖树(皂角树)包围压迫得抬不起头来,阻碍枸杞生长。杜甫很愤慨,要给枸杞树开拓生存空间,他拿着小斧子边砍伐鸡栖树,边愤愤不平地骂道:枸杞是我老杜种的,看鸡栖树能把你(枸杞)怎么样!我现在才知道像鸡栖树(皂角树)这类不成材的东西,现在却生长得很繁茂。

## 湛处士枸杞架歌

(唐)皎 然 [11]

天生灵草生灵地,误生人间人不贵。
独君井上有一根,始觉人间众芳异。
拖线垂丝宜曙看,裴回满架何珊珊。
春风亦解爱此物,裊裊时来傍香实。
湿云缀叶摆不去,翠羽衔花惊畏失。
肯羡孤松不凋色,皇天正气肃不得。
我独全生异此辈,顺时荣落不相背。
孤松自被斧斤伤,独我柔枝保无害。
黄油酒囊石棋局,吾羡湛生心出俗。
撷芳生影风洒怀,其致僚然此中足。

## 井上枸杞架

（唐）孟　郊 [12]

深锁银泉甃，高叶架云空。

不与凡木并，自将仙盖同。

影疏千点月，声细万条风。

迸子邻沟外，飘香客位中。

花杯承此饮，椿岁小无穷。

唐代大诗人皎然《湛处士枸杞架歌》、孟郊《井上枸杞架》歌咏的都是人工种植培育的枸杞，也反映了一些地方的枸杞还需要进行人工搭架栽培。

## 杞菊赋并序

（唐）陆龟蒙 [13]

天随子宅荒少墙，屋多隙地，著图书所，前后皆树以杞菊。春苗恣肥，日得以采撷之，以供左右杯案。及夏五月，枝叶老硬，气味苦涩，旦暮犹责儿童辈拾掇不已。人或叹曰："千乘之邑，非无好事之家，日欲击鲜为具以饱君者多矣。君独闭关不出，率空肠贮古圣贤道德言语，何自苦如此？"生笑曰："我几年来忍饥诵经，岂不知屠沽儿有酒食邪？"退而作《杞菊赋》以自广云。

惟杞惟菊，偕寒互绿。或颖或茗，烟披雨沐。我衣败绨，我饭脱粟。羞惭齿牙，苟且粱肉。蔓延骈罗，其生实多。尔杞未棘，尔菊未莎。其如予何！其如予何！

陆龟蒙《杞菊赋并序》就是记述自家"前后皆树以杞菊"的"杞菊园子"的。

### 药　园

(唐)司空曙 [14]

春园芳已遍，绿蔓杂红英。

独有深山客，时来辨药名。

司空曙的"药园"诗说明，唐代有专门种植枸杞等中草药的药园子，司空曙是到药园中观赏分辨各种中草药的。

唐代的枸杞栽培是与私人的药园联系在一起的。杜甫、陆龟蒙、司空曙等写明歌咏的是自家种植的枸杞园子或种有枸杞的药园子、杞菊园子等。

## 第四节　宋元时期的枸杞种植

宋元时期，枸杞人工种植业已相当发达，枸杞种植方式多种多样。其中，枸杞实行园圃栽培，可以达到精耕细作，提高产量与品质。

北宋都城开封有皇家园林"艮岳"，"艮岳"里就有专门种植参、术、杞、菊等药用植物的药园子。宋代张淏著《艮岳记》[15]说："宋徽宗登极之初，皇嗣未广，有方士言：'京城东北隅，地协堪舆，但形势稍下，傥少增高之，则皇嗣繁衍矣。'上遂命土培其冈阜，使稍加于旧矣，而果有多男之应。自后海内乂安，朝廷无事，上颇留意苑囿。政和间，遂即其地，大兴工役筑山，号寿山艮岳，命宦者梁师成专董其事。……其西则参术杞菊黄精川芎，被山弥坞，中号药寮，又禾麻菽麦黍豆粳秫，筑室若农家，故名西庄。"

北宋科学家沈括在《梦溪笔谈》[16]中说："枸杞，陕西极边生者，甘美异于他处者。"宋代宁夏地属陕西路，位于陕西行省的西北边陲，沈括指的"陕西极边"就是指今宁夏，沈括说宁夏生产的枸杞子味道"甘美异于他处"。

宋人陈元靓撰《博闻录》载：种枸杞法，秋冬间收子，净洗，日干。春耕熟地作畦，阔五宋寸。纽草稕如臂大，置畦中，以泥涂草稕上，然后种子，以细土及牛粪盖，令匀。苗出，频浇之。又可插种。（元鲁明善著《农桑衣食撮要·卷之六》）[17]。

宋金时期的《务本新书》载：枸杞宜故区畦种。叶作菜食。子根入药。新添：秋收好子，至春畦种，如种菜法。又，三月中苗出时，移栽，如常法。伏内压条，特为滋茂。一法：截条长四五指许，掩于湿土地中，亦生。（元鲁明善著《农桑衣食撮要·卷之六》）

元代鲁明善撰《农桑衣食撮要》[18]对枸杞种法有明确记载：种枸杞，锄肥熟地，作平畦。纽草（细草）稕如臂大，铺填于畦中，以泥涂稕上，然后种子。用细土及牛粪覆，令匀。苗出，频浇之。春间嫩芽叶可作菜食。

元代王祯《农书》[19]对枸杞种植亦有详细记述。《农书·卷十》载："种枸杞法：秋冬间收子，净洗，日干。春耕熟地作畦，阔五寸，纽草稕如臂大，置畦中。叶作菜食。子根入药，轻身益气。"

王祯《农书》不但对枸杞的种植总结出了具体技术规范，还对枸杞的名称、采摘、史迹进行了追索。《农书》载：枸杞，尔雅云""枸杞（檵），注云枸杞也。"《诗经·小雅·四牡》云：集于苞杞。防云：一名地骨，春夏采叶，秋采茎实，冬采根。枸杞千岁，其形如犬。朱孺子，防事道士王元正，居大若岩。汲于溪，见二花犬，因逐之入于枸杞丛下，掘之根，形如二犬。食之，忽觉身轻。

宋元时期，由于枸杞种植方式的改善，使枸杞产品质量大为提高。宋元社会名流、文人雅士多喜自己种植枸杞园圃，观赏服食，并为枸杞园圃写下了许多名作。

## 小圃五咏·枸杞

### （宋）苏　轼[21]

神药不自闷，罗生满山泽。

日有牛羊忧，岁有野火厄。

越俗不好事，过眼等茨棘。

青蕤春自长，绛珠烂莫摘。

短篱护新植，紫笋生卧节。

根茎与花实，收拾无弃物。

大将玄吾鬓，小则饷我客。

似闻朱明洞，中有千岁质。

灵庞或夜吠，可见不可索。

仙人倘许我，借杖扶衰疾。

苏东坡歌咏的《小圃·枸杞》，其"小圃"就是自家种植的枸杞园子，枸杞园子周围还种植上"短篱护新植"的篱笆墙。

## 治圃杂书二十首

### （宋）方　回[22]

灯花昨夜饶，喜事集今朝。

新立蒲萄架，初尝枸杞苗。

天清诗眼豁，春暖酒痰消。

更复得奇石，数峰昂碧霄。

方回的"初尝枸杞苗"诗为《治圃杂书二十首》之一，知"初尝枸杞苗"为园圃种植枸杞。

## 后杞菊赋并序

(宋)苏 轼

天随生自言,常食杞菊。及夏五月,枝叶老硬,气味苦涩,犹食不已。因作赋以自广。始余尝疑之,以为士不遇,穷约可也,至于饥饿,嚼啮草木,则过矣。而余仕宦十有九年,家日益贫,衣食之奉,殆不如昔者。及移守胶西,意且一饱,而斋厨索然,不堪其忧。日与通守刘廷式循古城废圃,求杞菊食之,扪腹而笑。然后知天随生之言可信不谬。作《后杞菊赋》以自嘲,且解之云。

吁嗟先生,谁使汝坐堂上,称太守。前宾客之造请,后掾属之趋走。朝衙达午,夕坐过酉。曾杯酒之不设,揽草木以诳口。对案颦蹙,举箸噎呕。

昔阴将军设麦饭与葱叶,井丹推去而不嗅。怪先生之眷眷,岂故山之无有?先生听然而笑曰:人生一世,如屈伸肘。何者为贫?何者为富?何者为美?何者为陋?或糠核而瓠肥,或梁肉而黑瘦。何侯方丈,庾郎三九。较丰约于梦寐,卒同归于一朽。吾方以杞为粮,以菊为糗。春食苗,夏食叶。秋食花实而冬食根,庶几乎西河南阳之寿。

从苏轼的"日与通守刘廷式循古城废圃,求杞菊食之",再次证明宋代枸杞实行园圃(废圃)种植。

## 食枸杞菊

(宋)陈 棣 [23]

君不见天随有宅松江曲,屋隙墙阴多杞菊。
课儿采掇入杯盘,匕箸芳香胜梁肉。

## 第二章 古代枸杞种植史

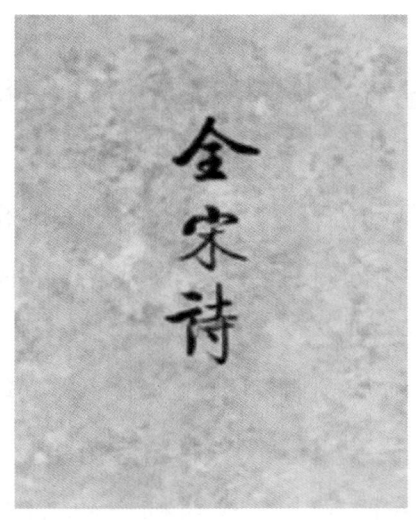

图 2-6 《全宋诗》
(图片提供 周兴华)

又不见坡公昔佩刺史符，宾客少至无与娱。
偶餐杞菊作后赋，扪腹噎哎犹轩渠。
散人枯肠真食杞，居士戏笔聊尔耳。
胶西自古号侯邦，斋厨纵乏宁需此。
我今作掾长苦饥，一区不异耕田时。
太仓红腐才五半，举家食粥宁忍炊。
颍城草木迷荒榭，绿颖芳苕罗舍下。
官闲撷取芼春羹，未棘未莎皆不赦。
三年享此似无餍，二者谁云不可兼。
行趣归装耕谷口，此物犹堪馌南亩。

陈棣为官"三年"，利用"官闲"之机，采摘"杞菊"服食。他认为枸杞"堪馌南亩"，准备到"谷口"去耕种枸杞了。

## 第五节  明清时期的枸杞种植

明清二代，枸杞应用广泛，需求量大。枸杞种植户积中国枸杞4000年的种植传统，精选良种，精心栽培，讲究品质，讲究产量，讲究效益，枸杞开始受到广泛关注。

明清时期，枸杞施行园圃种植。明代《本草纲目》引《种树书》[24]说：枸杞，收子及掘根，种于肥壤中，待苗生，剪为蔬，食甚佳。

明代徐光启著《农政全书》[25]对枸杞种植进行了历史性的总结。

关于枸杞名称的来源与演变。《农政全书》载：《尔雅》曰："杞，枸。""今枸杞也。"一名枸棘，一名天精，一名地仙，一名却老，一名苦杞，一名甜菜，一名地节，一名羊乳。枸、杞，二木名；此木，棘如枸之刺，茎如杞之条，故兼称之。

关于枸杞的植物学特征与分布。《农政全书》载：枸杞处处有之。春生苗叶软薄，堪食。其茎干，高三五尺，丛生。六七月，开花，红紫色，随结实；微长，生青熟红，味甘美。根皮，名地骨皮。古以韦山为上，近以甘州者为绝品。今陕之兰州灵州以西，并是大树。子圆如樱桃，干时可作果食。

关于枸杞种植的技术规范。《农政全书》载，《种树书》曰：收子及掘根，种于肥壤中。待苗生，剪为蔬食，甚佳。《博闻录》曰：种枸杞法，秋冬间收子，净洗，日干。春耕熟地作町，阔五寸。纽草如臂大，置畦中。以泥涂草上，然后种子。以细土及牛粪盖，令遍。苗出，频水浇之。又可插种。《务本新书》曰：枸杞，宜故区畦种。叶作菜食，子根入药。秋时收好子，至春畦种，如种菜法。又三月中，苗出时，移栽如常法。伏内压条，特为滋茂。一法：截条长四五指许，掩于湿土地中亦生。

清初进步思想家唐甄（1630~1704年）著有《潜书》二卷[26]。据清王闻远《西蜀唐圃亭（即唐甄）先生行略》载：唐甄"僦居吴市，仅三数椽，萧然四壁，炊烟尝绝，日采废圃中枸杞叶为饭"。"废圃"即枸杞园圃。

**本章注释**

[1]《诗经》是中国古代诗歌开端，最早的一部诗歌总集，收集了西周初年至春秋中叶（前11世纪至前6世纪）的诗歌，共311篇，其中6篇为笙诗，即只有标题，没有内容，称为笙诗6篇（南陔、白华、华黍、由康、崇伍、由仪），反映了周初至周晚期约500年间的社会面貌。《诗经》的作者佚名，绝大部分已经无法考证，传为尹吉甫采集、孔子编订。《诗经》在先秦时期称为《诗》，或取其整数称《诗三百》。西汉时被尊为儒家经典，始称《诗经》，并沿用至今。诗经在内容上分为《风》《雅》《颂》三个部分。《风》是周代各地的歌谣；《雅》是周人的正声雅乐，又分《小雅》和《大雅》；《颂》是周王庭和贵族宗庙祭祀的乐歌，又分为《周颂》《鲁颂》和《商颂》。《诗经》内容丰富，反映了劳动与爱情、战争与徭役、压迫与反抗、风俗与婚姻、祭祖与宴会，甚至天象、地貌、动物、植物等方面，是周代社会生活的一面镜子。

[2] 罗振玉（1866~1940年）近代江苏淮安人，祖籍浙江上虞，字叔言、叔蕴，号雪堂，晚年更号贞松老人。清末奉召入京，任学部二等谘议官，后补参事官，兼京师大学堂农科监督。罗振玉是最早在甲骨学研究方面取得主要进展的学者。他从1906年起收集甲骨，总数近2万片，是早期收藏甲骨最多的藏家。亲自访求，判明甲骨的真实出土地——小屯。在甲骨文研究者中，罗振玉占有重要地位，为"甲骨四堂"之一，是甲骨学的奠基者。

[3]《说文解字》，简称《说文》。作者为许慎。此书是中国第一部系统地分析汉字字形和考究字源的字书，也是世界上很早的字典之一。《说文解字》是首部按部首编排的汉语字典。原书作于汉和帝永元十二年（100年）到安帝建光元年（121年），后因年代久远而失传。宋太宗雍熙三年，宋太宗命徐铉、句中正、葛湍、王惟

恭等同校《说文解字》,分成上下共30卷,奉敕雕版流布,后代研究《说文》多以此版为蓝本,如清代的段玉裁注释本即用此版《说文》为底稿而加以注释。《说文解字》原文以小篆书写,逐字解释字体来源。全书共分540个部首,收字9353个,另有"重文"(即异体字)1163个,共10516字。《说文解字》是科学文字学和文献语言学的奠基之作,在中国语言学史上具有极其重要的地位。

[4]《氾胜之书》,西汉晚期的一部重要农学著作,一般认为是中国最早的一部农书。《汉书·艺文志》著录作"《氾胜之》十八篇",《氾胜之书》是后世的通称。《氾胜之书》与《齐民要术》《农书》《农政全书》为中国古代四大农书。氾胜之(Fan Shengzhi),生卒年不详,大约生活在公元前1世纪的西汉末期。氾胜之是氾水(今山东曹县北)人,著名古代农学家。书中记载了黄河中游地区耕作原则、作物栽培技术和种子选育等农业生产知识。先秦诸书中多含有农学篇章,《氾胜之书》总结了当时黄河流域劳动人民的农业生产经验,对促进中国农业生产的发展,产生了深远影响,由此而闻名于世。氾书早佚,北魏贾思勰《齐民要术》多所征引。清人辑佚本以洪颐所辑为优。今人石声汉撰有《氾胜之书今释》、万国鼎撰有《氾胜之书辑释》。

[5]《经史证类备急本草》,简称《证类本草》,31卷。北宋唐慎微约撰于绍圣四年至大观二年(1097~1108年)。本书系将《嘉祐本草》《本草图经》两书合一,予以扩充调整编成。共载药1748种。药物分类大体沿袭《新修本草》旧例,仅将禽兽部细分为人、兽、禽3部。各药先出《本草图经》药图,次载《嘉祐本草》正文及《本草图经》解说文字,末附唐慎微续添药物资料。本书重在汇集前人有关药物资料,参引经史百家典籍240余种。所摘陈藏器《本草拾遗》、雷敩《雷公炮炙论》、孟诜《食疗本草》、李珣《海药本草》等古本草条文尤多,弥足珍贵。又辑众多医方,各注出处,为宋代本草集大成之作。其资料之富、内容之广、体例之严,对后世本草发展影响深远,《本草纲目》即以此书为蓝本。后世辑佚古本草,率多取材于此。

[6]《四时纂要》是中国古代的一部农书,唐末或五代初期韩鄂(一作韩谔)撰,仿《礼记·月令》体例,逐月列举应做的主要农事,对农村居民的生产活动及后世农家历的编纂很有影响。

[7]《千金要方》,又称《备急千金要方》《千金方》,是中国古代中医学经典著

作之一,共30卷,是综合性临床医著,被誉为中国最早的临床百科全书。唐朝孙思邈所著,约成书于永徽三年(652年)。该书集唐代以前诊治经验之大成,对后世医家影响极大。《千金要方》总结了唐代以前医学成就,书中首篇所列的《大医精诚》《大医习业》,是中医学伦理学的基础;其妇科、儿科专卷的论述,奠定了宋代妇科、儿科独立的基础;其治内科病提倡以"五脏六腑为纲,寒热虚实为目",并开创了脏腑分类方剂的先河;其中将飞尸鬼疰(类似肺结核病)归入肺脏证治,提出霍乱因饮食而起,以及对附骨疽(骨关节结核)好发部位的描述、消渴(糖尿病)与痈疽关系的记载,均显示了相当高的认识水平;针灸孔穴主治的论述,为针灸治疗提供了准绳,阿是穴的选用、"同身寸"的提倡,对针灸取穴的准确性颇有帮助。因此,《千金要方》素为后世医学家所重视。《千金要方》还流传至国外,产生了一定的影响。

[8]《千金翼方》,唐代医学家孙思邈撰,约成书于永淳二年(682年)。作者集晚年近30年之经验,以补早期巨著《千金要方》之不足,故名翼方。孙思邈认为生命的价值贵于千金,而一个处方能救人于危殆,以千金来命名此书极为恰当。《千金翼方》全书共30卷,北宋时期校正医书局对其传本予以校正,并刊行全国。内链变更宋代印本在明代以前失传了,所幸印版保存了下来,明朝万历年间,翰林院纂修官内链变更王肯堂奉万历皇帝之命篆刻了宋版《千金翼方》。《千金翼方》是我国历史上最重要的中医药典籍之一。

[9] 杜甫(712~770年),祖籍襄阳,河南巩县(今河南省巩义)人,字子美,自号少陵野老,世称杜工部、杜拾遗。杜甫是我国盛唐时期伟大的现实主义诗人,人称其为"诗圣",诗被称为"诗史"。著有《杜工部集》。

[10]《魏晋世语》,该书记录了魏晋间名人轶事,可补正史之缺,有一定史料价值。三国志裴注亦数次引用其文字。全书已佚。

[11] 皎然,俗姓谢,字清昼,湖州(今浙江吴兴)人,谢灵运十世孙。活动于唐上元(674年)至贞元(785年)年间。皎然多才多艺,对佛学、道学、茶事、茶理、茶道都有深刻研究,与颜真卿、灵澈、陆羽等和诗,多为送别酬答之作,情调闲适,语言简淡,是唐代著名诗僧、茶僧。皎然著有诗歌理论著作《诗式》。

[12] 孟郊(751~815年),字东野,湖州武康(今浙江德清县)人,祖籍平昌(今

山东德州临邑县),唐代著名诗人。孟郊少年时期隐居嵩山,清寒终身,为人耿介倔强,故诗多写世态炎凉,民间苦难。著有《孟东野诗集》10卷。孟郊与贾岛齐名,人称"郊寒岛瘦"。

[13] 陆龟蒙,字鲁望,自号江湖散人、甫里先生,又号天随子,长洲(今江苏苏州)人。活动于晚唐大中(847年)至中和(841年)年间,举进士不第,曾任湖、苏二州刺史之幕僚,后封左拾遗。陆龟蒙系晚唐著名诗人、文学家。编著有《笠泽丛书》4卷,还有《杂讽九首》《耒耜经》《小名录》《甫里集》等;宋代叶茵辑有《唐甫里先生文集》。

[14] 司空曙,广平(今河北省广平县)人,字文初,或作文明。大历年间进士,磊落有奇才,曾官主簿。永泰二年至大历二年为左拾遗。贞元初官至虞部郎中。司空曙系唐代诗人,大历十才子之一。

[15]《艮岳记》宋张淏撰。张淏有《会稽续志》,已著录。此书取徽宗御制《艮岳记》及蜀僧祖秀所作《华阳宫记》,各撷其略。首叙朱勔扰民之事,又称越十年,金人南侵,台榭宫室,悉皆拆毁,官不能禁。其大意亦与祖秀同耳。

[16] 沈括(1031~1095年),字存中,号梦溪丈人,汉族,浙江杭州钱塘县人,北宋政治家、科学家。沈括嘉祐八年(1063年),进士及第。宋神宗时参与熙宁变法。元丰三年(1080年)出知延州,兼任鄜延路经略安抚使,驻守边境,抵御西夏。晚年移居润州(今江苏镇江),隐居梦溪园。沈括在众多学科领域都有很深的造诣和卓越的成就,著有《梦溪笔谈》,集前代科学成就之大成,在世界文化史上占有重要地位。

[17][18] 鲁明善(1271~1368年),名铁柱,高昌(今新疆吐鲁番东20余里的哈拉和卓堡)人,生活于元代后期,是元代杰出的维吾尔族农学家。他继承和发展了我国周秦以来的农本思想,他认为"农桑是衣食之本。务农桑,则衣食足;衣食足,则天下可久安长治。"鲁明善编撰刊印了《农桑衣食撮要》,对元代农业生产的恢复和发展,起了一定的作用。

[19] 王祯(1271~1368年),字伯善,元代东平(今山东东平)人。中国古代农学家、农业机械学家、道家学者。王祯于元成宗元贞元年(1295年)任宣州旌德县(今安徽旌德)县尹,元成宗大德四年(1300年)调任信州永丰县(今江西广丰)县

尹。王祯继承了传统的"农本"思想,"以身率先于下""亲执耒耜,躬务农桑",劝农工作政绩斐然。王祯著有《王祯农书》(《农书》),与汉代的氾胜之、后魏的贾思勰、明代的徐光启齐名,是中国古代著名的四大农学家之一。

[20]《农桑通诀》属于《王祯农书》部分之一,《农桑通诀》则相当于农业总论,首先对农业、牛耕、养蚕的历史渊源作了概述;其次以《授时》《地利》两篇来论述农业生产根本关键所在的时宜、地宜问题;最后以从《垦耕》到《收获》等7篇来论述开垦、土壤、耕种、施肥、水利灌溉、田间管理和收获等农业操作的共同基本原则和措施。

[21] 苏轼(1037~1101年),字子瞻,又字和仲,号"东坡居士",汉族,北宋眉州眉山(今四川省眉山市)。官至翰林学士、知制诰、礼部尚书。北宋中期文坛领袖,唐宋八大家之一。著有《东坡七集》《东坡易传》《东坡乐府》等传世。

[22] 方回(1227~1305年),字万里,别号虚谷,汉族,徽州歙县(今属安徽黄山市)人,宋景定年进士。为宋元诗论家(见《中国文学史·元代文学》)。后降元,节操无可言者。著有《瀛奎律髓》49卷。

[23] 陈棣,字鄂父,宋代青田(今浙江青田)人,约宋高宗绍兴十年(1140年)前后在世。尝为桐川掾,官至潭州通判。著有《蒙隐集》二卷。

[24]《种树书》是明代俞贞木创作的农书。

[25]《农政全书》成书于明朝万历年间,基本上囊括了中国明代农业生产和人民生活的各个方面,其中又贯穿着一个基本思想,即徐光启的治国治民的"农政"思想。贯彻这一思想正是《农政全书》不同于其他大型农书的特色之所在。

[26] 唐甄(1630~1704年),初名大陶,字铸万,号圃亭,四川省达县(今四川达州市通川区蒲家镇)人。唐甄与王夫之、黄宗羲、顾炎武并称明末清初"四大著名启蒙思想家"。唐甄认为:"立国之道无他,唯在于富。自古未有国贫而可以为国者。夫富在编户,不在府库。若编户空虚,虽府库之财积如丘山,实为贫国,不可以为国矣。"(《潜书·存言》) 唐甄认为:"养民之道,必以省官为先务"(《潜书·省官》),"为政之道,必先田、市。"(《潜书·普施》)"山林多材,池沼多鱼,园多果蔬,栏多羊豕。"(《潜书·达政》)著有《潜书》2卷,集中反映了他的社会政治启蒙思想。

# 第三章　现代枸杞栽培史

## 第一节　中华民国年间的枸杞栽培

中华民国年间，宁夏中宁县大部分农户在自己的地里种植枸杞，面积大都是3~5亩，四周要用黄土筑起半人高的围墙围起来，形成园子，由此叫作"茨园子"或"枸杞园子"。筑墙建园的目的与其他果树园子一样，是为了拦挡牲畜、猪羊等进入园内，对枸杞树苗造成破坏。猪进入园内会拱吃枸杞树根。牛骡马进入枸杞园内会啃枸杞绿叶。羊只，尤其是山羊进入枸杞园内，非常喜欢啃枸杞嫩软的枝条——而那嫩软的枝条恰恰是枸杞开花结果的关键部位。

图3-1　20世纪70年代的枸杞园

（图片提供　杨月凤）

其间最具传奇彩色的是"大麻叶"优良品种的发现以及杞农张佐汉多年对种植枸杞的经验积累。

宁夏在中华民国时期种植枸杞时，其母本99%是枝条短，针刺多，果实小。树高出头顶，果形有圆形和两头尖形。1920年，宁夏中宁县康滩乡长桥村四队有个枸杞种植户在自己的枸杞园里发现了3株鹤立鸡群的枸杞树，这3株枸杞树与另外的枸杞树相比，个头高出了一半，枝条也长出了一倍，叶片也大出一倍。果实不是通常的圆形或两头尖形，而是比其他枸杞树上大出一倍多的长形果，结的果实也比其他树上多出许多。这3株枸杞树开始育苗繁殖后，引起枸杞种植户的关注。

由于喜爱钻研，上桥村枸杞种植户张佐汉攒够了120个银元，一次性买了370株这种枸杞苗，在自己家的田地里新栽了3亩，四周打上半人高的围墙围起来。张佐汉虽然没有文化，但他是一个非常有心的人，从小对枸杞情有独钟。他以3亩优质枸杞树为基地，系统摸索总结枸杞种植经验。这些枸杞的叶片像大麻叶形状，种植户就起名为"大麻叶"枸杞。

"大麻叶"枸杞枝条又柔又长，按照传统的圆顶半圆形树形剪定，发挥不出它高产优质的优点。张佐汉通过近10年的摸索，总结出了"大麻叶"枸杞树配套栽培管理措施——适宜的"三层楼"修剪法：一棵枸杞树从头到尾，修剪成三层平台式形状，每层之间有30~40厘米的空隙，既有利于通风采光，还有利于枸杞树新枝条成长。就如同三层楼房，故而称作"三层楼"修剪法。

张佐汉还摸索出了施用哪种肥料，枸杞能够产量高；采用哪种办法防治枸杞树上的害虫效果最好。张佐汉在民国年间培育出的"大麻叶"枸杞优良品种，成为日后枸杞优良品种培育的母本。枸杞"三层楼"修剪法一直沿用至今。1952年，张佐汉获宁夏省人民政府

图 3-2 传统枸杞栽培传承人——张佐汉
（图片提供 杨月凤）

"爱国丰收奖"；1953年，获甘肃省人民政府"农水牧先进工作者"，（1953年宁夏行政区域划归甘肃，1958年宁夏从甘肃省划出成立了宁夏回族自治区）1959年获中华人民共和国中央人民政府"全国劳动模范"称号。

## 第二节 20世纪50年代第一部枸杞专著的问世

1958年，人民公社"大跃进"。这一年虽然中宁县枸杞全县大丰收，但每个生产队管理枸杞的人经验不一样，因此各个生产队枸杞的产量也相差很大。当时在中宁县农业部门工作的闫福寿，萌生了要把中宁县各生产队最好的枸杞种植经验总结出来的想法。他利用农村工作的便利，跑遍了中宁黄河两岸种植枸杞的各公社、大队和生产队，找到了一些最具代表性的枸杞种植老人，向他们一一询问枸杞种植经验。

1958年年底，闫福寿写出了《中宁枸杞传统种植经验》一书，总结出了中宁枸杞传统栽培经验。考虑到自己是一个没有种过枸杞的年轻人，为了经得起检验，1959年枸杞种植季节，闫福寿把整理出来的栽培经验，拿到各种植点进行验证。

对于自己的书，到底发表时用什么名称最合适？经过再三斟酌，闫福寿认为这个枸杞种植经验虽然是中宁枸杞的种植经验，但当时枸杞是宁夏推出的第一宝，用"宁夏的枸杞"适合对外宣传，所以他把总结出的中宁枸杞传统种植经验命名为《宁夏的枸杞》。该书于1959年11月由宁夏人民出版社公开出版。

《宁夏的枸杞》一共总结了13个方面枸杞种植生产经验。

### 1. 枸杞的最主要特征

枸杞清明时节开始萌芽，立夏时叶片展开，小满到大暑叶腋陆续开出紫红色小花，芒种到立秋陆续结果并成熟。枸杞一般栽植后3年开始结果。结果期为30~50年。枸杞一年有春、夏、秋3次生长过程。

### 2. 种植枸杞地块选择的经验

种植枸杞的地块宜选择地势较高、排灌方便、土壤肥沃、稍微带有碱性的土壤。

### 3. 种植枸杞的品种类型

宁夏枸杞自野生到家种，经过漫长的种植过程。由于天然杂交和各个种植户的初步选育，到1960年前后，宁夏枸杞在原产地中宁县，说不清到底有多少种。只能依树形分，有软条茨、硬架茨两种类型；依叶色分，有黑叶和小黄叶两种类型；依果形分有长圆形、圆形和两头尖三种类型。

#### 4. 枸杞苗木繁殖经验

有分株法（又叫根蘖法）、压条法、播种法和借力法 4 种繁殖方法。其中枸杞种植户新栽的苗木 90% 以上的都是用分株法繁殖的，也就是根蘖繁殖法。

#### 5. 枸杞的种植密度经验

枸杞的种植密度主要有：2.5 米×2.5 米，亩栽植 107 株；2.0 米×2.3 米，亩栽植 145 株两种种植密度。

#### 6. 枸杞园的土壤管理经验

枸杞园的土壤管理采取清耕管理，谷雨前后翻晒一次，深 10.0~16.7 厘米。5 月到 7 月在忙种后，小暑各中耕除草一次。立秋后深翻一次，深 16.7~23.3 厘米。

#### 7. 枸杞园的灌水管理经验

枸杞喜水又怕水。灌溉以勤灌浅灌最为适宜。灌水时期，立夏后灌第一水，等地皮干后灌第二水。在采果期间，遇天旱时，每隔 5~6 天灌水一次，雨多时，每隔 10~12 天灌水一次。立秋后灌一次，白露时灌一次，立冬时，灌冬水一次。

#### 8. 枸杞园的施肥经验

枸杞的施肥以青豆最好。除了青豆以外，一般还有油饼、羊粪、人粪尿、炕土等作肥料。施肥标准：一般每株施青豆 1.5~2.5 千克，或油饼 4~5 千克，人粪 6.5~7.5 千克，人尿 9~10 千克，炕土 50 千克。施肥时间：青豆一般在霜降后、冬灌前施入，炕土在谷雨后灌水前施入。

#### 9. 枸杞树形培养的经验

枸杞树形主要有两种，分别是空顶半圆形和三层圆锥形。其中，硬架茨适合培养空顶半圆形，软条茨适合培养三层楼。这两种树形如何培养见《宁夏的枸杞》一书。这两种树形的培育相同的一点是：

树形的培育从栽植后的第二年开始。在生产中，空顶半圆形占95%以上。

### 10. 枸杞树的修剪经验

经过近千年家化培育的宁夏枸杞，在长期的实践中，被中宁人总结出来的枸杞树修剪经验是修剪时间分冬季剪定和夏季剪定两个阶段。夏季剪定，每年从清明到立秋。冬季剪定分两次进行，第一次在立秋后到落叶前；第二次在谷雨前后（发芽时）。修剪内容：夏季剪定，为了控制发育，促进结果，在夏季生长期生长的油条（有用的除外）和根部根蘖的枝条，一律修剪掉。冬季剪定的第一次很重要，不但关系着树形的生长，而且直接影响到产量。修剪精髓用当时大家共同认可的一首歌谣表达，是："剪横不剪顺，膛里要抽空；密处行疏剪，稀处留油条；短截着地枝，旧处换新梢；取掉针刺枝，勤剪保树形。"冬季剪定的第二次，时间在枸杞发芽的初期，主要是弥补冬季第一次剪定之不足，修剪树冠枝条不均匀处，还要剪掉冬季的冻干枝和针刺枝。

### 11. 枸杞害虫防治的经验

虫害对枸杞产量和质量的影响是非常严重的，有些年份受害率达80%以上。当时已认知的害虫有蚜虫（俗称"绿蜜"）、白蛆（俗称"果蛆"）、壁虱（瘿螨）、木虱（猪嘴蜜）、蛀心虫（羊毛蜜）、负泥虫（也叫"稀屎大蜜"）、红跑蜜、花跑蜜、卷叶虫。防治方法当年主要有：（1）农业措施，主要是通过及时修剪油条，把生活在油条上的害虫带出枸杞园外，再就是夏季采果前后通过泼水洗茨把害虫淋洗下去；（2）化学措施，蚜虫用6%的可湿性666粉或666粉加烟草水或烟草水、棉皂水喷洒树冠进行防治；白蛆用666粉施入土壤进行防治；其他害虫采用防治蚜虫的方法进行防治。

**12. 鲜果采收经验**

枸杞鲜果颜色变红时开始采摘。采摘时挑选色泽鲜红、果皮发亮、果蒂疏松的果子先采。鲜果不能采得过早，也不能过晚。过早采摘的鲜果干燥后变黄，过晚采摘的鲜果干燥后变紫黑色（紫黑色的果实又叫油果）。采摘间隔期，每隔5~7天摘果一次。每个采果季节，可摘果8~9次。

**13. 鲜果干燥经验**

宁夏枸杞的干燥经验是采回的鲜果，不能挤压，需及早摊在果栈子上晾晒。鲜果摊得厚度一般是1.5~3.0厘米，先在阴凉处放一昼夜，使水分蒸发，果皮发缩，然后在日光下晒干。初晒时中午日光太强，中午需遮盖2~3天。凉晾时间8~10天。

## 第三节 20世纪60年代枸杞栽培技术的研究

20世纪60年代以前，枸杞只有宁夏中宁县种植，大量出口到东南亚。出口1吨枸杞，可换回300吨小麦、450吨尿素、15吨钢材。1954~1958年，枸杞栽培面积只占中宁全县耕地的3%，产值却要达到14.9%~17.6%。

由于外贸和药用效益，中宁枸杞的经济效益受到了宁夏回族自治区人民政府的高度重视，决定要大面积推广枸杞种植。

1961年，中华人民共和国国务院确立宁夏中宁县为"枸杞基地县"，宁夏科委要求宁夏农科所（宁夏农林科学院前身）组织技术人员和专家到中宁县，一方面总结提高宁夏枸杞传统种植经验，把中宁枸杞传统种植经验上升为宁夏枸杞栽培技术，用于指导全宁夏枸杞的推广；另一方面组织科技人员解决制约枸杞产量无法提高的病虫害防治问题，尤其是解决当时在枸杞生产上危害严重的枸杞蚜虫、枸杞实蝇、枸杞红跑蜜 3 大害虫。

## 一、枸杞生物学特性的研究

1962~1965 年，宁夏农科所（宁夏农林科学院前身）科技人员通过 3 年时间的研究，搞清楚了枸杞生长发育与生态因子的关系。

（一）气温达到多少度，枸杞树地上部开始萌芽、展叶、新梢生长、现蕾、开花、结果以及果实成熟；气温达到多少度，枸杞树地下部新生吸收根开始生长、开始加快生长；气温降到多少度枸杞根系停止生长。

（二）枸杞生长的水分条件是有排灌条件，地下水位在 1.2 米以下，在生长结实季节土壤含水量在 16%~20%。

（三）枸杞对土壤要求不严，许多类型的土壤都能生长。枸杞耐盐碱能力比较强。

（四）枸杞是强阳性树种，生长发育需要充足的光照。

## 二、枸杞品种的研究

1965 年，宁夏政府有关部门邀请中国科学院遗传研究所研究人员来宁夏，对宁夏枸杞传统种植经验时期的枸杞进行分类。依据枸杞叶片大小颜色、枸杞鲜果形状颜色和枸杞的树架特点分为 3 个类型、12 个品种，其中尖头黄叶、圆果和黄果 3 个枸杞品种可作为今后育种的原始材料；大麻叶枸杞、小麻叶枸杞和白条枸杞抗病虫能力较强，丰产优质，可作为良种推广。在枸杞传统栽培技术时期，由于苗木繁殖方法采用根蘖繁殖和种子繁殖，在生产上大麻叶枸杞、小麻叶枸杞和白条枸杞实际推广数量很少。

### 三、枸杞苗木繁殖技术研究

枸杞苗木繁殖技术研究主要是验证枸杞传统种植经验时期的枸杞分株法、种子育苗法和嫁接法。从20世纪60年代开始到70年代，研究获得成功。钟钰元于1978年先后在《宁夏农林科技》和《枸杞研究》刊物上发表了论文《枸杞枝条扦插育苗试验》。

### 四、枸杞种植土壤的试验

20世纪60年代开始枸杞种植土壤的试验。这项试验分两个层次进行，一是对枸杞传统种植经验时期公认的种植土壤进行验证试验。通过试验证实枸杞栽植土壤以轻壤和沙壤最好。二是对淡灰钙等土壤进行种植试验。通过试验得出的结论是只要加强培肥地力，淡灰钙土壤可适于栽种枸杞。淡灰钙土壤栽种枸杞成功，为宁夏和西北枸杞主产区后来的发展提供了广阔的空间。

### 五、枸杞种植密度的试验

从1964年到1994年，开展了枸杞种植密度的试验。试验的密度从枸杞传统种植经验时期的亩栽植107株到亩栽植595株。通过大量的试验得出的结论是人工操作管理，不变密度以行株距2.0米×1.5米，可变密度以2米×1米为宜。机械操作管理以3米×1米为宜。

### 六、枸杞施肥试验

从1962年到1985年，开始枸杞施肥试验。通过试验得出基施肥产量以羊粪最好，其次是青豆、炕土、油渣和大粪。施肥量，中宁成龄枸杞每株施羊粪10~15千克、油渣1.0~1.5千克、炕土40~50千克。宁夏农科所成龄枸杞每株施杂粪30~35千克、油渣0.5~1.0千克。1975~1985年钟铚元等人开展了枸杞追肥试验。通过试验得出的结论是：地面追肥整个生长季节分2~3次进行。第一次4月下旬到5月上旬，肥料主要用尿素；之后6月初和7月各追施一次氮、磷、钾复合肥。叶面追肥是将氮、磷、钾三元素复合肥配成0.5%水溶液，喷在树冠上。

## 七、枸杞园土壤管理试验

从1962年开始，通过试验证实枸杞传统种植经验中的土壤管理科学合理。

## 八、枸杞园灌水试验

从1962年开始，开展枸杞园灌水试验，通过试验得出的结论是：枸杞整个生长期间灌水分三个阶段。采果前的生长结实期灌水3~4次；采果期一般每采1次或2次果实灌水一次；秋季生长期灌水3次。

## 九、枸杞病虫害防治试验研究

枸杞病虫害防治试验的研究，从1962年开始，一直延续到1986年。1962~1965年对枸杞瘿螨、枸杞蚜虫、枸杞木虱、枸杞实蝇的研究。1982~1986年对枸杞锈螨（学名枸杞刺皮瘿螨）的研究。枸杞主要病虫害防治的试验成功对后来宁夏枸杞和西北枸杞主产区的大发展提供了坚实的保障。

## 十、枸杞修剪技术的试验

从1963年开始开展枸杞修剪试验。通过试验研究得出的结论：不论是枸杞树形的培养、修剪时间，还是修剪内容与枸杞传统种植经验的修剪方法改进不大。

（一）树形一般分"一把伞"。"三层楼"和"圆头形"3种。在树形的培养上枸杞传统栽培技术比枸杞传统种植经验最大改进是：枸杞传统栽培技术在树形的培养是从种植当年开始，而枸杞传统种植经验是从种植的第二年开始。

（二）修剪时期与枸杞传统种植经验时期没有变化。

（三）修剪内容。春季修剪与枸杞传统种植经验时期无差别。夏季修剪同样于枸杞传统种植经验时期，关键是如何控制和利用徒长枝。秋季修剪与枸杞传统种植经验时期，最大的区别是为了不使树冠上部秃顶，在不影响已成形树体高度的原则下，短截徒长枝，保留数条徒长枝，以利发枝，补充树冠。

## 十一、枸杞鲜果干燥试验

枸杞鲜果干燥技术试验分两个时间段：第一时间段为20世纪60年代，主要是验证枸杞传统种植经验；第二个阶段是从1974~1994年，主要是试验烘房烘干技术和引进鲜果脱蜡剂。通过试验热风隧道烘干比自然晾晒缩短一半干燥时间。引进鲜果脱蜡剂，宁夏农科所试验基地引进了油脂冷浸脱脂剂；中宁县引进了食用碱精脱蜡剂。枸杞鲜果脱蜡剂的成功引进，不论是采用热风隧道烘干，还是自然晾晒干燥时间均缩短了一半，大颗粒枸杞红果率提高30%以上。经过验证得出的结论与枸杞传统种植经验时期无差别。

## 第四节　20世纪70年代枸杞栽培技术的推广

随着宁夏科技人员对枸杞传统种植经验的大量验证试验和枸杞主要病虫害防治试验研究取得的进展，到20世纪70年代初期，宁夏枸杞传统栽培技术逐渐趋于成熟。从此，生产上再不是以一项或者两项技术进行推广，而是进入到以配套的技术进行推广的时期。

这期间以秦国峰总结发表的《中宁枸杞丰产经验》为蓝本，1972年由宁夏回族自治区农业科学研究所编著、宁夏回族自治区医药公司翻印、以内部资料编著了《宁夏枸杞栽培技术》一书。

宁夏枸杞传统栽培技术出现以后，在宁夏农科所试验基地、南梁农场等国营农林场，以场组织生产技术推广单位进行推广。

1976年，由宁夏回族自治区农业科学研究所和中宁县农业技术推广站联合以内部资料编著了《中宁枸杞栽培技术》一书。枸杞传统栽培技术在中宁县以农业技术推广站和枸杞生产管理站（该站于1981年恢复）负责推广实施。

宁夏枸杞传统栽培技术从归纳、总结、试验、产生到推广，时间长度大约为25年时间，到1996年，宁夏枸杞的产量平均亩产在35~50千克。[1] 中宁县的平均亩产在30.0~72.5千克。[2]

宁夏枸杞传统栽培技术在生产上推广后，新栽枸杞的结果年限，仍然延续枸杞传统种植经验的"一年栽苗、二年足干、三年留枝、四年结果"的现状。宁夏枸杞传统栽培技术时期，小面积成龄枸杞平均最高亩产是中宁县舟塔乡潘营村双明生产队：1974~1977年，44.6亩，成龄枸杞平均亩产138.0~154.8千克，其中24亩成龄枸杞1976~1977年平均亩产超过250千克。[3] 宁夏农科所试验基地，1975

年 108 亩成龄枸杞平均亩产 181 千克。其中 6.5 亩枸杞平均亩产 257 千克。[4]

为什么有如此好的技术在生产上做支撑，而对生产发挥的作用又不大呢？分析原因主要有以下 4 个方面。

## 一、枸杞扦插育苗技术未能在生产中及时推广

1978 年出版的《枸杞》一书介绍了扦插育苗的程序和技术。钟铚元 1979 年在《宁夏农林科技》上发表了论文《枸杞无性繁殖植株生长和结果性状的试验研究》。枸杞扦插苗木较大面积栽种到生产的时间是 1992 年中宁县在舟塔乡靳崖村一队，种植面积只有 27.6 亩。原因是宁夏枸杞传统栽培技术时期由于根蘖繁殖成本低，容易繁殖；种子苗繁殖量大，所以在生产上栽植的枸杞苗木绝大部分都是根蘖苗和种子苗。尤其是根蘖苗越是劣质，品种繁殖系数越大。种植单位和种植户为了省钱，栽种根蘖苗，导致了生产上品种严重混杂。生产上品种严重混杂是枸杞传统栽培技术时期产量不高的主要原因之一。

## 二、优良品种在生产上推广的数量太少

虽然枸杞优良品种大、小麻叶和白条枸杞 1965 年就已经确立下来，但由于苗木繁殖方法不能做到良种良法，所以保证品质的优良品种，大麻叶枸杞、小麻叶枸杞和白条枸杞自 1965~1995 年 30 年时间没有真正栽种在田间地头。枸杞传统栽培技术时期，宁夏枸杞优良品种绝对数量太少，甚至低于枸杞传统种植经验时期的比例，是枸杞传统栽培技术时期比枸杞传统种植经验时期成龄枸杞产量提高幅度不大的又一主要原因。

## 三、枸杞修剪技术没有重大突破

枸杞是一个特殊的木本树种。枸杞与其他果树相比，枝条在一个生长季节明显有二次生长过程，果枝有三次开花过程，并且果枝是无限花序。如何对这样一个特殊的灌木进行科学修剪，中宁县的前辈经过上千年的探索，才形成了传统的修剪经验。在枸杞传统栽培技术时期，虽然有比较多的南方籍科技人员进行多次修剪试验，但不论是树形培养、修剪时期，还是修剪内容，与枸杞传统种植经验时期相比，没有质的突破。所以，在幼龄枸杞结果的迟早上，也没有出现明显的变化。只是延续枸杞传统种植经验时期的1年栽苗、2年足干、3年留枝、4年结果的现状。枸杞修剪技术没有出现重大改进是枸杞传统栽培技术时期枸杞产量上升不大的又一主要原因。

## 四、采果前灌水次数多，造成落花落果严重

枸杞传统种植经验时期形成的经验是采果前灌水2次。灌水少，水中溶解的养分少，被根系吸收的养分和水分相对较少，养分和水分供应到各类枝条相对比较均匀，各类枝条生长缓慢，春七寸枝也发生落花落果，但落花落果不十分严重。枸杞传统栽培技术时期形成的技术是采果前灌水三四次。在采果前多灌水，造成的结果是强壮枝和徒长枝（油条）旺长，尤其是徒长枝的旺长。由于徒长枝自身具备顶端优势的先天条件，大量的水肥被徒长枝吸收。在采果前这段时间内，如果不能及时疏除徒长枝，有限的养分和水分就很难供应到果枝，尤其是很难供应到边生长边开花结果的春七寸果枝上。春七寸枝严重缺乏营养供应的后果，必然是先脱落掉一部分花果，才能保证另外一部分果实成熟。[5] 这就是枸杞传统栽培时期枸杞产量不高的另外一个主要原因：采果前灌水次数太多，落花落果严重。

图 3-3　20 世纪 70 年代青老之间传授枸杞栽培技术

（图片提供　杨月凤）

## 第五节　20 世纪 80~90 年代枸杞现代综合栽培技术的形成

### 一、宁夏枸杞现代综合栽培技术产生的原因

**（一）一年之内，中宁枸杞发生的重大变化**

1982 年，中国农村实行了承包责任制，农民在土地上重新获得了自主经营的权力。到 1985 年 4 月，中宁县新栽枸杞面积 3500 亩，总面积达到 8000 亩以上。但这样的好景仅维持到 1985 年 8 月下旬，由于市场开拓不足、价格回落、销售不畅等原因，农民丧失信心，中宁县出现了到处挖毁枸杞树的现象。到 10 月下旬，全县挖毁枸杞树的面积达到了 3600 亩，比 3 年栽得还多。

中宁县大面积挖毁枸杞的事情，惊动了宁夏药材公司和宁夏农业厅。宁夏药材公司和宁夏农业厅很快组成联合调查组,到中宁调查农民挖毁枸杞的原因。通过调查,他们得出的结论是:中宁县生产的枸杞颗粒太小、产量低,出售后入不敷出,枸杞种植户50%以上亏本,而且凡是挖枸杞的农户都是种枸杞亏本的大户。种植户普遍反应:新种植的枸杞树投入年限太长,3年以后才开始挂果,实在熬不住。

对于这样的现状,中宁县人民政府请示上级部门:能不能针对中宁县枸杞出现的问题出台扶持政策?自治区级科研单位能不能像20世纪60年代那样,派出技术力量到中宁县,对中宁枸杞出现的实际问题进行技术研究?

上级主管部门一时没有给出明确答复。

**(二)寻找原因**

1986年3月,针对中宁县枸杞的大量挖毁,中宁县政协和中宁县科协联合召开了"中宁枸杞到底怎么办"的研讨会。在研讨会上,有人说:"中宁枸杞上面都不管,我们要人就是枸杞生产管理站的两三个人。要钱没钱,只能随市场变化,自生自灭"。更多的人说:"中宁枸杞是中宁祖先留给中宁后代的一份珍贵的产业,我们不能当败家子,难道没有张屠户,就只能吃夹毛肉吗?"

最后决定:先调查清楚大量挖毁枸杞的真正原因,再决定怎么办。

1986年7月,中宁县枸杞生产管理站全站出动,用1个月时间在全县范围内进行调查。调查的结果主要有:一是枸杞种植户经营面积太分散。实行生产责任制时,全县4498亩成龄枸杞和213亩幼龄枸杞,平均分到28500户农民家中,户均分到枸杞0.17亩。1985年以后,新发展的枸杞种植户只有2000余户,经营面积太分散,枸杞种植户经营面积太小管理困难,没有把重心放在种枸杞上。二是绝大部分人不会种枸杞。自1958年以来,每个生产队有一两个人管理枸杞，一下变到几十个人都来管理枸杞。会管理枸杞的人少，一旦遇上枸杞病虫害大发生就束手无策。各家各户种枸杞的农民，全凭自己继承下的传统经验种枸杞，管理枸杞的技术差距大、产量低。三是推广的技术含量低，无法让新栽枸杞早结果、快结果。95%的枸杞种植户都是一年栽活苗、二年足主干、三年再留枝、四年才结果。生产责任制初期，农民手中有钱的人很少，看到这些新栽的摇钱树，时下卖不上好价格，投入几年到底怎么样，他们心中没底。所以他们不敢也不愿再投入大量资金和劳力，去等待新栽枸杞结果后再挣钱。四是枸杞树龄太大。通过调查发现，生产责任制时分到农民家里的枸杞树龄都在 30~50 年之间，并且有 30%以上的枸杞树龄超过 50 年。这些衰老期的枸杞树结出的枸杞虽然产量不是很低，但个头小，商品出等率低，卖价太低。五是品种严重混杂。生产责任制时分到一家一户的枸杞，大小麻叶优良品种的比例不足 10%。其中优良品种最高的舟塔乡上桥一队占到 26%，优良品种最低的生产队只有 3%~5%。新栽种的由县枸杞站负责培育的大麻叶品种种子苗木，1986 年夏天，有一半的苗木没有挂果。挂果的一半苗木良莠不齐，所结的果实有大有小。六是全县枸杞的平均卖价低。1985 年秋，宁夏每千克枸杞的售价在 4~14 元之间。中宁县 1985 年枸杞的售价在 2~3 元之间徘徊，每亩枸杞的毛收入在 300~600 元之间，而每亩枸杞的成本投入在 400~500 元，全县 80%以上种枸杞的人亏本。

通过调查得出的结论是：中宁农民挖毁枸杞，改种粮食作物，是不得已而为之。要改变这种枸杞生产现状，必须彻底改变生产上新栽枸杞结果迟、成龄枸杞质量差的现实，必须研究出与之配套的新的栽培技术，让种枸杞的农民比种粮食作物高 5 倍以上的收入，并且新种植的枸杞抚育年限短，农民才能有积极性种枸杞。否则，中宁枸杞只能自生自灭。

### (三)宁夏枸杞现代综合栽培技术试验研究从此拉开帷幕

找到中宁枸杞面临毁于一旦的原因之后,中宁县枸杞生产管理站于1986年年底起草了《振兴中宁枸杞的方案》,报中宁县农业局。在方案中提出振兴中宁枸杞的5条措施:一是在现有中宁枸杞园中选择和标记大麻叶良种,用标记后的大麻叶良种做扦插育苗的繁殖材料,用扦插育苗办法培育枸杞苗木;二是培育新的枸杞优良品种以及引进新的优良品种,用良种枸杞和优良品种枸杞替代现有杂劣枸杞,靠种植优良品种枸杞重新唤起中宁农民发展枸杞的信心;三是对传统枸杞栽培技术进行提升创新,用新的综合栽培技术代替传统的枸杞栽培技术;四是请求政府划拨从事育苗和实验的基地;五是请求政府给予一定的资金支持。

中宁县农业局收到报告后,于1987年2月划拨试验经费5000元,于1987年3月从中宁县良种繁殖场划拨土地6.2亩,作为试验基地。

中宁枸杞生产管理站收到中宁县划拨的5 000元试验经费后,一面进行全县枸杞生产的技术推广工作,一面开始了长达十几年的枸杞现代综合栽培技术试验研究工作。

## 二、枸杞现代综合栽培技术的产生及效果

### (一)从苗木良种良法繁殖入手

在中宁县上千年的枸杞种植过程中,枸杞种植者全部用根蘖繁殖苗发展枸杞园,所以中宁枸杞园的优良品种比例越来越低。用这种方法繁殖苗木,发展枸杞的路行不通。用枸杞优良品种的种子进行苗木繁殖,是自1981~1985年中宁枸杞生产所使用的方法。这些用种子繁殖的苗木发展的枸杞园结果,性状表现不一,并且结果时间也晚,栽植当年挂果的占11%、第二年挂果占54%、第三年挂果占96%。全县

平均第三年平均亩产28.7千克。当时采集大麻叶种子时，枸杞母本园中大麻叶的比例高，后代所结的果实又大又多的单株就多。

中宁枸杞生产管理站从1986年开始在东华乡东华六队一家枸杞种植地里进行扦插育苗试验。实验地面积0.11亩，扦插插穗1 000根，当年培育枸杞硬枝扦插苗120株。1987年全部栽在中宁县枸杞站试验基地，进行不同育苗方法的对比试验。通过试验得出的结果是：栽后1~3年，扦插苗栽植当年亩产12.5千克，第二年亩产62.1千克；第三年亩产118.6千克；三年平均特级果及特级果以上果实重量占79.4%，与母树结果性状无变化单株占100%。种子苗栽植当年亩产0.7千克，第二年亩产8.6千克，第三年亩产36.6千克；三年平均达到特级果以上果实重量占37.3%，与母树结果性状无变化单株占42.3%。根蘖苗栽植当年亩产1.6千克，第二年亩产21.4千克，第三年亩产43.6千克；三年平均达到特级果以上果实重量占21.7%，与母树结果性状无变化单株占26.8%。

有了枸杞无性硬枝扦插苗当年挂果的结果，1988年春天，中宁县枸杞生产管理站育苗基地开始了正式的枸杞硬枝扦插育苗工作。

**(二)幼龄枸杞早产丰产试验**

枸杞苗木良种良法繁殖技术获得成功后。1992年，宁夏中宁枸杞生产管理站在中宁县长山头乡石喇叭村开展了"幼龄枸杞早丰产""不同种植密度""对不同枝条修剪""地膜覆盖""不同水肥管理"等项目进行试验。

中宁枸杞生产管理站科技人员在幼龄枸杞整形修剪技术上，突破传统经验，在枸杞生长季节对强壮枝进行多次短截修剪，不但对培养幼树的骨干枝作用很大，而且能够达到快速扩大树冠的目的，更重要的是通过每一次对强壮枝进行短截修剪后，在短截的强壮枝剪口附近，15天左右又新生长出许多枝条来。这些枝条如果对徒长枝再及时进行疏除修剪，短截后每个主枝延长枝都能生长出两三条结果枝，并且这些结果枝全部当年都能结果。因此，幼龄枸杞树当年的产量也就显著提高了。栽后的其他年份枸杞树，按照这一技术对强壮枝多次进行修剪，幼龄枸杞的产量成倍增产。对强壮枝强化修剪试验中，根据树冠增长快、主干支撑弱的特点，又加设了主干支撑棍，及时解决了树冠留枝量大于主干且弱的矛盾。

这种修剪方法，将传统栽培技术在枸杞生长季节只对徒长枝疏除修剪的方法，变为在枸杞生长季节对强壮枝进行多次短截修剪。1~3年的产量对比的结果是：按照新的强壮枝多次短截修剪，当年栽植的枸杞亩产24.8千克，第二年亩产66.8千克，第三年亩产142.9千克；按照传统方法在生长季节只对徒长枝进行多次修剪，当年栽植的枸杞亩产16.2千克，第二年亩产39.7千克，第三年亩产59.8千克。两种不同的修剪方法种植1~3年，增产分别为53.1%、68.3%和142.8%。并且随着种植年限的增加，增产幅度越高。

石喇叭村试验点有了创新修剪技术的试验结果后，中宁枸杞生产管理站科技人员把地膜覆盖、合理密植、加强肥料投入的各项技术组合在一起，重新建立了一块幼龄枸杞综合技术早丰产试验园，栽后1~4年的试验结果是：选择无性扦插大麻叶枸杞苗木，栽植时采取地膜覆盖，种植密度2米×1米，生长季节对强壮枝进行3次以上修剪短截，采果前灌水1~2次，按照发枝、开花、果熟3次追肥进行综合管理。产量最高，优等品枸杞出等率最好。产量结果是：栽植当年亩产枸杞31.6千克，第二年亩产枸杞85.0千克，第三年亩产枸杞162.9千克，第四年亩产枸杞284.6千克。栽后1~4年特级及特级以上枸杞出等率平均超过60%。

"枸杞幼龄密植早丰产技术"试验研究于1999年获中宁县科技进步二等奖。

### (三)枸杞干燥试验用脱蜡剂

传统的枸杞制干,干燥时间长,一般夏季 8~10 天。油果数量大,尤其是鲜果颗粒越大,干燥后油果的比例越大,一般大颗粒枸杞油果比例达 40%左右。在多年的枸杞销售上,枸杞价格的高低,是由枸杞颗粒大小和颜色来决定的。大颗粒枸杞只有颜色红,才能有高价格。如果制干后的枸杞颜色是油果(紫黑色),价格最低,价格低于最小颗粒的红颜色枸杞价格。

1988 年,宁夏机械研究所借鉴葡萄制干前用强碱液作为脱蜡剂进行脱蜡的技术,在枸杞鲜果制干前试验脱蜡,成功研究出了"油质冷浸脱蜡剂"技术:使用油质冷浸脱蜡剂后制干时间缩短一半,大颗粒枸杞红果率提高 40%以上。这项技术先在宁夏农科院芦花台园林试验场应用。

1990 年,中宁县枸杞站得知:河北省枸杞鲜果脱蜡新技术是用食用碱精或苏打作原料。中宁县枸杞站通过大量试验,最后确定:在枸杞鲜果晾晒前,用食用碱精进行脱蜡可以缩短制干时间一半,大颗粒枸杞提高红果率 50%以上,在不增加产量的情况下,越是大颗粒枸杞增值越高。具体方法是:采用干撒食用碱精,使用量占鲜果重量的 1.0%~1.5%,撒施后闷放 25~35 分钟,才能铺晾在果栈上,进行自然晾晒。如果采用碱精水脱蜡,碱精的浓度为 3%~4%,脱蜡后直接铺晾在果栈上自然晾晒。

20 世纪 90 年代前期,中宁县枸杞站采取谁到枸杞站试验基地购买扦插苗,就直接告诉谁枸杞鲜果脱蜡剂制干的具体技术的方法,从而推动了这一技术的广泛应用。

### (四)选育枸杞新品种

1986 年,中宁县全县枸杞品种调查的结果表明:中宁县要实现枸杞从地方特产走向枸杞产业,必须在品种上下工夫,必须有符合中宁县土壤和气温特点的品种。

1986年全县大麻枸杞叶良种普查标记打号时，发现全县枸杞园内虽然大麻叶良种枸杞的比例低，但有些枸杞园内个别优势单株结果性状特别突出，与周围的枸杞树相比，果实既多又大，就是一般的大麻叶树与其也无法相比。

有了第一手调查资料后，中宁枸杞站科技人员制定了具体的选择项目和详细的选择标准。在第二年果实收获季节，按照上年调查记录在案的地方，在已选出的大麻叶良种中进一步初选出大麻叶优势单株1 537株。

1988年，中宁枸杞站科技人员对初选出的1 537株大麻叶优势单株，除进行单株统计产量外，又按照叶片厚薄、每眼芽叶片数、结果枝生长状况、枝条节间长短、挂果距离、每芽眼花蕾数、花的大小、果实形状、果实整齐度、抗逆性、抗病虫能力等性状再一次进行了复选。

通过复选在初选出的1 537株大麻叶优势单株中，当年又复选出结果性状更加显著的优势单株330株。1989~1990年连续两年对复选出的330株复选单株进行实产测定和商品出等率统计。通过实产测定和商品出等率统计以后，保留优良单株30株。

这30株优良单株通过硬枝扦插繁殖，于1990~1992年栽入中宁县枸杞生产管理站良繁场育苗育种基地，进行品种比较试验。通过品种比较试验，最后选出1株最优单株。1993~1996年分别栽在中宁县枸杞生产管理站良繁场育苗基地和宋营五队科技示范户的枸杞园里，进行本县范围内的区域试验。剩余苗木在全县重点乡镇开始栽植。

1997年，宁夏回族自治区林业厅和财政厅联合实施优质名牌枸杞基地建设项目时，项目专家组根据中宁枸杞生产管理站品种比较试验、小区试验和生产现场看到的结果。一致认为：中宁县选出的这株新品系在早产、丰产、稳产、适应性、抗逆性、优质方面比原有大麻叶有显著的优势，与当时推广的宁杞 1 号枸杞新品种质量相当，产量在早产性方面明显优于宁杞 1 号，暂定名为大麻叶优系（2005 年宁夏林木品种审定委员会把它定名为宁杞 4 号），决定从 1998 年开始在宁夏全区进行大面积推广。

### (五) 探索成龄枸杞高产优质途径

幼龄枸杞早产高产技术研究，为成龄枸杞优质高产技术研究趟开了路子，创造了条件。中宁县枸杞生产管理站组织技术力量，分成若干技术小团队，分别对成龄枸杞的灌水技术、施肥技术、修剪技术进行了系统研究。

**1. 枸杞灌水技术试验**

由于受到枸杞传统栽培技术时期，落花落果严重和石喇叭村幼龄枸杞早丰产试验点、栽植当年全年灌水 5 次的启示，成龄枸杞的灌水次数，试验内容主要集中在采果前和采果期间的安排上。试验时间为 1994~1995 年。通过试验得出的结论是：枸杞在生长结果过程中一旦缺水，枸杞果枝发枝数减少，枝条生长缓慢，开花数量减少，果实变小减产，优等品枸杞出等率低。如果按照枸杞传统栽培技术中的灌水次数进行灌水，由于灌水次数太多，在枸杞春七寸枝生长和开花结果期，徒长枝生长太旺太快，造成春七寸枝大量落花落果、土壤严重板结。每灌一次水，不但枸杞鲜果没有长大，反而随着灌水次数的增加落花落果的加剧，反而无法增产。通过多点多项灌水试验得出的结论是：成龄枸杞优质高产的灌水次数，在沙壤地和轻壤地上，枸杞整个生育期灌水 7~8 次。其中采果前灌水 1~2 次、采果期灌水 3 次、采果后灌水 3 次，产量最高。老眼枝花果期和七寸枝花果期，落花落果仅占总花果量的 1.4%。在砂壤土地上，枸杞整个生育期灌水 6~7 次。

**2. 枸杞合理施肥试验**

1991~1993 年通过多点实验证实，枸杞施肥技术中，基肥深施，以有机肥为主，以化肥为辅，效果良好，科学合理。这种基施肥方法，也是中宁枸杞传统栽培技术种最成熟的一项技术，但总施肥量到底多少才是经济合理的呢？在总施肥中，基施施肥量以及施肥量占全年施肥量的比例多少为宜，需要结合枸杞生长期间的追肥技术进行系统研究。

这项试验研究从 1994 年开始到 1998 年结束。

枸杞传统栽培技术中的追肥技术是在枸杞春枝和花果生长期追施尿素 2~3 次，每次每株 0.10~0.15 千克。这样的追肥技术到底合不合理呢？成龄枸杞如何通过不同时期的施肥、不同施肥量的施肥、不同氮、磷、钾比例的施肥达到既能高产又能优质的目的呢？这是中宁枸杞技术团队开展工作最多、创新内容最多、获得成果最多的一项试验研究。

枸杞树是一种比较特殊的木本植物，在一年的生长过程中，果枝有两次生长、开花、结果和果实成熟的过程，并且老眼果、春七寸连续不断，夏果之后秋七枝紧随其后，从长枝开花到果实成熟只有两三个月时间。到底在什么时间给枸杞树施肥，枸杞产量最高，质量最优？施多少肥产量最高质量最好？

施肥试验是从施肥量开始的，时间 1995 年。通过大量的试验得出的结论。

一是全年施肥 4 次最好。其中基施 1 次、追肥 3 次；

二是各阶段的施肥量按照枸杞生长规律量化。基肥所提供的肥料可以满足老眼枝的开花结果和春七寸枝的生长开花需要，基肥施肥量占全年总施肥量的 40%左右。追肥全年需要 3 次，占总施肥量的 60%左右。其中第一次追肥的时间在老眼果成熟初期使用，即枸杞生长季节的 6 月上中旬。这个时间进行第一次追肥，提供的肥料对老眼枝成熟果实的大小、春七寸枝青果的多少和成熟果实的大小效果显著，施肥量占总施肥量的 30%左右。第二次追肥的时间在老眼枝采果结束后的 20~25 天，既枸杞生长季节的 7 月下旬到 8 月上旬。这次追肥提供的肥料，即可以满足春七寸枝枝条梢部果实成熟所需要的营养，还可以为秋七寸枝发枝提供能量。施肥种类，不能单一只使用氮肥，要氮肥、磷肥、钾肥混合使用，在果实大量成熟期间也可补施一些微量元素肥料，施肥量占总施肥量的 20%左右。第三次追肥在 9 月中旬，施肥的目的主要是满足秋七寸果实的成熟，肥料种类以氮肥为主，施肥量占总施肥量的 10%左右。

三是施肥中氮、磷、钾的比例。枸杞全年施肥中纯氮、五氧化二磷和氧化钾的比例关系以 10∶7∶2 最好。

四是根据枸杞种植户种植的树龄和树体管理的水平确定产量，按照计划产量确定施肥总量。每生产 100 千克优质干枸杞，需要施纯氮 25~35 千克，需要施五氧化二磷 20~25 千克，需要施氧化钾 7~10 千克。使用多少肥料获得多少产量这个技术，是枸杞传统施肥期间想都不敢想的一件事。按照目标产量施肥技术的创新研究成果，实现了枸杞施肥技术从定性管理向定量管理的转变。科学合理的施肥技术为枸杞树在各个阶段提供了充足的养分，为枸杞高产优质奠定了坚实的基础。

**3. 修剪技术试验**

枸杞从野生实现家种最关键的一项技术是修剪技术。在成龄枸杞期间，树冠已形成。在生产季节对强壮枝通过及时短截修剪，容易增加果枝、增加产量，但要提高质量比登天还难。枸杞传统修剪技术认为，只要今年结了果的枝条，明年就不能结果了。在这样的修剪理论支持下，每年最彻底的一次修剪活动，时间在白露（即9月上旬）前后。在白露前后通过一次彻底的整形修剪后，新发出的结果枝一般只能长30厘米左右的长度。这样长的结果枝由于形成的时间短，只能开花和结青果，果实不能成熟。这种果枝由于没有大量消耗营养，是第二年的老眼枝，结果性能很好，是保证老眼果产量的主要措施。

正是在这样的修剪理论支持下，中宁枸杞上千年以来的果实只采收老眼枝果实和春七寸枝果实，枸杞的产量只有夏果产量，没有秋果产量，就是部分枸杞园有秋果也通过白露前后的秋季整形修剪全部修剪掉了。宁夏芦花台园林试验场和其他枸杞种植单位也是按照这样的修剪技术在白露前后进行一次彻底的整形修剪。这样的枸杞整形修剪技术带来的结果是枸杞采果期短，全年只能采夏果，采果期只有6月中旬到8月上旬50天时间。

1993年白露以前的一天，中宁县枸杞站科技人员在田滩乡长桥五队一个示范户的枸杞园，看到枸杞树上不论是新长出的秋七寸果枝，还是强壮枝都开花很好。当时示范户正拿着修剪枸杞的剪刀进行修剪。通过协商，示范户当即没有再进行修剪，待秋果采摘结束后进入初冬再进行了整形修剪（生产上把推迟到冬季进行的修剪统称为冬季修剪或休眠期修剪），当年亩产秋果83千克，并且果实均匀，颜色红，销售价与夏果相近，每亩秋果净收入696.8元，第二年夏果没有减产，反而还有少量的增产。在20世纪90年代初期，一亩枸杞的收入随随便便可以多收入700元钱，具有轰动效应。从此，在枸杞生产上一年一度的整形修剪时间由白露前后改为秋果结束后，到枸杞树落叶再修剪的方法，就这样在枸杞种植户中自然推广开来。这项创新成果，在枸杞之乡中宁，仅两年时间，就在枸杞生产上遍地开花。枸杞的采果期再不是只采夏果，采果时间也再不仅仅只有

50 天时间，而是拉长到 80~90 天。枸杞的结果时间长了，采果时间长了，枸杞的产量自然而然就提高了。

枸杞整形修剪时间由白露前后改为秋果结束到枸杞树落叶再修剪的技术研究获得成功后，中宁枸杞技术团队又配合推广了枸杞施肥技术，中宁县枸杞的采果期拉长到 10 月下旬，全县平均秋果产量占到全年产量的 15% 左右。

枸杞修剪时间创新完成之后，中宁县枸杞站技术团队对成龄枸杞树如何标准化的确定老眼枝数量、老眼果枝中短截枝和长放枝比例关系以及果枝中老眼枝、春七枝和秋七寸的比例关系，做了大量的创新性研究。从 1994 年到 1996 年，用 3 年时间研究得出的 3 种结果枝的比例关系是：成龄树枸杞冬季修剪后每株老眼枝数量控制在 120~150 条、春七寸枝控制在 180~220 条、秋七寸枝控制在 150~180 条。按照这样的留枝比例，可实现老眼枝产量占全年产量的 22%~25%，春七寸枝产量占全年产量的 55%~60%，秋七寸枝产量占全年产量的 15%~23%。三种不同果枝产量实现上述目标，生产的枸杞产量高，质量好。[6]

找到了成龄枸杞高产、优质修剪技术的密码钥匙。紧接着又开始对枸杞培养高产优质树形进行了研究。通过对枸杞传统修剪技术中的修剪内容的创新、对修剪时间的创新，是枸杞栽培技术史上的一次里程碑创新。枸杞现代修剪创新技术通过对幼龄枸杞强壮枝的修剪、对成龄枸杞 3 种结果枝以及对优质高产树形的培养，在枸杞优质高产栽培史上是枸杞品种之后的又一项根本性高产优质措施。

### 4. 各项创新技术进行推广及效果

1997 年，宁杞 4 号枸杞新品种采用硬枝扦插技术，大面积繁育有了充足的苗木之后，在中宁县枸杞科技示范户中组装、在长山头石喇叭村组装外，1998 年 3 月在田滩村四队建立枸杞新品种和新技术幼龄枸杞早丰产示范园119亩。在田滩四队枸杞科技示范园里，通过组装枸杞扦插培育的新品种、定植密度、栽植技术、地膜覆盖、设立主干支撑棍、幼龄枸杞强化夏季修剪、加强肥料供应和枸杞栽植当年套育枸杞苗木等技术。1998年当年栽植的119亩枸杞总计生产优质枸杞14 290千克，平均亩产120千克，生产大规格硬枝扦插宁杞4号优良品种苗木24.99万株。当年全队枸杞总收入321 525元，枸杞苗木收入574 770元，平均每亩枸杞及苗木收入达7532元。创出了当时宁夏乃至全国栽植枸杞的最高亩产纪录，也创出了新植枸杞亩收入的最高纪录。这些综合新技术带来的高效益让中宁种枸杞的农民大开眼界，种枸杞的高效益又重新点燃了中宁农民发展枸杞的积极性。这些新的核心技术在生产上推广后，犹如为宁夏枸杞快速发展插上了腾飞的翅膀。

1999年，中宁县枸杞站技术团队通过多年的试验研究找到了成龄枸杞优质高产的密码之后，选择把舟塔乡舟塔二队的成龄枸杞园作为成龄枸杞高产优质小面积示范园。在舟塔二队组装了创新后的枸杞病虫害防治技术、施肥技术、制干技术和成龄枸杞修剪技术。尤其是在组装成龄枸杞修剪技术时，把成龄枸杞冬季修剪后的老眼枝留枝数、老眼枝中短截修剪的枝条和不剪长放的枝条比例，以及夏季修剪时强化对强壮枝的修剪作为最关键技术进行组装。为了保证这些成龄枸杞优质高产综合栽培技术，原原本本地变成示范园每一位枸杞生产者的生产能力，采取强化冬季修剪培训和夏季多次现场实地指导等措施，使全示范片枸杞种植户用一年时间就把成龄枸杞优质高产的关键技术变成了自己的生产能力。2000年全队的150亩成龄枸杞平均产量和平均优等品枸杞出等率，由1999年的285千克和36.5%提高到391千克和52%以上。自1999年以来，舟塔二队连续5年整队平均亩产达450千克以上。[7]

枸杞高产高效综合栽培技术在舟塔二队获得成功后，2000年，中宁枸杞站技术团队选择在舟塔乡铁渠村整村推广枸杞现代综合栽培技术。经过3年推广，到了2003年，铁渠村全村1056亩成龄枸杞平均亩产达到了500千克以上，创造了新的高产高效纪录。

在枸杞高产栽培方面，1999年，中宁全县新栽植了100 00亩枸杞，新栽当年平均亩产25千克、第二年平均亩产85.07千克、第三年平均亩产140千克、成龄枸杞则达到亩产300千克以上的全国纪录。[8]

### 三、枸杞现代综合栽培技术的推广

#### （一）以种植区域培育科技示范户、示范片加技术培训模式在中宁县进行枸杞现代综合栽培技术的推广

枸杞现代综合栽培技术，分项技术试验研究有了结果之后，中宁枸杞技术团队利用自己多年在基层推广枸杞传统栽培技术的优势和农民接受新技术的惯性思维——农民对科学技术成果认不认可，只相信眼睛，不相信耳朵——也就是农民只相信自己的眼睛看到的结果，而不相信自己耳朵听到的结论。这样的切身体会让他们知道用什么办法去推广新的研究成果见效最快、效果最好。

为了尽快把创新后的枸杞现代综合栽培技术变为全县枸杞种植户的生产能力，向中宁县枸杞种植户推广各种新技术采取的主要措施是：一是新的科学技术没有系统成熟前，以队建立枸杞科技示范户，以生产队为单元树立科技标杆，让农民不出队就学有榜样。最新的枸杞实用技术分阶段先在科技示范户园内推广，科技人员领着科技示范户干，手把手地做给示范户看，再由科技示范户把学到的新科技技术操作流程和产生的经济效益直接告诉给周围的枸杞种植户，使广大枸杞种植户明白，只有学习掌握了新的科学技术，才能获

得好的经济效益，从而保证了最新实用技术传授不走样。二是以村建设枸杞科技示范园。以村建立枸杞示范片是整体向周围枸杞种植户展示新技术推广效果的地方。建设高标准的枸杞科技示范园，示范效果要比建立科技示范户更好，辐射面更大。1996~1998年，中宁县以枸杞种植区域，分别在鸣沙乡的薛营村、恩和乡的恩和村、东华乡的东华村、新堡乡的毛营村、城关乡的郭庄村、康滩乡的田滩村、舟塔乡的铁渠村、长山头乡的石喇叭村、大战场乡的锅底坑村等，建立了枸杞高产优质综合栽培技术示范片，发挥了很好的示范推广效应。到1999年，中宁全县全部枸杞平均栽植当年亩产25千克、第二年亩产85.07千克、第三年亩产140千克、成龄亩产300千克以上的全国最高纪录。

**(二)枸杞现代综合栽培技术向宁夏枸杞种植户推广**

1997年，宁夏开展《枸杞优质名牌基地建设》项目。中宁县枸杞站技术负责人作为项目专家组主要成员，负责枸杞关键技术研究和全宁夏枸杞栽培技术的培训工作。在项目实施过程中，中宁县枸杞站技术负责人通过现场实地指导和一次次地培训，把枸杞现代栽培技术及时传授给各县市的枸杞种植户和枸杞技术负责人。项目结束后，宁夏各县市又多次邀请中宁县枸杞站技术负责人到现场进行培训和指导，加快了向宁夏区内外传授枸杞现代栽培技术的速度。

中宁县枸杞站科技人员为宁夏回族自治区科协刊物《全民科学素质行动计划科普丛书》撰写了《枸杞优质高产综合栽培技术》科普材料，用科普形式把枸杞现代综合栽培技术详细地介绍给区内外的枸杞种植者。

借助宁夏人民广播电台《塞上田园》栏目，分农事季节有时效性、针对性地向农民朋友传授"枸杞的夏季修剪技术""枸杞的土肥水管理技术""枸杞的病虫害综合防治技术""枸杞的采收和制干技术""枸杞的黑果病防治技术"和"枸杞秋果生产管理技术"。

借助宁夏回族自治区农业开发办，为贫困地区妇女培训"枸杞现代综合栽培技术"，借助中日"黄土高原林业项目"，为宁夏林业技术人员培训"枸杞现代综合栽培技术"。宁夏枸杞由地方特产实现了向特色产业的转变，得益于中宁枸杞站技术团队创新的枸杞现代综合栽培技术。有了这个创新技术的支撑，宁夏枸杞及整个枸杞生产实现了由地方特色农产品向特色产业转变的华丽转身。

**(三)枸杞现代综合栽培技术向西北枸杞种植户推广**

为西北枸杞种植户提供枸杞现代综合栽培技术，主要是采取三条途径：一是为西北各省提供宁杞1号、宁杞4号、宁杞7号等枸杞良种苗木，据不完全统计自1999年到2017年从中宁县、原州区和银川提供到新疆、青海、甘肃、内蒙古、河北等省区的宁杞1号、宁杞4号、宁杞7号等优良品种苗木达5亿株以上。西北枸杞主产区近20年来发展枸杞所有的苗木80%以上的枸杞良种苗木都由宁夏提供。当时西北枸杞管理部门和枸杞种植户在购买优良品种枸杞苗木时，通过聘请宁夏枸杞专业技术人员和聘请中宁县枸杞种植户，到实地进行技术培训或住下来进行长期实地指导，或在购买枸杞苗木时要求宁夏出售枸杞苗木时提供枸杞现代综合栽培技术培训材料。二是以枸杞专家胡忠庆撰写的《枸杞优质高产高效综合栽培技术》一书为蓝本，2004年由中央电视台七频道《农广天地》栏目，拍摄的《枸杞标准化生产技术》，作为全国各地枸杞现代综合栽培的模式片在全国进行推广。2009年由中央电视台第七套农业节目，电影部拍摄的《枸杞高产高效种植技术》电影科教片，作为全国各地枸杞现代综合栽培的模式片在全国进行推广。并且《枸杞高产高效种植技术》电影科教片，送联合国粮农组织，获2010年国际农业电影节B类（现代使用技术）唯一的一个"一等奖"；中宁枸杞技术团队创新的枸杞现代综合栽培技术是宁夏第一个传播到国外的一项现代农业栽培技术。三是中宁枸杞种植户带着技术，带着苗木到西北可以种枸杞的地方，推广枸杞现代综合技术。采用这种方法，传授枸杞现代综合栽培技术，最早的县市是甘肃省的靖远县和景泰县。时间是1999年，由于这两个县距中宁县距离近，这两个县的枸杞种植户到中宁县购买苗木时，要求卖苗木的农户，必须到实地教他们如何实现枸杞现代综合栽培技术。之后是青海省的诺木洪农场，时间是2002年。当时诺木洪农场职工郑一昌听说中宁县在枸杞种植上有一套新技术，栽植当年就能结果，并收回成本。托中宁枸杞种植户康××，从中宁购买宁杞4号扦插苗150株，栽植当年所有的枸杞苗木都结果，果实很大。2003年诺木洪农场从中宁购买宁杞4号苗木20万株，一次性栽植600亩。从2004年开始，大量的中宁人带着枸杞现代综合栽培技术带着枸杞优良苗木一起拥进了青海省的诺木洪农场，涌进了青海省的格尔木市，涌进了青海省的德令哈市，开始了青海高速发展枸杞的时代。2008年开始中宁人带着技术带着苗木走向了甘肃瓜州、玉门、嘉峪关等地传播枸杞现代综合栽培技术。

## 本章注释

[1] 见1989年宁夏人民出版社出版的《宁夏区情》一书。

[2] 见1994年宁夏人民出版社出版的《中宁枸杞志》一书。

[3][4] 见1978年宁夏人民出版社出版的《枸杞》一书。宁夏农科所试验基地，1975年108亩成龄枸杞平均亩产181千克。其中6.5亩枸杞平均亩产257千克。

[5] 见钟锓元编著的《枸杞高产栽培技术》一书。

[6][7] 见胡忠庆编著《枸杞优质高产高效综合栽培技术》一书。

[8] 见李润淮《枸杞集约化栽培研究》一文,见宁夏科农林科技1992年第6期。

# 附录一

## 枸杞苗圃培育现代综合栽培技术

### 一、采穗圃建设

采穗圃是枸杞育苗的基础，也是能否生产出现代优质苗木的质量保证。枸杞是两花，既能自花授粉，也能异花授粉。枸杞种子本身就是一个杂合体。如果采集种子的母本园品种不一，采用该母本园种子育苗，后代变异现象是可想而知的。中宁县1982年到1985年，连续在全县范围内选择大麻叶单株采集种子，进行种子育苗，同时开展了单育、单栽试验，得到这样的结论：不论当时选定的大麻叶单株有多么优秀，它后代的分离变异趋势和当时采集种子用的母本园品种趋势一致。

随着采种园优良品种比例的下降，后代保持母本优良性状的比例也同规律下降。所以，在建园之前尤其是计划发展面积较大的地方，首先要建立好采穗圃。建立母本采穗圃，不论是采取引进新的优良品种，还是在当地优良品种中选择最优势单株，都必须采用无性育苗方法繁殖的苗木进行建立。

母本采穗圃的建立各地方式不同，主要有以下两种方式：一种方式是苗圃式采穗圃，这种采穗圃只能采集种条，只能适用无性育苗；另一种是结果树采穗圃，这种采穗除采集种条、种子以外，并且通过大量结果以后，还能进一步淘汰变异单株。母本采穗圃的土壤选择要求最好是轻壤土,地下水位1.5米以下,土壤在肥沃的砂壤之上,不要建立在有机质含量低的新垦土壤上。这类土壤一般发枝少,不能采集很多种条。在管理上尤其注意要多施有机肥。要注意防治枸杞的害虫、害螨,保证树势强健,才能生产出质量高的枝条。

## 二、苗圃地建设

无性扦插育苗,在育苗地的选择和施肥原则上和采穗圃都是一致的。

### (一)苗圃地选择

枸杞苗圃地应选择在地势平坦,排灌方便,土壤熟化程度高的沙壤或轻壤土地,地下水位在1.5米以下,土壤含盐量在0.2%以下,交通方便的地方。

### (二)整地深翻

圃地选好后,首先要进行平整和深翻,平整后秋季10月中下旬结合基施肥,深翻一次,深度达25厘米,以利于日后苗木根系生长发育。临冬灌好冬水,第二年春天育苗前浅耕一次,深度在15厘米左右。接着耙糖1~2次,清除杂草、石块,达到地平土碎。

### (三)基施肥

枸杞是一种高耐肥植物。枸杞在苗期生长如何,与土壤的施肥水平有直接的关系。因此,在枸杞育苗前进行施肥是一项很重要的工作。苗圃地施肥要遵循以农家肥为主,化肥为辅,并施足基肥,适当追肥的原则。基施农家肥如猪粪、鸡粪、人粪尿、厩肥,要先经腐熟后施用。一般多在灌冬水前结合深翻时施入,施肥数量每亩施2 500~4 000千克。基施化肥一般结合育前浅耕土壤时,施入磷酸二铵10千克、硫酸钾5千克既可。

## (四)土壤处理

育苗前对枸杞苗圃地进行土壤施药,杀灭地下害虫,是苗圃地准备的一项常规工作,尤其是前茬地为多年旱作物的地段,地下害虫如蛴螬、金龟子、金针虫、地老虎都会大量存在。这些害虫对枸杞根系破坏很大,结合秋施农家肥时施入或结合育苗前深耕土壤时一并施入,主要药剂有辛硫磷、毒死蝉、乐果粉,嫩枝性育苗前还要进行土壤灭菌消毒,药剂有多菌灵、代森锰锌等。

## (五)作床

苗床按 60~90 平方米大小区划作成平床,床面要平坦。用于种子育苗的苗床不再进行其他处理,用于硬枝无性育苗的有平床,也有在平床的基础上起垄。一般垄宽 30~35 厘米,垄高 20~25 厘米。用于嫩枝扦插育苗的苗床按床宽 1.0~1.2 米、长 6~8 米作成床,再在上面铺约 3 厘米厚的细河沙。

## 三、器官育苗

枸杞现代综合栽培技术的苗木培育技术与传统枸杞技术苗木培育的主要区别是器官育苗。

器官育苗又叫无性繁殖育苗,器官育苗是利用枸杞的某一器官,通过培育长成新的植株。生产上栽培的器官苗主要有硬枝扦插苗嫩枝扦插苗和组织培苗这 3 种苗木。这类苗木最大的优点是苗木能保持母本的优良性状,结果早,产量高,是生产上栽植的主要苗木类型。

### (一)硬枝扦插育苗

它是利用母树完全木质化的枝条进行苗木培育的方法。具体操作的技术环节如下。

#### 1. 插条采集

插条采集时间主要是在树液流动后到萌芽前,在宁夏老产区一般在3月下旬至4月初，选用采穗母树上0.5~10.0厘米粗的强壮枝或徒长枝。也可选用采条圃里生长健壮的枝条，剪成12~14厘米的插穗。插穗的长度不能太长，也不能短，太长埋在土壤内的部分太多，地温低不能生根，太短新发枝的芽眼太少，影响成活率。

2. 插穗处理

插穗在扦插前都要用生根激素进行处理。现有的生根激素有a-萘乙酸、吲哚丁酸、ATP生根粉。生根激素易溶于酒精等有机溶剂，不溶于水。先把生根激素按事先确定度溶解在酒精内，然后再倒入清水中以备浸泡插穗。使用a-萘乙酸常用浓度为15~20毫克/千克，浸泡24小时；使用吲哚丁酸100毫克/千克浸泡4小时；ATP生根粉按说明书施用。浸泡部位每穗下部3~4厘米。

3. 扦插时间

根据各地气候不同，随采随插，一般在的3月底至4月上旬。秋季育苗或有温室条件育苗也可以在9月进行。

4. 扦插技术

按照确定的株行距先开沟后扦插，在土壤墒情差的土壤上育苗，开沟后还要在扦插沟内倒水后再扦扦插，插穗露土高度1~2厘米。为提高地温，早成活，在扦插后及时进行地膜覆盖，发芽后及时开洞放苗。

**(二)嫩枝扦插育苗**

嫩枝扦插育苗是2008年研制的一项育苗新技术。优点是繁殖率高，节省插条和土地，插条每平方米200根在成活率60%以上。缺点是要有遮阴设备，投资大、费工，所培育的苗木小。这项育苗技术在缺少种源的情况下进行苗木繁殖效果显著。

1. 扦插时间

在5~8月均可进行，平均气温高于15℃时就可以开展此项工作。

嫩枝扦插育苗，由于扦插密度大，一般无论扦插时间迟早，当年都不能培育成合格的苗木。

2. 插条采集

在遮阴大棚、拱棚等各项工作准备齐全以后，从优良单株和采穗（条）圃上采集半木质化枝条，剪成10厘米左右的插穗，下部3~4节的叶片，从叶柄处剪掉，上部叶片保留。

3. 插条处理

用枸杞生根剂1号加水2 500倍再加滑石粉调糊状，或枸杞生根剂2号加水100倍，速蘸插条下端3~5厘米处后扦插。

4. 扦插方法

按5厘米×10厘米的株行距定点，用直径0.7~1.0厘米粗的树枝做打孔锥，先打深10厘米深的小孔，后将浸蘸生根剂的插穗插入孔内，填细沙，用手指稍微按实。然后喷水，再盖塑料小拱棚。要求弓棚内自然光透光率为30%左右，相对湿度80%以上，温度25~34℃。

(三)组织培养育苗

枸杞组织培养育苗是运用现代生物工程技术快速繁殖枸杞苗木的一种新方法，它利用在离体培养条件下植物细胞所具有的重新形成新个体的"全能性"，把枸杞的根、茎尖、叶或者其他部分接种到培养基上，经过无菌培养，就能得到完整的植株。这种方法繁殖系数特别高，只需要优良品种的一小片嫩叶或一个芽就可以进行工业化生产，使枸杞优良品种苗木的快速大规模生产变为现实。但由于枸杞组织培养育苗要求的条件复杂，不易掌握，一次性投资大，苗木成本高。枸杞硬枝、嫩枝在生产上推广后，枸杞组织培养育苗在生产上应用不多。

1. 设备及实验室建立

枸杞组织培养实验室既可以自行建立也可以利用原有的微生物

实验室、化学实验室或者其他实验室改建。

2. 培养基配制

组织培养的成功与否很大程度上取决于所选用的培养基。培养基一般由微量元素、有机营养物质（维生素及蔗糖类）和植物激素这几部分组成。枸杞组织培养基多采用改良的 MS 培养基。其中诱导枸杞愈伤组织和腋芽分化的培养基是 MS+苄基腺嘌呤（BA）0.5 毫克/升+萘乙酸（NAA）0.5 毫克/升+吲哚丁酸（IBA）1.0 毫克/升+激素（KT）3.0 毫克/升；继代培养基是 MS+苄基腺嘌呤 1 毫克/升+生长素 0.1 毫克/升；生根培养基是 1/2 的 MS+吲哚丁酸 0.1 毫克/升。

3. 接种

枸杞组织培养育苗一般选择幼嫩的茎尖或带有芽的嫩茎作为接种材料。接种前一定对接种室、用具和接种材料进行认真的消毒。一般先彻底打扫接种室的门、窗、桌、椅，再用甲醛蒸气熏 5~6 小时，紫外线照射 1 小时。各种接种用具在高压蒸气灭菌锅中消毒 15~20 分钟（1.2 个大气压）。在接种时，先将经过高温灭菌消毒的各种接种用具插入 70% 的酒精中，用时再在酒精灯的火焰上消毒，待冷却后使用，用完再插回酒精中。接种开始时，用酒精棉球擦手消毒。枸杞材料可用酒精或氯化汞进行消毒，将田间采回的枸杞嫩茎去叶后，用自来水冲洗干净，在无菌接种台上放入 70% 的酒精中浸泡几分钟，再在 0.1% 的氯化汞溶液中消毒 8~10 分钟，用无菌水冲洗 3~4 次，经无菌纸吸干后，即可接种用。

4. 移栽

由于组织培养的幼苗是在无菌、营养丰富的培养基上由灯光照射条件下生长的，苗木特别幼嫩，抵抗不良环境条件能力差，若要把它直接定植到大田中生长，还不能成活，还需要在大田定植前进行锻炼，还需要按以下环节做好工作。

(1)先将生根组培苗拿到自然光下晒,前一周用较弱光照射,逐渐改用强光照射,当茎由绿色变成褐红色时就可移栽;

(2)将移栽苗床上的细土或细沙用硫酸亚铁消毒,然后铺成约3厘米厚;

(3)把生根苗从瓶中取出洗净培养基,按5厘米×10厘米的株行距栽在苗床上;

(4)栽后喷水,重塑料拱棚和遮阴,棚内气温保持在25~30℃,湿度90%左右。

**(四)苗木管理**

不论是种子育苗,还是器官育苗,只要生根,长出幼苗,就标志着育苗成功,已进入苗木管理期。加强苗期管理是培养壮苗、大苗的重要环节。

器官苗和种子苗在苗期的管理的环节基本相同,但嫩插育苗在未揭棚之前有它管理的特殊性。要实现培育出大规格苗木的目的,器官苗培育还应注意以下技术环节。

**1. 枝育苗未揭棚之前的管理**

嫩枝扦插苗在未揭棚之前,只是把未木质化的插穗扦插在有特殊环境条件下的苗床上,能否生根关键看苗床管理。苗床的管理主要是通过喷水措施维持湿度和温度的协调关系。保证嫩枝插条生根和根系生长,从扦插到插后15天这段时间是生根阶段,要求每天喷水4~5次,每次喷水量以叶片喷湿为准。插后10天到拱棚通风之前是根系生长阶段,要求每天喷水2~3次,通风后每天喷水一次。通风3天后开始揭去小拱棚和遮阴设备,进入苗木正常管理。

**2. 破膜**

这是器官育苗中硬枝扦插育苗很重要的环节,苗发芽后要及时破膜,以免气温高烧苗。破膜工作有整行破膜和苗破膜两种,无论哪种破膜，破膜后要及时用土将地膜压好覆盖工作继续起到增加地温和除草的目的，保证枸杞多生根生长。

3. 施肥、灌水、除草和病虫害防治

这4项工作和种子苗管理内容基本相同，但要在当年内培育出主干粗、侧枝多的特级苗，并且在苗期每亩生产出50千克以上的优质果实，尤其在施肥和病虫害防治这两项工作上要比种子苗做得更好。不论是硬枝育苗、嫩枝育苗，还是根蘖苗，在施肥上要注意以下3次肥。

(1)速生前施肥　为了促进根系生长，最好以磷肥为主，以氮肥为辅。

(2)封顶后施肥　以氮为主，以磷为辅。器官苗长到60厘米后要进行摘心封顶，摘心封顶后这次施肥主要是促进苗期第一次侧枝生长和侧枝修剪后的第二次侧枝生长。

(3)采果前施肥　这次施肥氮、磷、钾兼顾。保证已开花坐果的果枝营养，生产出优质的果实。在病虫害防治上注意应用综合防治技术，尤其是应用修剪等措施达到降低虫口基数的目的。

4. 修剪

嫩枝育苗和组培育苗密度大，不可能培育出特级苗，但硬枝育苗和根蘖苗在水肥做保证的前提下，通过苗期强化修剪和其他措施培育特级苗。

(1)硬枝扦插育苗　插穗发芽长出新枝10厘米以上，苗木已正式成活后就要开始，将萌发的枝条选一健壮的枝条做主干，其余全部剪去。留做主干的枝条从地面到45厘米以内发出的侧枝要及时剪去，以保证主干粗生长上下均匀。苗木高度达到60厘米时要及时摘心。摘心早，生长点破坏少，生长点附近的侧芽容易萌发；摘心晚，修剪量大，生长点全部破坏，失去生长点，侧枝萌发迟。摘心后，萌发出来的侧枝通过及时短截处理，同样在当年还能生长出二次侧枝，这样既达到了在苗期培养树冠的目的，又能生产出优质的枸杞。

（2）及时剪除　根蘖苗出土后没有缓长期，生长很快。有些地方出苗多，有的地方出苗少。对过密的苗木，要及时从深于地表部分剪除。留下的苗木要及时剪除从地面到45厘米以内的侧枝。以后的修剪同硬枝苗木培育相近，但注意缓和生长势，在骨干枝的培养上，主枝与主干的夹角要大于硬枝扦插苗的夹角。

5. 增设扶干设备

枸杞苗木通过摘心、短截等措施，能及时促发出一次枝、二次枝。但由于这时苗木主干细，主干木质化程度低，支撑树冠力很弱，留枝太多，苗木就要压倒在地面。要解决这个问题，在苗木封顶、摘心的同时，在株间或行间增设扶干设备，增加主干的支撑能力，多留枝，多长叶，实现培养特级苗的目的。

## 四、苗木出圃

苗木出圃包括起苗、分级、包装和运输等工序。

### （一）起苗时间

春季起苗时间在3月中旬至4月上旬，秋季在落叶以后结冻前起苗时要求保持较完整的根系，主根完整，少伤侧根，起苗后立即放阴凉处，择去废苗和病苗以备分级。

### （二）苗木分级

根据中华人民共和国国家标准《枸杞栽培技术规程》GB/T 19116—2003枸杞苗木分为三级。分级的主要指标有苗高和地径两项，并且苗木地径的粗只要上0.7厘米都为一级苗。苗木地径在1.0厘米以上，第一层树冠基本形成，有骨干枝4~6条，在栽后1~3年内单位产量都比地径0.7~0.9厘米、无侧枝的一级产量高14%~27%。

在枸杞苗木分类上应增设特级直标准。把苗高 60~70 厘米、地径 1 厘米以上,有骨干枝 4~6 条的这类苗木定为特级苗,有利于生产者早期培养树冠,也有利于建园后早产、丰产。

### (三)假植

起苗后,如不能及时栽植或包装调运时应立即假植。秋季起出的苗,应选择地势高、排水良好、背风的地方假植越冬。假植时要将苗木头朝南,用湿土分层压实。假植后在土壤未封冻前及解冻后要经常检查,防止风干和霉烂。

### (四)包装运输

远途运输的苗木根系要进行蘸泥浆处理,每 50 株 1 捆,装入草袋,下部填入少许锯末,洒水捆好。用标签注明苗木品种、规格、产地、出圃日期数量。运输途中要严防风干和霉烂。

# 附录二

# 枸杞建园现代综合栽培技术

## 一、建园条件

### (一)自然条件

自然条件是指枸杞生长发育需要的气候条件和土壤条件。当自然条件对枸杞的生长和结果都适宜时,枸杞树就长得好,管理也容易,也能够获得优质高产枸杞;反之,当自然条件与枸杞生长发育所需要的条件相差很大时,枸杞树就长不好,无法达到优质高产的目的。当然枸杞树对自然条件的要求也不是绝对的，一般都有一定的范围。一个地区的条件也不可能在枸杞树生长发育、开花坐果的各个时期都完全符合其需要，不适宜时，可以通过栽培技术来解决。但总的来说树体本身的生长发育规律是不可违背的，如果自然条件与枸杞树所需要的条件相差很大，超出了树体的适应能力，枸杞也就无法正常生长发育了。

1. 气候条件

（1）温度直接影响枸杞的生命活动，枸杞的萌芽、展叶、开花、落叶、休眠都受到温度变化的制约。

宁夏枸杞对温度的要求是比较宽松的，在国内最南端引种到云南昆明，最北端引种到辽宁营口。枸杞的抗寒性能很好，目前全国20多个省市区引种，未见有冻死和因冻害抽干的报道。枸杞对最高气温的不良反应目前全国各地未见报道。

综合全国枸杞引种区域，普遍认同的观点，枸杞建园对温度要求的值是年有效积温 2 400℃~3 500℃。要实现生产优质枸杞的目的还要考虑两个温度数值。一是在枸杞成熟阶段 35℃以上持续天数。多年的观测，凡是果熟高峰期的 7 月，气温超过 35℃以上的天数超过 4 天以上，成熟鲜果都要比未有以上天气的鲜果要小，持续天数越多变化越明显。这是因为，当气温达到 35℃以上时，叶片内部温度超过叶表面温度，光合作用能力不再随温度的升高而增强，而呈现出光合作用能力随温度升高而减弱的趋势。二是果熟期间的昼夜温度差，温差大能生产出优质枸杞。枸杞叶片光合制造的养分，很大一部分用于呼吸，消耗温度越高，呼吸作用越强，呼吸消耗的光合产物越多。光合制造的产物只有经过呼吸消耗之后剩下的部分才能及时的供给果实。当夜幕降临时，太阳光没了，叶片不能进行光合作用，但叶片的呼吸作用仍在进行。夜晚温度高时，呼吸强度大，就不利于光合产物的积累。

(2)降水量　枸杞叶片是等面叶，栅栏组织非常发达，是一种抗旱耐旱的作物。如果仅考虑枸杞改善生态环境作用，从野生分布和引种成活为指标，年降水量300~500毫米均可生长。如果以经济性状（产量和质量）为指标，无灌水条件年降水量在600~800毫米之间，且大部分是在枸杞的生长季节中（4~10月）的地区建园最好。降水量低于600毫米的地区除非有良好的灌溉条件，否则无法保证枸杞优质生产。降水量高于800毫米的地区温暖潮湿，枸杞黑果病发病严重，减产幅度在50%左右，严重时可到绝收的程度。

(3)光照　光是枸杞光合作用的必要条件，光照不足会使光合强度降低，不能正常供应生长结果所需要的营养物质，从而使树体生长发育不良，产量低，质量差。

枸杞是强阳光作物，光照质量不好，对枸杞的质量影响较大。光照充足，枸杞生长发育好，结果多，产量高；光照不足，植株发育不良，结果少，质量差。而且枸杞的花序又是无限花序，在原产地，枸杞的花果成熟从5月到10月长达6个月时间，从开花、青果到成熟连续不断，其间有的开花，有的成熟，所以从5~10月期间都要有较长时间的光照时间，才能生产出优质的枸杞。一般来说年日照时间低于2 500小时，或是在枸杞的花果成熟期5~10月光照时间低于1 500小时的地区，枸杞建园都不能达到优质高产的目的。

### 2. 土壤条件

枸杞的适应性很强，对土壤条件的要求不严，在各种质地的土壤上都能生长。要实现优质高产的目的，在建园时对土壤还应注意以下五点。

(1)土壤质地最好选择土壤深厚有良好通气性的轻壤、砂壤和灰壤土建园。

(2)土壤有机质含量在1.0%以上,若有机质含量低,应在建园时和定植后通过深施有机肥来解决。

(3)由洪积形成的土壤类型,土壤质地不匀,往往土里有砂姜和石块。尤其是新开发的土地,建园时,有砂姜的地不宜建园。建园后枸杞生长不良,生理病害多,易落叶,严重影响枸杞的产量和质量。

(4)枸杞比较耐盐碱:土壤含盐量在0.5%以下,盐分阴离子不论是以$HCO_3^-$为主,还是以$SO_4^{2-}$为主的土壤都能优质高产,但注意$CO_3^{2-}$的含量不能超过盐分阴离子的5%,超过后,枸杞生长不良。

(5)建园时要特别注意地下水位的高低,地下水位在未灌溉前或旱季在1.5米以下,灌溉期或雨季在1米以下。在灌区,小面积发展枸杞切忌紧挨稻田,凡是紧挨稻地的枸杞园,由于地下水位过高,透气性差,枸杞生长很差。

**(二)限制条件**

枸杞建园时的条件选择,已随着农业和农村经济进入新的发展阶段,农产品质量问题已成为影响国计民生的大事。尤其是中国加入世贸组织以后,农产品的出口,影响最大的限制条件就是农产品生产是否达到绿色食品标准。今后枸杞建园时,除选择自然条件外,必须考虑建园地的环境条件,如大气、灌溉水、土壤是否被污染,污染程度有多高。超过标准就不能生产出无害化的优质枸杞。

**1. 大气污染**

计划建园的周围,如果有大量工厂排放出来未加治理的废气,以及有许多有机燃料的燃烧排出的有害气体,如二氧化硫、二氧化氮、氟化物、粉尘和飘尘等污染了空气质量。在这些地方就不能建立无公害枸杞园。这些污染物对枸杞的危害主要表现为叶片叶绿素遭到破坏,新陈代谢受到影响,严重时叶片枯死甚至整株死亡。枸杞被污染后,大量的有毒有害物质在枸杞嫩梢、叶片、果实积累,食用后对人体产生危害。

### 2. 水质污染

由于工业排放未加治理的废水、废渣，农田大量施用化肥和农药，地表和地下水源受到污染，以及灌溉水受到石油类物质的污染，用以上被污染的水灌溉枸杞结果如下。

（1）枸杞受到直接危害，引起枸杞生产不良，产量、质量下降，或者产品本身带毒，不能食用；

（2）间接危害灌溉被污染的水，由于污水中很多溶于水的有毒有害物质，被枸杞根系吸收进入树体中，严重影响正常的新陈代谢和生长发育，造成减产或者使产品内毒物大量积累，通过食物链转移到人体，造成危害。

### 3. 土壤污染

土壤污染主要是重金属污染，是工业"三废"（废水、废气、废渣）造成的环境污染以及用被污染的水灌溉枸杞，造成枸杞土壤污染。污染的主要元素是镉、汞、砷、铅、铬、铜。污染环境的镉主要来源于金属冶炼，金属开矿和使用镉为原料的电镀、电机化工等工厂。这些工厂排放的"三废"都含有大量的镉，是毒性强的重金属，对人体危害很大，已被世界列为八大公害之一。污染环境的砷主要是造纸、皮革、硫酸、化肥、冶炼和农药等工厂的废气及废水。土壤受到砷污染后，由于阻碍植物水分和养分的吸收，产量明显下降。污染环境中的铬主要是电镀、制革、钢铁和化工等工厂的污染。污染环境中的铅主要来源是汽车的尾气，根据空气质量检测结果证明，占汽车尾气中50%的铅尘都飘落在距公路30米以内的土壤和农作物上。污染环境中汞的污染主要是矿山开采、汞冶炼厂、化工、印染和涂料以及含汞农药等的施用，汞对人体的危害性很大，从人体排泄又比较慢，是一种蓄积性毒素。在枸杞建园时要特别注意不能选择在距污染源比较近的地方发展枸杞，尤其是不能选择在未进行废水、废渣治理的下游建立枸杞园。

### (三)其他条件

#### 1. 市场条件

对种植枸杞的经营户来讲，种植枸杞是为了获得经济效益，并不是为了自己消费，所以种植的枸杞销售出去，并且有可观的经济效益才算达到目的。销售必须有市场，有效益，所以建园之初，最好先分析市场条件。考虑市场条件包括当地市场、外地市场和加工市场。

(1)当地市场　分析当地市场，首要的问题是当地有无销售市场，有无销售队伍，销售能力有多大。另外，当地的生产能力有多大，有无外地人来此地进行收购。

(2)外地市场　外地市场是一个非常大的范围，东、西、南、北、中，无所不包，尤其是随着市场经济的发展和中国加入世贸组织，这个市场可以遍及全世界。大面积建园时最好要了解外地市场的价格、消费数量，也可以进行自销。

(3)加工市场　枸杞可加工成枸杞多糖、枸杞子油、枸杞酒、枸杞饮料等多种产品，建园前最好将这些因素都考虑进去。

#### 2. 资金条件

枸杞栽后能否实现早果丰产，物质投入是基础，只有一定的物质投入做基础，才能实现早产丰产。一家一户新建几亩枸杞园，投入的资金主要有苗木费、肥料费、农药费、果栈费等项。但要保证枸杞的产量按设想实现，就必须根据目标，进行管理，如投入资金多少，其中用于肥料购置多少，农药花费多少，能否按时间保证筹措等。较大面积建园时，还要考虑机械设备费，凉棚晒场、烘干设施等建筑物。初建园者，务必对此有明确的认识和充分的思想准备。

### 3.人力和技术条件

枸杞是一项劳动密集型经济树种，从枸杞萌芽到采收结束，几乎每天都需要管理，尤其是从采果开始到采果结束这一段每天都要不间断地进行采果，所以管理枸杞园非常辛苦，必须有良好的人力条件才能经营。并且管理人员一是要求有良好的体力能够完成许多繁重的体力劳动，如深翻、施肥、喷药、中耕、浇水等工作。二是要求有技术，能掌握枸杞生长发育的基本规律，灵活应用栽培技术措施，方能取得高产、稳产、优质、高效。大面积建园时必须由懂技术、会管理的人员负责技术指导。一家一户小面积经营，管理者本身一定要经常参加各种技术培训，还要勤于观察思考，努力提高技术水平和经营水平，才能获得良好的经济收入。

## 二、园地规划

### (一)园地规划

不论大小枸杞园，在定植之前均要进行规划。所谓规划，就园地规划是对园地的划分和用途进行安排。规划后的果园必须达到：①种植管理和运输方便，也就是必须有四通八达的道路；②旱能灌，涝能排，有健全的排灌系统；③有防护林网；④有适宜于管理的建筑物和场地，如管理人员住房、采果人员住房，存放工具、农药、肥料的仓库，安排排灌机械的机房，配药用的药池，晾晒枸杞用的场地，以及烘干房建筑等；⑤大型果园还要利用道路，沟渠将果园划分成若干地块（小区），既有利于土地的局部整平，防止水土流失，也方便日常管理。

园地规划的具体要求如下。

#### 1.必须有健全的排灌系统和道路的设置

大面积的枸杞园，根据园地大小及地形特点，在建园时先规划排灌系统，主要是支渠、支沟和农渠、农沟。支渠和支沟的位置应设在地条的各一端，每隔两条地设一排水农沟，农沟同支渠通，保证排水畅通。农渠一定从水源开始（如水井、渠系、贯通全园。水源最好在园地较高的一头。否则从低处向高处灌溉，需要建高渠或使用管道。在水源水质不混浊，水质较好的地方，也可以考虑用滴灌方法进行灌溉。滴灌设置，干管、支管的设置要有一定的高差，灌溉畅通才能有好的效果。

道路设置可同渠、沟坝结合进行，在排水沟两侧4~6米宽的位置，设置农机具和车辆的道路。一家一户建园时，必须考虑留有2.5~3.5米宽的生产路，以便保证运送肥料、接运鲜果等需要。

枸杞园每条（每档）的宽度，机械作业，一般40~50米，人工作业35~40米。地条的长度400~500米为宜。沟渠路规划完整，本着方便运输、管理和实用的原则，规划出建筑物、晒场和药池等。

### 2. 防护林带设置

防护林带能防风固沙和改善枸杞园环境条件，所以在风沙频繁地区应设置防风林带。为了合理用地，在园地规划时，防风林带的设置应同园地的渠、沟、路结合起来，统筹安排。林带的设置：主林带一般与主要风向垂直，由于条件限制若不垂直时，偏角不超过45度。主林带间距以渠、沟、路位置而定，可隔3~4条地沿沟、渠、路设一林带（一般150~200米），每条林带植树2行。副林带与主林带垂直，间距因地条长度而定，每条副林带植树3~4行在林带树种选择上应选用适应性强、直立、抗风力强、与枸杞无共同病虫害，并且枸杞病虫害又不转寄主的树木，建立乔灌结合的透林带。

### 3. 园地小区规划要便于耕作和灌水

为了今后耕作方便，根据地形特点把园地划分为若干小区，一般小区面积以500平方米为宜，小区面积小，土地容易平整，地块高差小，灌水深浅较为一致，有利于今后枸杞根部病害的防治。

### (二)种苗选择

同一品种用不同方法繁殖的苗木，结实后枸杞出等率、产量均有明显的变化。在质量方面，有性繁殖的种子苗遗传物质来自于父母双方的遗传基因，结果后在果实大小的遗传上变异程度大。无性繁殖的扦插苗无明显变异。在产量方面，不同方法繁殖的苗木，由于枝条开张角度不同，营养生长和生殖生长的平衡关系调节的难易程度不同，结果枝形成的难易程度不同，最终反映在枸杞产量的不同。

无性繁殖的苗木，由于骨干枝开张，结果枝形成的数多，容易形成早期产量高。有性繁殖的苗木冠幅小，结果期产量低。在建园时，对种苗的选择必须做到品种优良、繁殖方法得当、选择苗木规格符合国家或地方标准。

### (三)栽植密度

合理的种植密度能有效地增加单位面积上的栽植株数，有效地利用土地前期营养面积，有利于早期丰产和以后持续高产提高枸杞园经济效益。栽植密度的确定，主要考虑以下 5 个方面的因素。

**1. 苗木繁殖方法**

无性方法繁殖的苗木栽植后，虽然骨干枝开张角度大，冠幅大，但无性苗木结果枝容易形成，容易实现以果压树，以果控树的目的，并且栽植无性苗木冠幅大小，树冠的高低容易控制，栽植密度相应可以大。栽植有性繁殖的苗木要密度小。

**2. 可变密度**

枸杞定植后，所有的单株都是永久性单株，还是既有永久性单株，又有可变性单株呢？而且可变性单株是分一年取舍，还是分两三年取舍。如果枸杞定植后，所有的单株全部为永久性单株，栽植密度就只能稀，而不能密。如果枸杞定植后，既计划有永久性单株，又有可变性单株，相应要密，而不能稀。尤其是计划可变性单株分两三年取舍，定植密度只能密，而不能稀。

### 3. 修剪技术

枸杞是一种与桃、梨、杏、苹果区别很大的经济作物，枝条的类型容易转变。在同一生产季节，通过修剪措施很容易将营养枝转化为结果枝。因此，对枸杞栽培者来讲，修剪技术水平的高低是决定栽培密度稀密的重要因素。修剪技术水平低的栽培者，定植时，定植密度要小。

### 4. 耕作及病虫害防治喷药方式

耕作方式主要是指枸杞园地面中耕除草。病虫害防治喷药方式是采取机械在行间作业，还是采取人工手工作业。耕作方式采取机械作业，栽培密度只能小；耕作方式采取人工作业，栽植密度可以大。

### 5. 土壤肥沃程度

枸杞苗木栽植后生长的快慢与土壤的肥沃程度有很大的关系，尤其是有机质高的土壤，枸杞生长十分迅速。在栽植时，考虑定植密度要小。土壤贫瘠，土壤熟化程度好的地方栽植枸杞时，定植密度要大。

## (四)间作物的选择

初定植的枸杞园由于定植当年生长缓慢，有相当大的空间可以利用，可在定植后的一两年，间作一些其他作物种植，以增加收入，提高土地利用率。在选择间作物时，一定要以枸杞为主，间作物为辅不能因间作物影响了枸杞生长，所以选择间作物的原则如下。

1.选择矮秆或匍匐生长的作物种类，以免影响枸杞受光；

2.间作物不能对枸杞产生不利影响，最好对枸杞有利；

3.不能有与枸杞有共同的危险性病虫害；

4.间作物与枸杞在管理上不存在明显的矛盾；

5.间作物生育期越短越好。

## 三、定植

### (一)苗木定植

要保证苗木定植后,成活率高,苗木定植时还要把握好以下几个技术环节。

**1.选择合适的栽植时间**

中国栽种枸杞地区辽阔,气候相差大,不能用具体日期来确定栽植时间,最好用物候期来判断,栽植时期要根据当地气候条件来定。春季栽植应在土壤解冻后,苗木发芽前的3月下旬到4月中旬进行。秋季栽植在苗木停止生长以后落叶时进行栽种,栽后必须灌足水以利早春成活。

**2.把好栽植技术关**

按株行距在定植前划行定点挖穴,定植穴规格为40厘米×40厘米×40厘米。定植穴挖出的表土和心土各放一边,穴内先施入厩肥(经完全腐熟)2~3千克,加复合肥100~150克,将新土填入,混合均匀后盖表土5厘米,最后放入枸杞苗木,扶直,填入少半坑土,提苗,踏实,再填土至苗木基颈处,踏实覆土略高于地面。栽植后要及时整园灌水1次。对于旱地,填土踏实后顺苗干浇1~2升水,盖土以利保墒。

**3.定植时注意的几个技术环节**

(1)随挖苗、随栽植是提高成活率和早成活的主要因素之一。由于条件限制,不能做到随挖苗随栽植时要进行及时假植。远距离调运苗木时要注意防止失水。

(2)栽前对苗木进行一次修剪。栽前对苗木进行修剪包括对根部以上的萌条和苗冠部位的徒长枝全部剪去,对挖苗时挖伤根剪平以防止栽后腐烂,造成死亡。

(3)苗木浸泡。不能做到随挖苗、随栽植,在栽前要把苗木浸泡12~24小时,浸泡时用清水或用含有一定浓度生根剂(生根粉或萘乙酸)的液体均可。

(4)定植穴施肥要求必须混合均匀。尤其是施用精有机肥时,混合均匀后,施肥层上填表土5厘米左右,再放苗栽植。

(5)栽苗深度要求和原来苗圃中生长时的深度相一致,即使苗栽植得略深一点,也不能超过5厘米。

**(二)直插建园定植**

直插建园是按照已确定的株行距,用良种插穗直接在大田建园的一项新技术。此项技术是枸杞之乡中宁县胡忠庆等科技工作者自1998年以来试验研究的一项新技术。该项技术具有投资少、能弥补建园苗木短缺、修剪措施从苗期开始、易于培养优质高产树形、易于品种提纯复壮的优点。直插建园定植与苗木定植园的相比,虽然当年产量低2~4成,但自第二年开始亩产均高于苗木定植产量园的,是一项适合大面积推广的实用技术。此项技术的缺点是技术环节多,技术要求高。

1. 选地

直插建园用地要选择地势平坦、土层深厚、土壤肥沃、熟化程度高的沙质壤土或轻壤土,并且多年生杂草少、地下害虫少、排灌方便、地下水位高。土质黏重或土壤熟化程度不高的新垦地,不能用作直插建园。

2. 施足基肥

直插建园地选定后,按照施肥带施足基肥。基施肥以有机肥为主,施肥时间分春秋两种。秋施肥结合秋深翻,按确定的施肥带每亩施入腐熟有机肥2 000~3 000千克,施后进行深翻,灌足冬水。春施要求有机肥要进行发酵处理。施肥量同秋施,随后进行深翻。要求肥料和土壤要充分混合。

### 3. 整地作垄

深翻后，直插建园地要再次平整 1 次，每块地按 400~500 平方米打好田垄。按照确定的行距起垄，垄下宽 30~35 厘米，高 15~20 厘米，并要求及时拍实，防止跑墒。垄起好后，按株距 5 厘米做深 10 厘米、长宽各 20 厘米的扦插穴，以备扦插。

### 4. 土壤施药

为了保证插穗不受地下害虫如蛴螬、金针虫、地老虎、蝼蛄的危害，直插建园必须进行土壤施药。土壤施药药剂有辛硫磷、乐果粉。土壤施药结合施肥一并进行，按照施药量与有机肥掺匀后施入。

### 5. 取条时间

直插建园对取条时间要求很严格，具体时间按物候期掌握，要求在枸杞母树枝条萌动以后，萌芽前 5~7 天这一段时间取条。

### 6. 取条剪穗

选择采穗圃或枸杞园中品种单株，作为待剪母树，树龄为 4~7 年为宜。种条以树冠上层二混强壮枝，选取粗度为 0.8~1.2 剪成长 13~14 厘米的插穗，每 50 根为 1 捆。剪穗时注意剪刀不要挫伤插穗下部。

### 7. 取条处理

处理所用药剂、浓度、处理时间，同硬枝扦插育苗相同。

### 8. 扦插覆膜

处理后的插穗要及时进行扦插。每穴扦插 2~4 根。扦插前每穴灌水 0.5~0.8 千克。待穴内无积水时扦插，上部留芽 1~2 个。扦插后过数小时扦插穴覆土 1 次。覆土后及时覆盖地膜。

### 9. 破膜放苗

插后 20 天以后，插穗就开始发芽生长，要及时检查。凡是插穗长出的新稍顶到地膜时，就要及时破膜放苗，以防地膜烫伤。放苗后，要随时用土将破膜处地膜压好，以保持覆膜的效果。

**10. 灌水**

直插建园第一次灌水的时间是否合适，对直插建园成活率高低影响很大。第一次灌水时间主要依据土壤墒情、苗木的生长情况决定。苗木生长高度达到 10 厘米以上灌头水。第一次灌水量不宜过大，垄面全部浸湿即可。灌水深的地方要灌后即撤。以后灌水可根据土壤墒情每隔 20~30 天灌 1 次。

**11. 修剪**

直插建园修剪工作从苗木成活以后就要开始。修剪工作分 3 个阶段。

第一阶段：当苗木生长高度超过 15 厘米后，凡是插穗长出 2 个或 2 个以上新稍时，要选生长势强的新稍作为待留苗木，其余从发芽处全部剪除。

第二阶段：已留苗木在生长过程中，从发芽处到 40 厘米高的地方发出的侧枝要及时剪去，待苗高长到 5 厘米时要及时摘心，促发侧枝。

第三阶段：促发的侧枝留 15~20 厘米，其余长度要剪去，促发二次侧枝，加速丰产树型的培养，多留结果枝，提高当年产量。

# 附录三

## 枸杞土、水、肥管理现代综合栽培技术

### 一、枸杞园土壤管理

由于枸杞树在年度生长季节有多次生长、多次开花和多次结果的习性，所以枸杞园土壤管理最好的方法是精耕细作。管好枸杞园土壤必须做到三者兼顾：一是疏松土壤与保墒增温相结合；二是改善通气条件与除草相结合；三是深翻与改善土壤结构相结合。这项技术在原产地中宁县是一项传统的枸杞园管理技术。具体有早春3月下旬的浅翻春园，翻晒深度8~13厘米，其中树盘下8~10厘米，行间10~13厘米。这次浅翻，既提高了土温，疏松了土壤，保墒减少了水分蒸发，还能把早春初生长的杂草，全部翻压在下面。初夏5月上旬的中翻夏园，翻晒深度10~15厘米，树盘下浅，行间深。这次中翻，正处于春枝生长期和老眼枝花期，通过一定深度的翻晒，虽然以除草为主要目的，兼有改善通气条件，减少水分蒸发，协调根系水、肥、气、热关系，促使养分缓缓吸收，保证春枝生长壮，老眼枝开花多，不落花的目的。初秋8月中下旬的深翻秋园，翻晒深度20~23厘米，要求树冠下10~15厘米，以防伤害根系。此时夏果采果结束，根系进入第二次生长高峰之前，深翻后切断的根系能在短期内愈合，并经根系第二次生长高峰，长出大量的新根。这次深翻的目的因枸杞园经过长达2个月之久的采果，土地已经践踏僵硬，严重制约了根系生长，影响了根系通气条件，通过深翻达到疏松土

壤，改善土壤物理结构，增强土壤通气性，促进根系在第二次生长高峰期良好生长，为地上部树冠输送更多的营养物质。

## 二、枸杞树年周期需水的一般规律

### (一)春季水分管理

从枸杞树全年的水分需求来看，只有在枸杞树有了明显的叶面积之后，才开始有了蒸腾失水。而在此之前，枸杞园土壤水分的减少，主要是地面蒸发，由于上年入冬灌水充足，早春4月，土壤持水量提供根系生长的水分是完全有保障的。根据枸杞树的生长发育规律，4月，枸杞春梢还未形成，枸杞老眼枝叶片正在形成，就是到4月末，老眼枝叶片总面积还没有达到7月的1/3，仅占整树全年总叶面积的10%~20%。另外，4月的气温还比较低，叶面积蒸腾强度和土壤蒸发强度都比较小，如果不进行施肥，可以不灌水。以浅翻保墒为主，疏松土壤，提高地温减少地面蒸发，对枸杞生长有利无害。

### (二)夏秋水分管理

从5月中旬以后，春梢生长进入旺盛生长期，枸杞园的需水量迅速增加，枸杞对水分的要求十分迫切。其原因有：一方面是由于春梢旺盛生长，叶面积迅速扩大，花果大量成熟，到6月底，结果枸杞树已形成全年最大叶面积的65%~70%，叶面积大，树体发育、花果成熟需水多；另一方面，此时气温迅速升高，天气干燥少雨，空气相对湿度小，叶片蒸腾强度大。这种趋势在枸杞重点产区的北方，生产季节干旱少雨，将一直持续到10月中旬。

要保证枸杞的正常"有效失水"和果实成熟，只有靠灌溉解决。在生产中，一般砂壤地、轻壤土地多采用5月、6月、9月各灌水一次，7月、8月两月灌水3次，一般壤土地全年灌水7次。沙土地全年灌水8次。

## (三)克服枸杞园水分管理的陋习

枸杞园灌水习惯上多采用大水漫灌的方法。在引黄灌区，水源充足，大水漫灌，一次灌水量每亩用水都在 80~100 立方米。尤其是一些生产者认为新栽苗木，栽后如果成活慢，要连续灌水 2~3 次，另外在采果期间，要采走大量成熟鲜果，失去许多水分，如果不及时补充，未成熟的果实就不能正常膨大。造成的后果是果实并不因为灌水增大，反而因灌水太勤，根系呼吸受阻，苗木成活率低，成活慢。实际上这种枸杞园水分管理是不科学的，弊大利小。一是灌水太勤，大水漫灌造成土壤板结；二是造成养分大量流失，尤其是氮肥流失。根据用人工盆栽方法进行的模拟试验，若灌水 55 毫米，折合每亩 37 立方米水，氨态氮损失 50%，硝态氮损失 96.9%。我们通常进行大水漫灌，绝对不是每平方米 37 立方米，而是 80~100 立方米，甚至更多。多余的水，绝大部分经过根系分布的有效土层，渗透到下层土体，使土壤中的有效肥分大量随水流失。所以要实现优质、高产、高效的栽培目的，必须克服枸杞园水分管理的陋习。

## 三、枸杞树生长对肥料的需求规律

### (一)枸杞生长与肥料的关系

植物生长离不开肥料，这是人人皆知的道理。尤其是枸杞以收获果实为目的，并且在年度生长期内开花、枝条生长、果实成熟整个过程连续不断，若不及时进行人工施肥，枸杞不可能实现高产优质栽培，所以肥料管理的好坏直接关系到枸杞的产量和质量。

### (二)肥料的种类

按照肥料施入后，发挥作用的快慢，可分为迟效肥和速效肥两大类。按照枸杞对各种元素需求的多少又分为大量元素肥料和微量元素肥料。

1. 迟效肥

迟效肥中的有效成分不能立即溶于水中，只有通过微生物的分解，枸杞才能吸收。所以有机肥都属于迟效肥，如人粪便、家畜家禽粪便、饼肥、动植物残体等。有机肥虽然在土壤中发挥效益慢，但有效期长，养分种类全，氮、磷、钾含量都很丰富，如大豆饼，含有机质 83.4%，含氮 7.0%，含磷 1.32%，含钾 2.13%。并且还含有多种微量元素，能在相当长的时间内不断发挥作用，是构成土壤肥力的基础。在原产地中宁县，传统的肥料管理，重视施用有机肥，是他们获得优质高产的基础。

2. 速效肥

速效肥主要是化学肥料，大多数化肥能立即溶于水中，且含量高，施入土壤中发挥效益快，但养分含量单一，即便是复合肥也只是含有少数几种肥料种类。这类肥料施入土壤中有效期短，不能持久发挥作用。

3. 大量元素肥料的作用及施用方法

枸杞生长发育需要的营养元素很多，如碳、氢、氧、氮、磷、钾等元素需求量很大，一般把它称为大量元素。如硼、铁、锌等元素需求量很少，一般称为微量元素。不论是大量元素还是微量元素，只要受到存在的量和吸收程度的限制，都要通过人工施入来解决。

（1）氮肥的作用和施肥方法　氮肥是植物体内蛋白质的重要组成成分，各种有生命的组织都离不开氮，尤其是迅速生长的部分，如正在生长的枝、叶、花、果实都需要大量的氮。枸杞从 5~10 月整个生育过程相互重叠，尤其是 6 月，春梢正在生长，叶片也在增大，老眼果正在成熟，都需要氮素肥料供其使用。花期和春梢旺长期氮素供应充足，以及秋施氮使叶片后期功能加强，都是维持优质高产所必需的。

枸杞园通常施用的氮素肥料有尿素和碳酸氢铵。尿素施入土壤中被微生物分解为氨态氮和硝态氮，分散性好，易被枸杞吸收。尿素在枸杞园中施用，多用作追肥，施后结合中耕一次。碳酸氢铵主要是基施，由于它挥发性强，用作追肥，有损伤枸杞的危害。所以，要注意施肥量，随施随灌水，最好在早晨或下午施用。施用时多采取开沟或挖穴施入，也可采用随水流施。

(2)磷肥的作用和施用方法　磷肥在植物体内参与各种能量转换，不论是开花、坐果，还是枝叶生长、花芽分化、果实膨大，都离不开磷的作用。磷肥和钾肥配合能显著改善果实品质，提高含糖量。磷供应正常还能提高根系吸收其他养分的能力。枸杞在一年中对磷的需求量基本上没有高峰和低谷，是平稳需求。枸杞施用磷肥，相对要求比较高，尤其是原产地中宁县。单一磷肥只施用过磷酸钙，复合磷肥绝大多数施用磷酸二铵、三元复合肥。在北方偏碱性的土壤中，土壤含磷量并不低，但由于土壤偏碱性，能溶于水的有效磷很少，因而经常使土壤处于缺磷状态。解决北方枸杞园缺磷问题，除了及时补充磷肥外，更关键的是增施有机肥，加强对土壤的改造，使土壤从偏碱性逐渐转化成中性，使磷肥从无效态转化为有效态，是提高土壤有效磷含量的最好途径。施用过磷酸钙在每年秋季，结合深翻与有机肥一块施入，全年一次即可。要预先粉碎，与优质有机肥混合均匀后再施入土壤中。优质有机肥都是酸性，与过磷酸钙混合时，在磷肥细小的颗粒外面包上一层肥料"外衣"，减少与碱性土壤颗粒接触的机会，使磷肥被固定的速度变慢，可在较长的时间内发挥作用。复合磷肥属于速效肥，多呈中性或弱酸性，主要以追肥为主，开沟或挖穴施入效果较好。

(3)钾肥的作用和施用方法　钾在植物体内参与蛋白物质的运输、合成和保管，维持生理代谢平衡，并有利于果实和各种组织的成熟。

钾肥对促进果实糖分积累和组织成熟有重要的作用。新梢叶片增长期和幼果发育期对于钾的需求量大，增施钾肥能显著提高枸杞的品质。

钾肥施入土壤中，基本都是溶于水的有效态，易随水流失，夏季要注意少施勤施，以防流失。

每年施用钾肥从春梢进入旺长以后进行，可以与夏季氮肥配合施用，分2次追施。施肥量占全年施钾肥的3/4，其余部分放在8月中旬，秋梢旺长阶段施用，以保证秋果果实品质。

(4)微量元素肥料的作用及其施用　除氮、磷、钾三大肥料元素外，还有许多其他元素对枸杞树的生长有重要的作用，这些元素的需求量很少，但缺乏时同样引起枸杞发育的生理障碍，因而被称为微量元素或微量肥料。铁供应缺乏时叶片失绿变黄，尤其是新梢顶端的幼叶首先出现症状，叶片变黄，叶脉尚能保持绿色。随着症状的加重，叶脉也逐渐变黄，叶片干枯脱落。缺铁症状在5月、8月新梢旺长期出现。土壤缺铁的原因是土壤偏碱所致，从本质上解决缺铁的办法是增施有机肥，或者硫酸亚铁与有机肥一并施用，枸杞对铁的吸收与土壤通气状况也有密切的关系。凡是通气不良，根系缺氧时，地上新梢也出现缺铁症状。每年6月、7月，二混枝条的顶端叶片发薳，看似缺铁，实际上是多次灌水，或大雨增加了土壤容重，使土壤通气不良而使根系缺氧所致。轻度缺铁时，可以用0.3%硫酸亚铁进行叶面喷雾，一般能立即缓解症状。

缺硼也是枸杞产区经常发生的事情，轻度缺硼时，往往没有明显的症状，但授粉后坐果率低，容易落花落果，产量低，品质差。防治缺硼，主要是采取在春七寸枝盛花期喷施0.3%的硼砂水溶液，有明显的矫治效果。

缺锌的症状是小叶病，枸杞缺锌一般叶片相对变小，变薄。生产者在枸杞经营过程中，发现以上症状，可用0.2%~0.3%的硫酸锌加

0.5%的尿素混合液喷雾，效果较好。

**(三)枸杞配方施肥技术**

枸杞不同时期的合理施肥技术，主要是依据枸杞在年度内3次开花结实，结果枝条2次生长根系2次生长的特点进行施肥，在施肥种类上做到以有机肥为主，化肥为辅。在施肥时间上分基施和3~4次追肥。

1. 基施

基施以秋施为主，以春施为辅。秋施在每年的10月中旬。对根系的恢复、树体的养分贮备有好处。其他各龄枸杞如果秋果采果晚，可推迟到第二年早春进行，时间为4月上中旬，这次施肥以有机肥为主，有机肥中氮、磷、钾总量占本次施肥量的60%以上，化肥为辅。这次施肥量占全年施肥量的40%左右，以氮、磷、钾混合施用。这次施肥承担着老眼枝开花、结实，春七寸枝生长、花芽分化和开花结实的任务，施肥的好坏对全年的产量影响极大。

2. 老眼果成熟初期施肥

老眼果成熟时间各地不尽一致，宁夏灌区在6月上旬。这段时间老眼果开始成熟，春七寸枝还在旺盛生长阶段，春七寸枝除延长生长外，同时进行叶片生长、花芽分化、开花、幼果生长4个生理过程，需要大量的养分供应各种生理发育过程。此时此下部，根系还在生长，根系吸收养分能力很好。肥料供应充足，除保持各种生理发育的需要外，还为根系停止生长后，树体对各种养分的需求做好贮备。这一次施肥以氮、磷、钾混合施用，以磷、钾肥为主，施肥量占全年施肥量的30%左右，这次施肥是奠定春七寸枝果实质量优劣最关键的一次施肥。

3. 春七寸枝采果后期施肥

春七寸枝采果后期，树冠各种生理负担已经明显减弱。此时，除春七寸枝下部果实正在成熟外，花芽分化和开花、结实的生理过程很少出现。地下部根系开始第二次生长，根系吸收功能逐渐加强。在此时施肥主要是为秋七寸枝萌发和生长做好准备，为秋七寸枝开花、结果打好基础。这次施肥同样以氮、磷、钾混合施肥，相对以氮肥为主，施肥量占全年施肥总量的20%左右。

4. 秋七寸枝盛花期施肥

一般在9月上旬，主要作用是提高叶片功能和寿命，促进光合作用保证秋七寸枝果实正常发育，为来年树体积累各种营养做好准备。要氮、磷、钾配合施用，氮肥比例大，这次施肥占全年施肥的10%左右。

# 附录四

# 幼龄枸杞早产丰产现代综合栽培技术

## 一、早成活、早发枝技术

### (一)选择最佳栽植时间

枸杞苗木秋栽可以，春栽更好。在春季一般从3月中旬到4月中旬。这一段时间内都可以栽植枸杞。如果在这一时间内结合当地物候期选择最佳时间，做到随起苗，随栽植，栽后的枸杞苗木成活早，成活整齐，成活率高，成活后生长快，结果早。在宁夏经过多年实践证实，枸杞春天最佳栽植时间是春小麦出苗初期到4月10日之前。

### (二)选择无性繁殖的良种壮苗

决定枸杞定植后产量的高低，首要因素是品种，以生产枸杞干果为目的的枸杞品种，从高产和优质的目的考虑，目前主要有宁杞1号、宁杞4号、宁杞5号、宁杞7号、宁杞10号等品种。要在栽后1~3年快速地实现早产和高产的目的，还必须选择良种壮苗。选择良种壮苗的标准主要是：一看苗木繁殖方法，试验证实，栽植同一大小规格的苗木，繁殖方法不同，栽后1~3年产量差异很大。如栽植地径0.8~1.0厘米的苗木，扦插苗栽植当年产量比种子苗高3~5倍，比根蘖苗高50%；栽后第二年比种子苗高150%，比根蘖苗高25%；栽后第三年比种子苗高100%，比根蘖苗高25%以上。二看苗木规格，用同一品种、同一繁殖方法培育的苗木，在栽植高度相同的情况下，苗木规格大小与栽后1~2年的产量呈正相关。试验证实，每亩栽植330株，在其他栽培条件一般的情况下，凡苗木平均地径相差0.2厘米，栽后第一年亩产相差8~10千克。三看苗木根系，一般起苗时对根系损伤小，起苗到栽植时间短的苗，栽后成活早，发枝早，发枝多。四看苗木在苗圃是否已培育了第一层树冠的基础，有第一层树冠基础，成活后，果枝易形成，产量上升快。所以在发展枸杞中，要充分利用苗木本身的优势。这是实现幼龄枸杞早产、丰产的一条基本途径。

### (三)选择地膜覆盖

影响新栽枸杞成活迟早的关键因素是地温，只有地温达到根系生长的温度，根系才能生长，才能吸收，才标志着枸杞正式成活。试验表明，新栽枸杞在定植当年，在树下覆盖1平方米厚0.2毫米的聚乙烯地膜，由于明显地提高了地温，成活时间比未进行覆盖地膜的可提前20天左右；成活后生长快，长势旺，发枝多，实现了5月底成活，6月中旬枝条进入速生阶段，7月中旬开花，8月下旬进入采果，全年采果时间达70天以上。试验证实，栽后及时覆盖地膜，栽植当年可增加骨干枝1~2级，增加结果枝条数21%~32%，增加产量31%~46%，是实现栽植当年早产的又一途径。

新栽枸杞采取地膜覆盖，除了提高地温、提前成活、早发枝、早结果、产量高外，还可减少除草用工，是一项综合效益十分明显的措施。

## 二、早结果、早丰产技术

### (一)强化夏季修剪

幼龄枸杞早期丰产栽培技术很关键的技术之一，就是强化夏季修剪。所谓强化夏季修剪技术，就是把大量的修剪时间花费到夏季，把秋剪技术应用到生产季节，最大限度地改造和利用各类枝条，使所施用的肥料不因生长无用枝条而浪费，让尽可能多的枝条发挥出最大作用，达到迅速扩大树冠和增加枝条的目的。为了实现这个目的，强化夏季修剪，要求从枸杞栽植当年开始，尤其是幼龄枸杞树冠培养期，根据栽植密度，按照确定的树形，从4月下旬开始，重点在5月、6月。

强化夏季修剪，对徒长枝除了重新选留树冠需要保留之外，其余徒长枝要早疏，越早越好。强壮枝是改造利用的对象，根据不同的树形，改造处理的原则不同。圆柱形树形一般冠幅小，骨干枝级数少，不培养大型结果枝组，对强壮枝一般去强留弱，凡是与主干夹角小于30度的强壮枝要及时疏除。凡是与主干夹角在35~45度的枝条一般留10~20厘米不等进行短截，与主干夹角大于45度的枝条不剪。三层楼树形，对强壮枝凡是与主干夹角小于25度的枝条要求及时疏除，与主干夹角在30~40度的强壮枝一般留15厘米左右进行短截。短截后发出的枝条，与主干夹角小于30度的强壮枝继续疏除，凡是与主干夹角在 30~40 度的强壮枝继续短截，与主干夹角大于 40 度的枝条不剪不动，先长果枝先开花结果，待到休眠期修剪时根据具体位置，灵活掌握把它培养成中小型结果枝组。

**(二)培养丰产优质树形**

枸杞产量的高低、质量的优劣，在枸杞栽培技术上，虽然是一个综合因素，但枸杞树形的选择也是一个很重要的因素。20 世纪 50 年代以前，生产上主要培养"鳖晒盖"和"一把伞"树形，成龄枸杞亩产枸杞干果 50~80 千克之间，最高 121 千克。20 世纪 90 年代以前生产上主要培养"自然半圆形"树形，每亩产枸杞干果 80~125 千克。最高产量 227 千克。20 世纪 90 年代以后生产上推广"三层楼"和"圆柱形"树形，每亩产枸杞干果 250~350 千克，最高产量 556 千克。为什么枸杞产量与枸杞树形有这么重要的关系呢？原因之一是枸杞树形培育上的每一次改进，一是越来越充分发挥立体空间结果能力，结果层由一层变到两层，再由两层变为三层，空间结果的面积越来越大，结果枝条着生的空间越来越多；二是冠幅越来越小，树冠越来越紧凑，骨干枝越来越小，骨干枝距离越短，运输渠道越来越短，使各种营养运输越来越方便，充分发挥了树体高效的运输能力。尤其是圆柱形树形，没有主枝，结果枝组直接着生于主干上，立体结果能力更强，优质高产的特点更明显，冠幅窄，透光好，树膛内果实大。要获得幼龄枸杞早结果、多结果、早丰产栽培，培养枝条着生空间大、骨干枝少的圆柱形或三层楼树形是一件事半功倍的事情。

初果期(1~4 月龄)枸杞树的整形修剪技术(以三层楼树形为例)。

第一年：栽植在苗圃已形成一定侧枝的苗木，主要是选择 3~4 个位置比较合适，角度 30~40 度的侧枝作为主枝，距主干 12~15 厘米短截。下剩侧枝根据位置和枝条角度，有留、有疏。栽植在苗圃无侧枝的苗木，距地面 55~60 厘米处定干。定干后再剪口下，10~15 厘米的整形带内选三四个分布均匀的强壮枝做第一层主枝，于 12~15 厘米处短截。主枝短截后经过一段时间在剪口附近，萌发出角度不同的 3~5 条枝，对角度小于 30 度的强壮枝及时进行疏剪，对角度在 30~40 度强壮枝条继续进行短截，短截长度 10~20 厘米，对角度大于 40 度的枝采取不疏不截，自然生长，形成结果枝组。如果栽植当年苗木成活早，水肥条件好，骨干枝可形成 2 级侧枝，在休眠期再进行系统整形修剪一次。

第二年：继续在第一年选留的每个主枝上选一两个强壮枝做主枝延长枝，在 13~20 厘米处摘心，扩大充实第一层。并及时疏除树冠和主干的直立枝，短截处理角度大于 30 度的次强壮枝，培养结果枝组，对斜生和弧垂的结果枝不剪不动。如果第一年枸杞树成活早，树冠已形成 3 级侧枝，在第二年的 5 月下旬就要注意选留距主干最近的徒长枝作为中心干，比第一层高 40 厘米处摘心、封顶，培养第二层。如果第二年 5 月下旬第一层主枝没有形成 3 级侧枝，一般不考虑培养第二层。修剪和培养的重点依然放在第一层。生长季节后期的修剪方法和休眠期的整形方法与第一年相似。

第三年：对于上年 5 月已进行摘心、封顶培育出第二层树冠。在第二层树冠上选择 3~4 个角度 30~40 度的强壮枝作为第二层的主枝，在距中心干 12~15 厘米处短截。其余枝条，凡是角度小于 30 度的强壮侧枝，全部疏除。凡是角度大于 40 度的中庸侧枝，也可进行中度短截，也可不剪不动。第二层主枝经过短截后，在剪口处，一般可发出三四条强壮程度不同的枝条。其中选择与中心干夹角在 40 度的强壮枝作为主枝延长枝，在 10~20 厘米处短截。与中心干夹角小于 40 度的直立枝、强壮枝及时进行疏除，以保证主枝延长枝正常生长，其余枝条，先结果，待到休眠期修剪时再作处理。对于上年没有培育出二层树冠的单株,在第三年的4月就要及时选择徒长枝,在第一层树冠之上40厘米处,摘心、封顶,促发侧枝,培养第二层。培养的方法同上年5月形成的第二层树冠相同。第三年休眠期的修剪,整个冬剪的程序要全部应用。

第四年:主要任务是完善培育第二层树冠,加速第三层树冠的成形。第三层树冠的选留要在春季4月下旬至5月上旬进行。选择居主干位置最近的徒长枝作为中心干,长到比第二层树冠高35~40厘米处摘心、封顶,促发第三层树冠的形成。第四年修剪方法参照第三年修剪方法,修剪的重点在生长季节中后期的第三层树冠培育和休眠期的整形修剪。

经过4年的树体培育,树高1.6~1.7米,冠幅1.3~1.6米分三层结果的三层楼树形枸杞园已经成形。这种树形最大优点层间距合适,层与层之间遮光少,空间立体结果能力强,结果枝多,叶面积系数大,光能利用好,适合以后优质高产。另外,这种树形容易根据栽植密度,修剪出合适的冠幅。

**(三)综合管理技术**

1. 栽植当年施肥技术

为了充分发挥肥料在枸杞幼龄期间的扩冠和增产作用。试验结果表明,加强以基肥为主的施肥技术,需要从栽植的当年就要开始,而且还要从栽培前就要开始。栽植前按照密度一般每亩施用腐熟有机肥1~2立方米,要求栽植穴施入的肥料混合后再进行栽植。苗木成活后,追肥工作就要开始,栽植当年要求施好促枝肥、促花肥和促果肥。

2. 第二年、第三年施肥技术

枸杞从第二年开始,各种生长结果习性与成龄树相近,与第一年差别较大。加强以基施肥为主的施肥技术,坚持基施是基础,地面追肥是保证，叶面喷肥是补充的原则，保证枸杞在整个生长季节有充足的肥料供应。基施工作已于上年秋季进行，地面追肥工作第一次在老眼果实成熟初期进行。第一次追肥要求氮、磷、钾混合施肥，磷肥比例最高，施肥量要大。生长阶段是全年中树体生长最快的一段，也是根系停止生长前，无机营养贮备。第二次追肥在老眼果实采果结束以后进行，这次施肥以氮、磷肥混合施用为宜。第三次追肥，在秋七寸枝果实成熟初期进行。这次追肥还是以氮、磷肥混合为宜，以氮肥为主。

### 3. 病虫害的防治技术

一般新栽枸杞的生产者，枸杞栽植后要细心观察，枸杞园到底有哪些病虫害，要根据病虫害的发生、发展规律，制订枸杞病虫害综合防治方案，要以农业防治和生物防治为主，保护天敌，清洁枸杞园，清除杂草，及时剪去徒长枝，施用腐熟有机肥，增强树体抗病虫能力。采取化学防治以枸杞蚜虫、枸杞锈螨为主，兼防枸杞木虱和瘿螨组合；以枸杞木虱、瘿螨为主，兼防枸杞蚜虫和枸杞锈螨组合两大类型。

### 4. 灌水技术

在生产实践中，正确的灌水与幼龄枸杞早期丰产有较为重要的关系，尤其是栽植当年。栽植当年苗木成活的迟早与灌水多少有直接关系。灌水多成活晚，成活率低，成活以后生长缓慢。

枸杞栽植当年的灌水次数，一般以 4~6 次为宜，栽后 2 年到成龄枸杞，全年灌水以 6~8 次为宜。灌水次数的多少，主要根据土壤情况决定，土壤保水性差多灌，保水性好的少灌。

### 5. 微肥

微肥是含有多种微量元素的肥料，在幼龄枸杞上使用微肥除了供给树体各种元素外，关键是提供给一些制约元素，对幼龄枸杞的早期丰产有明显的效果。目前生产上推广的微肥有无机类微肥和有机类微肥两大类。无机类微肥的商品有：稀土微肥、黄叶复绿灵、赛金肥、喷可绿、叶碧特、肥力特、京九肥霸、超效液霸等品种。有机类微肥品种有：富尔655腐殖酸、枸杞王、氨基酸复合肥、肥老大等品种。微肥在幼龄枸杞上施用，主要在地面追肥的空档期施用。

# 附录五

## 成龄枸杞优质高产现代综合栽培技术

### 一、整形修剪技术

枸杞进入成龄以后，也就是进入高产阶段，实现高产栽培容易，但实现优质栽培很难。要实现高产优质栽培，整形修剪是基础。

#### (一)发挥冬剪作用

冬季修剪是一次起着整形和修剪双重作用的修剪。这次修剪质量的好坏对第二年枸杞的产量和质量影响很大，尤其是对枸杞质量的影响重大。要充分发挥冬剪的作用，首要的工作是因树修剪。这是因为在一个枸杞园中，由于品种之间的差异、管理之间的差异，在树形培养上很难培养成相同的树形。一般宽幅、矮冠的自然半圆形树形，空间主体结构差，果枝着生部少，在幼龄期间，为了丰产，多采用骨干枝留长枝，造成了树冠内膛通风透光差，使内膛部分很难生产出优质的果实。造成了树体营养运输渠道长，使果枝结出的果差异大，很难实现优质高产。因树修剪就是冬剪时要以一株树为一个修剪单位，需要回缩的骨干枝，要进行回缩；需要改造骨干枝，进一步培养树形要逐一进行培养；只有这样进行冬季修剪，才能为下年优质丰产打下基础。另外要做到精细修剪。冬季修剪按秩序，先整形，后修剪，整形之后，留下的枝条除骨干枝就是果枝。到底哪些果枝被疏除，哪些果枝被短截，哪些果枝不疏不截，这就要求坚持综观全树，平衡左右，密处疏剪，缺处短截的原则。要疏除结果层内衰老、细弱、病虫、过粗的结果枝和针刺枝。要短截结果层内有空缺位置的中庸果枝和多年生果枝，使所留下的枝条枝不挨枝，枝不搭枝，疏密合适，每株树果枝总量控制在120~180条。

**（二）搞好夏季修剪**

大多数种植户认为夏季修剪对幼龄枸杞作用显著，对成龄枸杞作用不大，这是一种错误的认识。夏季修剪对成龄枸杞的高产、优质同样起着很重要的作用。夏季修剪起着巩固冬剪成果和调节营养生长和生殖生长关系的作用，如果夏季修剪工作没有做好，就是有再多的肥料做保证也很难获得高产、实现优质栽培。要做好夏季修剪工作，主要是处理好两种枝条，一是徒长枝，二是强壮枝。徒长枝由于着生位置特殊，获得肥料的水分的能力特别强，对于这种枝，除了用于选留新的冠层不疏除外，其余要及时疏除，并且要做到疏早、疏小。一般7月以前每7~10天一次，7~9月每15天左右一次。强壮枝是介于果枝和徒长枝之间的一种枝条，它着生的位置也比较特殊，对于它的修剪有疏有截。到底疏除哪个枝条？短截哪个枝条？什么时间疏？什么时间截？是一项技术含量高的工作，这就要求根据空间位置、老眼枝数量灵活掌握。一般树冠外层的强壮枝有空间，5月下旬以后以截为主。一般靠近树膛的强壮枝不论时间迟早以疏为主。另外，冬剪留下的老眼枝数量在200条以上，强壮枝修剪以疏为主。

## 二、综合管理技术

### （一）施肥技术

枸杞进入成龄后，施肥的多少，肥料中各元素的比例关系和施肥时间，对成龄枸杞的产量和质量影响极大。

#### 1. 各元素的比例关系

成龄高优枸杞园氮、磷、钾各元素的比例关系，主要决定于土壤中各元素的存在量。氮元素的多少主要决定施肥量和施肥技术。而磷和钾元素的多少与土壤类型和土壤的酸碱度有直接关系，宁夏地处黄土高原，磷元素比较缺乏，而钾元素含量较高，相对磷肥的施用量高，钾肥施用低。经多次试验证实，宁夏成龄枸杞园的氮、磷、钾比例以 1∶0.7∶0.2 为宜。

#### 2. 施肥量

高优成龄枸杞园全年施肥量主要是根据土壤各元素的存量，土壤保肥、供肥能力和目标产量三个因素确定。具体施肥量最好在测土施肥的基础上，根据目标产量确定。一般每亩生产优质干果 400 千克，需施入纯氮 115~130 千克、磷 100~110 千克、钾 35~40 千克。其中有机肥每亩施腐熟鸡粪 2 500~3 500 千克或腐熟猪粪 3 500~5 000 千克，或腐熟羊粪 4 500~6 000 千克。如果施用其他有机肥各元素总量占全年总施肥量的 25%~30%。无机肥各元素占全年施肥总量的 70%~75%。

#### 3. 枸杞的施肥技术强调以基施为基础，以追肥为补充

由于枸杞自萌动以后到休眠之前生长期长达 7 个多月，并且在生长期内，枝条生长，花芽分化、开花、果实发育连续不断，交替进行，每一时期都需要有充足的肥料做保证。所以在具体的施肥时间上除了加强基施以外，还要根据根系生长规律和枝条发育各阶段

进行及时追施。

（1）基施　基施是全年最重要的一次施肥，此次施肥是提供树体全年需肥的基础，以秋施最好，要求深施，施肥深度20~25厘米，时间10月中下旬，肥料以有机肥为主，主要有腐熟的鸡粪、猪粪、羊粪、牛粪、厩肥和各种饼肥及植物残体。并补充施入一定数量的迟效化肥普磷等。如果秋季采果晚，可推迟到翌年的4月上中旬进行。和第一次追肥合为一次，除以上肥料外，还要增施一定数量的速效氮肥，施肥量控制在全年施肥量的40%。

（2）追施　追施分地面追肥和根外追肥（叶面喷肥）。一般追肥占全年施肥总量的58%~59%。叶面喷肥占施肥量的1%~2%，除补充大量营养元素外，以各种微肥为主。

追肥一年进行3~4次。第一次，4月上中旬进行。施肥量占全年施肥量的5%~10%。在生产中绝大部分成龄枸杞园，这次施肥和基施合为一次进行。第二次施肥，老眼果进入正式采果后进行，是全年中最主要的一次追肥。以氮、磷、钾三种肥料混合施用。施肥量占全年各元素施肥总量的30%，以磷肥为主，其中磷元素占本次施肥总量的50%。第三次施肥，7月下旬以氮、磷混合使用，此次施肥量占全年施肥量的20%。第四次施肥，一般结合灌白露水进行，主要以氮肥为主，达到秋七寸枝果大、早熟的目的。施肥量占全年施肥总量的10%。

**（二）枸杞病虫害防治技术**

枸杞病虫害防治是枸杞园管理的主要内容之一。在枸杞生长季节的管理中，病虫害的防治要占到工作总量的1/3。枸杞产量的高低、质量好坏，虽然与品种、肥料关系密切，要实现安全、优质、高产的目的，关键取决于病虫害的防治水平。成龄枸杞园的枸杞病虫害防治，首要的工作是杜绝枸杞病虫害防治上出现大失误，如枸杞木虱猖獗，枸杞黑果病大肆流行，一旦这类事情发生，就很难实现高产、优质栽培。二是要充分发挥各种防治措施的作用，尤其是农业措施，如修剪措施要抓好冬春修剪，要抓好夏季修剪。三在化学防治中必须抓住关键时期的防治和轮换用药两大措施。

# 第四章　枸杞食用史

## 第一节　远古时期的枸杞服食

人类服食枸杞经历了一个探索的过程。

《山海经》记载崇吾之山、小华之山、虢勺之山、余峨之山、东始之山、历石之山、暴山、尧山、柴桑之山、荣余之山等，都生长着枸杞（苟）。从《山海经》将枸杞子的液汁比喻为人或动物的"血液（其汁如血）"，并可以调养良马来看，原始社会人类对枸杞的营养药理作用就有了认识，并已引起关注。原始人类根据枸杞子的红色液汁与人或动物血液的相似性，而认为枸杞子的功效对调养良马有积极作用。实质上，这是一种原始朴素的类比法，是一种对天人合一思想的探索。《山海经》属于中药药象学的最早文献记载。因此，在原始社会枸杞子就已被服食或酿成果酒作为药品使用了。这说明原始社会人类已经在研究服食枸杞。

石器时代，原始人类以采集和狩猎为生，植物的根、茎、叶、水果，野兽是他们的自然食物。流传至今的《神农本草经》，传说源自神农氏时代。据清代著名经史学家、考据学家孙星衍考证，关于《神农本草经》一书，在南北朝著名医药学家陶弘景手书《神农本草经》之前，"神农、黄帝、岐伯、雷公、扁鹊，各有成书，魏吴普见之"。历代《神农本草经》对枸杞的养生保健与治疗疾病的功用均有记载。

中国很早就有记载了枸杞酿制果酒养生保健的历史古籍。《淮南子》说："清盎之美，始于耒耜"。所谓"始于耒耜"，即酿酒始于神农氏时代。《神农本草经·卷一·上经》记载："枸杞，味苦，寒。主五内邪气，热中，消渴，周痹。久服坚筋骨，轻身不老（御览作耐老）。"《神农本草经·卷三》载："药性有宜酒渍者，亦有不可入汤酒者，并随药性，不得违越。"《本草拾遗》载："酒本功外，杀百邪，去恶气，通血脉，厚肠胃，润皮肤，散冷气，消忧发怒，宣言畅意。"枸杞在《神农本草经》中被列为药材的"上品"，"酒渍"枸杞应是酿造枸杞酒的早期方法之一。

枸杞类果实酿酒的历史可以追溯到《诗经》。从《诗经·四月》《诗经·周颂·载芟》看，西周时期在洼田（隰田）里种植枸杞，用枸杞酿造甜酒（醴酒）是肯定的。《诗经·周颂·载芟》载："有厌其杰，厌厌其苗，绵绵其麃。载获济济，有实其积，万亿及秭。为酒为醴，烝畀祖妣，不洽百礼。"这表达了西周农人用谷物、枸杞类果实酿造清酒与甜酒，奉献给先祖，圆满地完成了百礼供祭。关于用谷物、枸杞类果实酿造清酒与甜酒的时代问题。《诗经·周颂·载芟》载："有椒其馨，胡考之宁。匪且有且，匪今斯今，振古如兹。"是说，农人用谷物、枸杞类果实酿造清酒与甜酒的习俗"振古如兹"，也即用谷物、枸杞类果实酿造清酒与甜酒古来如此。由此可见，就西周而言，农人用谷物、枸杞类果实酿酒的历史已经很久远了。

《世本八种》（增订本）陈其荣[1]谓："仪狄始作，酒醪，变五味，少康（一作杜康）作秫酒。"仪狄、少康皆夏朝人，也就是说夏代始有酒。我以为此种酒，恐是果实花木为之，非谷类之酒。谷类之酒应起于农业兴盛之后。陆祚蕃着《粤西偶记》关于果实花木之酒，有如下记载：（广西）平乐等府深山中，猿猴极多，善采百花酿酒。樵子入山，得其巢穴者，其酒多至数石，饮之香美异常，名猿酒。

　　西汉马王堆帛书《五十二病方》[2]是目前我国最古老的医学方书，其中记载有用枸杞的木枝捣碎用酒煮汁即成为"枸杞酒"的造酒方法，以养生治病。唐代韩鄂撰的《四时纂要》[3]等古籍中就载有用枸杞配方的"腊酒""鹿骨酒""枸杞子酒""钟乳酒""屠苏酒""枸杞菖蒲酒"等，还说"九月取枸杞子浸酒饮，令人耐老"，"十月，宜服枣汤、钟乳酒、枸杞膏"。

　　由此可见，枸杞酿酒由来已久。以枸杞为原料、配料酿制的酒饮，成为服食枸杞养生保健的重要方法之一。所以，古代酒饮中含有枸杞成分者当在不少。枸杞伴随着酒饮文化，从远古走来。

　　枸杞是华夏大地上在原始社会就见于文献记载的食用、药用果品，依葡萄在距今7 000~9 000年前即已成为酿酒果品的考古证据推测，枸杞子作为酿酒果品不会晚于葡萄，亦当在新石器时代早期。

**本节注释**

　　[1]《世本八种》为先秦重要史籍之一，司马迁的不朽著作《史记》就曾采撷它的资料，两汉学者如班固、刘向、王充、郑玄、赵岐诸人，亦多所称引。

　　[2] 马王堆帛书《五十二病方》是目前中国最古的医学方书，1973年湖南长沙马王堆三号汉墓出土。该书出土时本无书名，因其目录列有52种病名，且在这些病名之后有"凡五十二"字样，所以整理者据此而给该书命名。涉及病名100多个，治疗方剂280余首，药物240多种，是中国现存最古老的一部医学方书。

　　[3]《四时纂要》是中国古代的一部农书。唐末或五代初期韩鄂（一作韩谔）撰，仿《礼记·月令》体例，逐月列举应做的主要农事，对农村居民的生产活动及后世农家历的编纂很有影响。全书分5卷。其中农业技术部分，主要引自《齐民要

术》，但有增益。对于粮食作物、蔬菜、果木、油料作物的种植技术记述较详，并有茶与雄麻、黍稷间作和人工培育食用菌及植棉的最早记载。朱芳圃（1895~1973年），号耘僧，湖南醴陵南阳桥乡（今属株洲县）人，著名史学家、古文字学家、民俗学家。毕生从事音韵、训诂及考古学研究，精通甲骨文、金文。

## 第二节　商周时期的枸杞佳酿

商周时期酒文化昌盛，饮酒成风，利害鲜明。甲骨卜辞中记载有酒疗、食疗、针疗、灸疗、按摩、药物治疗等内容。《史记·殷本纪》载：殷纣王"以酒为池，县肉为林，使男女倮相逐其间，为长夜之饮。"《正义》引《太公六韬》说："纣为酒池，回船糟丘而牛饮者三千余人为辈"。这说明殷人有饮酒的习俗。

殷商时期，粮食生产大幅增加。甲骨文中关于农田生产的内容颇多，卜辞中有"田""作大田"的记载，还有"黍""稷""麦""稻""杞"等农作物的名称及枸杞等农作物的种植记载。殷商国王五谷杂粮食用有余，粮食酿酒蔚为大观。

从甲骨卜辞记载看，枸杞是大田生产，产量大。殷商甲骨卜辞载："己卯卜行贞，王其田亡灾，在杞。""庚辰卜行贞，王其步自杞，亡灾。""庚寅卜在女香贞，王步于杞，亡灾。""壬辰卜，在杞贞，王步于意，亡灾"。枸杞不同于五谷杂粮，其鲜果、干果极易氧化变霉，不易保存。所以，殷商时期生产的枸杞应是主要用于酿酒。殷商时代酿酒技术非常成熟，酒业发达。《尚书·商书·说命下》载："王曰：……尔唯训于朕志，若作酒醴，尔惟曲糵；若作和羹，尔唯盐梅。"孔传："酒醴须曲糵以成。"蔡沉《集传》[4]引范氏曰："酒非曲糵不成，羹非盐梅不和。"曲糵即酿酒用的发酵剂，就是酒曲，是制酒的一种糖化发酵剂。殷商的酒类有酒、汤液、醪醴、鬯。醴是带汁滓的酿制品，鬯是"以百草之香郁金合而酿之"。

殷商甲骨文记载殷商时期枸杞是大田生产，枸杞又是容易腐败发酵的水果类农产品，是酿造甜酒的好原料。商王武丁说酿造甜酒要用"曲蘖"这种发酵剂，殷商用枸杞酿造甜酒（醴酒）应该是肯定的。殷墟酿酒遗址出土的酿酒大缸、青铜酒器就是殷人用水果、粮食进行大规模酿酒的证据。

西周时期，酿酒业更加发达。《诗经·周颂·载芟》载："载芟载柞，其耕泽泽。千耦其耘，徂隰徂畛。……有略其耜，俶载南亩，播厥百谷。"《诗经·周颂·载芟》中的"隰"田即洼田。《诗经·四月》载："山有蕨薇，隰有杞桋"，其中的"隰"田即洼田，"杞"即枸杞子，"桋"即椴桑。这就是说，要在洼田里种上枸杞和小桑树。关于"播厥百谷"，《说文解字》解释说："谷，百谷之总名"，《说文解字注》载"诗、书言百谷。种类繁多"，"播厥百谷"代指包括种植枸杞在内的各种农作物。

"有厌其杰，厌厌其苗，绵绵其麃。载获济济，有实其积，万亿及秭。为酒为醴，烝畀祖妣，不洽百礼。"《诗经·周颂·载芟》中这几句话是说种下去的农作物禾苗长得很茂盛，果实也很大很饱满。收获的百谷堆满禾场，成万成亿。农人用谷物、果实酿造清酒与甜酒，奉献给先祖先妣，圆满地完成了百礼供祭。

值得注意的是"为酒为醴"中的"醴"酒。《周礼·酒正》注："醴，犹体也。成而汁滓相，将如今恬酒矣。""醴"酒即甜酒，属于果酒之一种。《诗经·周颂·载芟》载："千耦其耘，徂隰徂畛"，"载获济济，有实其积，万亿及秭。为酒为醴，烝畀祖妣，不洽百礼"，洼田（隰田）里种的枸杞子，产量多了，容易腐败发酵，这自然是酿造甜酒（醴酒）的好原料了。从《诗经·四月》《诗经·周颂·

载芟》记载的资料看,西周时期在洼田(隰田)里种植枸杞,用枸杞酿造甜酒(醴酒)是肯定的。

枸杞作为天然酿酒的原料树种,在殷商甲骨卜辞中多有记载,这既是枸杞种植于的夏商时期的第一手证据,也是枸杞子作为夏商酿酒原料之一的直接证据。殷商甲骨卜辞对枸杞子与酒的记载与夏商时代社会风气喜好饮酒的上古文献记载是完全一致的。

**本节注释**

[4]《集传》又名《书集传》《书经集传》《书经集注》《书蔡传》,是南宋学者蔡沉受朱熹委托所作的《尚书》学著作,继承了朱熹不拘泥于细枝末节,而以发明大义为主的思路,代表了宋代尚书学研究的最高学术成就。元仁宗延祐二年(1315年)议复科举,立于学官,定为科举标准注本。明永乐中胡广等奉敕撰《书传大全》以及清康熙晚年敕撰的《书经传说汇纂》等官方版本,皆专主蔡传,荟萃众说以羽翼之,并成为科举的官方教材,流传甚广。

## 第三节  秦汉时期的枸杞仙方

传说彭祖[5]享年 800 岁,其故事流传极广,影响极大。据先秦文献《世本》记载:"陆终之子,其三曰籛,是为彭祖。彭祖城是也。下且彭祖冢。彭祖长年八百,绵寿永世"。屈原在《楚辞·天问》中也问:"彭铿斟雉,帝何飨?受寿永多,夫何久长?"屈原也即问:彭祖(彭铿)究竟吃喝的是什么食物,他能活那么久长?孔子对彭祖推崇备至,庄子、荀子等先秦思想家及《史记》对彭祖长寿事迹都有记载。晋代医学家葛洪在其《神仙传》[6]中记载彭祖"殷末已七百六十七岁，而不衰老"。据此，古人称彭祖为"神仙"，将彭祖的养生秘诀整理成《彭祖养性经》《彭祖摄生养性论》。所以，后人将长寿之人誉之为"神仙"；将养生之道，养生服食的长寿方药称之为"神仙服食方"。

秦汉时期，服食枸杞视为"养神延年"的"不老仙方"。"神仙方士"得到了帝王的青睐。帝王渴求长生不老之药，号称"神仙方士"的术士们上山入海，为之寻求炼制。长生不老的仙药虽未找到，但"神仙方士"在总结研究医药知识、发展养生保健方面却起了承前启后、继往开来的作用。战国至秦汉时期成书的《神农本草经》，集此前中药学之大成。

《神农本草经》认为，枸杞子"主养命以应天，无毒，多服、久服不伤人。欲轻身益气，不老延年者"须常服枸杞。所以，枸杞被列为中药药材"木"类药品中的"上品"，是"轻身益气，不老延年"的"神仙服食药方"。"神仙服食药方"就是枸杞服食药方，《饮膳正要·神仙服饵》载："《食疗》云：枸杞叶能令人筋骨壮，除风补益，去虚劳，益阳事。春夏秋采叶，冬采子，可久食之。"

《淮南枕中记》说久服枸杞子可以诸疾不生，使人成为"地仙"。所谓"地仙"，亦即人间之"神仙"。据其"服枸杞，养神延年，不老仙方"记载："枸杞不限多少，常以十一月、十二月、正月采根；二月、三月采茎；四月采叶；五月、六月采花；七月、八月、九月、十月收子。以上采收者并阴干，又捣为散。每服二钱，以温酒调下。"据称，此"服枸杞，养神延年，不老仙方""能治一切风疾，久服诸疾不生，可为地仙矣"。

以上记载以神话形式强调了枸杞的益寿延年作用。剥去其神话外衣，可以看出，秦汉时期枸杞已成为服食、酿酒原料，服食枸杞及枸杞酒可以"轻身益气""养神延年"的滋补功效确已广为人知,为社会所认可。

《史记》《华阳国志》[7]记载,西汉建元六年(公元前135年),鄱阳令唐蒙出使南越,南越人用蜀地"枸酱"酒招待他。"枸酱"酒甘美异常,唐蒙问清了它的产地及销路,回长安后上书汉武帝,建议统一西南疆域,并献上了他带回来的"枸酱"酒。汉武帝品尝"枸酱"酒后,感觉味美异常,"乃拜(唐蒙)为中郎将",率兵入蜀,征服了西南夷,建置了七郡。"枸酱"酒在西汉时就已名扬海内,为皇家贡品。今人戏称"枸酱"酒为原始"茅台"。那么,酿造"枸酱"酒的"枸"树是哪种果木呢?

《诗经·小雅》载:"南山有杞""南山有枸"。关于"杞""枸"两字,《神农本草经》载:枸杞一名杞根,一名地骨,一名枸忌,一名地辅。生平泽。吴普曰:枸杞,一名枸己,一名羊乳。《名医》曰:一名羊乳,一名却暑,一名仙人杖,一名西王母杖。生常山,及诸丘陵阪岸,冬采根,春夏采叶,秋采茎实,阴干。案:《说文》云:继,枸杞也。杞,枸杞也。《广雅》云:地筋,枸杞也。《尔雅》云:杞,枸。郭璞云:今枸杞也。《证类本草》载:"臣禹锡等谨按,尔雅疏云:杞,一名枸。"郭云:"今枸杞也。"由此可见,"枸"即"杞"亦即"枸杞"。《毛诗》云:集于苞杞。《传》云:杞,枸也。陆玑云:苦杞秋熟,正赤,服之轻身益气。《列仙传》云:陆通食橐卢木实。《抱朴子·仙药篇》云:象柴,一名托卢,是也。或名仙人杖,或云西王母杖,或名天门精,或名却老,或名地骨,或名枸杞也。

《神农本草经》《康熙字典》依据《说文解字》《广雅》《尔雅》《毛诗》的注及郭璞、陆玑的注释考证,认为"杞,枸也";"枸,今枸杞也"。这就是说,"枸"与"杞"为同一种果树的两个叫法,通称则为"枸杞"。《陆玑草木疏》也曾说到一种枸树:"枸树高大如白杨,子长数寸,啖之甘美如饴。蜀以为酱,亦书作蒟。"古代文献所说的"枸"树也是枸杞树中的一个品种,例如,《本草纲目·木部·第三十六卷》载:"今陕之兰州、灵州、九原以西枸杞,并是大树,其叶厚根粗。河西及甘州者,其子圆如樱桃,暴干紧小少核,干亦红润甘美,味如葡萄,可作果食,异于他处者"。沈存中《梦溪笔谈》亦言:"陕西极边生者高丈余,大可作柱。叶长数寸,无刺。根皮如厚朴。"《陆玑草木疏》和沈存中(沈括)的《(梦溪)笔谈》所引用的资料均摘抄自其前的《本草》等古代文献,陆玑的"子长数寸"当是古文献"叶长数寸"之误,沈存中(沈括)的《(梦溪)笔谈》记载的陕西极边生长的一种枸杞树"叶长数寸"可以为证。因此,枸杞树中也有"高丈余,大可作柱","高大如白杨"的大树,并非都是灌木。据今人研究,现存枸杞品种就有宁夏枸杞(Lycum barbanum L.)、枸杞(Lycum chnense Mill)与新疆黑果枸杞3种。所以,古代文献所说的枸树亦是枸杞树中的一个品种,其果实品质与杞树一样,可以酿造"枸酱"酒。据此,汉武帝品尝的"枸酱"酒就是枸杞酒。

今人将贵州当地的拐枣树称为枸树,其果实酱褐色,亦可酿酒。据此,有人就认为"杞"树与"枸"树是两个不同的树种。将贵州拐枣树称之为枸树,这是现代植物分类中所说的今贵州"枸树",但不能以现代植物分类中所说的贵州"枸树"(拐枣树)指代《诗经》《史记》《华阳国志》《本草纲目》所说的古代枸杞树(枸)。这是古代学者早已考证清楚了的。

从上述古代文献记载得知,《淮南枕中记》说经常服食枸杞汤液可以"老者复少。久服延年,可为真人";久服枸杞子调成的酒可以"诸疾不生",使人成为"地仙"。《史记》《华阳国志》记载汉代已将枸杞子酿造的美酒称为"枸酱"酒，汉武帝盛赞枸杞酒甘美异常，说明枸杞子是酿造美酒的绝好原料。《神农本草经》研究说枸杞有"轻身不老"的医药功效，其后的各种医药典籍都研究说枸杞是"神仙服食"的灵丹妙药，都认为常服枸杞酒能"轻身不老""羽化登仙"。所谓"羽化登仙"，即说服食枸杞能减轻体重，容颜年轻，延年益寿。由此看出，枸杞"轻身不老""羽化登仙"的医药功效均源自秦汉之前的《神农本草经》，历代名医及知识界都在实践验证，均以各自的体验美誉枸杞的神奇功效。

**本节注释**

　　[5] 彭祖，中国古代养生学奠基人，大彭氏国创始人，号称华夏最长寿老人，传说寿高800。屈原写进楚辞，司马迁记入《史记》，孔子表示钦佩，真有其人，但后被神化。

　　[6]《神仙传》是东晋道教学者葛洪所著的一部古代中国志怪小说集，共10卷。书中收录了中国古代传说中的92位仙人的事迹，其中很多人物并不是道士但都均被葛洪"请入"传中。神仙传以想象丰富，记叙生动著称。

　　[7]《华阳国志》又名《华阳国记》，是一部专门记述古代中国西南地区地方历史、地理、人物等的地方志著作，由东晋常璩撰写于晋穆帝永和四年至永和十年（348~354年）。

## 第四节  魏晋南北朝时期的枸杞家训

《神农本草经》载:"枸杞主五内邪气,热中消渴,周痹风湿,久服坚筋骨,轻身不老,耐寒暑,下胸肾气,客热头痛,补内伤,大劳嘘吸,强阴,利大小肠,补精气诸不足,易颜色变白、明目、定神,令人长寿。"

魏晋十六国时期,东晋道教学者、著名炼丹家、医药学家葛洪(284—364),号抱朴子,为西晋人,其著述有《抱朴子》和《肘后备急方》。葛洪将枸杞奉为"仙药之上者",他说:"象柴,一名托卢是也,或云仙人杖,或云西王母杖,或名天精,或名却老,或名地骨,或名苟杞也。"

由此看出,枸杞"轻身不老""羽化登仙"的医药功效均源自秦汉之前的《神农本草经》,历代名医及知识界大儒名流都在实践验证,认为经常服食枸杞及枸杞酒是"神仙方士"渴求长生不老、"羽化登仙"的"神仙服食药""神仙服食酒",均以各自的体验美誉其神奇功效。

南北朝时期著名医药学家与道教理论家陶弘景[8](456~536年)说枸杞"令人光泽,不病不老"。他编著《神农本草经集注》《养性延命录》对《神农本草经》进行了整理、补充、研究,对养寿之法、养性之道、美容之法进行了探索。关于枸杞,陶弘景说:凡人常以正月一日、二月二日、三月三日、四月八日、五月一日、六月二十七日、七月十一日、八月八日、九月二十一日、十月十四日、十一月十一日、十二月三十日,但常以此日取枸杞菜煮作汤沐浴,令人光泽,不病不老。

南北朝时期著名的家庭教育专家颜之推[9]（约531~591年）。博览群书，提倡"实学"。他在教育子女学习"五经""杂艺"的同时，还念念不忘告诫子女养生保健要经常服用枸杞子，盛赞服食枸杞子"得益者甚多"。《颜氏家训·养生》说："若其爱养神明，调护气息，慎节起卧，均适寒暄，禁忌食饮，将饵药物，遂其所禀，不为夭折者，吾无间然。诸药饵法，不废世务也。庚肩吾常服槐实，年七十余，目看细字，须发犹黑。邺中朝士，有单服杏仁、枸杞、黄精、术、车前得益者甚多，不能一一说尔。"以之将经常服用枸杞子作为"家训"传承后代。

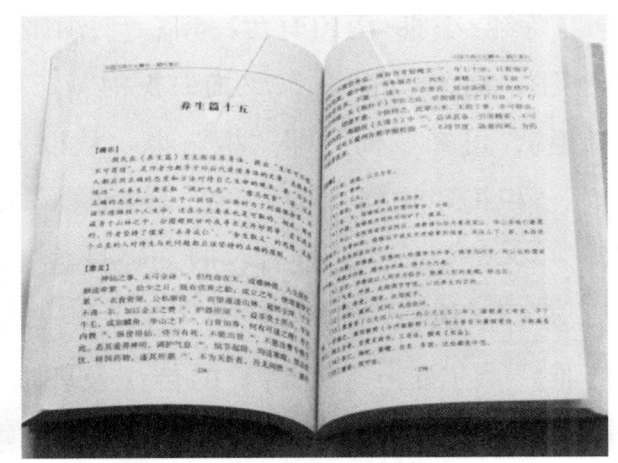

图 4-1 颜氏家训

（图片提供 周兴华）

中国南北朝时期，杰出的农学家贾思勰[10]（533~544年）编著的《齐民要术》是一部综合性农学著作，是世界农学史上最早的专著之一，也是中国现存最早的一部完整的农书。该书记载了各种五谷、瓜果、蔬菜和树木的栽培，唯独不见"枸杞"一名。

研读《齐民要术》，"枸杞"一名不见于《齐民要术》的原因，应是史载"枸杞"有多种名称，各家称呼不同而导致的。据《山海经》、历代《本草》及《千金翼方》等文献记载，枸杞别名有80多个。

《齐民要术·卷十》载：枳柜。《广志》曰："枳柜，叶似蒲柳；子似珊瑚，其味如蜜。十月熟，树干者美。出南方。邡[18]、郲[19]枳柜大如指。"《太平御览》卷九七四"枳椇"条引《广志》是："枳椇，叶似柳，子似珊瑚，其味如蜜。十一月熟，树干者益美。出南方，大如指头"，知"枳柜"即"枳椇"。《广志》说枳椇"子似珊瑚"，明代肖如薰《秋征》载"杞树珊瑚果，兰山翡翠峰"，知"珊瑚果"即枳椇树果，即杞树果。《神农本草经》载"《尔雅》云：杞，枸；郭璞云：今枸杞也"，由此可证："枳柜"即"枳椇"，枳椇即杞树，杞树即今枸杞树也，珊瑚果即枸杞子也。

《诗经·小雅·南山有台》曰："南山有枸。"《诗经古注·毛诗卷十》注：枸，"柜也。""枸，枳枸"。《诗经集传》朱熹注说：枸，"音柜"，可知"枸"即"柜"也。从以上引证来看，"枳柜""枳椇""枳枸"均指"枸"。汉《尔雅·释木》载："枸，枸继今枸杞也，一名苦杞，一名地骨，服之轻身益气。"换句话说，"枸"即枸杞，亦即"枳柜""枳椇""枳枸"。《康熙字典》依据《说文解字》《广雅》《尔雅》《毛诗》的传注及郭璞、陆玑的注释考证，认为"杞，枸也"；"枸，今枸杞也"。这就是说，"枸"与"杞"为同一种果树，通称"枸杞"。古今注解均作如此解释，故《齐民要术·卷十》记载的枳柜即枸杞。

**本节注释**

[8] 陶弘景（456~536年），字通明，南朝梁时丹阳秣陵（今江苏省南京）人，号华阳隐居（自号华阳隐居）。著名的医药家、炼丹家、文学家，人称"山中宰相"。作品有《本草经注》《集金丹黄白方》《二牛图》《华阳陶隐居集》等。

[9] 颜之推(531~约597年),字介,中国古代文学家、教育家。江陵(今湖北省江陵市)人,博学多才,一生著述甚丰,所著书大多已亡佚,今存《颜氏家训》和《还冤志》两书,《急就章注》《证俗音字》和《集灵记》有辑本。

[10] 贾思勰(xié),北魏益都(今属山东青州)人,生平不详,曾任高阳郡(治高阳,今属山东省淄博市临淄区)太守,是中国古代杰出的农学家。约在北魏永熙二年至东魏武定二年间(533~544年),贾思勰著成综合性农书《齐民要术》。

## 第五节 唐宋时期的枸杞美食

唐宋时期,枸杞除酿酒、泡酒外,还将果实、枝叶、根茎均作为餐饮食材采摘服食。宋人将枸杞的果实、嫩芽、嫩叶或配以米面、肉类作为特制羹粥,或配以蔬菜、红案作为特色名菜,或精制为茶饮,品茗、参禅。这类仙方神液、美味佳肴,禅茶文化古籍多有记载。

甄权[11](541~643年)是隋唐著名高寿医学家。其著作《药性论》载:枸杞,"臣,子叶同说,味甘,平。能补益精诸不足,易颜色,变白,明目,安神,令人长寿。叶和羊肉作羹,益人,甚除风,明目。若渴,可煮作饮代茶饮之。"

孙思邈约生活于公元581~682年,寿逾百岁,是唐代乃至世界史上著名的医学家和药物学家。他在汲取继承《黄帝内经》《神农本草经》等中国古代医药学知识的基础上,结合自己毕生的临床经验,对唐以前的医药资料进行汇总、研究,在食疗、养生、医疗保健诸方面做出了巨大贡献,他先后著成了《备急千金要方》《千金翼方》(统称《千金方》)等医学宝典数十部,其中多有枸杞的医药服食记载。孙思邈的著作被誉为古代医学百科全书,孙思邈本人被誉为"药王""药圣""真人"。

孙思邈在其医学宝典中把枸杞酒列为"返老还童""羽化登仙"的仙方神液，服食者受益匪浅。所谓"返老还童""羽化登仙"，是益寿延年的代称。

唐代，枸杞成为酿造养生保健酒的主要原料，枸杞酒成了"返老还童"酒。唐代韩鄂编撰的《四时纂要》载有"腊酒""鹿骨酒""枸杞子酒""钟乳酒""屠苏酒"，还说"九月取枸杞子浸酒饮，令人耐老"，"十月，宜服枣汤、钟乳酒、枸杞膏、地黄煎等物，以养和中气"。

唐代酿造的枸杞酒已列入养生保健的名牌产品：

——枸杞羊肉羹

唐代孟诜（612—713）撰《食疗本草·卷上》中有对枸杞功能的专条记载：枸杞，无毒。叶及子：并坚筋能老，除风，补益筋骨，能益人，去虚劳〔证〕。根：主去骨热，消渴〔证〕。叶和羊肉作羹，尤善益人。代茶法煮汁饮之，益阳事。能去眼中风痒赤膜，捣叶汁点之良。

——枸杞羊肉面

唐代孟诜《食疗本草·卷上》载：又，取洗去泥，和面拌作饮，煮熟吞之，去肾气尤良。又益精气。

——羽化枸杞膏

唐代《千金方》载："枸杞子逐日摘红熟者，不拘多少，以无灰酒浸之，蜡纸封固，勿令泄气。两月足，取入沙盆中擂烂，滤取汁，同浸酒入银锅内，慢火熬之。不住手搅，恐黏住不匀。候成膏如饧，净瓶密收。每早温酒服二大匙，夜卧再服。百日身轻气壮，积年不辍，可以羽化也。"

——（补虚）枸杞酒

唐代《外台秘要》载："补虚，去劳热，长肌肉，益颜色，肥健人，治肝虚冲感下泪。用生枸杞子五升，捣破，绢袋盛，浸好酒二斗中，密封勿泄气，二七日。服之任性，勿醉。"

——枸杞地黄酒（原名枸杞酒）

《千金要方》载："补益精血，乌黑须发，洁白肌肤，使行动轻捷，兼治妇女带下。枸杞子三斤，生地黄汁三升。于十月壬癸日，面东采枸杞子，先以好酒二升，于瓷瓶内，浸二十日，开封后再放入地黄汁，不犯生水，同浸，勿搅之，用纸三层封口，至立春前三十日开瓶。空腹温饮一盏。勿食芜荑、葱。"

——枸杞煎汤

《千金月令》载："二月二日取枸杞煎汤晚沐，令人光泽，不病不老。"

陈子昂 [12]（约659~700年）是唐代著名文学家、诗人。他博览群书，24岁举进士，官至麟台正字，后升右拾遗。陈子昂当官直言敢谏，作诗刚健质朴，激情昂扬，对唐代及后世诗歌影响巨大。

陈子昂家境富裕，其家族深知枸杞的养生保健、益寿延年功用，世世代代服食枸杞已成为其饮食习惯。陈子昂遵循其家族服食枸杞的养生习惯，在家时就经常服食枸杞。武则天垂拱二年（686年），陈子昂随左补阙乔公的军队从回中道翻越陇山，经中卫香山地区进入河西走廊，抵达张掖河，驻军河州。

陈子昂因随军而行，经常服食枸杞的习惯不得已而中断，但他还非常想继续服食枸杞。恰在此时，有一驻守河州的戍卒向陈子昂推荐了当地产的枸杞，陈子昂高兴至极，他笑着说："我开始时以为与您（指枸杞）告别了，没想到在这里又见到了您（指枸杞），这难道不是神明对我特别的恩赐吗？这是神明想扶持我长寿啊！"（译文）于是，陈子昂就将枸杞子的养生保健、益寿延年功用告诉了乔公。与陈子昂同住在一个旅馆的王仲烈听到此消息后也非常高兴，他与乔公心甘情愿地吃了半个月的枸杞子。这时,有一个并不认识枸杞为何物的人,却自称懂药,对王仲烈说你们吃的是"白棘"果,不是枸杞果,你们吃错了。王仲烈也说:它的味道太甜了,我也感到奇怪,果然如此!王仲烈将此事告诉了乔公,乔公讥讽陈子昂不认识枸杞,还写了首《采玉篇》讽刺陈子昂把石头当成了宝玉。陈子昂心中明白,他们吃的果子肯定是枸杞子,之所以将真枸杞错当成假枸杞子,是因为"我们四人中唯有我一人认识枸杞,而他们三人不认识枸杞"的原因所导致。就因为王仲烈、乔公等三人把河州真枸杞子错当成假枸杞子这件事,陈子昂还专门写了首《观荆玉篇并序》回赠对方,发出了很深的感慨。

## 观荆玉篇并序

丙戌岁,余从左补阙乔公北征。夏四月,军幕次于张掖河。河州草木,无他异者,唯有仙人杖,往往丛生。幽朔地寒,与中国稍异。予家世好服食,昔常饵之。及此役也,而息意兹味。戍人有荐嘉蔬者,此物存焉。余辗尔而笑曰:始者与此君别,不图至是而见之,岂非神明嘉惠,将欲扶吾寿也。因为乔公昌言其能。时东莱王仲烈亦同旅舍,闻而大喜。甘心食之,已旬有五日矣。适有行人,自谓能知药者,谓乔公曰:此白棘也,公何谬哉!仲烈愕然而疑。亦曰:吾怪其味甘,今果如此。乔公信是言,乃讥予,作《采玉篇》,谓宋人不识玉而宝珉石也。予心知必是。犹以独见之故,被夺于众人,乃喟然而叹曰:嗟乎!人之大明者目也。心之至信者口也。夫目照五色,口分五味,玄黄甘苦,亦可断而不惑矣。而路傍一议,二子增疑,况君臣之际,朋友之间乎?自是而观,则万物之情可见也。感《采玉咏》,而作《观玉篇》以答之,并示仲烈。讥其失真也。

鸱夷双白玉，此玉有缁磷。
悬之千金价，举世莫如真。
丹青非异色，轻重有殊伦。
勿信玉工言，徒悲荆国人。

### 赠赵六贞固
回中烽火入，塞上追兵起。
此时边朔寒，登陇思君子。
东顾望汉京，南山云雾里。

陈子昂《赠赵六贞固》诗中歌咏的"回中烽火入""塞上追兵起""登陇思君子"，其地名正是生长枸杞的今宁夏六盘山北麓至黄河两岸地区。后来，陈子昂因权臣罗织罪名冤死狱中。但陈子昂没有想到，他为河州枸杞鸣冤叫屈的《观荆玉篇并序》如同他的《登幽州台歌》一样流芳千古。

明代兵部尚书刘松石著有《保寿堂方》一书，该书说："常食枸杞，行走轻如飞，发白返黑，齿落更生，阳事强健。"《保寿堂方》还收载了一则枸杞滋补药方，方名"地仙丹"：春采枸杞叶，名天精草。夏采花，名长生草。秋采子，名枸杞子。冬采根，名地骨皮。并阴干，用无灰酒浸一宿，晒露四十九昼夜，待干为末，炼蜜丸，如弹子大，每早晚各用一丸，细嚼，以隔夜百沸汤下，久服可轻身不老，令人长寿。昔有异人赤脚张，传此方于猗氏县一老人，服之寿百余，行走如飞，发白反黑，齿落更生，阳事强健。

陈子昂是将戍边者推荐给他的枸杞作为"嘉蔬"食用之，知其吃的是枸杞与其叶苗。唐人称枸杞叶苗为"药苗"，李德裕的《忆药苗》诗可证之：

## 忆药苗

（唐）李德裕

溪上药苗齐，丰茸正堪掇。

皆能扶我寿，岂止坚肌骨。

味掩商山芝，英逾首阳蕨。

岂如甘谷士，只得香泉啜。

李德裕[13]（787~850年），历仕唐宪宗、唐穆宗、唐敬宗、唐文宗四朝，曾入朝为相。他服食的"药苗"的药性是"皆能扶我寿，岂止坚肌骨"。那么，李德裕服食的这种"药苗"是何种植物的"药苗"？

《神农本草经》载：枸杞，"久服，坚筋骨，轻身不老。"

《淮南枕中记》说经常服食枸杞"老者复少。久服延年，可为真人"。

《抱朴子·仙药篇》云："象柴，一名托卢，是也。或名仙人杖，或云西王母杖，或名天门精，或名却老，或名地骨，或名枸杞也。"

陶弘景编著的《神农本草经集注》《养性延命录》载："日取枸杞菜煮作汤沐浴，令人光泽，不病不老。"

唐孙思邈撰《千金翼方·卷第三·本草中·木部上品》载：枸杞"久服坚筋骨，轻身不老。"

李德裕之前的古籍均记载久服枸杞能"坚筋骨，轻身不老"。根据以上记载对照，李德裕服食的"药苗"应是枸杞叶苗。

宋代，枸杞被列入长寿美食。宋代许多名人得益于枸杞的养生健体益寿，他们以自身的体验写了很多赞颂枸杞养生美食的诗文。从医学典籍、上层名流记载、歌咏枸杞可以看出，诗文中的枸杞养生功效之好，保健身价之高，种植之广泛。

——久服枸杞延年益寿

北宋官修医书《太平圣惠方》[14]根据汉代《淮南枕中记》的记载，继续弘扬一位"四时采服"枸杞根、茎、叶、花、子的河西妇女其寿高达"三百七十二岁"的故事。该书还说服食枸杞"但依此采治服之，二百日内，身体光泽，皮肤如酥。三百日徐行及马，老者复少。久服延年，可为真人矣。"这位河西妇女因终年服食枸杞而活了372岁，她是否长寿如此，无从考证。但久服枸杞可以延年益寿，确也绝非妄言。

——饮枸杞水多寿考

宋代《图经本草》[15]的作者宋颂说：枸杞的"茎、叶及子，服之轻身益气"，"世传蓬莱县南丘村多枸杞，高者一二丈，其根蟠结甚固。故其乡人多寿考，亦饮食其水土之品使然耳。润州州寺大井旁生枸杞，亦岁久。故土人目为枸杞井，云饮其水甚益人。"

——沐浴枸杞汤令人不老不病

北宋道教经典《云笈七籖》载："凡人常以正月一日、二月二日、三月三日、四月八日、五月一日、六月二十七日、七月十一日、八月八日、九月二十一日、十月十四日、十一月十一日、十二月三十日取枸杞菜，煮作汤沐浴，令人光泽不病。"《云笈七籖》还载：十一日，取枸杞煎汤沐浴，令人不老不病；二十三日沐，令发不白；二十五日沐，令人寿长。

——圣惠方枸杞子酒

北宋《证类本草》[16]载：圣惠方枸杞子酒，主补虚，长肌肉，益颜色，肥健人，能去劳热。用生枸杞子五升，好酒二斗，研搦勿碎，浸七日，漉去滓饮之。初以三合为始，后即任性饮之。

### 与刘令食枸杞

（宋）朱　翌 [17]

周党过仲叔，菽水无菜茹。
我盘有枸杞，与子同一箸。
若比闵县令，已作方丈富。
但令齿颊香，差免腥膻污。
我寿我自知，不待草木辅。
政以不种勤，日夕供草具。
更约傅延年，一饭美无度。
解衣高声读，苏陆前后赋。

——加枸杞作羹

### 玉笈斋书事

（宋）陆　游 [18]

雪霁茆堂钟磬清，晨斋枸杞一杯羹。
隐书不厌千回读，大药何时九转成？
孤坐月魂寒彻骨，安眠龟息浩无声。
剩分松屑为山信，明日青城有使行。

——拌食枸杞头

（宋）林洪 [19] 《山家清供》载：山家三脆，嫩笋、小蕈、枸杞头，入盐汤焯熟。同香熟油，胡椒，盐各少许，酱油、滴醋拌食。赵竹溪夫酷嗜此，或作汤饼以奉亲，名"三脆面"。尝有诗云："笋蕈初萌杞采纤，燃松自煮供亲严。人间玉食何曾鄙，自是山林滋味甜。"

——乌发明目枸杞膏

南宋周守忠（约 1208 年前后在世）《养生杂纂》[20] 载：采枸杞子红熟者，去蒂，水洗净，沥干，砂盆内研烂，以细布袋盛，漉去渣，沉清一宿，去清水。若天气稍暖，更不待经宿，入银石器中，慢火煎熬成膏，不住手搅之，勿粘底，候稀稠得所，泻向新瓷瓶中盛之，蜡纸封，勿令透气。每日早朝温酒下二大匙，夜卧再服，百日身轻气壮，耳目聪明，须发乌黑。

宋代，宁夏为西夏属境。西夏文字中有"枸杞"二字。西夏酒曲实行官府专卖，各地设有踏曲库与卖曲库，专司酒曲的生产与榷售。据《旧唐书·党项传》载：西夏"求大麦于他界，酝以为酒"。西夏酿酒，须经官府批准，并颁发酿酒许可证，不许"无证酿酒""诸人不许酿酽酒、普康酒等""国内诸人不许酿饮小曲酒"。

**本节注释**

[11]《药性论》唐，甄权所著，原书佚，兹从诸书辑得佚文 403 条，分为 4 卷，按《唐本草》药物目次编排。各药列述正名，性味，君、臣、佐、使，禁忌，功效主治，炮炙制剂及附方。本书多数药含有附方，这些附方曾被《本草纲目》所转录。

[12] 陈子昂（659~700 年），字伯玉，梓州射洪（今四川省遂宁市射洪县）人，唐代诗人，初唐诗文革新人物之一。因曾任右拾遗，后世称陈拾遗。

其存诗共 100 多首，诗风骨峥嵘，寓意深远，苍劲有力。其中最有代表性的有组诗《感遇》38 首,《蓟丘览古》7 首和《登幽州台歌》《登泽州城北楼宴》等。与司马承祯、卢藏用、宋之问、王适、毕构、李白、孟浩然、王维、贺知章称为"仙宗十友"。

[13] 李德裕（787~850 年），字文饶，赵郡赞皇（今河北省石家庄市赞皇县）人，唐代政治家、文学家、战略家，牛李党争中李党领袖，中书侍郎李吉甫次子。

[14]《太平圣惠方》，方书，简称《圣惠方》，100 卷。北宋王怀隐、王祐等奉敕编

写。自太平兴国三年(978年)至淳化三年(992年)，历时14年编成。本书为我国现存公元10世纪以前最大的官修方书，汇录两汉以来迄于宋初各代名方16 834首，包括宋太宗赵光义在潜邸时所集千余首医方，及太平兴国三年诏医官院所献经验方万余首，经校勘类编而成。共分1670门。首叙脉法、处方用药，以下分述五脏病证、伤寒、时气、热病、内、外、骨伤、金创、妇、儿各科诸病病因证治，及神仙、丹药、药酒、食治、补益、针灸等内容。每门之前均冠以隋代巢元方《诸病源候论》有关病因论述，其后分列处方及各种疗法。每方列主治、药物及炮制、剂量、服法、禁忌等。本书录方宏富，堪称"经方之渊薮"(《经籍访古志补遗》)。

[15]《图经本草》全书21卷，见于现存的古籍中的药条就有780种，其中新增103种，635种药名下附本草图933幅，多数图是写实图，形象逼真，是一部全面描绘植物的类别、形态的书籍。原著已经遗失，只有辑本，图则多保存在现存的《重修政和经史证类本草》(1116年)里。日本科学家评价说："北宋苏颂《图经本草》达到了世界的最高水平。"

[16]《经史证类备急本草》，简称《证类本草》，31卷。北宋唐慎微约撰于绍圣四年至大观二年(1097~1108年)。本书系将《嘉祐本草》《本草图经》两书合一，予以扩充调整编成。共载药1 748种。药物分类大体沿袭《新修本草》旧例，仅将禽兽部细分为人、兽、禽3部。各药先出《本草图经》药图，次载《嘉祐本草》正文及《本草图经》解说文字，末附唐慎微续添药物资料。本书重在汇集前人有关药物资料，参引经史百家典籍240余种。所摘陈藏器《本草拾遗》、雷斅《雷公炮炙论》、孟诜《食疗本草》、李珣《海药本草》等古本草条文尤多，弥足珍贵。又辑众多医方，各注出处，为宋代本草集大成之作。其资料之富、内容之广、体例之严，对后世本草发展影响深远，《本草纲目》即以此书为蓝本。后世辑佚古本草，率多取材于此。

[17]朱翌(1097~1167年)，号潜山居士、省事老人。绍兴八年(1138年)迁校书郎，兼实录院检讨，中书舍人等官。秦桧死后，充秘阁修撰。朱翌喜游名山胜景，著有《猗觉寮杂记》二卷、《潜山集》四十四卷等。

[18]陆游(1125~1210年)，字务观，号放翁，越州山阴(今浙江省绍兴)人。官至宝章阁待制，享年85岁。他是南宋诗坛领袖，其作品以强烈的爱国主义精神和卓越的艺术成就对当世和后代产生了深刻影响。著有《剑南诗稿》《放翁词》传世。

[19]林洪,南宋人,擅诗文,对园林、饮食也颇有研究,著有《山家清供》《山家清事》。《山家清供》著录了宋代大量清雅韵致的民间菜谱,保存了大量珍贵的烹饪资料,其著述常被后人引述。

[20]《养生杂纂》是宋代周守忠编著的养生著作,22卷。作者博览群书,从130余种古籍中,将中国古代养生延命的大量资料汇集编纂起来,总叙三编,次以事类分为13部,名之曰《养生杂纂》。

## 第六节　元明清时期的枸杞御膳

元代枸杞的养生保健功能升级,世人将其誉之为"神仙服食"物。据元代《饮膳正要·卷第二·神仙服饵》篇记载,这种用酒浸泡熬煎而成的枸杞酒叫"金髓煎",并说常服这种枸杞酒(金髓煎)能"延年益寿,填精补髓,久服发白变黑,返老还童"。

《饮膳正要·卷第二·神仙服饵》载:"《食疗》云:枸杞叶能令人筋骨壮,除风补益,去虚劳,益阳事。春夏秋采叶,冬采子,可久食之。"对服食枸杞"令人筋骨壮……益阳事"功用。南北朝时期的"葛仙翁""山中宰相"、著名医药学家陶弘景[21]就说过:"(枸杞)今出堂邑,而石头烽火楼下最多。其叶可作羹,味小苦。俗谚云:去家千里,勿食箩摩、枸杞。此言其补益精气,强盛阴道也。箩摩一名苦丸,叶浓大,作藤生,摘之有白乳汁,人家多种之。可生啖,亦蒸煮食也。枸杞根、实,为服食家用,其说甚美,仙人之杖,远有旨乎"。陶弘景说服食枸杞能"补益精气,强盛阴道",所以提醒人们出远门后不要服食枸杞子,以免思家心切。陶弘景说,世称枸杞子为"仙人之杖"是有很深遂道理的。

据《饮膳正要·卷第三·米谷品》[22]载:"枸杞酒,以甘州枸杞依法酿酒。补虚弱,长肌肉,益精气,去冷风,壮阳道。"《饮膳正要·

卷第二·神仙服饵》载：有种称作"金髓煎"的枸杞酒，饮之能使人"延年益寿，填精补髓，久服发白变黑，返老还童。""金髓煎"制法如下："方药：枸杞（不以多少，采红熟者）。用法：上用无灰酒浸之，冬六日，夏三日，于沙盆内研令烂细，然后以布袋绞取汁，与前浸酒一同慢火熬成膏，于净瓷器内封贮。重汤煮之，每服一匙头，入酥油少许，温酒调下。"元明时期，枸杞酒在钦定13种宫廷御酒中名列前茅。

忽思慧供职于朝廷，任宫廷饮膳太医多年，有条件广泛收集历代名医名著的养生经验和宫廷饮膳秘籍，善于研究与实践，积累了丰富的饮膳经验，并于1330年编撰《饮膳正要》。《饮膳正要》虽是为皇帝延年益寿编纂，但对人民的饮食营养卫生也有普遍指导意义。明朝景泰七年，明代宗朱祁钰不仅据此饮膳，还为刊印此书特意作序盛赞，《饮膳正要》成为钦定饮膳专著。据钦定《饮膳正要》，服食枸杞的方法很多。

——服食枸杞

元代《农桑通诀》[23]载：春夏采叶，秋采茎实，冬采根。朱孺子幼事道士王元真，居大若岩。汲于溪，见二花犬，因遂之，入于枸杞丛下，掘之根形如二犬，食之忽觉身轻。谚云：去家千里，勿食萝摩、枸杞，言其补精气也。

——枸杞羊肾粥

《饮膳正要·卷第一·食疗诸病》载："枸杞羊肾粥，治阳气衰败，腰脚疼痛，五劳七伤。方药：枸杞叶（一斤），羊肾（一对，细切），葱白（一茎），羊肉（半斤，炒）。用法：上件，四味拌匀，入五味，煮成汁，下米熬成粥，空腹食之。"

明代，服食枸杞很时尚。常服枸杞，既可预防疾病，又可益寿延年。明代医药家兰茂[24]（1397~1476），号和光道人、玄壶子，撰有

《滇南本草》3卷，据该书载："枸杞尖作菜，同鸡蛋炒食，治年少妇人白带。"

李时珍《本草纲目》载："枸杞甘平无毒，久服坚筋骨，轻身不老……明目安神，令人长寿。"《本草纲目》记录的以枸杞为主要材料制作的历代药膳有多种多样：

枸杞子和羊肉作羹、枸杞叶作羹、枸杞粥。

枸杞酒：变白，耐老轻身。

地骨酒：壮筋骨，补精髓，延年耐老。

茯苓酒：治头风虚眩，暖腰膝，主五劳七伤。

黄精酒：壮筋骨，益精髓，变白发，治百病。

枸杞茶饮：作饮代茶，止渴，消热烦，益阳事，解面毒。

枸杞煎：治虚劳，退虚热，轻身益气，令一切痈疽永不发。

金髓煎：枸杞子逐日摘红熟者，不拘多少，以无灰酒浸之，蜡纸封固，勿令泄气。两月足，取入沙盆中捣烂，滤取汁，同浸酒入银锅内，慢火熬之不住手搅，恐黏住不匀。候成膏如饧，净瓶密收。每早温酒服二大匙，夜卧再服。百日身轻气壮，积年不辍，可以羽化也。

明代高濂[25]（约1573~1620年）是著名戏曲作家、养生学家，能诗文，通医理，精于养生。其所著《遵生八笺》集中国古代养生学之大成。《遵生八笺》有关枸杞养生方剂如下。

三妙汤：地黄枸杞实，各取汁一升，蜜半升，银器中同煎如稀饧，每服一大匙，汤酒调皆可。实气养血，久服益人。

枸杞粥：用甘州枸杞一合，入米三合，煮粥食之。

杞叶粥：用枸杞子新嫩叶，如上煮粥亦妙。

枸杞子粥：用生者，研如泥，干者为末，每粥一瓯加子末半盏，白蜜一二匙，和匀食之，大益。

枸杞茶：于深秋摘红熟枸杞子，同干面拌和成剂，擀作饼样，晒干研为细末。每姜茶一两、枸杞子末二两，同和匀，入炼化酥油三两，或香油亦可。旋添汤搅成膏子，用盐少许，入锅煎熟饮之，甚有益。

枸杞煎方：采枸杞不拘多少，去蒂，清水净洗，淘出控干。用夹布袋，入枸杞子在内，于净砧上压取自然汁，澄一宿去渣，石器内慢火熬成煎，取出，瓷器内收。每服半匙头，温酒调下。明目驻颜，壮元气，润肌肤，久服大有益。如合时天色稍暖，其压下汁更不用经宿，其煎熬下两三年，并不损坏，如久远服，多煎下亦无妨也。

保镇丹田二精丸方：用黄精去皮，枸杞子各二斤，各八九月间采取。先用清水洗黄精一味，令净控干，细剉，与枸杞子相和杵碎，拌令匀，阴干。再捣罗为细末，炼蜜为丸，如梧桐子大。每服三五十丸，空心食前温酒下，常服助气，固精，补镇丹田，活血驻颜，长生不老。

枸杞茶：明太祖朱元璋的第五子周王朱橚[26]在其《救荒本草》中说：枸杞"作羹食皆可；子红熟时亦可食；若渴煮叶作饮，以代茶饮之"。

## 枸杞头

（明）周履靖[27]

昨有道士揖余言，厥惟灵卉可永年。
紫芝瑶草不足贵，丘中枸杞生芊芊。
摘以莹玉无瑕手，濯以悬流瀑布泉。
但能细嚼辨深味，何以勾漏求神仙？

枸杞贡：《弘治宁夏新志》将中卫（宁安堡，今宁夏中宁）枸杞列为宁夏四大"贡品"之一。有人就以此为据，说是宁夏枸杞有600多年的种植历史——其实，这里说的是宁夏枸杞"贡品"，并非种植历史。

枸杞粥：《食鉴本草》[28]治肝家火旺血衰，用甘州枸杞子一盒，米三盒，煮粥食，一方采叶煮粥食，入盐少许，空腹食。

油盐炒枸杞芽：清朝曹雪芹[29]（约1715—1763）将油盐炒枸杞芽菜写进了《红楼梦》。

**本节注释**

[21] 陶弘景(456—536)，字通明，南朝梁时丹阳秣陵(今江苏南京)人，号华阳隐居(自号华阳隐居)。著名的医药家、炼丹家、文学家，人称"山中宰相"。作品有《本草经注》《集金丹黄白方》《二牛图》《华阳陶隐居集》等。

[22]《饮膳正要》为元代忽思慧所撰，成书于元朝天历三年(公元1330年)，全书共3卷。卷一讲的是诸般禁忌、食疗诸病；卷二讲的是诸般汤煎、聚珍品撰、神仙服饵等；卷三讲的是米谷品、兽品、禽品、鱼品、果品菜品和料物性味等。

[23]《农桑通诀》属于《王祯农书》部分之一，《农桑通诀》则相当于农业总论，首先对农业、牛耕、养蚕的历史渊源作了概述；其次以《授时》《地利》两篇来论述农业生产根本关键所在的时宜、地宜问题；最后以从《垦耕》到《收获》等7篇来论述开垦、土壤、耕种、施肥、水利灌溉、田间管理和收获等农业操作的共同基本原则和措施。提出"顺天之时、因地之宜、存乎其人"这一重要的农耕思想。

[24] 兰茂(1397—1470)，字廷秀，号止庵，外号和光道人、洞天风月子、玄壶子等，云南省嵩明县杨林人，祖籍河南洛阳。明代医药家、音韵学家、诗人、教育家、理学宗匠。生性聪颖，勤奋好学，少通经史，旁及诸子百家，终身隐居杨林乡里，采药行医，潜心著述，设馆授徒，人称"小圣"。兰茂的著述很多，可存世之作却不多。兰茂辞世40年后，明正德《云南志》记述兰茂著有《玄壶集》等19种书，流传至今的只有《韵略易通》《滇南本草》《医门揽要》《玄壶集》《信天风月通玄记》和170多首诗作。

[25] 高濂,明代著名戏曲作家、养生学家、藏书家,字深甫,号瑞南道人,钱塘(今浙江省杭州)人,以戏曲名于世。约生于嘉靖初年,主要生活在万历时期。曾在北京任鸿胪寺官,后隐居西湖。能诗文,兼通医理,更擅养生。所作传奇剧本有《玉簪记》《节孝记》,诗文集《雅尚斋诗草二集》《芳芷栖词》,其养生著作《遵生八笺》是中国古代养生学的集大成之作。

[26] 朱橚(1361~1425年),安徽凤阳人,明太祖朱元璋第五子,明成祖朱棣的胞弟。一生好学,能词赋,曾作《元宫词》百章,组织编著有《救荒本草》《保生余录》《袖珍方》和《普济方》等作品,对我国西南边陲医药事业的发展做出了巨大的贡献。

[27] 周履靖(1549~1640年),明隆庆、万历间人,字逸之,初号梅墟,改号螺冠子,晚号梅颠,嘉兴(今浙江省嘉兴)人。性慷慨,善吟咏,尤工书,大小篆、隶、楷、行、草无不妙。善山水,兼精人物。著《夷门广牍》《梅颠稿选》《画评会海》。《茹草编》4卷、《续易牙遗意》1卷。精养生、气功,编撰《夷门广牍》一书,其中"尊生"类有《金笥玄玄》1卷、《益龄单》1卷、《赤凤髓》3卷、《唐宋卫生歌》等。

[28]《食鉴本草》,古代中国食疗药学著作。四卷。清代柴裔撰。刊于1741年。一卷。清代费伯雄撰,约刊于1883年。本书首论各种食物的功用。主治、宜忌;其次按风、寒、暑、湿、燥、气、血、痰、虚、实10种病因分别论述各种治疗方法所需的若干食品。现存《珍本医书集成》本。

[29] 曹雪芹(约1715~约1763年),名霑,字梦阮,号雪芹,又号芹溪、芹圃,中国古典名著《红楼梦》作者,祖籍辽宁铁岭,生于江宁(今南京),曹雪芹出身清代内务府正白旗包衣世家,是江宁织造曹寅之孙,曹颙之子(一说曹頫之子)。曹雪芹最伟大的贡献在于文学创作:他创作的《红楼梦》规模宏大、结构严谨、情节复杂、描写生动,塑造了众多具有典型性格的艺术形象,堪称中国古代长篇小说的高峰,在世界文学史上占有重要地位。曹雪芹为中华民族、世界人民留下了宝贵的文化遗产和精神财富,不仅对后世作家的创作影响深远,而且在绘画、影视、动漫、网游等领域产生了大量优秀衍生作品,学术界、社会上围绕《红楼梦》作者、版本、文本、本事等方面的研究与谈论甚至形成了一种专门的学问——红学。

## 第七节　中华民国时期的枸杞服食

中华民国年间，在继承前人传统食用枸杞的基础上，民间大众最普遍的食用枸杞方法：一是用枸杞干果泡酒，二是用枸杞干果加入米饭、稀饭和汤菜中，三是将枸杞干果加入蒸烙的面食中。

枸杞实生苗当年就能开花结实，以后随着树龄的增长，开花结果能力逐渐提高，36年后开花结果能力渐渐降低，结果年龄约30年。

枸杞的第一次开花结实是在上一年形成的枝条上（当地习惯称上一年形成的枝条为"老眼枝"，"老眼枝"所结的果实称"老眼果"），4月中旬（10~20日）现蕾，4月下旬（20~30日）至5月上旬（1~10日）始花；5月中旬（10~20日）盛花，6月中旬（10~20日）成熟；采果延续到7月上旬（1~10日）。枸杞的第二次开花结实是春季生长的枝条，5月上旬现蕾，6月上旬盛花，7月上旬成熟。枸杞的第三次开花结实是秋季生长枝条。老眼果采摘结束后，老眼枝经过一段时间的养分积累，又生长出新的枝条，新枝条8月中旬现蕾，9月上旬开花，10月上旬成熟。

枸杞花败，坏胎显露，长成青果，需20余天。青果变色，由绿色变为淡绿—淡黄—黄红色，只需3~5天。而后果肉致密，胚乳饱满，种子白色。鲜果成熟，就可以食用。

枸杞鲜果不易保存，短期就会腐烂变质。因此，习惯上是把采摘的枸杞果，均匀地摊放到枸杞果芭子里[28]。晾在背阴、通风处（以一天为宜），等枸杞子失去部分水分后，再移至太阳下暴晒——通常选择通风、平整的地方——房顶、木架、场院里。将果芭子单个摆开，阴天下雨和每天晚上，都要把枸杞芭子摞起来，及时用薄膜盖好，防止枸杞子返潮。天晴后和第二天，清晨要及时撤下薄膜，防止因温度过高枸杞子变黑。

枸杞子晒到七八成干时，要及时扣盘——把笆子中的枸杞子扣到阳光充足、通风、容易清扫的硬面上（平房房顶最好）。扣笆子要选择在清晨。扣盘的前一天晚上，枸杞盘不要再盖薄膜，让枸杞子在盘中返潮一个晚上。这样枸杞子很容易被从盘中扣出来[29]。扣盘后的枸杞子要均匀地摊开。

晒干后枸杞子要及时装入双层袋中。装袋应选择16:00~17:00。此时，阳光充足，潮气较小，枸杞子不易返潮。装袋后应立即把袋口扎紧——枸杞就这样晒成干果了。这样的干果能够存放一至两年时间，泡在酒瓶里封住酒瓶盖或放进汤里熬煮，干果又会恢复到原来鲜枸杞的形状不会走样，其功能营养不会流失。

## 第八节　现代枸杞的食用

现代枸杞的食用已经上升到了一个新的层次。随着科研的发展，人们越来越认识到了枸杞与人类健康的密切关系，已经将枸杞作为养生必不可少的必需品：泡酒，少不了枸杞；泡茶，少不了枸杞；煲汤，少不了枸杞；蒸饭，少不了枸杞；烧菜，少不了枸杞；各种中药，更是少不了枸杞。枸杞已经从过去干果的常年食用，变为今天盛产期鲜果的直接食用。

枸杞鲜果因娇嫩，皮薄不宜碰撞，且发热量大，不耐贮藏，运输时容易变质腐烂，所以一直不能以鲜果名世。2008年北京奥运会期间（8月），中国江浙福建沿海一带的一些客商与宁夏一些枸杞经营者共同尝试，用航空方式，将当日从枸杞园里采摘下来的鲜枸杞通过银川机场，当日空运到北京，在北京首都机场试销。鲜枸杞那晶莹红丽的玉质果实，清香无比而略带甜涩的果汁，有别于任何果品，风味独特，一时成为抢手鲜货。枸杞鲜果从此成为健康养生的新贵。

2012年，有宁夏企业研究总结出了一套完整的保鲜、冷链处理及外运鲜枸杞技术，靠严密的操作体系，能把枸杞鲜果保质保量地运送到客户所在地。

2013~2014年，宁夏多家枸杞经营公司开始做枸杞鲜果业务：早晨还在树梢的枸杞鲜果，通过航空，下午就出现在北京、上海、广州等大城市的酒店餐桌上。

2014年，宁夏枸杞经营企业先后在宁夏新华百货、物美超市、河东机场共设有50多家专柜，以鲜枸杞果陆续入驻南方各大卖场，通过淘宝、微信公众平台、阿里巴巴店铺快线销售。枸杞鲜果正在发展为现代餐桌上的一道深受消费者青睐的"杞妃御品"。

养生极品"枸杞籽油"[30] 2000年进入欧美市场，成为西方女士美容佳品。

**本节注释**

[30] 见本书《枸杞加工史》。

# 第五章 枸杞医药史

## 第一节 枸杞的主要成分及功能

### 一、枸杞的化学成分

多年来,枸杞在亚洲国家被用作传统中药和功能性食品,广泛用于泡酒、泡茶、泡水、煲汤、煮粥等[1]。枸杞的果、叶、苗、根均可入药,是中药配方的重要成分。迄今,对枸杞、宁夏枸杞、黑枸杞的化学成分研究较多,其余种极少或尚未研究报道。枸杞成熟果实含有枸杞多糖、多种氨基酸、微量元素、维生素、牛磺酸、生物碱、挥发油等化学成分。其主要成分为枸杞多糖(简称"LBP"),近年来从LBP中分离纯化得到5个免疫活性较强的枸杞糖肽(简称LbGp),公认的枸杞化学成分还有甜菜碱(betane)和天仙子胺(gyoscyamine)。枸杞还含有玉蜀黍黄质、酸浆果红素、隐黄质(cryptosxanthin)、东莨菪素(scopo-letin)、胡萝卜素、维生素B1、核黄素、烟酸、维生素C等。[2][3]

其他化合物:蛋白质和氨基酸是枸杞中重要的含氮物质,含量为4.49克/100克。枸杞子粗蛋白中含有18种氨基酸及人体8种必需的氨基酸,游离氨基酸占氨基酸总量的一半以上。其中天门冬氨酸、谷氨酸、丙氨酸和脯氨酸含量较高。枸杞含有钾、钙、铁、钴、锰、硒、镁等元素,及以无机物的形式存在的其他矿物质[3]。枸杞新鲜果中粗脂肪含量为 1%~2%，枸杞子中为 8%~12%。果实中含亚油酸、亚麻酸和蜂花酸。果皮果肉部分的饱和脂肪酸与不饱和脂肪酸分别占 38.2% 和 61.8%，种子油中的含量分别为 13.7% 和 86.3%。枸杞含有各种小分子，如脑苷、β-谷甾醇、P-香豆酸和各种维生素。其他成分包括谷氨酰胆甾-5，22-二烯-3β 胺，天门冬素，甾醇，胆甾-7-烯醇；菜油；胆甾烷醇；24-亚甲基胆固醇，胆甾-5 烯-3β 醇，24-甲基胆甾-5 烯-3β 醇，24-乙基胆甾-5，22-二烯-3-醇，24-乙基胆甾-5 烯-3 醇，24-亚乙基胆甾-5 烯-3β 醇等[4]。

## 二、枸杞的营养成分

枸杞营养成分非常丰富[5]。据测定，每百克枸杞果中含粗蛋白 4.49 克，粗脂肪 2.33 克，碳水化合物 9.12 克，类胡萝卜素 96 毫克，硫胺素 0.053 毫克，核黄素 0.137 毫克，抗坏血酸 19.8 毫克，甜菜碱 0.26 毫克以及多种维生素和氨基酸。氨基酸种类齐全，含量丰富，干果中氨基酸总量为 9.5%，其中必需氨基酸占总量的 24.74%；鲜果中氨基酸总量为 3.54%，其中必需氨基酸占总量的 23.67%。枸杞叶中同样含有丰富的蛋白质、氨基酸、维生素和矿物质，嫩叶可作为蔬菜食用。风干的枸杞叶中含蛋白质、脂肪、总糖的含量分别是 14.0%、3.1% 和 4.3%。蛋白质的含量比玉米、水稻、小麦高 60% 以上；脂肪含量除比玉米低以外，比水稻高 24%，比小麦高出 1 倍；糖分含量和一般叶菜相近。每百克枸杞叶中含胡萝卜素 4.29 毫克，硫胺素 0.269 毫克，核黄素 0.8 毫克，尼克酸 10.58 毫克，抗坏血酸 35.16 毫克，氨基酸的总量 11.04 毫克，比其果实高出 0.56 毫克，尤以人体必需的天门冬氨酸和谷氨酸含量最高，分别为 1.25 毫克和 1.39 毫克。对人体有益的矿物质元素含量也很丰富，含钙、磷、铁、铜、钠、锌、镍、锰、钾、镁等。

### 三、枸杞的食用功能

枸杞叶营养丰富，具有食用功能[5]。在一些蔬菜市场上常有枸杞的嫩茎叶出售，用其凉拌菜、煲汤，成为人们餐桌上的一道美味，并具有明目的作用。近些年来，一些科研单位及食品加工企业经过积极的探索，开发出了各种酒、饮料、糖、罐头等一系列产品，取得了较好的社会效益和经济效益。英国CPI报道了一种含野韭、桔梗和中国枸杞子水提取物的食品，该食品味道鲜美，成本低，又具有良好的免疫激活作用。枸杞的干、鲜果常用来煲汤、煮稀饭、炖肉，或者直接食用。

### 四、枸杞的药用功能

枸杞不仅供中医临床配方使用，同时也是阿胶补血口服液、五子衍生丸等多种中成药的原料，用于治疗免疫力功能低下、男性不育症、高血脂、原发性肝癌等病症[5]。最新研究表明，枸杞能使老年人血中老化的8项指标向年轻化逆转，有延缓衰老和抗疲劳的作用；枸杞还有增强雌性激素的作用和降压、保肝的作用。此外，枸杞多糖能提高人体的免疫能力。

### 五、枸杞的营养功能

经研究表明，枸杞的干、鲜果营养丰富，有明目的作用，枸杞叶、果柄中除了含有人体必需的氨基酸和多种维生素外，尚含有利于儿童智力的锂元素[5]。

### 六、枸杞的保健功能

枸杞既是食品、传统常用的中药材，也是百姓喜爱的保健食品。

一些科研机构和企业开发出了一系列枸杞保健产品,诸如宁夏红、八宝茶、杞农、枸杞叶茶、枸杞豆奶、"却老子"等枸杞保健酒、枸杞明目软胶囊、枸杞花粉片、黑果枸杞精华片、枸杞籽油、枸杞鲜汁颗粒冲剂、枸杞鲜汁饮料等。枸杞含有多种维生素和微量元素,最适合于发用的化妆品。发用化妆品添加枸杞提取物,可防治脱发,使头发乌黑发亮,对头发缺乏人体必需的微量元素所引起的黄发、白发均有较好的效果,能促进头发黑色素的生成。枸杞提取物加入生发露中,对斑秃有很好的治疗作用。枸杞用于面部化妆品,可使颜面皮肤细嫩、光滑,如青花素面膜等。

## 七、枸杞的绿化功能

枸杞植株抗逆性强,是干旱、沙漠、盐碱地造林的较好树种,其枝叶繁茂、花果鲜艳,亦是街道绿化、庭院美化的观赏植物。

对于黄沙和荒漠来说,枸杞可以按一定株距成片种植,可以覆盖地表,保持水土。中宁至吴忠红寺堡、罗山以北,一直到中宁鸣沙红柳沟的荒漠以及中宁舟塔到同心喊叫水、海原兴仁堡的山地,如今已到处是这样的枸杞庄园。

**本节注释**

[1] 如克亚·加帕尔,孙玉敬,钟烈州,等. 枸杞植物化学成分及其生物活性的研究进展[J]. 中国食品学报,2013,(8):161~171.

[2] 蒋万志,张洪泉. 枸杞多糖在免疫和抗衰老方面的研究进展[J]. 中国野生植物资源,2010,29(2):5~7,14.

[3] NHI, Gou Qi Zi. Lycium fruit, Lycii fructus. (2007-11-20)[2012-05-04].

http://content.nhiondemand.com/moh/media/TCMH1.asp·objID=100832&ctype=tcmh#fn111585.

[4] 朱采平. 枸杞多糖的结构分析及生物活性评价[D]. 武汉：华中农业大学，2006.

[5] 李泽锋. 枸杞营养成分及综合利用[J]. 辽宁农业职业技术学院学报，2010.

## 第二节　先秦时期对枸杞的医药功能认识

药用枸杞最早见载于《神农本草经》。《神农本草经·卷一·上经》记载：（枸杞）"味苦，寒。主五内邪气，热中，消渴，周痹。久服坚筋骨，轻身，不老。"

《神农本草经》，又称《本草经》或《本经》，是中国现存最早的中药学著作，约起源于神农氏，代代口耳相传，于东汉时期集结整理成书，成书非一时，作者亦非一人，秦汉时期众多医学家搜集、总结、整理当时药物学经验成果的专著，是对中国中医药的第一次系统总结。其中规定的大部分中药学理论和配伍规则以及提出的"七情和合"原则在几千年的用药实践中发挥了巨大的作用，《神农本草经》是中医药药物学理论发展的源头。在李时珍出版《本草纲目》之前，该书一直被看作是最权威的医书。"枸杞"能够列入该医书之中，说明枸杞的医药功能在上古时期已经被广泛认可和应用。

枸杞随着《神农本草经》的流传，医药界对其药食兼用功效不断研究、实践、补充、完善。

南北朝时期的《本草经集注·草木上品》（陶弘景编撰）载：（枸杞）"味苦，寒，根大寒，子微寒，无毒。主治五内邪气，热中，消渴，周痹。风湿，下胸胁气，客热，头痛，补内伤，大劳、嘘吸，坚筋骨，强阴，利大小肠。久服坚筋骨，轻身，耐老，耐寒暑。一名杞根，一名地骨，一名枸忌，一名地辅，一名羊乳，一名却暑，一名仙人杖，一名西王母杖。生常山平泽及诸丘陵阪岸上。冬采根，春、夏采叶，秋采茎、实，阴干。今出堂邑，而石头烽火楼下最多。其叶可作羹，味小苦。世谚云：去家千里，勿食萝摩、枸杞，此言其补益精气，强盛阴道也。萝摩一名苦丸，叶浓大作藤生，摘有白乳汁，人家多种之，可生啖，亦蒸煮食也。枸杞根、实，为服食家用，其说乃甚美，仙人之杖，远自有旨乎也。"

隋唐时期的《药性论》（甄权编撰）载：（枸杞）"发热诸毒，烦闷，可单煮汁解之，能消热解毒。又根皮细锉，面拌，熟煮吞之，主治肾家风，良。主患眼风障，赤膜昏痛，取叶捣汁注眼中，妙。"唐代孟诜撰《食疗本草》载：枸杞"坚筋耐老，除风，补益筋骨，能益人，去虚劳"。

流传至宋时的《神农本草经》载："枸杞味苦寒。主五内邪气，热中，消渴，周痹。久服，坚筋骨，轻身不老（见《御览》，作耐老）。一名杞根，一名地骨，一名枸忌，一名地辅。生平泽。《吴普》曰：枸杞，一名枸己，一名羊乳（见《御览》）。《名医》曰：一名羊乳，一名却暑，一名仙人杖，一名西王母杖，生常山及诸丘陵阪岸，冬采根，春夏采叶，秋采茎、实，阴干。案《说文》云：继，枸杞也。杞，枸杞也；《广雅》云：地筋，枸杞也；《尔雅》云：杞，枸；郭璞云：今枸杞也；《毛诗》云：集于苞杞；《传》云：杞，枸也；陆玑云：苦杞秋熟，正赤，服之轻身益气；《列仙传》云：陆通食橐卢木实；《抱朴子·仙药》云：象柴，一名托卢，是也。或名仙人杖，或云西王母杖，或名天门精，或名却老，或名地骨，或名枸杞也。"

秦汉以来，随着对枸杞认识的不断深化，枸杞的养生保健功效日益显著，名声显赫。枸杞在《神农本草经》中被列为中药药材"木"类药品中的"上品"药。《神农四经》说：上药令人身安命延，升为天神；中药养性；下药除病。所谓"上品"药，即养命之药，"羽化登仙"之药，枸杞属之。

## 第三节　汉唐时期对枸杞的医药研究

唐代以枸杞入药治疗疾病应用广泛。唐代孙思邈（581—682）编著的《千金方》、孟诜（612—713）编撰的《食疗本草》、苏敬（657—659）主持编纂的《唐本草》（《新修本草》）、陈藏器（713—741年）撰的《本草拾遗》等对枸杞入药都有研究记载。

孙思邈，寿逾百岁，是唐代乃至世界史上著名的医学家和药物学家。孙思邈撰的《千金翼方·卷第三·本草中·木部上品》载：

枸杞，味苦，寒。根，大寒；子，微寒，无毒。主五内邪气，热中消渴，周痹风湿，下胸胁气，客热头痛。补内伤，大劳嘘吸，坚筋骨，强阴，利大小肠。久服坚筋骨，轻身不老，耐寒暑。

一名杞根，一名地骨，一名枸忌，一名地辅，一名羊乳，一名却暑，一名仙人杖，一名西王母杖。

生常山平泽及诸丘陵阪岸，冬采根，春夏采叶，秋采茎、实，阴干。

唐《千金方》记载了用枸杞治疗的许多病方，如：

——枸杞煎

《千金方》载：治虚劳，退虚热，轻身益气，令一切痈疽永不发。用枸杞三十斤（春夏用茎、叶，秋冬用根、实），以水一石，煮取五斗，以滓再煮取五斗，澄清去滓，再煎取二斗，入锅煎如饧收之。每早酒服一盒。

——(肝虚) 枸杞酒

《千金方》载：肝虚下泪。枸杞子二升，绢袋盛，浸一斗酒中(密封) 三七日，饮之。

——(肾虚) 枸杞酒

《千金方》载：肾虚腰痛。枸杞根、杜仲、萆薢各一斤，好酒三斗渍之，罂中密封，锅中煮一日。饮之任意。

——枸杞汤

《千金方》载：虚劳渴热。枸杞根为末，白汤调服。有痼疾人勿服。

——(虚劳) 枸杞汤

《千金方》载：虚劳苦渴，骨节烦热，或寒。用枸杞根白皮(切)五升，麦门冬三升，小麦二升，水二斗，煮至麦熟，去滓。每服一升，口渴即饮。

——(生地黄) 枸杞酒

《千金方》载：带下脉数。枸杞根一斤，生地黄五斤，酒一斗煮五升。日日服之。

——(治疗) 枸杞服

《千金方》载：十三种疗。春三月上建日采叶(名天精)，夏三月上建日采枝(名枸杞)，秋三月上建日采子(名却老)，冬三月上建日采根(名地骨)，并曝干为末(如不得依法采，但得一种亦可)。

用绯缯一片裹药。牛黄一梧(桐)子大，反钩棘针三七枚，赤小豆七粒，为末。先于缯上铺乱发一鸡子大，乃铺牛黄等末，卷作团，以发束定，熨斗中炒令沸，沸定，刮捣为末。以一方寸匕，合前枸杞末二匕，空心酒服二钱半，日再服。

——枸杞服

《千金方》载：瘰疬出汁。着手、足、肩、背，累累如赤豆。用枸杞根、葵根叶煮汁，煎如饴。随意服之。

——枸杞菖蒲酒

《备急千金要方》载：治缓解风四肢不随，行步不正，口急及四体不得屈伸。枸杞根一百斤，菖蒲五斤。上二味细锉，以水四石，煮取一石六斗去滓，酿二斛米。酒熟稍稍饮之。

唐《千金翼方》对枸杞的采摘时间要求：春夏采叶，秋采茎、实，冬采根，阴干。在《药录纂要》仅"用药处方第四"中用枸杞治病的处方就有四个。在"小儿眼病第三"中说："枸杞汁洗目，日五度，良，煮用亦得。"由上可见，汉唐时期古人对枸杞研究之深刻。

唐代韩鄂著《四时纂要》中，不仅总结了枸杞的种植方法，还记载了用枸杞治疗的许多病方，如：

肾沥汤，治丈夫虚羸、五劳七伤、风湿、肾脏虚竭、耳目聋暗。方：干地黄、黄蓍、白茯苓各六分，五味子、羚羊角（屑）、桑螵蛸、防风、麦门冬（去心）各五分，地骨皮、桂心各四两，磁石三两（打破如碁子，洗去十数遍，令黑汁尽）白羊肾一对（猪肾亦得去脂膜切作柳叶片子）：右以水四大升，先煮肾，耗水升半许，即去水上肥沫、去肾滓，取肾汁煎诸药，取八大盏绞，去滓澄清。分为三服，三伏日各服一剂，极补虚，复治丈夫百病。药亦可以随人加减。忌大蒜、生葱、冷陈滑物。平日空心服之，伏日切不可近妇，妇死已不还家。

鹿骨酒：治百体虚劳，大风诸风虚损诸疾。久服长骨留年，久久自知。枸杞二十斤，净洗歇干锉碎，鹿骨一真（具）锉碎。上件以水四石，煎取一石五斗，去滓。经宿，净掠去脂沫，沉淀，取如常水浸曲，投糯米二石，分为三四酘，候熟压取饮之。

枸杞子酒：补虚，长肌肉，益颜色，肥健延年。方：枸杞子二升，好酒二斗，搦碎浸七日，漉去滓。日饮三盒。

钟乳酒：主补骨髓，益气力，逐湿。方：干地黄八分，巨胜一升（煞别烂捣），牛膝、五茄皮、地骨皮各四两，桂心、防风各二两，仙灵脾三两，钟乳五两（甘草汤浸三宿，以半斤牛乳，瓷瓶中没炊），于炊饭上蒸之，牛乳尽出，以暖水净淘洗，碎如麻豆。上件诸药，并细锉，布袋子贮用。好酒三斗，浸五日后可取饮。出一升即入一升清酒。量其药味，减则止。即出去药起，十月一日服，至立春止。忌生葱、陈臭物。

麋茸丸：补虚，益心强志。麋茸八分（炙），枸杞子十二分，伏神、人参各六分，干姜八分，桂心二分，远志三分（去心），捣筛为末。取地黄煎于臼中，捣合为丸。每日食后服十丸，加至二十丸。暖酒下。忌芜荑、蒜、大醋、生葱。

唐代王焘《外台秘要》记载了道家的枸杞子煎秘方：正方枸杞子三升，杏仁（去皮尖研）一升，生地黄（研取汁）三升，人参十分，茯苓十分，天门冬（捣汁，干者末亦得）半斤，白蜜五升，牛髓（无亦得）一具，酥五升。

# 第四节　宋元时期枸杞制药的继承发展

宋元时期，在继承前人枸杞医药的研究上，对枸杞与人体各种疾病的关系、枸杞制药、入药等有了更加精细的研究发展。

宋朝在整理前人医药成果的基础上，官方重新编纂了《开宝本草》[6]《嘉祐本草》[7]《图经本草》《嘉祐补注神农本草》《太平圣惠方》《圣济总录》[8]。宋代私家著述丰硕，陈承编辑了《重广补注神农本草图经》、唐慎微编辑了《经史证类备急本草》[9]（《证类本草》），娄居中编著了《食治通说》，等等。

宋代的这些医药著作保存了枸杞的大量史料。

宋代刘翰、马志等编著的《开宝本草》载：（枸杞）"味苦，根大寒，子微寒，无毒。风湿，下胸胁气，客热，头痛，补内伤，大劳嘘吸，坚筋骨，强阴，利大小肠。"

宋代寇宗奭编著的《本草衍义》[10]载：（枸杞）"今人多用其子，直为补肾药，是曾未考究《经》意。当更量其虚实冷热用之。"

宋代四明人（掌禹锡说）撰《日华子诸家本草》[11]载：（枸杞）"除烦益志，补五劳七伤，壮心气。"

关于枸杞与医疗诸病的关系。北宋官修医书《太平圣惠方》[12]等多有继承与发展。文人雅士对枸杞医药也很关注。宋代词人周密（1232—1298）著《浩然斋日抄》载：宋徽宗时，顺州筑城，得枸杞于土中，其形如葵状，驰献阙下，乃仙家所谓千岁枸杞，其形如犬者。据前数说，则枸杞之滋益不独子，而根亦不止于退热而已。但根、苗、子之气味稍殊，而主治亦未必无别。盖其苗乃天精，苦甘而凉，上焦心肺客热者宜之；根乃地骨，甘淡而寒，下焦肝肾虚热者宜之。此皆三焦气分之药，所谓热淫于内、泻以甘寒也。至于子则甘平而润，性滋而补，不能退热，只能补肾润肺，生精益气。此乃平补之药，所谓精不足者，补之以味也。分而用之，则各有所主；兼而用之，则一举两得。世人但知用黄芩、黄连，苦寒以治上焦之火；黄檗、知母，苦寒以治下焦阴火。谓之补阴降火，久服致伤元气。而不知枸杞、地骨甘寒平补，使精气充而邪火自退之妙，惜哉！予尝以青蒿佐地骨退热，屡有殊功，人所未喻者。

北宋《证类本草》载，雷公云，凡使根，掘得后使东流水浸，以物刷上土，然后待干，破去心，用熟甘草汤浸一宿，然后焙干用。其根若似物命形状者上，春食叶，夏食子，秋、冬食根并子也。食疗寒，无毒。叶及子并坚筋能老，除风，补益筋骨，能益人去虚劳。根主去骨热，消渴。叶和羊肉作羹尤善益人。代茶法：煮汁饮之，益阳事，能去眼中风痒赤膜，捣叶汁点之良。又：取洗去泥，和面拌作饮煮熟吞之，去肾气尤良，又益精气。《圣惠方》：枸杞子酒，主补虚，长肌肉，益颜色，肥健人，能去劳热。用生枸杞子五升，好酒二斗，研搦勿碎，浸七日，滤去滓饮之。初以三合为始，后即任性饮之。《外台秘要》同。《千金方》：治齿疼，煮枸杞汁含之。又方：治肝虚或当风眼泪等新病方。枸杞子取肥者二升捣破，内绢袋置罐中，以酒一斗浸讫，密封勿泄气，三七日，每旦饮之，任性勿醉。又方：治虚劳客热。用枸杞根末调服，有痼疾人不得吃。《肘后方》：治大赫疮。此患急，宜防毒瓦斯入心腹，饮枸杞汁至瘥。又方：疗目热生肤赤白眼。捣枸杞汁洗目，五七度。又方：犬食马肉生狂方。忽鼻头燥，眼赤，不食，避人藏身，皆欲发狂。便宜枸杞汁煮粥饲之，即不狂，若不肯食糜，以盐涂其鼻，既舐之，则欲食矣。《经验方》金髓煎：枸杞子，不计多少。逐日旋采摘红熟者，去嫩蒂子，拣令洁净，便以无灰酒于净器浸之，须是瓮，用酒浸以两月为限，用蜡纸封闭紧密，无令透气，候日数足漉出，于新竹器内盛贮，旋于沙盆中研令烂细，然后以细布滤过，候研滤皆毕，去滓不用，即并前渍药酒及滤过药汁搅匀，量银锅内多少升斗作番次，慢火熬成膏，切须不住手用物搅，恐黏底不匀，候稀稠得所，待冷，用净瓶器盛之，勿令泄气。每早晨温酒下二大匙头，夜卧服之，百日中身轻气壮，积年不废，可以羽化。《经验后方》：治五劳七伤，庶事衰弱。枸杞叶半斤切，粳米二合，以豉汁中相和，煮作粥，以五味末，葱白等调和食之。又方：变白轻身。枸杞子二升，十月壬癸日采,采时面东摘,生地黄汁三升,以好酒二升,于瓷瓶内浸二十一日,开封,添地黄汁同浸,搅之,却以纸三重封其头,更浸,候至立春前三十日开瓶,空心暖饮一杯,至立春后,髭鬓却黑。勿食芜荑、葱,服之耐老轻身,无比。孙真人备急方:治满口齿有血。枸杞和根、苗煎汤,食后吃。又治骨风。《经验后方》同。兵部手集:疗眼暴赤痛神效,枸杞汁点眼立验。

沈存中[沈括(1031—1095)]方:陕西枸杞,长一二丈,其围数寸,无刺,根皮如浓朴,甘美异于诸处,生子如樱桃,全少核,曝干如饼,极烂有味。《外台秘要》:疗眼暴天行肿痒痛。地骨皮三斤,水三斗,煮取三升,绞去滓,更钠盐一两,煎取二升,敷目。或加干姜二两,治疽,凡患痈疽恶疮,出脓血不止者。取地骨皮不拘多少净洗,先刮上面粗皮留之,再刮取细白穰,取粗皮同地骨一处煎汤,淋洗病令脓血净,以细穰贴之,立效。有一朝士,腹胁间病疽,经岁不瘥。人烧灰敷贴之,初淋洗出血一二升,其家人辈惧,欲止,病者曰:疽似少宽,更淋之,再用五升许,血渐淡,遂止,以细穰贴之,次日结痂,遂愈。《别说》云:枸棘亦非甘物。今按诸文所说,名极多,故使人疑,然比物用甚众,花小而红紫色,采时七月上申日。《图经》所说:实形长而枝无刺者,真枸杞也。此别是一种类,必多根而致疑。又:用根,去上浮粗皮一重,近白者一重,色微紫,极薄阴干。治金疮有神验。

《衍义》曰:枸杞,当用梗皮,地骨当用根皮,枸杞子当用其红实,是一物有三用。其皮寒,根大寒,子微寒,亦三等。此正是孟子所谓:性由杞柳之杞。后人徒劳分别,又为之枸棘,兹强生名耳。凡杞,未有无棘者,虽大至有成架,然亦有棘。但此物小则多刺,大则少刺,还如酸枣及棘,其实皆一也。今人多用其子,直为补肾药,是曾未考究经意。当更量其虚实冷热用之。

对枸杞根茎医药功效的探索。北宋张邦基（约1131年前后在世）的《墨庄漫录》[13]载："枸杞神药也，修真之士服食多升仙。岁久者根如犬形，夜能鸣吠。罗浮山记云：山上有枸杞树，大三四围，高二丈余。时有赤犬见于其下，夜闻其吠。今所至有之，但鲜得枝干大者。予外氏家唐州，宅第之盛甲于汉上。宅东有园，在东南城之一隅，城上下枸杞甚茂，枝干有如杯盂者，春时嫩条如指，甘美无复苦味。一日因需地骨皮入药，予与表弟季任命仆斫之。初深三二尺，根已如椽。又深锄之其下，形如一犬，头足悉具，唯一足差细，其嫩皮厚寸许。伯舅顺嵒见之，叹惋曰：惜乎！灵物为二子所发，使其岁月益深，必亦能猙猙而吠矣。……臣昔闻隐君子言，枸杞数百岁根类生物，得而食之颜长。年后阅仙书，数有验者。尝与道士字文希真游南岳朱陵洞天……有闻类犬吠。希真谓此非人境，安得有是。客笑曰：岩腹枸杞生而酷似此其音也……或入他山中遇樵苏必访焉，间云往往有见，但苦在深绝不可到之地。"张邦基记述他在唐州（今河南省唐河县）外祖父母家枸杞园子中与表弟挖掘"地骨皮入药"的经历，说他挖掘的"枸杞甚茂，枝干有如杯盂"。

枸杞入药区分其果实、根茎等部分的寒热属性。宋《太平圣惠方》说"枸杞子（微寒）"，"枸杞根（大寒）"。

枸杞食疗配方精细。羹、粥调制因病选料。《太平圣惠方》载：在枸杞"食治养老方"中，用"枸杞根（五斤锉以水一斗五升上用枸杞根汁。煮煎羊肝等令烂。入豉汁一小盏。葱白七茎切。以五味调和作羹。空腹饱，补虚劳"。在枸杞"食治骨蒸劳方"中，用"枸杞叶羹方。枸杞叶[三（五）两]青蒿叶（一两）葱白（一握，去须切）豉（一盒）"。在枸杞"食治五劳七伤方"中，用"嫩枸杞叶（细切一升）葱白（三茎去须，切）"。在枸杞"食治五劳七伤方"中，用"枸杞粥方。枸杞叶（半斤切）粳米（二盒）"。在枸杞"食治风邪癫痫方"中，用"猪心（一枚细切），枸杞菜（半斤切），葱白（五茎切）"。在枸杞"补益虚损方"中，用"猪肾苁蓉枸杞盐酱五味末等，作羹"。

枸杞入药量化精细，从三分至六两不等。《太平圣惠方》载："枸杞子（三分）""枸杞子（一两）""枸杞子（一两半）""枸杞子（二两）""枸杞子（三两）""枸杞子（六两）"。

枸杞入药剂型炮制增多。枸杞入药剂型多样，《太平圣惠方》载："枸杞子丸方""枸杞子散方""枸杞根散方""枸杞子散敷面方""枸杞自然汁末"等。

枸杞入药剂型因人因病制宜。小儿病对症治疗的相关药方配伍中应用散方枸杞，例如，桑百皮散：地骨皮、银柴胡、知母、半夏、人参、炙甘草、赤茯苓各等分……可治阴虚潮热（宋钱乙（仲阳）著《小儿药证直诀》）。泻白散：地骨皮、桑白皮、生甘草……加粳米，水煎服，具有清肺泄热、止咳平喘之效，治肺热咳嗽，甚则气喘，皮肤蒸热，或发热，午后尤甚，舌红苔黄，脉细数（宋钱乙（仲阳）著《小儿药证直诀》）。

枸杞泡酒入药。《太平圣惠方》载：在"枸杞酒方"中，用"枸杞根酿酒，治风冷虚劳方，枸杞根（切一硕），鹿骨（一具打碎）"。"生枸杞子酒，主补虚，长肌肉，益颜色，肥健，能去劳热方，生枸杞子（五斤）"。"菊花酒，壮筋骨，补髓。延年益寿耐老方。菊花（五斤），生地黄（五斤），枸杞根（五斤）"。神秘有验千金不传方，又名神丹煎，服者去万病，通神明，安五脏，延年不老，并主妇人无子，冷病有验。能常服，令人好颜色，年如十五六时。枸杞子汁（三升），生地黄汁（三升），麦门冬汁（半升），杏仁（一升去皮尖双仁研如膏）"。

枸杞水的药理研究。宋金时期的著名医学家李东垣在《本草注》

中也说："淮有枸杞井，水味甘，补脏、明耳目，止腰膝疼痛，固精气，圣水也。"枸杞根浸润过的井水称之为"圣水"，由此可见枸杞养生保健功效享誉之高。

老年人的枸杞医药研究。宋代陈直著《养老奉亲书》，是老年病学、食疗学的专著。陈直认为："凡老人之患，宜先以食治，食治未愈，然后命药。"陈直针对老年人的体质状况，在《养老奉亲书》中仅枸杞医药方面就总结了许多药方。

枸杞煎方：食治老人频遭病，虚羸不可平复，最宜服之。生枸杞根（细锉，一斗，以水五斗，煮取一斗五升，澄清），白羊脊骨（一具，锉碎），上件药，以微火煎取五升，去滓，取入瓷盒中。每服一盒。与酒一少盏，合暖，每于食前温服。

羊肝羹方：羊肝（一具，去筋膜，细切）、羊脊肉（二条，细切）、枸杞根（五斤，锉，以水一斗五升，煮取四升，去滓），末半两，上件用枸杞汁煮前羊肝等，令烂。入豉一小盏，葱白七茎（切），以五味调和作羹，空腹食之。后三日，慎食如上法。

邹氏三妙汤：实气养血，久服弥益人。地黄、枸杞实（各取汁一升）、蜜（半升），银器中同煎如稀饧。每服一大勺，汤调酒调皆可。

枸杞粥方：《圣惠方》治五劳七伤，庶事衰弱。枸杞菜（半斤切），粳米（二盒），上件，以豉汁相和，煮作粥。以五味葱白等调和食之。

枸杞饮方：食治老人烦渴，口干，骨节烦热。枸杞根白皮（一升），小麦（一升，净淘），粳米（三盒，研细），上件以水一斗，煮二味，取七升汁，下米作饮。渴即渐服之，极愈。

元代对医药方面的饮食营养研究颇多，产生了许多食疗、食补方面的著述，在养生保健方面很有建树。如忽思慧著《饮膳正要》、吴瑞著《日用本草》、王珪著《泰定养生主论》、邱处机著《摄生消息论》、李鹏飞著《三元参赞延寿书》等食疗专著，在以上著述中，保存了枸杞在医药保健、饮食养生方面的许多珍贵资料。

元代忽思慧的《饮膳正要·神仙服饵》载，《食疗》云：枸杞叶能令人筋骨壮，除风补益，去虚劳，益阳事。春夏秋采叶，冬采子，可久食之。

《饮膳正要·食疗诸病》载：枸杞羊肾粥，治阳气衰败，腰脚疼痛，五劳七伤。方药：枸杞叶（一斤），羊肾（一对，细切），葱白（一茎），羊肉（半斤，炒）。用法：上件，四味拌匀，入五味，煮成汁，下米熬成粥，空腹食之。

《饮膳正要·米谷品》载：枸杞酒，以甘州枸杞依法酿酒。补虚弱，长肌肉，益精气，去冷风，壮阳道。

敦煌文书出土后，罗振玉、王国维等学者考订介绍了一批医药残卷，其中就有唐宋时期用枸杞造酒的配方："生地黄一斤，生牛膝半斤，枸杞子二升，乌麻一升熬，黄连五两，生天门冬五两；以酒三斗，浸七日，任服多少。"[14]

敦煌出土文书中的枸杞酿酒配方是对唐宋枸杞酿酒的实证。

## 本节注释

[6]《开宝本草》，古代中国药物学著作，刘翰、马志等编著于宋开宝六年至七年(973~974年)。自《新修本草》问世后，历300余年，由于社会的发展，药品数量的增加，该书已不适应形势的需要。开宝七年(974年)，宋太祖再次诏命刘翰、马志等人重新修订《开宝新详定本草》，最后由园林学士李昉、知制诰王佑、扈蒙等重加校勘，成书后全书合目录共21卷，命名为《开宝重定之本草》，简称《开宝本草》。全书共收载药物984种，其中新增药134种，它对时过300余年的唐《新修本

草》在编纂和传抄中出现的谬误进行了修订。《开宝本草》还重视吸收其他本草著作的精华,在新增的134种药物中,近百种都是从前代诸本草著作中筛选而来,如蛤蚧出自《雷公炮炙论》,仙茅出自《海药本草》。本书早已散佚,但其内容还可从《证类本草》《本草纲目》中见。

[7]《嘉祐本草》,是宋代掌禹锡于嘉祐二年(1057年)奉诏编纂,至嘉祐四年(1059年)成书。全书载药1 082种,其中《开宝本草》药983种,《嘉祐本草》新增药99种,内有新补药82条,新定药17条。

[8]《圣济总录》,中医全书,200卷。又名《政和圣济总录》《大德重校圣济总录》。宋徽宗赵佶敕撰。成书于北宋政和年间(1111~1117年),是征集宋时民间及医家所献医方,结"内府"所藏秘方,经整理汇编而成。理论方面除引据《内经》等医学经典,并结合当代各家论说深入阐述。首列运气、叙例、治法及临床各科病症证治等项,以下自诸风门至神仙服饵门共66门,涉及内、外、妇、儿、五官、针灸诸科以及其他杂治、养生之类,并都有论说,辞简理明。继列各种病症,凡病因、病理、方药、炮炙、服法、禁忌等均有说明。录方近20 000首,内容极其丰富,堪称宋代医学全书。

[9]《经史证类备急本草》,简称《证类本草》,31卷。北宋唐慎微约撰于绍圣四年至大观二年(1097~1108年)。本书系将《嘉祐本草》《本草图经》两书合一,予以扩充调整编成,共载药1 748种。药物分类大体沿袭《新修本草》旧例,仅将禽兽部细分为人、兽、禽三部。各药先出《本草图经》药图,次载《嘉祐本草》正文及《本草图经》解说文字,末附唐慎微续添药物资料。本书重在汇集前人有关药物资料,参引经史百家典籍240余种。所摘陈藏器《本草拾遗》、雷斅《雷公炮炙论》、孟诜《食疗本草》、李珣《海药本草》等古本草条文尤多,弥足珍贵。又辑众多医方,各注出处,为宋代本草集大成之作。其资料之富、内容之广、体例之严,对后世本草发展影响深远,《本草纲目》即以此书为蓝本。后世辑佚古本草,率多取材于此。

[10]《本草衍义》,原名《本草广义》,北宋寇宗奭撰,刊于宋政和元年(1116年)。为药论性本草,共20卷。卷1至卷3为序例,论述本草起源、五味五气、摄养之道、治病八要、药物剂量、炮炙诸法、州土所宜、蓄药用药之法以及单味药运用的若干典型医案等。卷4至卷20为502种药物的各论(《嘉祐本草》467种和附录

35种),参考有关文献及寇氏自己的辨药、用药经验,作进一步辨析与讨论。其内容涉及各种药物的名义、产地、形色、性状、采收、真伪鉴别、炮制、制剂、药性、功能、主治、禁忌等以及用药方法等方面,并结合具体病例阐明作者本人的观点,纠正前人的一些错误。

[11]《日华子诸家本草》,简称《日华子本草》或《日华本草》,著作年代、作者不详,是将诸家本草结合当时所常用的药物编纂而成。对每药的性状、功用序述比较全面。本书早已散佚,但其内容,还可从《证类本草》《本草纲目》中见到。

[12]《太平圣惠方》,方书,简称《圣惠方》,100卷。北宋王怀隐、王祐等奉敕编纂。自太平兴国三年(978年)至淳化三年(992年),历时14年编成。本书为我国现存公元10世纪以前最大的官修方书,汇录两汉以来迄于宋初各代名方16 834首,包括宋太宗赵匡胤在潜邸时所集千余首医方,及太平兴国三年(978年)诏医官院所献经验方万余首,经校勘类编而成。

[13]《墨庄漫录》10卷,北宋张邦基著,本书多记杂事,兼及考证,尤留意于诗文词的评论及记载,较多地保存了一些重要的文学史资料,其辨杜、韩、苏、黄诸家诗,多有见地,《四库全书总目提要》许为"宋人说部之可观者"。

[14] 马继兴等编《敦煌医药文献辑校》。

## 第五节 明清时期枸杞医药的集大成

在继承传统中医医药学基础上,明清时期名医辈出,对医学古籍多有搜集、整理、研究和阐释,著书立说盛行。明太医院编撰的《本草品汇精要》[15]、朱橚编撰的《普济方》[16]《救荒本草》[17]、宁源编撰的《食鉴本草》[18]、李时珍编撰的《本草纲目》,还有清代医家张璐著《本经逢原》[19]、董西园编撰《医级》[20]、沈金鳌编撰《要药分剂》[21]、柴裔编撰《食鉴本草》[22]等。可谓推陈出新,中药与其方剂更加丰富,中医医药学在传承中发展,在发展中创新。在中医医药学全面发展的大环境中,枸杞史料、资料的收集、整理与医药研究进入了一个集大成的新时期。

明代医药家兰茂（1397~1476年），号和光道人、玄壶子，撰有《滇南本草》[23]3卷，据该书第一卷载：地骨皮（图），即枸杞根皮。味苦，性寒。治肺热劳烧，骨蒸发热，诸经客热。单方：枸杞尖做菜食，和鸡蛋炒吃，治少年妇人白带。

明代陈嘉谟（1486~1570年）撰《本草蒙筌》[24]（1565年成书），载：（枸杞）"味甘、苦，气微寒。无毒。近道田侧俱有，甘肃州（并属陕西）者独佳。春生嫩苗，作茹爽口。秋结赤实，入药益人。依时采收，暴干选用。紫熟味甜，粗小膏润者有力；赤黯味淡，颗大枯燥者无能。今市家多以蜜拌欺人，不可不细认尔。去净梗蒂，任作散丸。明耳目安神，耐寒暑延寿。添精固髓，健骨强筋。滋阴不致阳衰，兴阳常使阳举。谚云：离家千里，勿服枸杞，亦以其能助阳也。更止消渴，尤补劳伤。叶捣汁注目中，能除风痒去膜。若作茶啜喉内，亦解消渴强阴。诸毒烦闷善驱，面毒发热立却。叶上虫窠子收曝，可同干地黄作丸。不厌酒吞，甚益阳事。茎名仙人杖须识，皮肤骨节风能追。热毒兼消，疮肿可散。地骨皮者，性甚寒凉。即此根名，唯取皮用。经入少阴肾脏，并手少阳三焦。解传尸有汗，肌去五内邪热，利大小二便。强阴强筋，凉血凉骨。（谟）按：本草款中，竹笋立死者，既名仙人杖。此枸杞苗茎，又名仙人杖。藏器《拾遗》篇内，一种菜类，亦名仙人杖。何并此三物而同立一名？古今方书，治疗或有用之，但签其名而未细注其物者，当考究精详，必得证治相合，庶不失于孟浪也。"

明朝时期，在枸杞入药、酒饮、服食诸方面，李时珍撰《本草纲目》是集大成者。

明代医圣李时珍（约1518~1593年）根据历代对枸杞的研究记

载，在其《本草纲目》（刊于 1590 年）中对枸杞的养生保健功效进行了历史性的总结："春采枸杞叶，名天精草；夏采花，名长生草；秋采子，名枸杞子；冬采根，名地骨皮。枸杞使气可充，血可补，阳可生，阴可长，火可降，风可祛，有十全之妙用焉。"

李时珍《本草纲目》所载枸杞类酒饮服食药方如下：

《本草纲目·木部第三十六卷·木之三》载，枸杞、地骨皮，《本经》上品：

【释名】枸檵（《尔雅》，音计。《本经》作枸忌）、枸棘（《衍义》）、苦杞（《诗疏》）。甜菜（《图经》）、天精（《抱朴》）、地骨（《本经》）、地辅（《本经》）。地仙（《日华》）、却暑（《别录》）、仙人杖（《别录》）、西王母杖（时珍曰：枸、杞二树名。此物棘如枸之刺，茎如杞之条，故兼名之。道书言：千载枸杞，其形如犬，故得枸名，未审然否？颂曰：仙人杖有三种，一是枸杞；一是菜类，叶似苦苣；一是枯死竹竿之色黑者也）。

"柜"，同"枸"，也写作"椇"，音矩。"枳柜"，即鼠李科的枳椇（见"果蓏〔七〕"）；"木珊瑚"据说就是根据《广志》来的。

【集解】《别录》曰：枸杞生常山平泽，及诸丘陵阪岸。

颂曰：今处处有之。春生苗，叶如石榴叶而软薄堪食，俗呼为红菜头。其茎干高三五尺，作丛。六七月生小红紫花。随便结红实，形微长如枣核。其根名地骨。《诗经·小雅》云：集于苞杞。陆机《诗疏》云：一名苦杞。春生，作羹茹微苦。其茎似莓。其子秋熟，正赤。茎、叶及子服之，轻身益气。今人相传谓枸杞与枸棘二种相类。其实形长而枝无刺者，真枸杞也。圆而有刺者，枸棘也，不堪入药。马志注溲疏条云：溲疏有刺，枸杞无刺，以此为别。溲疏亦有巨骨之名，如枸杞之名地骨，当亦相类，用之宜辨。或云：溲疏以高大者为别，是不然也。今枸杞极有高大者，入药尤神良。宗奭曰：枸杞、枸棘，徒劳分别。凡杞未有无刺者。虽大至于成架，尚亦有棘。但此物小则刺多，大则刺少，正如酸枣与棘，其实一物也。（时珍曰：古者枸杞、地骨，取常山者为上，其他丘陵、阪岸者皆可用。后世唯取陕西者良，而又以甘州者为绝品。今陕之兰州、灵州、九原以西枸杞，并是大树，其叶厚根粗。河西及甘州者，其子圆如樱桃，曝干紧小少核，干亦红润甘美，味如葡萄，可作果食，异于他处者。沈存中《笔谈》亦言：陕西极边生者高丈余，大可作柱。叶长数寸，无刺。根皮如厚朴。则入药大抵以河西者为上也。《种树书》言：收子及掘根种于肥壤中，待苗生，剪为蔬食，甚佳。）

【气味】枸杞：苦，寒，无毒。

《别录》曰：根大寒，子微寒，无毒。冬采根，春、夏采叶，秋采茎、实。权曰：枸杞，甘，平。子、叶同。

宗奭曰：枸杞当用梗皮，地骨当用根皮，子当用红实。其皮寒，根大寒，子微寒。今人多用其子为补肾药，是未曾考竟经意，当量其虚实冷热用之。

时珍曰：今考《本经》只云枸杞，不只是根、茎、叶、子。《别录》乃增根大寒、子微寒字，似以枸杞为苗。而甄氏《药性论》乃云：枸杞甘、平，子、叶皆同，似以枸杞为根；寇氏《衍义》又以枸杞为梗皮，皆是臆说。按：陶弘景言枸杞根、实为服食家用。西河女子服枸杞法，根、茎、叶、花、实俱采用。则《本经》所列气味主治，盖通根、苗、花、实而言，初无分别也。后世以枸杞子为滋补药，地骨皮为退热药，始歧而二之。窃谓枸杞苗叶味苦甘而气凉，根味甘淡气寒，子味甘气平。气味既殊，则功用当别。此后人发前人未到之处者也。

枸杞（子）

【主治】主五内邪气，热中消渴，周痹风湿。久服，坚筋骨，轻身不老，耐寒暑（见《本经》）。下胸胁气，客热头痛，补内伤大劳嘘吸，强阴，利大小肠（见《别录》）。补精气诸不足，易颜色，变白，明目安神，令人长寿（见《甄权》）。

【发明】时珍曰：此乃通指枸杞根、苗、花、实并用之功也。其单用之功，今列于左。

（枸杞）苗

【气味】苦，寒。权曰：甘，平。时珍曰：甘，凉。伏砒、砂。

【主治】除烦益志，补五劳七伤，壮心气，去皮肤骨节间风，消热毒，散疮肿（大明）。

和羊肉作羹，益人，除风明目。

作饮代茶，止渴，消热烦，益阳事，解面毒，与奶酪相恶。汁注目中，去风障赤膜昏痛（甄权）。

去上焦心肺客热（时珍）。

地骨皮（枸杞根）

【修治】敩曰：凡使根，掘得以东流水浸，刷去土，捶去心，以熟甘草汤浸一宿，焙干。

【气味】苦，寒。《别录》曰：大寒。权曰：甘，平。

时珍曰：甘、淡，寒。

杲曰：苦，平、寒。升也，阴也。

好古曰：入足少阴、手少阳经。制硫黄、丹砂。

【主治】细锉，拌面煮熟，吞之，去肾家风，益精气（甄权）。

去骨热消渴（孟诜）。

解骨蒸肌热消渴，风湿痹，坚筋骨，凉血（元素）。

治在表无定之风邪，传尸有汗之骨蒸（李杲）。泻肾火，降肺中伏火，去胞中火，退热，补正气。（好古）治上膈吐血。煎汤漱口，止齿血，治骨槽风（吴瑞）。治金疮神验（陈承）去下焦肝肾虚热

(时珍)

枸杞子

【修治】时珍曰：凡用拣净枝梗，取鲜明者洗净，酒润一夜，捣烂入药。

【气味】苦，寒。权曰：甘，平。

【主治】坚筋骨，耐老，除风，去虚劳，补精气（孟诜）。主心病嗌干心痛，渴而引饮；肾病消中（好古）。滋肾润肺，榨油点灯，明目（时珍）。

【发明】弘景曰：枸杞叶作羹，小苦。俗谚云：去家千里，勿食萝摩、枸杞。此言二物补益精气，强盛阴道也。枸杞根、实为服食家用，其说甚美，名为仙人之杖，远有旨乎？

颂曰：茎、叶及子，服之轻身益气。《淮南枕中记》载：西河女子服枸杞法，正月上寅采根，二月上卯治服之；三月上辰采茎，四月上巳治服之；五月上午采其叶，六月上未治服之；七月上申采花，八月上酉治服之；九月上戌采子，十月上亥治服之；十一月上子采根，十二月上丑治服之。又有花、实、根、茎、叶作煎，或单榨子汁煎膏服之者，其功并同。世传蓬莱县南丘村多枸杞，高者一二丈，其根盘结甚固。其乡人多寿考，亦饮食其水土之气使然。又润州开元寺大井旁生枸杞，岁久。土人目为枸杞井，云饮其水甚益人也。

斅曰：其根似物形状者为上。

时珍曰：按刘禹锡《枸杞井诗》云，僧房药树依寒井，井有清泉药有灵。翠黛叶生笼石甃，殷红子熟照铜瓶。枝繁本是仙人杖，根老能成瑞犬形。上品功能甘露味，还知一勺可延龄。又《续仙传》云：朱孺子见溪侧二花犬，遂入于枸杞丛下。掘之得根，形如二犬。烹而食之，忽觉身轻。周密《浩然斋日抄》云：宋徽宗时，顺州筑城，得枸杞于土中，其形如葵状，驰献阙下，乃仙家所谓千岁枸杞，其形如犬者。据前数说，则枸杞之滋益不独子，而根亦不止于退热而已。但根、苗、子之气味稍殊，而主治亦未必无别。盖其苗乃天精，苦甘而凉，上焦心肺客热者宜之；根乃地骨，甘淡而寒，下焦肝肾虚热者宜之。此皆三焦气分之药，所谓热淫于内、泻以甘寒也。至于子则甘平而润，性滋而补，不能退热，只能补肾润肺，生精益气。此乃平补之药，所谓精不足者、补之以味也。分而用之，则各有所主；兼而用之，则一举两得。世人但知用黄芩、黄连，苦寒以治上焦之火；黄柏、知母，苦寒以治下焦阴火。谓之补阴降火，久服致伤元气。而不知枸杞、地骨甘寒平补，使精气充而邪火自退之妙，惜哉！予尝以青蒿佐地骨退热，屡有殊功，人所未喻者。兵部尚书刘松石，讳天和，麻城人。所集《保寿堂方》载地仙丹云：昔有异人赤脚张，传此方于猗氏县一老人，服之寿百余，行走如飞，发白反黑，齿落更生，阳事强健。此药性平，常服能除邪热，明目轻身。春采枸杞叶，名天精草；夏采花，名长生草；秋采子，名枸杞子；冬采根，名地骨皮，并阴干，用无灰酒浸一夜，晒露四十九昼夜，取日精月华气，待干为末，炼蜜丸如弹子大。每早晚各用一丸细嚼，以隔夜百沸汤下。此药采无刺味甜者，其有刺者服之无益。

【附方】旧十，新二十三。

枸杞煎：治虚劳，退虚热，轻身益气，令一切痈疽永不发。用枸杞三十斤（春夏用茎、叶，秋冬用根、实），以水一石，煮取五斗，以滓再煮取五斗，澄清去滓，再煎取二斗，入锅煎如饧收之。每早酒服一盒。（《千金方》）

金髓煎：枸杞子逐日摘红熟者，不拘多少，以无灰酒浸之，蜡纸封固，勿令泄气。两月足，取入沙盆中擂烂，滤取汁，同浸酒入银锅内，慢火熬之不住手搅，恐黏住不匀。候成膏如饧，净瓶密收。每早温酒服二大匙，夜卧再服。百日身轻气壮，积年不辍，可以羽

化也。（见《经验方》）

枸杞酒：《外台秘要》云，补虚，去劳热，长肌肉，益颜色，肥健人，治肝虚冲感下泪。用生枸杞子五升，捣破，绢袋盛，浸好酒二斗中，密封勿泄气，二七日。服之任性，勿醉。（见《经验后方》）

枸杞酒：变白，耐老轻身。用枸杞子二升（十月壬癸日，面东采之），以好酒二升，瓷瓶内浸三七日。乃添生地黄汁三升，搅匀密封。至立春前三十日，开瓶。每日空心暖饮一盏，至立春后髭发却黑。勿食芜荑、葱、蒜。（见《经验后方》）

四神丸：治肾经虚损，眼目昏花，或云翳遮睛。甘州枸杞子一斤（好酒润透，分作四分：四两用一两蜀椒炒，四两用一两小茴香炒，四两用一两芝麻炒，四两用一两川楝肉炒，拣出枸杞），加熟地黄、白术、白茯苓各一两，为末，炼蜜丸，日服。（见《瑞竹堂方》）

肝虚下泪：枸杞子二升，绢袋盛，浸一斗酒中（密封）三七日，饮之。（见《千金方》）

目赤生翳：枸杞子捣汁，日点三五次，神验。（见《肘后方》）

面（黑曾）皯疱：枸杞子十斤，生地黄三斤。为末。每服方寸匕，温酒下，日三服。久则童颜。（见《圣惠方》）

注夏虚病：枸杞子、五味子，研细，滚水泡，封三日，代茶饮效。（见《摄生方》）

地骨酒：壮筋骨，补精髓，延年耐老。枸杞根、生地黄、甘菊花各一斤，捣碎，以水一石，煮取汁五斗，炊糯米五斗，细曲拌匀，入瓮如常封酿。待熟澄清，日饮三盏。（见《圣济总录》）

虚劳客热：枸杞根，为末。白汤调服。有痼疾人勿服。（见《千金方》）

骨蒸烦热及一切虚劳烦热，大病后烦热，并用地仙散：地骨皮二两，防风一两，甘草（炙）半两。每用五钱，生姜五片，水煎服。

（见《济生方》）

热劳如燎：地骨皮二两，柴胡一两，为末。每服二钱，麦门冬汤下。（见《圣济总录》）

虚劳苦渴，骨节烦热，或寒：用枸杞根白皮（切）五升，麦门冬三升，小麦二升，水二斗，煮至麦熟，去滓。每服一升，口渴即饮。（见《千金方》）

肾虚腰痛：枸杞根、杜仲、萆各一斤，好酒三斗渍之，罂中密封，锅中煮一日。饮之任意。（见《千金方》）

吐血不止：枸杞根、子、皮为散，水煎。日日饮之。（见《圣济总录》）

小便出血：新地骨皮洗净，捣自然汁（无汁则以水煎汁）。每服一盏，入酒少许，食前温服。（见《简便方》）

带下脉数：枸杞根一斤，生地黄五斤，酒一斗，煮五升。日日服之。（见《千金方》）

天行赤目暴肿：地骨皮三斤，水三斗，煮，去滓，入盐一两，取二升。频频洗点。（见陇上谢道人《天竺经》）

风虫牙痛：枸杞根白皮，煎醋漱之，虫即出。亦可煎水饮。（见《肘后方》）

口舌糜烂：地骨皮汤治膀胱移热于小肠，上为口糜，生疮溃烂，心胃壅热，水谷不下。用柴胡、地骨皮各三钱，水煎服之。（见东垣《兰室秘藏》）

小儿耳疳：生于耳后，肾疳也。地骨皮一味，煎汤洗之。仍以香油调末搽之。（见高文虎《蓼花洲闲录》）

气瘘疳疮多年不愈者,应效散（又名"托里散"）：用地骨皮（冬月者）为末，每用纸捻蘸入疮内，频用自然生肉。更以米饮服二钱，一日三服。（见《外科精义》）

瘭疽出汗，着手、足、肩、背，累累如赤豆，用枸杞根、葵根叶煮汁，煎如饴，随意服之。（见《千金方》）

足趾鸡眼，作痛作疮：地骨皮同红花研细敷之，次日即愈。（见《闺阁事宜》）

火赫毒疮：此患急防毒瓦斯入心腹。枸杞叶捣汁服，立瘥。（见《肘后方》）

目涩有翳：枸杞叶二两，车前叶一两，汁，以桑叶裹，悬阴地一夜。取汁点之，不过三五日。（见《十便良方》）

五劳七伤，庶事衰弱：枸杞叶半斤（切），粳米二盒，豉汁和，煮作粥，日日食之良。（见《经验后方》）

澡浴除病：正月一日，二月二日，三月三日，四月四日，以至十二月十二日，皆用枸杞叶煎汤洗澡。令人光泽，百病不生。（见《洞天保生录》）

另外，枸杞与其他药物配合制酒亦是经验之方如下。

茯苓酒：治头风虚眩，暖腰膝，主五劳七伤。用茯苓粉同曲、菊花酒治头风，明耳目，去痿痹，消百病。用甘菊花煎汁，同曲、米酿酒。或加地黄、当归、枸杞诸药亦佳。

黄精酒：壮筋骨，益精髓，变白发，治百病。用黄精、苍术各四斤，枸杞根、柏叶各五斤，天门冬三斤，煮汁一石，同曲十斤，糯米一石，如常酿酒饮。[25]

明代医家龚廷贤（1522~1619年）撰《寿世保元》[26]载：

枸杞膏：单用。本品熬膏服；七宝美髯丹（见《积善堂方》）以之与怀牛膝、菟丝子、何首乌等品同用。以其还能明目，故尤多用于肝肾阴虚或精亏血虚之两目干涩，内障目昏，常与熟地、山茱萸、山药、菊花等品同用，如杞菊地黄丸。（见《医级》）

枸杞膏：处方，甘枸杞子1斤。

制法：上药放砂罐内，入水煎十余沸，用细绢罗滤过，将渣挤出汁净，如前再入水熬，滤取汁，3次，去渣不用，将汁再滤入砂罐内，慢火熬成膏，入瓷器内，不可泄气。

功能主治：生精，补元气，益荣卫，生血，悦颜色，延年益寿。主诸虚百损。

用法用量：不论男妇，早、晚用酒调服。

明代李中梓（1588-1655年）撰《雷公炮制药性解》[27] 载：

（枸杞子）味苦甘，性微寒无毒，入肝肾二经。主五内邪热，烦躁消渴，周痹风湿，下胸胁气，除头痛，明眼目，补劳伤，坚筋骨，益精髓，壮心气，强阴益智，去皮肤骨节间风，散疮肿热毒。久服延年，恶奶酪，解面毒。

按：枸杞子味苦可以坚肾，性寒可以清肝，五内等证，孰不本于二经。宜其治矣！陶隐居云：去家千里，勿食枸杞，此言其补精强肾也。然唯甘州者有其功，至于土产者味苦，但能利大小肠，清心除热而已。

明代李中梓（1588-1655年）撰《本草通玄》[28] 书中记载："枸杞子，补肾益精，水旺则骨强，而消渴、目昏、腰疼膝痛无不愈矣。"

明代钱允治（1541-1624年）订补《雷公炮制药性解》[29]，据载：

枸杞子，味苦甘，性微寒，无毒，入肝、肾二经。主五内邪热、烦躁消渴、周痹消渴，下胸胁气，除头痛，明眼目，补劳伤，坚筋骨，益精髓，壮心气，强阴益智，（去）皮肤骨节间风，散疮肿热毒，恶奶酪，解曲毒。

明代缪希雍（1546-1627年）著《神农本草经疏》[30] 书中记载：

枸杞感天令春寒之气，兼得乎地之冲气，故其味苦甘，其气寒而其性无毒。苗叶苦甘，性升且凉，故主清上焦心肺客热。根名地骨，味甘淡，性沉而大寒，故主下焦肝肾虚热，为三焦气分之药。

经曰：热淫于内，泻以甘寒者是已。子味甘平，其气微寒，润而滋补，兼能退热，而专于补肾润肺，生津益气，为肝肾真阴不足，劳乏内热补益之要药。《本经》主五内邪气，热中消渴，周痹。《别录》主为湿，下胸胁气，客热头痛。当指叶与地骨皮而言，以其寒能除热故也，至于补内务大劳嘘吸，坚筋骨强阴，利大小肠。老人阴虚者，十之七八，故服食家为益粗明目之上品。昔人多谓其能生津益气，除阴虚内热，明目者，盖热退则阴生，阴生则精血自长，肝开窍于目，黑水神光属肾，二脏之阴气增益，则目自明矣。

明代张介宾（1563-1640年）著《景岳全书》[31]，据载：

枸杞子能补阴，阴中有阳，故能补气，所以滋阴而不致阳衰，助阳而能使阳旺……此物微助阳而无动性，故用之以助熟地最妙，其功则明耳目，壮神魂，添精固髓，健骨强筋，尤止消渴，真阴虚而脐腹疼痛不止者，多用神效。

明代杜文燮著《药鉴》[32] 据载：

（枸杞）气微寒，味甘苦，无毒。补肾明耳目，安神耐寒暑。延寿添精，固髓健骨。滋阴不致阴衰，兴阳常使阳举。并麦冬同生地入萜子，治肾虚目疾如神。佐杜仲同芡实加牛膝，疗房劳腰疼甚捷。

明代倪朱谟编撰《本草汇言》[33]（1624年撰成），据载：枸杞子能使气可充，血可补，阳可生，阴可长，火可降，风湿可去，有十全之妙用焉。

明代卢之颐（1599-1664年）著《本草乘雅》[34]，据载：

（枸杞）其味苦，得夏大之令，其气寒，得寒水之化，故主夏气病藏之邪，致热中消渴也。唯以怒生为用，故痹为之起，湿为之收。又苦寒能坚，故枝韧比筋，根皮裹骨斯筋骨受之，地仙却老，有繇然矣。且二五七月俱发，宜耐寒暑也。

清代汪昂撰《本草备要》[35] 载：

（枸杞）平补而润，甘平（《本草》苦寒）。润肺清肝，滋肾益气，生精助阳，补虚劳，强筋骨（肝主筋，肾主骨），去风明目（目为肝窍，瞳子属肾），利大小肠。治嗌干消渴（昂按：古谚有云，出家千里，勿食枸杞。其色赤属火，能补精壮阳。然气味甘寒而性润，仍是补水之药，所以能滋肾、益肝、明目而治消渴也）。

南方树高数尺，北方并是大树。以甘州所产、红润少核者良。酒浸捣用。根名地骨皮。

叶名天精草，苦甘而凉。清上焦心、肺客热，代茶止消渴（时珍曰：皆三焦气分之药）。

清代张志聪撰、高世栻编订《本草崇原》[36]，据载：

枸杞根苗苦寒，花实紫赤，至严冬霜雪之中，其实红润可爱，是禀少阴水阴之气，故可治也。主治周痹风湿者，兼得少阴水阴之气，兼少阴君火之化者也。主治五内邪气、热中、消渴。谓五脏正气不足，邪气内生，而为热中、消渴之病。枸杞得少阴水阴之气，故可治也。主治周痹风湿者，兼得少阴君火之化也。岐伯曰：周痹者，在于血脉之中，随脉以上，随脉以下，不能左右，各当其所。枸杞能助君火之神，出于血脉之中，故去周痹而除风湿。亦得水阴水火之气，而精神充足。阴阳交会也。

（枸杞）气味甘寒。主坚筋骨，耐老，除风，去虚劳，补精气。

清代陈士铎（约1627-1707年）著《本草新编》[37]，据载：

枸杞子，味甘、苦，气微温，无毒。甘肃者佳。入肾、肝二经。明耳目，安神，耐寒暑，延寿，添精固髓，健骨强筋。滋阴不致阴衰，兴阳常使阳举。更止消渴，尤补劳伤。

地骨皮，即枸杞之根也。性甚寒凉，入少阴肾脏，并入手少阳三焦。解传尸有汗肌热骨蒸，疗在表无汗风湿风痹，去五内邪热，利大小二便，强阴强筋，凉血凉骨。二药同是一本所出，而温寒各异，治疗亦殊者，何也？盖枸杞秉阴阳之气而生。亲于地者，得阴之气；亲于天者，得阳之气也。得阳气者益阳，得阴气者益阴，又何疑乎？唯是阳之中又益阴，而阴之中不益阳者，天能兼地，地不能包天，故枸杞子益阳而兼益阴，地骨益阴而不能益阳也。然而，二物均非君药，可为褊裨之将。枸杞佐阳药以兴阳，地骨皮佐阴药以平阴也。

或疑枸杞阳衰者，尤宜用之，以其能助阳也。然吾独用一味煎汤服之，绝不见阳兴者，何故？恐枸杞乃地骨皮所生，益阴而非益阳也。曰：兴阳亦不同也。阳衰而不至大亏者，服枸杞则阳生。古人云：离家千里，莫服枸杞。正因其久离女色，则其阳不衰。若再服枸杞，必致阳举而不肯痿，故戒之也。否则，何不戒在家之人，而必戒远行之客，其意可知矣。然则吾子服枸杞而阳不兴者，乃阳衰之极也。枸杞力微，安得有效乎？

或问地骨皮治骨蒸之热，用之不见效者，何也？夫骨蒸之热，热在骨髓之中，其热甚深，深则凉亦宜深，岂轻剂便可取效乎？势必多用为佳。世人知地骨皮可以退热，而不知多用，故见功实少耳。曰：黄柏、知母，亦凉骨中之热也，辟黄柏、知母，而劝多用地骨皮，何也？不知地骨皮非黄柏、知母之可比，地骨皮虽入肾而不凉肾，只入肾而凉骨耳。凉肾必至泻肾而伤胃；凉骨反能益骨而生髓。黄柏、知母泻肾伤胃，故断不可多用以取败。地骨皮益肾生髓，不可少用而图功。欲退阴虚火动、骨蒸劳热之症，用补阴之药，加地骨皮或五钱或一两，始能凉骨中之髓，而去肾中之热也。

或问地骨皮用至五钱足矣，加至一两，毋乃太多乎？恐未必有益于阴虚内热之人耳。不知地骨皮，非大寒之药也，而其味又轻清，如用之少，则不能入骨髓之中而凉其骨。大寒恐其伤胃，微寒正足以养胃也。吾言用一两，犹少之辞，盖既有益于胃，自有益于阴矣。"

清代叶桂（1666~1745年）撰《本草经解》[38]，据载：

（枸杞）气寒，味苦，无毒。主五内邪气，热中消渴，周痹风湿。久服坚筋骨，轻身不老，耐寒暑。枸杞子气寒，秉天冬寒之水气，入足少阴肾经；味苦无毒，得地南方之火味，入手少阴心经。气味俱降，阴也。

五内者，五脏之内也；邪气者，邪热之气也。盖五内为藏阴之地，阴虚所以有邪热也，其主之者，苦寒清热也。心为君火，肾为寒水，水不制火，火灼津液，则病热中消渴，其主之者，味苦可以清热，气寒可以益水也，水益火清，消渴自止。

其主周痹风湿者，痹为闭症，血枯不运，而风湿乘之也，治风先治血，血行风自灭也，杞子苦寒益血，所以治痹。

久服苦益心，寒益肾，心肾交，则水火宁而筋骨坚，筋骨健则身自轻。血足则色华，所以不老。耐寒暑者，气寒益肾，肾水足可以耐暑，味苦益心，心火宁可以耐寒也。

制方：杞子同五味，治痊夏。同熟地、白茯、白术，治肾虚目暗。

清代蒋介繁撰《本草择要纲目》（1679年成书），据载：

枸杞

【气味】甘，平，无毒。

【主治】坚筋骨，除风去虚劳，补精气，滋肾润肺，益阳事，祛下焦肝肾虚热。盖枸杞之苗，乃天之精，苦甘而凉，上焦心肺客热者宜之；枸杞之根，乃地骨皮，甘淡而寒，下焦肝肾虚热者宜之。

是皆三焦气分之药，所谓热淫于内，佐以甘寒也。至于子则甘平而润。

性滋而补，专能补肾润肺，生精益气，所谓精不足者补之以味也。

清代冯楚瞻撰《冯氏锦囊秘录》[39]（撰于1694年），据载：

"感天令春寒之气，兼得乎地之冲气，故味苦甘，气寒，无毒。

苗叶苦甘，性升且凉，故主清上焦心肺客热，根名地骨，味甘淡性沉而大寒，故主下焦肝肾虚热，为三焦气分之药，《经》曰'热淫于内，泻以甘寒者'是也。子味甘平，其气微寒，润而滋补，兼能退热而专于补肾，润肺生津益气，为肝肾真阴不足，劳乏内热，补益之要药，《经》曰'精不足者，补之以味'是也。"

枸杞子，主五内邪气，热中消渴，周痹风湿，内伤人劳，下胸胁气，客热头痛，利大小肠，固精髓明目，健筋骨兴阳，补药风药皆用，老人阳虚人尤宜，唯少年有火症者勿用。味甘平而温，气滋润而浓，功专补肾，滋肝益精强阴，不热不躁，久服轻身，能耐寒暑，但脾弱泄泻者必兼苓术相佐。

《经验方》[40]对枸杞子的做法效果进行了详细论述。

清代医家张璐著《本经逢源》[41]，据载：

枸杞子味甘色赤，性温无疑；根味微苦，性必微寒。缘《本经》根子合论无分，以致后人或言子性微寒，根性大寒，或言子性大温，根性苦寒，盖有惑子一本无寒热两殊之理？夫天之生物不齐，都有丰于此而啬于彼者。如山茱萸之肉涩精、核滑精，当归之头止血、尾破血，橘实之皮涤痰、膜聚痰，不一而足。即炎帝之尝药，不过详气味形色，安有味甘色赤，形质滋脾之物性寒之理！《本经》所言主热中消渴，坚筋骨，耐寒暑，是指其子而言。质润味厚，峻补肝肾、冲督之精血，精得补益，水旺骨强，而肾虚火炎，热中消渴，血虚目昏，腰膝疼痛悉愈，而无寒暑之患矣。所谓"精不足者，补之以味"也。古谚有云"去家千里，勿食枸杞"，甚言补益精气之速耳。然元阳气衰，阴虚精滑，及妇人失合，劳嗽蒸热之人慎用。以能益精血，精旺则思偶，理固然也。

清代顾靖远撰《顾松园医镜》[42]，据载：

枸杞，甘，平，入肾、肝二经。补肾而填精，强阴止渴；精不足者，补之以味，枸杞子是也。补肾益精则阴强，润肺生津则渴除。益肝以养营，坚筋明目。明目者，以肝开窍于目，黑水神光属肾故也。益精明目，滋补之圣药。

性润而能利大小肠，泄泻者勿用，或与山药、莲肉、茯苓同用则可泻矣。

清代马化龙，字云从，山东琅琊市（今山东省临沂市）人。据其撰《眼科阐微》[43]载：

枸杞膏：处方枸杞二三斤（肥大赤色者）。

制法：上药以乳汁拌，蒸烂，捣膏，加水煎，拧出浓汁，去滓，加蜜，又熬成膏，贮瓷器内。

功能：主治读书劳目力，年过四十，阴气半衰，神光渐减，两目昏花。

用法用量：每服4~5茶匙，早上以温开水或龙眼肉汤或参汤调下。

夏月，加辽五味子二两。

清代沈金鳌撰《要药分剂》[44]（刊于1773年），据载：

枸杞苗叶味苦甘，性寒。主除烦，壮心气，去皮肤骨节间风。

清代黄宫绣编著《本草求真》[45]，据载：

（枸杞）滋肾水、滑肠胃。枸杞专入肾，兼入肝。甘寒性润。据书皆载祛风明目，强筋健骨，补精壮阳。然究因于肾水亏损，服此甘润，阴从阳长，水至风熄，故能明目强筋，是明指为滋水之味，故书又载能治消渴。时珍曰：子则甘平而润，性滋而补，不能退热，止能补肾润肺，生精益气，此乃平补之药，所谓精不足者补之以味也。今人因见色赤，妄谓枸杞补阳，其失远矣。岂有甘润气寒之品，而尚可言补阳耶。若以色赤为补阳，则红花、紫草其色更赤，何以不言补阳而曰活血？呜呼！医道不明，总由看书辨药不细体会者故耳。试以虚寒服此，不唯阳不能补，且更见有滑脱泄泻之弊矣，可不慎软。

清代吴仪洛撰《本草从新》[46]，据载：

（枸杞）滋补肝、肾而润。甘微温，滋肝益肾。（景岳曰：用之以助熟地，甚妙）生精助阳，补虚劳，强筋骨（肝主筋，肾主骨）。养营除烦，去风明目（肝开窍于目，黑水神光属肾）。利大小肠，治嗌干消渴。（谚云：离家千里，勿食枸杞。以其色赤，属火，补精壮阳耳。然味甘性润，乃是补水之药，所以能润肾益肝、明目而治消渴也。）、便滑者勿用。南方树止数尺，北方并是大树。

清代严洁、施雯、洪炜纂《得配本草》[47]载：

（枸杞）味甘，微温而润。入足少阴，兼厥阴经血分。补肝经之阴，益肾水之阳。退虚热，壮神魂，解消渴，去湿风，强筋骨，利二便，下胸胁气，疗痘风眼，止阴虚腰痛，疗肝虚目暗。得麦冬，治干咳；得北五味，生心液。配椒、盐，理肾而除气痛。佐术、苓，补阴而不滑泄。

甘草汤浸，或好酒浸蒸。恐温热，童便拌蒸。大便滑泄，肾阳盛而遗泄，二者禁用。

怪症：胁破肠出，臭秽异常，急用香油摸肠送入，煎杞子加人参服之，再吃羊肾粥，十日生效。

苗、叶，名天精草。伏砒砂。甘、苦、凉。清上焦心肺客热，代茶止渴。

地骨皮，即杞子根皮。制硫黄、丹砂。味淡，性寒。入足少阴、手太阴经血分。降肺中伏火，泻肾虚热。上除风热头风，中平胸胁肝痛（肝火熄，痛自止）。下利大小肠秘（热清便自行）。除无定之虚邪，退有汗之骨蒸。

得生地、甘菊，益肝肾阴血。配青蒿，退虚热。得麦冬、小麦，治骨节虚燔。配红花研末，敷足趾鸡眼，作痛作疮。君生地，治带下（湿热去也）。

鲜者，同鲜小蓟煎汁洗，治下疳。鲜者捣碎，煎浓汤淋洗恶疮。脓血不止，更以细白穰贴之。即愈。

去骨热，甘草汤浸一宿，焙干用。刮去粗皮，取细白穰，可贴疮。中寒者禁用。

清代黄元御撰《玉楸药解》[48]（成书于1754年），据载：

（枸杞）味苦、微甘，性寒，入足少阴肾、足厥阴肝经。补阴壮水，滋木清风。

枸杞子苦寒之性，滋润肾肝，寒泻脾胃，土燥便坚者宜之。水寒土湿，肠滑便利者，服之必生溏泄。《本草》谓其助阳，甚不然也。

根，名地骨皮，清肝泄热，凉骨除蒸，止吐血齿衄，金疮血漏，止热消渴。

清代陈修园著《神农本草经读》[49]，据载：

（枸杞）五内为藏阴之地，热气伤阴，即为邪气，邪气伏于中，则为热中。热中则津液不足，内不能滋润脏腑而为消渴，外不能灌溉经络而为周痹，热盛则成风，热郁则生湿，种种相因，唯枸杞之苦寒清热，可以统主之。

久服轻身，不老，耐寒暑二句，则又申言其心肾交补之功。以肾字从坚，补之所以坚之也，坚则身健而轻，自忘老态。且肾水足可以耐暑，心火宁可以耐寒，洵为服食之上剂。然苦寒二字，《本经》概根苗花子而言。若单论子，严冬霜雪之中，红润可爱，是秉少阴水精之气，兼少阴君火之化，为补养心肾之良药，但性缓，不可以治大病、急病耳。

清代董西园撰《医级》[50]载有杞菊地黄丸，由枸杞子、菊花、泽泻、牡丹皮、茯苓、熟地黄、山茱萸、山药组成，是由六味地黄丸加枸杞子、菊花而成。

清代邹谢撰《本经疏证》[51]，据载：

（枸杞）晷度愈西，收肃愈甚。枸杞为物，叶岁三发，木气最畅，乃当收肃之候，且花且实，此之谓以金成木。色赤属火，火衰畏水，火盛耗水，枸杞之实，内外纯丹，乃饱含津液，严寒不坠，此之谓从火制水。以金成木，是于秘密中行生发，故主五内邪气。从火制水，是于焦涸中化滋柔，故主热中消渴。此一根之功，一实之效，已明晰晓示，无复遗义。然所谓周痹风湿者，却宜何所取裁？夫周痹在血脉之中，随脉以下，由风寒湿客于外分肉之间，迫切而为沫，沫得寒则聚，聚则排分肉而分裂，分裂则痛，因邪而成沫，以沫而致痛，谓不似其实之嵌红色于津液中，包津液于红里内不可。夫唯津液与红酿成一体，是以能使风与湿相揣而化，不相逐以争，以味苦气寒之资，不能已寒，特可治周痹之属风湿者。虽然，《别录》所著下胸胁气客热头痛，是升而有降之功；补内伤大劳嘘吸坚筋骨强阴利大小肠，是降而得升之益，仍可一系之根一系之实者，又缘何而有此效？夫实主退藏，根主生发，原草木之互性，则实际水土而转生发，根极畅茂而转退藏，独非草木常理乎！特枸杞者其水木之气，究竟须得金火乃能致功，就下胸胁气治客热头痛，固呈效于至高，而补内伤大劳嘘吸者，又岂不在心肺？盖水木之用成于金火，然火之所以丽，金之所以位，却终赖水火之精华奉养，乃克就昌明治节之勋，往还相承，周旋相济，而实有益于形体者，则曰坚筋骨强阴是已。后人所谓枸杞根能退有汗之热，枸杞实能益心中之液，不甚有意乎？

清代凌奂撰《本草害利》[52]，据载：

枸杞：〔害〕虽为益阴除热之要药，若脾胃虚弱，时泄泻者勿入。须先理脾胃，俟泻止用之。须同山药、莲肉、车前、茯苓相兼，则无润肠之患。故云：脾滑者勿用。

〔利〕甘微温，滋肝益肾，填精坚骨，助阳，养营，补虚劳，强筋、明目、除烦、止渴、利大小肠，故又为温大肠猛将。

〔修治〕九月采子，酒润一夜，捣烂入药。或用炭。以甘州河西所产，红润少核者佳。

清代姚澜撰《本草分经》[53]载：（枸杞）甘，微温。滋补肝肾而润，生精助阳，去风明目，利大小肠。

清末周岩撰《本草思辨录》[54]，据载：

《本经》《别录》，枸杞不分子皮苗叶。而就其文体会之，《本经》之五内邪气、热中消渴、周痹风湿，《别录》之下胸胁气、客热头痛，是枸杞皮与苗叶之治。《本经》之久服坚筋骨耐寒暑，《别录》之补内伤大劳、嘘吸、强阴、利大小肠，是枸杞子之治。此沈芊绿之言，分别颇当。按陶隐居《本经·序》于地骨皮下列热中消渴字，《千金》治虚劳客热、虚劳苦温，皆用地骨皮。地为阴，骨为里，皮为表，气味甘淡而寒，故所治为肺肝肾三脏虚热之疴。脏阴亏，则热中消渴、胸胁气逆、头为之痛。周痹乃风寒湿客于分肉之间，今曰周痹风湿，必周痹由寒变热之候，《灵枢》所谓神归之则热者也。《千金》而外，后人又以地骨皮退内潮外潮，治骨蒸、骨槽风、吐血、下血、目赤、口糜、小儿耳疳、下疳等证，然系益阴以除热，有安内之功，无攘外之力。虽表里兼治，而风寒之表热，非所能解也。枸杞子内外纯丹，饱含津液，子本入肾，此复似肾中水火兼具之象。味厚而甘，故能阴阳并补，气液骤增而寒暑不畏。且肾气实则阴自强，筋骨自坚，嘘吸之一出一入自适于平。液枯之体，大小肠必燥，得之则利。唯多用须防其滑，而纯丹又能增火也。后世之方，如金髓煎、四神丸、枸杞酒，可谓竭枸杞之才矣。窃意《本经》之主周痹风湿、耐寒暑，非皮与子同用之，不能有此效，俟明者正之。

清代陈其瑞撰《本草撮要》[55]，据载：

（枸杞）味甘。入足厥阴少阴经，功专补精血。得杜仲、草薢治肾虚腰痛。得青盐、川椒治肝虚目暗。叶名天精草，苦甘而凉，清上焦心肺客热，代茶止消渴。子，酒润捣用，得熟地良。便滑者宜避。

**本节注释**

[15]《本草品汇精要》，42卷，刘文泰领衔，纂成于明弘治十八年（1505年）。参与编修者近30人，多为太医院御医、医士及少数中书科儒士。王世昌等8名画师绘制彩图。共载药1 815种，其中新增48种。诸药分为10部（玉、石、草、木、人、兽、禽、虫鱼、果、米谷、菜），与《证类本草》相似。各药体例一反《证类本草》旧例，将药物内容归于24项（名、苗、地、时、收、用、质、色、味、性、气、臭、主、行、助、反、制、治、合治、禁、代、忌、解、赝），涉及药物形态、产地、采收季节、鉴别、性味功治、配伍、炮制、禁忌等。全书有彩图1 358幅，原书注明新增药图为366幅。多数药图是据《证类本草》中墨线图敷色重绘，亦有据实物重绘者。这是明代唯一的官修大型综合性本草，也是中国古代最大的一部彩色本草图谱。

[16]《普济方》，明代朱橚、滕硕、刘醇等编于洪武二十三年（1390年）。本书博引历代各家方书，兼采笔记杂说及道藏佛书等，汇辑古今医方。包括方脉、药性、运气、伤寒、杂病、妇科、儿科、针灸及本草等多方面内容。据《四库全书总目》统计，凡1 960论，2 175类，778法，61 739方，239图。采摭繁复，编次详析，是中国现存最大的方书，保存了极为丰富和珍贵的医方资料。本书编于明初，旧籍多存，所引方书不下150余种，其中许多医书现已亡佚。同期编纂的大型类书《永乐大典》素称浩博，本书所引古医籍不见于《永乐大典》者，有50余种。因此，"古之专门秘术，实借此以有传"。

[17]《救荒本草》是明代早期（15世纪初叶）的一部植物图谱，作者是朱橚。描述植物形态，展示了当时经济植物分类的概况，是我国历史上最早的一部以救荒

为宗旨的农学、植物学专著。书中对植物资源的利用、加工炮制等方面也作了全面的总结。对我国植物学、农学、医药学等科学的发展均有一定影响。

[18]《食鉴本草》,古代中国食疗药学著作,4卷。清朝柴裔撰。本书首论各种食物的功用,主治、宜忌;其次按风、寒、暑、湿、燥、气、血、痰、虚、实10种病因分别论述各种治疗方法所需的若干食品。现存《珍本医书集成》本。

[19]《本经逢原》由清代著名医家张璐著,成书于清康熙三十四年(1695年)。全书分4卷,记述700余种药物,以临床实用为主。本书是张璐在79岁高龄时的一部佳作,其中记载着他的众多独到见解,使人阅后一目了然,发人思微。

[20]《医级》是一部综合性医书,又名《医级宝鉴》。清代董西园(魏如)撰于乾隆四十二年(1777年)。全书"首集经典明论,以示必需之要;次及伤寒,以明传变之机,再详论杂病、女科,以备治法。凡各证之后,申明治疗大法",并有方药3卷、脉诀1章。所集方剂,皆前贤传载之方。论证部分言简意明,并辨其类似之证,详其治疗方药。作者自谓本书是后学启蒙之阶段,故名《医级》。

[21]《要药分剂》为《沈氏尊生书》的组成部分。作者根据宣、通、补、泻、轻、重、滑、涩、燥、湿等十剂予以分类,共选药420种,分别对各药的性味、七情、主治、归经及禁忌等方面予以详细论述。书中还记述了前贤的有关论述,间附作者按语。

[22]《食鉴本草》,古代中国食疗药学著作,清朝柴裔撰。

[23]《滇南本草》,古代中医药学著作,共3卷。明代云南嵩明人兰茂所著的《滇南本草》是中国现存古代地方性本草书籍中较为完整的作品,这本有着中医药精华汇编性质的医学,早李时珍的《本草纲目》140多年。

[24]《本草蒙筌》,又名《撮要便览本草蒙筌》《撮要本草蒙筌》,明朝陈嘉谟(廷采)撰。刊于嘉靖四十四年(1565年)。撰述采用不规则的对语体裁,颇利于初学。另附图559幅,其中药材图30余幅。

[25]明代李时珍著《本草纲目》,点校本,北京:人民卫生出版社,1979年12月,第1版。

[26]《寿世保元》,明朝龚廷贤撰,成书于万历四十三年(1615年),共10卷。书中对临床各科疾病的证治亦阐述精详,每病症之下均先采前贤之说分析病因,

然后列述症状,确立治法,后备方药,有的尚附有验案。

[27]《雷公炮制药性解》是在李中梓所撰《药性解》二卷本基础上,由钱允治在各药之下增补《雷公炮炙论》中有关炮制方法而成。李中梓在吸取了《神农本草经》《药性论》《丹溪药性》《东垣药性》《仲景全书》等精华的基础上,对药性作了充分的阐述。后人钱允治在药性之下增补了《雷公炮炙论》的有关内容,使本书成为一部较为详备的药性、炮制方面的专著。书中的有关内容屡为《中药大辞典》等中药书籍所引用。本书简便实用,适用对象为中医临床医师、中药采集炮制人员及广大的中医药爱好者。

[28]《本草通玄》,明代李中梓撰。约刊于明末,1667年经尤乘增订,收入《士材三书》。本书为李氏药物专著,全书2卷。李氏将药物分为草、谷、木、菜、果、寓木、苞木、虫、鳞、介、禽、兽、人及金石14部,共收药物341种,重点叙述了每种药物的临床应用,末附用药机要、引经报使及针灸要穴图等。本书的特点是将药物的应用与炮制结合起来,广泛论述药性、制药及用药等方面的内容。

[29]《药性解》,李中梓撰,约成书于万历末年(1619年),后经钱允治订补,于天启二年(1622年)刊刻问世。

[30]《本草经疏》,又名《神农本草经疏》,共30卷。作者为明朝缪希雍。刊于1625年。本书系将《神农本草经》药物和部分《证类本草》中药物共490种,分别用注疏的形式,加以发挥,并各附有主治参互及简误二项,考证药效及处方、宜忌等。卷一、卷二为续序列上、下;卷三以下为玉石部上品,其后各卷的编排次序与《证类本草》同;卷三十为补遗药品27种。本书征引本草文献十分广博,其中包括《名医别录》《唐本草》《开宝本草》《嘉祐本草》以及陈藏器《本草拾遗》等书。现存初刻本、周氏医学丛书本等。

[31]《景岳全书》,明代张介宾撰,64卷。首选《内经》《难经》《伤寒》《金匮》之论,博采历代医家精义,并结合作者经验,自成一家之书。《全书》成于景岳晚年,在其殁后刊行。首为《传忠录》3卷,统论阴阳、六气及前人得失;次为《脉神章》3卷,载述诊家要语;再次为《伤寒典》《杂证谟》《妇人规》《小儿则》《痘疹诠》《外科钤》。又《本草正》,论述药味约300种。另载《新方八阵》《古方八阵》,别论补、和、寒、热、固、因、攻、散等"八略"。此外,并辑妇人、小儿、痘疹、外科方4卷。

[32]《药鉴》,2卷。明代杜文燮(字汝和,号理所)撰。成书于明万历二十六年(1598年)。卷一相当于总论,首载寒热温平四赋,论药244种;次载用药分根梢、解药毒法、用药之法、引经药性、十八反药性、十九畏药性、五郁主病、六气主病、病机赋、脉病机要、运气诀要、论升麻柴胡等32个专条。卷二载药137种,采用歌诀形式,阐述药物气味、阴阳、升降、归经、炮制、功能、配伍及临床应用,侧重于药物的效能与应用阐发。

[33]《本草汇言》,明朝倪朱谟撰于天启四年(1624年)。书稿由其子倪洙龙刊行于明末清初。

[34]《本草乘雅半偈》,本草著作。明代卢之颐(子繇)撰。其书初名《本草乘雅》,撰成于1647年。书中亦常夹引作者之父卢复《本草纲目博议》及明代缪仲淳、王绍隆、李时珍诸家药论。

[35]《本草备要》,古代中医药学著作,共8卷。汪昂撰,康熙三十三年(1694年)刊,本书可视为临床药物手册,亦为医学门经书。

[36]《本草崇原》,3卷,约始撰于康熙十三年(1674年),著者张志聪殁而书未成,后由弟子高世栻续成。继而王琦访得副本,校刊后刻入《医林指月》丛书,时已在乾隆三十二年(1767年),以后续有翻刻。

[37]《本草新编》是丛书"中医经典文库"中的一册。《本草新编》,又名《本草秘录》,清朝陈士铎编。

[38]《本草经解》,中国汉医药学著作,共4卷。清朝叶桂撰。据曹禾《医学读书志》卷下陈念祖条谓本书为"姚球撰",后为书商易以叶桂之名。雍正二年(1724年)刊行。选录了《神农本草经》的药物117种,其他本草书中的药物57种,共174种常用药物。对《本经》等书的原文作了必要的注解。各药之后有制方一项,介绍了一些常用的临床处方。

[39]《冯氏锦囊秘录》,49卷,中医丛书,简称《冯氏锦囊》。初刊于清康熙六十一年(1722年)。清代冯兆张(楚瞻)撰。收有《内经纂要》《杂症大小合参》《脉诀纂要》《女科精要》《外科精要》《药按》《痘疹全集》《杂症痘疹药性主治合参》8种。

[40]《经验方》是清代元福辑撰著的一部方书类中医著作,成书于清乾隆四十二年(1777年)。

[41]《本经逢原》(1695年),由清代著名医家张璐著。鉴于《本经》中载药不多,有些药物已很少使用,或已失传,有些常用之药其中缺失,作者将《本经》作了适当的删节与补充,并据经义加以引申发掘。凡性味、效用、诸家治法以及药物真伪优劣的鉴别,都扼要地作了叙述,其目的是使学者易于领会《本经》的要点。

[42]《顾松园医镜》清朝顾靖远撰于1718年。全书论及生理、解剖、病原、病理、疾病各论、诊断、疗法、药物、方剂等方面,内容较广泛而系统。

[43]《眼科阐微》,眼科著作,4卷。清代马化龙(云从)撰。本书论述多种眼病,方论具备。

[44]《要药分剂》是一本古籍,共10卷。清朝沈金鳌撰,刊于1773年,为《沈氏尊生书》的组成部分。作者根据宣、通、补、泻、轻、重、滑、涩、燥、湿10剂予以分类,共选药420种,分别对各药的性味、七情、主治、归经及禁忌等方面予以详细论述。

[45]《本草求真》,清代黄宫绣(锦芳)撰。刊于乾隆三十四年(1769年)。作者深研药理,"俾令真处悉见",故以"求真"名书。

[46]《本草从新》,18卷,为清代流传较广的临床实用本草,清代吴仪洛撰,成书于清乾隆二十二年(1757年)。载药720余种,按《本草纲目》分类方法排列每药述性味、主治、功用、辨伪、修治等。多结合作者经验,并广泛总结历代医家的临床应用。对于同一药物的不同品种也多区别其力量厚薄,性味优劣,指出功效上的差异。新增燕窝、冬虫夏草、太子参、党参、西洋参等常用药。

[47]《得配本草》,古代中医药学著作。成书于1761年,清朝严洁、施雯、洪炜同纂。

[48]《玉楸药解》,清朝黄元御撰。黄元御,字坤载,号研农,别号玉楸子,山东昌邑人,成书于乾隆十九年(1754年)。以草、木、金石、果谷菜、禽兽、鳞介虫鱼、人、杂类8部分述。各药分列性味、归经、功效主治,间附炮制方法等。记载了丰富的药学知识。

[49]《神农本草经读》,简称《本草经读》,清朝陈修园撰。本书以四言韵语之文体,介绍了400味常用中药的性味、功能和主治。

[50]《医级》,又名《医级宝鉴》,清代董西园(魏如)撰于乾隆四一二年(1777

年)。全书"首集经典明论,以示必需之要;次及伤寒,以明传变之机,再详论杂病、女科,以备治法。凡各证之后,申明治疗大法。"并有方药3卷、脉诀1章。所集方剂,皆前贤传载之方。论证部分言简意明,并辨其类似之证,详其治疗方药。作者自谓本书是后学启蒙之阶段,故名《医级》。

[51]《本经疏证》,清朝邹澍(润安)撰,约成书于道光十二年至二十年(1832~1840年)。作者"取《本经》《别录》为经,《伤寒论》《金匮要略》《千金方》《外台秘要》为纬",交互参证,阐释药性理论。

[52]《本草害利》,古代中国药学著作。凌奂编撰,作者得其师吴古年《本草分队》,遂以此为基础,集诸家本草药论,补入药物有害于疾病之内容,更名《本草害利》。

[53]《本草分经》,清朝医家姚澜(又名维摩和尚)撰,刊于1840年。本书按药物归经理论进行编写。将药物分成通经络的药物(即按照十二经及奇经循行的药物)与不循经络的杂品,并用简明的注文形式阐述药性、主治等内容。

[54]《本草思辨录》,清朝周岩撰,刊于1904年。本书主要根据张仲景立方之义,就《伤寒杂病论》所涉128种药物的药性进行了讨论,认为仲景用药皆本《神农本草经》,故《神农本草经》等书是经典,不能轻易改动。却对李时珍、刘若金、邹润安、徐大椿、陈念祖等医药学家所述药性理论提出了某些不同的见解。

[55]《本草撮要》,清朝陈其瑞撰。自序余质愚鲁,明知学医非有记性悟性,断不能洞悉精微随机应变以疗人疾,无如嗜医之心已历三十余年,未尝或倦。因之博采古今各大家所著方药。删繁就简。注于每药之下,某药某味某性,入某经专治某病,与某药同用治某病,并将治某病。宜生用熟用灸用炒用,研用独用,以及某药与某药,相佐相恶,相畏相反,相须相杀,逐一注明,不加臆说。现值医局从公之暇,次第录成,置之案头,以便查阅。聊资记性悟性之不足,若云借此已能洞悉精微随机应变以疗人疾,则吾岂敢。光绪十二年(1886年)六月既望当湖陈其瑞蕙亭识是编之辑。

## 第六节　现代中国对枸杞医药功能机理研究

1959年，中国科学院动物研究所从《本草纲目》《千金要方》等20多种中医药书籍中，搜集了抗衰老药方152种，总结出常用方剂中使用频率超过45%的药物有12种，枸杞为其中之一。

中国现代科技手段测试分析，枸杞作为一种食品，含有丰富的枸杞多糖、脂肪、蛋白质、游离氨基酸、牛磺酸、甜菜碱、维生素$B_1$、维生素$B_2$、维生素$B_{10}$、维生素$B_{21}$、维生素C、维生素E、纤维素、烟酸、碳水化合物、胡萝卜素等人体需要的营养要素，特别是胡萝卜素含量很高。

枸杞中维生素C含量是苹果的40倍，梨的28倍，鲜桃的6倍，西红柿的3倍。枸杞的营养成分服食后能够迅速地被人体吸收，迅速地补充营养，恢复体力，是脑力劳动者、体力劳动者增强精力体力，体弱多病者恢复健康的优良滋补品，具有强身健体、治疗疾病的功效。

中国现代科技手段测试分析，枸杞含有氟、锰、铬、镁、锌、铜、硒、钼、镍、钙、磷、锂、钠、锗、钴、铁、硅、钒、钾等多种微量元素，在人体内与酶、激素以及维生素等共同保持生命的代谢过程和肌体的免疫能力。

科研工作者运用现代医学理论与手段，对枸杞提取物及其活性成分进行了研究。通过测定相关生理指标，评价了其在增强免疫、降血脂、抗脂肪肝、抗肿瘤、抗衰老、抗应激、对造血系统的影响、雌性激素样作用、对血压的影响、抗突变等的作用。

国内医学研究表明：枸杞油中维生素E含量为42.02毫克/千

克——维生素 E 对人体具有抗衰老作用。枸杞油中含有大量的不饱和脂肪酸，其中亚油酸含量在 66.5%——亚油酸的主要功效在于降低血浆胆固醇，减少血管壁中胆固醇的含量，防止高血脂及动脉硬化、冠心病等心血管疾病，促进儿童大脑发育。

国内医学实验表明：枸杞对人体癌细胞有明显的抑制作用。据宁夏回族自治区知识产权局《枸杞产业专利战略研究报告》研究，枸杞在保健医学或卫生学领域的专利申请技术主要集中在医用、牙科或梳妆用的配制品领域。这些专利申请技术利用枸杞的中医药效能，配合其他中药成分，适合很多种疾病的治疗。从这些专利申请技术可以看出，枸杞在明目、补肾、健脑、延缓衰老、调血脂、降血压、降血糖、护肝脏、提高免疫力等功效方面的应用，可以制成具有不同效用的内服外用药剂和保健品。

根据对枸杞的药理学研究成果，枸杞中含有多种对人体有医疗、美容、保健作用的功能成分。已知的产品方向有以枸杞多糖和苦豆碱等复方制成的抗肿瘤药，以枸杞多糖为主要原料的口服液、含片、枸杞健身胶囊、红宝太圣胶囊、杞宝胶囊、鲜枸杞颗粒冲剂、枸杞泡腾片、枸杞籽油、枸杞油胶丸等，主要利用了枸杞中的枸杞多糖和枸杞籽油中的功能成分。

通过对专利文献和非专利文献的检索分析，枸杞中提取胡萝卜素，也成为研究热点。

清华大学等权威部门的多次化验证明，在全国同类产品中，宁夏枸杞含有 32 种微量元素，其中铁、锌、锂、硒、锗等使人益寿延年的多种微量元素含量居第一位，人体所需的 18 种氨基酸含量第一位。

国内现代医药学分析表明：宁夏枸杞含有人体所需的 18 种氨基酸和诸多微量元素，而其对人体有害的铅的含量却显著低于国内其他地方所产枸杞；宁夏枸杞的根和叶，也有较高的药用和食用价值。

枸杞嫩芽是富含维生素C的"长寿菜"。

《2010年版中国药典》将宁夏枸杞作为唯一载入的枸杞药典品种，与琼珍灵芝、长白山人参、东阿阿胶并称为"中药四宝"，这是对宁夏枸杞医药性能的极大认可。

## 第七节 现代世界对枸杞医药功能机理研究

枸杞独特的营养保健功效在世界上得到证实和赞誉。

苏联学者用电子计算机对中草药成分配方进行研究，筛选出其中最有价值的30种，绝大多数都包括在《抱朴子·仙药》[55]篇所举草木药中，枸杞名列其中。

由美国国家眼科学会所主持的关于枸杞的临床研究显示：枸杞所富含的营养成分包括人体必需的9种氨基酸，还含有维生素A、维生素C、维生素E等以及其他植物化学成分，这些成分在人体免疫系统中扮演着重要角色。枸杞中含有黄体素、玉米黄质等，是防止视网膜黄斑变性的极好营养素。

美国加利福尼亚艾滋病防治中心经过多年临床观察之后，评定证明：枸杞多糖的免疫功能可以同当前国际上用于治疗艾滋病的药物相媲美。专利技术研究表明，枸杞中含有多种对人体有医疗、美容、保健作用的功能成分。

枸杞在英国被称为"水果伟哥"。除了丰富的营养元素以外，枸杞所起的壮阳功能更令西方人难以置信。枸杞中的β-胡萝卜素能有效预防心脏病和癌症，保护皮肤免受太阳伤害。另外，枸杞含有大量维生素 B 和抗氧化剂。

2018 年 6 月 29~30 日，在银川召开的第 18 届全国视觉生理学术会议上，中国科学院院士、著名的神经解剖学家、暨南大学粤港澳中枢神经再生研究院院长苏国辉作了《枸杞子与视网膜保护》专题讲座。苏国辉院士向与会专家展示了中科院及国内外科学多年来对枸杞的研究成果：给动物模型口服枸杞多糖，发现 rd1 小鼠感光细胞变性减少、氧化应激压力减弱，rd10 小鼠抗感染、神经保护能力增强，视力有所改善。给小鼠喂枸杞多糖一周后通过激光建模，发现视网膜神经节细胞凋亡的数量明显下降，同时不影响小鼠眼压……

2019 年 4 月，苏国辉院士领衔在中宁县建立了"中宁枸杞（天仁）院士工作站"，同年正式挂牌。

**本节注释**

[56]《抱朴子》，道教典籍，作者为东晋葛洪所撰。抱朴是道教术语，源于《老子》的语句"见素抱朴，少私寡欲"。全书总结了魏晋以来神仙家的理论，确立了道教神仙理论体系，并继承了魏伯阳的炼丹理论，集魏晋炼丹术之大成。

# 第六章 宁夏枸杞传播与韩国枸杞种植概况

## 第一节 大陆板块漂移说

20世纪初,正当大地构造学各派开始陷入混战之际,德国的气象学家、地球物理学家魏格纳提出了一个全新的地球运动观念,即大陆漂移说——他受到非洲西岸和南美洲东岸轮廓大致相吻合现象的启发,设想这两块大陆过去原是一块,只是后来才分裂、漂移开的。魏格纳在1912年发表的《海陆的起源》[1]一书认为,直到3亿年前的古生代后期,全球只有一块广袤的大陆,称之为"泛大陆";大陆的周围是广袤的泛大洋。大约在2亿年前,泛大陆才开始分裂、漂移。有的大陆(如印度)就漂移了好几千里(原在南极附近),结果构成了目前的样子:几块大陆和岛屿。泛大洋也被分裂的大陆和岛屿分割成四个大洋和一些小海。

美国纽约哥伦比亚大学科学助理萨维尔·勒皮雄在两度参与海洋科学考察以后,天才地提出了"板块构造说"。经过精确计算,他指出,地球表面是由太平洋板块、欧亚板块、印度洋板块、非洲板块、美洲板块和南极洲板块镶接而成——这六大板块经过近2亿年的运动,才到达今天的位置。

勒皮雄的论文发表在1968年5月的《地球物理学研究杂志》[3]上,引起了地球物理学界的轰动。"板块构造说"认为,大陆是漂移的,洋底是不断更新的。这一"反传统"的理论,在后来不断验证的事实面前，被证明就是科学的事实。一种新的地球运动理论从而被肯定下来，并被愈来愈多的人们所承认和接受。

有学者认为，从形态学上看，分布在太平洋各岛屿的枸杞属物种 *Lycium sandwicense* A. Gray 与北美洲同属物种 *L. carolinianum* Walt. var.*quadrifidum* C. L. Hitchcock 有很近的亲缘关系。由于枸杞属的姊妹属 *Grabowskia* 的分布仅限于南美洲。因此，有学者认为：南美洲是枸杞属物种的起源中心。但非洲板块与欧亚板块分离，美洲板块与欧亚板块沉淀分离，原产于南美的枸杞属植物，在自然传播过程中，也会分离到欧亚和非洲，在新的物候条件下发生了变异。

世界各地分布的枸杞属物种在全球呈现离散分布，因地球板块间存在以下演化关系，所以大致有如下学说。

## 一、美洲说

枸杞属物种起源于美洲大陆，延展到澳洲、欧亚大陆、太平洋岛屿和南非等地域。大陆的枸杞属物种包括了一个并系集合群体。

在南美洲、澳洲该系群体有分布。其中，欧亚大陆约有 10 种，主要分布在中亚。非洲和欧亚大陆的枸杞属物种是一个单一群系，它们都有一个共同的来自美洲大陆的祖先；北美洲南部约 20 种；南美洲南部分布最多，达 30 余种。

## 二、南非说

澳洲和欧亚大陆的枸杞属物种曾起源于南非。*L. sandwicense*[5]与美洲大陆群体中某一个系处于同一个进化分支上，而热带地区并未发现分布。Symon 认为：这种离散分布，很可能是由于冈瓦纳大陆（Gondwanaland）[6]的断裂使得 *L. sandwicense* 与美洲大陆群体中某一个系处于同一个进化漂移形成的。也有学者认为，是由于该属物种自身传播造成了进化分支的差异。

南非枸杞属物种也是一个并系集合群体。值得注意的是：该属中的 *Lycium sandwicense* A.Gray [7] 广泛地分布在太平洋各岛屿（复活节岛、夏威夷群岛、小笠原群岛、大东群岛等）。这种异常现象究竟是人为传播还是自然传播或地质变化造成的，尚无研究报道。

## 三、中国说

枸杞属（*Lycium*）来源于希腊语 lykion，指的是一种多刺植物，该植物发现于土耳其西北部的古老城市吕底亚（Lydia）。*Lycium Chinense* Mill. [8] 的种加词 Chinese 是指该物种发现于中国。最早发现于中国台湾，与中国地区最常见的枸杞为一个种，现有北方枸杞变种，属于中华枸杞。这是枸杞起源于中国的一个说法。

另一个说法就是第一章《山海经·西山经》所载："西次三经之首，曰崇吾之山，在河之南……有木焉，员叶而白柎，赤华而黑理，其实如枳，食之宜子孙。"

**本节注释**

[1]《海陆的起源》作者(德)魏格纳，译者李旭旦。作者魏格纳在这本书里系统地阐述、论证了他在1912年提出的大陆漂移说，即古代大陆原来是联合在一起，而后由于大陆漂移而分开，分开的大陆之间出现了海洋的观点。魏格纳认为，大陆由较轻的含硅铝质的岩石如玄武岩组成，它们像一座座块状冰山一样，漂浮在较重的含硅镁质的岩石如花岗岩之上(洋底就是由硅镁质组成的)，并在其上发生漂移。在二叠纪时，全球只有一个巨大的陆地，他称之为"泛大陆(或联合古陆)"。风平浪静的二叠纪过后，风起云涌的中生代开始了，泛大陆首先一分为二，

形成北方的劳亚大陆和南方的冈瓦纳大陆,并逐步分裂成几块小一点的陆地,四散漂移,有的陆地又重新拼合,最后形成了今天的海陆格局。

[2] 萨维尔·勒皮雄(Xavier Le Pichon,1937年6月18日生)是一位法国地质学家。在他的众多贡献中,最负盛名的是1968年提出的板块构造论的综合模型。

[3]《地球物理学研究杂志》由美国地球物理联合会(AGU)主办,创办于1896年,目前分为7个分辑。发表大气层物理学高层稀薄空气动力学、高层大气探测、化学,大气层与生物层、岩石圈或水圈界面的研究论文。

[4] 尹赞勋.板块构造说的发生与发展[J].地质科学,1978,2:99~112. Hawks J G, Lester R N, Nee M, et al. Solanaceae III:taxonomy chemistry evolution [M]. London: Kew Publishing,1991:139.

纪瑞锋,郭威,等. 中国枸杞属种间亲缘关系和栽培枸杞起源研究进展[J].中国中药杂志,2017, 42(17):2382~2385.

[5] *L. sandwicense* 是与美洲大陆枸杞群体中某一个系处于同一个进化分支上的枸杞种学名.

[6] 冈瓦纳古陆(冈瓦纳大陆),是一个推测存在于南半球的古大陆,也称"南方大陆",它因印度中部的冈瓦纳地方而得名。在印度半岛,从石炭纪到侏罗纪包括其下部的特征冰碛层到较上部的含煤地层,统称为"冈瓦纳(岩)系"。南半球各大陆都发现有这一时代的相似岩系和化石,根据这一相似性和其他证据,便给这个推论命名为"冈瓦纳古陆"。

[7] *Lycium sandwicense* A.Gray 是广泛地分布在太平洋各岛屿(复活节岛、夏威夷群岛、小笠原群岛、大东群岛等)的枸杞种学名,按照冈瓦纳大陆(Gondwanaland)的断裂与漂移形成学说,与 *L. sandwicense* 是同一个种。

[8] *Lycium chinense* Mill.是北方枸杞的学名,分布于我国河北、山西、陕西等省;北部、甘肃西部、青海东部、内蒙古、宁夏和新疆,多长在山地阳坡和沟谷地。

## 第二节 宁夏枸杞在国内的传播

宁夏枸杞当代传播，主要采取三条途径：一是作为药材，随着近代商贸流通的发展而传播，如天津的"津枸杞"。二是20世纪60年代，国家为了发展中药药源，甘肃、青海、山西、陕西、新疆、内蒙古、河北等省区纷纷来宁夏中宁引种枸杞。特别是1983年实行土地联产承包责任制后，国家取消了对宁夏枸杞统购统销限制，到2018年，在30余年间，青海、甘肃、新疆、内蒙古、河北等省区从宁夏大批量引进枸杞苗木和技术、人才，宁夏枸杞在中国井喷式传播。宁夏特别是中宁县在为全国各地提供枸杞苗木的同时，把枸杞现代综合栽培技术传到了这些省区，从而提高了当地枸杞栽培生产技术水平，使其在枸杞的种植方面，在极短的时间内追上了宁夏，形成了现在的青海产区、甘肃产区、新疆产区、内蒙古产区等枸杞主要产区。据不完全统计，国内各枸杞产区所用枸杞苗木85%以上由宁夏提供。三是由于受宁夏土地资源限制，近20年来，宁夏枸杞种植户，特别是中宁枸杞种植户带着技术、苗木到国内可以种枸杞的地方，租地种植枸杞，推广枸杞现代综合技术。目前，已引种到了包括西藏在内中国大部分地区。

### 一、宁夏回族自治区内传播

1962年，宁夏农科所（宁夏农科院前身）从中宁引入枸杞苗移植至宁夏灵武农场、南梁农场、简泉农场、巴浪湖农场、渠口农场、西湖农场、前进农场等农场，银川地区开始大面积栽培枸杞。到1971年，全宁夏枸杞种植面积由1950年的213.3公顷发展到702.8公顷，年产量由1950年的13.39万千克发展到35.59万千克。以后渐次向其他农垦单位扩散，形成了目前的宁夏枸杞发展布局。

## 二、宁夏枸杞向天津、河北等地区传播

1900年，山西、天津的一些客商将中宁枸杞发往天津销售，大受欢迎。天津郊县有识之士对这一获利不菲的中药材很感兴趣，就先以中宁枸杞子在当地试种，成活率低，苗木长得也不茂盛。后来，有客商从宁夏中宁请枸杞种植户从枸杞园里挑选修剪了部分用于育苗的枸杞枝条，带到天津，指点郊县人按照中宁人的操作程序和方法，将枝条种苗扦插种植，大获成功，成片成圃的枸杞在天津大地上大放异彩，天津从此有了枸杞种植。

由于天津地区处于温带大陆季风区域，温度、相对湿度高于接近温带大陆气候的宁夏川区，所以成活变异的枸杞结果比宁夏还要早，扦插当年就有了果实。枸杞的根蘖萌发力和串生能力比其他植物强，是溪沟护坡、固岸的好树种，还可以用于美化庭院。一时，枸杞在天津的种植推广迅猛：无论是溪沟坡头、海岸两边，还是一些大户人家的庭院，到处都长满了枸杞树。令人惊喜的是：枸杞树4月长出绿叶，5月开出紫花，6月结出红果——从开花到结红果，仅需40多天时间，而且开花、结果的过程一直延续到深秋。每天或隔一天就能采摘一次果实。绿叶、紫花、红果长年不败，美不胜收。枸杞树荫，盛夏可边乘凉、边食果、边观景，给天津带来了一道新的风景。天津的平地、沙地、坡地、河滩地、洼地等，均可种植枸杞，且成活率高，管理简单，产量大，收入高，效益好。枸杞很快在天津周边传播开来。这种枸杞源于宁夏（中宁）而有别于宁夏（中宁），因此被称作"津枸杞"。京津冀地区至今种植的田间枸杞、庭院枸杞、沟渠护坡海岸护堤枸杞及野外洼地枸杞，就是这种"津枸杞"。

宁夏枸杞传到天津被民间称之为"津枸杞"以后，逐步遍及河

北的沧州、衡水、邢台、邯郸、石家庄等地区。其中河北巨鹿县种植枸杞已有30多年的历史，因枸杞产量高、质量佳，被称为"河北枸杞之乡"。21世纪以来，这里主要以北方枸杞和宁杞1号为主栽品种。枸杞干果产品主要流向药材市场，加工产品有枸杞饮料和枸杞晶冲剂。从2014年开始，河北省农科院经济作物研究所药用植物研究中心尝试在平原、山区进行多点枸杞种植试验，引种成功。

### 三、宁夏枸杞向甘肃省传播

1989年，甘肃省景泰县为了治理草窝滩镇东片土地盐碱化问题，从中宁引进枸杞苗木，种植在红跃村，获得初步成功。后来，该镇农民自筹资金，逐年从宁夏中宁县调进枸杞苗木、种条，推广种植，繁育苗木。到2004年，草窝滩镇枸杞种植面积已达333.33公顷。景泰全境枸杞种植加工规模逐年扩大，建立了景泰枸杞种植园区。

1999年，甘肃省靖远县农民自发从宁夏中宁引进，在北部乡村试种推广，由于经济效益明显，很快在北部的几个乡大面积栽培。为进一步推动枸杞产业发展，截至2017年，靖远县的枸杞种植已遍布五合、靖安、东升、北滩等14个乡镇，产地范围内海拔1 300~2 300米，土壤为灌淤土或灰钙土，质地为砂壤土或中壤土，pH 7.5~8.5，有机质含量>1%，全盐含量<1%，种植面积达24.1万亩。依托甘肃农业大学、甘肃省林业科学研究院、甘肃省农业科学院引进推广优良品种13个、新技术3项，建设枸杞研发中心1处，建成智能枸杞烘干房120多座；建成优良苗木繁育基地500亩，良种普及率达到100%；培育打造万亩有机枸杞示范基地2个、万亩绿色示范基地4个、千亩优质无公害示范基地15个。枸杞产业已成为促进全县农业增效、农民增收、农村发展的"金果产业"。从2008年开始，中宁人带着技术带着苗木走向了甘肃瓜州、玉门、嘉峪关等租地种植枸

杞，掀起了向甘肃传播宁夏枸杞现代综合栽培技术的新高潮。推动了甘肃省枸杞产业的迅速发展，形成了白银、酒泉、武威、金昌、兰州、张掖等枸杞集中栽培区。种植主栽品种全部为宁杞系列良种，甘肃全省枸杞种植面积60余万亩，产量约9万吨，总产值约50亿元。甘肃全省有枸杞种植合作社430多家，省级加工销售龙头企业2家，市级加工龙头企业16家，市级销售龙头企业21家，有枸杞分级、包装专业合作社190多家。已开发出枸杞干（鲜）果、枸杞茶叶、枸杞咖啡、枸杞花蜜等系列产品。"瓜州枸杞""靖远枸杞""景泰枸杞"先后获得"国家地理标志"产品称号。靖远、景泰、民勤、瓜州、金塔、玉门、永昌等县市枸杞产地通过了国家绿色、无公害生产基地认证。涌现出了"东霸兔""陇上红""戈壁宝杞""高原宏"等品牌。

### 四、宁夏枸杞向青海省传播

青海省引种宁夏枸杞始于20世纪50年代的青海柴达木诺木洪农场。21世纪初开始大规模引种栽培宁夏枸杞。依托"三北"工程、退耕还林等重点工程，按照"东部沙棘，西部枸杞"的林业产业发展思路，着力强化枸杞基地建设，逐渐做大相关产业。诺木洪农场到2013年，枸杞种植面积达10万亩。在诺木洪示范效应下，截至2015年，青海全省枸杞种植规模迅猛发展到43.9万亩。主要沿柴达木盆地东南缘的诺木洪—都兰—乌兰—德令哈一线为枸杞中心分布区。省内主要从事枸杞种植生产、产品研发及加工销售的企业有36家。产品由直销干果逐步研发出枸杞浓缩汁、冻干枸杞、枸杞茶、枸杞籽油等系列产品。主打"高原、富硒、有机"发展特色，柴达木枸杞已远销港澳台、东南亚等国家，逐步开启了欧美日韩等新兴市场。在品牌建设方面，诺木洪农场生产出了"柴达木牌"和"诺木洪牌"枸杞干果。2012年,海西蒙古族藏族自治州投资1 000万元建设的诺木洪枸杞交易市场投入运营。经过十余年的努力,已经成为国内枸杞第二大产区。2013年,青海省农林科学院、青海省林业技术推广总站等单位培育的枸杞新品种"青杞1号"通过了青海省林木品种审定委员会审定。有效地解决了青海省枸杞自主生产品种缺乏的现状,有助于推动枸杞产业的快速发展。

## 五、宁夏枸杞向新疆维吾尔自治区传播

新疆维吾尔自治区最早是从1964年开始由宁夏引种栽培枸杞,后期通过逐年扩大种植面积,不断提高枸杞品质,逐渐形成了现在的新疆枸杞产业。新疆枸杞种植主要集中在北疆,以精河县以及乌苏、沙湾、石河子、玛纳斯等天山北坡为主,准噶尔盆地南缘的荒漠平原还有广阔的规模发展潜力。

新疆所产枸杞果个比较大,味道比较甜,主要采用自然晒干。到21世纪初,新疆枸杞种植面积逐年扩大,仅精河地区的枸杞种植面积已达17万亩。精河县枸杞在2010年种植规模最大,7 170公顷,占全疆枸杞面积的45.50%,占博州林果业面积的88%;枸杞产量13 024吨,占全疆枸杞产量的64.19%,占博州林果产量的65%;占产值41 652万元的93%。枸杞已成为精河乃至博州林果业发展的重要支柱。1998年,精河县被农业部命名为"中国枸杞之乡";2001年,精河县被认定为"新疆农业品之乡";2002年,"精河枸杞"牌产品获得国家工商局认定"原产地证明商标";2005年,"精河枸杞"被认定为新疆著名商标。

## 六、宁夏枸杞向内蒙古自治区传播

内蒙古枸杞产区,地理坐标为东经105° 12′~109° 53′,北纬

40°13′~42°28′。河套地区五原、临河、杭锦后旗、乌拉特后旗共 5 个旗县区 18 个苏木乡镇 40 个嘎喳村，均有枸杞种植。总量达 20 万亩。内蒙古枸杞种植面积最大的是紧靠宁夏的巴彦淖尔盟，现有枸杞种植面积 10 万亩，其中乌拉特前旗 6 万亩，五原、临河、杭锦后旗 4 万亩。

内蒙古自治区于 20 世纪 60 年代从宁夏引种枸杞，开始在黄河后套临河地区发展，随后逐渐拓展到托克托县、鄂尔多斯市、乌拉特前旗、达拉特旗等地区，到 2014 年内蒙古种植面积急剧扩大，以乌拉特前旗为最。由于内蒙古与宁夏北部接壤，宁夏一些枸杞技术人员直接被内蒙古枸杞种植户请去现场指导枸杞种植与加工，促进了内蒙古枸杞健康发展。

"蒙杞 1 号"枸杞新品种是由内蒙古农牧科学院园艺研究所研究人员和内蒙古河套大学教师雷志荣共同选育而成。2005 年通过了内蒙古自治区农作物品种审定委员会审定。该品种性状稳定，果实特大，含糖量高，等级率高，在当地有"寸杞"之称。其鲜果纵径平均 3.56 厘米，横径 1.38 厘米，千粒重 1 679.8 克，特优级果率达 95.5%，比对照品种宁杞 1 号的特优级果率提高了 73.8%。"蒙杞 1 号"在正常管理条件下，盛果期平均亩产在 200~250 千克。该品种适应性、抗性较强，已在内蒙古巴彦淖尔市、鄂尔多斯市、呼和浩特市等地区栽培。

## 第三节　宁夏枸杞向国外传播及中华枸杞在国外

自秦汉时代开始，宁夏枸杞西向西域—波斯—阿拉伯—土耳其传播；东向大中华文化圈日韩等国传播；西南漂洋入海，至东南亚和东非；靠陆海丝绸之路、日韩遣唐使和文化使者，经商、旅行、传播文化，携带中医药典籍和中药，自然少不了枸杞的使用和传播。国外枸杞栽培数量和规模不是很大。各国对枸杞的称谓也有不同，在英语的方言里，枸杞曾被称为 box thorn（意译为"盒刺"）、matrimony vine（译为"婚姻藤"）、wolf berry（译为"狼莓"）；在日本，人们称之为 kuko；在韩国，人们称之为 gugija。从 21 世纪初开始，国际上开始统称枸杞为"goji"，这一名字与枸杞的汉语拼音发音较为相近。

## 一、宁夏枸杞向欧洲传播

据钱丹、纪瑞锋、郭威所著的《中国枸杞属种间亲缘关系和栽培枸杞起源研究进展》[9]，宁夏枸杞于清乾隆五年至八年（1740~1743年），传入法国和地中海沿岸，随后逐渐散落成为野生，如捷克布拉迪拉瓦的摩拉瓦河边（此河流入德意志民主共和国和德意志联邦共和国的大平原注入北海）有生长茂密的枸杞；匈牙利布达佩斯自由纪念碑周围一带有枸杞的大群落；从罗马尼亚的布加勒斯特到多瑙河的德阿特地带一直到前南斯拉夫的贝阿格勒，以及在加勒斯特卡美勒古坦要塞等都有枸杞形成的大群落。地中海及其沿岸国家，以及俄罗斯欧洲部分的南方、克里米亚、高加索地区，枸杞广为盆栽。

## 二、宁夏枸杞向日本传播

日本和韩国是继中国之后对枸杞进行利用栽培较早的国家。日本栽培枸杞始于我国唐朝时期，主要通过两国中医和药材交流后，枸杞作为药材开始在一些药圃进行人工栽培。目前，主要集中在日本的秋田县、静冈县、德岛县，在德岛县尚有被指定为模范农场的枸杞园，栽培面积约 1 公顷。在日本的本州、九州分布有野生的许多枸杞（*Lycium chinense* Mill）和宁夏枸杞（*Lycium barbarum*L.）。

### 三、美国引用宁夏枸杞品种

美国的密歇根州立大学和加州大学已经开始引入宁夏枸杞的种质资源进行试种和品种选育，目标是作为庭院功能植物和特种水果推向市场。目前，已经有鲜果在俄勒冈州和加州的果园少量生产，在园艺学会的特种水果中多次展出。北美洲和南美洲具有诸多的枸杞属野生资源，虽然在当地尚未大规模开发利用，但在印第安人当地有作为草药使用的历史。

**本节注释**

[9] 钱丹,纪瑞锋,郭威,等. 中国枸杞属种间亲缘关系和栽培枸杞起源研究进展[J].《中国中药杂志》,2017,42(17):2382~2385.

## 第四节 宁夏枸杞品牌形成的历史沿革

历史上，中宁地区属中卫县，中卫县归宁夏府辖，其原产地（核心地区）便为宁安堡，现在的中宁县。"宁安枸杞"后来被"中宁枸杞"取代，作为宁夏枸杞最早的地域公用品牌脱颖而出，成为全国中医药界公认的唯一专用名贵中药材。清乾隆、道光年间的《中卫县志》和《续修中卫县志》，明确记载"宁安一带，家种杞园。各省入药甘枸杞，皆宁产也"，一直延续至中华人民共和国成立。到20世纪80年代初期，全国药品、商品枸杞基本上均产自宁夏。枸杞是国家专控产品。1983年，国家放开对宁夏枸杞的专控，枸杞开始在全国引种，自此枸杞不再属宁夏独有。

明朝宣德年间（1426~1435年），第一部宁夏地方志《宣德宁夏志》（1429年）在物产部分载有枸杞。

弘治十四年（1501年）《弘治宁夏新志》已经把枸杞作为贡品，进献朝廷，标志着宁夏枸杞品牌在古代已经形成。中华民国十八年（1929年），宁夏中宁县舟塔乡人张绪义（字宜之）、张绪礼（字敬之）、张绪孝（字友之）兄弟三人创立了宁夏（中宁）枸杞的第一个企业品牌"福大元"。1932年，马鸿逵主政宁夏，大力推广宁夏枸杞品牌（详见《宁夏资源志》），宁夏枸杞品牌得到快速发展，常年栽培面积3 000余亩。

中华民国二十七年（1938年），中宁县枸杞种植规模达到180亩。抗日战争以前，宁夏全省有枸杞面积540多公顷，年产34.25万千克，销往全国各地，与人参共同成为中国中药材中的一流品牌。

1961年，中华人民共和国国务院确定宁夏回族自治区中宁县为枸杞生产基地县。

1963年，首部《中国药典》明确规定枸杞子为"宁夏枸杞的成熟果实"。迄今，《中国药典》历年来的版本均明确宁夏枸杞是唯一入药枸杞。

1981年后，宁夏农林科学院等科研机构先后成功培育和推广了宁杞1号、宁杞2号、大麻叶优系、宁杞5号、宁杞7号以及宁农杞系列品种。

1988年，宁夏全区枸杞种植面积1 523公顷，年产91.2万千克。

1989年，国家中医药管理局将宁夏枸杞列为药食同源植物。

1990年开始，宁夏枸杞品牌加大发展速度。先后实施了"优质名牌枸杞基地建设""无公害枸杞行动计划""宁夏枸杞地理标志产品保护"等系列优质政策措施，推动了宁夏枸杞品牌保护和推广。截至"十二五"末，宁夏枸杞种植面积占全国枸杞种植面积的45%以上，枸杞干果总产量占全国总产量的55%，各类枸杞及其产品遍及全国一线城市、二线城市、三线城市。

1994年，在全国名特优产品博览会上，中宁枸杞荣获金奖。

1995年，中华人民共和国国务院命名宁夏回族自治区中宁县为"中国枸杞之乡"。

2000年，中宁县被中华人民共和国国务院命名为"中国特产之乡"。

2001年，中宁枸杞证明商标通过国家工商行政管理总局商标局批准，正式启用。同年，经中华人民共和国科学技术部批准，宁夏回族自治区人民政府在全世界范围内，首次主办"枸杞及抗衰老国际学术研讨会"，12名外国著名专家，5名中国科学院、工程院院士，15名香港和内地著名专家向会议递交了论文并做了学术报告。

2005年，宁夏回族自治区人民政府批准实施《宁夏优势特色农产品区域布局发展规划》，把宁夏枸杞列为自治区战略性主导产业之一。是年3月20日，时任中共中央政治局常委、全国人大常委会委员长吴邦国视察中宁，品尝中宁枸杞，对中宁枸杞口感和品质赞不绝口，欣然题词"中国枸杞之乡"。

2006年5月6日，时任中共中央政治局常委、国务院总理温家宝同志视察中宁枸杞产业。是年11月中宁枸杞被中国农产品品牌大会组委会评为"全国十佳农产品""十佳区域公用品牌"称号。

2007年，"中宁枸杞"获国际林产品博览会金奖，被国家工商行政管理总局确定为原产地地理标志产品。

2008年，"中宁枸杞"成为2008北京奥运会"推荐产品"。

2009年4月25日，"中宁枸杞"被国家工商行政管理局商标局正式评为"中国驰名商标"。至此"中宁枸杞"成为全国唯一的枸杞产品驰名商标。

2010年，时任中共中央总书记、国家主席胡锦涛同志视察宁夏枸杞产业发展情况。

2011年，时任国家林业局局长贾治邦一行视察宁夏枸杞产业。

2014年，"中宁枸杞"以品牌价值位居中国农产品品牌价值排行榜第五位。

2015年10月，宁夏回族自治区人民政府成立了由自治区主要领导任组长、分管领导任副组长、相关单位为成员的宁夏枸杞产业发展提升工作领导小组，作出了再造宁夏枸杞产业新优势的战略部署。

2016年1月1日，《宁夏回族自治区枸杞产业促进条例》由宁夏回族自治区人大常委会正式颁布实施，这是中国由地方立法机构自主立法的第一部有关枸杞的法律，标志着宁夏枸杞产业发展结束了无法可依的历史。

2016年，《宁夏枸杞品牌战略研究报告》由中国优质农产品开发服务协会结题，宁夏回族自治区林业厅在北京召开"宁夏枸杞"品牌发布会，同时，"百瑞源""宁夏红""早康""沃福百瑞""杞动力""福寿果"被评为宁夏枸杞知名品牌，"宁夏杞泰农业科技有限公司枸杞基地""百瑞源标准化枸杞示范基地""宁夏农林科学院枸杞研究所枸杞基地""宁夏源乡玺赞生态枸杞庄园""宁夏大地生态中宁红梧山枸杞种植基地""宁夏润德庄园枸杞种植基地"被评为自治区级优质基地。是年，"中宁枸杞"区域品牌价值被国家质检总局评价为161.56亿元，位列全国农业区域品牌第四名。

2017年5月，宁夏回族自治区人民政府授权宁夏枸杞产业发展中心作为"宁夏枸杞"商标持有人，向国家工商总局申请注册"宁夏枸杞"地理标志证明商标，被国家工商总局受理。是年，"中宁枸杞"以172.88亿元的品牌价值位列全国农业区域品牌价值榜第四名。

2018年宁夏枸杞在全国农产品区域公用品牌中药材排行榜中位列第一名。

## 第五节 宁夏枸杞产业

"世界枸杞看中国，中国枸杞在宁夏"。宁夏枸杞被誉为"红宝"，位于"宁夏五宝"之首，已成为宁夏的地域符号、特色产业、文化品牌，是宁夏最具地方特色和品牌优势的战略性主导产业，也是宁夏面向全国、走向世界的一张"红色名片"，是中国枸杞产业的核心区。

### 一、基本情况

#### (一)发展现状

截至2017年年底，宁夏全区枸杞在册面积达100万亩，枸杞干果总产量18万吨，年综合产值150亿元，加工转化率达25%。以中宁为核心、清水河流域和银川北部为两翼的"一核二带"枸杞产业发展格局初步形成，共有枸杞企业276家（其中生产企业79家，加工企业36家，流通企业55家，生产、加工、流通混合型企业106家），专业合作社304家，家庭农场52家，专业大户240家，统防统治专业化组织84个，其他服务组织68个。宁夏枸杞从传统的分散农耕种植和肩挑背扛的原始干果销售，拓展到现代规模化种植、标准化生产，现代化营销，枸杞及其制品已经发展到干果、饮品、酒类、果酱、籽油、芽茶、保健品（糖肽）、功能性（特膳）食品、化妆品、药品等十大类100余种产品。在宁夏枸杞核心产区的规模乡镇及专业村,农民来自枸杞方面的收入占到总收入的60%以上。2017年,宁夏全区具有有效出口资质企业48家,通过美国FDA认可认证的枸杞企业达11家以上,1~12月枸杞及产品出口量与出口额分别达到7 305.5吨和6 105.6万美元,产品远销30多个国家和地区,出口产品主要为枸杞干果、枸杞汁、枸杞粉、枸杞籽油、枸杞酒等,其中枸杞干果占出口份额的85%以上。

(二)产业基础

相继建成国家农业部枸杞工程技术研究中心、国家林业局枸杞工程技术研发中心、国家发改委"国家地方联合共建枸杞工程研究中心"等5个国家级研发中心和13个宁夏枸杞产业人才高地工作站等。宁夏农林科学院、宁夏林业研究院、中宁枸杞职业学院、宁夏红枸杞公司、百瑞源枸杞股份有限公司、宁夏沃福百瑞枸杞产业股份有限公司、厚生记等科研院所和枸杞企业建立了院士工作站、国家重点实验室。宁杞系列品种培育从宁杞1号已达到宁杞10号,全国种植的枸杞品种95%以上以宁夏枸杞为主;中宁国际枸杞交易中心已成为全国枸杞集散中心,是中国枸杞交易市场的价格"风向标",宁夏枸杞及其产品已实现全国一线、二线、三线城市100%全覆盖。已涌现了"中宁枸杞""宁夏红""百瑞源"等5个中国驰名商标、13个宁夏著名商标、3个国家级重点龙头企业、16个自治区级龙头企业。宁夏已成为全国枸杞产业基础最好、生产要素最全、品牌优势最突出的核心产区。

(三)标准体系

目前,已发布的枸杞产业国家、行业、地方标准共有120余项,其中:国家标准7项(宁夏起草制定4项),行业标准15项(国家农业部11项,国家林业局1项,其他3项),地方标准99项(宁夏制定发布59项)。还存在质量标准体系不健全、与国际接轨不充分、修订不及时、指导性和操作性不强、标准质量不高等问题。枸杞干果农药最大残留限量标准至今尚无国家、行业、国际标准。涉及枸杞质量安全的标准，目前只有 2016 年 6 月 1 日由宁夏回族自治区卫生和计划生育委员会发布实施的《食品安全地方标准枸杞》。

### (四)管理机构

枸杞产业主管部门 1998 年由宁夏回族自治区农牧厅调整为宁夏回族自治区林业厅，职能管理单位经历了宁夏林业厅果树技术工作站→宁夏经济林技术推广服务中心（2006 年 5 月）→宁夏林业产业发展中心（2009 年 8 月）→葡萄花卉产业发展局（2012 年 2 月）→宁夏林业产业发展中心（2014 年 10 月）→宁夏枸杞产业发展中心（2017 年 2 月）。20 年来，宁夏全区枸杞种植面积由当初在册的 3 万亩发展到目前在册的 100 万亩。

## 二、宁夏枸杞产业发展总体布局

"十三五"期间，宁夏回族自治区将进一步优化枸杞产业布局，坚持扩面提质相结合、改造新建相结合、集中分散相结合，着力打造"一核、两带、十产区"的新格局。

### (一)"一核"，即中宁核心产区

中国枸杞之乡——中宁县，作为枸杞的发源地、道地产区和正宗原产地，政区总面积为 4 165.89 平方千米，辖 6 镇 5 乡，120 个行政村，12 个城镇社区。常住人口 34.51 万。2016 年，实现地区生产总值 134.5 亿元，完成地方财政收入 15.1 亿元。全县枸杞面积 20 万亩，枸杞育苗 1.28 万亩，建成各类枸杞烘干设施 652 座，日烘干鲜果能力达 2 058 吨。"中宁玺赞枸杞"获准中国生态原产地产品保护。"杞之龙"枸杞基地被认定为国家级"优质果园"。中宁全县社会消费总额 20.16 亿元，外贸进出口总额达 18.87 亿元，出口总额

9.36 亿元。

## （二）"两带"，即清水河流域产业带、银川北部产业带

清水河流域产业带：清水河流域地处宁夏中部干旱带南边缘，属黄土高原半干旱气候类型，年平均降水量 200~400 毫米，干旱少雨，日照充足，昼夜温差大。扬黄扩灌工程的实施，为清水河流域枸杞种植创造了得天独厚的土地条件，使清水河流域枸杞得到长足发展。其流域原州区、同心县、海原县，枸杞栽培面积 29.9 万亩。此后，还将持续发展，扩大基地面积。

银川北部产业带：为银川平原以北的贺兰、平罗、惠农、大武口等区县，该区土地平坦，光热资源丰富，日照时间长，昼夜温差大，又有引黄灌溉的便利条件，是宁夏枸杞优势种植区之一。枸杞种植面积达 12.33 万亩。2016~2020 年重点是巩园、提高、增强产业效益。

## （三）"十产区"

中宁、同心、海原、原州、平罗、惠农、盐池、沙坡头、红寺堡和农垦集团。

## 三、宁夏枸杞近代发展简史

第一阶段　枸杞近代发展期（1912 年以前）。

据中宁枸杞种植户世代口口相传，宁夏枸杞人工栽培地点最早始于中宁县城西的红崖子，以后盛种于聂家滩（湾），渐及宁安堡、恩和堡、鸣沙洲等。以中宁县宁安堡栽培规模面积最大，中卫、宁朔二县也有一定规模。舟塔地区，以张绪义（字宜之）、张绪礼（字敬之）、张绪孝（字友之）兄弟三人为最，其创立的"福大元"枸杞商号，到中华民国二十七年（1938 年）种植规模达到 180 亩；宁安堡则以乡绅魏余三为最；恩和以王祯、王成基（外号"王二聋子"）兄弟为最；鸣沙则以薛营的乡绅王植蕃为首。从明代起的枸杞贡品，

主要种植在新堡乡聂湾和恩和秦庄。

中宁地区中华民国中期以前属于中卫管辖，1934年始有分县动议。其核心地区便为宁安堡。因此，"宁安枸杞"也就是"中宁枸杞"。

第二阶段  枸杞现代发展初期（1912~1949年）。

这一阶段宁夏枸杞栽培规模几起几落。1918年，宁夏枸杞总产量达12万千克。1929年，枸杞（茨）园面积达万亩，产量超过75万千克[1]。

1932年，马鸿逵主政宁夏，为了扩大税源，增加政府财力，开始在宁夏扩大枸杞种植规模，"常年栽培面积3 000余亩。每亩以180株计算，所种枸杞当年在50万株以上"，总产量"每年30~40千克"。

抗日战争以前，宁夏全省有枸杞面积540多公顷，年产34.25万千克，年输出枸杞价值50余万元。其中，中宁县就占533.3公顷，每亩平均产量为21.25千克，全县共产34万千克（6 800市担），中卫县年产0.25万千克。

"七七事变"后，平津相继沦陷，国民经济衰败，枸杞种植再度衰落，交通阻塞，无法外运，枸杞价格大跌，村民多铲除枸杞改种其他普通作物，栽培面积一度减少4/5。

1946年以前，中宁枸杞栽培面积仅有1 600余亩，年产仅为1万千克左右。

1949年，宁夏枸杞规模2 800亩，总产量2.5万千克。

第三阶段  枸杞现代发展期（1950~1980年）。

1950~1980年，宁夏枸杞虽有发展，但基于全国上下主要以解决温饱为主要发展国策，枸杞产业发展进展不大，产量不稳。

1950~1960年，枸杞产量均低于20世纪30年代的平均产量34万千克的水平。

1961~1963年，为枸杞产量最低时段，特别是1961年，宁夏全区枸杞产量仅为 9.5 万千克。此阶段还是中宁县发展最快。引黄灌区的灵武农场、南梁农场、简泉农场、巴浪湖农场、渠口农场、西湖农场、前进农场等国营农场和芦花台园林场也先后大面积引种枸杞。

到 1971 年，宁夏全区枸杞面积由 1950 年的 213.3 公顷发展到 702.8 公顷，年产量由 1950 年的 13.39 万千克增至 35.59 万千克。其中：中宁县 503.1 公顷，产量 25.63 万千克；农垦系统为 60.7 公顷，2.26 万千克。到 20 世纪 70 年代中期，清水河中游的海原县李旺乡、固原县七营乡（现为海原县辖）及贺兰山东麓的连湖、平吉堡、黄羊滩、银新等农场和贺兰山农牧场也开始种植枸杞，但因缺乏专业化经营，一些农场毁园还农。

到 1980 年，各农场保存面积仅为 53.5 公顷，年产量仅 3.35 万千克。中宁县仍为主产区，但总面积和产量均有下降。1980 年，宁夏全区枸杞面积下降到 594.8 公顷，年产量 41.8 万千克。其中中宁县 394.3 公顷，年产 27.25 万千克，分别占全区的 66.3%、65.3%。

1964 年开始，甘肃、内蒙古、青海、新疆等地纷纷来宁引种枸杞，种子蘖根繁殖培育，成功与失败参半。但枸杞种植面积仍然持续扩大。截至 1981 年，全国枸杞栽培面积 125 000 亩，总产量 700 余万千克，成龄枸杞平均亩产 30~75 千克，而宁夏中宁县成龄枸杞（茨）园平均亩产 65~85 千克，最高亩产 91~142 千克。

第四阶段 枸杞产业当代发展成熟期（1981~2015 年）。

1981 年后，家庭联产承包责任制的实施和国营农林牧场职工承包经营的机制改革，使全区出现了枸杞发展热潮。随着宁夏农林科学院宁杞 1 号、宁杞 2 号、大麻叶优系、宁杞 5 号、宁杞 7 号以及宁农杞系列品种培育的成功和推广，以及无性扦插育苗技术和组培苗木技术的推广应用，枸杞传统每亩 100~166 株稀植、大冠、一把伞树形，转为每亩 220~330 株密植栽培的"三层楼"、圆柱形、圆锥形

（小冠二层形）树形；基肥、普通追肥改为配方施肥与叶面施肥及水肥一体化，枸杞标准化技术大面积推广，宁夏枸杞进入了历史上基地建设发展最快、技术研发集成水平最高、单位面积产量上升最快、企业发展迅速、商标注册井喷、品牌打造初具雏形的最佳时期——枸杞产区扩展到除泾源县、隆德县以外的19个县区。

到1988年，宁夏全区枸杞面积达到1 523公顷，年产91.2万千克，其中：国有农场560公顷，产量37.8万千克，中宁县528.6公顷，产量10.49万千克。之后，由于市场不当竞争、异地枸杞侵权冒名销售等复杂原因，中宁枸杞市场一度疲软，价格下跌，生产出现低潮。年产量仅占当时全国枸杞产量的11.5%，排在内蒙古、新疆、河北之后，位居全国第四。

从20世纪90年代后期开始，宁夏枸杞加大发展速度，宁夏先后实施了"优质名牌枸杞基地建设""无公害枸杞行动计划""宁夏枸杞地理标志产品保护""枸杞南移工程"等战略工程，以系列产业扶持政策措施推动了枸杞产业的发展。枸杞生产加工开始转型升级，枸杞产业现代化雏形显现。

到了1993年，宁夏枸杞种植面积上升到1 653公顷。截至"十二五"末，宁夏枸杞种植面积达到85万亩，占全国枸杞种植面积的45%以上；枸杞干果总产量达到8.8万吨，约占全国总产量的55%；年综合产值达100亿元。以枸杞干果、果汁、果酒、籽油、芽茶等产品为主的各类销售、加工企业达到200余家，枸杞主产区规模乡镇及专业村农民收入占到了60%以上，各类枸杞及其产品遍及全国一线、二线、三线城市，实现了国内市场全覆盖。宁夏枸杞的生产规模、果品质量和市场占有率等均居全国前列，已成为全国枸杞产业发展的风向标、价格的晴雨表。

第五阶段　枸杞产业现代化初期（2015年以后）。

2015年10月，宁夏回族自治区人民政府作出再造枸杞产业发展新优势战略布局，批准下发了《再造枸杞产业发展新优势规划（2016—2020年）》，2016年1月1日，宁夏回族自治区人大常委会正式颁布实施《宁夏回族自治区枸杞产业发展促进条例》，这标志着宁夏枸杞产业发展有法可依。专门成立了宁夏枸杞产业发展中心，履行宁夏对枸杞产业专管职责，随着《宁夏人民政府关于创新财政支农方式 加快枸杞产业发展的扶持政策暨实施办法》《宁夏枸杞质量标准体系建设方案》《宁夏枸杞品牌战略研究报告》《宁夏枸杞产业持续健康发展行动计划》等一系列组合拳的实施，"十三五"期间，宁夏枸杞产业现代化发展稳步推进。

首先，是大力推广了由宁夏科技人员培育的优良品种宁杞1号、宁杞5号、宁杞7号、宁杞10号和"宁农杞"系列优良品种，全区良种覆盖率达95%以上；其次，是从2000年开始，率先在宁夏全境实施枸杞无公害生产、绿色食品生产等，全面推行枸杞标准化生产，培育壮大宁夏（中宁）枸杞品牌，奠定了宁夏枸杞产业在全国枸杞行业的领军地位。

## 四、中宁枸杞

### （一）中宁枸杞产地的沿革

宁夏枸杞人工栽培地点最早起始于中宁县城西的红崖子，以后盛种于聂家滩（湾），渐及宁安堡、恩和堡、鸣沙洲等。宁夏枸杞的成名历史轨迹均与清水河洪水有关，明代作为贡品的时候，品质较佳的枸杞则种植在新堡聂湾、恩和秦庄，这里曾有清水河决口后入黄河的遗迹。中华民国二十二年（1934年），清水河暴雨山洪泛滥，几乎淤平了泉眼山下的舟塔，但洪水漫淤的土地长出的枸杞，却质量绝佳。舟塔枸杞开始成名，成为一时之冠。明清年间，中宁枸杞的种植面积总共 3 000 亩左右，产量 15 万千克，仅供入药。中华民国最糟糕的战乱时期（中华民国三十四年，1945 年），中宁枸杞只剩 1 600 亩，总产 5 万千克；中华民国三十八年（1949 年），种植面积 2 808 亩，总产却只有 3.75 万千克。

1951 年土地改革，枸杞产销两旺，农民兴建枸杞（茨）园。到 1955 年，种植面积 6 661 亩（结果田），总产达到 5.25 万千克，创历史最高水平。低标准时期（20 世纪 60 年代初），面积虽有扩大（1961 年为 7 024 亩）总产又下降到 9.4 万千克。1983 年，枸杞改为三类农副产品以后，市场价格大幅度上升。到 1985 年，中宁全县枸杞种植面积递增到 8 100 亩，产量 41.3 万千克。严格地说，这时，天津、内蒙古、新疆的枸杞都不成气候，宁夏中宁的枸杞，仍然是一枝独秀。

20 世纪 50 年代，中宁宁安地区（包括宁安周边的舟塔、康滩、新堡、东华乡）枸杞种植面积占全县的 68.97%。1980~1985 年，宁安地区枸杞种植面积从 7 459 亩下降到 6 413 亩，全县比重也下降为 53.14%。但长山头地区、长山头机械化农场试种成功。枸杞种植开始向二级阶地以上黄灌区发展。

**(二)舟塔万亩标准化枸杞示范园区**

清水河汇入黄河处，也即泉眼山东麓，便是地名"舟塔"的中宁土地。舟塔枕山带河，靠黄河水滋润，清水河山地经流水浸淫，以两河淤积和山地洪水下泄的洪积扇平原的肥沃土地，沐塞北之甘露，润天地之精华，以其独特的地理气候条件，将上古时代的枸杞种植发扬光大。所产枸杞色红、粒大、肉厚、子少，营养丰富，品质卓越，驰名中外。

为了发挥传统中宁枸杞的潜在优势，以品牌效应牢固占有国内外市场，中宁政府推动整个枸杞产业的发展，自舟塔潘营村、靳崖村，向北延伸到原康滩乡田滩（今划归舟塔），建设中宁万亩枸杞观光园。2012年5月，整个园区完工，建成高标准枸杞种植基地10 000亩。这儿西距县城约8千米，集生产、旅游、观光于一体，是一座集新型无公害枸杞种植示范园区、枸杞病虫害统防统治、农机农艺配套的高标准枸杞园建设示范项目。

### (三)中宁县红梧山大地生态枸杞种植基地

2008年，为了进一步提升枸杞基地建设档次，打造中宁枸杞品牌，中宁启动建设红梧山特色农业加工示范园区。这片处女地位于恩和地区七星区南岸，是一片平旷起伏的山地，水土条件适宜发展枸杞栽培事业。但千百年来，却冷寂在荒野里，将处子的身躯变成了莽苍的荒原。到20世纪末，由于地域特色产业的大发展，才被提上议事日程，成了中宁人民向荒山要产出、要效益的首选土地。中宁县政府限于自己的财力，为了长足的发展，开发这块土地，只能向全国招标。到2013年，福建特步集团与中宁达成了合作意向，在中宁县全资注册成立大地生态科技实业有限公司，本金1亿元，以建设"宁夏中宁枸杞创新工程研究中心"，并对关联枸杞产业项目进行投资、营运。红梧山基地是首个在宁夏中部干旱带建设的滴灌节水枸杞示范区，提升了中宁有机枸杞基地建设规模和档次，实现枸杞优质、高效、节本、生态、安全等现代农业目标。

## 五、宁夏枸杞种植基地大观

### (一)宁夏枸杞种植基地分布

宁夏枸杞国家地理标志产品保护区由清水河流域、卫宁灌区、银川以北三大产区组成。光热资源丰富，日照时间长（2 500~3 000小时），太阳辐射强（年太阳总辐射量609.18千焦/厘米$^2$），有效积温高（≥10℃积温2 500℃~3 000℃），昼夜温差大（日较差12.9℃~16.5℃），独特的光热条件对枸杞的光合作用、糖分积累、果实着色和风味等十分有利。土壤条件好，土地资源丰富，土壤比较肥沃，黄河水资源丰富，灌溉渠系配套完善，排灌便利，适合枸杞生长。枸杞新品种选育了宁杞1号、宁杞2号、宁杞3号、宁杞4号、宁杞5号、宁杞6号、宁杞7号、宁杞9号、宁杞10号等。

种植基地主要分布区域：中宁、海原、同心、红寺堡、利通区、沙坡头、石嘴山（惠农）、平罗、原州区，农垦集团的部分区域。具体分布如下。

中宁县：在全境均有分布。

中卫市沙坡头区：兴仁镇。

石嘴山市：以平罗县、大武口区、惠农区为主，惠农区主要集中在燕子墩、路家营、雁窝池、庙台乡。

海原县：高崖乡红古，三河镇黑城，七营镇高崖。

原州区：头营镇马店、南塬，黄铎堡镇曹堡，三营镇甘沟。

同心县：下马关、河西的小洪沟地区。

### (二)宁夏境内枸杞种植规模基地

#### 1. 宁夏农垦集团

宁夏农垦种植枸杞已超过半个世纪，其隶属子公司——宁夏农垦枸杞企业集团公司，该公司成立于1992年8月，是以南梁农场为核心企业，以银川平原中部的9个枸杞种植企业为董事成员的集科研、开发、种植、生产、加工、销售为一体的枸杞经营实体，集中在贺兰山东麓、平罗、石嘴山湿地，以及吴忠灵武濒临鄂尔多斯台地的边缘地带，现已种植枸杞3万亩，其中核心企业南梁农场已种植枸杞1.5万多亩，是宁夏乃至全国最大的富硒枸杞种植基地。1997年，南梁农场被宁夏回族自治区财政厅、宁夏回族自治区农业厅、宁夏回族自治区农垦局等单位确立为"万亩优质富硒枸杞生产基地"。2001年，南梁农场又被宁夏回族自治区人民政府确立为"枸杞种植加工科技示范园区"。2005年7月，银川市无公害枸杞标准化环保示范区——南梁农场万亩富硒枸杞种植基地被国家标准委员会列为第五批"国家级农业标准化环保示范区"项目。2009年，公司富硒枸杞基地被国家标准化委员会授予"国家农业标准化示范区"。

### 2. 中宁枸杞产业集团

宁夏中宁枸杞产业集团是中宁县人民政府投资成立的一家国有企业，根据中宁县委、县人民政府、政府中宁党发〔2010〕67号文件精神，按照《中宁枸杞产业集团组建方案》要求，以宁夏黄河中宁枸杞有限公司为母公司成立的非法人联合体，依据《公司法》和《企业集团登记管理暂行规定》，于2011年11月完成工商注册。2014年5月，根据中宁县人民政府第31次常委会议精神，中宁枸杞产业集团增资成立了"宁夏中宁枸杞产业集团有限公司"，注册资本10 000万元。为推进中宁枸杞产业发展，发挥了一定作用。2019年，为了全面整合枸杞产业资源，从根本上贴近全县枸杞企业，增强服务功能，扩大服务范围，按照县委、县人民政府中宁党办发〔2019〕24号《关于中宁枸杞产业整合推进方案》文件精神，重组宁夏中宁枸杞产业集团。集团以整合中宁枸杞产业资源为目标，明确市场定位，强化科技应用，打造高端产品，拓展管销渠道，创新运营机制，使集团自身实力不断壮大，服务功能不断增强，发挥了龙头带动作用，不断提升"中宁枸杞"品牌效应。集团在中宁大战场镇宽口井建有标准化枸杞出口基地7 250亩，在恩和镇红梧山建有标准化枸杞基地6 335亩，从种植、施肥、病虫害防治、新技术推广等方面严格按照标准化基地建设要求和出口枸杞生产标准严格管理。2013年、2014年集团"杞翔"牌枸杞连续2年被评为全国名优果品交易畅销产品奖，"杞翔"牌枸杞芽茶被评为第六届中国国际实力产品博览会金奖。2014年，集团宽口井枸杞基地被中国优农协会评为"优质果园"。2015年，在中国森林食品交易博览会上"杞翔"牌枸杞被评为最受喜爱产品奖和金奖,集团被中宁县委、县人民政府评为中阿博览会中国枸杞论坛暨中宁枸杞文化节"先进集体"荣誉称号,被中宁县委、县人民政府评为推进中宁枸杞产业发展先进单位。2019年,集团枸杞基地通过了中国海关"出境水果果园"备案认证。

### 3. 百瑞源枸杞基地

百瑞源枸杞种植规模1.2万亩,基地分为三块:银川贺兰山东麓、吴忠红寺堡和中宁宽井子。

贺兰山东麓有机枸杞示范基地是百瑞源与宁夏农林科学院重点合作基地之一——2013年6月19日,宁夏化肥农药产品质量监督检验站对这个基地产品进行农药残留技术检验,通过对"零农残制剂"的5项检测分析,未检出农药残留,完全符合绿色、有机无公害健康食品标准;宁夏吴忠红寺堡基地是公司与国开基金发展公司共同持股;宁夏中宁大战场乡宽井子基地是荒原开发区。

### 4. 玺赞庄园枸杞

玺赞生态枸杞庄园,位于中宁县枸杞红柳沟小产区,规划面积1.2万亩,枸杞面积达到1万多亩。从2013年建设初期,就一改过去平田整地、高密度种植、大水漫灌、加工粗放等传统枸杞生产方式,保持了原始的地形地貌和千万年形成的宝贵耕作层土壤,采用现代GPS等规划技术,保证枸杞树株行距的标准统一,1米株距、3米行距,既有利于机械耕作,又保证了每棵枸杞树有充足的土壤面积和良好的通风光照条件,采用以色列先进滴灌和水肥一体化技术,节约了用水,提高了肥效。从育苗、种植、修剪、水肥管理、病虫害防治,到采摘、清洗、烘干、仓储、加工、产品发货,所有环节都在庄园完成,实践了绿色低碳循环发展理念,实现了集约化生产。与中国医学科学院药用植物研究所战略合作,采用枸杞病虫害绿色防治防控体系技术，使玺赞庄园枸杞检测质量远超欧盟标准。庄园按照标准化种植、洁净化清洗、清洁能源烘干和 10 万药品级 GMP 车间智能化生产等工艺流程，建立了全程质量管控体系，从育苗种植到产品加工各个环节严格管理、确保质量、提高效益。玺赞庄园枸杞已成为全国首个"中国森林生态药材枸杞种植基地"、首批"宁夏枸杞优质基地"、首批"供台枸杞种植基地"、首个全国红枸杞行业"国家生态原产地保护产品"、首个国家"道地药材认证产品"、首次入选天津达沃斯论坛枸杞产品、首批"宁夏特色优质农产品品牌"，并连续获得中国农产品加工金质产品奖、中国绿色食品博览会金奖、中国国际农产品交易会农产品金奖。

**5. 润德庄园枸杞基地**

宁夏润德集团自 2013 年开始，斥资 1.8 亿元，利用 4 年时间，打造了"润德庄园""菊花台庄园"两个万亩有机枸杞种植基地，建成综合加工车间 18 000 平方米。公司遵循"尊重、合作、分享、共赢"的创业方针，采用肥水一体化、农艺与农机配套，严格按照《良好农业操作规范》标准执行，产品获得欧盟、美国、日本有机认证。2016 年被国家认监委和国家质检总局列为全国首批有机枸杞认证示范基地，被宁夏回族自治区人民政府评为"宁夏枸杞优质基地""自治区扶贫产业龙头企业""自治区农业产业化龙头企业""宁夏回族自治区专精特新示范企业""宁夏中部干旱带枸杞高效节水与规范化种植综合试点单位""宁夏枸杞技术创新中心"，并获得"自治区农业产业化优秀企业""吴忠市农业产业龙头企业"等荣誉称号。

公司实施产业助推精准扶贫计划，通过"67889"模式（即第 1 个五年土地流转费 600 元，第 2 个五年土地流转费 700 元，第 3 个和第 4 个五年土地流转费 800 元，第 5 个五年土地流转费 900 元），将同德移民村土地整体流转发展枸杞种植，种植枸杞 7 500 亩。

表 6-1　枸杞种植面积和产量统计表

| 年度 | 面积/亩 | 产量/吨 | 年度 | 面积/亩 | 产量/吨 | 年度 | 面积/亩 | 产量/吨 |
|---|---|---|---|---|---|---|---|---|
| 1949 | 2 808 | 35.15 | 1968 | 6 343 | 275.25 | 1987 | 7 929 | 400.00 |
| 1950 | 3 200 | 133.55 | 1969 | 6 321 | 222.85 | 1988 | 7 939 | 140.00 |
| 1951 | 3 627 | 181.11 | 1970 | 6 605 | 187.95 | 1989 | 5 135 | 140.00 |
| 1952 | 4 596 | 140.00 | 1971 | 5 971 | 256.35 | 1990 | 3 044 | 140.00 |
| 1953 | 4 716 | 275.00 | 1972 | 6 260 | 223.25 | 1991 | 2 962 | 135.00 |
| 1954 | 5 895 | 386.05 | 1973 | 6 362 | 328.50 | 1992 | 3 900 | 230.00 |
| 1955 | 6 661 | 525.00 | 1974 | 6 503 | 432.95 | 1993 | 4 374 | 255.00 |
| 1956 | 7 822 | 450.00 | 1975 | 6 477 | 469.85 | 1994 | 3 676 | 155.00 |
| 1957 | 7 500 | 389.55 | 1976 | 6 274 | 376.40 | 1995 | 3 660 | 225.00 |
| 1958 | 7 678 | 494.85 | 1977 | 6 274 | 292.60 | 1996 | 3 540 | 250.00 |
| 1959 | 7 681 | 303.80 | 1978 | 6 024 | 263.90 | 1997 | 5 475 | 575.00 |
| 1960 | 7 338 | 161.70 | 1979 | 5 332 | 223.50 | 1998 | 8 700 | 980.00 |
| 1961 | 7 026 | 93.95 | 1980 | 4 730 | 272.50 | 1999 | 17 730 | 1 560.00 |
| 1962 | 6 761 | 145.00 | 1981 | 4 631 | 134.50 | 2000 | 32 700 | 4 260.00 |
| 1963 | 6 574 | 238.00 | 1982 | 4 498 | 87.50 | 2001 | 54 150 | 7 615.00 |
| 1964 | 6 466 | 302.90 | 1983 | 5 579 | 200.00 | 2002 | 57 210 | 9 125.00 |
| 1965 | 6 362 | 214.50 | 1984 | 7 261 | 367.00 | 2003 | 67 470 | 12 945.00 |
| 1966 | 6 250 | 276.05 | 1985 | 8 100 | 414.00 | 2004 | 88 230 | 18 210.00 |
| 1967 | 6 271 | 166.30 | 1986 | 7 874 | 335.00 | 2005 | 91 575 | 19 900.00 |

表 6-2　宁夏海关 20 年来出口枸杞数量统计表

单位：吨

| 年度 | 1986 | 1987 | 1988 | 1989 | 1990 | 1991 | 1992 | 1993 | 1994 | 1995 | 累计 |
|---|---|---|---|---|---|---|---|---|---|---|---|
| 数量 | 137 | 22 | 41 | 119 | 525 | 444 | 473 | 889 | 587 | 480 | |
| 年度 | 1996 | 1997 | 1998 | 1999 | 2000 | 2001 | 2002 | 2003 | 2004 | 2005 | |
| 数量 | 434 | 451 | 376 | 239 | 329 | 342 | 397 | 516 | 317 | 460 | 7 578 |

表 6-3 宁夏历年枸杞栽培面积和产量表

| 年份 | 产量/吨 | 面积/亩 | 备注 |
|---|---|---|---|
| 1952 | 141 | — | |
| 1957 | 403 | — | |
| 1958 | 502 | — | |
| 1960 | 166 | — | |
| 1962 | 147 | — | |
| 1965 | 234 | — | |
| 1970 | 278 | — | |
| 1975 | 643 | — | |
| 1978 | 412 | — | |
| 1980 | 418 | — | |
| 1981 | 275 | — | 枸杞年产量数字来源于《宁夏统计年鉴》1990~1998年统计颁布数。面积来源于《宁夏农业统计年鉴》1984~1998年统计颁布数字。 |
| 1982 | 253 | — | |
| 1983 | 294 | 15 440 | |
| 1984 | 647 | 25 339 | |
| 1985 | 792 | 25 048 | |
| 1986 | 853 | 21 615 | |
| 1987 | 1 098 | 20 991 | |
| 1988 | 912 | 22 895 | |
| 1989 | 819 | 19 811 | |
| 1990 | 758 | 15 525 | |
| 1991 | 635 | 13 633 | |
| 1992 | 851 | 18 013 | |
| 1993 | 1 261 | 22 563 | |
| 1994 | 1 201 | 28 620 | |
| 1995 | 1 070 | 28 050 | |
| 1996 | 1 155 | 24 750 | |
| 1997 | 1 437 | 26 955 | |
| 1998 | — | 34 890 | |
| 2006 | 58 000 | 445 000 | |
| 2007 | 70 000 | 500 000 | |
| 2008 | 150 000 | 680 000 | |
| 2009 | 150 000 | 740 000 | |
| 2010 | 170 000 | 870 000 | |

## 第六节　韩国枸杞种植概况

### 一、韩国枸杞种植历史

朝鲜半岛分布有许多野生枸杞资源，主要属于中华枸杞（*Lycium chinense* Mill）。受传统汉医学影响，枸杞在韩国国民中享有很高的地位。韩国真正开始人工种植枸杞已经有 100 多年的历史。20 世纪 90 年代开始，韩国枸杞出口日本、蒙古。

### 二、韩国枸杞种植规模

截至 2018 年，在全世界范围内，韩国枸杞的种植规模仅次于中国，是世界第二大枸杞规模种植国家。

以前，韩国的枸杞研究对象只限于中华枸杞（*L. chinense* Mill.）及其变种，跟中国河北省一些地区栽培的枸杞相同。韩国人枸杞消费量的 50% 采自中国，主要是从中国进口，用于食品加工方面。最高时每年要从中国河北进口枸杞约 300 吨。2017 年以来，随着韩国获得了宁夏枸杞和黑果枸杞的资源，开始将宁夏枸杞和黑果枸杞与中华枸杞进行杂交，从而改变果实口感，提高了枸杞产量。

2018 年，韩国枸杞种植农户有 958 户，面积约有 114 公顷，枸杞年总产量约 667 吨。主要产区集中在韩国东南地区忠清南道、全罗南道。2018 年以来又扩展到江原道、庆尚道等地。随着消费者需要量的增加，韩国枸杞种植面积正在扩大，枸杞产区也在扩展。

图 6-4　韩国枸杞子研究所附近公路边中文地标
（图片提供　杨森林）

图 6-5  韩国枸杞子研究所前的 80 多年树龄枸杞活标本
(图片提供  杨森林)

## 三、韩国枸杞研究机构

1992 年,韩国政府在韩国忠清南道成立了国立枸杞专业研究机构——枸杞子试验站。2018 年年底,改编为韩国忠清南道农业技术院枸杞子研究所,相继开展了枸杞的引种保存、品种选育、配套栽培、病虫害防治、机械采摘、枸杞成分分析及应用试验等一系列研究。

图 6-6　韩国忠清南道农业技术院枸杞子研究所路牌
（图片提供　杨森林）

图 6-7　杨森林（左）主编与本节主笔尹德相（右）在韩国枸杞子研究所前
（图片提供　袁汉民）

## 四、韩国枸杞栽培技术

韩国枸杞的栽培树形经过了不同的筛选和完善,形成了完备的GAP栽培,开发出了枸杞一般栽培、丁字墙栽培、子申形栽培、树木形栽培等技术。

不同栽培技术模式各有利弊。枸杞种植户大都喜欢"丁字墙"栽培法:将枸杞树苗按规定的行距种植,在枸杞树旁边整齐划一地用金属钢管支撑骨架,顶部用塑料绳索相连,形成牢固架构,中间用塑料绳分三层相连,将枸杞树枝主杆朝顶部支架的两边分开固定捆绑,中间三层支撑结果枝条。枸杞果每成熟收获一茬枸杞后,就将枝条直接剪掉一茬,剪掉的部位再发出新茬。每年可以采摘7~8次,采摘枸杞的劳动强度较轻,并且为机械化采摘奠定了基础。

图 6-8 韩国枸杞种植现场图

(图片提供 杨森林)

图 6-9　袁汉民研究员（左）与韩国专家尹德相（右）在枸杞培育现场交流
（图片提供　杨森林）

图 6-10　韩国枸杞种植现场图
（图片提供　杨森林）

图 6-11　韩国枸杞种植现场图
（图片提供　韩国尹德相）

## 五、韩国枸杞种植设施

韩国枸杞种植大都喜欢建日光塑料温棚农业设施：温棚底部配有滴灌设施。温棚外面配备有水肥一体的大塑料罐。通过滴灌浇水，将含有肥料的水分直接送到枸杞树根部，供枸杞树直接吸收，既提高了水、肥的利用效率，又减少了枸杞果的污染。枸杞棚内的地面上铺满了稻草，既能保墒保温保肥，还能压制杂草防治病虫害。

韩国日光塑料温棚内的枸杞一般种成 4 行，韩国枸杞种植模式采用 120 厘米×50 厘米的定植模式，在树形修剪方面，保留单主干，株高 90 厘米，枸杞结果枝条着生于顶部。采用扦插育苗法，育苗田做垄，采用塑料薄膜、防水黑布覆盖，待幼苗成株后移入塑料大棚或大田。大田种植的枸杞一年一般可收获两次鲜果，而日光塑料温棚种植的枸杞一年可收获7~8次鲜果。因韩国多雨，为防止枸杞裂果和黑果病，以及高产、优质的目的，枸杞多栽种于日光塑料温棚之内。

图6-12 韩国枸杞农业设施温棚

（图片提供 杨森林）

图6-13 韩国枸杞种植大棚外加水加肥塑料大罐设施

（图片提供 杨森林）

图 6-14 韩国枸杞种植户种植枸杞现场

(图片提供 杨森林)

## 六、韩国枸杞病虫害防治

韩国枸杞防控病虫害与中国产区相似,主要病害有:炭疽病、瘟疫、白粉病等,虫害主要有蚜虫、斑点金、背面毛病等。采取的防治方法也与中国近似。

图 6-15 韩国枸杞栽培采摘现场

(图片提供 韩国尹德相)

## 七、韩国枸杞市场

韩国枸杞市场与中国有相似的地方：在城市商贸地段专门开设枸杞市场。产枸杞的地方有枸杞地标与路标，连路灯也要设计成枸杞形状。与中国枸杞之乡宁夏中宁县一样——城市绿化也多以种植红枸杞为标志。

图 6-16　韩国青阳郡（县）枸杞市场标志

（图片提供　杨森林）

图 6-18　韩国枸杞市场

（图片提供　杨森林）

图 6-17 韩国青阳郡标有韩文的"枸杞子市场"碑
（图片提供 杨森林）

图 6-19 韩国枸杞市场产品
（图片提供 杨森林）

图 6-20　韩国青阳郡街面枸杞绿化树苗

(图片提供　杨森林)

## 八、韩国枸杞品相

韩国枸杞主要以红枸杞为主。味道略带麻味，介于宁夏栽培红枸杞与宁夏野生苦枸杞之间的味道。果实皮薄，肉比宁夏枸杞少，子比宁夏枸杞大。干果不如宁夏枸杞香甜。

## 九、韩国枸杞品种选育

韩国枸杞主要用于医药方面，也用枸杞加工为茶类饮料，或直接食用的干果。每年有 20 吨左右的韩国枸杞出口到日本、蒙古、中国台湾等地区。由于韩国枸杞国内价格稳定，预计韩国枸杞出口

图 6-21 韩国鲜枸杞
(图片提供 韩国尹德相)

量将会逐年增加。2000 年以来，韩国枸杞研究人员与中国宁夏枸杞研究人员互访、学术交流、合作研究活动日渐增多。现任韩国枸杞子研究所首席专家尹德相研究员还到过宁夏银川、中宁等地考察宁夏枸杞。韩国枸杞研究所培育出许多优质、高产、抗病虫害的枸杞品种。

韩国枸杞品种选育一般需要经过 7~8 年。韩国枸杞育种程序为：人工杂交、自然变异枝条发现（1 年）、选择单株、建立优良品系（1 年）、产量鉴定试验（1 年）、产量比较试验（1 年）、不同降水量的区域试验（3 年、3 个试验点）、品种审定委员会审定国立种子院品种注册及审议（1~2 年）、农家普及。

韩国以中华枸杞及宁夏枸杞为母本，经过不断发展，培育出明眼、不老、青大、长命、青云、青名、浩光、青糖、枸杞笋 1 号、青广、青瀚、成红等有较大种植面积的枸杞品种 15 个。

韩国已经登记注册 17 个枸杞优良品种，其中包括：明眼、不老、青大、长命、青云、青名、浩光、青糖、枸杞笋 1 号、青广、青瀚、成红、沃苏(青阳18号)等多个优良品种。

(一)明眼

明眼,种植时,由于它自交不亲和性很强,一定要和"清代"混合种植。对炭疽病有一定抗性,防治以预防为主,而在霍克螨虫的

图 6-22　韩国枸杞种质资源圃:文字标明为"中国1号"
(图片提供　杨森林)

图 6-23　韩国枸杞种质资源圃
(图片提供　杨森林)

发生初期就要防治。

### (二)不老

1995年，以早熟品种 CL10-21 为母本，与 5(S)60 钴 6KR 杂交。通过生产性测验，系统选育出"青阳 2 号"。1998~2000 年通过区域性抗病虫害测试，并命名为"不老"。与青阳传统相比增产了 70%。

### (三)青大

1995年，以主流青阳传统 5(S)60 钴 6KR 为母本，与青阳 1 号杂交。通过生产性测验，系统选育出"青阳 3 号"。1998~2000 年通过区域性抗病虫害测试，并命名为"青大"。

### (四)长命

1997年，以 CL1-8 为母本，与 CL42-56 杂交，后代命名为 CL64。1998年，把 F1 代播种，CL64 作为选拔对象，1999~2000 年进行生产特性测验，2001~2004 年连续 4 年在青阳、礼山、珍岛 3 个地区进行适应性测试和品种审定，被命名为"长命"。

种植时，要考虑到自交亲和性问题。在开花期，同样是自交亲和性，果实大。

### (五)青云

1997年，以 CL31-63 为母本，与早熟 CL42-73 杂交。以 CL63-202 为选拔对象，进行测验，命名"青阳 5 号"。2001~2004 年在青阳、礼山、珍岛进行区域适应性测试和品种审定，被认定为"青云"。

### (六)青名

2003年，以 CB00157-235 为母本，与 CB1185-20 杂交，确定 CB03293-40 为选拔对象。2005~2006 年，进行生产特性测验。2006~2008 年在青阳、礼山、珍岛进行区域适应性测试。在 2008 年，被认定为"青名"。

栽培时，考虑到是自交不亲和品种，可以和"浩光"混合种植。

由于是抗旱品种,要在春、秋季适当灌溉,果实大,下雨时,为防裂果,要及时收获。

**(七)浩光**

2003年,以CB001208-356为母本,与CB00157-235杂交,确定CB03285-163为选拔对象。2005~2006年,进行生产性测验,命名为"青阳9号"。2006~2008年在青阳、礼山、珍岛进行区域适应性测试和品种审定。2008年,被认定为"浩光"。

**(八)青糖**

2002年,以CB01208-356为母本,与CB00157-235杂交,确定CB03285-137为选拔对象。2004~2006年,进行生产性测验,命名为"青阳12号"。2007~2009年在青阳、礼山、珍岛进行区域适应性测试和品种审定。被认定为"青糖"。

栽培时,考虑到是自交不亲和品种,可以和"浩光"混合种植。由于是抗旱品种,要在春、秋季适当灌溉。果实大,下雨时,为防裂果,要及时收获。

**(九)枸杞笋1号**

1995年,以CL1-117为母本,与"明眼"杂交,确定CL32-13为选拔对象。2003~2005年,进行生产性测验,命名为"青阳11号"。2006~2008年在青阳、礼山、珍岛进行区域适应性测试和品种审定。2008年,被认定为"枸杞笋1号"。

**(十)青广**

2004年,以CB02214-131(IT232701)为母本,与IT232601杂交。2005年,确定CB04340-64为选拔对象。2006~2008年,进行生产性测验,命名为"青阳14号"。2009~2011年在青阳、礼山、珍岛进行区域适应性测试和品种审定。2011年,被认定为"青广"。

2009~2011连续3年的平均产量为124千克/10年,与青云相比,增产 6%。

枸杞是一个自交不亲和性品种，要混合种植。在开花期，"青广"和"青名"合适。

**(十一) 青瀚**

2005 年，以 CB02214-131 (IT232701) 为母本，与 IT232723 杂交。2006 年，确定 CB05372-235 为选拔对象。2007~2008 年，进行生产性测验，命名为"青阳 15 号"。2009~2011 年在青阳、礼山、珍岛进行区域适应性测试和品种审定。最终，被认定为"青瀚"。

**(十二) 成红**

主要特点：

1. 茎短，花期在 6 月 17 日，比早熟品种晚 11 天；

2. 炭疽感染感染率为 16.1%，驼峰红蜘蛛发生时，19.4%为抗病性；

3. 昆虫抗性为中等强度；

4. 甜菜碱和含糖量高；

5. 果实为长椭圆形，中等大小；

6. 半直立，叶子是绿色，披针形，稍小；

7. 茎而短，纤细；

8. 果实数量众多，有单个重达 1.4 克；

9. 生产试验结果表明，与"青云"相比，增产 122%。

**(十三) 沃苏 (青阳 18 号)**

2017 年 12 月 27 日通过了国立种子院品种注册及审议，并且推广。

主要特点：

自交亲和，四倍体，花大，果细，长椭圆形。

2018 年以来，青阳 25 号、青阳 26 号、青阳 30 号、青阳 35 号先后通过了品种审定委员会审定，正在申请品种注册及审议。

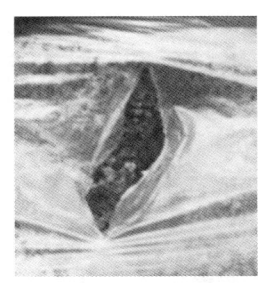   

图 6-24　韩国枸杞栽培图

（图片提供　韩国尹德相）

## 十、韩国枸杞文化

韩国将中文视为有历史有典故的文字。枸杞文化是以中国民间故事为主体，以秦始皇派人到民间采集长生不老之药为基调。枸杞博物馆枸杞历史以李时珍《本草纲目》为蓝本。

图 6-25　韩国青阳县城枸杞博物馆外景

（图片提供　杨森林）

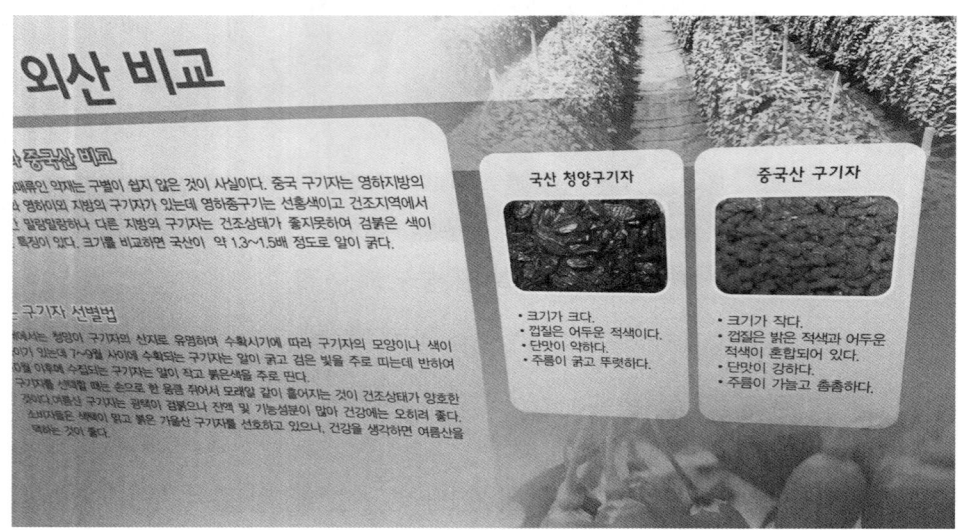

图 6-26　韩国枸杞文化故事以中国民间故事《少妇打老人》为蓝本
（图片提供　杨森林）

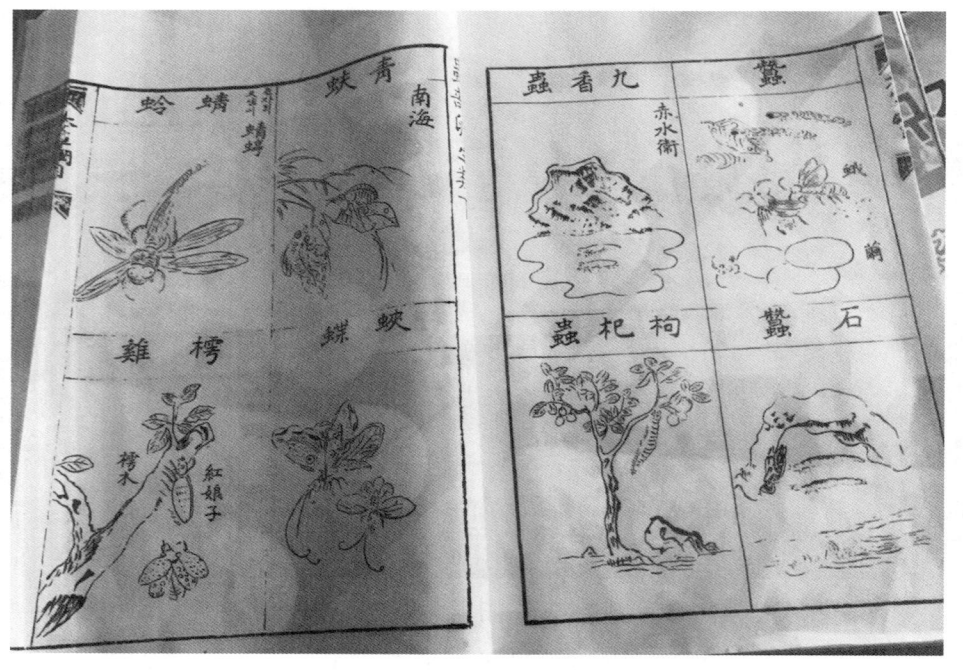

图 6-27　韩国青阳郡枸杞城博物馆枸杞介绍以李时珍《本草纲目》为蓝本
（图片提供　杨森林）

中国宁夏中宁黄河与清水河交汇处遗存下来的野生枸杞图

中国宁夏中宁黄河与清水河交汇处遗存下来的野生枸杞图

枸杞之乡宁夏中宁鸣沙古塔前遗存下来的野生黑枸杞图

赣子山下枸杞
孤荒房庙
前交易忙
乙酉年文政恒

宁夏中宁枸杞原产地之一——茶房庙枸杞交易市场图　　（画作提供：王毅）

宁夏中宁枸杞原产地之一发现的民国年间枸杞盛装纸罐图

（照片提供：王毅）

枸杞通史 GOUQI TONGSHI

韩国干枸杞

中国干枸杞

# 《枸杞通史》组委会、顾委会、编委会

### 组织工作委员会
主　　任　　徐庆林
副 主 任　　王东平　王自新　郭宏玲　徐　忠
成　　员　　（以姓氏笔画为序）
　　　　　　马利奋　王东平　王自新　王志啸　王　迪　王静戟
　　　　　　仇志虎　石建宁　叶进军　史振亚　吕学民　乔彩云
　　　　　　朱　斌　刘旭东　祁　伟　李志刚　李怀珠　李国民
　　　　　　李　贤　李惠军　何鹏力　汪泽鹏　张全科　张　雨
　　　　　　陈　泳　赵庆丰　胡学玲　徐　忠　郭宏玲　郭　栋

### 顾问工作委员会
主　　任　　袁汉民
副 主 任　　李后魂　吴忠礼　王英华
成　　员　　（以姓氏笔画为序）
　　　　　　马　晖　王　毅　刘　炜　严光星　李生滨　鲁人勇
　　　　　　漠　月

### 编纂工作委员会
主　　编　　杨森林
副 主 编　　曹有龙　周兴华
撰　　稿　　（以姓氏笔画为序）
　　　　　　王自贵　王　鑫　尹德相（韩国）　安　巍　祁　伟
　　　　　　李　锋　李晓莺　李惠军　周兴华　周晓娟　赵建华
　　　　　　胡忠庆　姚入宇　秦　垦　袁海静　曹有龙　曹　雄
韩文翻译　　袁汉民
文字统筹　　杨　昊　祁　伟
封面题字　　郭进挺
图片提供　　杨月凤　王　毅　邢学武　赵永琪　马　德
图片编辑　　赵永琪　乔文君

GOUQI TONGSHI

# 枸杞通史

（下卷）

《枸杞通史》编纂委员会 编著

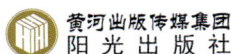

图书在版编目（CIP）数据

枸杞通史：上、下卷/《枸杞通史》编纂委员会编著. —银川：阳光出版社，2019.6
 ISBN 978-7-5525-4941-6

Ⅰ.①枸… Ⅱ.①枸… Ⅲ.①枸杞—史料—宁夏 Ⅳ.① S567.1

中国版本图书馆 CIP 数据核字（2019）第 126382 号

---

**枸杞通史（上、下卷）**　　　　　　《枸杞通史》编纂委员会　编著

责任编辑　马　晖
封面设计　沈家菡
责任印制　岳建宁

黄河出版传媒集团
阳 光 出 版 社　出版发行

| | |
|---|---|
| 出 版 人 | 薛文斌 |
| 地　　址 | 宁夏银川市北京东路 139 号出版大厦（750001） |
| 网　　址 | http://www.ygchbs.com |
| 网上书店 | http://shop129132959.taobao.com |
| 电子信箱 | yangguangchubanshe@163.com |
| 邮购电话 | 0951-5014139 |
| 经　　销 | 全国新华书店 |
| 印刷装订 | 宁夏凤鸣彩印广告有限公司 |
| 印刷委托书号 | （宁）0013896 |

| | |
|---|---|
| 开　　本 | 787mm×1092mm　1/16 |
| 印　　张 | 50 |
| 字　　数 | 500 千字 |
| 版　　次 | 2019 年 6 月第 1 版 |
| 印　　次 | 2019 年 6 月第 1 次印刷 |
| 书　　号 | ISBN 978-7-5525-4941-6 |
| 定　　价 | 388.00 元（上、下卷） |

版权所有　翻印必究

 枸杞通史 GOUQI TONGSHI

枸杞古树结鲜果

百年枸杞树

百年枸杞树

枸杞通史 GOUQI TONGSHI

# 序

　　记得孩童时代，在家乡宁夏中宁县的沃野、荒漠、山崖甚至盐碱滩上，随处可见一种绿色灌木，结出的果实如同玉坠般大小、红玛瑙般鲜活。形状有圆形和椭圆形的，外面一层薄薄的果皮包裹着里面厚厚的果肉，中心是如同芝麻般大小的种子。果实是红色的，被人们称为"枸杞子"。每当麦子快收获的时候，生产队里枸杞（茨）园的枸杞就像樱桃一样，又大又甜，我时不时地翻过土夯的矮园墙，挑大个的枸杞红果品尝，有时"品尝"得太多了还流些鼻血，验证了老人告诫的：红枸杞"火"大，吃得多了是要流鼻血的。如今，我已进入古稀之年，尚耳聪目明，可能与从小就食用枸杞有关。

　　我曾经走遍中宁县每个乡和镇以及绝大多数的乡村，随处可以见到枸杞茨园。随着年龄的增长，学校和工作单位的变化，我逐步地离开了中国枸杞之乡中宁。中年的我跑遍了宁夏每个市县区、国营农场，偶尔能见到规模较大的枸杞种植园，但是野生枸杞的身影随处可见。我到过祖国各地，也到过亚洲、欧洲、拉丁美洲、澳洲的 20 多个国家和地区。无论我走到哪里，都抹不去我的枸杞情怀。我长期从事农作物遗传育种研究工作，而没有专门从事枸杞研究。但是我却是一名枸杞爱好者。每到一处，总是留心观察所到之处是否有野生枸杞生长。记得 2008 年，我到江苏省扬州市参观何园。何园的导游小姐一一介绍了该园内许多名贵树木是来自祖国各地的。随后我告诉她，园内还有一种名贵树种被遗漏，那就是在我脚下石缝中长出的那棵很小的枸杞树。后来，在墨西哥国际玉米小麦改良中心执行小麦穿梭育种合作研究任务时，我发现在墨美边界墨方一侧有大量野生枸杞。从而证实，枸杞是一个全球性分布的茄科物种。2019年4月，我有幸陪同《枸杞通史》的主编杨森林先生赴韩国忠清南道青阳县考察韩国枸杞种质资源、育种、栽培等。当时请教韩国"枸杞子研究所"育种团队的首席专家尹德相研究员："你是否认为韩国枸杞是从中国传播过来的？"对方回答："我不这样认为，因为我们山上有大量的野生枸杞种质资源，我们野生种枸杞的学名属于中华枸杞（*Lycium chinense Mill.*）。"他的回答说明：按照植物学分类，世界各地的枸杞，有可能是中华枸杞或是宁夏枸杞，但是不一定来自中国。然而，中国的汉医学却传播到了韩国等国，韩语中的枸杞子发音：Gou-Ji-Za，基本上与中文相同。

中国是世界枸杞生产的第一大国，种植面积和产量均稳居世界第一，产区主要集中在西北地区。从植物学分类上，中国宁夏枸杞为茄科枸杞属7种之一。宁夏、青海、甘肃、新疆和内蒙古等地人工栽培的主要品种均来自宁夏枸杞。宁夏枸杞，历史文化悠久，底蕴深厚，被誉为"国药瑰宝"，居宁夏"五宝"之首，古今中外视为延年益寿的佳品。宁夏是枸杞的核心产区，无论是对野生种还是栽培种而言，宁夏是宁夏枸杞的主要产地和道地产区。记得2007年，我在全国人大第十届常务委员会任委员时，时任全国人大常务委员会委员长的吴邦国同志对我说："你们中宁枸杞在世界上很有名，我到过中宁县。"

《枸杞通史》是一部非常有价值的史学著作。我拜读了《枸杞通史》，很多问题在该书中都能找到答案。这部历经4年编纂的《枸杞通史》不仅涵盖了枸杞史源，枸杞在世界各地的分布、分类、传播，枸杞种植历史的回顾，还囊括了枸杞食用养生、枸杞医药医理、枸杞科学研究、枸杞产地规模、枸杞品牌创立、枸杞病虫害防治、枸杞饮食文化、枸杞诗词歌赋艺术、枸杞加工产品等诸多方面的综述，尽显了枸杞的前世今生与健康养生的方方面面。

仔细阅读《枸杞通史》，反复琢磨，我觉得该通史有以下五个特点：

一、**真实性**：该通史所叙述描写的内容，都是经过严格的实物考证和古书籍古诗词的考证之后才得出的结论，具有真实性、可信性。每章每节每段内容，有据可查，有案可稽，材料翔实，出处可靠，经得起质疑。

二、**权威性**：参加编写本通史的作者，都是从事了多年枸杞工作的专家，甚至毕生都奋斗在枸杞事业上。有从事枸杞栽培种植的，有从事枸杞良种培育的，有从事枸杞产业经营管理的，有从事枸杞深加工的，有从事枸杞医药功能研究的，有从事枸杞化学成分研究及科学考察的，有从事枸杞文化研究的，还有从事枸杞文物考古研究的。参与审阅此书稿的专家学者涉及农业、林业、植物保护、历史、文学、方志、中医药研究、编辑等领域的权威人士，他们为该通史作出了积极的贡献。

三、**公正性**：通读该书，可以看出虽然枸杞产业在消费者心中形成了不同的品牌印象，但并没有评价不同产地的枸杞优劣，同时尽量避免具体运营枸杞的企业单位，不给个人专开章节作传——"不为企业打广告，不给个人作传记"，力求保持通史的公正性。虽然该通史编写中，在发展史中不可避免的要涉及相关枸杞品牌企业，以及绕不过去的具体相关人员，也只是为了叙述枸杞发展史中某阶段如实的来龙去脉。

**四、开放性**：参加编写该通史的作者能够"身处宁夏跳出宁夏，站在全球看枸杞"，以全球的角度编写《枸杞通史》，视野开阔。该通史的编写没有局限于某地区、某国家、某大洲，而是将时间与事件这两条轴线舒展开来——时间是从有人类文字记载以来，事件是全球每个地方。以此表达枸杞通史之全貌。

**五、可读性**：该通史所涉及的古代部分，文字尽量朝着古朴简洁的文风靠拢贴近。涉及的现代部分，文字全都使用喜闻乐见的现代文本——不管哪种文本，内容丰富，文采飞扬，纲举目张，一目了然。

我相信，这部通史能将枸杞客观地、系统地展现在世人面前，能为关注生命、关注人类健康，钟爱枸杞的美食家、保健养生爱好者解疑释惑，对中国枸杞产业的发展和国内外交流起到证往鉴来的积极作用，也对促进枸杞产业持续健康发展大有裨益。

2019 年 5 月 25 日

# 目　录

## 上卷

序 ………………………………………………………………… 1

### 第一章　枸杞史源 ……………………………………………… 1

第一节　枸杞的起源 ………………………………………… 1
第二节　枸杞的分布 ………………………………………… 3
第三节　枸杞的植物学特性 ………………………………… 7
第四节　中国是枸杞的重要原产地之一 …………………… 15
第五节　先周古国与枸杞种植的古籍记载 ………………… 22
第六节　枸杞原产地域的考证 ……………………………… 39
第七节　枸杞名称的历史沿袭 ……………………………… 43

### 第二章　古代枸杞种植史 ……………………………………… 48

第一节　殷商时期的枸杞种植 ……………………………… 48
第二节　周朝时期的枸杞种植 ……………………………… 51
第三节　汉唐时期的枸杞种植 ……………………………… 57
第四节　宋元时期的枸杞种植 ……………………………… 63
第五节　明清时期的枸杞种植 ……………………………… 68

## 第三章　现代枸杞栽培史 …… 74

第一节　中华民国年间的枸杞栽培 …… 74
第二节　20世纪50年代第一部枸杞专著的问世 …… 76
第三节　20世纪60年代枸杞栽培技术的研究 …… 80
第四节　20世纪70年代枸杞栽培技术的推广 …… 85
第五节　20世纪80~90年代枸杞现代综合栽培技术的形成
　　　…… 88

附录一　枸杞苗圃培育现代综合栽培技术 …… 106
附录二　枸杞建园现代综合栽培技术 …… 115
附录三　枸杞土、水、肥管理现代综合栽培技术 …… 129
附录四　幼龄枸杞早产丰产现代综合栽培技术 …… 136
附录五　成龄枸杞优质高产现代综合栽培技术 …… 143

## 第四章　枸杞食用史 …… 148

第一节　远古时期的枸杞服食 …… 148
第二节　商周时期的枸杞佳酿 …… 151
第三节　秦汉时期的枸杞仙方 …… 153
第四节　魏晋南北朝时期的枸杞家训 …… 158
第五节　唐宋时期的枸杞美食 …… 161
第六节　元明清时期的枸杞御膳 …… 171
第七节　中华民国时期的枸杞服食 …… 177
第八节　现代枸杞的食用 …… 178

## 第五章 枸杞医药史 …… 180

第一节 枸杞的主要成分及功能 …… 180
第二节 先秦时期对枸杞的医药功能认识 …… 184
第三节 汉唐时期对枸杞的医药研究 …… 186
第四节 宋元时期枸杞制药的继承发展 …… 189
第五节 明清时期枸杞医药的集大成 …… 198
第六节 现代中国对枸杞医药功能机理研究 …… 225
第七节 现代世界对枸杞医药功能机理研究 …… 227

## 第六章 宁夏枸杞传播与韩国枸杞种植概况 …… 229

第一节 大陆板块漂移说 …… 229
第二节 宁夏枸杞在国内的传播 …… 233
第三节 宁夏枸杞向国外传播及中华枸杞在国外 …… 238
第四节 宁夏枸杞品牌形成的历史沿革 …… 240
第五节 宁夏枸杞产业 …… 244
第六节 韩国枸杞种植概况 …… 260

# 下卷

## 第七章 枸杞病虫害防治史 …… 279

第一节 枸杞病虫害防治研究过程 …… 279

第二节　枸杞病害症状类型及综合防治 …………………… 286

第三节　枸杞虫害种类的防治措施 …………………… 304

第四节　化学农药防治枸杞病虫害 …………………… 363

第五节　生物农药防治枸杞病虫害 …………………… 366

第六节　机械化作业防治枸杞病虫害 …………………… 370

第七节　绿色环保工程防治枸杞病虫害 …………………… 373

## 第八章　枸杞优良品种选育史 …………………… 383

第一节　"大麻叶"走出中宁 …………………… 383

第二节　宁杞1号、宁杞2号、宁杞3号优良品种培育过程
　　　　…………………… 387

第三节　宁杞4号优良品种培育过程 …………………… 395

第四节　宁杞5号优良品种培育过程 …………………… 397

第五节　宁杞7号优良品种培育过程 …………………… 401

第六节　宁杞6号、宁杞8号优良品种培育过程 ………… 404

第七节　宁杞9号优良品种培育过程 …………………… 407

第八节　宁杞10号优良品种培育过程 …………………… 410

第九节　蒙杞1号优良品种培育 …………………… 414

第十节　青海枸杞良种选育 …………………… 416

第十一节　新疆枸杞良种选育 …………………… 416

第十二节　枸杞菜用品种 …………………… 417

## 第九章　枸杞科学研究史 …………………… 421

第一节　中国枸杞植物学基础研究 …………………… 421

第二节　宁夏枸杞育种研究 …………………………………… 427

第三节　枸杞成分分析 ………………………………………… 435

第四节　枸杞多糖分析研究 …………………………………… 444

第五节　枸杞基础药理学研究 ………………………………… 449

第六节　枸杞免疫学研究 ……………………………………… 456

第七节　枸杞抗衰老研究 ……………………………………… 461

第八节　枸杞抗氧化效能研究 ………………………………… 464

第九节　枸杞抗肿瘤研究 ……………………………………… 470

第十节　枸杞临床应用试验研究 ……………………………… 476

第十一节　枸杞优良品种搭乘太空试验研究 ………………… 485

## 第十章　枸杞加工史 ……………………………………… 487

第一节　从鲜枸杞到干枸杞的加工 …………………………… 487

第二节　枸杞酒 ………………………………………………… 498

第三节　枸杞膏 ………………………………………………… 505

第四节　枸杞茶 ………………………………………………… 511

第五节　保鲜枸杞汁 …………………………………………… 516

第六节　枸杞籽油 ……………………………………………… 519

第七节　枸杞粉 ………………………………………………… 522

第八节　枸杞蜂蜜 ……………………………………………… 526

第九节　枸杞奶 ………………………………………………… 529

第十节　枸杞饮料 ……………………………………………… 529

第十一节　枸杞糖果 …………………………………………… 530

第十二节　枸杞香醋 …………………………………………… 531

第十三节　枸杞胶囊 …………………………………………… 532

# 第十一章 宁夏（中宁）枸杞历史沿革与组织管理史 …… 533

- 第一节 "中宁枸杞"与"宁夏枸杞" ………………… 533
- 第二节 明清时期的宁夏枸杞组织管理 …………… 536
- 第三节 中华民国年间的枸杞组织管理 …………… 538
- 第四节 中华人民共和国成立以后的枸杞组织管理 ……… 539
- 第五节 改革开放以来的枸杞组织管理 …………… 540

# 第十二章 枸杞文化史 ………………………………… 543

- 第一节 枸杞的人本文化 …………………………… 543
- 第二节 枸杞的农耕文化 …………………………… 545
- 第三节 枸杞的饮食文化 …………………………… 548
- 第四节 枸杞的医药文化 …………………………… 554
- 第五节 枸杞的著述文化 …………………………… 558
- 第六节 枸杞的民间文化 …………………………… 580
- 第七节 当代枸杞之乡作家群及主要作品 ………… 590
- 第八节 枸杞文化艺术节（2001~2018年） ……… 597
- 第九节 枸杞艺术作品 ……………………………… 599

主要参考文献 ………………………………………………… 608

后记 …………………………………………………………… 611

# 第七章　枸杞病虫害防治史

## 第一节　枸杞病虫害防治研究过程

野生枸杞常年在自然状态下生长，会与周围的环境形成相生相克的生物链，鸟和其他小动物昆虫会自然吃掉发生在枸杞树上的害虫。野生枸杞实现家种之后，由于立地条件发生了变化，加之人们为了追求经济利益，放松了对枸杞病虫害防治投入力度，枸杞病虫害会泛滥成灾。防治病虫害，对枸杞种植至关重要。

摸索枸杞病虫害防治办法是一个漫长的过程。这个过程少说也有上百年的历史。在这方面我们的前人通过长期的摸索，虽然没有太多的经验，但也达到了一定的防治能力，主要体现在：一是把危害枸杞的各种虫子按照形态和大小，分成不同的"蜜"，如"绿蜜""猪嘴蜜""红跑蜜""花跑蜜""稀屎蜜"等等；二是按照不同"蜜"的发生规律进行有限防治，如在枸杞生长季节通过及时修剪直立枝，达到降低"绿蜜"和"红跑蜜"的危害数量，在"绿蜜"转移到青果上危害时，利用枸杞地灌水，用水锨给枸杞树泼水，达到淋洗"绿蜜"的目的。又如通过熬制"旱烟水""棉皂水"，用取子后的高粱穗，沾"旱烟水""棉皂水"防治集中发生在枸杞树上的害虫，从而达到降低害虫的危害程度。

虽然我们的前人通过长期的摸索，掌握了一定的防治枸杞害虫的本领，但这些本领只是在害虫正常发生的年份起作用，一旦某种害虫大发生，只能束手无策。枸杞之乡流传的谚语之一是"芒种前后看老眼，夏至前后看七寸"，意思是说，一旦芒种（6月上旬）前后枸杞害虫大发生，当年枸杞树老眼枝果实丰收无望，何谈七寸枝（当年新枝）果实的丰收？一旦夏至（6月下旬）前后害虫大发生，当年七寸枝果实丰收无望。谚语之二是"大年还能糊饱肚，小年饿肚又叫苦"，意思是说，由于枸杞害虫的大发生造成枸杞的大小年（丰收年为大年、歉收年为小年），在枸杞害虫大发生的年份，种枸杞的人没有收入只能饿肚子，在枸杞害虫发生轻的年份，种枸杞的人才能养家糊口。

## 一、民间自制方法防治枸杞病虫害

20世纪70年代以前，枸杞病虫害的防治，在枸杞之乡宁夏中宁县，主要采用的是民间自创的"水锨泼水法"。

春夏季节，将灌入枸杞园内的黄河水用木制的能够盛舀住水的"水锨"，将水盛舀住，泼打到枸杞树冠上，洗涤枸杞树上的虫类，黄河水越浑浊含泥沙量越大，泼打病虫害效果越好。枸杞树的栽培，树与树之间有合适的间距，灌溉时空间形成横竖向的水槽，有利于"水锨"掀动水流，泼打洗涤枸杞枝叶，将枸杞树身上的虫类冲落到地上的泥水中，再把漂浮着各种虫类的泥水全部放出枸杞园，虫类随着水流淌出了枸杞园，成了水渠内小鱼、小虾、青蛙的美餐。此方法的发现，实际是取材自民间清洗花盆蚜虫、粉虱、红蜘蛛常用的水洗法，在害虫前期未产卵期，将害虫从枸杞植株上驱除干净，效果显著。

另外，民间在长期的劳动生产实践中发现：旱烟和棉皂水能够防治蛇虫的侵袭和蚊蚋的叮咬。茨农（种植枸杞的农户）由此联想

图 7-1　20 世纪 70 年代用喷雾器喷洒农药防治枸杞病虫害
（图片提供　杨月凤）

到，是否可用它们来防治枸杞的病虫害——如蚜虫、木虱和壁虱等。结果奇佳，于是推而广之，成为枸杞之乡早期传统防治病虫害的方法之一，熬制"旱烟水""棉皂水"，用取子后的高粱穗，沾上"旱烟水""棉皂水"洒在枸杞树叶上有病虫害的地方，降低病虫的危害。化学农药 666 粉出现以后，茨农在"烟草水""棉皂水"里加入 6% 的可湿性 666 粉，一起喷洒在枸杞树冠上防治害虫，效果也很显著。

## 二、科学技术防治病虫害的三个阶段

20 世纪 60 年代，病虫害对枸杞的危害极大，枸杞之乡宁夏中宁县枸杞亩产锐减到了 14 千克。1960~1961 年，宁夏回族自治区政府组织科技人员直接下乡到中宁县，开展枸杞病虫害的科学防治研究，从此掀开了枸杞病虫害防治技术研究的三个主要阶段。

## (一)第一阶段：1961~1964年，对枸杞蚜虫、枸杞实蝇、枸杞木虱三大虫害及枸杞瘿螨、枸杞负泥虫防治的技术研究

### 1. 防治枸杞瘿螨的方法研究

1961年宁夏农科所派科技人员到枸杞生产第一线——中宁县，开展枸杞瘿螨生产生活史和防治方法的研究工作。通过3年的研究找到了防止枸杞瘿螨的方法，即：春季枸杞展叶时，用50%的乐果0.5千克、20%三氯杀螨砜0.5千克，加水500~750千克进行喷防。秋梢抽放时，再防治一次，即可达到在生产上控制其危害的作用。

### 2. 防治枸杞实蝇的方法研究

1963~1965年中国农业昆虫学家、植物保护学科的创始人吴福祯，在宁夏工作期间对枸杞实蝇开展了生活习性、发生规律和防治技术的深入研究。得出的结论是，枸杞实蝇幼虫食害果肉，枸杞种植者称为"蛆果"，使枸杞果实完全失去经济价值，给枸杞生产造成很大损失，严重时减产22%~55%。防治方法：枸杞老眼花期用可湿性666粉等地面处理药剂，进行土壤拌药，消灭越冬蛹。在采果前幼果变色期摘除蛆果深埋，杀死果内幼虫；在各代幼虫化蛹期间及时灌水。可降低虫口密度。

### 3. 防治枸杞蚜虫的方法研究

1962~1965年，宁夏农科所科技人员通过长达3年的试验研究，掌握了枸杞蚜虫的发生规律是以卵在枸杞枝条缝隙内越冬，第二年春天4月下旬，日平均温度达14℃以上时，孵化为干母，繁殖2~3代，开始出现有翅蚜，飞迁到枸杞的嫩叶、嫩梢、果实上充吸汁液危害，使树势衰弱，使果实不能正常膨大，严重时树体布满"油汗"（枸杞蚜虫的粪便），造成枸杞果实脱落。防治方法：用乐果和马拉硫磷对枸杞树冠进行喷雾。

#### 4. 防治枸杞木虱的方法研究

从1964~1965年，宁夏农科所科技人员对枸杞木虱的形态、生活习性、生活史、防治进行了系统研究。通过研究发现枸杞木虱均以刺吸口器插入叶片组织内充吸汁液，使树体衰弱，严重时全株叶片布满若虫和卵，整园树体一片枯黄。防治方法：用防治蚜虫的同一药剂，同一浓度进行防治。

#### 5. 防治枸杞负泥虫方法研究

1964年，宁夏农科所科技人员对枸杞负泥虫的危害、生活史进行了观察和防治研究。通过观察，发现在4~9月，枸杞树上各种虫态可同时出现。幼虫蚕食叶片，最后仅存叶脉。大量发生时，枸杞全树叶片被吃，一片焦黄，像火烧一样。防治方法：用防治蚜虫的药剂。20世纪60年代末，有人也用"鱼藤精"进行防治，效果很好。

### (二)第二阶段：1978~1986年，对枸杞锈螨和枸杞红瘿蚊的防治研究

20世纪70年代后期在枸杞主产区中宁县和芦花台园林场的枸杞地里，6月下旬到7月中旬大片大片的枸杞园，几天之内枸杞叶片突然由绿色变为铁锈色（铁锈色似铁锨生锈的颜色），叶片变厚失去弹性、变脆。这些变色的枸杞叶片几天之内迅速脱落，整个枸杞树看不到叶片，枸杞树上的果实没有枸杞叶片的抚养，很快开始脱落。当时有人认为这是农药喷洒太重，造成的枸杞叶片农药中毒现象，有人认为是枸杞树的自然规律，老眼叶片自然寿命到期就要正常落叶，也有人认为可能是枸杞什么新的病虫害危害造成的后果。

在枸杞传统种植时期，有一句枸杞管理经验谚语"镰刀响，果子淌"，意思是开始割小麦的时候，枸杞先是落叶，落叶之后就开始落果。这一灾情会经常发生。20世纪70年代后期，7月上中旬开始枸杞落叶越来越多，引起了宁夏科委的重视。

1982年，宁夏科委把防治枸杞采果期间枸杞落叶落果作为攻关项目，组织科技人员分别到枸杞主产区中宁县和芦花台园林试验场，进行科技攻关。

**1. 防治枸杞锈螨方法研究**

1983年3月，宁夏化工研究所科技人员来到中宁县对枸杞采果期间的落叶落果现象进行科学研究，发现造成枸杞采果期间落叶的原因是一种生活在枸杞叶片表面的害虫螨。这种虫螨体积很小，只有零点几毫米，一般肉眼看不到。体色铁锈色，生活在枸杞叶片表面，口针刺吸枸杞叶片汁液，使枸杞叶片变硬变脆变厚，由绿色变为铁锈色，失去光合作用，不能自养而自行脱落。这种害螨1984年经南京农业大学匡海源副教授定名为枸杞刺皮瘿螨（生产上习惯统称"枸杞锈螨"）。

防治方法和防治药剂试验研究：三年共计试验农药品种107种，开展试验处理217项，筛选出石硫合剂、硫磺胶悬剂、溴螨酯、克螨特、三环锡、三氯杀螨醇等12个主要防治锈螨的药剂。

防治方法：（1）农业方法，一年一度的整形修剪时主要是对枝条皮部有裂痕的枝条进行疏除修剪，并将修剪下的枝条带出枸杞园外。（2）化学防治，秋季落叶前和春季放叶初期以及6月中旬三个时期为防治关键时期，药剂可选用以上12种农药采取轮换用药进行防治。

枸杞锈螨的防治技术自1985年在中宁枸杞园中大面积推广之后，在中宁县枸杞生产中再没有出现7月中旬枸杞变色落叶的事情。由于枸杞锈螨的危害被控制，才有后来大面积秋果生产的新景象。同时，生产中用防治枸杞锈螨的技术，也达到了防治枸杞瘿螨的目的。

**2. 防治枸杞锈螨及红瘿蚊的方法研究**

1982~1984年的3年里，宁夏农科所（宁夏农林科学院前身）科技人员在芦花台园林场开展枸杞采果期间落叶落果课题攻关项目。

研究得出的结论：越冬螨4月上旬从枝条芽眼内出蛰，爬到叶片繁殖为害，5月下旬出现第一次高峰。之后随着气温上升，繁殖加快，7月上中旬出现第二次高峰。以后老叶上虫口逐渐下降，转移到新叶为害，8月下旬出现第三次高峰，9月下旬出现第四次高峰。在传播方式上远距离传播主要是随苗木调运传播、风雨天随气流传播、附着在其他昆虫体表迁飞传播和附着在田间管理人员的衣服传播。枸杞锈螨一年发生13~17代。

防治方法：选用硫磺胶悬剂、克螨特、溴螨酯等药剂进行防治。

1985年在宁夏芦花台园林场、中宁县和国营农林场的枸杞园内同时发生了以前没有发生过的枸杞红瘿蚊，危害程度十分严重，未开花的幼蕾被危害达20%~35%。为此宁夏科技厅专门立项对枸杞红瘿蚊进行试验研究。科技人员以芦花台园林场为基点进行了有关内容的试验研究。通过研究得出的结论：以老熟幼虫在树冠下土中结茧越冬，一年可发生6代——第1代为5月中旬、第2代6月上旬、第3代7月上旬、第4代7月下旬、第5代8月中旬、第6代9月上中旬，之后入土越冬。

防治药剂：乐果粉、辛硫磷和对硫磷微胶囊。

**(三)第三阶段：2012~2016年，枸杞病虫害防治综合研究**

按照枸杞标准化生产的要求，由宁夏农林科学院植保所科技人员为技术负责人，带领技术团队和中宁县枸杞产业服务局技术人员联合对枸杞主要病虫害开展试验研究工作。

从2012年开始到2016年，通过近5年的试验研究，制定出了《枸杞病虫害防治农药安全使用规范》《枸杞蚜虫防治农药安全使用技术》《枸杞瘿螨防治农药安全使用技术》《枸杞蓟马防治农药安全技术规程》《枸杞害虫防控技术规程》《枸杞病害防控技术规程》《枸杞病虫害监测预报技术规程》。

在枸杞蚜虫、枸杞蓟马和枸杞瘿螨的防治农药安全使用技术规程中规定了安全使用技术要求；内容包括防治指标、防治时期、农药种类的选择和各农药使用的时期和使用次数。在枸杞虫害、枸杞病害防控技术规范中规定了枸杞主要虫害枸杞蚜虫、枸杞负泥虫、枸杞瘿螨、枸杞红瘿蚊、枸杞实蝇、枸杞白粉病、枸杞炭疽病、枸杞根腐病和枸杞流胶病的防治时期、农药种类的选择、使用时期、使用方法和使用次数。在枸杞病虫害监测预报技术规程中，规定了监测对象、发生规律、监测方法和预测预报。

通过对枸杞主要虫害和病害防治过程中的安全使用技术和防控技术研究，科技人员在枸杞生产中推出了"五阶段绿色防控技术"。

## 第二节 枸杞病害症状类型及综合防治

从20世纪70年代开始，到2000年以后，经过数代科研人员研究发现，枸杞病害的种类与虫害相比，相对较少，与枸杞虫害的发生情况有所不同。

枸杞病害主要有枸杞根腐病、枸杞炭疽病、枸杞白粉病、枸杞流胶病和枸杞灰斑病。

不同种植区及不同年份间，由于气候条件不同、栽培方式和主栽品种的差异，病害的种类和发生程度也有所不同，存在一定的复杂性。有些种植区只发生一种病害，有些则几种病害均有发生。

### 一、枸杞根腐病

枸杞根腐病，也叫"枸杞枯萎病"。该病普遍发生，是中国枸杞主要种植区常发性的病害，但发病率较低。尤其是近年来枸杞栽植年限短，灌溉次数减少，此病发生轻，因病死株不足1%。病原为半知菌亚门的真菌——茄镰孢菌［Fusarium solani (Mart) Sacc］。病原菌产生大小两种类型的分生孢子。大型分生孢子无色，镰刀状，多胞具隔；小型分生孢子无色，卵圆形，单胞。

**1. 危害症状**

枸杞根腐病主要危害植株根部及茎基部。其危害症状有以下两种类型。

(1) 根朽型　发病初期，挖出病株剖检根、茎部，可见患部变褐至黑褐色，根或根颈部发生不同程度腐朽、剥落现象，有的皮层逐渐腐烂、后期外皮脱落，露出木质部。剖开病颈，可见根颈内部和基干维管束变褐。潮湿时在病部表面长出白色或粉红色霉层（病菌分生孢子梗分生孢子）。

这种类型常发生在树龄较大，根颈处创伤较多的单株。又可分小叶型和黄化型两种。

①小叶型：春季展叶时间晚，叶小枝条矮化、花蕾和果实瘦小，常落蕾，严重时全株枯死。

②黄化型：叶片黄化、萎垂，有萎蔫和不萎蔫现象，常大量落叶，严重对全株枯死，也有落叶后又萌发新叶，反复多次后枯死。

(2) 腐烂型　1973年最早发现，近年来发病率逐年上升。枸杞一般在定植2~3年后开始发病，4~5年生发病率一般在20%以上，六七年后趋向衰败。主要症状是根颈或枝干的皮层变褐色或黑色腐烂，维管束变为褐色。外部症状：叶片突然萎缩，较正常叶小，并从树枝顶端开始枯萎，以后逐渐向下发展；叶片变色，先从叶尖开始，以后沿叶脉变黄，叶脉间仍保持绿色，外观呈网纹状。从整株树观察，发病不均衡。常表现为半边树冠发病，半边枯或仅一枝条发病和枯萎。有的树干病死，而在树根颈部又长出新的生苗。也表现为整树发病，叶尖开始时黄色，逐渐枯焦，向上反卷，当腐烂皮层环绕树干时，病部以上叶片全脱落，树干枯死；有的则是叶片突然萎蔫枯死，枯叶仍挂在树上。这种现象多发生在 6~7 月份的高温季节。在一块林园中呈片块状发生。

### 2. 发生规律

枸杞根腐病病菌从伤口或穿过皮层组织直接入侵到枸杞植株组织内部引起发病。病菌以菌丝体和厚垣孢子随病残体遗落在土壤中越冬或随存活病株越冬，也可随表土和土中的病株残体及病果种子越冬和传播。可借助灌溉水、雨水溅射及肥料施用等传播，翌年条件适宜时，厚垣孢子萌发作为初次侵染接种体，从伤口侵入致病。一般 4~6 月中、下旬开始发生，7~8 月扩展。

发病后，病部产生的分生孢子作为再次侵染接种体而扩大侵染危害。通常土质黏重、地势低洼、排水不良、耕地不平、耕作粗放的田块发病较重。肥水管理不当、田间积水是增加发病率的重要原因。多雨年份、光照不足、种植过密、修剪不当发病重。新开荒地发病轻。枸杞根腐病的发生与温、湿度呈正相关。一般温度越高、湿度越大，发病越重。当月平均气温在 22℃~25℃，田间相对湿度在 80% 以上时容易发病。温室盆栽苗接菌积水试验表明，积水 1 天、3 天、5 天、7 天、9 天的平均死苗率依次为 40%、49%、16.3%、21.1%、23.7%；通气性差的白僵土发病率比通气性好的砂壤土增加 9%。施肥不足或过施氮肥或施用未充分腐熟的土杂肥、地下水位高、土壤水分过多等也容易诱发本病。中耕作业造成的根损伤有利于病原菌的入侵。枸杞不同品种对根腐病的抗性有显著差异。

### 3. 病情监测

每年 4~9 月，每 7 天一次，每次在枸杞田间随机调查 10 株枸杞记录发病株数，统计发病株率。

**4. 防治措施**

(1)综合防治

①树体保健。农业调控措施,培肥管理增施有机肥,增强树势,以充分腐熟的有机肥生物肥为主,增加树体抗病能力。提倡施用日本酵素菌沤制的堆肥和腐熟有机肥,配方施肥,增施磷、钾肥,苗期至开花期喷施液体微肥,促进枸杞生长,增强抗病能力。避免施用未充分腐熟的土杂肥。根据树体大小,每年应施45~75米$^3$/公顷腐熟鸡粪,75~120千克/公顷生物菌肥和适量缓释复混肥。

②土壤耕作。改善耕作条件,平整土地,高畦深沟栽培,改枸杞园平作为培土垄作,减少枸杞根际积水,避免耕作时伤根。避免耕作时伤根颈、伤根。平整园地,减少枸杞根际积水。研究表明,培土垄作和中耕时不伤根的防治效果可达74.4%。

③缩短栽植时间。枸杞根腐病是一种土传病害,缩短栽培时间,轮作倒茬减少根部伤口是减少菌源积累的重要途径,应尽量减少重茬。一般最好栽培时间控制在15年以内。

④清理田园。秋季越冬后,及时清除田间落叶、落果、病株和病残体集中烧毁或妥善处理,减少病菌积累。周围近距离内不栽植番茄、甜瓜等易发生共生病虫害的植物。

⑤园地选择。新建杞园要选择在地势高燥的沙壤上,严禁栽植有病种苗。

⑥挖除病株。发现病株及时挖除,补栽健株,并在病穴施入石灰消毒,必要时可换入新土。

⑦选用抗病品种。研究表明,枸杞不同品种对根腐病抗性有明显差异。选用抗病品种是防治枸杞根腐病的重要措施。即使是低抗品种,主要配合综合措施的防治作用,也能起到较好的防治作用。

⑧合理密植。栽植密度4950株/公顷左右为宜,行距应固定为2

米以上。

⑨适时适量灌水。一般扦插后浇播种水，整个生育期最多灌 8 次水，每次灌水量保持在 1 000~1 300 米³/公顷以下。夏季高温严禁大水漫灌，避免灌后积水，严禁雨前或久旱猛灌大水，以多水口小地块、小水浅灌、勤灌、早晚低温灌水为佳。整治园地排灌系统降低地下水位，雨后清沟排涝，防止土壤过湿推行渗灌，减少流水携带泥沙冲伤枸杞根部。发病期禁止大水漫灌雨后及时排除积水，并在 24 小时内喷药。

（2）地膜覆盖物理沟灌防治　结合枸杞红瘿蚊等害虫地膜覆盖物理防治，实施垄作沟灌，减少田间湿度和土壤积水，抑制病害发生。

（3）化学农药防治

①药剂灌根。用 50%甲基托布津 1 000~1 500 倍液或 50%多菌灵 1 000~1 500 倍液浇灌根部；用 45%代森铵 200 倍液灌根，每株用 10~15 千克药水，对此病也有良好的防治效果。

②淋药预防控病。对叶用枸杞，在插条时可用高锰酸钾 1 000 倍液作定根水淋施，插条成活后、病害发生前，最迟于见病后，定期或不定期淋药，预防控制病害。除高锰酸钾液外，还可淋施 30%TY 乳油 1 000 倍液，或 20%抗枯宁水剂 600 倍液，或 159 混合氨基酸锌镁水剂 500 倍液。3~4 次，隔 7~15 天 1 次，前密后疏喷足淋透。

③发现叶片发黄、枝条萎缩、侧根枯死的植株，立即拔除，病穴用 5%的石灰乳消毒，以防蔓延扩散。

（4）天然环保型投入品防治　大蒜植株各部分均含有杀菌有效成分大蒜素。作用方式：杀细菌、真菌和线虫。使用时，先将大蒜蒂部切去，浸入缸内用水浸泡 24 小时，然后捞出去皮。泡蒜的水中含有大量大蒜素，直接浇灌受害枸杞植株根部，做到废物资源化利用。

## 二、枸杞炭疽病

枸杞炭疽病又称枸杞黑果病，是枸杞生产中的一种常发性病害，在宁夏（中宁、固原、银川等地）、内蒙古、河北、新疆等枸杞种植区均有发生，常造成枸杞生产的严重损失。随着枸杞种植面积的扩大，大规模地连片种植，种植密度过大及不合理的大水漫灌使枸杞黑果病在不同地区及同一地区的不同地块呈现不同程度地发生，对一些地区的枸杞生产影响较大。枸杞炭疽病病原是刺盘孢属的胶孢炭疽病菌（*Colletotrichum gloeosporioides* Penz）。分生孢子，盘近圆形；分生孢子梗，圆筒形；分生孢子圆筒形，直、两端钝圆；刚毛黑褐色、多而坚硬。

### 1. 危害症状

枸杞黑果病属于真菌侵染性病害。病菌通过风、雨传播后，侵染枸杞成熟果实、青果、花、幼蕾和叶片，果实表面伤口有助于病菌孢子的侵入，但无伤口的正常果实也能大量发病。成熟果实侵染后，果实表面先出现坑状斑点，后病斑逐渐扩大并增多，果实呈畸形，表面出现一层白色菌丝体，病果在连阴雨后出现烂果症状，部分枸杞鲜果在采摘晾晒过程中霉变和腐烂，晒干后形成黑果成"油果"，失去商品外观。青果被侵染后，初期，先从果柄处或局部开始出现黑色针尖大小的坑状小黑点、黑斑、黑色纹状病斑或不规则形褐色斑，田间湿度大时，特别是降雨后的阴雨天，病迅速扩大，黑果病斑表面产生白色菌丝层，较稀疏，后产生橘红色分生孢子堆，1~2天后蔓延全果，整个病果变为黑色，干硬，这是特征，所以农民直观地称"黑果病"，这种黑果毫无经济价值。通常变黑的红果表面会有白色菌丝体，但红果变黑的现象不一定都是黑果病症状，可能是青霉病、黑果病等几种病害单独或同时在一个红果上发生造成的，但变黑的红果表面出现白色菌丝的能明确是黑果病。病斑扩展速度较快，枸杞青果期被侵染后，从零星青果表现症状到整个枝条发病仅需2~3天时间。后期青果表面形成较大黑色病斑或变成黑果，不能成熟。晴天病斑发展慢，病斑变黑，未出现症状的部位仍可继续发育为红色。花器受侵染后，花瓣上出现黑斑，逐渐变为黑花，轻者花冠脱落后，幼果能正常发育，严重时子房干瘪、发黑，不能结实。幼蕾感病后初期表面出现小黑点或黑斑轻者成为畸形花，严重时整个幼蕾变黑，成为黑蕾，不能开花。叶子感染病后出现小黑点或黑斑，最后病叶干枯。青果表面变黑，但较少出现白色菌丝体。

2. 发生规律

病原菌在病果内越冬，也可在残留于树上和地上的黑果内越冬，主要通过风和雨水传到附近健康的青果、成熟果、花、蕾和叶片等部位上，病菌可以通过伤口及自然孔口侵入。果实表面伤口有助于病菌孢子的侵入，但无伤口的正常果实也能大量发病。风力摩擦、撞伤是自然条件下造成伤口的主要原因，也是侵染的主要渠道，田间病果产生的大量分生孢子，主要借助降雨进行传播再侵染。黑果病的流行与湿度、温度关系密切，湿度与降雨量对发生蔓延起主导作用，温度只起促进作用。初期（5~6月份）日平均温度17℃以上，相对湿度60%以上，每旬有2~3天降雨，田间既可发病，但6月上旬以前较少发病或病情较轻，6月上旬以后逐渐加重。枸杞炭疽病在田间始发早晚与6月份降雨量有关，特别是与6月份第一场大于20毫米降雨到来的早晚有密切关系。6月份第一次较大降雨来得早，则发病早。7~8月份，日平均温度17.8℃~28.5℃，旬降雨量在4天以上，平均湿度在80%以上，发病率猛增，进入发病盛期。特别是进入7月中旬后，出现发病高峰期。病情持续扩展流行至9月下旬。田间调查表明，6月中旬到8月底，田间平均温度大多在20℃以上，温度变化无大的差异，均适于孢子的萌发侵染，但此间发病率变化较大。发病率的变化与温度变化无明显相关，所以，温度不是影响病害流行的主要因素。田间湿度大，发病率高，但并不是由于田间湿度达到一定范围时病害才流行或者出现发病高峰，而是每当发病率有大的上升之前，总有一次较大降雨，同时降雨后田间湿度增加。田间无降雨时，湿度虽然较高，但病害发展流行也较缓慢。因此，田间病害的扩展速度，发病盛期和发病高峰的出现均决定于降雨量、特别是决定于病害扩展流行前的一场较大降雨量。有些年份的7~8月间，田间相对湿度虽然较高，几乎接近整个病害危害期的最高田间湿度，但10天内发病率变化却较小，或基本没有扩展，主要原因是此间降雨量太低，限制了病害的扩展。因此，6月中旬到7月上旬的降雨期是枸杞炭疽病的关键发生期，是田间实施保护性防治的关键期。

3. 病情监测

每年5月10日~10月20日，每10天一次。每次随机在田间取5棵样株，每样株分东、西、南、北4个方向各调查1个枸杞枝条，共调查20个枝条，合并记录各枝条上的叶片、花、幼蕾、青果和成熟果实总数以及受枸杞炭疽病菌侵染的叶片、花、幼蕾、青果和成熟果实数。统计叶片、花、幼蕾、青果和成熟果实的受侵染百分率，计算20个枝条的平均受害百分率。

4. 防治措施

(1)综合防治

①春季清园。春季结合修剪清理枸杞园，去除田间病、残果，把病残枝、叶、果全部带出园外集中烧毁，压低初、再侵染来源。夏、秋两季，用扫帚清理地面落叶、落果各一次，初期发现病果及时摘除，结合剪枝，清除树上的病果、残花等并烧毁或深埋，以减

少侵染来源。

②加强田园管理。合理施肥，增施有机肥并及时中耕除草提高树体抗病能力。

③修剪。秋季和春季结合剪枝，去除病果枝、采果期结合采果去除病果，这对于控制病害十分重要。

④合理密植。通过合理密植，改善田间通风透光条件，降低枸杞园湿度，弱化病害发生的有利条件，降低危害程度。

⑤选用抗病品种。枸杞炭疽病的发生与枸杞的品种有一定的相关性。因此，在生产上首先应选择抗病性强的优良品种如宁杞1号、2号或优选大麻叶，从品种资源上降低发病的可能。

⑥叶面喷施氨态氮。生物学特性研究证明，尿素等氨态氮对病菌苗丝生长和孢子萌发有明显抑制作用，同时叶面喷施氨态氮，增加叶面吸收外源营养，植株叶片浓绿，提高植株生长势，从而增强了抗病性。使用时可以将氨态氮肥稀释为0.3%~1.0%浓度与杀菌剂混合喷洒。

⑦控制灌水。要防止大水漫灌枸杞园，防止园内积水，以控制田间湿度，减少果面形成水膜，创造不利于孢子萌发的田间环境。

⑧冬季极端低温期敲打震落病虫残果，减少枸杞黑果病病原。春或晚秋用木棒轻轻震动病枝，即将病残果震落地面，然后收集埋藏或中耕深翻入土。在天气最冷的1月上旬，对挂在树上的残果进行敲打，以减少当年枸杞黑果病的危害程度。在枸杞传统经验管理时期，常常对枸杞病虫害的防治采取在天气最冷的1月上旬（及"三九三"冻得野狐没处钻，"三九四"敲敲茨），对挂在树上的残果进行敲打，使病虫残果掉落在树下，被冻死或风刮走。

(2)地膜覆盖物理沟灌防治

结合枸杞红瘿蚊等害虫地膜覆盖物理防治，实施垄作沟灌，减少田间湿度，恶化枸杞炭疽病的发病条件，减少炭疽病的发生。

(3)化学农药防治

①抓好枸杞蚜虫等害虫的防治工作。枸杞炭疽病盛发期也是枸杞蚜虫等多种害虫盛发期，蚜虫等一些枸杞害虫的刺吸危害、锉吸危害、咀嚼危害均可在枸杞树体、叶、花、果上造成伤口，有利于孢子侵入萌发。此外，蚜虫爬行及迁飞能携带分生孢子传播，成为扩大再侵染的途径。因而要及时防治蚜虫等害虫的危害。

②树冠喷雾防治。在 5~9 月的生产季节，注意收听当地天气预报，如果此间有连续阴雨天气出现，雨前喷洒 100 倍液等量式波尔多液保护剂或 800 倍多菌灵，雨后喷施 50%托布津可湿性粉剂 600 倍液或 50%多菌灵可湿性粉剂 800 倍液或 100 倍液的退菌特、40%福星 1 000 倍、1 200 倍，疽击 2 000 倍，选行防的，发病初期使用 65%可湿性代森锌 500 倍液、50%退菌特可湿性剂 1 000 倍液或波尔多液，遇雨天后补喷，每亩用药液 70~100 千克为宜。化学防治应重点抓好降雨前和降雨后 24 小时内喷药，不待病情扩展及时施药。因此，病是爆发性病害，不宜仅限于固定防治期喷药的方法进行防治。

### 三、枸杞白粉病

枸杞白粉病是近年枸杞密植栽培以来出现的一种新的病害，危害程度、发病面积均较低，生产上常疏于防治。枸杞白粉病病原为多孢穆氏节壳菌（*Arthocladiella mougeotii* Vassilk），属子囊菌亚门真菌，可危害多种作物。分布于宁夏、甘肃、内蒙古、河北、江苏、浙江、广东等地。子囊果散生或略聚生，褐色至黑褐色，直径 120~165 微米，附属丝 28~81 根，基部粗糙，带浅黄褐色，短棒状或指状，有的具隔膜，长为子囊果的 0.6~1.0 倍，具 11~31 个子实囊；子囊椭圆形至长椭圆形，具柄，大小 59~74 微米×14~21 微米内含 2~4

个子囊孢子；子囊孢子椭圆形至长椭圆形，大小 13.8~21.3 微米×12~15 微米。

### 1. 危害症状

枸杞白粉病主要危害枸杞幼嫩的新梢和叶片。受害后，叶片正反两面产生近圆形白色粉斑，以叶片正面居多，其主要原因是叶片正面容易形成露水利于病害发生发展。白色粉斑逐步扩大后期病部产生一些黑色小颗粒，叶片表面覆盖着一层近圆形的白色粉状霉斑，此白色粉状霉斑是病菌的分孢梗与分生孢子。叶片感病后，变薄，皱缩，边缘向上翻卷，逐渐青干，叶片提早枯死；树体感病后，病株光合作用受阻，终致叶片逐渐变黄，易脱落，影响新梢生长，导致树势衰弱，严重时枸杞植株外现呈一片白色，相当触目。对当年和来年产量影响较大。

### 2. 发生规律

在温暖地区，病菌有时产生闭囊壳或以菌丝体在寄主上的病芽内越冬，翌年春季放射出子囊孢子进行初侵染。或以无性态分生孢子进行初侵染与再侵染，完成病害周年循环，并无明显越冬期。温暖多湿的天气或田间环境有利于发病。田间发病后，病部分生孢子通过气流传播，进行多次再侵染。病菌孢子具有耐旱特性，在高温干旱的天气条件下，仍能正常发芽侵染。致病条件适宜时，孢子萌发产生侵染丝直接从表皮细胞侵入，并在表皮细胞里生出吸器吸收营养。菌丝体则以附着器匍匐于寄主表面，不断扩展蔓延，秋末形成闭囊壳或继续以菌丝体在活体寄主上越冬。在寒冷地区，枸杞白粉病病菌以有性态子实体闭囊壳随病残物在土壤中越冬。翌年春季条件适宜时、芽萌动后闭囊壳释放出子囊孢子进行初侵染，发病后产生大量的分生孢子，借气流传播可进行多次再浸染，4~6月是发病盛期，9月份以后病情缓和。秋末形成闭囊壳并以此越冬。此病的流行与气候条件有关,春季温暖的年份有利于病害的前期流行,温度在23℃左右,少雨,湿度大,封闭不透光易于发病。夏季多雨,凉爽,秋季少雨则有利于后期发病。栽培管理与发病轻重关系很大,栽培过密,偏施氮肥,灌水过多,枝条过多、通风透光差,发病较重。修剪不当对发病程度也有直接关系。

3. 病情检测

每年4月10日~10月10日,每10天一次。每次随机在田间取5棵样株,每样株分东、西、南、北4个方向各调查1个枸杞枝条,共调查20个枝条,合并记录各枝条上的叶片总数以及受枸杞白粉病病菌侵染的叶片数。统计叶片受侵染百分率,计算20个枝条叶片的平均受害百分率。

4. 防治措施

(1)综合防治

①合理密植。通过合理密植,改善田间通风透光条件,降低枸杞园湿度,弱化病害发生的有利条件,降低危害程度。

②控制氮肥用量。适当控制氮肥用量,注重施用有机肥,氮、磷、钾配合使用。

③修剪措施。春季、夏季和秋季结合剪枝,去除病枝、病叶,尤其是夏季修剪要及时疏剪徒长枝,避免树冠郁闭以利于通风透光,对于控制病害十分重要。

④控制灌水。适当降低灌水次数,要防止大水漫灌枸杞园,防止园内积水,以控制田间湿度,减少果面形成水膜,创造不利于孢子萌发的田间小气候。

⑤消除病源。早春发芽前结合修剪剪除病枝。收获后及时处理病残体,秋末冬初清除病残体及落叶,集中深埋或烧毁。

(2)地膜覆盖物理沟灌防治 结合枸杞红瘿蚊等害虫地膜覆盖物

理防治，实施垄作沟灌，减少田间湿度，恶化枸杞白粉病的发病条件，减少病害的发生。

（3）化学农药防治　春季发病前，最迟于发现病株病叶后，连续喷 45%石灰硫磺合剂结晶或膏剂 300 倍液、2%农抗 120 水剂 150 倍液、50%胶体硫、超微硫磺悬浮剂 200~400 倍液、40%粉锈宁可湿性粉剂 2 000 倍液或 70%代森锰锌 600 倍液，2~3 天一次；隔 7 天左右胶体硫、石硫合剂，超微硫磺悬浮剂 1 次；或 10 天（代森锰锌）至 20 天以上（粉锈宁）喷 1 次，交替施用，喷匀喷足，可预防控病。此外，在发病初期，还可选用 60%菌可得 600 倍液、36%甲基硫菌灵悬浮剂 500 倍液、50%苯菌灵可湿性粉剂 1 500 倍液、60%防霉宝 2 号水溶性粉剂 1 000 倍液、20%三唑铜乳油 1 500~2 000 倍液、30%碱式硫酸铜悬浮剂 40 倍液、4%福星乳油或 25%日邦克菌 100 倍液，每隔 7~10 天喷一次，喷施 2~3 次。

## 四、枸杞流胶病

枸杞流胶病是枸杞树盘管理粗放的一种常见病害，在宁夏始见于 20 世纪 60 年代，80 年代普遍发生。1989 年普查结果，最轻的病株 59%，最重的为 271%，平均 136%，常常造成半边或整个树冠枯死。新世纪以来，随着栽培管理的集约化，此病的发生越来越少。枸杞流胶病的病原菌是头孢霉属真菌（*Cephalosporium* Corda）

### 1. 危害症状

1 年生枸杞很少发病，一般从 2 年生开始发病。2 年生枝干上全年生长季节均可发病，3~4 年以上发病较为严重。发病时多在 2 年生枝干，当树体叶片卷曲、萎蔫时解剖枝干，可清晰观察到韧皮部已病变为褐色，发病部位多从树干基部创伤处开始延伸到整株树体的枝杈、老芽眼处。发病开始时，枝干、枝杈处出现水渍状斑点，初期斑点 1 平方厘米左右，斑点互相连接扩大至 2~3 平方厘米，严重时达 10 平方米左右。大部分枝干上的斑点，初期以芽眼为中心，尤其是老芽眼处发生较多。病部皮层由褐色变为灰黑色，严重时发生溃疡，从缝隙流出泡沫状汁液，常常造成病部以上枝干枯死。在干旱条件下，病斑多凹陷。老病斑皮层内壁有白色霉层（病原菌）。潮湿时，病斑组织松软，常常造成发病枝干上叶片卷曲、萎蔫，结果枝发病果实着色不均匀，严重时，果实收缩而脱落，有的形成僵果。病部以下枝干枯死亡。在多雨或田间湿度较大时，常造成病部以上枝干枯死，常有交链孢霉、镰刀菌和细菌的二次感染，病斑周围常出现黑色或粉红色霉状物。枸杞树得病后，树干皮层开裂，从中流出泡沫状白色液体，有腥味，树干被害处，皮层黑色，同木质部分离，树体生长逐渐衰弱，然后死亡。其发病主要由栽培管理、修剪技术不当造成树干创伤，不能及时愈合，病菌侵入引起发病。枸杞流胶病在近年枸杞生产中发病率较低，此病多在夏季发生，秋季停止流出胶液。

2. 发生规律

枸杞流胶病菌随病残体在 20~30 厘米的土壤中均可越冬，成活率达 20%~30%，说明此菌既可在田间病株上越冬，也可随病株残体在土壤中越冬，成为最主要的初侵染来源。一般在砂壤土栽植比在盐碱地栽植发病率低。据调查，在砂壤土栽植的枸杞发病率仅为 3.2%，在盐碱地上发病率达 37.5%，尤其是在新开垦的盐碱地上，发病率可高达 73.8%。一般春秋两季发病较为严重，这与西北地区的气候条件有关。春季气温在 15℃~25℃，不利于病菌生长，发病率较低。秋季枸杞进入结果成熟期，气温在 22℃~25℃，雨量比春夏多，发病率较高。因此，多雨、适温是影响发病的主要因素。枸杞瘿螨、蚜虫、介壳虫的虫口密度较大的树木，树势较弱，树体伤口较多，流胶病发生严重,且与其他病混合发生。同时,田周发现枸杞白粉病、炭疽病发生严重的枸杞树,生长的中后期流胶病发生严重。因此,其他病虫害的发生导致树势衰弱,抗病性大大下降,也是流胶病发病的主要诱因。

3. 病情监测

每年 4~10 月,每 7 天一次,每次在枸杞田间随机调查 10 株枸杞记录发病株数,统计发病株率。

4. 防治措施

(1)综合防治

①减少创伤修剪。喷药和机施肥时避免人为造成树干创伤。

②选择适宜的园地。枸杞耐盐碱,但盐碱过大,或土壤黏性重,排水不良,地下水位高处,发病率高,故这样的土壤都不宜种植。一般选择含盐量在 0.33% 以下的砂壤土壤为好。

③合理施肥。枸杞对水肥敏感,为使肥料在土壤中充分腐熟及早发挥肥效,一般在 10 月下旬~11 月中旬施各种腐熟的农家肥。即在树的一侧 0.3~0.5 厘米远的距离,挖一半圆形沟施入肥料,盖土,灌水。第 2 年在树的另一侧开沟施肥。在 5~6 月,还需追 2~3 次氮肥,每株 50~100 克。

④合理翻园中耕。为防止园土板结,每年进行两次翻园晒土,以增加土壤通气和保墒能力,促进根系发育,第一次在初春时土地解冻后,浅挖 12~15 厘米,第二次在灌冬水前或 8 月深翻 21~25 厘米。生长期注意中耕除草,中耕深度 6~10 厘米。

⑤合理修剪增强树势是抗病性的关键措施。一般 4 月植株萌芽后,新梢开始生长时进行春季修剪,主要是修剪枯枝,5~8 月进行夏季修剪,主要是修剪徒长枝、中间枝、密枝,并适当剪去第一和第二批结果枝,以利培养新的结果枝,使秋果丰收。在 10~11 月进行

秋季修剪，剪去枯枝、病虫枝、徒长枝。

⑥刮树皮。当枸杞流胶病斑发展到溃疡阶段，刮去树皮再涂10%双效灵原液或20%叶枯宁的12.5%溶液，治疗效果达75.3%和70.8%。

（2）地膜覆盖物理沟灌防治：枸杞流胶病发生严重的田块，春季结合枸杞红瘿蚊等害虫地膜覆盖物理防治，实施垄作沟灌，降低田间湿度，减少病害的发生。

（3）化学农药防治

①药剂喷雾与病斑涂抹在发病初期。采用64%杀毒矾10%溶液、50%退菌特可湿性粉剂10%的溶液、50%多菌灵2%~10%的溶液在病斑上涂抹，再结合64%杀毒矾0.125%的溶液、50%退菌特可湿性粉剂0.1%的溶液、50%多菌灵0.125%的溶液在叶面、枝干上喷雾，防效可达85%以上。同时在春季枸杞萌芽后，用40%乐果乳油0.10%~0.15%的溶液或50%马拉硫磷0.10%~0.05%的溶液喷雾防治瘿螨、蚜虫，以提高树势和增强抗病性。

②刮除病皮在发病早期。及时将病斑溃疡处及有流胶污染部位的树皮用刀刮干净，再涂64%杀毒矾、50%退菌特、50%多菌灵粉剂10倍液、10%双效灵10倍液或代森锌原粉，可达到控制的作用。流胶病斑发展到溃疡阶段，采用刮去病皮并涂10%双效灵原液或20%叶枯宁8倍液，也可直接在病斑皮外涂20%叶枯宁8倍液。

③天然环保型投入品的树体创伤护理。枸杞生产中，由于操作不当等各种原因常会使枸杞树体受伤，为多种病害的发生提供了侵染危害的途径。为减少病害的发生与流行，需要对伤口进行及时、必要的护理。针对剪口创伤、枝皮伤口、劈裂枝、腐烂伤口等树体的各种创伤，先用5~10波美度的石硫合剂或1%~2%的硫酸铜液进行消毒，然后涂抹保护剂。

## 五、枸杞灰斑病

枸杞灰斑病又称枸杞叶斑病，是夏季高温多雨期枸杞生产中常出现的一种叶部病害，严重时造成叶片衰黄脱落，影响枸杞的产量和质量。枸杞灰斑病病原菌是半知菌亚门真菌，称枸杞尾孢（*Cercospora lycii* Ell. et Halst。）。子实体生在叶背面，子座小，褐色；分生孢子梗褐色，3~7根簇生，顶端较狭且色浅不分枝，直或具膝状节0~4个，顶端近截形，孢痕明显，多隔膜，大小（48~156）微米×（4~55）微米；分生孢子无色透明，鞭形，直或稍弯，基部近截形，顶端尖或较尖，隔膜多，不明显，大小（66~136）微米×（2~4）微米。

### 1. 危害症状

枸杞灰斑病病菌主要危害枸杞叶片，也偶尔危害果实。叶片受侵染初期，叶面呈圆形或近圆形病斑，直径2~4毫米，病斑淡黄褐色，后期病斑中央灰白色，边缘褐色，叶背面常长出黑色霉状物。病斑周围叶色褪淡转黄，逐步发展为整片叶子衰黄。果实易受侵染，出现类似病斑，造成落果。

### 2. 发生规律

中国西北等寒凉地区的枸杞灰斑病病菌以菌丝体或分生孢子在枸杞的枯枝残叶或随病果等病残体遗落在土壤中越冬，翌年分生孢子借风雨传播，进行初侵染和再侵染，扩展危害，条件适宜时，田间可发生多次再侵染。高温高湿天气或多雨年份，土壤湿度大、空气潮湿有利于此病发生。田间种植过密、土壤缺肥、枸杞树体衰弱、疏于管理也是此病发生的诱发条件。南方一些枸杞种植区，病菌没有越冬现象。田间土壤中、病残枝叶、病果上的病菌孢子是初侵染的主要来源，留种插条也常常带病传播。病菌孢子能随风雨气流四处扩散再传染。

### 3. 病情监测

每年 4 月 10 日~10 月 10 日，每 10 天 1 次。每次随机在田间取 5 棵样株，每样株分东、西、南、北 4 个方向各调查 1 个枸杞枝条，共调查 20 个枝条，合并记录各枝条上的叶片总数以及受枸杞灰斑病病菌侵染的叶片数。统计叶片受侵染百分率，计算 20 个枝条叶片的平均受害百分率。

### 4. 防治措施

（1）综合防治

①清洁田园。春季萌芽前和秋季落叶后，及时清洁田园，清除残枝病叶和病果，集中深埋或烧毁，以减少病源。

②选用抗病品种。注意选用抗病品种，如宁杞1号。用无病植株采剪茎条扦插育苗。插条可用1%漂白粉水浸泡消毒10分钟，清水冲洗干净后再插植。

③增施磷、钾肥。枸杞需肥量较大，定植前要施足有机底肥。旺盛生长时注意及时追肥，增施有机肥和磷、钾肥，提高树体的抗病力。提倡施用日本酵素菌沤制的堆肥。

④增加田间通透性。加强田间管理，适当疏剪，防止抽枝过密，增加田间通透性。

⑤合理灌水。适当降低灌水次数，防止大水漫灌，减少园内积水，以控制田间湿度，创造不利于孢子萌发的田间小气候。

（2）地膜覆盖物理沟灌防治　结合枸杞红瘿蚊等害虫地膜覆盖物理防治，实施垄作沟灌，减少田间湿度，恶化枸杞灰斑病的发病条件，减少病害的发生。

（3）化学农药防治　发病初期选用:75%百菌清可湿性粉700~800倍、75%百科灵可湿性粉剂500倍或40%灭病威悬浮剂400倍，每7~10天喷施1次。田间植株发病后，当气候条件有利于病害发生时，可选用：70%艾菌托可湿性粉 700~800 倍、12.5%腈菌唑乳油 1 000~1 200 倍、1.5%噻霉酮水乳剂 800 倍、65%抑霉泰可湿性粉 700~800 倍液喷雾。每 5~7 天喷施 1 次，连续 2~3 次。进入 6 月，田间喷洒 70%代森锰锌可湿性粉剂 500 倍液或 75%百菌清可湿性粉剂 600 倍液、64%杀毒矾可湿性粉剂 500 倍液、30%绿得保悬浮剂 400 倍液，隔 10 天左右 1 次，连续防治 2~3 次。采收前 7 天停止用药。

## 第三节　枸杞虫害种类的防治措施

科研人员经过数代人几十年研究发现，枸杞虫害比枸杞病害对枸杞的危害更为严重。

枸杞属浆果类，果实总糖含量、蛋白质、氨基酸、甜菜碱与胡萝卜素等含量均较高，营养丰富、甘甜味美，易受多种虫危害。科研人员观察发现，枸杞虫害已由 20 世纪末的 30 余种发展到 2018 年的 50 余种，并且详细研究出了这 50 多种虫害的形态特征、危害特点、发生规律和防控方法，从而使枸杞业产步入大面积快速发展轨道。

### 一、枸杞瘿螨

枸杞瘿螨属蛛形纲，蜱螨目，瘿螨科。俗称"虫苞子""痣虫"。民间称之"壁虱"，为害叶片，使叶片隆起成黑痣的昆虫。分布宁夏、甘肃、新疆、陕西、河北、内蒙古等地。

1. *形态特征*

幼螨体微小，体长 0.07~0.10 毫米，圆锥形，浅白色，近半透明；成螨体长 0.08~0.30 毫米，长圆锥形，橙黄色至黄色，头胸部宽短，口器下倾向前，腹部有细环纹，背腹面环纹数一致，约 53 个，腹部

图 7-2 20 世纪 70 年代科技人员观察枸杞病虫害
（图片提供 杨月凤）

前端背面有刚毛 1 对，侧刚毛 1 对，腹侧刚毛 3 对，腹部刚毛 1 对较长，内侧有短附毛 1 对。足两对，爪钩羽状；卵圆球形，直径 0.03 毫米，乳白色，透明。

**2. 危害特点**

枸杞瘿螨主要为害叶片、嫩梢、花瓣、花蕾和幼果，被害部位呈紫色或黄色痣状虫瘿。以成若螨刺吸叶片、嫩茎和果实，被害细胞受刺激后形成黄绿色圆形隆起的虫瘿，叶片严重扭曲，生长受阻，叶片嫩茎不能食用，嫩梢畸形弯曲，不能正常生长，花蕾不能开花结果，果实产量和质量降低。

**3. 发生规律**

宁夏农林科学院技术人员 2010~2016 年研究结果表明，瘿外成螨消长与温度有着密切的关系，分为三个阶段：即 4 月上中旬的越冬成螨从冬芽和树缝转到新叶表面上活动的时期为第一阶段；5 月下旬至 6 月上旬是第二阶段；8 月下旬至 9 月中旬为第三阶段。其中第二和第三阶段是当年出瘿成螨的两个高峰期。气温 20℃左右瘿外成螨活动活跃，气温 5℃以下，开始进入越冬阶段，到 11 月中旬全部越冬，以雌成螨在当年生枝条的越冬芽、鳞片内以及枝干缝隙。1 年发生 10 代左右。

**4. 防控方法**

（1）化学农药防控　经枸杞瘿螨室内毒力测定，1.8%阿维菌素对枸杞瘿螨的毒力最高，致死中浓度为 1.865 微克/毫升，20%哒螨酮的毒力为 30.450 9 微克/毫升；经田间防控效果试验，一次施药后 7 天调查，1.8%阿维菌素 3 000 倍、20%哒螨酮 1 000 倍防控枸杞瘿螨防效分别达 95.84%、86.39%；14 天后进行了第二次施药，1.8%阿维菌素 3 000 倍、20%哒螨酮 1 000 倍防效分别达 92.51%、88.91%，对枸杞瘿螨表现出了较好的田间防控效果。因此确定阿维菌素和哒螨酮是防控枸杞瘿螨的有效药剂。

（2）生物农药防控　经宁夏农林科学院植物保护研究所技术人员最新试验结果表明，印楝素对枸杞瘿螨的毒力最大，高于阿维菌素，其次为黎芦碱、小檗碱，其作用与哒螨酮相当。苦参碱的毒力作用较低，但高于吡虫啉；烟碱作用较差，鱼藤酮不表现毒力作用。因此，选择印楝素、黎芦碱、苦参碱作进一步的生物药剂筛选。

田间防效试验结果：第一次药后 7 天调查，0.5%黎芦碱 SL、0.3%印楝素 EC 对枸杞瘿螨表现出一定控制作用，平均防效在 26.72%~28.33%，其中 0.5%黎芦碱与 1.8%阿维菌素的防效差异不显著；药后 14 天各药剂防效均略有提高，0.3%印楝素 EC 表现出较好的持续性，防效达到 54.11%~56.74%，与 1.8%阿维菌素的防效 57.91%无显著性差异；二次施药 0.5%黎芦碱 SL、0.3%印楝素 EC 仍保持高效和持续性，药后 14 天防效分别达到 64.46%和 59.81%。因此，筛选出 1%苦参碱 SL、0.5%黎芦碱 SL、0.3%印楝素 EC 和 L2 作为防控枸杞瘿螨的安全有效生物药剂。

（3）复配药剂防控　复配药剂是用小檗碱植物提取液和阿维菌素原药复配制成的小檗碱·阿维菌素水剂，其中阿维菌素的含量为 1~

2毫克/升,小檗碱植物提取液的含量为45~55毫克/升。经2007~2008年宁夏农林科学院植物保护研究所大量试验表明,小檗碱·阿维菌素2 000倍对枸杞瘿螨的防控可达70%左右,对枸杞蚜虫的防控效果可达95%以上,与2.0%阿维菌素稀释3 000倍对枸杞瘿螨、枸杞蚜虫的防控效果无显著差异。小檗碱·阿维菌素水剂可大大降低阿维菌素用量,同时提高阿维菌素对害虫的毒力,且提高小檗碱植物提取液对靶标害虫的控制作用,解决了小檗碱植物提取液对害虫药效慢,田间药效差,喷药次数多,内吸渗透作用差的缺陷问题。

(4)防控时间 在4月下旬、6月中旬、8月中旬。农药品种以内吸性杀螨剂为主。最佳防控期为成虫出蛰转移期。

(5)注意事项 提高防控效果,注重于虫体暴露期的虫情测报,在短时间内集中药械防控。

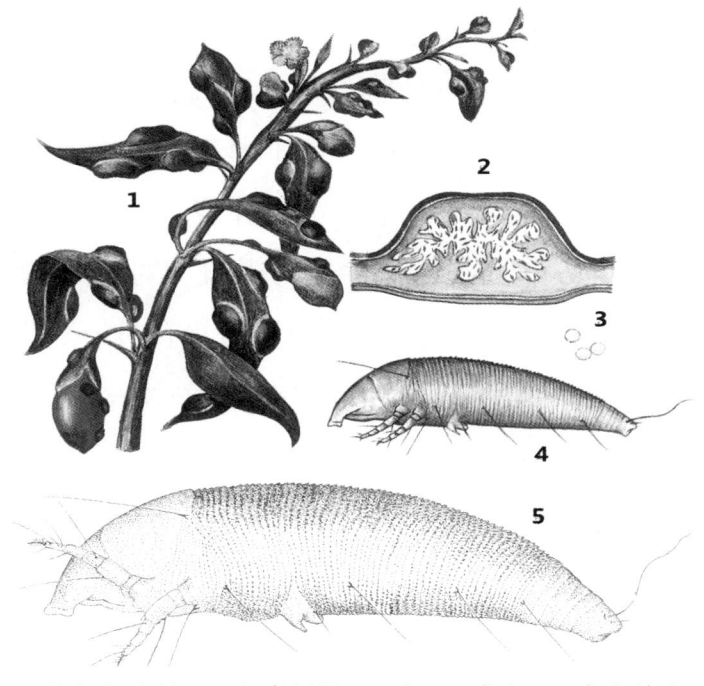

1.枸杞初害状;2.虫瘿剖视;3.卵;4.成虫;5.成虫放大

图7-3 枸杞瘿螨

(图片提供 胡忠庆 李锋 李晓莺)

## 二、枸杞木虱

枸杞木虱属同翅目，木虱科，又叫"猪嘴蜜""黄疸"。该虫是枸杞生产上三大害虫之一。分布在宁夏、甘肃、新疆、陕西、河北、内蒙古等。危害多种果树、枸杞、龙葵等。

1. 形态特征：

（1）成虫　体长3.75毫米，翅展6毫米，形如小蝉，全体黄褐至黑褐色，具橙黄色斑纹。复眼大，赤褐色。触角基节、末节黑色，金黄色；末节尖端有毛，额前具乳头状颊突1对。前胸背板黄褐色至黑褐色，小盾片黄褐色。前中足节黑褐色，金黄色，后足腿节略带黑色，余为黄色，胫节末端内侧具黑刺2个，外侧1个。腹部背面褐色，近基部具1蜡白横带，十分醒目，是识别该虫重要特征之一。端部黄色，余褐色。翅透明，脉纹简单。黄，褐色。

（2）卵　长0.3毫米，长椭圆形，具一细如丝的柄，固着在叶上，酷似草蜻蛉卵。橙黄色，柄短，密布在叶上别于草蜻蛉卵。

（3）若虫　扁平，固着在叶上，如似介壳虫。末龄若虫体长3毫米，宽1.5毫米。初孵时黄色，背上具褐斑2对，有的可见红色眼点，体缘具白缨毛。若虫长大，翅芽显露覆盖在身体前半部。

2. 危害特点

成、若虫在叶背把口器插入叶片组织内，刺吸汁液，致叶黄枝瘦，树势衰弱，浆果发育受抑，产量降低，品质下降，造成春季枝干枯。严重时造成1~2年幼树当年死亡，成龄树果枝或骨干枝翌年早春全部干死。

3. 发生规律

北方年生3~4代，以成虫在土块、树干上、枯枝落叶层、树皮或墙缝处越冬。翌春枸杞发芽时开始活动，把卵产在叶背或叶面，黄色，密集如毛，俗称黄疸。孵化后的若虫从卵的上端顶破卵壳，顺着卵柄爬到叶片上为害，若虫全部附着在叶片上吮吸叶片汁液，成虫羽化后继续产卵危害。6~7月盛发，成虫常以尾部左右摆动，在田间能短距离疾速飞跃，腹端泌蜜汁。枸杞木虱各代的发育与气温关系不大，一般卵期9~12天，若虫期23天左右，每完成一个世代的时间大约35天，木虱一年发生5代，各代有重叠现象。木虱卵期的有效积温（K）为90.2日·度，发育起点温度为（7.2±2.4）℃；幼虫期的有效积温为291.8日·度，发育起点温度为（8.4±2.9）℃；整个世代有效积温为547.6日·度，发育起点温度为（7.9±2.0）℃。据2005年4月14日田间调查，成虫有虫枝条为40%，叶片有卵量占50%叶片最高卵量30粒，此期是枸杞木虱开始大量产卵期和卵的孵化期，枸杞木虱进入始发阶段。因此，将4月10~15日作为春季第一次防控枸杞木虱始期较为适宜。

4. 防控方法

春季和秋季防控可结合田间枸杞蚜虫和枸杞瘿螨防控同时进行，采用10%吡虫啉可湿性粉剂2 000倍、48%毒死蜱乳油1 000倍、1.8%阿维菌素乳油5 000倍液喷雾防控。7~8月田间对枸杞蚜虫、枸杞瘿螨等害虫防控次数减少的情况下尽量利用田间自然天敌，如异色瓢虫、啮小蜂等进行自然控制，若危害严重时可采用上述药剂补防一次。防控越冬成虫，可在冬季成虫越冬后清理树下的枯枝落叶及杂草，早春刮树皮，清洁田园，可有效降低越冬成虫数量。5月上中旬及时摘除有卵叶，6月上中旬剪除枸杞木虱若虫密集枝梢并销毁；6月下旬及9月上旬为成虫发生的两个高峰期，网捕成虫可明显减少第二若虫危害及翌年越冬成虫量。

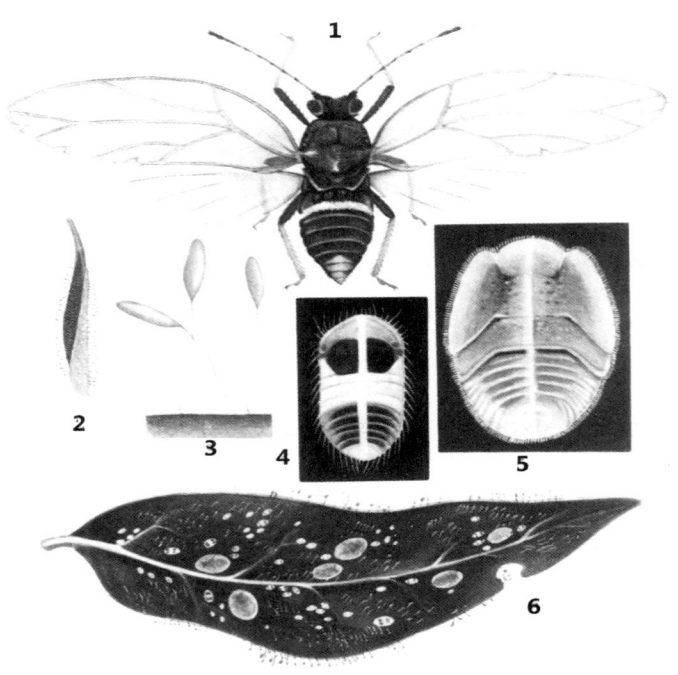

1.成虫；2.卵群产于叶底及叶面；3.卵放大；4.幼龄若虫；5.末龄若虫；
6.枸杞叶面卵群及若虫被害状

图 7-4　枸杞木虱

（图片提供　胡忠庆　李锋　李晓莺）

## 三、枸杞红瘿蚊

枸杞红瘿蚊 1972 年始见于野生枸杞植株上，是一种专门危害枸杞幼蕾的害虫。成虫将卵产于枸杞幼嫩花蕾，卵孵化后以幼虫取食子房，使花蕾呈盘状畸形虫瘿，虫瘿内幼虫有数十头至百余头，致使花蕾不能正常开花结实，最后干枯早落。分布宁夏、甘肃、新疆、陕西、河北、内蒙古等地。

**1. 形态特征**

（1）成虫　长 2.0~2.5 毫米，黑红色，形似小蚊子。触角 16 节，串珠状有银毛，复眼黑色，在头顶部相接，下颚须 4 节；各足第一跗节最短，第二跗节最长，爪钩 1 对。

(2)卵 淡橙色或近无色，常10余粒产于幼蕾顶部内。幼虫：长2.5毫米，橙红色，扁圆，腹节两侧各有一微突，上生一短刚毛。

(3)蛹 黑红色，长2毫米，头顶有二尖齿，齿后有一长刚毛，两侧有一突起。

### 2. 危害特点

幼虫在幼苗内为害子房，被红瘿蚊产卵的幼蕾，卵孵化后红瘿蚊幼虫就开始咬食幼蕾，形成畸形花蕾。经它危害的幼蕾，失去开花结实的能力。早期幼蕾纵向发育不明显，横向发育羽显，被危害的幼蕾变圆，变亮，使花蕾肿胀成虫瘿。后期花被变厚，撕裂不齐，呈深绿色，不能开花，最后枯腐干落。

### 3. 发生规律

枸杞红瘿蚊一年约发生6代。以老熟幼虫在土里越冬，翌年春化蛹，4月中旬枸杞现蕾时成虫出现，5月是盛期，产卵于幼蕾顶部内。幼虫蛀食子房，被害蕾呈畸形。因不能开花而脱落。9月下旬以老熟幼虫入土越冬。红瘿蚊每完成一个世代需要22~27天，即羽化后到产卵2天，卵期2~4天，幼虫危害期11~13天，蛹期7~8天。除第一代发育整齐外，其他各代世代交替比较明显。

### 4. 防控方法

(1)4月中旬喷50%一六〇五乳油1 000倍液，地面封闭喷200倍稀释液，然后灌水。或用40%辛硫磷微胶囊500倍液拌毒土均匀地撒入树冠下及园地后耙地，灌头水土壤封闭。对于幼蕾内的幼虫，应喷内吸药如40%氧化乐果的800倍稀释液。成虫发生期喷洒乐果1 000倍液防控。

(2)防控时间 在4月中旬、5月下旬。农药品种以内吸性杀虫剂为主。最佳防控期是化蛹期、成虫期。

(3)注意事项 用过筛细土作毒土，拌药均匀。

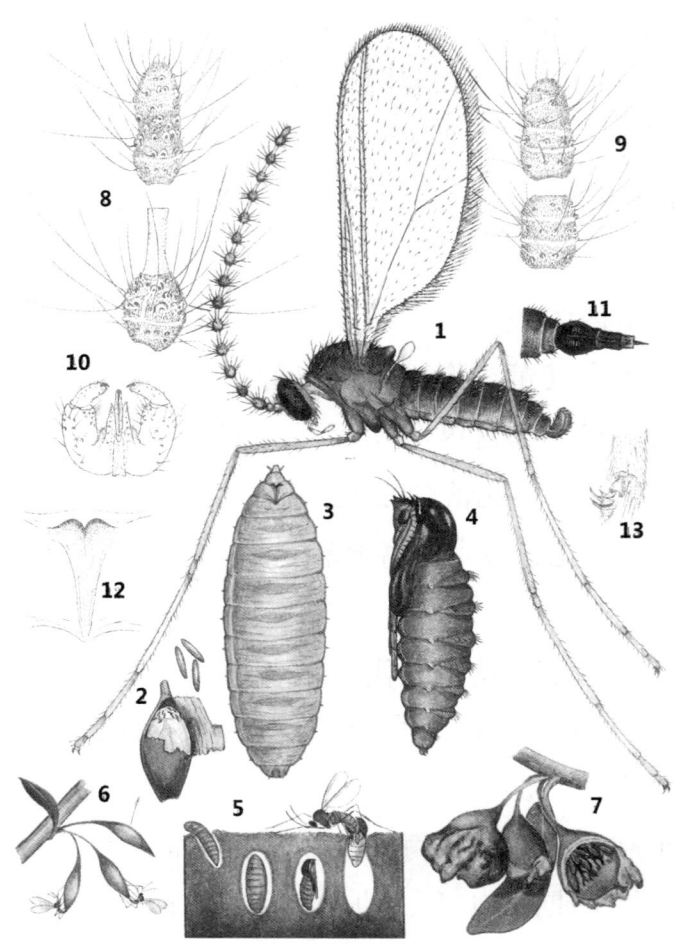

1.雄成虫；2.卵及产卵部位；3.幼虫；4.蛹；5.幼虫入土化蛹及成虫羽化；
6.成虫产卵状；7.花蕾被害状；8.雄成虫触角15~16节；9.雌成虫触角15~16节；
10.雄成虫交配器；11.雌成虫产卵管；12.幼虫剑骨片；13.成虫足端爪钩

图 7-5 枸杞红瘿蚊
（图片提供 胡忠庆 李锋 李晓莺）

## 四、枸杞蚜虫

枸杞蚜虫又叫"绿蜜""蜜虫"，属蚜科。该出分布于中国枸杞种植区，繁殖快，枸杞蚜虫危害期长，是枸杞生产中成灾性害虫，也是枸杞生产中重点防控的害虫之一，对枸杞的产量和品质影响极大。

### 1. 形态特征

枸杞蚜虫属不完全变态，有卵、若虫和成虫三种形态。成虫有翅胎生蚜，体长1.9毫米，黄绿色。头部黑色，眼瘤不明显。触角6节，黄色，第1、2两节深褐色，第6节端部长于基部，全长较头、胸之和长。前胸狭长与头等宽，中后胸较宽，黑色。足浅黄褐色，腿节和胫节末端及跗节色深。腹部黄褐色，腹管黑色圆筒形，腹末尾片两侧各具2根刚毛，无翅胎生，体较有翅蚜肥大，色浅黄，尾片亦浅黄色，两侧各具2~3根刚毛。

### 2. 危害特点

枸杞蚜虫常群集嫩梢、花蕾、幼果等汁液较多的幼嫩部位，吸取汁液，造成受害枝梢曲缩，生长停滞，受害花蕾脱落，受害幼果成熟时不能正常膨大。严重时，枸杞叶、花、果表面全被蚜虫的分泌物所覆盖，起油发亮，直接影响了叶片的光合作用，造成植株早期落叶、落花、落果，致使大量减产。

### 3. 发生规律

上世纪70~80年代，宁夏农林科学院植物保护研究所高兆宁的研究结果表明，在宁夏枸杞蚜虫一年发生约15代，以卵在枝条缝隙、腋芽处越冬，翌年4月下旬孵化为干母，孤雌胎生，第2~3代即出现有翅蚜，在田间繁殖、扩展，以5月中旬~7月中旬蚜虫密度最大，6月份是危害高峰期。7月中下旬虫口略有下降，9月回升，危害秋梢，10月上旬产生性蚜，交配产卵，10月中旬为产卵盛期，11月上旬为末期。危害期日平均气温在18℃~28℃，温度越高、降雨少，蚜虫数增加越快。日均温度20℃时是有翅蚜出现的高峰期，高峰期之后，由于全部以孤雌胎生繁殖，约15天时间生产上出现危害高峰期。也有技术人员发现，生产上施用氮肥过多，生长过旺，受害重。主要天敌有瓢虫、草蛉、食蚜蝇等。

宁夏农林科学院植物保护研究所技术人员的最新研究结果表明，枸杞蚜虫发育起点温度为8.91℃，每完成一个世代需有效积温（K）为88.36日度。发育天数最长12天，最短5天，平均8.75天；据计算在银川地区枸杞蚜虫每年发生19.65代。确定30厘米枝条蚜虫数量为5头时为枸杞蚜虫的防控指标。枸杞蚜虫在4月上旬开始活动，5月中旬达到防控指标。6月中下旬虫口数量猛增，6月上旬~7月上旬出现第一个为害高峰期，7月中旬虫口数量减少，8月中旬~9月中旬出现第二次高峰期。

**4. 防控方法**

（1）化学农药防控　经田间防控效果试验，一次施药后7天调查，25‰吡虫啉可湿性粉剂为2 000倍、48%毒死蜱800倍防控枸杞蚜虫的防控效果分别达93.78%、96.50%；14天后进行第二次施药，二次药后7天调查，25‰吡虫啉可湿性粉剂为2 000倍、48%毒死蜱800倍防控枸杞蚜虫的防控效果分别达94.50%、95.92%。试验药剂和剂量对枸杞蚜虫表现出了较好的田间防控效果。因此，确定吡虫啉和毒死蜱是田间使用的有效药剂。

（2）生物农药防控　根据生物药剂对枸杞蚜虫室内毒力测定、田间防效试验、天敌安全性及对非靶标生物影响结果的综合分析，筛选出1%苦参碱SL、0.5%藜芦碱SL、0.5%印楝素EC和小檗碱作为防控枸杞蚜虫的安全有效药剂。

（3）复配药剂防控　根据供试药剂对枸杞蚜虫的生物测定结果，筛选出小檗碱与吡虫啉复配，并通过增效作用和共毒系数的确定筛选出防控枸杞蚜虫的最佳的复配制剂——小檗碱·吡虫啉水剂，经毒力试验，吡虫啉原药对枸杞蚜虫的毒力回归方程$y=1.253\ 4x+3.402\ 1$，$LD_{50}$为18.825 1微克/毫升；小檗碱·吡虫啉水剂对枸杞蚜虫的毒力

回归方程 $y=1.4981x+4.4781$，LD50 为 2.2301 微克/毫升。上述结果说明，小檗碱植物提液对吡虫啉具有明显的增效作用，小檗碱·吡虫啉水剂对蚜虫的毒力是吡虫啉的 8.44 倍。田间试验结果表明，小檗碱·吡虫啉水剂后 1 天、药后 14 天防效分别为 95.26%、91.40%，与 10%吡虫啉的药后 1 天防效 92.17%、药后 14 天防效 85.49%无显著差别。小檗碱·吡虫啉水剂（吡虫啉含量为 2.3%）的防效与 10%吡虫啉的防效相当，不仅显著提高小檗碱植物提取液对靶标害虫的控制作用，而且大大减少吡虫啉的用量，同时小檗碱·吡虫啉水剂表现出较好的持效性。

（4）防控时间　为 4 月、5 月、6 月、7 月至 8 月下旬。最佳防控期为蚜虫（干母）孵化期和无翅胎生蚜期。树冠喷雾时着重喷洒叶背面。

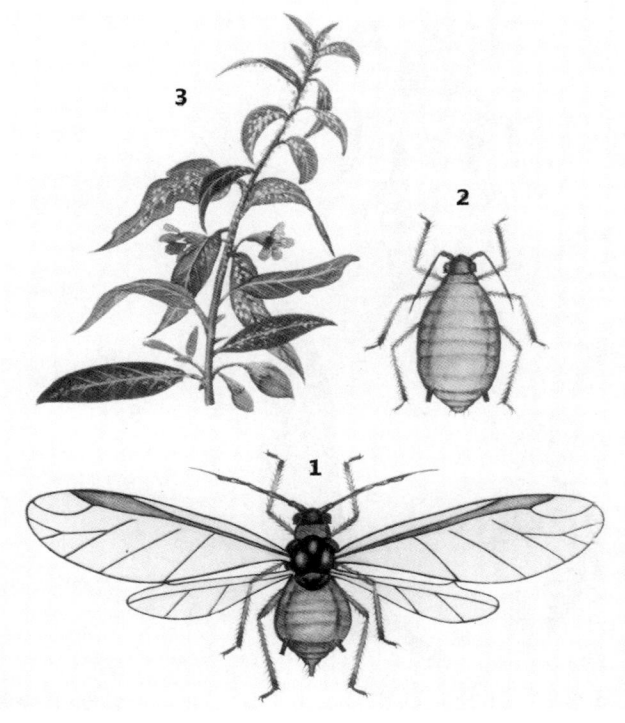

1.有翅胎生蚜；2.无翅若蚜；3.枸杞被害状

图 7-6　枸杞蚜虫

（图片提供　胡忠庆　李锋　李晓莺）

（5）保护利用天敌：枸杞蚜虫的天敌主要有七星瓢虫、龟纹瓢虫、草蛉、食蚜蝇、蚜茧蜂等益虫。

## 五、枸杞蓟马

枸杞蓟马，昆虫纲缨翅目的统称。幼虫呈白色、黄色，体微小 0.5~2.0 毫米，以成虫在枯叶下隐蔽处越冬，繁殖率高。

### 1. 形态特征

该害虫繁殖以成虫孤雌生殖为主，偶有两性生殖。卵散产于叶片组织内，每次产卵 22~35 粒。成虫极活跃，能飞善跳，可借自然力迁移扩散。

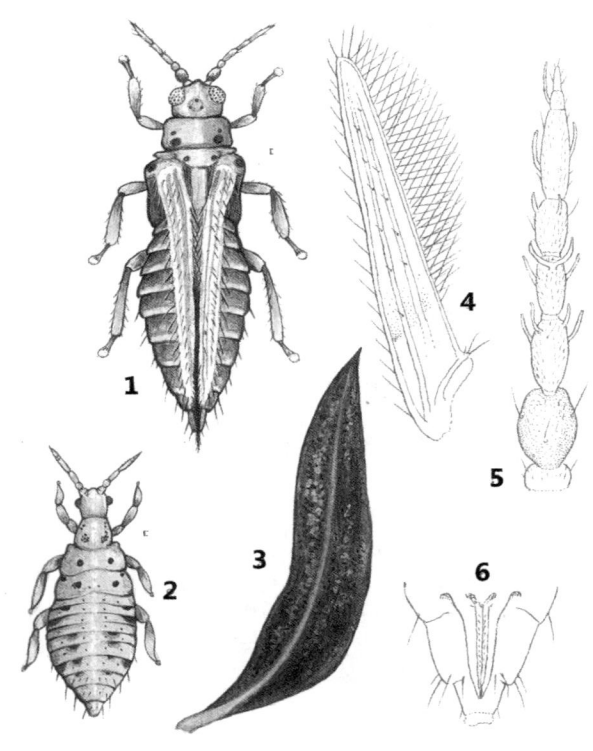

1.成虫；2.若虫；3.枸杞叶背被害状；4.前翅；5.触角上的感觉锥及鬃序 6.雌虫腹部 8~10 节的腹面

图 7-7 枸杞裸蓟马

（图片提供 胡忠庆 李锋 李晓莺）

#### 2. 危害特点

次年春季展叶后即活动,危害枸杞植株,6~7月危害最重,严重时虫体密布叶片背面,吸食汁液,在叶片上形成微细的白色小点,叶片背面密布黑褐色排泄物,被害叶片略成纵向反卷,造成早期落叶、果形萎缩甚至落果。

#### 3. 发生规律

蓟马喜欢温暖、干旱的天气,其适温为23℃~28℃,温湿度过大不能存活,当相对湿度达到100%,温度大于31℃时,若虫全部死亡。

#### 4. 防控方法

成虫怕强光,多在背光场所集中危害,阴天、早晨、傍晚和夜间才在寄主表面活动,难以防治。

### 六、枸杞锈螨

枸杞锈螨又称刺皮瘿螨,属瘿螨科。成群虫体密布于叶片吸取汁液,使叶片变成铁锈色而早落。

#### 1. 形态特征

枸杞锈螨体长0.10~0.13毫米,肉眼看不见,显微镜下观察,褐色或橙色,似胡萝卜形,与瘿螨相似。腹部逐渐狭细,口器向下与体垂直,胸部腹板有毛1对,腹部由环纹组成,背部环粗,约有33个,腹部环纹细密,数目约3倍于背面,腹侧有长毛4对,腹端毛1对;足两对,膝节、胕节各长毛1根。爪上方有弯形跗毛1根,毛端球形。

#### 2. 危害特点

枸杞锈螨在叶片上分布最多,一叶多达数百头到2 000头之多,主要分布在叶片背面基部主脉两侧,自若螨开始将口针刺入叶片,成群虫体密布叶片吸食汁液,使其加厚变硬而下弯,密被锈褐色斑,

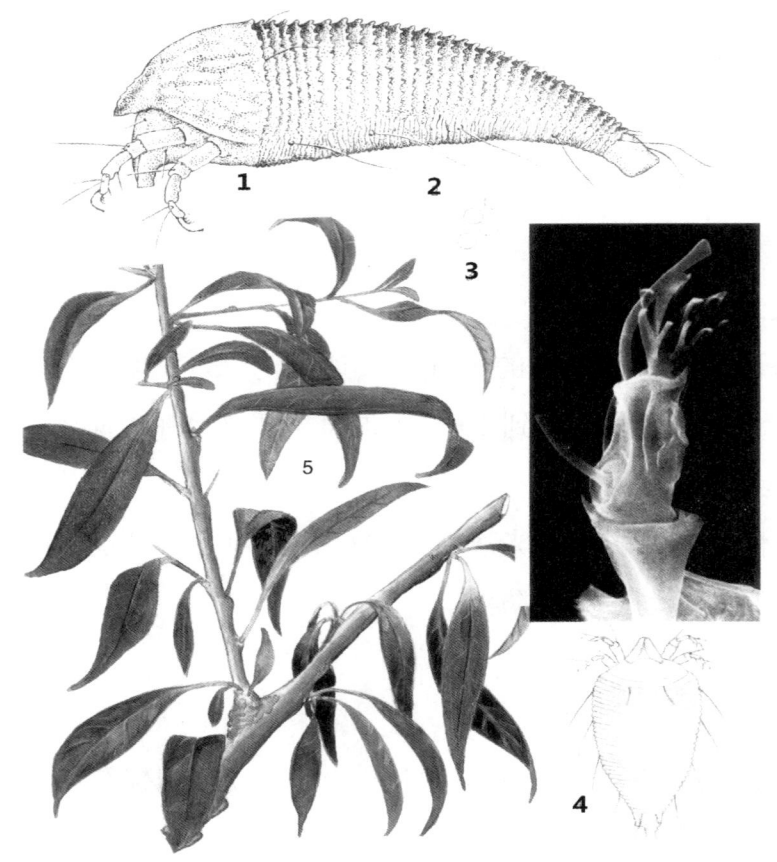

1.成螨；2.卵粒；3.足爪钩（10000X）；4.若螨；5.枸杞叶被害状

图 7-8 枸杞锈螨

（图片提供 胡忠庆 李锋 李晓莺）

锈斑上布满锈粉粉末，使叶片营养条件恶化，光合作用降低，叶片变硬、变厚、变脆、弹力减弱，叶片颜色变为铁锈色。严重时整树老叶、新叶被害叶片表皮细胞坏死，叶片失绿，叶面变成铁锈色，失去光合能力，全部提前脱落，只有枝，没有叶。继而出现大量落花、落果，一般可造成减产60%左右。

**3. 发生规律**

枸杞锈螨一年有两个繁殖高峰，即6、7月的大高峰和8、9月的小高峰。锈螨的爬行仅限于单株范围，株间短距离传播靠昆虫、风和农事活动,远距离传播主要是苗木。成螨在树皮缝隙、芽腋等处越冬,翌年4月中旬枸杞展叶后开始危害活动,4月下旬开始产卵,5月下旬至6月下旬为繁殖最盛期,在单株上吸汁危害,直至叶片表皮细胞坏死,叶片变为铁锈色,失去光合作用,出现大量落叶,此后由于叶片营养条件变坏,螨数大减,7月底至8月初发出新叶,出现第二次繁殖高峰,9月中旬繁殖较慢,10月份落叶后成螨转迁到枝条裂缝内过冬。枸杞锈螨从卵发育到成螨,完成一个世代平均为12天,全年可发生20代以上。锈螨会至秋末落叶后,在树上隐蔽处越冬。

4. 防控方法

(1)防控时间　在5月下旬、6月中旬、7月上旬。农药品种以触杀性杀螨剂为主。最佳防控期是成虫、若虫期。

(2)注意事项　防控时期日照长、气温高,喷洒农药的时间选择在10:00以前和16:00以后、着重喷洒叶背面。

## 七、枸杞黑盲蝽

枸杞黑盲蝽属盲蝽科,分布于宁夏(中宁、银川、中卫、西吉、盐池)等地。

1. 形态特征

该虫体长约3毫米,宽约1.5毫米,是一种较宽而短的盲蝽。全体黑色状部分,与体等长基部黑色,有黄纹。

2. 危害特点

卵单产于枸杞细枝条皮下,产卵处稍隆起。因此虫形体甚小,形似蜜虫(蚜),色红善跑,俗称"红跑蜜"。主要以成虫和幼虫吸吮枸杞汁液,影响生长发育。

3. 发生规律

7月间,若虫及成虫普遍发生于野生枸杞,吸吮枸杞汁液,影响

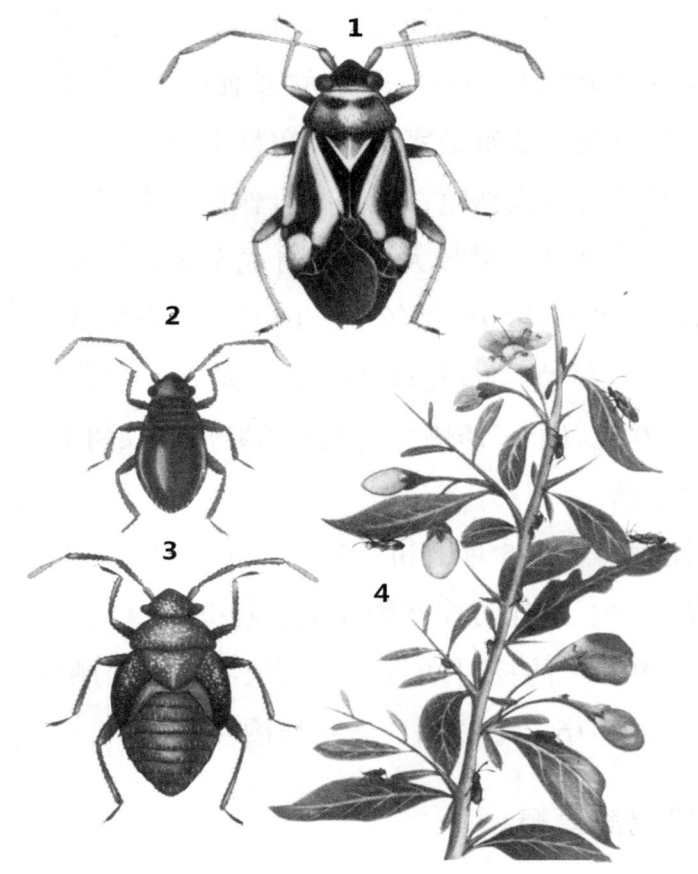

1.成虫；2.幼龄若虫；3.末龄若虫；4.成虫及着虫被害枸杞状

图 7-9　枸杞黑盲蝽

（图片提供　胡忠庆　李锋　李晓莺）

生长发育。成虫、若虫均甚活泼，爬行迅速快。1958 年以前是枸杞的主要害虫，其后则发生不多。成虫飞翔力亦强，如遇惊扰即很快飞去或迅速爬到茎基及叶下藏匿，不易捕捉。

**4. 防治措施**

（1）综合防治　摘除受害枝条。发生重、面积小的枸杞园，于每年的 7~8 月，每隔 5~7 天结合采果工作，摘除症状明显的被害枝条，对降低后期的危害基数效果明显。清理园地。于秋季枸杞采摘结束和春季枸杞修剪时，清除田间枯枝、修剪枝、落叶、落果及杂草，在田园外集中焚烧,降低后期危害的虫源。

(2)物理防治 每年7~8月中下旬,待成虫出现后,每天用捕虫网捕捉。

(3)化学农药防治 树冠喷雾防治每年的7~8月,结合其他害虫的防治,选择25%功夫200倍液、2.5%氯氰菊酯2 000~2 500。

## 八、枸杞龟甲

枸杞龟甲分布于宁夏、陕西、甘肃、青海、新疆、山西、江西等地,体酷似一种绿色瓢虫,触角黄绿色。

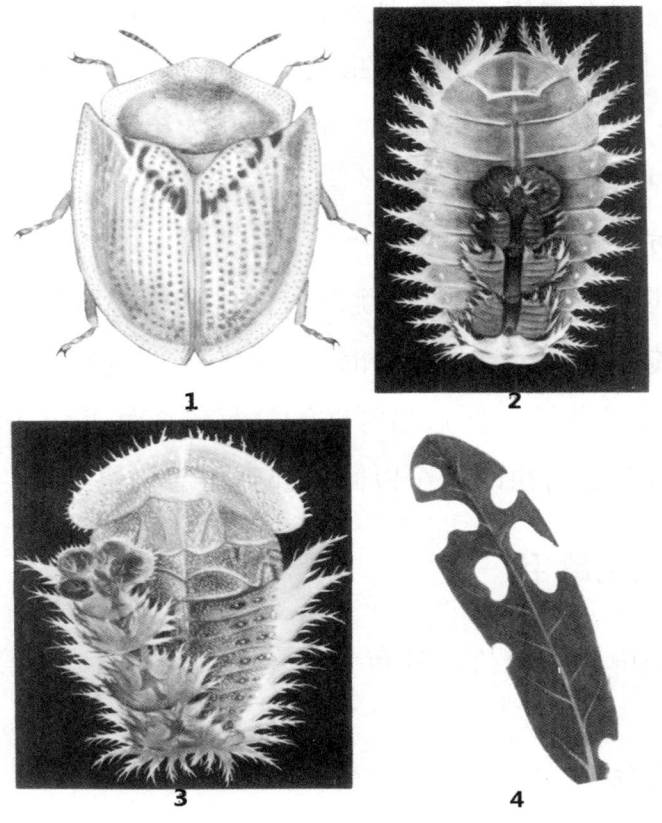

1.成虫;2.幼虫;3.蛹;4.枸杞叶片被害状

图7-10 枸杞龟甲

(图片提供 胡忠庆 李锋 李晓莺)

### 1. 形态特征

成虫长 4~5 毫米，宽 3~4 毫米，黄绿色，周缘淡黄色，以成虫在寄主下土中及枯叶下越冬。卵产于叶片端部，呈黑色虫粪状，下旬达产卵盛期和幼虫孵化初期。

### 2. 危害特点

4月上旬出蛰活动，取食枸杞新叶，蚕食梢叶成孔洞缺刻，严重时可将梢叶食光。

### 3. 发生规律

4月中旬交配产卵，成虫寿命较长，可连续产卵至 5 月中旬，因之世代重叠，虫态混生，第一代幼虫于 5 月上旬至下旬危害，幼虫有 6 个龄期，5 月下旬~6 月上旬幼虫老熟，陆续固着叶上化蛹，羽化为第一代成虫，7 月上旬为第二代，8 月下旬为第三代，10 月间以末代成虫在树下枯叶中越冬。

### 4. 防控方法

（1）物理防治　利用成虫的跳跃习性，在枸杞园使用黏虫板防治枸杞蚜虫、枸杞木虱、枸杞蓟马时可同时防治枸杞龟甲。

（2）化学农药防治　树冠喷雾防治，每年 3 月下旬~9 月中旬，防治枸杞蚜虫等其他害虫时，可以同时起到防治枸杞龟甲的作用。

## 九、枸杞毛跳甲

枸杞毛跳甲属叶甲科，分布于宁夏、甘肃、新疆、陕西、河北、山西等地区。

### 1. 形态特征

成虫体长 1.6 毫米，宽 0.9 毫米，卵圆形，黑色，触角、腿端、胫节及跗节黄褐色；触角基部上方有 2 个刻点，上生 2 毛；触角 11 节，长约体半。

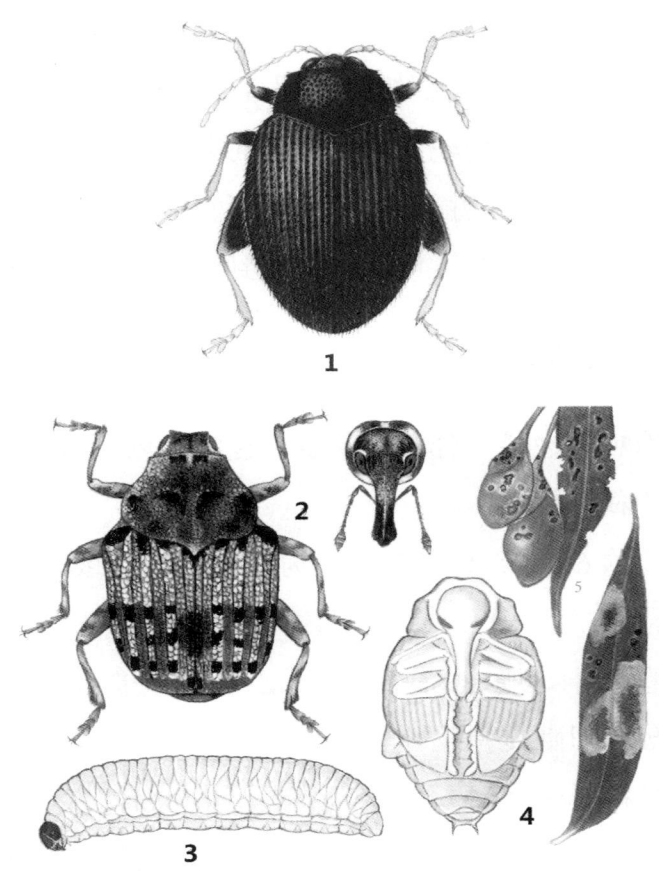

1.成虫枸杞龟象；2.成虫及头部 3.幼虫；4.幼虫；5.杞果及叶片被害状

图 7-11　枸杞毛跳甲

（图片提供　胡忠庆　李锋　李晓莺）

### 2. 危害特点

以成虫在株下土中或枝条上挂的枯叶中越冬，4月上旬枸杞发芽时开始活动，中旬为盛期，食害新芽，生长点被破坏，新芽不能抽出，展叶后在叶面啃食肉成点坑。严重时坑点相连戒枯斑，叶片早落，并食害花器及幼果，使果实不能成长或残缺不整。

### 3. 发生规律

生长期间均有成虫为害，以 6~8 月为最多，多集于梢部嫩叶上。一片叶常有数虫为害，稍有惊扰，即弹跳落地或飞逸。

4. 防控方法

（1）物理防治　利用成虫的跳跃习性，在枸杞园使用黏虫板防治枸杞蚜虫、枸杞木虱、枸杞蓟马时可同时防治枸杞龟甲。

（2）化学农药防治　树冠喷雾防治，每年3月下旬~9月中旬，防治枸杞蚜虫等其他害虫时，可以同时起到防治枸杞龟甲的作用。

## 十、枸杞卷梢蛾

枸杞卷梢蛾麦蛾科，分布于宁夏、青海、内蒙古等枸杞主产区。

1. 形态特征

成虫体长约6毫米（至翅端），为紫褐色的小蛾子。

2. 危害特点

幼虫缀卷嫩梢，啃食新叶和生长点，并蛀食花器和幼蕾，性情活泼，一经触动即翻转弹跳吐丝下坠。

3. 发生规律

一年发生3~4代，以老熟幼虫在枝条上的枯叶中越冬。次年5月间出现成虫，6月上旬第一代幼虫危害导致卷梢，6月中下旬出现第二代成虫，7月下旬出现第三代成虫，以后还可繁殖第四代。

4. 防治方法

（1）综合防治　清理园地。根据枸杞卷梢蛾以老熟幼虫在枝条上的枯叶中越冬的习性，于秋季枸杞采摘结束和春季枸杞修剪时，清除田间枯枝、落叶，在田园外集中焚烧后还田，以降低越冬蛹基数，减少春季虫源量，减少危害程度。修剪措施在5月中下旬，见到黏缀新梢较多时，夏季修剪时疏除黏缀新梢。通过修剪，清除第一代幼虫危害的枝梢，消灭其中幼虫。枸杞卷梢蛾幼虫活动期的6月上旬、7月上旬、8月中旬采用人工采摘虫果、摘除受害嫩枝的方法，捕杀危害中的幼虫，降低危害率。

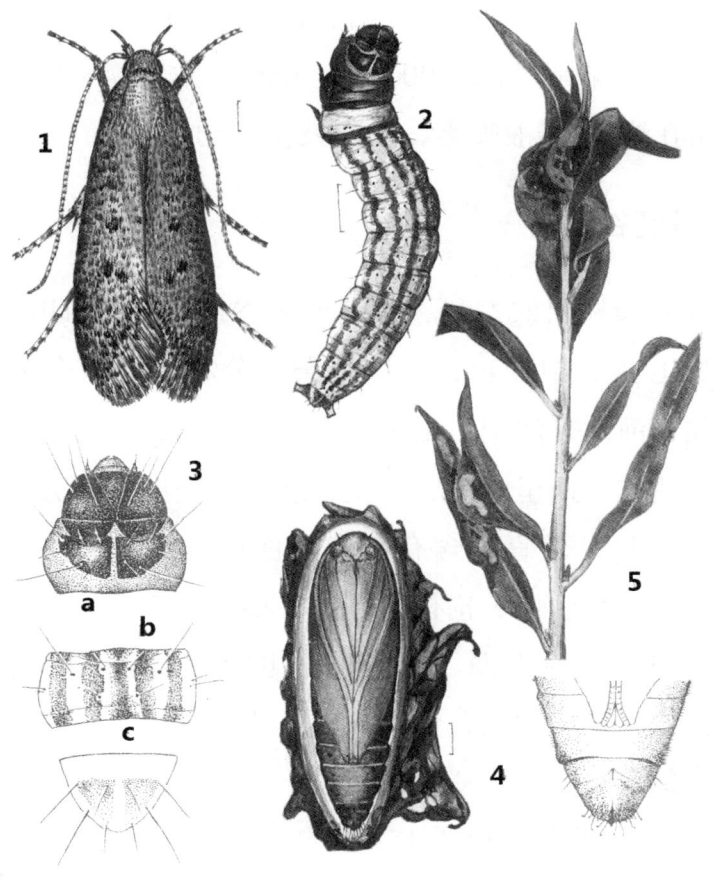

1.成虫;2.幼虫;3.幼虫体节(a.头及前盾板 b.腹节背线 c.臀板);4.蛹及体后段;5.枸杞梢被害状

图7-12 枸杞卷梢蛾

(图片提供 胡忠庆 李锋 李晓莺)

(2)物理防治 灯光诱捕。枸杞卷梢蛾成虫活动期的5月上旬、6月中下旬、7月下旬,在田间悬挂太阳能杀虫灯,诱捕成虫。人工诱捕。幼虫越冬前的9月中下旬,在枸杞树干上捆绑稻草、麦秸,诱使幼虫在其上结茧,到冬季将稻草、麦秸取下,在同集中焚烧处理,起到对枸杞卷梢蛾的防治。

(3)化学农药防治 枸杞树冠喷雾,防治幼虫发生期结合对枸杞蛀果蛾、蚜虫、瘿螨等害虫的防治,喷洒胃毒剂和触杀剂,毒杀幼虫。用90%敌百虫晶体800~1 000倍、1%阿维菌素600倍、40%毒死蜱测倍、2.5%溴氰菊酯乳油3 000倍、4.5%高效氯氰菊酯3 000倍或20%杀灭菊酯乳油20倍液喷雾，杀死枝梢部幼虫。

## 十一、印度谷螟

印度谷螟属鳞翅目螟蛾科，别名印度谷斑（螟）、印度谷蛾、印度粉蛾，枣蚀心虫、封顶虫，食性很杂。分布宁夏（全区）、新疆、内蒙古、东北、河北、河南、山东、上海、江西、湖南、湖北、广东等地，日本、朝鲜、斯里兰卡、印度，欧洲、美洲也有分布。此虫对含糖干果有强趋性，较喜食含有糖脂的食物，如干果类、花生、麻籽、豆类等，也危害生地、枸杞、厚朴、枣仁、菊花等中药材和成药以及大米、糠麸、巧克力糖、蜂巢、鲜枣等。该虫是枸杞干果保管期间的重要害虫，是枸杞兼食性害虫。

1. 形态特征

成虫体长6~7毫米，翅展15~17毫米，头、胸部紫赤色，杂有灰色鳞片。身体密布灰褐色至赤褐色鳞片，复眼黑色，两复眼间具一向前方突出的鳞片锥体。触角丝状，环绕紫色鳞片。下唇须外侧紫赤色，端节黑紫色，弯向前方。前翅长三角形，翅面近基部约2/5为黄白色，近端部约3/5为红棕色，并有铜色光泽。亚端线不明显略弯曲，与翅外缘平行，淡铅灰色；前缘紫色，外半部紫赤色，两色分界线有黑点密布，紫赤色部分也杂有黑色斑点。后翅三角形，淡灰色有闪光，略带黄褐，半透明。翅脉及翅端域色深。后缘略暗，缘毛颇长。腹部背面灰色，腹面及足紫黑色或赤褐色，杂有白色鳞片。卵：黄白色，椭圆形，长0.4毫米，一端有乳头状突起1个，卵面有微细刻纹。老熟幼虫体长10~13毫米，一般为12毫米，初孵化时白色，胸腹部乳白色至灰白色，成熟时，变为淡红或淡绿黄色，有的稍带粉红色或淡绿色。头赤褐色，前盾板及臀板淡赤褐色，全体被有稀疏淡色长毛。蛹体长 5.7~7.2 毫米，一般为 7 毫米，宽 1.6~2.1 毫米，细长，赤褐色。喙部深达第四腹节后缘，后足露出，触角端部内弯，包住中足端部。腹端有钩刺 8 对，与第 5 节等长。

#### 2. 危害特点

印度谷螟幼虫吐丝结网，把被害物连缀成团，藏于其中危害，排出异味粪便，污染食物。大发生时往往连成一片白色薄网，遮盖在包装物上。幼虫孵化后，即钻入枸杞果之间，先咬破果皮，后入果内啃食果肉。受害的枸杞干果轻则被啃食成不规则孔洞，严重时被嚼食成网状破片，且布满虫粪和茧丝，使枸杞不能入药。干燥的枸杞果实，在受潮或包装袋口有空隙或包装袋太薄，都容易被印度谷螟成虫将卵产于其上。卵孵化后，幼虫以枸杞果肉为食料，被害果实果肉被吃光，往往仅存下果皮和种子及红色粉末状的幼虫排泄物，丧失经济价值。枸杞贮藏期印度谷螟危害造成的损失一般为 5%~10%，严重时可达 30% 以上。

#### 3. 发生规律

每头雌虫产卵 39~275 粒，卵期约 10 天，集成 10~13 粒的块。一年繁殖 4~6 代，在我国北方的枸杞保管仓库或住房内每年发生 3~4 代，在宁夏一年发生不完全的 3 代，世代重叠。以幼虫越冬。次年春化蛹，羽化后即交配产卵。卵产于粮堆表面或包装缝隙中、枸杞包装袋（大编织袋）口部等。成虫多夜出或日间活动于室内黑暗处，高峰期为 19:00~21:00。就性别而言，雄虫的活动能力较雌虫强。成虫有微弱的负趋光性，在日光下其活动受到抑制。交配活动全天均可发生，但黑暗后交配增多。飞翔是雄虫交配的前奏，这时雄虫不停地在雌虫四周飞翔，快速爬动，并高频拍舞双翅，直到交配发生。已进入交配态的成虫则爬至僻静处，呈静止状态。雌雄成虫一生可交配多次。印度谷螟多在黄昏，黎明时产卵，多产卵于被害物或盛装用上、包装品缝隙中，卵单产或集产，一般散产，也有 10 多粒成块，幼虫期一般 15~20 天，幼虫成熟后，爬到被害物表面或墙壁等处结茧化蛹，蛹期 15~20 天，完成一个世代，需 40~60 天。在宁夏，于 4 月中旬越冬代幼虫开始活动并取食，5 月上旬开始化蛹，5 月中旬为化蛹盛期，5 月下旬羽化，第 1 代和第 2 代蛹的羽化始期分别为 7 月上旬和 8 月中旬，幼虫期分别在 6 月上旬~7 月中旬、7 月中旬和 8 月下旬，第 3 代幼虫 8 月下旬开始出现，在 10 月下旬进入越冬休眠期至第 2 年 4 月中旬，长达 180 天。

4. 防控方法

（1）清洁卫生密闭防治　清洁卫生密闭防治是综合防治工作的基础。其优点是：简便易行，费用低，效果好，无污染，更符合无公害防虫治虫的原则。做好环境卫生，改善仓储条件，对储区周围的杂草杂物进行彻底清理。枸杞果实进库前要充分曝晒，要将果实含水量降至 13% 以下。装箱或装袋时要有完善的防潮设备，防止包装后枸杞因吸潮被危害。每年的 4~10 月应做好仓房的密闭工作（此方法既能保持仓房内卫生的洁净，又能防止印度谷螟进入仓内），特别对门窗更要加强密闭。特殊情况需要开门窗通风，要安装纱门纱窗，防止印度谷螟成虫飞入仓内交尾产卵。枸杞果实进库前要对仓库进行彻底清理，对仓房缝隙进行剔、刮、掏、扫、抹，清除遗虫、遗卵。墙壁地面做到面面光，以杜绝印度谷螟的危害。对仓库进行彻底消毒灭虫一次，可选用 2.5% 敌杀死 2 000 倍或 80% 敌敌畏 200~300 倍进行灭虫一次，彻底杀死仓库内的幼虫和成虫。清除加工厂、器材车间、道线仓等处的卫生死角，破坏印度谷螟的生存环境，切断感染源。家庭贮存食用的枸杞，一般要求打开包装袋后要及时进行封口，随用随打开，防止吸潮和成虫产卵于包装袋内。未启封的包装袋，每过2月放入冰箱冷冻室冷冻24~48小时。清除越冬幼虫。进入初冬以后，老熟幼虫有从枸杞堆爬行到房梁、天花板或仓内阴暗避风的壁角缝隙内越冬的习性。此时应组织人力，对上述藏有幼虫的地方进行彻底清理，达到清洁卫生消灭印度谷螟幼虫的目的。

(2)压盖密闭防治　压盖防治是选用适当的压盖材料，及时对枸杞堆的表面进行覆盖，防止枸杞堆内的印度谷螟成虫飞出交尾产卵，杜绝其后代的繁衍，同时又具有一定的隔热保冷作用。压盖工作最好在每年第1代印度谷螟成虫羽化之前的低温季节进行。压盖时要做到平、紧、密、实，否则会影响防治效果。

(3)灯光诱杀　印度谷螟成虫有昼伏夜出的习性，成虫在傍晚飞出活动。利用印度谷螟成虫对灯光有正趋性的特点，应用农用黑光灯，选择发射相应波长为340~360纳米的灯光，作诱杀光源来杀灭印度谷螟成虫。

(4)套袋密闭防治　将枸杞套在密闭的0.03~0.05毫米厚的塑料袋内，防止成虫钻入或产卵。

(5)生物天敌控制　在进行清洁卫生、密闭防治、物理防治、化学防治等各种措施时，注意加强蜘蛛、蚰蜒（钱串子）等仓储害虫的天敌保护，以充利用生物天敌的控制作用。

(6)化学农药防治　主要分为熏蒸、清消和防护三类。根据不同的贮存条件，采用不同的化学防治方法，合理使用化学药剂，才能收到较好的防治效果。采用$PH_3$熏蒸、露天枸杞囤垛熏蒸、常规熏蒸的方法，用塑料帐幕密封，AlP的剂量不少于3克/米$^3$。当枸杞囤垛温度在20℃时，熏蒸密闭时间不得少于14天，当枸杞囤垛温度在25℃以上时，熏蒸密闭时间不得少于7天。缓释熏蒸将不同的投药方法组合在一起，人为控制$PH_3$的反应速度，长时间保持最佳有效浓度，以达到彻底杀灭印度谷螟的目的。此方法适用于仓房内包存或散存的枸杞。具体做法如下：投药剂量 3 克/米$^3$，平均分装在布袋、0.03 毫米厚的塑料袋和 0.05 毫米厚的塑料袋内。均匀设点投在枸杞堆（垛）内。若投药 30 天后，$PH_3$ 浓度达 0.3 克/米$^3$ 以上；投药 60 天后，$PH_3$ 浓度仍在 0.1 克/米$^3$ 以上，可保持长期无虫。但食用或销售前要注意将其取出来，严防误食。

（7）采用 $PH_3$ 和 $CO_2$ 环流熏蒸 此方法适用于具有环流熏蒸设备的仓房（如高大平房仓和浅圆仓），利用机械风力，运载 $PH_3$ 和 $CO_2$ 气体在粮堆内进行环流熏蒸。

（8）敌敌畏熏蒸 杀虫敌敌畏对印度谷螟具有较好的触杀、胃毒、熏蒸作用，还具有一定的诱杀作用。露天囤垛喷雾每年的 5~9 月，用 80% 的敌敌畏乳油，加水 20 倍稀释，对露天囤垛裙席进行撩席打药。此方法对杀灭印度谷螟成虫具有良好的效果。仓房内悬挂和铺袋杀虫将浸有敌敌畏乳油的布条或棉球，均匀悬挂在预先拉好的绳索上，使其均匀挥发，以达到熏蒸杀灭印度谷螟成虫的目的；或是将废旧麻袋铺在枸杞堆垛顶上（麻袋下要铺塑料布，以防药剂污染粮食），将敌敌畏药液倒在麻袋表层，用于诱杀印度谷螟幼虫。露天货场和空仓清消用 80% 的敌敌畏乳油加水 100 倍稀释，对露天货场进行清消，防止印度谷螟交叉感染。空仓消毒用 80% 的敌敌畏乳油加水 20 倍稀释后用喷雾器喷洒。密闭 72 小时，然后通风 24 小时，再进行彻底清扫，达到空仓无虫的目的。施用粮虫畏按空间计，每平方米放 2 个药袋，使用时先把外包装药袋去掉，把内药袋放在枸杞堆垛的表面或附近，也可埋入枸杞 5~10 厘米处，但食用前要注意取出来，严防误食。

（9）生态调控 于枸杞采摘后至贮藏期，选用人工合成性信息素——诱芯制作的三角形（或水盆、罐型、圆筒形）诱捕器，悬挂在贮藏仓库或贮藏室内，诱杀成蛾，降低害虫基数，诱芯要定期更

## 十二、红斑芫菁

红斑芫菁属于鞘翅目芫菁科。分布宁夏（永宁、平罗、贺兰、银川、灵武、盐池等县市），朝鲜。该虫主要危害甜菜、葱等，也危害枸杞、西瓜、白茨（蒺藜科）等，属于枸杞兼食性偶发害虫。2000年以来，在新开垦区种植的枸杞，常常受其危害，造成一定程度的减产。

1. **形态特征**

成虫：体长17厘米，宽6厘米，头、胸、腹篮黑色，有反光，密生较长的毛，头显著向下。足及触角均黑色。触角丝状，末端数节略大，全长与头胸相加等长。鞘翅以中部横贯的淡黄或红黄为底，前端及后部为鲜红色与横贯3行的黑斑相间，最后1黑斑位于翅端。

2. **危害特点**

成虫盛发时，常成群侵袭蚕豆、豌豆、梅豆、甘蓝、萝卜、白菜和甜菜等留种开花植株，每株有虫数十以至近百个，啃食花器、幼荚和幼嫩枝叶，使被害作物绝收。成虫有群居飞迁的习性，但飞翔能力不强，高仅1米左右，远及10余米，有假死性，早上较为明显，中午被触动时即飞走。该虫是贺兰山下银川、平罗地区砂碱区域的主要害虫。4月中下旬出现，偶尔成群迁飞至枸杞园，5月下旬至6月间盛发，成虫盛发时常成群侵袭枸杞，每株有虫数十至上百头，啃食枸杞花瓣、花器、青果和成熟的果实。在花器上形成缺刻，造成残缺不全。7月中旬以后数量渐减，直到9月底。

3. **发生规律**

此类害虫每年发生1代，一般以幼虫越冬。在银川地区，成虫于

3月底至4月上旬出现,5月下旬~6月间盛发,直到9月底继续发生,自7月中旬以后数量渐减。在贺兰山下盐荒地区为另几种黑芫菁(如甜菜芫菁等)所代替。

**4. 防控方法**

(1)树体保健农业调控措施　水肥管理加强肥水管理,定时灌水施肥,加强管理,促进枸杞健壮生长,提高植株的抗害能力,减轻危害损失。田间喷水红斑芫菁虫口密度不大、危害不严重时,可以采用田间喷水的方法,驱赶成虫以降低成虫危害。

(2)天然环保型投入品防治　取5千克草木灰,加水250千克充分搅拌,浸泡两昼夜,过滤,制成草木灰水溶液。每日一次,连续三天,隔一周再喷洒三天,可防治枸杞园红斑芫菁的危害。

(3)胡椒、蒜头、辣椒、茴香、姜的混合物驱避控制技术　发现少量红斑芫菁危害或见其在田间飞舞时,将胡椒、蒜头、辣椒、茴香、姜的混合物等物料捣碎或剁成茸。加水稀释后喷洒在枸杞叶片上。下雨或淋水后,须再施用。这对防治后期大量的红斑芫菁迁移和停留的危害具有趋避作用。

(4)物理防治　利用红斑芫菁成虫在早上的假死性,于早晨进行人工捕杀。对斑芫菁类害虫,人工捕捉可降低虫口密度,但要防止斑蝥毒素的危害。于早晨用簸箕、脸盆等容器,内盛1%的666粉少许,放于枸杞植株下抖动枸杞植株,植株上的虫即可落入簸箕被毒死。利用红斑芫菁成虫在中午被触动时即飞走的习性,用捕虫网进行人工捕杀。

(5)生物农药和有机认证农药防治　红斑芫菁对多种生物农药和有机农药敏感,可与枸杞蚜虫的防治同时进行。根据具体情况,对可供选药剂品种作适当调整。

(6)生态调控　枸杞园内及四周采取的措施同枸杞蚜虫的生态调

控。同时，由于红斑芫菁对蝗虫卵有捕食作用，加之其幼虫大多生活于枸杞田之外，在受害严重的枸杞园周围的荒草地、沙荒地，可采取冬前深翻等防治方法。

（7）化学防治　当每株枸杞成虫量达到1~2头时进行严密监控，达到3~5头时，或枸杞园内可见到飞舞的成虫时，应立即防治。

在芫菁危害严重时，采用4.5%的高效氯氰菊酯乳油2 000倍液对枸杞田间杂草、枸杞植株及边缘沙荒地进行喷雾防治，也同时对其他害虫有较好的防效。为防止害虫产生抗药性，可将菊酯类农药与辛硫磷交替使用。

### 十三、直纹稻弄蝶

直纹稻弄蝶属鳞翅目弄蝶科，别名稻弄蝶、稻苞虫、一字稻苞虫。危害豆类、甘蓝、甜菜、枸杞等。分布东亚、东南亚、北欧各水稻种植区，河北、黑龙江、宁夏、甘肃、陕西、山东、河南、江苏、安徽、浙江、湖北、江西、湖南、福建、台湾、广东等地。

1. 形态特征

体长17毫米，宽67毫米，头、胸、腹蓝黑色，有反光，密生较长的毛，头显著向下，足及触角均呈黑色。

2. 危害特点

成虫能群迁危害，暴食枸杞花器和幼嫩枝叶及枸杞果实，形成局部成片灾害。一般山地枸杞园发生较多。

3. 发生规律

每年发生1代，一般以幼虫越冬。成虫于3月底~4月上旬出现。5月下旬、6月间盛发，自7月中旬以后数量减弱，到10月底继续发生。

### 4.防治方法

参考红斑芫菁防治步骤与方法。

## 十四、枸杞蛀果蛾

枸杞蛀果蛾属麦蛾科,分布于宁夏、青海、内蒙古等枸杞主产区。

### 1.形态特征

成虫体长 5 毫米（至翅端）,淡赤褐色的小蛾子。头顶鳞片淡灰褐色,由外向内或向后覆盖头顶；颜面鳞片较大,黄白色。

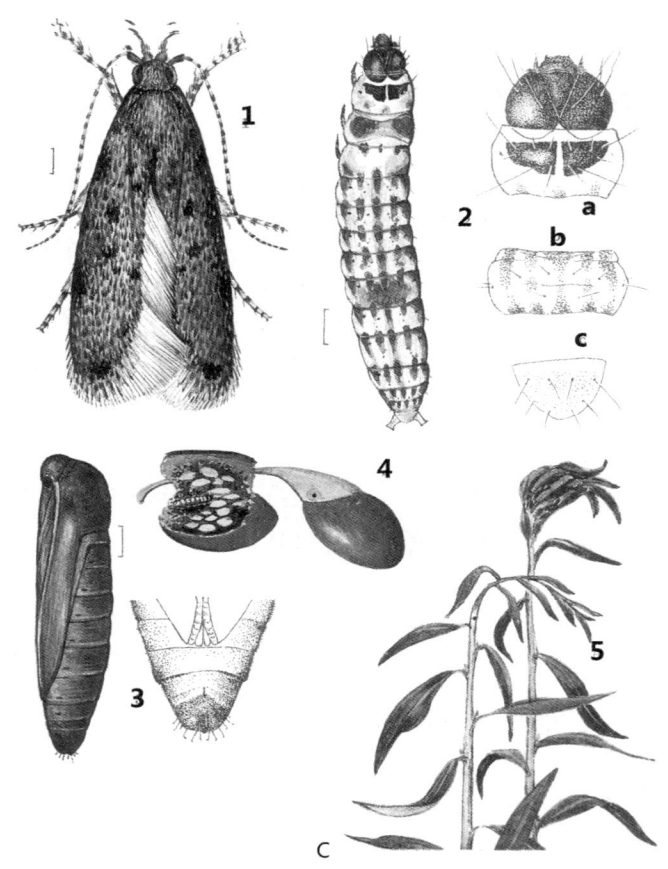

1.成虫；2.幼虫及体节（a.头及前盾板；b.腹节背线；c.臀板）；3.蛹及体后段；
4.果实被蛀状；5.枸杞梢被害状

图 7-13  枸杞蛀果蛾
（图片提供  胡忠庆  李锋  李晓莺）

### 2. 危害特点

此代幼虫主要为害秋果及花蕾，10月中下旬可能以幼虫在树干皮缝处结茧越冬。

### 3. 发生规律

一年发生 3~4 代。越冬代成虫于4月上旬出现，4月中下旬此代幼虫蛀害枸杞的七寸枝或黏缀嫩梢为害，5月中下旬第1代成虫出现，6月为此代幼虫蛀果为害期；7月上旬出现第2代成虫，7月下旬~8月上中旬为此代幼虫蛀果期，是全年为害枸杞果最严重的时期。

### 4. 防治方法

参考红斑芫菁防治步骤与方法。

## 十五、枸杞负泥虫

枸杞负泥虫，又叫"十点叶甲"，属叶甲科。成虫常栖息于枝叶，幼虫背负自己的排泄物，故称负泥虫。

### 1. 形态特征

此虫体长型，体长 4.5~5.8 毫米，体宽 2.2~2.8 毫米。头、触角、前胸背板、体腹面、小盾片蓝黑色，具明显金属光泽；触角11节，黑色棒状，第2节球形，第3节之后渐粗，长略大于宽；复眼硕大突出于两侧；足黄褐或红褐色。鞘翅黄褐至红褐，每个鞘翅具5个近圆形黑斑（肩部1个，中部前后各2个）。鞘翅斑点的数目和大小均有变异，有时全部消失。足黄褐至红褐色，一般基节、腿节端部和胫节基部黑色。头部刻点粗密，头顶平坦，中央有一条纵沟，沟中央具一凹窝；触角粗壮，伸达翅肩。前胸背板近于方形，面较平，散布粗密刻点，基部前的中央有一个椭圆形深凹窝。鞘翅末端圆形，翅面刻点粗大。小盾片刻点行约有4~6个刻点，明显小于翅面其他刻点。卵橙黄色，长圆形。幼虫灰黄色，前胸背板黑色，胸足3对发达；蛹淡黄色。

### 2. 危害特点

成虫和幼虫啃食叶片成缺刻，有时将嫩叶甚至全树叶片吃光，严重影响植株生长和产量。负泥虫、成虫、若虫均为害叶片，以幼虫为甚，使叶片呈不规则的缺刻或孔洞，最后仅留叶脉。受害轻者，叶片被排泄物污染，影响生长和结果；大发生时，全株枸杞叶片、嫩梢被害，严重影响枸杞的产量。幼虫老熟后入土化蛹。

### 3. 发生规律

枸杞负泥虫常栖息于野生枸杞或杂草中，以成虫飞翔到栽培枸杞树上啃食叶片嫩梢，以"V"形产卵于叶背，一般8~10天卵孵化

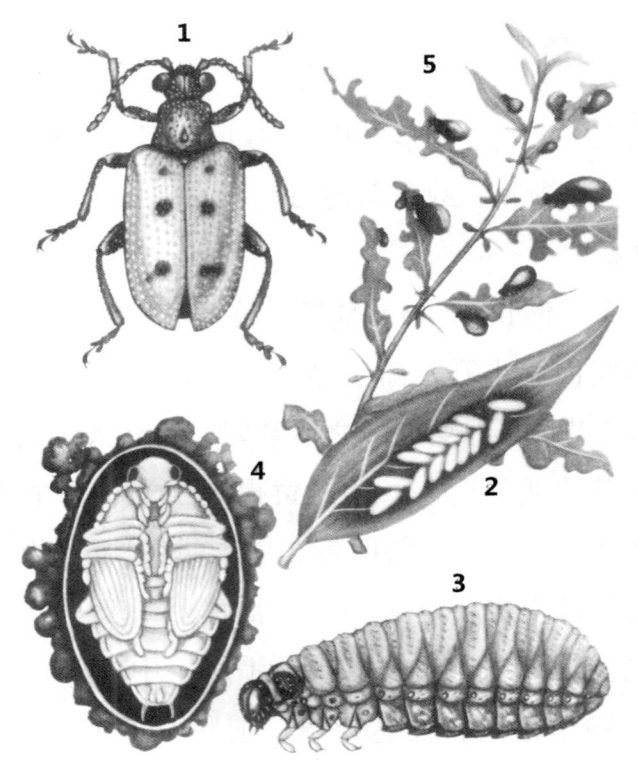

1.成虫；2.卵块；3.幼虫；4.蛹在土茧中；5.被害枸杞状

图7-14 枸杞负泥虫

（图片提供 胡忠庆 李锋 李晓莺）

为幼虫，开始大量危害。幼虫老熟后入土吐白丝黏和土粒结成土茧，化蛹其内。枸杞负泥虫一年均发生3代，以成虫在田间隐蔽处越冬。春七寸枝生长后开始危害，6~7月份危害最严重。10月初，末代成虫羽化，10月底进入越冬。宁夏农林科学院植物保护研究所张宗山等人的研究表明，枸杞负泥虫卵期的发育起点温度为7.8℃，有效积温为88.4日·度；幼虫期的发育起点温度为7.6℃，有效积温为138.3日·度；预蛹期的发育起点温度为8.1℃，有效积温为71.3日·度；蛹期的发育起点温度为9.3℃，有效积温为65.9日·度；产卵前期的发育起点温度为8.2℃，有效积温为126.8日·度；全世代的发育起点温度为7.7℃，有效积温为526.8日·度。

**4. 防控方法**

（1）清洁枸杞园　尤其是田边、路边的枸杞根蘖苗、杂草，每年春季干净彻底清除一次，对减少全年负泥虫数量有显著作用。

（2）防控时间　在4、5、7月。最佳防控期为成虫期和若虫期。枸杞负泥虫以成虫及幼虫在枸杞的根际附近的土下越冬，以成虫为主，约占越冬虫量的70%左右，翌年4月上旬开始活动，4月下旬枸杞开始抽芽开花时，负泥虫即开始活动。卵产于嫩叶上，每卵块6~22粒不等，金黄色呈"人"字形排列。产卵量甚大，室内饲平均每雌产卵44.3块356粒。卵孵化率很高，通常在98%以上，且同一卵块孵化很整齐。1龄幼虫常群集在叶片背面取食，吃叶肉而留表皮，2龄后分散为害，虫屎到处污染叶片、枝条，造成枸杞产量的锐减。

## 十六、枸杞鞘蛾

枸杞鞘蛾属鳞翅目鞘蛾科。分布宁夏银川、中宁，危害枸杞，是枸杞专食性害虫。

## 1. 形态特征

成虫：白色小蛾，长6毫米。复眼绿褐色。触角丝状，颇长，密列褐色至黑色环纹，基节下方簇生白色及灰色长鳞片。下唇须长，超过触角基部，外侧黑褐色，内侧白色。口喙黄色，约与下唇须等长，基部疏生白色长鳞。前翅狭尖，基部前缘黑色，端部及外缘密生灰色及白色长毛，翅面稀布黑褐色鳞片，近外端中间有1小黑点。后翅白色尖细，缘毛颇长。各足背面密布黑色鳞片，后胫节较长，前后侧密生白色长毛和中、端距各1对，内距长于外距。幼虫：黄白色，老熟时深黄色，长6.5毫米，中部略粗。头、前盾板呈淡褐色至黑褐色，第二胸节背板有时也有"八"字形黑色硬化板，胸足3对，淡黄色，爪钩灰色，腹足退化，尾足1对，上生1列黑色齿钩，各12个。后盾板黑色，中部有1对亮色毛点。蛹：体瘦细，长5.3

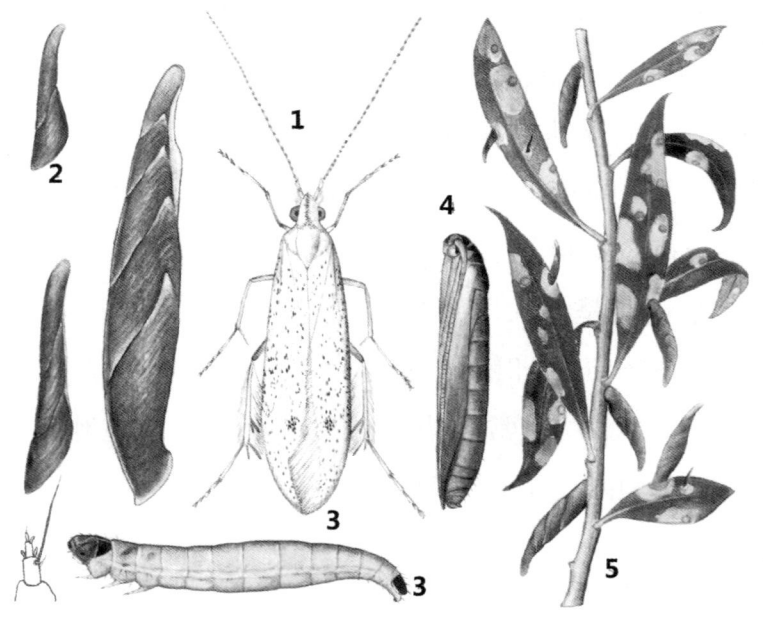

1.成虫；2.幼虫不同龄期虫鞘；3.幼虫及其触角；4.蛹；5.被害状

图 7-15 枸杞梢蛾

（图片提供 胡忠庆 李锋 李晓莺）

毫米，黄褐色，近羽化时头、胸复眼及翅芽端变黑褐色，胸背中有1纵脊，膜节有数根黄色背毛，翅芽、触角、后足均达或略超腹部末端。腹端圆钝，两侧各有1臀棘。幼虫鞘灰褐色，鱼形，丝质，颇坚韧，老熟鞘长8.5毫米，口蹄形，背面中央有一纵脊，腹面节间处分为2翅，末2节背腹面为一开合缝。按龄期，虫鞘有2~8节，一般为5节。鞘面散布黑点为 *Phoma* 属真菌分生孢子壳。幼虫负鞘固着于叶上潜食叶肉，形成黄褐色枯斑。

2. 危害特点

1987年仅发现于田边野生枸杞上，严重植株全部叶片被害，叶面被食，枯斑多达数个至十余个，有的叶片卷曲枯干。生产田尚未发生。多栖止于枝条下方。幼虫在鞘中，头胸部可自由伸出缩入，头胸足可伸曲负鞘爬行，并可固着叶面潜食叶肉，粪便从鞘端开合缝处排出，老熟时，鞘口以丝固定于枝条上，幼虫反转头朝鞘端化蛹其中，羽化时成虫由开合缝处爬出。

3. 发生规律

以各龄幼虫在虫鞘中越冬，虫龄颇不整齐，虫鞘节数有2、3、4、5、8节，以2~3节为多。固着于芽腋或枝杈等处，老熟幼虫，4月中旬开始化蛹，5月上旬成虫羽化，6月中旬~7月上旬为幼虫严重危害期。世代重叠，6~7月各期虫态。

4. 防控方法

同枸杞负泥虫的防治方法。

## 十七、枸杞绢蛾

枸杞绢蛾属鳞翅目绢蛾科，俗称"羊毛蜜"。分布在宁夏。危害枸杞（野生及栽培种），是枸杞专食性害虫。

## 1. 形态特征

成虫：为黑褐色的小蛾子，体长7毫米，翅展14毫米。触角丝状黑褐色，长达腹端。下唇须颇长，弯向头顶；基部和内侧黄褐色，外侧黑褐色；头顶鳞片平整，顺覆向后。翅狭尖，缘毛长；前翅面有2~3条皱纹，在前皱纹上，常排有一条黑褐色鳞片，下方有数个边际不甚明显的暗色晕斑，翅端常散布深色鳞片；翅端缘毛颇长，在前缘为黄白色，后缘为灰褐色，因雌雄不同及个体的差异，翅色斑纹显有变化，一般雌虫的翅色较雄虫为浅；后翅较前翅更为狭尖黑褐

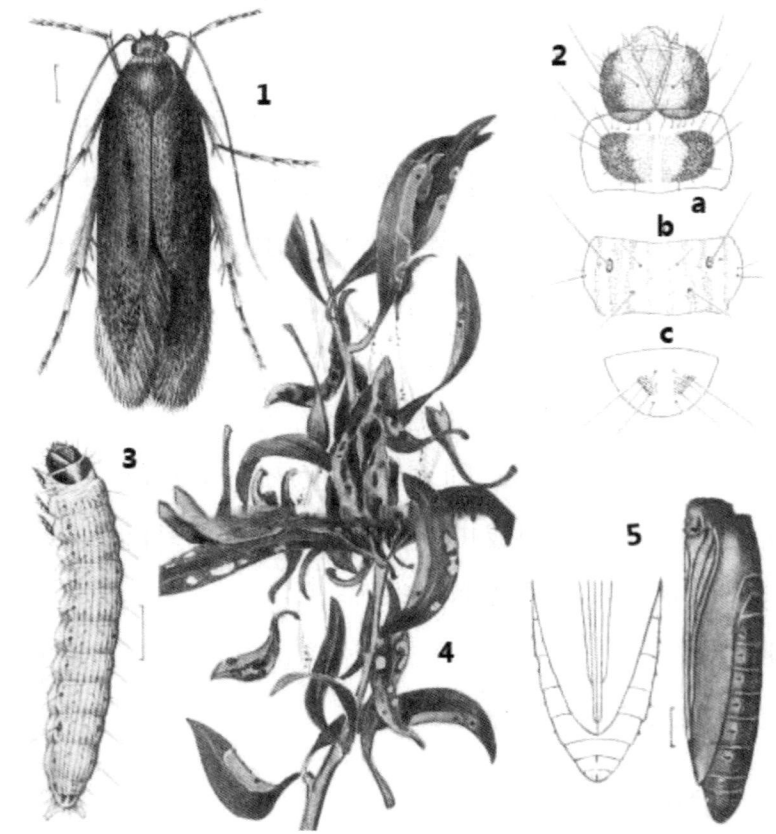

1.成虫；2.幼虫体节（a.头及前盾板；b.腹节背线；c.臀板）；3.幼虫；4.枸杞叶被害状；5.蛹及体后段

图 7-16 枸杞绢蛾

（图片提供　胡忠庆　李锋　李晓莺）

色,缘毛淡褐色。前后翅反面黑褐色。腹部灰褐色,各节后缘黄白色。足灰褐色,中足胫节有端距1对;后足胫节外侧有灰褐色长毛,并有中距和端距各1对;附节端部2节黑褐色。卵:宽长圆形,黄白色。幼虫:淡灰黄色,长10毫米。头部颜面淡色,两颊黑色。前盾片的中区淡色,两侧黑色。胸足黑色。体背有10条黑褐色细纵纹,有时亚背线及气门上线的纵纹合并呈粗纵纹;体背有稀毛,各毛基黑褐色。气门淡色,其上方有1根较长的毛,毛基周围环绕一黑色骨化环,以第7节最大而明显。臀板上有2个暗褐色三角形斑,生有8根长毛。蛹:赤褐色,长5~6毫米。尾端钝圆,有微小刺钩多个。翅端达腹部第7节。触角达腹部第5节。腹部青面有2条黑色纵纹。体表有细坑条纹。茧:长圆形,白色,为松软的丝质茧,结于丝网的枯叶中,紧包蛹体。

### 2. 危害特点

以幼虫危害。幼虫活泼,能前走后退,受扰后,左右扭动弹跳,吐丝下坠。幼虫啃食叶肉,叶片受害后出现大小不一、不规则的黄化斑痕,全枝条叶片扭曲、畸形,被丝状物粘连,危害严重时,可使全株叶片枯落。

### 3. 发生规律

1年发生3~4代,以蛹在枯叶上的丝茧中越冬。4月下旬越冬代大部羽化为成虫,幼虫在整个生长季节都在危害,以7~8月最为严重。危害期发生的世代不太整齐,常有各期虫态同时存在,于9月下旬开始化蛹越冬,一直延续到10月中下旬,由于世代交错,在10月之后还有相当一批幼虫不能化蛹,均于入冬前自然死亡。

### 4. 防控方法

同枸杞黑绢蛾的防治方法。

## 十八、枸杞黑绢蛾

枸杞黑绢蛾属鳞翅目绢蛾科。分布宁夏（固原地区）。危害野生枸杞，是枸杞专食性害虫。此虫广布于宁夏黄土高原沟壑区的野生枸杞上，食害叶片颇重，是栽培枸杞潜在的虫源。

### 1. 形态特征

成虫体长6.4毫米，前翅长7.5毫米，黑褐色小蛾子。头顶鳞片平覆紧密而光滑，复眼绿褐色，周鳞片白色。下唇须尖细，基半部白色，端部灰褐色，向上弯至头顶。触角丝状，约与体等长，黑褐色，基半部下侧白色，前翅黑褐色，基部中央有1条白色纵斑，翅端部有两个不甚明显的白色晕斑，前缘近端部白色。腹部背面黑褐色，腹面黄白色。前足、中足的前侧黑褐色，后侧黄白色，后胫节粗长，背面密生黑色长毛，内侧有中距和端距各1对，外距较短，黑褐色，内距长，黄白色。幼虫长15毫米，褐色。头部黑褐色，额部及两侧黄白色，额顶角及两侧角各有1黑斑。前盾片黑褐色，中部淡色。背中线淡褐色，腹侧灰褐色，有不明显的纵线。体毛较长，毛点黑褐色，背毛4根，侧面1根长而明显。胸足黑色，腹足齿钩大小相间为双序半环式。臀板黑褐色，有毛8根。蛹赤褐色，长8毫米，体表有细网纹。翅芽达腹部第6节后缘，腹端圆钝，有多根微刺。

### 2. 危害特点

枸杞黑绢蛾以幼虫在枝条上或叶间吐丝结网，潜伏其中上下爬动，啃食叶肉，仅留表皮，最后形成一丛枯叶粘连在枝条上。幼虫老熟后在丝网中结薄茧化蛹其中，幼虫极活泼，稍有惊扰，即前后爬动或弹跳吐丝坠地。成虫飞翔敏捷，多在叶下潜伏。

### 3. 发生规律

1年2~3代，以蝇茧在枝干及枯叶中越冬。5月为第1代幼虫危

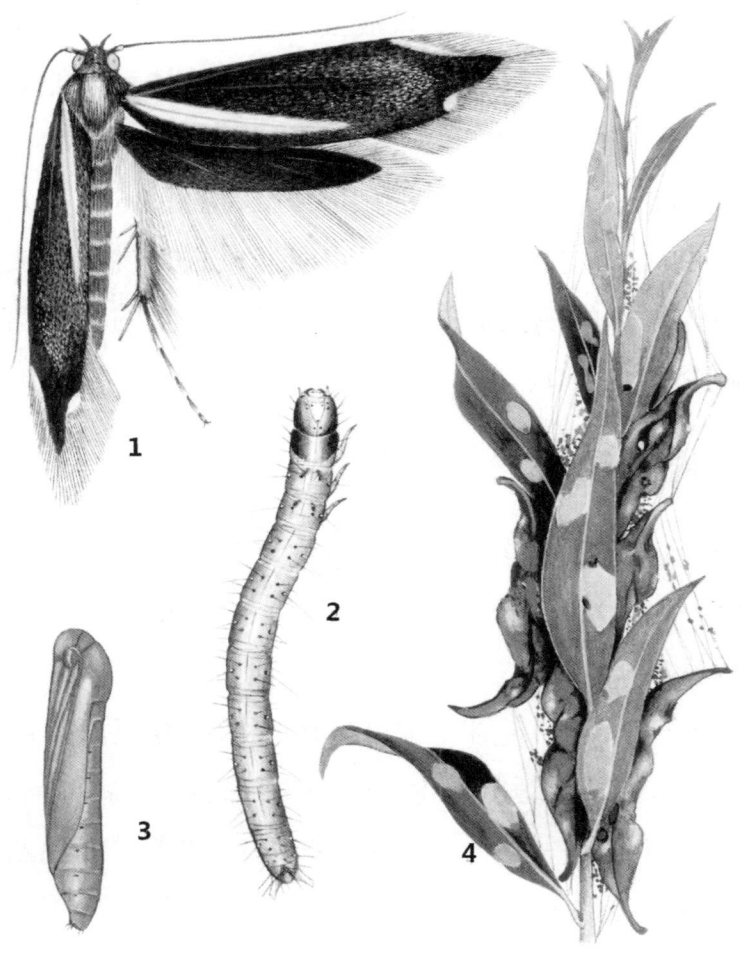

1.成虫；2.幼虫；3.蛹；4.被害状

图7-17 枸杞黑绢蛾

（图片提供 胡忠庆 李锋 李晓莺）

害期。6月下旬第1代成虫出现，以后再繁殖两代以蛹茧越冬。成虫飞行敏捷，多在叶下潜伏。

**4.防治方法**

（1）修剪措施 春季黑绢蛾羽化前，剪除带有越冬蛹茧的枝条。冬季摘除树上粘连的枯叶烧毁。枸杞黑绢蛾幼虫活动期，采用人工摘除受害枝条上枸杞黑绢蛾幼虫的方法，捕杀危害中的幼虫，降低危害率，减少田间虫口。

（2）物理方法　自枸杞黑绢蛾成虫羽化期的 6 月下旬开始，结合枸杞卷梢蛾、蛀果蛾、绢蛾的防治，在田间悬挂太阳能杀虫灯，于夜间诱捕成虫，减少田间虫口。

（3）信息素诱捕　从枸杞黑绢蛾成虫活动期的 6 月下旬开始，结合太阳能杀虫灯的诱捕作用，在田间网捕成虫，挑出雌成虫，将雌成虫放入预先制作的诱捕器中，利用雌成虫分泌的雌性信息素诱捕雄成虫，减少田间虫口。

## 十九、枸杞龟象

枸杞龟象属鞘翅目象甲科。分布宁夏各地，危害枸杞，是枸杞专食性害虫。

1. 形态特征

成虫：体长 2.5~3.0 毫米，宽 13~16 毫米。复眼深褐色，触角 11 节，暗褐色，末端 3 节锤状，生于喙侧中部之后。喙端半部略宽，黑褐色，表面光滑，有一中脊，基部至复眼间被黑、褐色鳞片，头顶有黑褐色中线，复眼后上方白色。前胸背面褐色至黑褐色，两侧散布白磷，前缘翘起，中间有两黑斑，中部略前有 4 个弯形突起，横列相连，呈一起伏横棱，中线呈一凹沟，近后缘处凹陷颇宽，后端有 1 白斑。翅鞘前半部较平而色白，后半部略上隆而色深，翅面密覆鳞片，两边各有 11 条纵脊，均不达翅端。肩斑较大，黑色。小盾片及附近鳞片黑色。第一脊中后部有 1 黑色条纹，第 3、5、7、9 脊各有 4 条黑纹，这些黑纹组成 4 条横斑，翅基 1 条，中部以后 3 条。臀板近半圆形，黑褐色，杂有白鳞。腹面淡褐色，前、中足的基节间凹陷，可藏纳口喙及触角。各足腿、胫节背面有 2 个黑褐色斜纹，后腿节略较粗壮。幼虫：长 53 毫米，宽 1.8 毫米，污黄色，老熟时黄色，头部黑色，体节多褶皱，腹面较平，各节有跑足。蛹：长 25

毫米，宽1.9毫米，黄色，复眼红色，腹端弯翅1对。土茧圆形，直径34毫米，胶黏土粒而成。

2. 危害特点

枸杞龟象幼虫潜食叶肉，虫道呈不规则黄褐色大斑，每叶1虫至数虫。成虫啃食叶肉成点坑，亦食害花器及幼果，造成早落或畸形，在枸杞园自生株上颇多。成虫善跳，稍受惊扰即弹跳下坠而飞逸。

3. 发生规律

1年约2代，以成虫越冬。5~7月上旬为第1代幼虫危害期。世代不整齐，6~7月都可见到成虫。6月上旬第1代幼虫老熟入土化蛹，蛹期7天，6月中旬~7月下旬为第1代成虫期。

4. 防治方法

物理防治待成虫出现后，每天用捕虫网捕捉成虫。其他采取的措施同枸杞蚜虫的生态调控。

## 二十、枸杞血斑龟甲

枸杞血斑龟甲属鞘翅目龟甲科。分布在宁夏、陕西、甘肃、青海、新疆、山西、江西等地。危害植物枸杞，是枸杞专食性害虫。

1. 形态特征

成虫：长4~5毫米，宽3~4毫米，黄绿色，周缘淡黄色，体酷似一种绿色瓢虫。鞘翅（翅膀）中缝上常有3个红色或黑紫色斑块，有时3斑相连或全部消失，无斑个体约占60%。小盾板舌形，其附近的鞘翅基部呈现一平面三角形区，上布刻点，翅面其他刻点成不甚整齐的行列。触角黄绿色。各足跗节黄褐色。卵：长1毫米，长圆形，黄绿色，卵面有微细花纹。卵粒外常覆一层黑褐色胶质保护物，表面粗糙，外观酷似1粒虫粪，常2~8粒卵相互挤压在一起，剥开保护物才可见到黄绿色卵粒，卵多产在叶片尖部。幼虫：老熟时长

5.5毫米，宽2~7毫米，黄绿色，上下略扁，腹端拖有5个相连成串的褐色脱皮壳，因第一皮壳极小，不易辨认，故肉眼只可看出4个皮壳。皮壳常拖在尾后或卷翘在背部，对幼虫有伪装和保护作用。幼虫的前胸两侧各有4齿，前2齿有细分齿。中、后胸侧各有2齿，齿端均向前指。腹侧各节有1齿，较短，均向后指。蛹：椭圆形，长5毫米，宽3.3毫米，黄绿色，前胸背板宽扁而色淡，前缘弧形，中央有1缺刻或无，侧缘稍内弯，后侧角延长，有1对小齿。腹部背板散布白色小点，侧缘扁薄而色淡，第一腹节两侧各有1黑色小突起，腹端拖有6个脱皮壳。本虫与枸杞龟甲酷似，且常混生，易于混淆，在宁夏以本虫占绝大多数。成虫在田间识别是：本虫体表有蓝绿色反光，鞘翅缝一般有3个紫红色斑。枸杞龟甲为黄绿色，仅在小盾

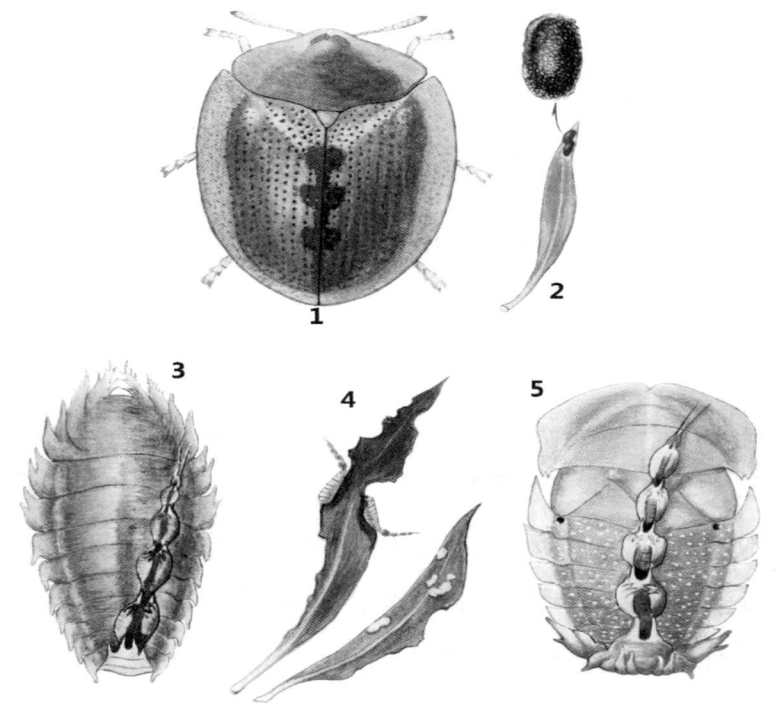

1.成虫；2.卵粒及着卵部位；3.末龄幼虫；4.被害状；5.蛹

图7-18 枸杞血斑龟甲

（图片提供 胡忠庆 李锋 李晓莺）

板两侧三角区有血红色斑，后胸侧板常有金色闪光。幼虫和蛹的形态，两者区别较明显。

**2. 危害特点**

成虫 4 月上旬开始取食枸杞新叶。卵产于叶片端部，呈黑色粪状。幼虫蚕食梢叶成孔洞缺刻，严重时可将梢叶食光。幼虫腹端拖有 5 个相连成串的褐色脱皮壳，皮壳也常卷翘在背部，对幼虫有伪装和保护作用。

**3. 发生规律**

1 年 3 代，以成虫在土中及枯叶下越冬。4 月上旬出蛰活动，中旬交配产卵，下旬达产卵盛期和幼虫孵化初期。成虫寿命较长，可连续产卵至 5 月中旬，世代重叠，虫态混生。第 1 代幼虫于 5 月上旬~下旬危害，幼虫有 6 个龄期，5 月下旬~6 月上旬幼虫老熟，陆续固着叶上化蛹，羽化为第 1 代成虫，7 月上旬为第 2 代，8 月下旬为第 3 代，10 月间以末代成虫在树下枯叶中越冬。

**4. 防治方法**

(1) 水肥管理　加强肥水管理，适时灌水施肥，促进枸杞生长旺盛，提高植株抗害能力，减轻危害损失。

(2) 天然环保型投入品防治　结合枸杞龟甲的防治，于每年 4 月下旬幼虫孵化时，选用 40% 石硫合剂晶体 100 倍或熬制的石硫合剂 20~30 波美度，对树冠、地面、田边、地埂、杂草进行全面喷雾，有明显降低越冬虫口基数的作用。

(3) 化学农药防治　树冠喷雾防治春季露芽时，结合治蚜在 3 月下旬用 48% 毒死蜱 800 倍液对树冠、地面、田边、地埂、杂草进行全面喷雾，可降低越冬虫口基数。5 月上旬~10 月，防治其他害虫时，可以同时防治枸杞血斑龟甲。

## 二十一、枸杞跳甲

枸杞跳甲属鞘翅目叶甲科。分布在宁夏（盐池、石嘴山），是枸杞专食性害虫。

1. 形态特征

成虫：体纺锤形，雄虫体长 2.5 毫米、宽 1 毫米，雌虫体长 3 毫米、宽 1.5 毫米，头赤褐色，背面满布刻点，上唇及复眼黑色，触角员园节，赤褐色。前胸背板赤褐色，满布刻点。鞘翅（翅膀）密布较粗深的刻点，并形成纵沟。雄虫前方员辕源赤褐色，余黑色。雌虫全部赤褐色，仅末端黑色。足赤褐色，后腿节粗壮，黑色，跗节着生于胫节末端梢上，胫节末端突出入刺。

2. 危害特点

危害叶片，形成缺刻及小孔。

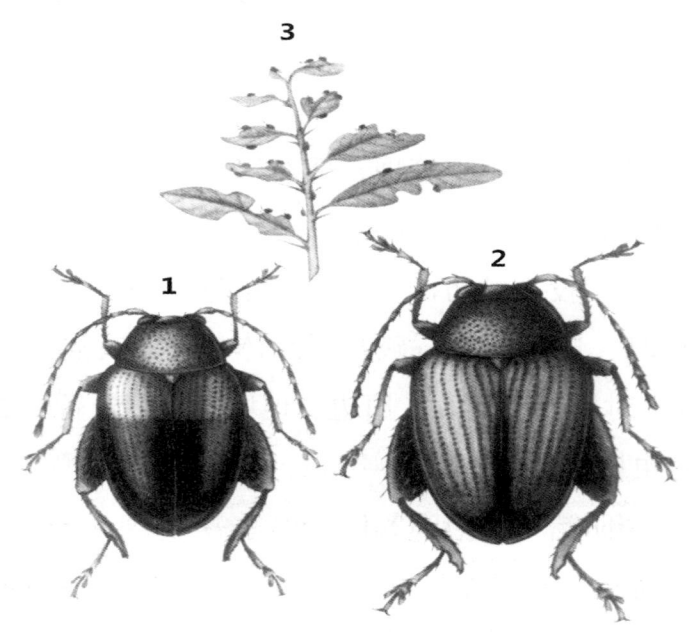

1.雄成虫；2.雌成虫；3.野生枸杞被害状

图 7-19 枸杞跳甲

（图片提供 胡忠庆 李锋 李晓莺）

### 3. 发生规律

成虫盛发于6~7月间，成虫有假死性，稍被触动即坠地。幼虫期尚未发现。

### 4. 防治方法

(1)加强肥水管理，适时灌水施肥，促进枸杞生长旺盛，提高植株抗害能力，减轻危害损失。灌水防治利用成虫稍被触动即坠地的习性，在枸杞园灌水前，在全园内巡回行走，触动植株和枝条，随后立即灌水，灌水后将坠地的成虫淹死。在夜冻昼消时，对全园进行冬灌，可杀死根部的虫体；因土壤中含氧量下降和温度骤降，降低了越冬成虫存活率。冻、消反复交替，还可改善土壤结构，有利后期枸杞生长。

(2)化学农药防治 树冠喷雾防治，5月上旬至8月上旬，防治其他害虫时，可以同时起到防治枸杞跳甲的作用。

## 二十二、枸杞实蝇

枸杞实蝇属双翅目实蝇科，俗称"果蛆""蛆果""白蛆"。分布宁夏（中宁、中卫、银川、泾源、西吉、海原、同心）、新疆、西藏。是专食枸杞性害虫。

### 1. 形态特征

成虫：体长4.5~5.0毫米，翅展8.0~10.0毫米。头橙黄色，颜面白色，复眼翠绿色，映有黑纹，宛如翠玉。两眼间有"Ω"形纹，单眼3个。口器橙黄色。触角橙黄色，触角芒褐色，上有微毛。头部毛序齐全。胸背面漆黑色，有强光，中部有2纵白纹与两侧的2短横白纹相接成"北"字形纹，上有白毛。上述白纹有时不明显。小盾片背面蜡白色其周缘及后方黑色。翅透明，有深褐色斑纹4条，1条沿前缘，其余3条由此分出斜伸达翅缘。亚前缘脉的尖端转向前缘成

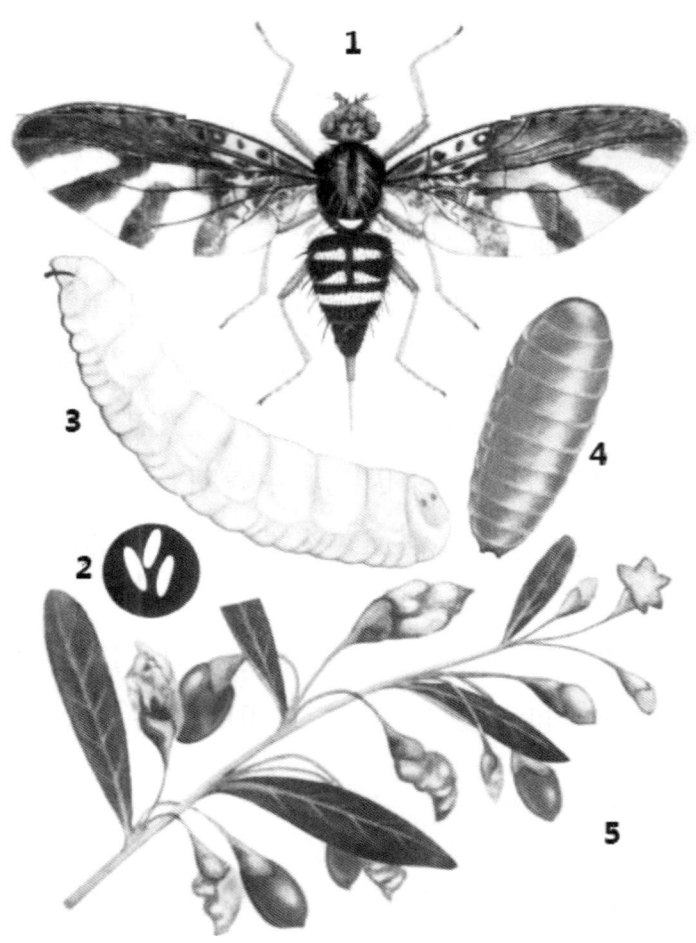

1.雌成虫；2.孵放大；3.幼虫；4.蛹；5.杞果被害状

图 7-20 枸杞实蝇

(图片提供 胡忠庆 李锋 李晓莺)

直角，这是此科昆虫（实蝇）特征之一。在此直角内方有一圆圈，这是此虫与类似种区别之处。足黄色，爪黑色，腹部中宽后尖，呈倒圆锥形，背面有 3 条白色横纹，前条及中条中央有时中断。雌虫腹端有产卵管突出，扁圆如鸭嘴，雄虫腹端尖。卵：白色，长椭圆形。幼虫：体长 5~6 毫米，圆锥形，前端尖大，后端粗大。口钩黑色，前气门扇形，后气门位于末端，上有呼吸裂孔 6 个作两排。蛹：长 4.0~5.0

毫米，宽 1.8~2.0 毫米，椭圆形，一端略尖，淡黄以至赤褐色。

2. 危害特点

20 世纪 50~60 年代有枸杞三大害虫之称，严重时减产达 22%~55%。20 世纪 60 年代引进化学防治后，降为次要害虫，近年来在枸杞产区间歇性零星发生。实蝇成虫产卵于幼果皮层内、落花后 5~7 天的幼果内的种皮上。一般每果只产 1 卵，偶有一果产 2~3 个卵的，但在果内能成活的只有一个幼虫。其被产卵管刺伤的幼果皮伤口流出胶质物，并形成一个褐色乳状突起。约数日后幼虫孵出，幼虫孵化后，一生在果内生活，以果肉、浆汁为食。生活在果内的幼虫，到了成熟期，在接近果柄处钻成一个圆形的孔，钻出脱落地面，爬行结合跳跃，寻找松软的土面或缝隙，钻入土内化蛹，幼虫脱果多在黄昏时，少数在夜间。被害果在早期看不出显著症状，到后期果皮表面呈现极易识别的白色弯曲斑纹，被害果外显白斑，群众称之为蛆果，果肉被吃空布满虫粪，失去经济价值，几乎不能作为商品或药用，使枸杞生产受到很大损失，严重时减产达 22.55%。成虫性情温和，静止时常以翅上下扇动如鸟飞状。成虫飞翔力较弱，一般仅能活动于原树上，在早晚温度较低时，成虫行动迟缓。中午温度升高后转为活泼。成虫无趋光性。

3. 发生规律

枸杞实蝇一年发生 2~3 代，以蛹在土内 5~10 厘米处越冬。来年 4 月 10~15 日，枸杞展叶现蕾时，成虫羽化。5 月 11~15 日，成虫大量集中出土，产卵于老眼枝青果果实的幼果皮层内。第 1 代幼虫主要危害老眼枝青果，虫口密度最高，危害最重，掌握第 1 代幼虫和蛹的活动和发育进度，选择防治适期是十分重要的。6 月下旬~7 月上旬幼虫生长成熟即由果内钻出，受触动后，首尾弯曲弹跳落地，在 3~6 厘米深处入土化蛹。在 7 月中下旬，大量羽化为二代成虫，8

月中下旬~9月上旬为第3代成虫盛期，第3代幼虫于9月中旬后即在土内5~10厘米处化蛹蛰伏越冬。（也有第1及第2代幼虫化蛹后即蛰伏的）。成虫寿命：雌虫为12~17天，雄虫仅5~6天，交尾后2~3天即死去。卵和幼虫期共20~24天，平均21.6天。蛹期16~22天，平均18.3天，完成一个世代所需日数平均为41.4天。

### 4. 防治方法

（1）树体保健农业调控措施　主要是通过全面平衡营养施肥，重视施用有机肥、生物复合肥。采用配方施肥技术，禁止过施氮肥，合理控氮，增施磷钾肥，补充微量元素肥料。根据枸杞的需水规律，适当地控制灌水次数、灌水量，改进灌水方法，控制枸杞徒长枝条旺长，提高树体的抗危害能力，降低危害损失。

（2）土壤耕作法　秋末冬初，在土壤封冻之前或早春，通过耕地将它们翻到地面，使蛹暴露在地面上被冻死或被禽鸟啄食，深翻7天内、灌一次封冻水耕翻效果更理想。

（3）喷、灌结合防治　根据枸杞实蝇成虫性情温和，静止时常以翅上下扇动如鸟飞状，成虫飞翔力较弱，一般仅能活动于原树上，在早晚温度较低时，成虫行动迟缓，中午温度升高后转为活泼的习性。结合枸杞蓟马的喷、灌防治，于5月1~15日，枸杞实蝇成虫发生期，早晨或傍晚对枸杞树冠进行高压喷水，结合喷水，实施田间灌溉，利用高压喷水的"冲力"和田间灌溉水的"淹杀作用"防治枸杞实蝇。具体操作时，应在喷水后1小时立即进行田间灌溉，但最好在田间先实施灌溉后，在田间积水尚未消退的情况下，穿雨靴进行树冠喷水作业。有条件的生产基地可采用固定式喷灌机设施，高压喷水与田间灌溉同时进行。确保田间和树冠全部处于淋水环境中，使枸杞实蝇无处藏匿，消灭其种群。

（4）化学农药防治　地面药剂封闭越冬蛹和初化成虫是一年中造

成蛆果的来源，应于成虫出土以前加以消灭。每年枸杞展叶至现蕾期，结合灌头水采用辛硫磷或乐果粉进行地面封闭，杀死越冬蛹和初羽化的成虫于土中。如早春没有进行土壤拌药或拌药不彻底，从越冬蛹出来的成虫发生多时，则于6月底结合建园作业补做土壤拌药1次，以防治第1代脱果入土的幼虫及土内初化成虫。树冠喷雾防治果熟期（采收期）采用树上喷施吡·氯氰垣四螨嗪、吡虫啉垣硫磺、乐果垣四螨嗪垣百菌清、吡虫啉垣百菌清、氯氰垣啶虫脒或阿维菌素+毒死蜱。

(5)生物农药和有机认证农药防治　于每年4月下旬~5月下旬，待成虫出现后，全园喷施植物源杀虫剂（三保奇花）、1.8%除虫菊·苦参碱水乳剂、爱禾0.3%印楝素乳油、大印、菊灵3%除虫菊素微囊悬浮剂、0.3%除虫菊素水剂、0.5%大黄素甲醚水剂（卫保水剂）对枸杞实蝇有较好的防治。

(6)生态调控　适用于有机枸杞生产。枸杞实蝇的天敌尚不清楚，但在枸杞园四周及沟边渠旁、道路两侧上做到见缝插针，尽量多种植一些紫丁香、万寿菊等蜜源芳香植物及蓖麻等有毒植物，实现枸杞园作物的多样化，一方面可以营造良好的生态和气候条件，另一方面通过多样化种植，能为天敌提供更好的生存条件，并为天敌提供栖息场所与阶段性营养。

## 二十三、枸杞泉蝇

枸杞泉蝇属双翅目花蝇科。该虫分布宁夏（银川），危害植物枸杞（叶片），是枸杞专食性害虫。

1. 形态特征

成虫：体长5.5毫米，灰色蝇子。触角橙黄色，端部褐色，芒基显粗。口器及下颚须黄色，侧额白色，侧额鬃4对，间额橙色，口缘

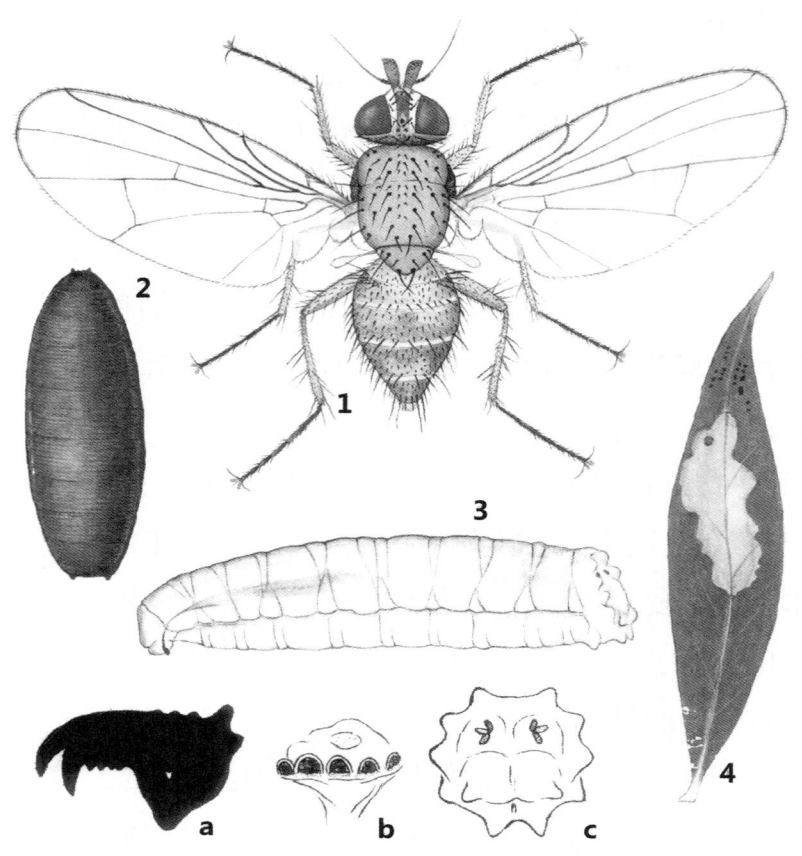

1.雌蝇；2.蛹；3.幼虫(a.口钩；b.前气门瓣；c.腹端气门突起)；
4.枸杞叶片被害状(正面)

图7-21　枸杞泉蝇

(图片提供　胡忠庆　李锋　李晓莺)

鬃对。雄成虫复眼在单眼区前很接近，间额仅在下半段可见。胸部背面灰色，中鬃细小，唯第2对和最后1对较长，背中鬃5对，显较粗长。小盾鬃4对，端鬃和基鬃粗长。腹部黄色，背中线暗褐色，以雄虫更为明显，有的个体仅在第三节背中央有一暗灰色纵斑，第4、5节常为暗灰色，各节背面生有黑毛，后缘毛长而较疏。各足腿、胫节黄色，跗节黑色，爪细长，爪垫黄褐色。后足腿节端部背面长毛6根，下缘2根，前面中部6根成1纵列，下缘4根。胫节背面长毛2

对，腹面 1 对。前翅膜质，微黄，翅缘密生微毛，前缘及翅端微毛密而黑，脉纹黄褐至灰褐色。幼虫长 5.2 毫米，白色，口钩黑色，前 2 齿粗长，后齿细小 3~4 个。前气门瓣外缘有 5~6 个半圆形小片。腹端钝，周缘有圆突 5 对，内侧 1 对，后气门褐色，由 3 个长圆形小孔组成，下孔略向外弯。蛹长 4.0~4.5 毫米，宽 1.7~2.0 毫米，暗褐色。

2. 危害特点

以幼虫（蛆）潜食枸杞叶面皮下叶肉成大枯斑。潜斑不规则形。初呈黄白色，后变黑褐色，但叶背并不显斑痕。

3. 发生规律

1987 年观察发现，8 月上中旬危害，下旬幼虫老熟后，在潜斑下端开孔爬出掉到地面入土化蛹。9 月上旬成虫羽化，同时还有幼虫危害。此虫在宁夏引黄灌区枸杞园旁自生枸杞上和庭院绿化植株上危害颇重，但在大面积生产园中，尚不易见，可能与喷药治蚜的兼治作用有关。代数不详。

4. 防治方法

在防治六大主要害虫（枸杞蚜虫、枸杞红瘿蚊、枸杞负泥虫、枸杞木虱、枸杞瘿螨和枸杞锈螨等）时可以兼治枸杞泉蝇。

## 二十四、枸杞干粉蚧

枸杞干粉蚧，又名"枸杞锥粉蚧"，属同翅目粉蚧科。该虫分布宁夏中宁，危害枸杞（主干及主枝上），枸杞专食性害虫。

1. 形态特征

雌虫长 3.0 毫米，宽 2.0 毫米，椭圆形，体质柔软，密覆蜡粉，体有蜡齿，腹端蜡齿粗长。雄成虫未见。镜检特征：触角 8 节，端节较粗长，各足爪下无小齿，后足基节上有透明细孔。腹脐圆形，位于第 3、4 腹节之间。前后背孔各 1 对，腹部后半部边缘有刺孔群 4

群，每群上有2根锥状刺和少数三格腺，最端1群有密集的三格腺及1根附毛。尾端略突起，端毛远长于肛环毛。背面微刺散布，腹面散生细毛。初产卵黄色，近孵化时淡褐色，数十粒包于白色卵囊中。卵囊长圆，绒状，长径4毫米。初龄若虫粉红色，长1.0毫米，微覆蜡粉，体缘蜡刺均匀排列，腹端两对较长，足及触角黄褐色。

2. 危害特点

5月中旬，孵化的若虫集于皮缝、疤痕等处刺吸汁液，但害情尚轻，未引起生产上注意。

3. 发生规律

年世代不详。以白色卵囊（长圆、绒状）集于枝干粗皮缝中越冬，5月中旬孵化为若虫。

4. 防治方法

（1）树体保护　在进行农事操作时，尽量避免在树体上产生创伤，

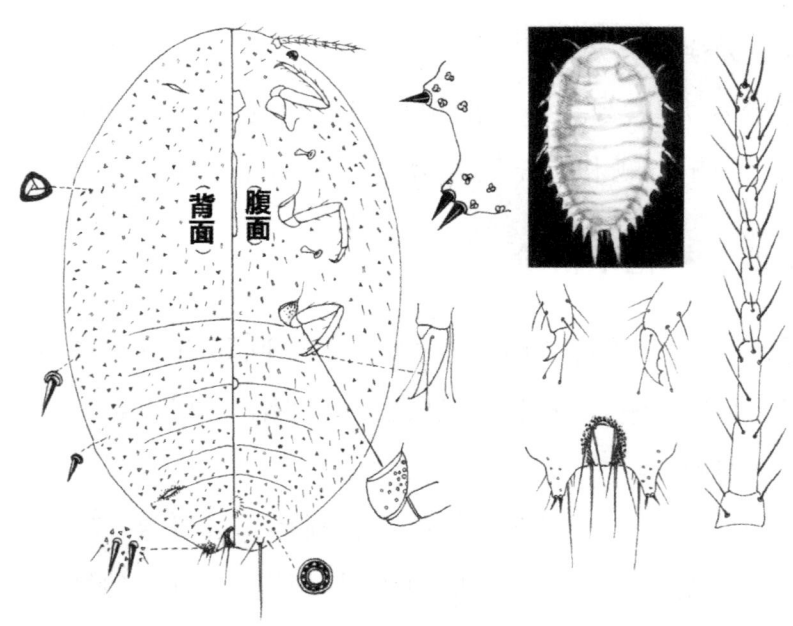

图7-22　枸杞干粉蚧

（图片提供　胡忠庆　李锋　李晓莺）

对树体上的伤口及时进行保护治疗，减少若虫的侵害。

（2）天然环保型投入品防治　苦参（野槐、山槐）酒精肥皂液每年的 5 月中旬若虫孵化时，用鲜苦参茎、叶 1 千克，加水 1.5 千克，熬成原液，每千克原液加水 100 千克喷雾，再加 70% 的酒精 3 千克和适量棉皂水充分搅拌后，进行全园喷雾，用于防治枸杞干粉蚧。

（3）石硫合剂结合枸杞瘿螨和锈螨的防治　于每年的 3 月下旬，选用 40% 石硫合剂晶体 100 倍或熬制的石硫合剂 20~30 波美度，对树冠、树干、地表、田边、田埂、杂草进行全面喷雾，有明显降低越冬基数的作用。每年 5 月中旬若虫孵化时，采用同样方法对枸杞树冠、枝干等实施喷雾防治。

（4）黏虫胶带阻隔　于每年的 10 月中下旬和 3 月下旬，分别在枸杞落叶前和新芽萌发前，在枸杞主干与支干上缠绕黏虫胶带，以阻止枸杞落叶前的成虫向枝干迁移，并在粗皮缝中产卵越冬以及越冬卵孵化后的若虫向枝条上迁移危害。

（5）苗木检疫　通过苗木检疫，将发现枸杞干粉蚧卵囊或若虫、成虫的苗木及时作销毁处理，防止枸杞干粉蚧的蔓延扩散。

（6）化学农药防治　树冠喷雾防治每年的 5 月中旬若虫孵化时，是树冠喷雾防治的关键时期。选用药剂有 20% 氯氰菊酯乳油 1 500 倍液、2.5% 功夫乳油 1 000 倍液、80% 敌敌畏乳油 800 倍液等，进行树冠及树基喷雾。

（7）树干给药防治　根据枸杞干粉蚧刺吸枝干危害的特点，结合其他害虫防治，于每年的 5 月中旬，采用树干给药防治措施。

（8）生物农药和有机认证农药防治　可参照枸杞蚜虫的防治进行。根据枸杞干粉蚧刺吸危害的具体情况，对生物农药和有机认证农药防治供选药剂的品种作适当调整，进行树冠、树干喷雾防治。

## 二十五、枸杞根粉蚧

枸杞根粉蚧又名枸杞晶粉蚧，属同翅目粉蚧科，分布宁夏中宁，危害枸杞根部，是枸杞专食性害虫。

### 1. 生态特征

雌虫长4.0毫米，宽3.0毫米，椭圆形，黄色，体质柔弱，密覆白粉，腹部各节边缘有白色蜡齿，腹端1对较长。镜检：触角9节，第2、3节最长，第4~8节依次渐短，末节又略粗长。前足爪下有1小齿，中足和后足爪下各有2小齿，其中第1齿微小可见。体缘有瘤状刺孔群，大瘤端有2刺，小瘤上有1刺，瘤上散布数个三格腺孔。肛环有内外两层环孔，生有3对长环毛。尾部锥形，端有1~2刺，下面有1根长端毛，显长于肛环毛。体背面散布小刺，腹面散生细毛。卵黄色，长圆形，长0.35毫米，宽0.24毫米。卵囊由白蜡丝组成，绒球状，一般长3.3毫米，宽2.1毫米，内藏卵百粒左右。若虫黄色，成长后体覆白色蜡粉。

### 2. 危害特点

3月、4月上中旬孵化出的黄色小若虫，在土中觅根吸食汁液，使树势减弱，尤以老株受害较重。雌虫产卵时，离开危害部位到处爬行，寻到产卵场所后固定不动，分泌大量蜡丝成卵囊，排卵于其中。成虫产完卵后，便干缩在卵囊的一端。此虫依靠短距离爬行、风力、水流和苗木携带等方式传播蔓延。新老枸杞园均有可能发生，一般以老枸杞园发生较多。

### 3. 发生规律

枸杞根粉蚧1年约3代，以卵囊在树基周围1~4厘米深的土缝中越冬。常数个卵囊挤粘一起，呈现为白色丝团。4月上中旬孵化为黄色小若虫，估计连续繁殖两个世代，在9月下旬末代成虫（雄虫未见到）陆续成熟，在土缝中产卵成卵囊越冬。据观察，11月中旬还有少量雌虫在产卵。完成1囊需数天时间。

**4. 防治方法**

（1）清理园地　结合枸杞干粉蚧的防治，于秋季枸杞采摘结束和春季枸杞修剪时，清除田间枯枝、修剪枝、落叶、落果及杂草，在田园外集中焚烧，降低后期危害的虫源。

（2）树体保护　在进行除草、翻园等农事操作时，尽量避免在树体及根部产生创伤，增强树体的抵抗能力，减少若虫的侵害。

（3）冬灌灭虫　在夜冻昼消时，对全园进行冬灌，可杀死根部的虫卵，冻、消反复交替，还可改善土壤结构，有利后期枸杞生长。深耕灭虫：秋末冬初，在土壤封冻之前或早春，将田土深翻20~30厘米，通过耕地将卵囊翻到地面冻死，或翻入深土层内闷死，或被禽鸟啄食，深翻7天内灌1次封冻水。

（4）天然环保型投入品防治法　采用草木灰水溶液灌根：取5千克草木灰，加水250千克充分搅拌，浸泡两昼夜过滤，每日1次，连续3天，防治枸杞根粉蚧。

（5）物理防治　地膜覆盖物理防治危害严重的枸杞园，结合枸杞红瘿蚊地膜覆盖物理防治，于覆盖地膜前，在枸杞根部周围的土壤内用适量的食醋水溶液灌根，通过地膜对土壤的增温作用，提高土壤表层的温度，增加食醋水溶液的熏蒸效果，恶化枸杞根粉蚧越冬后的生存环境，起到防除的作用。

（6）化学农药防治　土壤药剂处理秋季翻园时，如发现土块上有白色蜡粉的黄色若虫和由白色蜡丝组成的绒球状或白色粉末状的卵囊，则进行土面及树基部喷洒。次年春（4月中旬）越冬卵孵化时，结合枸杞红瘿蚊地膜覆盖物理防治，在覆膜前，同样实施土面及树基部喷洒农药的防治措施。选用药剂20%氯氰菊酯乳油1500倍液、

2.5 功夫乳油 1 000 倍液、80% 敌敌畏乳油 800 倍液等。树干给药防治根据枸杞根粉蚧吸食枸杞根部汁液危害的特点，结合其他害虫防治，于每年 4 月中旬孵化为黄色小若虫后，采用树干给药防治措施。

（7）生物农药和有机认证农药防治 根据枸杞根粉蚧在土中吸食枸杞根部汁液危害的具体情况，对生物农药和有机认证农药防治枸杞蚜虫的供选药剂品种作适当调整，结合枸杞红瘿蚊地膜覆盖物理防治，在地面覆膜前，先在树基部及土面喷洒生物农药和有机认证农药，再进行全园覆膜。

## 二十六、日本蛛甲

日本蛛甲属于鞘翅目蛛甲科，又名白斑蛛甲，别名标本虫、皮毛标本虫等。分布：北、东靠近中国边境线，南至江西、湖南、广西、云南，西至新疆，在宁夏密度较高。寄主：小麦、面粉、枸杞、高粱、玉米、谷子、棉花、干鱼、干肉、蚕茧、烟草、动植物标本、酒曲等。它是枸杞仓储期的兼食性害虫。

### 1. 生态特征

成虫：雌虫体长 4~5 毫米，较雄虫肥而短。体呈长椭圆形，触角丝状，短于体长。前胸背板有黄褐色毛斑 1 对，略为长方形，其后有隆起 1 对。足细长，腿节末端膨大，后足胫节弯曲。雄虫体长 5.5 毫米。体形狭长，触角等于或长于体长，鞘翅近长方形，白斑不甚显著。复眼显著突出。足较细长。幼虫：体长约 5 毫米，弯曲呈弓状，多皱纹，乳白色，密生浅黄褐色细长毛。头部额上具浅赤褐色"八"字形斑纹。胴部末节腹面具 1 褐色"U"形肛前骨片。蛹：长 5 毫米，乳白色略扁平，腹节有半圆形隆起，上生肉刺 1 对。

### 2. 危害特点

日本蛛甲主要危害面粉等粮食作物，食害种胚影响种子发芽率；

危害花生等。另外，还啃食油料、酒糟、饲料等仓储物。偶发危害枸杞，使枸杞结块、变色、变味，无法食用。成虫喜在枸杞果粒表面活动，与幼虫兼有假死性特征，喜潜伏在枸杞碎屑下近表层处，连缀碎屑或残渣结成球形小茧，居内取食。

### 3. 发生规律

1年发生1代。幼虫在室内缝隙中或枸杞果粒间，或粉内以分泌物缀连碎屑作薄茧越冬，个别以成虫越冬。在银川7月底~8月初，可发现成虫、幼虫及蛹同时存在。成虫有假死性，喜于夜间在枸杞堆垛表面活动，喜将枸杞果粒碎屑缀连成茧状，成虫寿命约9个月。越冬幼虫于翌年春季化蛹、羽化，蛹期约12天。每雌虫常产卵40粒，散产在粉屑中。从卵发育至成虫约需100天。

### 4. 防治方法

可用二氯乙烯、溴甲烷熏蒸仓库。面粉、粮食受害时还可用过筛法处理。

## 二十七、牧草盲蝽

牧草盲蝽属于半翅目，盲蝽科。该虫分布东北、华北、西北，其他地区也有分布，但较少。食性较杂，危害白菜、萝卜、油菜、菠菜、茄、稻、麦、棉花、豆类、马铃薯、甜菜、瓜类、苜蓿、蔬菜、果树（苹果、梨、杏、桃、李、樱桃）、麻类等多种作物，偶尔危害枸杞。

### 1. 生态特征

牧草盲蝽成虫体长6.5毫米，宽3.2毫米。全体黄绿色至枯褐色，春夏青绿色，秋冬棕褐色，头部略呈三角形，头顶后缘隆起，复眼黑褐色向两旁突出。触角4节丝状，第2节长等于3、4节之和，喙4节。前胸背板前缘具横沟划出明显的"领片"，前胸背板上具橘皮状点刻，两侧边缘黑色，后缘生 2 条黑横纹，背面中前部具黑色纵纹 2~4 条，小盾片三角形，淡黄绿色，基部中央、革片顶端、楔片基部及顶端黑色，基部中央具 2 条黑色并列纵纹。前翅膜片透明，脉纹在基部形成两翅室。足具 3 个跗节，爪 2 个，后足腿节 2 节较 1 节长。卵长 1.5 毫米，长卵形，浅黄绿色，卵盖四周无附属物。若虫与成虫相似，黄绿色，翅芽伸达第 4 腹节，前胸背板中部两侧和小盾片中部两侧各具黑色圆点 1 个；腹部背面第 3 腹节后缘有 1 黑色圆形臭腺开口，构成体背 5 个黑色圆点。

### 2. 危害特点

喜欢在嫩叶、嫩茎、花蕾上刺吸汁液，取食一段时间后开始交尾、产卵。早春产卵于枝条、嫩茎、叶柄、叶脉或叶的组织内，或一半在组织内，多数是在叶背主脉中，有卵处往往有褐色小隆起，在嫩枝上产卵处略现红色。成、若虫喜白天活动，早、晚取食最盛，活动迅速，善于隐蔽。若虫孵出后吸食汁液，使叶或果变色皱缩呈畸形。

### 3. 发生规律

每年约发生 2 代，成虫在杂草、枯枝落叶、土石块下越冬。翌春寄主发芽后出蛰活动，卵期约 10 天。若虫共 5 龄，经 30 多天羽化为成虫。发生期不整齐，6 月中旬常迁入枸杞园，秋季又迁回到木本植物或秋菜上。

### 4. 防治方法

（1）天然环保型投入品防治　采用喷、灌结合防治。在牧草盲蝽虫口密度大、危害重的枸杞园，采用在田间树冠上高压喷水，结合喷水的措施，实施田间灌溉，利用高压喷水的"冲力"和田间灌溉水的"淹杀作用"驱逐牧草盲蝽成虫和控制其危害。具体操作时，应使枸杞叶片处于水淋环境。在喷水后 1 小时立即进行田间灌溉。

但最好在田间先实施灌溉、积水尚未消退的情况下,穿雨靴进行树冠喷水作业。

(2)化学农药防治 树冠喷雾防治用20%乐果乳油2 000倍液,或80%敌敌畏乳油1 000~1 500倍液,或90%晶体敌百虫1 000倍液,或2.5%溴氰菊酯乳油2 500~3 000倍液,或20%杀灭菊酯乳油3 000倍液喷雾,进行田间喷雾。树干给药防治根据牧草盲蝽喜欢在嫩叶、嫩茎、花蕾上刺吸汁液的危害特点,结合枸杞其他害虫的防治,采用树干给药防治措施予以兼防。(现已禁用)

## 第四节 化学农药防治枸杞病虫害

20世纪70年开始,化学药剂用来防治农作物病虫害,使枸杞病虫害的防治进入了全新阶段。使用的农药主要是无机农药与有机农药两种。

1978~1986年,锈螨和枸杞红瘿蚊严重危害枸杞生产的安全,传统化学农药抑制不力。宁夏化工所和宁夏植保所承担课题任务,进行了专门研究,开始试验引进生物制剂来有效防止枸杞病虫害,先后研发4种从植物中提取的生物药剂,可将防治次数由过去的13次控制在8次以内,防治成本降低约30%,实现了枸杞全生长期病虫害的有效防治。

### 一、无机农药

1. 硫酸铜

硫酸铜化学式为$CuSO_4$,其水溶液呈弱酸性,显蓝色。同石灰乳混合可得波尔多液,用作杀菌剂,用于控制枸杞作物上的真菌,防止枸杞果实腐烂。

### 2. 石硫合剂

石硫合剂由生石灰、硫磺加水熬制而成的农业杀菌剂。在众多的杀菌剂中，以其取材方便、价格低廉、效果好、对多种病菌具有抑杀作用等优点，被广大果农和枸杞种植户（茨农）所普遍使用。使用前必须用波美比重计测量好原液度数，根据所需浓度计算出稀释的加水量。计算公式为：加水量（千克）=原液浓度÷稀释液浓度−1。同时，石硫合剂不宜在果树生长季节气温过高（>30℃）时使用，不能与波尔多液等碱性药剂或机油乳剂、松脂合剂、铜制剂混用，否则会发生药害。一般喷洒波尔多液后间隔15~30天再喷洒石硫合剂，或喷洒石硫合剂后，间隔15~30天喷洒波尔多液。

## 二、有机农药

### 1. 敌杀死

敌杀死，即"溴氰菊酯"，常温下几乎不溶于水，溶于多种有机溶剂。对光及空气较稳定，在酸性介质中较稳定，在碱性介质中不稳定。是菊酯类杀虫剂中毒力最高的一种，对害虫的毒效可达滴滴涕的100倍、西维因的80倍、马拉硫磷的550倍、拉硫磷的40倍。具有触杀和胃毒作用，触杀作用迅速，击倒力强。没有熏蒸和内吸作用，在高浓度下对一些害虫有驱避作用。持效期长（7~12天）。配制成乳油或可湿性粉剂，为中等杀虫剂。对鳞翅目、直翅目、缨翅目、半翅目、双翅目、鞘翅目等多种害虫有效但对螨类、介壳虫、盲蝽象等防效很低或基本无效，还会刺激螨类繁殖。在虫螨并发时，要与专用杀螨剂混用，效果显著。

### 2. 灭扫利

灭扫利，又名"甲氰菊酯"，是一种虫、螨兼治的拟除虫菊酯类杀虫、杀螨剂。对害虫有较强的触杀和胃毒作用，无内吸和熏蒸作用，但渗透性强，耐雨水冲刷，残效期10~15天，杀虫效果好，但杀卵差，毒性中等。具有高效、广谱、低残留，对人、畜和植物安全等特点。可兼治各种叶螨。

### 3. 双甲脒

双甲脒属有机氮类药物，是一种接触性广普杀虫剂。兼有胃毒和内吸作用，其主要干扰虫体的神经系统，使其兴奋性增加，24小时使虱、螨消解。（现已禁用）

### 4. 敌百虫

敌百虫是一种有机磷杀虫剂。工业产品为白色固体，纯品熔点83~84℃，能溶于水和有机溶剂，性质较稳定，但遇碱则水解成敌敌畏。以胃毒作用为主，兼有触杀作用，也有渗透活性。用于防治菜青虫、棉叶跳虫、桑野蚕、桑黄、象鼻虫、果树叶蜂、果蝇等多种害虫。（现已禁用）

### 5. 三环唑

三环唑别名克瘟灵，克瘟唑，白色结晶，熔点187℃~188℃。工业原药为橙色结晶，对水、光、热稳定，持效期7~10天。杀菌作用机理主要是抑制附着孢黑色素的形成，从而抑制孢子萌发和附着孢形成，阻止病菌侵入和减少病菌孢子的产生。

### 6. 多菌灵

多菌灵为无味的粉末，在215℃~217℃时开始升华，大于290℃时熔融，306℃时分解，不溶于水，微溶于丙酮、氯仿和其他有机溶剂。可溶于无机酸及醋酸，并形成相应的盐，化学性质稳定。该药是一种广谱性杀菌剂，对多种作物由真菌（如半知菌、多子囊菌）引起的病害有防治效果。可用于叶面喷雾、种子处理和土壤处理等。可防治白粉病、疫病、炭疽病等。

### 7. 乐果

乐果为白色针状结晶，在水中溶解度为39克/升（室温）。易被植物吸收并输导至全株。在酸性溶液中较稳定，在碱性溶液中迅速水解，故不能与碱性农药混用。在有机磷内吸杀虫剂中用途较广。对枸杞害虫和螨类有强烈的触杀和一定的胃毒作用。在昆虫体内能氧化成活性更高的氧乐果，其作用机制是抑制昆虫体内的乙酰胆碱酯酶，阻碍神经传导而导致死亡。（现已禁用）

### 8. 敌敌畏

敌敌畏是一种有机磷杀虫剂，工业产品均为无色至浅棕色液体，能溶于有机溶剂，易水解，遇碱分解更快。受热分解，放出氧化磷和氯化物的毒性气体。为广谱性杀虫、杀螨剂。具有触杀、胃毒和熏蒸作用。触杀作用比敌百虫效果好，对害虫击倒力强而快。（现已禁用）

### 9. 马拉硫磷

马拉硫磷属低毒杀虫剂，剂型45%马拉硫磷乳油 25%马拉硫磷油剂，70%优质马拉硫磷乳油（防虫磷）。防治枸杞害虫效果显著。（现已禁用）

## 第五节　生物农药防治枸杞病虫害

### 一、防治枸杞病虫害生物药剂

2013年，《北京农业》6月期发表了甘肃农业大学程乾斗、王有科、李捷、李小刚文论文：新研发的枸杞生物药剂中，采用1%印楝素·苦参碱1 000倍液+0.05%核苷酸600倍液和1.2%烟碱·苦参碱1 000倍液+2%宁南霉素400倍液，防治枸杞炭疽病、枸杞蚜虫、杞瘿螨、枸杞木虱，具有药效持续时间长、低毒、无残留等特点。具体方法如下。

### 1. 防治枸杞炭疽病

（1）1%印楝素·苦参碱1 000倍液+0.05%核苷酸600倍液；

（2）1.2%烟碱·苦参碱1 000倍液+2%宁南霉素400倍液；

（3）0.5%藜芦碱600倍液+1%申嗪霉素悬浮剂800倍液。

### 2. 防治枸杞蚜虫

1%印楝素·苦参碱1 000倍液+0.05%核苷酸600倍液。

### 3. 防治瘿螨

（1）1%印楝素·苦参碱1 000倍液+0.05%核苷酸600倍液；

（2）1.2%烟碱·苦参碱1 000倍液+2%宁南霉素400倍液。

### 4. 防治木虱

1%印楝素·苦参碱1 000倍液+0.05%核苷酸600倍液及1.2%烟碱·苦参碱1 000倍液+2%宁南霉素400倍液。

以上防治均采用喷雾方式，每隔7天喷1次，共喷4次，不设重复，小区面积及排列方式根据试验地大小由试验单位自行安排。喷药采用人工手动喷雾器。

## 二、生物药剂的主要防治对象及使用方法

### 1. 印楝

印楝（*Azadiachta indica* A. Juss）系楝科楝属乔木，广泛种植于热带、亚热带地区。研究分析，印楝树的种子、树叶及树皮中，含有一种物质——印楝素，正是由于它的存在，使印楝树具有驱虫治病的神奇功能，能够大面积杀死蝗虫，抑制蝗灾。经现代研究表明，从印楝果实中提取的印楝素等成分是目前世界公认的广谱、高效、低毒、易降解、无残留的杀虫剂；且没有抗药性，对几乎所有植物害虫、室内臭虫跳蚤、苍蝇、蚊子等都具有驱杀效果，而对人畜和

周围环境无任何污染。

使用方法：每亩用 0.3%印楝素乳油 50~100 毫升或 0.8%阿维印楝乳油 40~60 毫升，兑水 50 千克喷雾。由于其药效较慢，一般要 1 周左右才能达到药效高峰。因此应在害虫发生初期及早用药。

2. 苦参碱

苦参碱是由豆科植物苦参的干燥根、植株、果实经乙醇等有机溶剂提取制成的生物碱，一般为苦参总碱。作为药用植物，在我国文字记载已经有两千多年的历史，具有清热、利尿、杀虫、祛湿等功效，同时还具有抗病毒、抗肿瘤抗过敏等多种功用。是一种低毒、低残留、环保型农药。主要防治各种松毛虫、茶毛虫、菜青虫等害虫。具有杀虫活性、杀菌活性、调节植物生长等多种功能，绿色环保。苦参碱药效缓慢，可适当提早 1~2 天施药。该药不能与碱性药剂混用。

使用方法：前期预防 600~800 倍液喷雾；害虫初发期 400~600 倍液喷雾，5~7 天喷洒一次；虫害发生盛期可适当增加药量，3~5 天喷洒一次，连续 2~3 次。

3. 烟碱

烟碱存在于烟草属植物中的一种触杀性植物源杀虫剂，对害虫兼具胃毒和熏蒸作用，同时还有一定的杀卵作用，对植物组织有一定的渗透性，但无内吸作用。其杀虫速度快，持效期较短，在作物上基本无残留，适宜于多种害虫的防治。

使用方法：烟碱的加工制剂既有游离的烟碱乳油，也有硫酸烟碱乳油和茶皂素烟碱可溶性乳剂。10%的烟碱乳油 1 000 倍稀释液，用药后 1 天对菜青虫防效达 90%，对蚜虫防效达 98%；500 倍稀释液对小菜蛾防效 15 天达到 78%以上。

### 4. 宁南霉素

宁南霉素中国科学院成都生物研究所历经"七五""八五""九五"国家科技攻关并研制成功的专利技术产品，从四川省宁南县土壤分离而得，为首次发现的胞嘧啶核苷肽型新抗生素，故将其发酵产物命名为宁南霉素，对多种农作物有害病毒有抑制杀灭作用。在枸杞茎腐病、蔓枯病、白粉病等多种病害上，已大面积推广应用。

使用方法：宁南霉素主要用于喷雾，也可拌种。喷雾时从发病前或发病初期开始用药，每亩药液量50千克，喷药应均匀、周到，按照间隔期，可使用2~3次。

### 5. 藜芦碱

藜芦碱的主要化学成分是瑟瓦定和藜芦定。扁平针状结晶。藜芦生物碱存在于百合科藜芦属植物中，作为杀虫剂的植物原料主要是喷嚏草的种子和白藜芦的根茎。将植物原料经乙醇萃取制得。植物源杀虫剂，对昆虫具有触杀和胃毒作用。防治家蝇、蜚蠊、木虱、菜青虫、蚜虫、叶蝉、蓟马和蜷象等害虫，成效显著。

使用方法：在蚜菜青虫发生危害初期，用0.5%藜芦碱醇溶液400~600倍稀释液进行均匀喷雾1次，持效期可达14天以上。可再轮换喷用其他杀虫剂，以达高效与延缓抗性产生。

### 6. 申嗪霉素

申嗪霉素是由生物菌发酵产生的生物新农药，能很快被菌体细胞吸收并在菌体内传导，干扰和抑制菌体细胞的生长发育，对人畜、天敌、作物安全，是防治枸杞虫害的理想生物新药。

使用方法：申嗪霉素对枯萎病、疫病、蔓枯病和根腐病平均防治效果达80%以上。枸杞防治根腐病每亩可用3包（15毫升/包）申嗪霉素1 000倍稀释，灌根处理。

### 7. 除虫菊素

除虫菊素是通过人工种植的除虫菊的花经溶剂法提取的浸膏配制而成，是一种典型的神经毒剂。该药具有触杀、胃毒和驱避作用，能对周围神经系统、中枢神经系统及其他器官组织同时起作用。对害虫击倒力强，杀虫谱广，使用浓度低，对人、畜低毒，对植物及环境安全。

使用方法：每亩用3%除虫菊乳油22.5~37.5克/公顷（有效成分）兑水喷雾。亦可用除虫菊花粉（干花粉碎）1千克、中性肥皂0.6~0.8千克、兑水400~600升后喷雾。

### 8. 鱼藤酮

鱼藤酮广泛地存在于植物的根皮部，在毒理学上是一种专属性很强的物质，对昆虫尤其是菜粉蝶幼虫、小菜蛾和蚜虫具有强烈的触杀和胃毒两种作用。

使用方法：每亩用4%鱼藤酮乳油80~160毫升兑水30千克喷雾。鱼藤酮的杀虫持效期长，在10天左右。施药间隔期3天，能与碱性药剂混用。本剂对家畜、鱼类和家蚕高毒，施药时要避免药液飘移到附近水池。（现已禁用）

## 第六节 机械化作业防治枸杞病虫害

枸杞作业不同于传统的粮油耕种模式，涉及的技术和机械繁杂，尤其是植保机械存在巨大缺口。研发和使用相关植保机械，已成为枸杞病虫害防治的重要一环。

传统的手动喷雾器和少量小型的机动喷雾器作业，农药雾化效果差、利用程度低，造成农药浪费，防治效果下降。对枸杞鸟害防治主要采用搭建粘网捕杀的方式，严重影响生态安全。益鸟的减少又将带来虫害增加的危害。因而，枸杞采摘期必须采用驱鸟器和杀虫灯，以防止虫鸟对枸杞的伤害。2010 年，宁夏农林科学院和机械制造部门建立了适宜于枸杞省工栽培管理模式的农艺农机结合新机制，研发出了枸杞专用播肥机、枸杞自动株间除草机等系列植保机械，适用于枸杞播肥、播粪、株行间除草、定植开沟、枝条还田、旋耕碎土和防治病虫害等作业，极大地提高了枸杞田间管理和病虫害的防治效率。

对枸杞防护林进行病虫害统防，采用集中统一、机械化作业的要求如下。

## 一、严格按枸杞栽培管理规范栽培枸杞，选择合适的栽培区域，达到如下指标

1. 气候条件

北纬 30°~45°、东经 80°~120°，年平均气温 5.6℃~12.6℃，大于等 10℃年有效积温 2 800℃~3 500℃，年日照时数 3 000 小时以上，无灌溉条件下，年降水量 400~700 毫米。

2. 立地条件

土壤类型为淡灰钙土、灌淤土、黑垆土；土质为轻壤土、壤土；有机质含量 1%以上，土壤含盐量 0.5%以下；地下水位 100 厘米以下，引水灌区水矿化度 1 克/升，苦水地区水矿化度 3~克/升。

3. 环境质量

水质达到 GB 5084—1992 二级以上标准，大气环境达到 GB 3095—1996 二级以上标准。土壤质量达到 GB 15618—1995 二级以上标准。

### 4. 优良品种

以国家科技成果重点推广计划（农 1-4-0-30）宁夏枸杞（*Lycium barbarum* L.）的品种"宁杞1号"为主，适当发展"大麻叶"品种。

## 二、实现园田化和规模化，以利机械化实施

### 1. 园地选择

选择地势平坦，有排灌条件，地下水位 100~150 厘米，土壤较肥沃的砂壤、轻壤或中壤；土壤含盐量 0.5%以下，pH 8 左右，活土层 30 厘米以上。

### 2. 园地规划

集中连片，规模种植，也可因地制宜分散种植，园地应远离交通干道 100 米以上。

### 3. 设置渠、沟、路

依据园地大小和地势，规划灌水渠、排水沟；大面积集中栽培区依据水渠灌溉能力划分地条，并设置作业道路。

### 4. 营造防护林带

农田防护林的主林带与当地主风方向垂直，林带间距 200 米，每条林带栽树 5~7 行，株行距 1.5 米×2.0 米；副林带与主林带垂直，设置在地条两头，栽树 3~5 行，株行距 1.5 米×2.0 米，以乔灌木相结合混栽。

### 5. 整地

头年秋季依地条平整土地，平整高差小于 5 厘米，深耕 25 厘米，耙糖后依 0.033 5~0.067 公顷为一小区，做好隔水埂，灌冬水，以备翌年春季栽植苗木。

## 第七节 绿色环保工程防治枸杞病虫害

### 一、有机枸杞生产技术

有机食品枸杞生产，在宁夏是从 2007 年开始。宁夏最早获得国内有机认证的枸杞生产企业是宁夏早康枸杞有限公司被中绿化夏有机认证公司认证，时间 2007 年。由于有机枸杞生产技术中，存在农业投入品很难把控，枸杞病虫害防治要求技术高等原因，国内有机认证于 2011 年暂停。后来国家认监委根据中国有机农产品不能没有枸杞的情况，委托中国质量认证中心于 2016 年又开始国内有机认证工作。国外有机认证被欧盟、美国和日本共同认可的认证机构主要有 BCS、SRS 等四家机构。最早获得有机认证的枸杞生产企业是宁夏早康枸杞有限公司，时间是 2009 年。

### 二、无公害枸杞生产技术

2000 年 4 月，枸杞之乡宁夏中宁县政府聘请中国农业大学教授杜相革到中宁县指导枸杞无公害生产技术研究，指派本县科技人员胡忠庆、谢施祎配合。

2001 年，为增强宁夏枸杞在国内外市场的竞争力，保护和发挥宁夏枸杞的品牌优势，宁夏林业厅决定推广无公害枸杞生产技术，聘用杜相革、胡忠庆、谢施祎等原班人马在中宁县继续试验研究。具体工作由宁夏林业厅果树站负责。

2002 年，经过两年的试验研究，最终确定无公害枸杞生产的环境条件、枸杞病虫害防治允许使用的农药和严禁使用的农药。

严禁使用的农药是：福美砷、氯化汞、666粉、林丹、呋喃丹、三氯杀螨醇、甲拌磷、乙拌磷、甲基对硫磷、甲胺磷、久效磷、对硫磷、克虫磷、氧化乐果、水胺硫磷、杀虫脒、氰久粉等高毒高农残农药和制剂。

枸杞无公害生产技术研究成功后，为了标准化规范化保证这一技术在生产上全面推广，根据农业部2002年颁布的《无公害农产品管理方法》精神，宁夏林业厅科技处聘请中宁枸杞局胡忠庆、谢施祎于2002年编写了《宁夏无公害枸杞生产技术问答》。内容包括无公害生产的基础知识、栽培条件、土肥水管理、整形修剪技术和无公害枸杞生产的病虫害综合防治技术五个方面。用70个问题解答，对无公害枸杞生产技术进行了详细的介绍。

2002年，农业部枸杞产品质量监督检验测试中心、宁夏枸杞协会、宁夏果树技术工作站联合制定了《无公害食品枸杞》《无公害食品枸杞产地环境条件》地方标准。宁夏枸杞协会、宁夏枸杞所、宁夏果树技术工作站联合制定了《无公害食品枸杞生产技术规程》地方标准。

由此，从2002年开始，宁夏全面开始枸杞的无公害生产。

## 三、绿色食品枸杞生产技术

2012~2016年，宁夏农林科学院植保所技术团队和中宁县枸杞产业服务局联合，对枸杞主要病虫害开展试验研究。经过5年的试验研究，制定了《枸杞病虫害防治农药安全使用规范》《枸杞蚜虫防治农药安全使用技术》《枸杞瘿螨防治农药安全使用技术》《枸杞蓟马防治农药安全技术规程》《枸杞害虫防控技术规程》《枸杞病害防控技术规程》《枸杞病虫害监测预报技术规程》等标准化操作规程。

在对枸杞主要病虫害防治过程安全使用技术和防控技术的研究结晶中，该团队推出了"五阶段绿色防控技术"。

第一阶段：萌芽前期，彻底清园、封园，减少越冬虫（病）源（3月中旬~4月上旬，发芽前）。

第二阶段：采果前期，高效低毒化学农药防控，压低病虫基数（4月上旬~5月下旬，展叶至采果前20天）。

第三阶段：夏果期，生物防控保安全（6~8月上旬）。

第四阶段：秋果期，协调控制减药量（8月中旬~10月下旬）。

第五阶段：越冬前期，全园封闭，降低第二年病虫基数基数（11月上中旬）。

## 四、枸杞病虫害天敌的有效利用

新世纪以后，新兴的生物防治枸杞病虫害技术风生水起。科学工作者研发试验的结论是：以菌治虫。其原理是利用昆虫的病原微生物杀死害虫。这类微生物包括细菌、真菌、病毒、原生物等，对人畜均无影响，使用时比较安全，无残留毒性，害虫对细菌也无法产生抗药性。因此，微生物农药的杀虫效果在所有防治技术中名列前茅。

科学研究与试验发现：枸杞病虫害的天敌包括天敌昆虫和昆虫病原微生物，拒食性昆虫有18目200种。主要是瓢虫、草蛉、食蚜蝇、小花蝽、小齿腿长尾小蜂、枸杞瘿螨姬小蜂、枸杞木虱啮小蜂以及苏云杆菌、白僵菌、颗粒病毒等。保护与利用这些昆虫，可以保证在无公害、无污染和绿色安全的前提下，实现枸杞丰收。

## 五、枸杞病虫害天敌

### (一)虫害天敌

#### 1. 瓢 虫

(1)七星瓢虫　别名花大姐,取食对象蚜虫,以麦蚜、菜蚜、枸杞蚜等蚜虫为食。成虫体长6~7毫米,宽4.0~5.6毫米,瓢形,呈半球形拱起。鞘翅红色至橘红色,上有7个黑斑。一年发生4~5代,以成虫在各种作物基部、土块下、树皮缝等向阳隐蔽处越冬。3月出蛰,至6月底之前,大量繁殖扩大种群,每雌成虫可产卵500多粒。此种瓢虫的成虫和幼虫,均以捕食蚜虫为生,每头成虫日食蚜量约150头,幼虫约130头。每头瓢虫一生可食蚜虫5 000头左右,是一种很有利用前途的生物资源。2002年中宁县枸杞局与宁夏农林科学院园艺所合作,采取工厂化饲养七星瓢虫防治枸杞蚜虫试验,已获得初步结果。

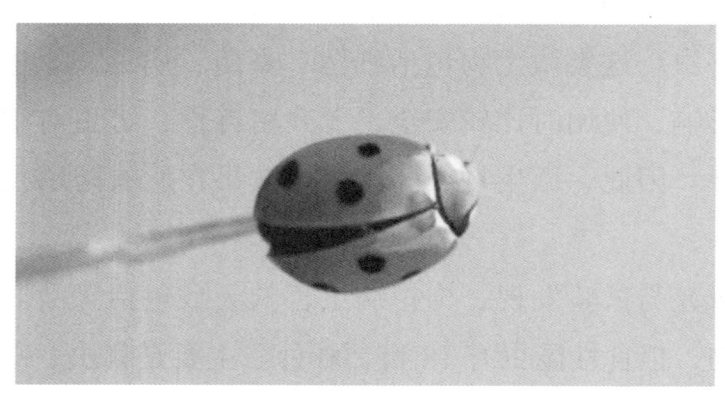

图7-23　七星瓢虫

(图片提供　胡忠庆　李锋　李晓莺)

(2)龟纹瓢虫　取食对象蚜虫,成虫体长3.8~4.7毫米,宽29~32毫米,椭圆形,呈弧形拱起,表面光滑翅鞘底色为黄色,有黑色"出"字形纹,此瓢虫2000年被宁夏农林科学院植保所引进进行防治枸杞蚜虫。

(3)十三星瓢虫 取食对象蚜虫,成虫体长4~5毫米,卵圆形,头黄色,翅鞘橘红色,上部13个黑点。5~9月在枸杞、甜菜、林木上普遍发生,以7~8月虫口最多。

(4)多星瓢虫 以蚜虫为食,成虫体长4~5毫米,椭圆形,体色黄褐色或紫红色。前胸背板有黑点7个,每翅鞘有黑斑8个,3月下旬活动,在果树、枸杞、林木蚜群中颇普遍。

图7-24 多星瓢虫

(图片提供 胡忠庆 李锋 李晓莺)

2. 蜂 类

(1)小齿腿长尾小蜂 雌蜂体长约为4毫米。体黑褐色带蓝绿色反光,腹部局部有紫色反光。幼虫寄生在有害昆虫体内,成虫后破其躯体而出,也常食用幼瘿。

(2)枸杞瘿螨姬小蜂 枸杞瘿螨姬小蜂是枸杞瘿螨 *Aceria pallida* Keifer 的重要天敌,控制枸杞瘿螨数量动态的主要生物因子之一。该虫产卵于虫瘿内,幼虫在虫瘿内捕食瘿螨。

(3)枸杞木虱啮小蜂 枸杞木虱啮小蜂是枸杞木虱 *Paratrioza sinica* YangLi 若虫期的重要寄生性天敌。该蜂最喜寄生4龄枸杞木虱若虫,其次为5龄和3龄若虫。成虫对枸杞木虱2龄若虫的捕食作用显著。

图 7-25　小齿腿长尾小蜂　　　图 7-26　姬小蜂
（图片提供　胡忠庆　李锋　李晓莺）（图片提供　胡忠庆　李锋　李晓莺）

图 7-27　啮小蜂

（图片提供　胡忠庆　李锋　李晓莺）

（4）蚜茧蜂　属小茧蜂科，寄生多种蚜虫，成虫体长 2.5~3.0 毫米，黑色，细长，有光泽。成虫产卵于蚜虫体内，蚜虫被寄生后，不食不动，最后变黄褐色，腹部膨大，固着而死，是很有价值的蚜虫天敌。

（5）隐节广腹细蜂　属广腹细蜂科，目前报道寄生枣瘿蚊等。成虫体长 12 毫米左右，黑色有光泽。生活史不详，成虫产卵在瘿蚊卵中，由于此虫寄生，使枣瘿蚊幼虫死亡，成虫从寄生幼虫体内钻出。

### 3. 食蚜蝇类

食虫蝇类属食蚜蝇科，在宁夏常见的种有食蚜蝇、弯纹食蚜蝇、花眼食蚜蝇、窄腹食蚜蝇，是蚜虫的天敌。成虫食花蜜，幼虫食蚜虫。食蚜蝇类中食蚜蝇、花眼食蚜蝇、窄腹食蚜蝇生活史不详。弯纹

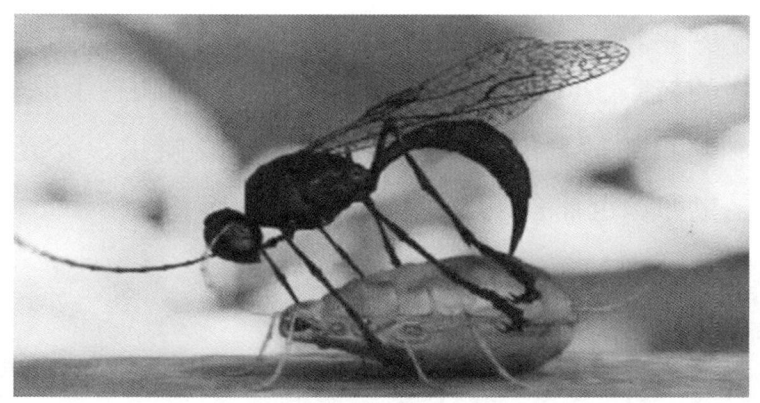

图 7-28 蚜茧蜂

(图片提供 胡忠庆 李锋 李晓莺)

食蚜蝇一年发生数代,以成虫在树皮下等隐蔽处越冬。次年早春开始活动,吸食花蜜,产卵于蚜虫附近,幼虫孵化吸食蚜虫,6~8月为盛期,蛹黏附于植物体。

图 7-29 食蚜蝇

(图片提供 胡忠庆 李锋 李晓莺)

**4. 捕食螨**

捕食螨是捕食叶螨的有益螨类总称,捕食螨的形态和习性特点是:个体小,口器发达前足如钳,一般行动敏捷。该类螨发育期限短,产卵量较大、捕食量大是枸杞瘿螨和锈螨的重要天敌之一。

**5. 草 蛉**

我国常见的有大草蛉、丽草蛉(小)、中华草蛉、叶色草蛉、亚非草蛉等。除少数种类外，大部分的卵有一条长长的丝柄，柄基部固定在植物的枝条、叶片、树皮等上面，而卵则高悬于丝柄的端部。草蛉成虫和幼虫的捕食能力都很强，主要捕食蚜虫、介壳虫、红蜘蛛和多种昆虫卵，也捕食蛾类幼虫。

 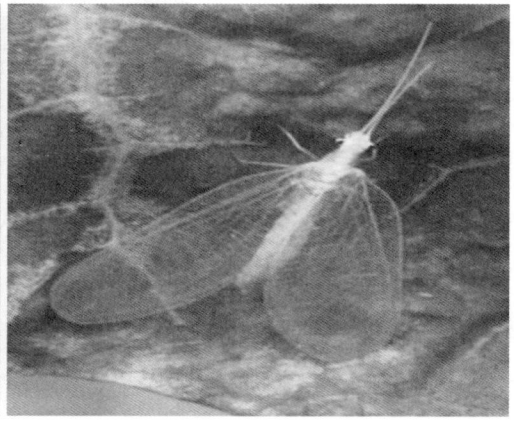

图 7-30　中华草蛉　　　　　　图 7-31　丽草蛉
（图片提供　胡忠庆　李锋　李晓莺）（图片提供　胡忠庆　李锋　李晓莺）

图 7-32　大草蛉
（图片提供　胡忠庆　李锋　李晓莺）

### 6. 小花蝽

小花蝽属半翅目花蝽科小花蝽属的一类昆虫。优势种为东亚小花蝽（*O. sauteri*），微小花蝽（*O. minutus*）和南方小花蝽（*O. similis*）。捕食对象，前期多为蚜虫、蓟马和红蜘蛛，中后期多为红铃虫、造桥虫、棉铃虫等害虫的卵和初孵幼虫。成虫喜食花粉和蜜露，在棉花现蕾开花期间,可见到不少小花蝽在花内取食花粉和捕食蓟马。据各地饲养观察,成虫日平均可捕食红铃虫卵 10~13 粒,红蜘蛛为 4~6 头。

图 7-33 小花蝽

(图片提供 胡忠庆 李锋 李晓莺)

**(二)枸杞病天敌菌种**

**1. 苏云杆菌**

苏云杆菌,简称"Bt",又称"苏云金芽孢杆菌",该菌可产生两大类毒素,即内毒素(伴胞晶体)和外毒素。害虫取食后,在肠道碱性消化液作用下,菌体释放毒素,害虫中毒并停止取食,最后害虫因饥饿和血液及神经中毒死亡。因此,该杆菌可做微生物源低毒杀虫剂,用于防治直翅目、鞘翅目、双翅目、膜翅目,特别是鳞翅目的多种害虫。

**2. 白僵菌**

白僵菌是一种半知菌类的虫生真菌,主要种类包括球孢白僵菌和布氏白僵菌等,常通过无性繁殖生成分生孢子,分布范围很广,从海拔几米至 2 000 多米的高山均发现过白僵菌的存在,白僵菌可以侵入 6 个目 15 科 200 多种昆虫、螨类的虫体内大量繁殖,同时产生白僵素(非核糖体多肽类毒素)、卵孢霉素(苯醌类毒素)和草酸钙结晶，这些物质能够引起昆虫中毒，打乱其新陈代谢导致死亡。

3. **颗粒病毒**

寄生在昆虫中的一种杆状病毒，以蛋白质包涵体的形式存在，即蛋白质包含着一个病毒颗粒。核酸为双链 DNA。主要感染鳞翅目昆虫的真皮、脂肪组织及血细胞等。幼虫被感染后，会出现食欲减退、体弱无力、行动迟缓、腹部肿胀变色，随即发生表皮破裂、流出腥臭、浑浊、乳白色脓液等症状而死亡。

# 第八章　枸杞优良品种选育史

随着人类对健康保健的重视，枸杞的用量与产量日趋增多，仅从 1978~2018 年，枸杞用量就从 3 000 吨增长到 30 万吨，需求增长了 100 倍。全国种植宁夏枸杞的面积高达 200 万亩，宁夏、青海、新疆、甘肃、内蒙古、河北等地，数以万计的枸杞种植户因枸杞而受益，其中优良品种的培育推广至关重要。

1920 年，"大麻叶"优良品种发现后，经过数代人锲而不舍的努力，枸杞在优良品种培育方面，经历了艰苦的探索，培育出了宁杞 1 号、宁杞 2 号、宁杞 3 号、宁杞 4 号、宁杞 5 号、宁杞 6 号、宁杞 7 号、宁杞 8 号、宁杞 9 号、宁杞 10 号等一系列优良品种。

## 第一节　"大麻叶"走出中宁

"大麻叶"优良品种的发现，是自然界鬼斧神工、天然杂交的结果。正是这天然的结晶，使枸杞的品质上了一个新台阶。1961 年，国家提高收购价格，使枸杞与小麦的收购比价上升至 1∶29。宁夏回族自治区人民政府决定大力加强枸杞工作。宁夏科委组织宁夏农科所（宁夏农林科学院前身）森林系的科技人员对中宁枸杞的管理技术进行系统的总结，同年安排在宁夏农科所的芦花台园林试验场引种。

同年 3 月，宁夏农科所森林系选派秦国峰、王培蒂等一批科技人员来到枸杞之乡中宁县，对优良品种"大麻叶"枸杞进行科研选育。

秦国峰通过走访枸杞种植户，结识了一大批枸杞种植能手，其中最主要的是张佐汉。张佐汉把他自己种植"大麻叶"枸杞的经验总结为歌诀，一一交给秦国峰。1962 年春，秦国峰邀请张佐汉带着他自己的"大麻叶"枸杞优良品种，来到银川芦花台园林试验场，试种了 4.7 亩"大麻叶"枸杞，次年（1963 年）扩种至 6.5 亩。在秦国峰妻子王培蒂（枸杞科研人员）的精心管护下，1965 年亩产达到了创纪录的 152 千克，不仅产量高出了中宁，上等货的出货率也远远高出了枸杞之乡中宁本土地区所产的枸杞，一下引起了枸杞界极大关注——这是"大麻叶"第一次走出中宁原产地。

1965 年，秦国峰在中宁将已有的农家品种按照农艺性状、植物学形态、果实形态等进行了较为系统的归类与整理，从纷乱的农家品种中筛选出了 22 个具有代表性的农家品种，其中"大麻叶"被确定为最佳品系，通过 3 次扩种，芦花台园林试验场的茨园面积发展到 720 亩。

1975 年，108 亩壮龄"大麻叶"枸杞优良品种平均亩产 181 千克，其中 6.5 亩 15 年生的实验园平均亩产 257 千克。在淡灰钙土地区树立起了"大麻叶"枸杞优良品种丰产稳产的标志，实现了"大麻叶"中宁枸杞优良品种走出中宁地区后，迈向更广阔的区域。

## 一、"大麻叶"形态特征

小灌木，进入成龄期（4 年以上），株高 1.49~1.65 米，根颈粗 4.60~12.50 厘米，树冠直径 1.45~1.70 米，枝条 250~300 根。叶深绿色，质地较厚，老枝叶披针形或条状披针形，长 4.5~8.2 厘米。宽 0.8~1.6 厘米，厚 0.09~0.14 厘米，新枝第一叶为卵状披针形，长 2.4~

4.9厘米宽1.2~1.8厘米，厚0.05~0.10厘米。结果枝粗壮、针刺少，有部分叶片反卷，叶互生，每株叶面积6.10~8.50平方米。当年生枝条灰白色，嫩枝梢端紫红色，多年生枝条灰褐色，枝长40~65厘米节间长1.3~2.0厘米，结果枝着果距7~15厘米，每节花果数1.64个。花紫红色，长1.67厘米，花绽开直径1.53厘米，雄蕊5枚，花丝下部有一圈稠密绒毛，花萼2~3裂。幼果粗壮，尖端渐尖，熟果鲜红，先端钝尖或近截平，果身长椭圆棒状，具4~6条纵棱，鲜果纵径1.55~1.95厘米，横径0.7~0.94厘米，果肉厚0.10~0.13厘米，鲜果千粒重502~562克，种子棕黄色，肾形，每粒含种子数25粒，种子千粒重0.82克，种子占鲜果重的5.4%。

## 二、"大麻叶"生物学特性

物候期：在宁夏银川地区3月下旬萌芽，4月中下旬抽发第一次新枝（称春梢），4月下旬二年生结果枝现蕾，5月中旬发第二次新枝（夏梢），当年生春梢现蕾，6月上旬果熟初期，6月下旬~8月上旬进入盛果期，8月中旬发第三次新枝（秋梢），9~10月结秋果。树体生长势强，中等枝条剪截成枝力4.3，非剪截枝条自然发枝力3.1，有效结果枝长度70%，集中在30~50厘米处。

抗逆性：对白粉病、根腐病抗性较强，黑果病抗性次之，阴雨后枸杞果表面易起点。雨后不宜裂果。喜光照，耐寒、耐旱。

## 三、"大麻叶"的经济性状

"大麻叶"每株产鲜果5.8千克左右，果实鲜干比4.4∶1，干果含维生素C 18.37毫克/100克，胡萝卜素5.61毫克/100克，人体必需的氨基酸1.192毫克/100克，枸杞多糖3.09%。

常规管理下亩产可达200~250千克，精细管理下可达450千克以上，最高达到 500 千克，干果千粒重 114 克，干果商品等级率为特级以上的 44%~52%，甲级 38%~40%，乙级以下 12% 左右。

### 四、"大麻叶"的栽培技术要点

栽植：园地宜选中壤或轻壤，地下水位不得高于 90 厘米。小面积人工耕作生产园，株行距 1.5 米×2.0 米，幼树期可加倍密植，大面积人工耕作生产园，株行距 1.0 米×2.8 米~1.0 米×3.0 米，高度自交亲和，可单一品种建园。

肥水管理：生殖生长势强，耐肥水。定植当年亩施有机肥 2 立方米，尿素 25 千克、二铵 25 千克、氯化钾 15 千克，以后随树体增大、产量增多，逐年增加施肥量，3~4 年后进入盛果期，盛果期亩施有机肥 4 立方米，尿素 50 千克、二铵 50 千克、氯化钾 30 千克，年灌水 5~6 次，盛果期可适量增加灌水次数。

病虫害防治：植株抗根腐病能力强，耐锈螨能力强，对于枸杞蚜虫和枸杞红瘿蚊等害虫应加强预防。

整形修剪：幼树期以中、重度剪截为主，促发新枝加速树冠扩张，成龄树选用圆锥形或半圆形树形，一年生枝剪、截、留比例把握在各 1/3 较为适宜。

## 第二节 宁杞1号、宁杞2号、宁杞3号优良品种培育过程

### 一、钟铤元与宁杞1号、宁杞2号、宁杞3号

1965年，组织抽调秦国峰从中宁回银川主持工作。宁夏农科所（宁夏农林科学院前身）科研人员钟铤元接替秦国峰来到了中宁县当时的新堡公社刘营大队蹲点，在第八生产队选1.5亩作为生产试验田，同时开展走村串户的大田技术选种调查工作。

钟铤元发现，丰产枸杞（茨）园通常首先是品种相对比较好，多采用优树的根蘖苗建园。虽然根蘖苗建园慢，但产量稳定。低产枸杞（茨）园通常用种子苗建园，育苗虽然快，但很难保持母树的品种特性。

根据上述现象，钟铤元等科技人员判定：宁夏枸杞是常异花植物，要想增加产量问题，首先要解决良种和良种无性繁育的问题。

在育种手段方面，聚合品种优点需要通过"杂交育种"的技术手段；要快速选优，在当时以种子育苗为主的大前提下，可选用"选择育种"（自然群体选优）的技术手段；要实现种质资源创新可选用"倍性育种""远缘杂交"的技术手段。

在杂交育种方面：1972年，钟铤元等科技人员以圆果为母本，小麻叶为父本配置的组合中筛选出"72007"（白花），该品种树形开张，长势旺，枝条粗且长千粒重达到了744.7克，超过两亲本中最优者小麻叶62%，合理修剪后产量也较两亲本有所提高，但由于该品种果实偏圆，制干后油果率过高，未投放生产，但这一品种后来被育种者广泛使用。

在选择育种方面：1973年，钟铤元等科技人员通过对丰产枸杞

（茨）园走访，通过"选丰产园、初选优树、三株优势树比对、两年优势树数据比对确定复选优树、无性繁殖后的品种对比试验与区域试验进行决选、规模以上面积示范"等 6 个步骤，最终确定中宁县新堡刘营三队的"73002"为最优株系。

1987 年，该品系通过宁夏科委良种鉴定，定名为宁杞 1 号。依托大量的群体和漫长严苛的选育与示范过程，宁杞 1 号以其"广适、稳产、多抗、优质"等综合优势，很快得到了枸杞种植单位和千千万万枸杞种植户的认可，被广泛推广。

在倍性育种方面：钟铁元等科技人员通过对宁杞 1 号种子进行 0.8%秋水仙碱+DMSO 处理，获得了两个四倍体植株"88023"与"88028"。以"88028"为母本，北方枸杞为父本，杂交获得了 3 倍体无籽枸杞"9001"。

由于枸杞育苗通常在优树成龄性状稳定后开展，所选枝条均为结果枝，如不进行特殊处理，生根率仅 1%~10%，很难应用于生产。在 1973~1974 年复选优树后，钟铁元便将工作重点转向枸杞的扦插育苗研究，通过 5 年反复试验与实践，最终确定了扦插插穗粗 0.4~0.8 厘米、长 13~15 厘米，15.6 毫克/千克 α–萘乙酸处理 24 小时，扦插成活率达到 40%以上，徒长枝扦插成活率可达 40%以上，自此枸杞种苗繁育进入了无性繁殖的新时代。

从诸多方法中筛选出的优选群体和宁杞 1 号未推广前的大量实生优选群体，钟铁元等科技人员又先后于 1978 年在宁夏中宁、2001 年在内蒙古筛选出了宁杞 2 号（78081）和宁杞 3 号（0105）2 个新品种。

这 2 个新品种由于单一品种种植落花落果严重，未找到根本原因，而未能得到大面积推广。

钟铁元在育种技术研究的同时，为宁夏农林科学院留下了大量枸杞育种资料，为宁夏和内蒙古培养出了一大批枸杞育种技术骨干，同时制定了品种对比试验、区域试验的设计与数据采集规范。

## 二、宁杞1号特性

宁杞1号1987年通过宁夏科技成果鉴定，1992年获宁夏科技进步一等奖，在宁夏、内蒙古、新疆、青海等省（区）广为引种，是我国枸杞的主栽品种。该品种在生产中表现出丰产，稳产、果粒大、品质好、易制干，抗性强、管理方便等综合优势。

### （一）形态特征

小灌木，进入成龄期（4年以上），株高1.40~1.60米，根颈粗4.40~12.50厘米，株冠直径1.50~1.70米，叶色深绿色，质地较厚，横切面平或略微向上凸起，顶端钝尖。当年生枝单叶互生或后期有2~3枚并生，披针形，叶长2.65~7.60厘米，宽0.68~2.18厘米，厚0.10~0.15厘米当年生枝条灰白色，嫩枝绿色，具有紫色脉线，多年生枝灰褐色，每株枝条数160~285条，枝条细长而软，棘刺少，枝形弧垂或斜生，枝长36~54厘米，节间长1.34~1.48厘米，成熟枝条较硬，棘刺极少，结果枝着果距3~8厘米，每节花果数2.2个，节间长1.09厘米。花淡紫色，花瓣绽开直径1.5厘米左右，花冠喉部至花冠裂片基部淡黄色，花冠近基部有圈稀疏绒毛，花萼2~3裂。幼果粗壮，熟果鲜红色，果表光亮，果身椭圆柱状，具4~5条纵棱，先端钝尖或圆，鲜果纵径1.5~1.9厘米，横径0.73~0.94厘米，果肉厚0.11~0.14厘米，鲜果千粒重505~582克，种子棕黄色，肾形，每果内含种子25~40粒，种子千粒重0.80克，种子占鲜果重的5.08%。

### （二）生物学特性

物候期：在宁夏银川地区3月下旬萌芽，4月中下旬抽发第一次新枝（称春梢），4月下旬二年生结果枝现蕾，5月中旬发第二次新枝

（夏梢），当年生枝现蕾，6月上旬果熟初期，6月下旬~8月上旬进入盛果期，8月中旬抽发第三次枝（秋梢），9~10月结秋果

树势强健，树体紧凑，树姿半开张，生殖生长势强，中等枝条剪截成枝力4.3，非剪截枝条自然发枝力3.7，有效结果枝70%长度集中在30~50厘米。

抗逆性：瘿螨、白粉病、根病抗性较强，黑果病抗性弱，雨后果表易起斑但不宜裂果。喜光照，耐寒、耐旱。

### (三)经济性状

每株产鲜果7.6千克左右，宁夏地区夏季晴天鲜果脱蜡处理后3~4天可以制干，果实鲜比4.17∶1，干果色泽红润，果表有光泽，干果含维生素C 19.06米/100克，总糖51.55%，枸杞多糖3.34%，胡萝卜素6.35米/100克，甜菜碱1.50克/100克。果筐内适宜承载深度35~40厘米。

亩产250~30千克，最高可达500千克以上。干果商品等级率为夏、秋果平均特级以上占56.0%~63.8%，甲级占33.0%~37.7%，乙级以下为10%左右。

### (四)栽培技术要点

栽植：园地宜选中壤或轻壤，下水位不得高于90厘米。小面积人工耕作生产园，最终株行距1.5米×2.0米，幼树期可加倍密植，大面积人工耕作生产园，株行距1.0米×2.8米~1.0米×3.0米，高度自交亲和，可单一品种建园。

肥水管理：生殖生长势强、耐肥水，定植当年亩施有机肥2立方米尿素25千克、二铵25千克、氯化钾15千克，以后随树体增大、产量增多，逐年增加施肥量，3~4年后进入盛果期，盛果期亩施有机肥4立方米，尿素50千克、二铵50千克、氯化钾30千克。年灌水5~6次，盛果期可适量增加灌水次数。

病虫害防治：对于枸杞疫病、蚜虫、红瘿蚊、枸杞锈螨等害虫进行预防。进入集中降雨期后要加强黑果病的防治。幼树期以中、重度剪截为主，促发新枝、加速树冠扩张或自然半形树形，一年生枝剪、截、留比例把握在各 1/3 较为适宜。

## 三、宁杞 2 号特性

宁杞 2 号是宁夏农林科学院从当地优良品种大麻叶中，采用单株方法选出来优质、高产，适应性强的枸杞新品种，已在宁夏、新疆、甘肃、内蒙古、湖北等省、自治区推广种植。

### (一)形态特征

小灌木，在宁夏栽培 5 年以上的树，一般株高为 1.50~1.68 米，根颈粗 5.60~11.50 厘米，株冠直径 1.80~2.10 米，树皮灰褐色，当年生枝条灰白色，嫩枝梢端淡红白色。结果枝细长而软，棘刺极少，平均枝长 35.4 厘米，最长 95 厘米，节间长 1.41 厘米，结果枝着果距 7~17 厘米，每节花果数 2.03 个，叶深绿色，在二年生枝上簇生，条状披针形。当年生枝上单叶互生或后期，有 2~3 枚并生，叶长 2.61~7.45 厘米，宽 0.65~1.43 厘米，厚 0.385~0.481 毫米。老枝叶卵状披针形或披针形，花较大，花长 1.58~1.75 厘米，花瓣绽开直径 1.57 厘米左右，花丝基部有圈稠密的绒毛，花瓣明显反卷，花萼多为单裂。果大，梭形，先端具一渐尖，鲜果平均纵径 2.43 厘米，横径 0.98 厘米，果肉厚 0.178 厘米，种子占鲜果 6.77%。

### (二)生物学特性

物候期：在宁夏银川 3 月下旬萌芽，4 月下旬二年生枝现蕾，5 月中旬一年生枝现蕾，6 月上旬果熟初期，6 月下旬~8 月上旬进入盛果期，7 月下旬发秋梢。

抗逆性：抗枸杞蚜虫、红瘿蚊和根腐病能力强，对枸杞锈螨抗性较宁杞 9 号和大麻叶差，雨后不宜裂果。喜光照，耐寒、耐旱、耐盐碱。

### (三) 经济性状

宁杞 2 号干果含维生素 C 22.11 毫克/100 克、胡萝卜素 6.3 毫克/100 克、甜菜碱 1.30 克/100 克、人体必需的 8 种氨基酸 1.631 毫克/100 克、枸杞多糖 1.647 毫克/100 克、总糖 51.50 毫克/100 克。

一般亩产 110~160 千克，管理好可达 250~300 千克，最高达 332 千克，鲜果千粒重 590.5 克，果实鲜干比 4.38:1，特级果率占 71.3%，甲级果率 15.2%，乙级果率 10.8%。

### (四) 栽培技术要点

栽植：在灌淤土、淡灰钙土，pH9.0~9.8，地下水位在 90~100 厘米的各种土质上均能良好生长。小面积人工耕作生产园，株行距 1.4 米×2.5 米，幼树期可加倍密植，大面积人工耕作生产园，株行距 1.3 米×2.0 米~1.3 米×3.0 米，高度自交亲和，可单一品种建园。

肥水管理：栽植 1~2 年，每亩秋施有机肥 2 立方米，加油渣 300 千克，4、5、6 月底各追肥 1 次，每次施尿素 13 千克。2 年以后，每亩施有机肥 3.5 立方米，油渣 650 千克，4、5、6、7 月底各追肥 1 次，第一次尿素 13~15 千克，并结合蚜虫喷药，喷施 0.5%的三元复合肥水 150~200 千克。经常灌水，保持土壤湿润。

病虫害防治：注意防治枸杞蚜虫、枸杞锈螨、枸杞红瘿蚊、枸杞负泥虫和枸杞瘿螨，一旦发生应及时喷药消灭。

整形修剪：幼树早期修剪应注意短截培养树冠骨架，成年树的强壮枝适当短截，增发侧枝结果，疏剪细弱枝有利通风透光。夏季应及时抹芽抽"油条"，使更多的养分集中供给花果生长，需留用的徒长枝（油条），应在适当位置及时摘心或别枝，不应长放。

## 四、宁杞 3 号特性

宁杞 3 号是宁夏农林科学院从当地优良品种大麻叶枸杞中，采用单株选优方法选育出来的优质、高产枸杞新品种。该品种于 2004 年 3 月 19 日，由宁夏品种审定委员会进行了审定，2005 年 9 月 5 日，通过了国家（图 43 宁杞 3 号植株）林业局植物新品种保护办公室的品种审查，获得国家植物新品种保护权，2009 年 12 月通过宁夏林木良种审定，良种编号：宁 SSC-LB-001-2010

### (一)形态特征

小灌木，在宁夏栽培 3 年，株高 1.50~1.61 米，根颈粗 4.01~5.05 厘米，株冠直径 1.30~1.50 米，树势强，生长快，发枝多，每枝可发 3.2 枝，嫩枝梢部淡黄绿色，树皮灰褐色，当年生枝灰白色，结果枝细长而软，弧垂生长，棘刺少，平均枝长 39.7 厘米，叶片绿色，叶横切面向下凹形，顶端渐尖，二年生枝叶条状针形，簇生，当年生叶披针形，长宽比 4.88∶1，互生；花绽开后紫红色，花冠喉部及花冠裂片基部紫红色，花冠筒内壁淡黄色，花丝近基部有圈密绒毛，花梗长 2.31 厘米；长枝上花 1~3 朵腋生。果熟后为红色浆果，卵圆形，平均纵径 1.74 厘米，横径 0.89 厘米，果肉厚 0.207 厘米，千粒重 996.6 克，果实鲜干比 4.68:1。平均每果有种子数 33.3 粒。

### (二)生物学特性

物候期：银川 3 月下旬萌芽，5 月上旬老眼枝开花，5 月下旬七寸枝开花~9 月下旬，6 月下旬开始果熟，10 月下旬开始落叶。

抗逆性：抗黑果病能力较强，对瘿螨、蚜虫抗性较弱，雨后不宜裂果。喜光照，耐寒，耐旱、不耐阴、湿。

### (三)经济性状

成龄树株产鲜果 8.56 千克左右，果实鲜干比 4.68∶1，亩产干果

250千克，最高可达450千克以上。干果含枸杞多糖6.33%，人体必需的8种氨基酸2.6毫克/100克，甜菜碱1.1g/100克，胡萝卜素20毫克/100克，干果商品等级率为夏，秋果平均特级以上70%左右，甲级20%左右，乙级以下10%左右。

**(四)栽培技术要点**

栽植：在年平均气温44℃，≥10℃有效积温2 000℃~4 400℃，年日照时数大于2 500小时，有灌溉条件，土壤活土层30厘米以上，地下水位1.2米以下，含盐量0.20%以下，pH 8.0~9.13的中壤、轻壤土上较丰产。小面积人工耕作生产园，株行距1米×2米，幼树期可加倍密植。大面机人工耕作生产园，株行距1米×3米。该品种自交亲和性差，不宜单一品种建园，必须配置授粉树。

肥水管理：适当灌水，栽后1~2年，在炎热夏季一般可以15天左右灌1次水。第一年每株施肥（猪羊圈粪）5千克，4月底施尿素100克，5月、6月下旬，每次每株施磷酸二铵100克，随树体增大，基肥量适当增加。花果期每隔10~15天叶面喷0.5%氮、磷、钾水溶液1次。

病虫害防治：春季萌芽时间早于宁杞1号，病虫害防治时间相应提前。

整形修剪：栽植后于离地高约50厘米剪顶定干，在定干上部选留4~5个侧枝做第一层主枝，以后逐年增加树冠层次和枝条数量，培养具有4~5层圆锥形树冠。每年秋季，修剪以疏剪为主，少短截，原则是：剪横，不剪顺，去旧要留新，密处疏剪，稀处留"油条（徒长枝），截底修剪好，树冠圆满产量高。生长季节及时抽除不需留用的徒长枝，及时进行园地松土除草及病虫害防治。

## 第三节 宁杞4号优良品种培育过程

### 一、宁杞4号与中宁地方品种选育团队

1985年开始，中宁县枸杞科技人员在全县按钟铁元的方法独立开展了枸杞品种的选优工作。当年从全县4 000亩的生产园中优选出216块丰产茨园。1986年确定1 576个优选单株。通过两年的产量、等级率、落花落果率等数据的观察，确定了30个复选优树。1988~1992年以大麻叶为对照，开展品种对比试验，最终筛选出宁杞4号为最优品种。1993~1996年在中宁古城子和宋营两地开展品种对比试验。1996年通过初步鉴定，1996~2003年在中宁、同心、惠农三地开展区域试验与示范，2004年通过成果鉴定，并荣获宁夏回族自治区科技进步二等奖。

### 二、宁杞4号特性

宁杞4号是中宁县枸杞产业管理局的科技人员，从1985年开始选育，历时20年经过优树初选复选，产量和质量测定、品种比较试验、区域试验等程序，从中宁枸杞大麻叶实生枸杞园中选育出的枸杞优良品种。2005年3月19日通过宁夏林木品种审定委员会审定，良种编号宁S-SC-LB-001-2005。

#### (一)形态特征

小灌木，生长快，树势强健，树冠开张，通风透光，在固原原州区栽植4年树，高1.82米，冠幅1.3米，每株平均结果枝222.8枝，着果距9.3厘米，每节花数4个。叶色浓绿，质地厚，二年生枝叶片

披针形，当年生枝叶片部分反卷，嫩叶叶脉基部至中部正面紫色。花长 1.59 厘米，花瓣直径 1.53 厘米，花丝中部有圈稠密绒毛，花萼 2~3 裂，结果枝芽眼花蕾数量多，落花落果少。二年生枝每芽眼花蕾数 4~7 朵，二年生枝和一年生春七寸枝平均落花落果 2.3%，果实长，果径粗，具 8 棱（4 高 4 低），先端多钝尖，鲜果平均纵径 1.83 厘米，横径 0.94 厘米。鲜果千粒重 589.2 克。

### (二)生物学特性物候期

在宁夏银川 3 月下旬萌芽，4 月下旬一年生枝现蕾，5 月中旬当年生枝现蕾，6 月上旬果熟初期，6 月中旬进入盛果期，7 月下旬发秋梢。

抗逆性：抗干旱，抗盐碱，抗锈螨和根腐病能力强。

### (三)经济性状

在中宁常规管理条件下，栽植当年平均亩产 42.1 千克，栽后第 4 年平均亩产干果 486.2 千克，栽后 1~4 年累计亩产干果 923.2 千克。干果含维生素 C 19.40 毫克/100 克，胡萝卜素 7.38 毫克/100 克，人体必需的 8 种氨基酸 1.619 毫克/100 克，枸杞多糖 3%以上。

### (四) 栽培技术要点

栽植：施足基肥，适时、适密大穴定植，地膜覆盖增温保墒，促其早成活，以人工管理为主的枸杞园，可亩栽 220 株（株行距 1.5 米×2 米），或亩栽 330 株（株行距 1 米×2 米），以机械为主的枸杞园，则亩栽植 222 株（株行距 1 米×3 米）为宜。

肥水管理：按照该品种耐高肥特点及枸杞生长发育需肥特点加强肥水管理。

病虫害防治：适当进行病虫害防治。

整形修剪：春季发枝后，每 7~10 天修剪 1 次，及时疏除根部主干和树冠位置的徒长枝，并对各层延长枝及时进行短截修剪，促其在年度内形成 2 次枝或 3 次枝，使之迅速扩大树冠。

## 第四节　宁杞 5 号优良品种培育过程

### 一、情有缘头

1994 年 4 月，银川有家枸杞种植户从南梁农场购进硬枝繁育的宁杞 1 号枸杞苗 9 600 株，种至新开垦的枸杞地里，当年大部分结果，平均亩产干果 4.5 千克，只有部分没结果。第二年亩产 47 千克，树已经达 1.5 米以上，明显比标准的宁杞 1 号生长快。1996 年，发现有 2 棵枸杞树结果特多，果实比宁杞 1 号大，鲜果吃起来比宁杞 1 号甘甜。种植户为此专门做了标记，测了单产和果粒长度、单粒重量。1997 年，请宁夏农林科学院枸杞研究所所长、枸杞育种专家钟鉎元研究员到地里实地查看。钟鉎元判定：这 2 棵变异株是同一品系，果实比宁杞 1 号大，但不是宁杞 1 号，这引起了宁夏农林科学院枸杞研究所其他一位枸杞育种者的兴趣。2001~2003 年，这位育种者以这 2 棵变异株为母本，在当地枸杞地里开始了种苗繁育，2004 年通过"宁夏林业厅经果林中心"协调，在中宁、同心两地安排了区域示范，结果发现：两个示范点单一品种连片定植后，均表现出落花落果、基本绝产的现象。这更加引起了培育者的疑问：这个品种为什么混植时经济性状良好，单一品种种植却落花落果、基本绝产？

带着这样的疑问，2005 年 6 月到 9 月，培育者对其进行观察比较，最终发现，该品种最大的差异在于"花器官的雌蕊柱头显著超高，具有雌雄蕊异位的特点"。

在袁隆平 2004 年前后发表的"水稻不育系杂交育种"观点的启

迪下，培育者通过简单的花药散粉试验、花粉粒染色试验、套袋试验，初步判定：该品种具有"雄性不育性"。

在初步研究判断后，培育者找到了宁夏农学院有关教授咨询，确定该品种具有雄性不育性，单一品种落花落果是由于其自身无花粉无法受孕所致。

2005年9月26日，培育者将这一研究结果以书面报告形式上报了国家枸杞工程研究中心领导、宁夏农林科学院科研处负责人和宁夏科技厅负责人。

宁夏科技厅和国家枸杞工程研究中心两家单位领导认可了初步研究结果，敲定将"宁夏枸杞雄性不育株系研究与利用项目"列为2006年的宁夏回族自治区区级科技攻关重点项目。

在宁夏回族自治区林业厅和有关枸杞种植户的支持与配合下，科技人员以宁杞1号为授粉树，采用1:3株间混植和放养蜜蜂等生产措施，通过银川、惠农、中宁、同心4地3年的试验与示范该雄性不育材料，于2008年通过了宁夏回族自治区林木良种审定，定名为"宁杞5号"优良品种。

## 二、宁杞5号特性

宁杞5号母树于1999年发现于宁杞1号生产园，后经无性扩繁形成无性系，遗传背景不详，选育工作由宁夏农林科学院、育新枸杞种业有限公司、宁夏枸杞协会合作完成。2004~2008年以宁杞1号为对照，在银川、中宁、同心等地进行区域试验和生产试栽。在生产中表现丰产、稳产、果粒大、鲜食口感好、采摘用工省、种植收益高等综合优势。2009年通过宁夏林木品种审定委员会审定，良种编号：宁 S-SC-1B-001-2009。在新疆、青海等地推广种植后，均表现良好。

## (一)形态特征

小灌木，栽植6年，树高1.6米，根颈粗6.38厘米，树冠直径1.7米。树势强健，树体较大，枝条柔顺。一年生枝条黄灰白色。嫩枝梢略有紫色条纹，当年生结果枝枝条梢部较弱，梢部节间较长，结果枝细软、长，但不影响采摘。枝型开张树体较紧凑，幼树期营养生长势强需两级摘心才能向生殖生长转化，一年生水平枝每节花果数2.1个，当年生水平枝起始着果节位8.2，每节花果数0.9个，中等枝条剪截成枝力4.5，非剪截枝条自然发力10.4，节间长1.3~2.5厘米，70%的有效结果枝长度集中在40~70厘米，老熟枝条后三分之一段偶具细弱小针刺，结果枝着果距8~15厘米，节间1.13厘米。叶色深灰绿色，质地较厚，老熟叶片青灰绿色，叶中脉平展，二年生老枝叶条状披针形，族生，当年生枝叶互生、披针形，最宽处近中部，叶尖渐尖，当年生叶片长3~5厘米，长宽比4.12∶1~4.38∶1。花长1.8厘米，花瓣绽开直径1.6厘米，花柱超长，显著高于雄蕊，花药新鲜嫩白色，开裂但不散粉，花绽开后，花冠裂片紫红色，盛花期花冠筒喉部鹅黄色，在裂片的紫色映衬下呈星形，花冠筒内壁淡黄色，花丝近基部有圈稠密绒毛，花萼2裂。鲜果橙红色，果表光亮，平均单果质量1.1克，最大单果质量3.2克。鲜果果型指数2.2，果腰部平直，果身多不具棱，纵剖面近距圆形，先端钝圆，平均纵径2.54厘米，横径1.74厘米，果肉厚0.16厘米，内含种子15~40粒。

## (二)生物学特性

物候期：在宁夏银川4月13日萌芽，4月23日一年生枝现蕾，5月11日当年生枝现蕾，5月30日果熟初期，6月9日进入盛果期，7月16日发秋梢。

抗逆性：对瘿螨、白粉病、根腐病抗性较弱，蓟马抗性强。雨后宜裂果。喜光照，耐寒、耐旱，不耐阴、湿。

## (三)经济性状

宁夏地区夏季晴天鲜果脱蜡处理后 4~5 天可以制干，果实鲜干比 4.3:1，干果色泽红润，果表有光泽，含总糖 56%，枸杞多糖 3.49%、胡萝卜素 1.20 毫克/100 克、甜菜碱 0.98 克/100 克，果筐内适宜承载深度 30~35 厘米，亩产 240~260 千克，混等干果 269 粒/50 克，特优级果率高。

## (四)栽培技术要点

栽植：园地宜选中壤或轻壤土，地下水位不得高于 100 厘米。小面积人工耕作生产园，株行距 1.5 米×2.0 米，幼树期可加倍密植。大面积人工耕作生产园，株行距 1.0 米×2.8 米~1.0 米×3.0 米，雄性不育无花粉，需配置授粉树，适宜授粉树宁杞 1 号、宁杞 4 号，混植方式 1:1~1:2，株间混植，生产园需放养蜜蜂。

肥水管理：树势强需控制氮肥用量。根腐病抗性弱，施入有机肥一定要腐熟，定植当年亩施有机肥 2 立方米，尿素 20 千克，二铵 30 千克，氯化钾 15 千克，以后随树体增大，产量增多，逐年增加施肥量，3~4 年后进入盛果期，盛果期亩施有机肥 4 立方米，尿素 40 千克，二铵 60 千克，氯化钾 30 千克，钙镁复合肥 20 千克，年灌水 5~6 次，盛果期可适量增加灌水次数，夏季高温阶段灌水宜少量多次。

虫害防治：对于枸杞瘿螨、蚜虫、枸杞红瘿蚊，枸杞锈螨等害虫应结合物候期加强预防，盛花期尽可能避免使用农药，入秋后需加强白粉病的防治。

整形修剪：春季抹芽要早，勤，抽枝大于 5 厘米时需用剪刀剪除，切忌掰除，以免出现伤疤。幼树期需两级摘心，促使营养生长向生殖生长转化，成龄树选用圆锥形或自然半圆形树形。一年生枝剪、截、留比例把握在各 1/3 较为适宜。春、秋两季徒长枝要随有随清，一年生枝成枝力过强，需在萌芽时疏除 50%，确保单株果枝留枝量250条左右。

## 第五节 宁杞7号优良品种培育过程

### 一、宁杞7号项目的启动

宁杞5号雄性不育的特点给育种者带来方便的同时，混植这一生产措施给种植者带来了极大的不便。

由于宁夏枸杞本身就是杂合体，因此未经多代自交纯化的不育系很难应用于制种环节。利用宁杞5号进行杂交育种就成为了枸杞育种者的新任务。

2006年，宁杞3号在推广过程中因落花落果被种植单位放弃。经过花药散粉试验和花粉粒活性检测试验，与宁杞3号同时参评的品系，除对照宁杞1号外，8个品系均有大量花粉粒散出且花粉粒TTC染色均具活性，但在生产中均表现为自交不结实。

为什么会是这样也就成为枸杞良种培育者急切想搞清楚的主要问题。

为了给宁杞5号寻找亲本，2006~2007年，枸杞良种培育人员一起走访了宁夏、内蒙古、新疆三个主产区，开始搜寻宁杞5号的适宜父本。先后共寻找到了9个适宜亲本。2007年配置了9个组合，2008年定植，2014年，宁杞5号的杂交子代宁农杞1号、宁农杞2号、宁农杞3号获得国家林木品种保护授权。

通过2007~2008年的系统工作，终于找到了这一困扰枸杞育种界近30年的问题所在：宁夏枸杞种内存在着广泛的自交不亲和性，宁杞1号可以单一品种种植的原因是自交亲和，诸多品种单一品种种植落花落果的原因是自交不亲和。

2006~2007年，科技人员在宁夏固原黑城余守乾家再次寻找到的亲本"0207"，被确定为该批次优树中唯一的自交亲和品系。通过2007年种苗繁育，2008~2010年，惠农、中宁、银川、兴仁4地3年区域试验，宁杞7号以其优异的表现，顺利通过宁夏回族自治区林木良种审定。

2010~2016年，宁杞7号优良品种在全国推广种植了30万亩，7年内占全国枸杞新植面积的70%以上，成为继宁杞1号之后的又一主栽品种。

## 二、宁杞7号特性

宁杞7号母树发现于宁杞1号生产园，经国家枸杞工程技术研究中心研究人员，利用扦插繁殖技术建立无性系后，培育出的枸杞新品种。2010年通过宁夏林木良种审定委员会审定，审定编号：宁S-SC-LB-009-2010。

### (一)形态特征

小灌木，进入成龄期（4年以上）株高1.40~1.60米，根颈粗4.8~12.9厘米，株冠直径1.4~1.6米，幼叶黄绿色，成熟叶片深绿色，质地较厚，横切面平展叶脉清晰，顶端纯尖。当年生枝单叶互生或有2~3枚并生，宽披针形，叶平均长4.15厘米，宽1.24厘米，厚0.4236毫米。枝条灰白色，结果枝210~250条，棘刺少，枝形弧垂或斜生，平均枝长45厘米，节间长1.56厘米，着果距4.2~6.8厘米，每节花果数1~2个。花淡紫色，花长1.8厘米，花瓣绽开直径1.6厘米左右。幼果粗壮，熟果深红色，果身椭圆柱状，多不具纵棱，先端钝尖，鲜果纵径1.8~2.0厘米横径0.98~1.20厘米，果肉厚0.13~0.17厘米，鲜果千粒重940~1002克。种子黄色，肾形，每果内含种子 24~40 粒，种子千粒重 0.725 克左右。

**(二) 生物学特性**

物候期：在宁夏银川地区 4 月初萌芽，4 月中旬展叶，4 月下旬萌发第一次新枝（称春梢），5 月 13 日前后当年生新枝（夏梢）现蕾，6 月 15 日前后果熟初期，6 月下旬~7 月下旬进入盛果期，8 月中旬发秋梢，9 月底~10 月秋果成熟。

树势强健，树体紧凑，树姿半开张，结果枝长度 50 厘米以上的占 64%。根系粗壮，肉质休眠期一年生枝条花量过少，形不成有效产量，应对枝条进行短截，促进早发枝条。

抗逆性：对黑果病抗性强、白粉病抗性弱，雨后较宜裂果。喜光照，耐寒、耐旱。

**(三) 经济性状**

成龄树株产鲜果 7~10 千克，宁夏地区夏季晴天鲜果脱蜡处理后 3~4 天可以制干，果实鲜干比 4.4∶1，干果色泽红润，含总糖 53% 左右，枸杞多糖 3.97% 左右，胡萝卜素 1.38 毫克/100 克，甜菜碱 1.08 克/100 克。

成龄树亩产干果 300 千克左右，最高可达 450 千克。干果商品等级率为 50 克混等粒数 290 粒左右。

**(四) 栽培技术要点**

栽植：园地宜选中壤或轻壤，地下水位不得高于 100 厘米。小面积人工耕作生产园，株行距 1.5 米×2.0 米，幼树期可加倍密植。大面积农机耕作生产园，株行距 1.5 米×2.8 米~1.0 米×3.0 米，幼树期可株间密植，3 龄后间挖。自花授粉结实率高，可单一品种建园。

肥水管理：生长势强，肥水需求量大，定植半亩施有机肥 2 立方米，尿素 25 千克，二铵 25 千克，氯化钾 15 千克，后随树体增大，产量增多，逐年增加施肥量。3~4 年后进入盛果期，盛果期亩施有机肥 4 立方米，尿素 50 千克，二铵 50 千克，氯化钾 30 千克，年灌水 5~6 次，盛果期可适量增加灌水次数。根系生长旺盛，施肥过近易发生烧根现象，施肥穴开挖应距根颈基部 50 厘米以上。

病虫害防治：加强枸杞园管理，及时清理园内修剪留下的枝条。加强对枸杞瘿螨的防治，做到早期预防，及时防治。对于枸杞蚜虫、红瘿蚊、锈螨等害虫应结合物候期加强预防。

整形修剪：1 龄树一级摘心所发枝条即可形成花果。2 龄后，在休眠期修剪时，所有留枝均需短截，枝基粗度 0.3~0.4 厘米的 2 级侧枝是主要选留对象，截后枝长以 20~30 厘米为宜，单株留枝量 40~45 条，选留对象以外的枝条一律自基部剪除。夏季修剪的主要是剪除主干、主枝及 1 级侧枝上萌发的徒长枝，如树体结构需要徒长枝时，可在枝长 20 厘米左右时及时摘心促发侧枝。

## 第六节　宁杞 6 号、宁杞 8 号优良品种培育过程

### 一、宁杞 6 号、8 号品种宁夏与内蒙古两地培育

1998 年，随着宁杞 1 号的示范推广，枸杞产业进入全国性的快速上升期。内蒙古枸杞科研人员多次到宁夏邀请已退休返聘的钟鉎元专家，到内蒙古参与宁杞 1 号育苗与新品种示范推广工作。

1998 年 3 月，钟鉎元来到了内蒙古枸杞主产区巴彦淖尔，开始宁杞 1 号的繁殖与推广工作，由于当时内蒙古还未有大规模推广种植宁杞 1 号品种，仍存在着大量丰产枸杞园，收集到了大量新优种质的资源信息。2004 年，收集到了"寸杞""扁果""枣树"三份新种质。

通过 2005~2006 年两年的数据采集与种苗繁育，"寸杞"品种完成了内蒙古的林木良种审定。

同期，宁夏农林科学院林业研究所科技人员通过宁夏中宁枸杞管理局科技人员了解到了这三个品种的信息。2005 年，在宁夏农垦莲湖农场建立品种对比试验园，2005~2009 年连续 5 年试验统计表明：该品种生长旺盛，发枝条数多，结果性优良，产量高，果粒大，果肉厚。2008 年，在宁夏惠农、海原、银川金凤区良田镇 3 地布置试验，2009~2010 年，在新疆乌鲁木齐、宁夏平罗县、同心县 3 地布局了 8 个区域试验。通过多年多点的数据积累，该品种稳定。2010 年，"枣树"被审定为宁杞 6 号；2015 年，"寸杞"被审定为宁杞 8 号。

## 二、宁杞 6 号特性

宁杞 6 号是宁夏林业研究所从枸杞资源圃的天然杂交实生苗中选育而成的，父母本不详。2010 年通过宁夏林木品种审定委员会审定，编号：宁 s-C-LB-008-2010

### (一)形态特征

小灌木，成龄期株高 1.6~2.0 米，茎直立，灰褐色，上部多分枝形成伞状树冠，发枝条数多，老眼枝灰白色，具长针刺，平均节间长 1.45 厘米，当年生七寸枝青绿色，梢端泛红色，平均节间长 1.48 厘米。老眼枝每节间 3~7 个花果簇生于叶腋，七寸枝花具量较宁杞 1 号稀疏，每节 1~2 朵花，稀 3 朵。叶片展开呈宽长条形，叶片碧绿，叶脉清晰，幼叶两边对称卷曲呈水槽状，老叶呈不规则反卷。花 2~8 朵簇生于叶腋处，合瓣花，花长 1.4 厘米，花瓣直径 1.3 厘米，花冠 5，开花时花冠裂片平展，呈圆舌形，紫红色且一直延伸至花筒基部，花筒直径小，雄蕊 5 枝，稀 4 或 6，部分雌蕊高于雄蕊，开花后雌蕊向两侧呈不规则弯曲，花药黄白色，花丝着生于花冠筒下部，花冠裂片互生。幼果细长弯曲，萼片单裂，个别在尖端有浅裂痕，果实长大后渐直，成熟后呈长矩形，先端钝尖。

**(二)生物学特性**

物候期：在宁夏银川地区3月26~28日开始萌芽，4月5~8日大量萌芽展叶，4月23~26日老眼枝大量现蕾，5月中旬当年生枝大量现蕾，5月2~4日开花，盛花期5月8~20日，6月中旬老眼枝进入盛果期，10月下旬落叶，生长期254天左右、树体生长旺盛，抽枝力强，枝条长且硬。

**(三)经济性状**

5年生成龄树稳产后，株产枸杞干果2.47千克。枸纪干果分级为180粒/50克占23.1%，220粒/50克占44.0%，320粒/50克占23.1%，500粒/50克占10.3%，混等干果平均218粒/50克。

鲜果平均单果质量1.29克，枸杞多糖含量1.26毫克/100克，氨基酸总量8.91毫克/100克，胡萝卜素含量0.15毫克/100克，适于作为鲜食品种开发。

**(四)栽培技术要点**

栽植：枸杞新品种宁杞6号自交亲和性差，不适宜纯系栽培，必须进行授粉树的配置。试验结果证明，宁杞6号与宁杞1号为2:1的比例进行株间混植或1:1的比例进行行间混植，均可达到丰产、稳产的目的。

肥水管理：定植后灌透水一次，5月灌一次，6月灌水一次，7~10月视天气降雨情况和土壤质地，灌水2~3次，11月灌冬水，全年灌水不少于6次，每次灌水后（冬水除外）地表略干就要及时进行中耕除草，减少地表蒸发，防止地表板结。苗木稳定成活抽枝后每株施入尿素50克，以促发枝条。2~3年生树，每年每株施入有机肥

3~4千克，5月上旬，6月中旬各追肥一次，第一次100克尿素，50克磷酸二铵，第二次50克尿素，100克磷酸二铵。4年生以上的树每年每株施入有机8~9千克，5月上旬、6月中旬追肥各一次，第一次150克尿素，100克磷酸二铵。第二次50克尿素，150克磷酸二铵。

整形修剪：宁杞6号发枝力强，老眼枝结果力强，春季修剪可多留结果枝，对中间枝采取重短截促发侧枝，夏季修剪注意疏除过密枝条。

病虫害防治：主要防治枸杞蚜虫、枸杞木虱、枸杞瘿螨、枸杞锈螨、枸杞负泥虫和枸杞红瘿蚊，除做好常规农业技术防治外，主要采用化学防治。在宁夏地区宁杞6号比宁杞1号物候期提前3~5天，第一次病虫害防治（主防枸杞瘿螨、锈螨）要根据物候期提前3~5天进行，用药种类和数量参照宁杞1号病虫害防治进行。

## 第七节 宁杞9号优良品种培育过程

### 一、品种培育

2009年6月，内蒙古枸杞技术骨干告诉国家枸杞中心科研人员一个特大消息：在内蒙古鄂托克前旗一家枸杞种植户的枸杞园里，发现了一个枸杞新品种，果粒超大！

2009年7月，国家枸杞中心科研人员随内蒙古枸杞骨干一道，来到了内蒙古鄂托克前旗，拜访了该品种种植户，见到了枸杞园中的优质枸杞树。此树枸杞果粒大，树叶大，且颜色浓绿，生长旺盛。科研人员根据直观判断，该枸杞树对高温具有较好抗性，很适合在沙漠半沙漠的土地里栽培生长。如果将此品系培育成功，将是又一个值得推广的优质优良枸杞品种。于是，双方约定，国家枸杞中心通过无偿形式，派科技人员对枸杞树现场做各种技术测试，提供育苗技术支持，换取该品种的知识产权。通过 2010~2014 年区域试验与示范，该品种获得广泛认可，于 2014 年通过了宁夏回族自治区林木良种审定，命名为宁杞9号。

## 二、品种特性

该品种属茄科(Solanaceae) 枸杞属（Lyciun），落叶灌木。老眼枝灰白色，正常水肥条件下无棘刺。当年生七寸枝青绿色，梢端具大量枝上叶片常扭曲反折，正反面叶脉清晰，成熟叶具紫色条纹，幼叶披针形，青灰色。。枝条粗长、硬度中等，片厚 0.71 厘米，叶长宽比 4.2∶1，深绿色，平均节间长 157 厘米。当年生枝条上部紫色较深，花萼单裂，花瓣 5，花冠筒裂片每叶腋花量 1~2 朵，2 年生枝花圆形，花瓣绽开直径 1.61 厘米，花喉部豆绿色，花少。1 年生冠檐部裂片背面中央有三条绿色维管束。鲜果粒大，绛红色，纵切面近圆形，青果具明显果尖。物候期较宁杞 7 号后晚 45 天，果熟期晚 6 天。银川地区 4 月 11~13 日萌芽，4 月 14~16 日大量萌芽展叶，4 月 21 新梢开始生长，4 月 25~27 日老眼枝少量现蕾，5 月 20~25 日当年生枝条大量现蕾，6 月 7~10 日果熟初期，7 月上旬当年生新枝进入盛果期，10 月下旬落叶，生长期 240 天。

## 三、繁育技术

嫩枝或硬枝扦插育苗。嫩枝扦插采集半木质化枝条，将茎段剪成 3~4 个节长，枝梢留 6~8 个节，保留叶片。配制 200 毫克/千克的 α-萘乙酸，并用滑石粉调成糊状，速蘸插穗下端 1.0~15 厘米插植于 1~2 厘米深的小孔中，用手指稍作按压，然后喷水，再搭建塑料弓棚遮光，弓棚透光率30%，相对湿度80%以上，温度30℃~34℃。硬枝扦插，选用粗度0.3~0.5厘米的枝条，剪成12~15厘米长的枝条，上剪口剪成平口，下剪口剪成马蹄形，用1 520毫克/千克的α-萘乙酸水溶浸泡枝条下部3厘米处24小时后，按照30厘米×40厘米株行距开沟插入，再填土踏实，插穗露土高度1~2厘米。苗生长到50厘米剪顶，在苗木封顶的同时，进行扶干。在枸杞苗期易发生蚜虫等危害，选用15%苦参素1 200倍液或15%扑虱蚜2 000倍液喷雾防治。

## 四、栽培技术

选择中壤或轻壤、地下水位不高于1m的地块建园。小面积人工适宜耕作园，株行距15米×20米，幼树期加倍密植。大面积人工耕作园，株行距15米×28米~10米×30米，幼树期可株间密植，3龄后间挖。与宁杞1号等品种（系）混植，主栽品种与授粉树混植比例为1∶1~3∶1。定植后当年亩施有机肥2立方米，尿素25千克，二铵25克，氯化钾15千克，随树龄增加，逐年增加施肥量。3~4年后进入盛果期，亩施有机肥4立方米，尿素50千克，二铵50千克，氯化钾30千克，在距根颈基部50厘米以上开挖施肥穴。灌水5~6次/年，盛果期可适量增加灌水次数。1龄树1级枝摘心，促进萌发侧枝形成花果，2龄后在休眠期进行修剪，按照"去强留弱"原则对2年生2级侧枝进行选留和短截，其余枝条全部疏除，留枝长度15~30厘米。2龄后夏季选留不定芽萌发的强枝，长度10~13厘米时摘心，成龄树单株留枝220条，及时清理园内修剪的枝条，加强枸杞瘿螨防治，做到早预防，早防治。

## 五、经济性状

宁夏地区在混植授粉质量好的条件下，最大鲜果28克，夏果平均单果重 1.14 克，秋果平均单果重 0.97 克，全年平均单果重 1.06 克，鲜果单果质量较宁杞 7 号增加 50%。鲜果果肉厚 1.8 毫米，平均含子数 32 个，鲜干比 4.3~4.7，制干速率较宁杞 7 号慢 14%，需采用烘干设备辅助烘干。1 龄树干果 15 千克/亩，混等 220 粒/50 克，2 龄树干果 60 千克/亩，混等 220 粒/50 克，3 龄树干果 120 千克/亩，混等 232 粒/50 克，优于宁杞 7 号的 313 粒/50 克。盛果期干果 260 千克/亩，低于宁杞 7 号的 300 克/亩。枸杞总糖 4 528 克/100 克，枸杞多糖 214 克/千克，甜菜碱 083 克/100 克，类胡萝卜素 22 克/千克。

## 六、适宜种植区域

适宜在内蒙古河套枸杞种植地区及宁夏惠农、中宁、中卫、同心、红寺堡等枸杞产区种植。

# 第八节　宁杞 10 号优良品种培育过程

2006 年、2007 年，枸杞之乡宁夏中宁县枸杞科技人员以宁杞 5 号为母本与宁杞 4 号等配置了大量杂交组合，定植于中宁县林场。2010 年以后，因后续研究资金缺乏不得不放弃了杂交群体的管理，大量的杂交子代遗失。紧挨林场东侧从事枸杞种植和林木苗木繁育的一家企业，对杂交体中较优的单株进行了再次筛选并扩繁。在枸杞科技工作者的主持试验下，最终完成了培育。2017 年，通过林木良种认定为宁杞 10 号。

## 一、选育过程

2006 年 6 月上旬，选择宁杞 4 号、宁杞 5 号作为父本和母本杂交育种，果实完熟后水洗取子、阴干，于当年冬季大棚营养袋内播种，2007年4月下旬（苗高40厘米以上）移栽至大地，获得3 013株F1代，经3年的观察、选育，2010年筛选出11株特征显著、形状稳定的优良单株，对其中综合性状表现尤为突出的、长果型优良单株，在中宁县林场建立果实穗条兼用型采穗圃，通过硬枝扦插繁殖扩大种群数量。

2014年在中宁县枸杞苗木育苗基地重新建立采穗圃和繁殖基地，以订单方式繁育苗木，同时组成枸杞专家组，从该优良品种的植物学特征、特性、区域适应性、抗逆性、活性成分、枸杞SSR标记图谱构建、杂交子代鉴定及栽培技术方面做了相关的检测和比较分析研究，2016年3月25日获得植物新品种权证书。

## 二、品种特性

### (一)物候期

4月初萌芽，上旬展叶，下旬老眼枝现蕾，5月上旬老眼枝开花，中旬老眼枝结果，6月中旬老眼枝果实成熟，7月下旬发秋梢，10月下旬落叶。叶色为绿色，质地较薄，叶中脉平展，二年生老枝叶簇生，当年生枝叶互生，宽披针形，最宽处近中部，叶端急尖。新鲜花药淡黄色，着生方式为单生。开裂有花粉，花冠裂片紫色，花冠漏斗状，盛花期花冠筒喉部鹅黄色在紫色裂片的映衬下呈圆形，花冠筒内壁青绿色，花丝近基部有圈稠密绒毛质。

### (二)生长特性

树势强健，萌芽力高，成枝力强，枝条柔顺，易发七寸果枝。

### (三)结果习性

结果枝每叶腋为2~3个果，从基部到梢部果实均匀，大小一致，85%的结果枝有效结果长度集中在40~65厘米，老熟枝条平均在9.7

厘米以后开始有细弱小针刺，当年生枝条平均在 5 厘米以后开始有细弱小针刺，第一坐果距 2.9 厘米，坐果间距 1.8 厘米，当年结果枝结果率 100%，针刺枝结果率 82.2%，二混枝结果率 91.2%。

## 三、经济性状

鲜果橙红色，果皮光亮，纵茎 23.3 毫米，横径 11.8 毫米，果肉厚 1.3 毫米，果柄长 2.3 厘米，平均单果重 1.92 克最大单果重 2.06 克，千粒重 1 348 克。果腰部平直，果身多不具棱，纵剖面近似椭圆形，先端钝尖，商品率等级率高，雨后不易裂果。

## 四、繁殖技术

### 1. 硬枝扦插

春季剪取粗 0.5 厘米以上，完全木质化的一年生种条，剪成 13~14 厘米的插穗，上剪口剪成平口，下剪口剪成 45 度斜口，用 80 毫克/升生根粉溶液（吲哚 3-丁酸 50 毫克+α-萘乙酸 30 毫克+水 1000 毫升）浸泡插穗，深度 6 厘米，浸泡时间 2~12 小时，以插穗顶部髓心湿润为准，为提高插穗成活率，可进行倒埋催根处理。扦插按株行距 4 厘米×25 厘米开沟，沟深 8 厘米，宽 3~5 厘米，沟内浇透水，扦插后覆实，插穗露出地表 5 厘米，覆盖地膜，插后 15~20 天检查破膜，苗高达 30 厘米以上时灌第一水。

### 2. 嫩枝扦插

扦插时间 5 月、6 月、7 月、8 月、9 月。6 月中旬、7 月、8 月选用透光率 20%的遮阳网，5 月、6 月上旬、9 月选用透光率 40%遮阳网，棚内温度保持在 20℃~30℃，最高温度不超过 38℃，相对湿度保持在 85%~90%。插穗 5 月、6 月、7 月选择当年生半木质化嫩枝（枝条基部截面髓心白色部分占枝条截面的 1/3 以上），8 月、9 月选择当年生木质化嫩枝（枝条基部截面髓心白色部分占枝条截面的 2/3 以上），插穗粗 0.4 厘米以上，长度 10~13 厘米，剪去插穗下部 2~3 片叶片。5 月、6 月、7 月扦插，用 800 毫克/升生根粉溶液（吲哚 3-丁酸 560 毫克+α-萘乙酸 240 毫克+水 1 000 毫升）+滑石粉 50 克搅拌均匀。8 月、9 月扦插，用 600 毫克/升生根粉溶液（吲哚 3-丁酸 420 毫克+α-萘乙酸 180 毫克+水 1 000 毫升）+滑石粉 500 克搅拌均匀，速蘸，扦插深度 3~4 厘米，用手指挤压按实，插后棚内温度保持在 20℃~25℃，最高温度不得超过 38℃，湿度保持在 85%~90%。

## 五、栽培技术

### 1. 栽植时间

春秋两季均可植苗栽植，宁夏春季宜在 3 月底~4 月初。

### 2. 苗木选择

选择发育良好，根系相对完整，地径在 0.5 厘米以上的一级苗木。

### 3. 栽植方式

种植株行距一般为 100~120 厘米×300~280 厘米。有条件的地方可在栽植前的定植穴内施入 1 千克农家肥，将肥料与穴内的土壤搅拌均匀，避免肥料与根系直接接触。定植穴放入苗木，扶直苗干，使根系舒展，先填表土，后填下层土，填土一半时提苗踩实，种植深度以达到原痕迹以上 3~5 厘米为宜，栽后立即灌足定根水。

### 4. 抚育管护

栽植当年定干高度 70~80 厘米。定干后疏除距地面 4 厘米以内的所有枝条，40 厘米以上与主干夹角小于 30°的枝条全部疏除，与主干夹角 30°~45°的强壮枝。保留 10 厘米左右进行短截，培养第一层骨干枝，与主干夹角大于 60°的枝条，一般不进行短截或在 15 厘米处进行短截，培养临时性结果枝组。二龄以上的树选留部分上年秋七寸枝，延长采摘期。1~2龄枸杞苗，以培养第一层树冠和主干为主，地径达到3厘米粗时，顶端选留距主干最近的直立枝作为第二层树冠的中央领导干，对各层树冠发出的强壮枝，一般通过2~3次短截修剪，即可转化为结果枝。生长季追肥三次，5月下旬以磷肥为主，氮肥约为50克/株，7月上旬以氢磷钾三元复合肥为主，约100克/株，8月上旬，以氮、磷肥混合使用约150克/株灌水结合施肥进行。

## 六、适宜种植区

适宜在宁夏、甘肃、青海、内蒙古、新疆等地广泛栽植。

# 第九节 蒙杞1号优良品种培育

蒙杞1号是内蒙古自治区农牧业科学院园艺所，通过单株选优法选育而成。2005年，通过了内蒙古自治区主要农作物品种认定，品种认定证书为蒙认果2005001号。2005年10月进行了成果登记为登记号为NK-20050102。

## 一、形态特征

灌木，叶长6.45厘米，叶宽1.42厘米，长宽比4.54∶1，叶厚1.12毫米；枝条长47.8厘米，节间长1.45厘米，花长1.86厘米，花瓣直径1.48厘米，结果部位多数在第6节位处。蒙杞1号在内蒙古巴彦淖尔市乌拉特前旗，果实大，果实长茄形，纵径3.56厘米，横径1.38厘米，鲜果千粒重1.6861千克，果肉厚0.146厘米，种子占鲜果重5.29%

## 二、生物学特性

生长情况良好，果实特优果率为95%以上，特级果率为100%，果实整齐漂亮，产量稳定、丰产，果实成熟后采摘期可达10天。

抗逆性：抗性强，在盐碱土、砂壤土、壤土上都能良好生长，尤其在pH 8.7的碱性土壤上生长正常，没有发现枝条抽条，冻害现象。在抗寒、抗旱、耐盐碱方面与对照宁杞1号相当。对蚜虫、红瘿蚊的抗性强于宁杞1号，对瘿螨的抗性略低于宁杞1号，但不存在显著差异。

## 三、经济性状

在内蒙古栽培蒙杞1号，总糖含量65.9%，灰分3.76%，可滴定酸2.38%，胡萝卜素41.7毫克/100克，维生素$B_1$ 0.364毫克/100克，维生素$B_2$ 0.338毫克/10克，维生素C 92.2毫克/100克，钙908毫克/千克，铁85.3毫克/千克，氨基酸总和7.824%，水分15.4%。其中，含糖量高于宁杞1号，其他营养成分与当地产宁杞1号基本相当。

一年生枸杞干果产量平均为每亩13.6千克，二年生为每亩53.7千克，三年生为每亩98.4千克，4年生为每亩178千克，果实特优果率为95%以上，特级果率为100%，果实整齐漂亮，果实成熟后采摘期可达10天。

## 四、栽培技术要点

适应性强，适栽范围广，在盐碱土、壤土、砂壤土上都可栽培，果大便于采摘，可在内蒙古、宁夏、青海、新疆、河北等枸杞栽培区域栽培。

## 第十节　青海枸杞良种选育

2013 年，由青海省科技厅支持，青海省农林科学院、青海省林业技术推广总站等单位培育的枸杞新品种"青杞 1 号"，通过了青海省林木品种审定委员会审定。

多年来，青海省枸杞主栽品种是宁杞系列。为研发适合本地的枸杞新品种，青海特意建立高原枸杞种质资源圃，打造枸杞良种培育平台。近年充分利用选择、杂交、辐射、化学诱变等育种手段，从实生苗中成功培育出枸杞新品种青杞 1 号。青杞 1 号在多点品种试验与区域试验中表现出生长快、自交亲和水平高、抗逆性强、丰产、稳产、果粒大、等级率高等特点，在诺木洪地区亩产可达 250~300 千克，最高可达 450 千克，混干果 180 粒/50 克，特优级果率 95%左右，干果含总糖 56%，枸杞多糖 8.66%。青杞 1 号长势强健，树体紧凑，适宜在青海省柴达木盆地及共和盆地等海拔 3 000 米以下，有效积温大于 1 500℃的区域栽培[8]。

## 第十一节　新疆枸杞良种选育

2015 年，新疆精河县枸杞开发管理中心、新疆林业科院经济林研究所，通过近 10 年研究，采用单株选育手段，培育出精杞 4 号、精杞 5 号、黑杞 1 号 3 个新品种。

精杞 4 号是一个丰产性大果品种，适口性好，符合早果、丰产、优质制干枸杞圆果品种的要求。抗逆性强，耐-35℃低温，适宜干旱炎热气候，抗病虫害强。

精杞5号是一个保鲜加工品种，具有生长快、果枝成枝率快、果大、皮厚、抗病虫害强、抗风、抗霜冻、易保鲜等优点，适宜作为保鲜制干兼用品种。

黑杞1号是利用野生枸杞资源选育的枸杞新品种，富含蛋白质、枸杞多糖、氨基酸、维生素、矿物质、微量元素等多种营养成分，最具代表性的营养成分是黑果色素——天然原花青素（OPC），是目前西北地区治沙产业首选的生态经济兼用树种。

精杞4号、精杞5号、黑杞1号3个新品种的选育，有效解决了新疆枸杞自主生产品种缺乏的现状，有助于推动新疆枸杞产业的快速发展。

## 第十二节　枸杞菜用品种

### 一、野生菜用枸杞

野生菜用枸杞分布于中国的东北、西北、西南、华中、华南各地的山坡、荒地、丘陵、盐碱地及路边、林宅旁边的空阔地上。

**(一)果实性状**

果实红色，浆果，卵形，鲜果纵径0.7~1.5厘米，横径0.4~0.6厘米，每果内含种子25~40粒，种子千粒重0.70克。

**(二)植物学特征**

叶为单叶互生或2~4片簇生，叶形为卵形、卵状披针形或长椭圆形，尖端急尖，基部楔形，叶长1.5~5.0厘米，宽0.5~2.5厘米，经肥水栽培，叶长可达10厘米以上，宽达4厘米，叶柄长0.4~1.0厘米，叶绿色或深绿色。自然生长的成熟枝条秋季开花结果，花为两性花，在长枝上单生或双生于叶腋，在短枝上则同叶簇生；花梗长1~2厘米，花萼长3~4毫米，通常3中裂或4~5齿裂，花冠漏斗状，淡紫色。经栽培采集嫩茎为菜蔬的茎长15~35厘米。

(三)生物学特性

由于边生长边采集嫩茎叶作为菜蔬，一般高生长控制在0.5米以下。自然野生的果实内种子落入土壤繁衍生息，垂直主根发育明显，主根长25~40厘米，粗0.54~1.10厘米，主根萌生侧根10~16条，长15~30厘米，粗0.15~0.35厘米，侧根萌生须根密集，多达50条以上，主根、侧根、须根组合为根系，在有效土层内分布半径30~60厘米。自然生长的成熟枝条长100厘米以上，粗0.14~0.46厘米。

## 二、宁杞菜1号

宁杞菜1号是宁夏农林科学院历时7年，用宁夏优质枸杞品种宁杞1号同当地野生枸杞进行种间杂交选育的优质菜用枸杞，不开花不结果，是一种高营养保健蔬菜。富含18种氨基酸、粗蛋白、维生素、多种人体必需的矿物质和微量元素，纤维含量低，药食价值高，已于2002年2月23日通过由宁夏科技厅组织的专家组的鉴定。2003年被列为国家重点科技成果推广计划（编号：2003EC000394）。

(一)植物学特征

一般茎高1.0~1.5米，粗0.27~0.36厘米，色绿，叶为单叶互生或2~4片簇生于芽眼，披针形或长椭圆披针形，长3.1~8.7厘米，宽0.8~2.3厘米，叶脉明显，主脉紫红色，叶肉质地厚。

(二)生物特性

物候期：3月下旬开始萌芽，4月上旬发芽抽新梢，4月中旬开始嫩茎叶生长期，11月进入休眠期。

## (三)抗逆性

抗病虫害能力强,耐寒、耐旱、耐盐碱。

## (四)经济性状

富含 18 种氨基酸、粗蛋白(35.16%)、维生素(134.5 毫克/100 克)、钙(0.56%)以及铁(337.5 微克/克)、硒(0.088 微克/克)、锌(265 微克/克)等微量元素,纤维含量低,药食价值高。产菜期 4 月中旬至 9 月下旬,产量 1 695 千克,投入产出比 1:3.17,保护地可周年产菜。

## (五)栽培技术要点

### 1. 建园准备

园地选择:选择地势平坦,有排灌条件,地下水位 1.0~1.5 米,土壤较肥沃的砂壤、轻壤或中壤,土壤全盐含量 0.5%以下,pH 为 8 左右,活土层 30 厘米以上。

整地:第一年秋季平整土地,平整高差小 5 厘米,深耕 25 厘米,耙耱后以 0.5~1.0 亩为一小区,做好隔水埂,灌冬水,以备翌年春季栽植苗木。

### 2. 建菜园

(1)硬枝直插建园 选择母枝:在宁杞菜 1 号的采穗圃内,选择健壮枝条。采条时间:春季树液流动至萌芽前进行。

采条枝龄:采集当年生枝条。

采条粗度:0.4 厘米以上。

剪截插条:选择无破皮、无虫害、木质化好的枝条,截成长 15 厘米左右的插条,上下留好饱满芽,每 100~200 根一捆。

生根剂处理:插穗下端 5 厘米处浸入 100~150 毫克/千克萘乙酸(NAA)水溶液中浸泡 2~3 小时或用 ABT 生根粉(按说明书)处理。

扦插方法:在已准备好的园地按行距 60 厘米定线,株距 15 厘米定点，人工在定线上开沟或用板锹劈缝，形成与折插等长的缝穴，将插条下端轻轻直插入沟穴内，封湿土踏实，地上部留1厘米，外露一个饱满芽，上面覆一层细土，用脚拢一土棱，如果土壤墒情差，可不覆碎土，直接按行盖地膜。

插条：每亩扦插8 000根插穗。

(2)苗木移栽建园　将苗木放入泥浆中蘸根。在准备好的园地按行距60厘米定线，开沟。将蘸根的苗木按20厘米株距栽苗，填土，踏实后灌水，亩栽苗木6 000株左右。

(3)园地管理　中耕除草：幼苗生长高度达10厘米以上时，中耕除草，疏松土壤，深5米，6月、7月、8月各一次，深10厘米。

培肥：秋季施入油渣500千克亩或腐熟厩肥3~4米$^3$/亩，4月上旬开沟追施氮、磷复合肥75千克/亩，6月上旬开沟追施氮、磷复合肥75千克/亩，采菜间隔期内喷洒叶面营养液3~4次。

灌水：建园初期插条生长的幼苗15厘米以上时灌第一水，6月下旬、7月下旬各灌水一次。翌年，进入采菜期后（4~10月采菜期间为正常采摘期），10天左右灌水一次，亩灌水40立方米左右。

防虫：发生蚜虫和负泥虫时，使用1.5%苦参素1 200倍液或1.5%扑虱蚜200倍液全园喷雾防治。

采食部位：距茎梢端部8~15厘米的嫩茎，口感最好。

采食周期每7~8天采摘一茬。

包装每0.5千克一把，装入保鲜袋内进入市场。

# 第九章 枸杞科学研究史

枸杞科学专业研究开始于 20 世纪 60 年代，基本围绕着应用性基础性研究，直接解决枸杞的栽培、品种和病虫害防治等基础性课题。真正深层次的科学研究，是从 20 世纪 80 年代全面展开的。

## 第一节 中国枸杞植物学基础研究

### 一、宁夏枸杞的大、小孢子发生和雌、配子体发育

宁夏枸杞（*Lycium barbarum* L.）是我国重要的经济树种之一，具有多种经济价值，其果实的经济价值较高，但是在 20 世纪 80 年代以前，对与果实发育密切相关的胚胎学工作则缺少系统研究。1983~1984 年，宁夏农学院科研人员对宁夏园林试验场枸杞的大、小孢子发生和雌、雄配子体的发育过程进行了研究[1]，结果如下。

#### （一）小孢子发生

在绒毡层发育的同时，次生造孢组织很少分裂，直接发育为小孢子母细胞，小孢子母细胞的减数第 1 次分裂并不伴随着细胞壁的形成，所产生的 2 个子核接着进行减数第 2 次分裂，形成 4 个子核后，在核之间同时产生细胞壁，构成一个四面体形的四分体，随后，4 个细胞分离，成为游离的小孢子。一般在同一药室中减数分裂过程

同步进行。减数第 2 次分裂过程中，2 个纺锤体轴互相垂直，但有时这种排列方式也可能发生改变。因此，除绝大部分四分体为四面体形外，偶尔也可看到左右对称、十字交叉形的四分体。

## （二）大孢子发生

由孢原细胞直接发育而来的大孢子母细胞减数第 1 次分裂后即产生壁，形成二分体，减数第 2 次分裂的结果是形成线型四分体，随着胚珠的发育，四分体中合点端的一个大孢子发育为功能大孢子，珠孔端的 3 个大孢子很快退化。二分体的 2 个细胞的减数第 2 次分裂常不同步，这是否与合点端形成功能大孢子有关，值得进一步观察。

## （三）雄配子体发育

从四分体释放出的幼期小孢子，核大，位于中央，核内物质染色较浅，随着液泡的出现，小孢子核移到边缘。小孢子第 1 次有丝分裂的纺锤体轴与壁垂直，产生一个营养细胞和一个生殖细胞，这时可以看到小的生殖细胞具有一圈很薄的细胞质，但随着生殖细胞移进营养细胞后，它的细胞质就难以分辨了。花粉粒以这种二胞状态一直保持到开花期。用压片法观察成熟花粉粒时，可看到其内含物中含有一个营养核和一个生殖细胞核，在其外壁具有许多条纹状纹饰。成熟花粉粒具有 3 条沟，每沟中部含一孔，因此，宁夏枸杞花粉萌发孔为三孔沟结构。

## （四）雌配子体发育

功能大孢子的初期，细胞质较多，核位于中央。随着细胞体积的增加，内部液泡的出现，核逐渐移到边缘。大孢子在这期间，体积增加的同时，一层珠心表皮细胞被撑散、消失。大孢子第一次有丝分裂产生的 2 个子核移到胚囊两端，形成二核胚囊。二核胚囊的分裂结果是在胚囊珠孔端和合点端各形成 2 个核，即四核胚囊。由于四核胚囊体积增大，占据了原来珠心的位置，紧贴着珠被内表皮，此时，珠被内表皮细胞排列整齐，核稍大，质较浓厚，逐渐发育为珠被绒毡层。在两端的四个核完成第3次分裂，形成八核胚囊后，胚囊开始出现形态和功能分化：合点端和珠孔端各有一个核移向胚囊中部，发育为两个极核。合点端其他3个核分化成3个反足细胞，珠孔端的3个核分别分化为两个助细胞和一个卵细胞。胚囊发育属蓼型。

## 二、宁夏枸杞的胚胎发生和胚乳发育

1984年，宁夏农学院科研人员对宁夏园林试验场宁夏枸杞早期胚胎发生和胚乳的发育过程进行了研究。在盛花期进行人工授粉，于授粉后0.5、1、2、3、6、12小时和1、2、3、4、5、7、9、12、15天时分别采样，以甲醇:醋酸（3∶1）液固定雄蕊，24小时后换于70%甲醇中保存。采用埃氏苏木精整体染色后制成8~12微米的石蜡切片或用铁矾—苏木精制片。观察胚乳发育和胚胎发生，发现胚乳发育在授粉48小时后，卵细胞已有完成受精，表现为：细胞体积缩小，液泡收缩，细胞质染色较深，核的位置也由原来位于合点端向珠孔端偏移。这时初生胚乳核已处于分裂前期，核内已有染色丝出现；卵细胞受精后，约有2天的休眠期。在这期间，与卵细胞相比，合子有着明显的变化，表现为：液泡消失，体积缩小，充满细胞质，有些具2个核仁。整个细胞呈蝌蚪形[2]。

## 三、枸杞染色体核型分析

1985年，吉林农业大学遗传教研室科研人员研究了枸杞染色体核[3]。采用宁夏"大麻叶"枸杞的根尖染色体核为实验材料，制片观察。发现其体细胞染色体数目2n=24，核型公式2n=24=22m（2SAT）+2Sm，各染色体长度变化不大，最长者是3.76微米，最短为 2.59 微米，其中有 1 对具随体的染色体。该研究为枸杞的品种改良工作提供了细胞学资料。

## 四、中宁枸杞的核型分析

1991 年，山东中医学院科研人员对中宁枸杞染色体核型进行了分析 [4]。采用根尖压片法，对其制片观察。发现其体细胞染色体数目为 2n=24，据 Levan 等 [5] 的分类标准，中宁枸杞的核型组成公式为：K（2n)=2x=24=1m+12sm+2sm（SAT）；在其体细胞的 12 对染色体中，除第 3、8、10、11、12 等 5 对为具有中部着丝点染色体外，其余 7 对全为具近中部着丝点染色体，第 1 对为随体染色体，染色体总长度为 34.57 微米；染色体长度的变异范围在 1.49~4.19 微米，最长染色体为最短染色体的 2.81 倍，臂比变异范围为 1.28~2.84；据 Stebbins [6] "不对称核型" 分类标准，中宁枸杞的核型属于 "2B" 型。该研究结果为中药材良种繁育工作，提供了必不可少的细胞学资料。

## 五、枸杞吸氮规律的研究

1991 年，宁夏农林科学院科研人员研究了枸杞吸氮的规律。采用示踪法。检测了 4 个指标：枸杞对氮肥的利用率、枸杞吸氮速度、枸杞植株氮素分布、氮素的动态平衡。检测结果分别为：树龄为 2 年的枸杞对氮肥吸收利用率不高，这与根系主要分布在土壤下层有关。根系对壤中上层的养分不能很好吸收，造成土壤各层全氮呈上高下低的梯度分布；枸杞日吸收氮量随生长发育不断增加，从 5 月下旬的 3.48 毫米/天，增加到 8 月中下旬的 15.47 毫米/天；枸杞植株中氮素养分主要分布在树体多年生的部位，一年生的部位占的比例较小；氮肥利用率 4.11%~11.91%，土壤固定率 54.75%~76.76%，损失率 22.88%~40.76%。该研究为合理施肥提供了依据 [7]。

## 六、$C^{+6}$重离子辐照对枸杞萌发种子呼吸代谢的影响

重离子束作为辐照源，具有 LET 值高和 RBE 大等特点[8]，因而能提高诱发突变频率。20 世纪 90 年代以来，美国等国家利用重离子辐照，在细胞遗传、辐射治疗等方面已经开展了一些研究[9]。1993 年，兰州大学生物系科研人员研究了 $C^{+6}$ 重离子辐照对枸杞萌发种子呼吸代谢的影响[10]，发现 $C^{+6}$ 重离子辐照对枸杞种子萌发的抑制效应随重离子束剂量的增高而增强；并且 $C^{+6}$ 重离子辐照对细胞内线粒体结构有一定的损伤作用，因而影响种子的呼吸代谢。在培养 0~116 小时期间，$4.19×10^4$/厘米$^2$ 辐照的种子，其呼吸强度和细胞色素氧化酶活性高于对照组。在培养 116 小时后，对照种子呼吸强度及细胞色素氧化酶活性最高，辐照种子的上述两项生理指标指示随辐照剂量增加而递减。该研究结果为开发利用新的诱变源提供了理论依据[10]。

## 七、植物体细胞胚发生的同步控制——枸杞细胞悬浮培养系的建立

植物细胞悬浮培养技术已广泛应用于细胞、遗传、生理、生化等方面的研究，以及大规模培养生产次生代谢产物[11]。1994 年，兰州大学生物学系与庆阳高等师范专科学校生物学系的科研人员合作，开展了以枸杞幼茎和叶片为外植体，诱导出胚性愈伤组织的研究。研究发现，经振荡悬浮培养、过筛、分离得到单细胞和细胞聚集体悬浮液，适当降低大量元素浓度，有利于细胞生长[12]。

## 八、宁夏枸杞花粉形态的扫描电镜观察

植物的花粉都有着本身固有的外部形态结构，其外部形态可作

为鉴定种与品种的重要依据之一[13]，故花粉形态的研究在理论和实践中有着重要意义。1997年，宁夏农林科学院土肥所与四川联合大学生物系的科研人员合作，首次研究了宁夏枸杞3个品种、1个变种的花粉在扫描电镜下的形态特征，观察发现供试花粉均为小花粉类型，椭圆形，或近球形，三孔沟，等极，表面有夹带二歧分叉的条状纹饰作纵向排列，具不同条状纹饰和条纹表面的不规则细横纹是供试花粉的区别点；花粉的大小和形状，在供试各品种之间也有不同程度的差异[14]。该研究为枸杞属植物的分类、花粉的开发利用、研究提供了实验依据。

**本节注释**

[1] 田惠桥.宁夏枸杞的大、小孢子发生和雌、雄配子体发育[J].武汉植物学研究,1987(1):17~22,105~106.

[2] 田惠桥.宁夏枸杞的胚胎发生和胚乳发育[J].武汉植物学研究,1988(1):21~24,97~98.

[3] 白寿宁,宁夏枸杞研究.银川：宁夏人民出版社,1998:22~23.

[4] 葛传吉.中宁枸杞的核型分析[J].中药通报,1988(7):15~16.

[5] Levan A K et al. Hereditas,1964(52):201.

[6] Stebbins G L. Chromosomal evolution in higher plants.[M]// Chromosomal evolution in higher plants. Edward Arnold,1971.

[7] 熊志勋,陈桂松,陈梅红.枸杞吸氮规律的研究[J].特产研究,1991(2):16~17,35.

[8] 陆兆新.离子束诱发突变[J].核农学通报,1990,11(2):87~88.

[9] 侯明东.快重离子束的应用研究[J].核技术,1989(Z1):27~32.

[10] 汪丽虹,程金华,杨汉民,等.C~(+6)重离子辐照对枸杞萌发种子呼吸代

谢的影响[J].核农学通报,1993(05):21~24.

[11] 柯善强,吴立东,桂耀林,等.黄连体细胞胚胎发生的同步控制[J].武汉植物学研究,1992(1):1~6,101.

[12] 张国柱,王仑山,潘有福,等.植物体细胞胚发生的同步控制——Ⅰ枸杞细胞悬浮培养系的建立[J].兰州大学学报,1994(4):88~91.

[13] 傅仓生.植物花粉形态结构在系统分类中的意义.电子显微学报,1993,12(1):99.

[14] 曹有龙,贾勇炯,罗青,等.宁夏枸杞花粉形态的扫描电镜观察[J].宁夏大学学报(自然科学版),1997(1):71~74.

## 第二节　宁夏枸杞育种研究

### 一、枸杞的原生质体生成愈伤组织

组织培养技术作为改良品种的一种手段日益受到人们的重视,特别是原生质体培养的技术得到了广泛的应用。20世纪80年代前,已有一些植物以原生质体再生出完整植株的科学研究,但有重要经济价值的植物还为数不多,尤其是木本植物的原生质体培养则研究更少。1982年,中国科学院遗传研究所科研人员就枸杞叶片的原生质体培养进行了研究。在培养过程中,枸杞的叶片诱发愈伤组织,由愈伤组织的原生质体生成了愈伤组织[1]。

### 二、枸杞扦插育苗方法

自古以来,枸杞都采用播种育苗移栽,但由于长期异花授粉,后代变异大,分离严重,不能保持其母本的优良性状。为了繁殖枸杞的优良品种,宁夏农林科学院科研人员于1974年开始了枸杞枝条扦插育苗试验，但开始时育苗成活率极低，直到后来采用植物生长激素处理，经过几年试验，获得了成功。1982年，宁夏农林科学院科研人员用浓度为15.5毫克/千克的α-萘乙酸处理枸杞插穗24小时，扦插成活率达79%，并有发根早，根系发达等效果[2]，使枸杞枝条扦插育苗方法有了突破性进展。

## 三、枸杞细胞系的建立及单细胞培养再生植株

建立稳定的细胞系，分离培养单细胞，并获得再生植株，它可以用来筛选细胞突变体，也是进行遗传操作的前提，同时细胞系还是分离原生质体的好材料，在细胞杂交、摄取细胞器及转导、转化、基因转移等研究中都是不可缺少的。1985年，中国科学院遗传研究所与山西省医药研究所的科研人员合作，建立了枸杞细胞系，并进行了单细胞分离培养，诱导形成了完整的植株，从而建立了一个单细胞实验体系[3]。该实验体系为枸杞的研究和品种改良，特别是细胞突变体的筛选打下了良好的基础。

## 四、枸杞同源四倍体新物种类型的建立

枸杞子营养丰富，是良好的滋补性贵重中药，商品上以粒大、肉厚、子少者为佳[4]。枸杞黑果病是影响到枸杞子产量和质量的主要病害之一，因此培育抗病高产、少子或无子的新品种是枸杞育种的目标之一。1985年，山西省医药研究所和中国科学院遗传研究所的科研人员合作，采用宁夏枸杞未授粉的子房为材料，接种到稍加改良的MS培养基上，附加6-BA 1.0毫克/升和NAA 0.5毫克/升。接种后的材料置于0~4℃条件下预处理48小时，然后在室温下培养。在获得的再生植株中，经根尖细胞染色体检查，有四倍体和非整倍体。四倍体植株的形态特征表现了多倍体植物通常具有的"巨型性"[5]。

## 五、枸杞绿枝扦插技术的研究

在枸杞的生产实践中，常采用扦插育苗，扦插育苗具有生长快、结果早及保持母树优良性状等特点，但是硬枝扦插方法，用的是完全木质化的枝条，一般一年只能进行一次，而且对插条直径有一定的要求（0.4厘米以上）[6]。因此良种材料的繁殖受到限制。1989年，中国科学院遗传研究所与山西省医药研究所的科研人员合作[7]，研究出了枸杞嫩枝扦插的方法。采用一定浓度的生长素（NAA、IBA）溶液处理枸杞幼嫩插条，能有效地促进生根，其生根率接近或超过硬枝扦插（79%）。枸杞嫩枝扦插不仅生根率高，而且移栽容易成活，可达95%以上；枸杞嫩枝扦插插条长度5~6厘米，保留叶片2~3枚，直径为0.3~0.5厘米，苗床表层温度在17℃~25℃。为提高扦插成活率，还必须保持棚内相对湿度不低于85%，并注意适当通风换气。该方法具有插条短、材料省、生根快、成活率高、不受季节限制而繁殖系数高的优点[8]。

## 六、无籽枸杞选育初报

宁夏枸杞（*Lycium barbarum* L.）的果实中，种子含量多，不便加工或食用。因此，宁夏农林科学院科技人员于20世纪80年代就开始了无籽枸杞的研究工作。1986年，宁夏农科院科技人员利用秋水仙碱+二甲基亚砜处理枸杞发芽种子，获得了四倍体苗"88023"和"88028"，并对其四倍体苗的生物学特性进行了研究，同时将四倍体与二倍体杂交获得了16株杂交苗，及1个三倍体株[9]。该研究为无籽枸杞的研究工作打下了坚实的基础。

## 七、枸杞组织培养研究初报

枸杞由于长期天然杂交和人工选择，形成许多类型，其产量相差悬殊，果实品质相差也大，为加速繁殖优良类型中的优良单株，宁夏农林科学院林业研究所科研人员于1980年就开始了枸杞组织培养试验，并于1983年总结了该试验成果：初步解决了枸杞组织培养的主要技术，至1981年11月底，已获得带根小苗1 292株，1982年两批移栽到大田121株，成活119株，个别植株已开花结实[10]。

## 八、枸杞茎尖培育四倍体苗初报

枸杞栽培品种以果实粒大、肉厚、子少为佳，因此培育枸杞优良品种，一直以来都是研究的热点之一。1991年，宁夏生物研究所科研人员以枸杞茎尖组织为材料，经秋水仙碱加倍，然后通过组织培养获得多倍体，筛选出大粒品系与二倍体杂交，以便培育出三倍体无籽大粒枸杞新品种，经过试验获得了同源四倍体枸杞苗[11]。

## 九、枸杞组织培养中染色体变异和分化频率的研究

许多植物组织在离体培养中普遍存在染色体数目及结构的变异[12]，而染色体变异最终导致再生植株某些性状的改变，这为新品种的培育提供了新资源。1991年，兰州大学生物系的科研人员[13]以枸杞叶片为材料，接种于3组不同激素成分的MS培养基上进行离体培养，发现不同激素成分对染色体变异的影响存在差异。经细胞学检查发现，不同培养基诱导的愈伤组织都有不同程度的染色体变异，其中6-BA0.5毫克/升，2.4-D0.5毫克/升培养基诱导的愈伤组织细胞内多倍体细胞比率较高，染色体变异明显，说明随着染色体变异程度增大，分化频率则逐渐降低。该研究为再生植株的遗传稳定性和

变异性提供了细胞学依据。

## 十、枸杞再生植株不同发育途径中染色体变异的研究

植物组织培养中，再生植株的形态发生有器官发生和胚状体发生两条途径。胚状体发生途径不仅具有数量多，速度快等特点，而且染色体稳定易于保持再生植株的遗传稳定性。1991年，兰州大学生物系的科研人员，通过枸杞叶片的组织培养和染色体检测，说明器官发生途径和胚状体发生途径所产生的再生植株中染色体的稳定性及变异程度[14]。这为植物组织培养的研究和应用提供细胞学依据。

## 十一、枸杞转基因植株的再生

20世纪90年代以来，由于植物分子生物学和组织培养技术的发展，已建立了多种高等植物导入外源基因的途径，其中最为常用也是最完善的是以农杆菌的Ti质粒为载体的基因转移技术。农杆菌几乎能感染所有的双子叶植物，能被感染的单子叶植物数量也在不断增多。所以Ti质粒有可能成为双子叶植物和某些单子叶植物基因工程的通用载体。中国科学院遗传研究所科研人员，于20世纪90年代研究出了一个快速简便的枸杞转化再生系统。宁夏枸杞的幼茎外植体，能被含非致瘤性Ti质粒载体的根瘤农杆菌感染。在该载体双向启动子的一端连有一个npt-Ⅱ基因（新富素磷酸转移酶Ⅱ基因）以供选择卡那霉素抗性的转化植物细胞。把选择诱导培养基上形成的愈伤组织转到选择分化培养基后，能很快分化出芽点继而长成完整的小植株，对再生植株的NPT-Ⅱ酶活性检测及DNA分子杂交表明，外源基因已整合到枸杞细胞的核基因组上，并能在植株水平表达出相应的性状[15]。该研究为枸杞品种的改良打下了坚实的基础。

## 十二、枸杞下胚轴原生质体培养再生植株

枸杞是我国常用的一味滋补中药，具有较高的经济价值。以枸杞茎尖[16]、叶片[17]、花药[18]、胚乳[19]为材料进行组织培养均获得了再生小植株。1993年，武汉大学生物系科研人员研究了由枸杞下胚轴分离出的原生质体培养再生植株，获得了成功[20]。

## 十三、稀土元素对枸杞体细胞胚诱导频率的影响

枸杞体细胞胚胎发生是植物组织培养过程中形态建成的重要方式之一，但是除了苜蓿、芹菜、胡萝卜等少数典型材料外，多数植物中，体细胞胚的诱导频率普遍较低，且影响体细胞胚诱导频率的因素较多，因此限制了研究工作的继续深入和应用。1994年，兰州大学生物系科研人员，研究了稀土元素对枸杞体细胞胚诱导频率的影响，发现部分镧系元素能够提高枸杞体细胞胚的诱导频率，其中钛和钇效果不显著，不同稀土元素的组合，其效果差异较大，混合稀土的效果最好，相对诱导率可达295.4%[21]。

## 十四、激素对枸杞芽分化和生长的调节

在植物组织培养中关于愈伤组织形成和器官发生，决定于培养基中不同激素种类浓度配比的研究，早在20世纪40年代即已开始。1957年，Skoog和Mill从烟草愈伤组织的试验，进一步提出了根和芽的发生主要依赖于生长素和细胞分裂素两类物质的控制和相互调节的概念。此后在这一领域开展了大量的工作。这一理论进一步被证实，在枸杞组织培养成功并被用于生产的基础上，为探索在继代培养过程中不同激素配比对枸杞芽增殖和生长的调节作用，筛选出最佳配比，以加速培养更多有商品价值的芽苗，1988年，宁夏农林科

学院林业研究所科研人员进行了激素不同组合的试验，得出最优组合为：6-BA 0.5 毫克/升，IAA 2 毫克/升 [22]。

### 十五、三倍体无籽枸杞新品种的选育研究

宁夏枸杞（*Lycium barbarum* L.）为二倍体，含籽量多，不便于深加工增值。1998年，宁夏农林科学院枸杞研究所科研人员采用倍性育种的方法，成功地培育出了三倍体无籽枸杞，并且就三倍体枸杞的形态特征、果实品质以及理化特性做了较全面深入的研究，同时还提供了配套栽培技术，使三倍体枸杞新品种的推广成为可能 [23]。

**本节注释**

[1] 孙勇如,李文彬,黄美娟,等.枸杞的原生质体生成愈伤组织[J]. Journal of Integrative Plant Biology,1982(5):477~479.

[2] 钟钰元.枸杞扦插育苗方法[J].中药材科技,1982(5):5~6.

[3] 牛德水,邵启全,秦金山,等.枸杞细胞系的建立及单细胞培养再生植株[J].科学通报,1985(4):296~298.

[4] 江苏新医学院.中药大辞典[Z].上海:上海人民出版社,1977:1518~1520.

[5] 秦金山,王莉,陈素萍,等.枸杞同源四倍体新物种类型的建立[J].遗传学报,1985(3):200~203,245.

[6] 钟钰元.枸杞研究[M].银川:宁夏人民出版社,1982:131.

[7] 牛德水,张敬,秦金山,等.枸杞绿枝扦插技术的研究[J].中草药,1989,20(7):45.

[8] 陈慧都.关爱年,边疆等.葡萄绿枝扦插实验.中国果树,1983(4):15.

[9] 白寿宁.宁夏枸杞研究[M].银川:宁夏人民出版社,1998:128~131.

[10] 任玉芬,和焕然,陈宝香.枸杞组织培养研究初报[J].宁夏农业科技,1983,

(3):25~26.

[11] 艾先元,石巍峻,刘雅琴.枸杞茎尖培育四倍体苗初报[J].宁夏农林科技,1991,(5):30~32,58.

[12] Constantin M J. Chromosome instability in cell and tissue cultures and regenerated plants [J]. Environmental & Experimental Botany,1981,21(3~4):359~368.

[13] 汪丽虹,杨汉民.枸杞组织培养中染色体变异和分化频率的研究[J].兰州大学学报,1991(3):96~100.

[14] 汪丽虹,杨汉民.枸杞再生植株不同发育途径中染色体变异的研究[J].植物学通报,1991(S1):61~64.

[16] 田惠桥.枸杞茎尖培养[J].植物生理学通讯,1983(06):39.

[17] 陈维伦,郭东红.枸杞叶片愈伤组织的诱导及植株的再生[J].植物生理学通讯,1980(6):40~41.

[18] 顾淑荣.枸杞花粉植株的获得[J]. Journal of Integrative Plant Biology,1981(3):246~248.

[19] 顾淑荣,桂耀林,徐廷玉.枸杞胚乳植株的诱导[J]. Journal of Integrative Plant Biology,1985(1):106~109.

[20] 田惠桥,肖翊华,刘文芳.枸杞下胚轴原生质体培养再生植株(简报)[J].实验生物学报,1993(1):93~97.

[21] 杨汉民,杜琳.稀土元素对枸杞体细胞胚诱导频率的影响[J].中国稀土学报,1994(2):186~188.

[22] 任玉芬,沈效东.激素对枸杞芽分化和生长的调节[J].宁夏农林科技,1988(4):28~29.

[23] 安巍,李云翔,焦恩宁,等.三倍体无籽枸杞新品种的选育研究[J].宁夏农学院学报,1998(3):41~44.

## 第三节 枸杞成分分析

### 一、枸杞果实中微量砷的分光光度测定

宁夏产的枸杞由于有很好的强身及治疗作用，引起了一些国家的化学、医学、医药研究工作者的重视。从已发表的文献看，研究其有机成分和它们的药理作用的多，研究无机成分的少，文献数量前者约为后者的8倍（据不完全统计）。近年来有人已将枸杞用于防治癌症。例如，佐藤昭彦将枸杞的水粗浸膏液作用于人体子宫颈癌细胞，发现抑制率在90%以上。在枸杞的无机成分研究方面，国外已对锂、钠、钾、钙等十余种元素的含量、对植物生长的影响等方面进行过一些研究。近两年来宁夏有关部门也对枸杞的综合利用展开了初步研究工作。和国外一样，重点研究的是枸杞的有机成分和药理作用。对无机成分，有作者将它们分为对人体必需、非必需和有毒性三类。砷被列为有毒类。关于砷在枸杞中的含量，至今国内外尚未见有文献报道。1983年，银川市土壤测试中心科研人员用三乙基二疏代氨基甲酸银[Ag(DDC)$_3$]对宁夏三种枸杞样品中砷的含量进行了测定方法的探讨，并拟出了测定方法。在枸杞果实中砷含量为0.1~0.3毫克/千克，回收率89.3%，相对误差<20.0%。绘制了As(DDC)$_3$的吸收光谱曲线，实验了该络合物的稳定性。此法可用来测定枸杞果实中的砷含量。该研究根据文献对其砷的含量进行了测定方法的研究，拟订了测定方法，并测定了宁夏生产的三个样品，获得了较满意的结果[1]。

## 二、枸杞果、柄、叶中甜菜碱含量的光度测定法

甜菜碱是甘氨酸的三甲基衍生物，是枸杞果柄、果、叶中的一个主要生物碱，据文献报道，甜菜碱衍生物在治疗动脉硬化、肝脂肪变性、消化不良、神经衰弱等方面具有一定的疗效。1984年，宁夏化工研究所科研人员采用光度测定法对宁夏枸杞果、柄、叶中的甜菜碱含量进行了测定。该方法精确度较高，且回收率均在90%以上[2]。该研究对枸杞中甜菜碱的研究具有一定参考价值。

## 三、邻菲啰啉分光光度法直接测定枸杞中微量铁

微量元素铁既是人体血液中输送氧和二氧化碳的血红蛋白的核心，又是具有传递电子功能的胞色素的重要组分；缺铁会引起贫血，使人产生生理障碍而致病[3]。建立健全中草药微量元素分析方法、查明中草药中微量元素的含量，对中草药无机成分药理活性的研究及异地栽培道地药材等新课题的开展，具有重要意义。药典中测定微量铁，采用硫氰酸盐目视比色法，其络合物不够稳定，而且目测结果往往带有主观因素，偏差很大。卟啉类显色剂是测定痕量铁的高灵敏色剂，摩尔吸光系数高达 $1.3 \times 10^5$，可惜锌、钴、铜干扰严重，需要事先进行分离。1985年，山西省医药研究所的科研人员采用邻菲啰啉分光光度法对枸杞中的微量铁进行了测定[4]。因邻菲啰啉是测定微量铁较好的试剂。具有灵敏、络合物稳定、显色酸度范围宽，选择性好的优点。已用于镍基合金及卤水中铁的测定。实验表明，其呈色络合物的摩尔吸光系数 $\varepsilon 510 = 1.14 \times 10^4$；显色酸度范围为 pH 2.0~6.2；络合物至少稳定1小时；常见共存元素的干扰限量在毫克级。直接测定枸杞中微量铁，获得满意的结果。该法也可在其他中草药中推广。

## 四、枸杞子和枸杞叶化学成分的研究

枸杞叶在历代本草中又被称为天精草[5]，具有明目作用，在我国广东等地区常用来煲汤。1986年，宁夏卫生学校的科研人员对中宁县、芦花台园艺场的枸杞子和枸杞叶的化学成分进行了测定研究，摸索出了适用于枸杞子营养成分测定的方法[6]，这对枸杞的加工开发具有重要意义。

## 五、枸杞子和枸杞叶中的氨基酸研究

1987年，宁夏分析测试中心和宁夏卫生学的科研人员合作，共同开展了对银川市郊区芦花台园林场和中宁县出产的枸杞果实和叶子中氨基酸的研究，发现枸杞子和枸杞叶中含有人体必需的8种氨基酸，枸杞叶的氨基酸总量一般比枸杞果实中高，但枸杞果实中游离氨基酸占氨基酸总量的一半以上，有利于人体直接吸收，从而提高了枸杞的滋补作用；在所含的20中氨基酸中，以天门冬氨酸、谷氨酸、丙氨酸和脯氨酸的含量较高，而且多数处于游离状态[7]。

## 六、枸杞属植物化学成分研究进展

枸杞属植物化学成分20世纪70年代以前研究很少，70年代开始分离得到一些甾族成分，80年代对其叶和果实的挥发油部分研究较多，分离得到一些萜类化合物。近年来从其叶和根皮部位分离得的黄酮类、生物碱类化合物。随着分离技术的提高，还得到了具有降血压活性的八肽化合物。1994年，中国医学科学院药用植物资源开发研究所的科研人员对枸杞属植物化学成分进行了研究，研究得出枸杞属植物中主要的25种化合物。其中，黄酮类化合物11个，萜类化合物5个，生物碱类化合物5个，八肽类化合物2个，甾族内酯

2 [8]。该研究对深入开发药用植物资源具有重要的参考价值。

## 七、火焰原子吸收光谱法测定枸杞中常量元素钾、钠、钙、镁

钾、钠、钙和镁是植物必需的常量元素。1989年，宁夏分析测试中心的科研人员采用火焰原子吸收光谱法对枸杞子中钾、钠、钙、镁等常量元素进行了测定，发现随着生长成熟期的到来，宁夏枸杞果实中各常量元素的含量呈降低趋势 [9]。该研究对枸杞生长规律、质量和药用价值等方面具有重要参考价值。

## 八、冷浸枸杞中钾含量的测定及研究

冷浸枸杞快速制干法是采用高级脂肪酸钾盐处理枸杞鲜果提高枸杞质量、节省能源的一项科研成果，采用此方法后增加了枸杞中的含钾量，因此必须对冷浸枸杞中含钾量进行测定并对其进行研究。20世纪80年代，多用火焰光度法或原子吸收光度法进行钾含量的测定，但该方法除价格昂贵，且一般用于测定低含量的钾。1990年，宁夏机械研究所的科研人员采用四苯硼钠—溴代十六烷基三甲铵容量法，对冷浸枸杞中的钾含量进行了测定，该法方便易行、灵敏度和重现性都较好 [10]。

## 九、山东、宁夏枸杞子微量元素比较研究

20世纪90年代，山东中医学院的科研人员将山东枸杞与宁夏枸杞的微量元素进行了比较研究，发现宁夏枸杞锌、铁、铜等微量元素远远高于山东枸杞。这几种微量元素均具有提高人体免疫功能、增强人体抗病能力的作用 [11]。

## 十、宁夏枸杞维生素 E 含量分析

1992 年，宁夏医学院的科研人员采用高效（压）液相色谱法对宁夏枸杞维生素 E 的含量进行了分析[12]。结果表明，宁夏枸杞干果、鲜果、鲜叶和子中维生素 E 的含量分别为 10.303~11.157 毫克/100 克、1.040~1.084 毫克/100 克、11.599~11.717 毫克/100 克和 4.843~7.824 毫克/100 克。该分析为完善枸杞的营养成分数据以及对枸杞抗衰老[13]和增强免疫功能[14]的有效成分的进一步研究提供了依据。

## 十一、宁夏枸杞子中氨基酸和微量元素含量测定

1992 年，河南医科大学的科研人员对宁夏枸杞子中氨基酸和微量元素的含量进行了测定，发现所测样品中含 16 种氨基酸和 11 种微量元素，其中含磷元素的氨基酸含量较高[15]。在此之前，未见有人对枸杞中氨基酸和微量元素的含量进行过研究，故该研究在评价枸杞内在质量和开发资源上有一定的意义。

## 十二、枸杞子浓缩汁维生素 C 含量测定法

在食品行业中，测定维生素 C 的含量，通常采用 2，6-二氯酚靛酚法[16]，此法虽然测定结果精确性高，但是对有颜色的食品滴定终点不易判断，造成测定误差。而其他方法如荧光分光光度法、二硝基苯肼比色法[17]等操作复杂且需要特殊设备。1994 年，第四军医大学的科研人员以碘量法为原理，针对枸杞子浓缩汁颜色较深的特点，分析该种液汁所含维生素 C 含量。实验表明该方法操作简单，终点比较明显，结果准确。用此法测定 4 种不同枸杞子浓缩汁的维生素 C 含量，回收率为 91.7%~100.2%，精密度 CV 为 1.3%，结果满意[18]。

## 十三、宁夏枸杞原汁营养成分评价

1996年,宁夏轻工业设计研究院食品发酵研究所的科研人员以宁夏银川市西夏园艺场产的宁杞1号鲜果为原料,研制出了一款既能保持枸杞鲜果天然风味,又可最大限度保持枸杞营养成分的宁夏枸杞原汁。经检测,该产品含有人体需要的多种营养元素及枸杞主要生物活性物质——枸杞多糖,是制作多种保健食品饮料和药物的优质果汁原料[19]。

## 十四、枸杞油营养成分分析

1996年,宁夏轻工业设计研究院食品发酵研究所的科研人员对枸杞油进行了试验研究,并对枸杞油的成分进行了分析,发现枸杞油中含有大量的不饱和脂肪酸及维生素E,对降低血浆胆固醇以及防治心血管疾病具有一定的疗效[20]。

## 十五、宁夏枸杞中类胡萝卜素含量分析

人们在对宁夏枸杞化学成分的研究中,发现类胡萝卜素含量较高,几乎是所有食品中含量最高的,类胡萝卜素在清除自由基、提高免疫功能及抑癌方面具有重要作用。1996年,宁夏医学院的科研人员采用分光光度法分析了宁夏枸杞不同品种即宁杞1号、宁杞2号,市售枸杞中类胡萝卜素的含量。对枸杞原汁及两种枸杞饮品中胡萝卜素的含量也进行了分析。分析结果:枸杞果中的主要色素有胡萝卜素、一羟叶黄素(隐黄质)和二羟叶黄素(玉米黄质)及其软脂酸酯(酸浆果红素),其中胡萝卜素作为维生素A的植物性来源而受到重视;研究表明,胡萝卜素还是一种解毒剂和免疫激活剂,它能刺激人外周血白细胞分泌一种或多种能在体外对抗人类肿瘤细胞

的细胞毒活性的细胞因子；尤为重要的是发现与胡萝卜素具有相似的化学结构，但不具有维生素 A 原活性的类胡萝卜素，同样可以显著提高 T 淋巴细胞和 B 淋巴细胞的增殖，增加白细胞介素-2（IL-2）受体表达的程度，使肿瘤坏死因子的数量增加，提高 NK 细胞、细胞毒性 T 淋巴细胞、巨噬细胞杀死肿瘤细胞的活性；类胡萝卜素能使活性分子单线态氧和自由基丧失活性，还能避免脂质的氧化并且降低抑制免疫过氧化物的产生,其意义远远超出了仅作为维生素 A 原物质的功能[21]。

## 十六、枸杞黄色素性能的研究

随着科学技术的发展和生活水平的提高，人们对食用色素的安全性、可靠性提出了越来越高的要求，因此开发着色力强、色调鲜艳、柔和、安全无毒，又具有营养作用的天然食用色素的新方法、新途径和新产品已成为当前国内外研究的重要课题。1996 年，甘肃工业大学的科研人员对枸杞黄色素制取的理论依据及性质进行了探讨，并对所制取的色素样品的光谱性、溶解性、热稳定性、光稳定性及色阶进行了测试。实验表明，该色素着色力较强，对光、热和酸碱等的稳定性良好，安全性高，是一种有前途的食品添加剂新品种[22]，这为枸杞开发利用枸杞黄色素提供了一种新方法、新途径。

## 十七、邻苯二甲醛-尿素柱前衍生高效液相色谱法快速检测枸杞中牛磺酸

牛磺酸（氨基乙磺酸）是婴幼儿生长发育过程中的必需氨基酸[23]。它在动物体内含量较高而在大多数植物中却未发现[24]，但在中国传统的名贵中药材枸杞中的含量却相对丰富。1997 年，华中农业大学的科研人员研究了快速检测枸杞中牛磺酸的方法——邻苯二甲醛-尿

素柱前衍生高效液相色谱法。将干枸杞经粉碎、匀浆、离心后，通过阳离子交换柱脱去样品中其他氨基酸、再通过Zobax-Cs柱进行柱前衍生分离。衍生剂：A. 4%OPA甲醇溶液；B. 尿素；磷酸钠盐缓冲液（pH6.8）=1:3（W/V）。流动相：甲醇，0.01摩尔/升乙酸钠溶液（pH6.8）=35:65（V/V）。紫外检测波长330毫米。牛磺酸浓度在0.1~1.0毫摩尔/升范围内可被定量测定。回收率可达100.31%±1.98%，变异系数（CV）为1.94%。该法处理简单，具有经济、安全等特点[25]。

## 十八、两种不同中药精制工艺对枸杞子杭白菊提取液中微量元素含量的影响

微量元素与人体健康密切相关，已有研究证明许多微量元素在人体生长发育、生命活动、抗衰老、疾病防治等方面起着重要作用。1996年，浙江中医学院的科研人员分别采用水提醇沉法和吸附澄清法对枸杞、杭白菊水提液进行精制，并测定了两种精制液中的微量元素含量，发现吸附澄清法能较多地保留微量元素的含量[26]。

**本节注释**

[1] 白寿宁.宁夏枸杞研究[M].银川:宁夏人民出版社,1998:391~394.

[2] 冯元理,陈玉龙,安宪立.宁夏枸杞果柄、果、叶中甜菜碱含量的光度测定法(摘要)[J].宁夏医学院学报,1984,(Z1):215.

[3] ［美］H·A·施罗德.痕量元素与人.北京:科学出版社,1979.

[4] 白寿宁.宁夏枸杞研究[M].银川:宁夏人民出版社,1998:413~415.

[5] 明·李时珍.本草纲目（校点版）.第三册[M].北京：人民卫生出版社，1978，2111.

[6] 齐宗韶,李淑芳,吴继平,等.枸杞子和枸杞叶化学成分的研究——第1报 枸杞子和枸杞叶的营养成分[J].中药通报,1986,(3):41~43,35.

[7] 孟协中,胡向群,张桂兰,等.枸杞子和枸杞叶化学成分的研究——第2报 杞枸子和杞枸叶中的氨基酸[J].中药通报,1987,(5):44~46.

[8] 谢忱,徐丽珍,杨小江.枸杞属植物化学成分研究进展[J].国外医学(中医中药分册),1994,(1):9~13.

[9] 袁庆华.火焰原子吸收光谱法测定枸杞子中常量元素钾钠钙镁[J].理化检验.化学分册,1989,25(04):246~247.

[10] 尹荣菊.冷浸枸杞中含钾量的测定及研究[J].宁夏机械,1990,(1):40~44.

[11] 白寿宁.宁夏枸杞研究[M].银川:宁夏人民出版社,1998:463.

[12] 黄元庆,王洁,李文秋,等.宁夏枸杞维生素E含量分析[J].宁夏医学院学报,1992,(3):7~10.

[13] 李明.枸杞子对老年人血超氧化物歧化酶活性影响的研究.第五届全国生物物理学术会议论文摘要汇编,1986:248.

[14] 黎雪如.枸杞对免疫功能影响的探讨[J].中华微生物学和免疫学杂志,1984,4(6):395~396.

[15] 李继成,陈勇夫,李纪霞,等.宁夏枸杞子中氨基酸和微量元素含量测定[J].河南医科大学学报,1992,(4):346~347.

[16] 吴光先.食品卫生检验手册[M].北京:人民卫生出版社,1964,545.

[17] 食品分析方法译组.食品分析方法[M].成都:四川科学技术出版社,1985,326~331.

[18] 陈耀明.枸杞子浓缩汁维生素C含量测定法[J].医学争鸣,1994,(4):304~305.

[19] 白寿宁.宁夏枸杞原汁营养成分评价[J].食品与健康,1996,(1):38~39.

[20] 徐延梅,白寿宁.枸杞油营养成分分析[J].食品与健康,1996,(2):43~48.

[21] 白寿宁.宁夏枸杞研究[M].银川:宁夏人民出版社,1998:496~498.

[22] 顾秀琛,王琨玲,雏和明.枸杞黄色素性能的研究[J].兰州理工大学学报,1996,(1):107~109.

[23] 任一平,黄白芬,胡红伟. 食品与发酵工业,1995,(1):43.

[24] 陈玉珍. 氨基酸杂志,1994,4:52.

[25] 谢航,张声华. 邻苯二甲醛-尿素柱前衍生高效液相色谱法快速检测枸杞中牛磺酸[J]. 色谱,1997,(1):56~58.

[26] 陈怀耳,方剑文.两种不同中药精制工艺对枸杞子杭白菊提取液中微量元素含量的影响[J]. 微量元素与健康研究,1996,(4):40,54.

## 第四节 枸杞多糖分析研究

### 一、宁夏枸杞防衰有效成分多糖体的性质及生理活性研究

1990年,军事科学医学院的科研人员从枸杞子的水溶性部分分离得到的枸杞多糖。它是由6种单糖组成的杂多糖。元素分析显示还含氮及多种氨基酸和微量元素。通过免疫反应的作用表明,它特别对免疫功能低下有显著作用[1]。

### 二、枸杞多糖含量的测定

1991年,中国药科大学的科研人员应用分光光度法对不同产地、品种和等级的枸杞中的多糖含量进行了测定,经苯酚-硫酸显色,于490纳米处测定,13份样品的多糖含量从5.42%~8.23%,发现所测样品中均含有一定量的多糖,但不同产地、规格多糖含量略有差异,且随着等级的降低呈下降趋势[2]。

### 三、新疆枸杞多糖的提取及含量测定

新疆枸杞是宁夏枸杞引种新疆栽培的植物,由于新疆特有的地

理条件，它比宁夏枸杞更具粒大、色红、肉厚等特点。1993 年，新疆中药民族药研究所的科研人员对新疆枸杞多糖进行了提取及含量测定，采用酚-硫酸比色法于 490 纳米波长处测定不同等级新疆枸杞多糖含量。发现新疆枸杞中均含有枸杞多糖，并以颗粒大、色红、肉厚的枸杞多糖含量较高[3]。该研究对新疆枸杞资源的开发利用具有重要的意义。

## 四、宁夏枸杞新品种宁杞 1 号干果中总糖及多糖类物质的系统分析

1994 年，中国药科大学和宁夏农林科学院枸杞研究所科研人员，对宁夏农林科学院枸杞研究所栽培的宁夏枸杞新品种宁杞 1 号干果中各种糖类物质，包括还原糖、中性多糖、酸提多糖和碱提多糖及糖醛酸的含量进行了系统的分析研究，并与大麻叶枸杞干果的糖类成分含量进行了比较。实验结果表明，宁杞 1 号及大麻叶枸杞干果所含糖类物质总量分别为 59.65% 和 55.22%；还原糖含量为 10.26% 和 12.01%；中性多糖合量为 24.08% 和 18.97%；酸提取多糖含量分别为 0.56% 和 0.38%；碱提取多糖含量分别为 0.44% 和 0.42%；糖醛酸含量分别为 23.64% 和 22.91%。宁杞 1 号枸杞干果的多糖含量比大麻叶品种高 26.9%，而还原糖含量低 14.6%。该研究为宁夏枸杞资源的开发与利用提供了一定参考依据[4]。

## 五、枸杞子糖蛋白的分离纯化、物化性质及糖肽键特征

枸杞子中的化学成分非常复杂，除了含有多种维生素、甾醇、甜菜碱及脂肪酸外，还含有多种亲水性色素。这给从枸杞子中分离纯化水溶性多糖类化合物带来许多困难。1995 年，中国科学院上海有机化学研究所的科研人员研究了枸杞子糖蛋白的分离纯化、物化

性质及糖肽键特征。从宁夏枸杞子中提取得到的粗多糖，经 DEAE-Cellulose 和 Sephadex G-100 柱层析，到均一的枸杞子糖蛋白 LBGP。分子量由 SDS-PAGE 测定为 88 千道尔顿，糖含量为 70%，糖组成为 Aa:Gal:Gl=2.5:10:1.0（摩尔比）。并含有其他 18 种天然氨基酸。初步分析表明，LBGP 是 O-连接的糖蛋白。该研究为进一步深入研究枸杞糖蛋白结构打下了坚实的基础[5]。

## 六、枸杞子糖蛋白中一条高分子量糖链的结构测定

糖蛋白中的糖链部分具有十分重要的生理作用，它能够调节蛋白质的活性，并参与到细胞分子的识别作用之中[6]，弄清楚糖蛋白中的糖链结构并进而进行其构效关系的研究是一项难度很大但又是意义深远的工作。1995 年，中国科学院上海有机化学研究所的科研人员采用碱解法分离枸杞子糖蛋白中的糖链，得到了一条分子量为 40 千道尔顿的糖链，该糖链由等量的 Ara 和 Cal 组成，并运用甲基化、部分酸水解及 NMR 技术确定了其主要结构特征[7]。

## 七、枸杞多糖的提取、分离及理化特性研究

临床医学研究表明，枸杞多糖对糖尿病、高血压、视神经萎缩、肾炎、肝炎等疾病具有显著疗效，但因枸杞子成分复杂，给枸杞多糖的分离纯化带来一定的困难。1996 年，华中农业大学的科研人员对枸杞多糖的提取分离及理化特性的研究，得到了 4 种枸杞多糖组分，即 LBP-I、LBP-II、LBP-III、LBP-IV。并采用红外光谱和紫外光谱对这 4 种枸杞多糖的电导率、黏度进行了分析测定[8]。

## 八、宁夏枸杞原汁膜分离探索试验

1994 年，宁夏轻工业设计研究院食品发酵研究所的科研人员，

对宁夏枸杞原汁膜分离探索研究。以宁夏鲜枸杞浆果生产的宁夏枸杞原汁为原材料，通过过滤除掉色素，再把去色素枸杞原汁不同分子量膜进行超滤分离，测定各分子量范围内枸杞原汁成分的变化[9]。结果表明，选择截留1万分子量的膜是最好的选择。该研究为探索枸杞多糖的提取浓缩工艺提供了重要参考。

## 九、分光光度法与生化分析法对枸杞多糖口服液含量测定的比较

枸杞多糖口服液具有提高机体免疫功能，降低转氨酶，促进病变肝脏的再生和修复，对慢性肝炎有显著疗效等功能。1996年，解放军第302医院的科研人员研究了分光光度法和生化分析法对枸杞多糖口服液含量测定的差别。枸杞多糖口服液是该院近年来研制生产的具有提高机体免疫功能，降低转氨酶、促进且制病变肝脏的再生和修复，对慢性肝炎有显著疗效的口服制剂。目前国内有多家药厂生产其制剂，但尚无统一的质量标准，其含量测定方法不一。该研究对10批产品用分光光度法与生化分析法进行比较测定，实验结果表明，两种实验方法经统计学处理无显著差异。用分光光度法测定多糖含量，其显色稳定，灵敏度高，重现性好，但较繁琐。生化分析法具有灵敏快速、样品用量少、精密等优点，适合医院药房快检[10]。

## 十、枸杞多糖的化学研究

现代药理研究证明，枸杞多糖具有免疫调节作用，为抗衰老的活性成分。1997年，吉林省药物研究所和北京医科大学药学院的科研人员研究了枸杞多糖的化学结构。目的：研究枸杞子水溶性活性多糖的化学结构。方法：采用DEAE柱层析分离多糖均一体，以抗脂质过气化为指标，追踪枸杞多糖的活性。结果：获得并鉴定4个抗

脂质过氧化活性多糖均一体。除 LBPC$_4$ 分子量 $1.0×10^4$，为 α- （1→4）（1→6）连接的葡聚糖肽外，LBPA$_3$、LBPB$_1$、LBPC$_2$ 分别为分子量 $6.6×10^4$、$1.8×10^4$、$1.2×10^4$，β（1→4）（1→6）连接的杂多糖肽。结论：鉴定了 4 个枸杞、多糖均一体的化学结构，证明它们均为抗脂质过氧化的活性成分[11]。

**本节注释**

[1] 白寿宁. 宁夏枸杞研究. 银川：宁夏人民出版社，1998：529~530.

[2] 王强，陈绥清. 枸杞子中多糖的含量测定[J]. 中草药，1991，(2)：67~68.

[3] 倪慧，何爱华. 新疆枸杞多糖的提取及含量测定[J]. 中成药，1993(1)：39~40.

[4] 姚文兵，姚文海. 宁夏枸杞新品种"宁杞1号"干果中总糖及多糖类物质的系统分析研究[C]//本书编委会. 全国多糖和脂质类生化药物学术会议.1994.

[5] 田庚元，王晨，冯宇澄. 枸杞子糖蛋白的分离纯化、物化性质及糖肽键特征[J]. 生物化学与生物物理学报，1995，27(2)：200~206.

[6] 孙册，莫汉庆. 糖蛋白与蛋白聚糖的结构、功能和代谢. 北京：科学出版社，1988：94.

[7] 田庚元，王晨. 枸杞子糖蛋白一条高分子量糖链的结构测定[J]. 生命有机化学，1995，27(5)：493~498.

[8] 孙智达，张声华. 枸杞多糖的提取，分离及理化特性研究[J]. 华中农业大学学报，1996，(6)：603~607.

[9] 白寿宁. 宁夏枸杞研究[M]. 银川：宁夏人民出版社，1998：578~581.

[10] 韩晋，张嘉麟. 分光光度法与生化分析法对枸杞多糖口服液含量测定的比较[J]. 药学实践杂志，1996，(3)：173~174.

[11] 赵春久，李荣芷，何云庆，崔国辉. 枸杞多糖的化学研究[J]. 北京医科大学学报，1997，(3)：231~232，240.

## 第五节 枸杞基础药理学研究

### 一、宁夏枸杞的基础与临床研究

20世纪80年代开始，宁夏科委组织了枸杞综合开发利用攻关组，分专题对宁夏枸杞进行了全面系统的研究。宁夏医学院的科研人员开展了对宁夏枸杞的临床研究，发现宁夏枸杞具有以下功效：促进子宫增重、升高白细胞、对抗血压、降低血糖、保护肝脏、提高免疫力、抗癌、抗衰老等[1]。

### 二、宁夏枸杞煎剂对家兔离体子宫的影响研究

枸杞是一味常用的滋补强壮药，具有多方面的药理作用。1985年，宁夏医学院和宁夏卫生学校的科研人员合作研究了宁夏枸杞煎剂对家兔离体子宫的影响。通过对11只家兔离体子宫实验，检测了宁夏枸杞果两种不同稀释度的浓煎液对子宫自动节律收缩运动的影响。结果显示，应用稀释50倍的W液前后，子宫角的收缩运动频率平均增加了19.58频次/10分钟，$P<0.02$；张力平均增强了7.14毫米，$P<0.05$；收缩运动强度（以幅度表示）平均增大2.17毫米，$P>0.05$，$<0.1$。此外，在3次实验中，用药前子宫角自动节律收缩波不明显，加药后即明显表现出来。以上检测结果提示，枸杞煎液具有兴奋子宫和促进子宫自动收缩运动的作用[2]。

### 三、宁夏枸杞叶蛋白抗脂肪分解活性作用的测定研究

20世纪80年代，宁夏化工研究所和上海医科大学药学院的科研

人员合作，以宁夏枸杞的干叶为材料，研究宁夏枸杞叶蛋白对抗脂肪分解的活性作用，发现其确有抑制脂肪分解的作用，这为开展枸杞叶蛋白防治糖尿病的研究打下了坚实的基础。

## 四、枸杞多糖对小鼠骨髓造血干细胞、粒单系祖细胞增殖分化的影响研究

前人研究已经证实枸杞多糖对机体免疫功能具有明显的促进作用，对于免疫功能低下的老鼠和荷瘤鼠均有明显的增强T淋巴细胞活性的作用[3]。在此基础上，1991年，军事医学科学院毒物药物研究所的科研人员研究了枸杞多糖对小鼠骨髓造血干细胞、粒单系祖细胞增殖分化的影响，发现枸杞多糖可促进正常小鼠骨髓造血干细胞（CFU-S）的增殖，明显增加骨髓粒单系祖细胞（CFU-GM）数量，促进CFU-GM向粒系分化[4]。

## 五、枸杞多糖抗细菌感染机理研究

一般在机体抗细菌感染过程中，主要是通过药物直接杀伤病原体，或通过提高机体的免疫功能来抵抗病原体的侵袭。20世纪90年代，宁夏医学院的科研人员对枸杞多糖抗细菌感染的机理进行了研究。用侵袭性大肠杆菌对小鼠半数致死的测定。结果显示，LBP能加强小鼠脾脏对细菌的清除能力，增加抗菌抗体的滴度，提高小鼠被侵袭性大肠杆菌感染后48小时内存活率，LBP对小鼠红细胞免疫功能无明显的作用，LBP的体外抑菌试验为阴性。结果说明，LBP无直接的抑菌或杀菌作用，而是通过提高机体的免疫功能来抵抗细菌的感染[5]。

## 六、枸杞多糖对实验性肝损伤小鼠的保护作用研究

枸杞多糖具有提高正常小鼠和荷瘤小鼠细胞免疫功能的作用，还具有降低老龄小鼠的肝细胞脂质过氧化作用。1993年，锦州第205医院的科研人员研究了枸杞多糖（LBP）对实验性肝损伤小鼠的保护作用。方法：小鼠分成4组，2天ip $CCl_4$ 100毫克/千克，LBP治疗组于0~2天分别ip5和10毫克/千克正常对照组和 $CCl_4$ 对照组注射等体积生理盐水，于3天后小鼠尾部取血测血清谷丙转氨酶（SGPT）活性。结果表明，LBP 5毫克/千克和10毫克/千克对 $CCl_4$ 所致小鼠SGPT活性升高有明显的保护作用。SGPT由 $CCl_4$ 对照组的（4.47±S0.07）摩尔/(S·升) 降至（1.58±S0.05）和（1.60±X0.07）mol·(S·L)（$P<0.01$，$n=8$）。实验分组同前，于0天ip $CCl_4$ 100毫克/千克，0~2天ip LBP5和10毫克/(千克·天)，3天后测SGPT含量。5毫克/(千克·天)和10毫克/(千克·天)LBP治疗组SGPT活性分别为（0.85±S0.03）和（0.83±S0.02）摩尔/(S·升)，与 $CCl_4$ 对照组（1.27+S0.03）摩尔/(S·升)相比明显降低（$P<0.01$，$n=8$），而与正常对照组（0.83±S0.03）摩尔/(S·升)相比无显著差异（$P>0.05$），表明LBP对 $CCL_4$ 所致肝损伤有恢复作用[6]。

## 七、枸杞多糖对高温损伤小鼠睾丸曲细精管影响的电镜观察

高温对精子产生有强烈而迅速的干扰作用，使精子出现严重障碍[7]，致使男性不育，而宁夏枸杞具有强生壮阳的功效。1994年，宁夏医学院的科研人员，研究枸杞多糖对小鼠睾丸生精细胞的作用，采取热吹风器对小鼠双侧睾丸透热（B组），另取正常不透热小鼠为空白对照（A组）蒸馏水灌胃对照（C组）和透热后灌服枸杞多糖（D组），进行实验观察，待B、C、D各组于透热结束后即刻、3天、

1周、2周、5周处死动物，取双侧睾丸，常规作光镜和电镜观察。实验结果表明B组各期生精细胞进行性受损，属肿胀溶解性细胞变性坏死过程，D组则在1周时受损部位和程度未见进行性加重，5周时基本恢复正常，提示枸杞多糖有明显的抗高温、保护生精细胞作用[8]。

## 八、枸杞、山楂等提取物对家兔降血脂作用研究

在现代社会中，高脂血症是一种常见病和多发病，它在中、老年人中常见，并且在年轻人中间也常有发生。实验研究表明，很多中草药都有降血脂的作用，如何首乌、枸杞子、山楂、黄芪、白头翁等。1994年，清华大学的科研人员通过建立高脂血症的动物模型，研究了枸杞、山楂等提取物对家兔降血脂的作用，发现两者均能有效地降低血液中总胆固醇（TC）和甘油三酯（TG）的含量[9]。

## 九、枸杞在保护大鼠视网膜光损伤中作用研究

视网膜是光的感受器官，近年来的研究结果表明，感光细胞非常容易受到环境光或人工光源的损伤，重复的光照射，即使强度低，对视网膜也可产生损伤，即光的蓄积作用。1995年，中国科研人员与外国科研人员合作研究了枸杞在保护大鼠视网膜光损伤中的作用。用254.75坎的荧光灯作为光源，照射大鼠视网膜，建立光损伤动物模型。对照组大鼠视网膜光镜下见锥体、杆状感光细胞层破坏严重，外核层紊乱，细胞核数目明显减少。电镜下，外节破坏溶解、空泡形成，内节肿胀，视网膜色素上皮（RPE）坏死；口服枸杞的治疗组则表现为锥体、杆体细胞层轻度破坏，外核层排列较整齐，细胞数目接近正常。表明，枸杞对大鼠视网膜锥体、杆体层外核层和RPE有明显的保护作用[10]。

## 十、枸杞多糖对大鼠动脉血压和心脏收缩活动影响研究

前人研究发现枸杞多糖具有增强体内 SOD 活性、防止细胞膜损伤、恢复运动性骨骼肌的疲劳及抗衰延寿等功能。1995 年，宁夏医学院科研人员研究了枸杞多糖对大鼠动脉血压和心脏收缩活动的影响。采用静脉注射法给予大鼠枸杞多糖，可致大鼠动脉血压明显降低。给药前动脉血压为（12.50±0.38）千帕［（93.84±2.83）毫米汞柱］，给药后血压降至（9.34±0.35）千帕［（70.03±2.59）毫米汞柱］（$P<0.001$），切断迷走神经前、后给药引起的降压反应无显著性差异；心脏收缩幅度给药前为（11.53±0.42）毫米，给药后为（10.81±0.63）毫米（$P<0.05$）。说明枸杞多糖具有较强的降压效应，并对心脏收缩活动有一定的抑制作用[11]。

## 十一、宁夏枸杞对家兔免疫损伤性动脉粥样硬化模型的影响研究

20 世纪 90 年代，宁夏医学院的科研人员研究了宁夏枸杞对家兔免疫损伤性动脉粥样硬化模型的影响。实验选用家兔 30 只分 3 组、每组 10 只，空白对照 A 组、常规动脉粥样硬化造模 B 组、造模加枸杞并注射小牛血清白蛋白 C 组。于实验前后两次股动脉抽血测胆固醇、40 天结束。用方格纸测量主动脉形成的硬化斑块面积，并于主动脉弓处取材进行光镜和电镜测察。结果 B 组和 C 组出现动脉粥样硬化斑、内膜下脂肪浸润、有大量的泡沫细胞、中膜增厚、内皮细胞胞浆水肿、电子密度降低、内质网扩张、线粒体肿胀。B 和 C 组硬化斑面积分别为（0.109 2±0.0121）平方毫米、（0.2163±0.0194)平方毫米，胆固醇由（110.30±11.23）毫摩尔/升上升至（489.59±28.23）毫摩尔/升，统计学处理 $P<0.001$。结果表明，枸杞在高血脂

及合并免疫损伤条件下可以促进动脉硬化斑的形成，为中医辨证施治用药提供了可信的依据[12]。

## 十二、枸杞绞股茶降糖降脂作用的临床研究

1995年，安徽中医院附属医院与安徽中医院科研人员对枸杞绞股茶降糖降脂的临床作用做了研究。观察对象：选择Ⅱ型糖尿病合并高脂血症20名，男女各10名；年龄均为45~65岁，血糖血脂均超过正常值，血糖大于110毫克/分升，甘油三酯大于150毫克/分升。观察方法与指标：患者服用枸杞叶茶前，均测定血脂四项（TC、TG、HDL-c、LDL-c）、空腹血糖、血液黏度和体外血栓形成等指标，服用期间停服中西医降血降脂药。每天上、下午各用10克，开水泡茶饮，1个月后复查以上各项指标，作后对照观察。结果表明，20名患者服用枸杞绞股茶1个月后，血糖平均下降16%，血清总胆固醇（TC）平均下降15%，但前后比较均无显著差异。血清甘油三酯平均下降30%，服用枸杞绞股茶后有显著差异（$P<0.05$）。患者服用枸杞绞股茶1个月后对血液黏度、体外血栓形成时间、形成长度和重量有较明显降低作用（$P<0.05$）。患者主观症状：头昏、肢体沉重、疲乏懒言、记忆减退等均有明显好转。研究表明该产品具有一定的降糖、降脂功效[13]。

## 十三、吉林产枸杞粗多糖保肝作用研究

吉林产枸杞粗多糖为吉林通榆产枸杞经白酒浸提后的制药废渣，水提醇析后得到的棕色粉末。内含7种以上单糖，17种以上氨基酸和微量元素。1996年，白求恩医科大学制药厂与内蒙古哲盟卫校的科研人员以$CCL_4$致肝损伤的小鼠为材料，研究了吉林产枸杞粗多糖保肝作用的研究。通过对$CCL_4$致肝损伤小鼠的SGPT、肝糖原含量、

肝组织中丙二醛含量变化的测定。发现吉林产枸杞粗多糖可使 $CCL_4$ 致肝损伤小鼠的 SGPT 活性降低、肝糖原含量显著升高、丙二醛含量降低。结果表明，吉林产枸杞粗多糖能提高了机体的能量贮备，有利于抵抗外来有害物质对肝脏的损害[14]。

**本节注释**

[1] 白寿宁,宁夏枸杞研究[M]. 银川：宁夏人民出版社,1998:597~600.

[2] 侯玲玲,刘继标,菊蕴英. 宁夏枸杞煎剂对家兔离体子宫的影响[J].宁夏医科大学学报,1985(Z1).

[3] 江苏新医学院. 中药大辞典[Z]. 上海:上海人民出版社 1977.

[4] 白寿宁. 宁夏枸杞研究[M]. 银川：宁夏人民出版社,1998:608~609.

[5] 善田,耿长山,周金黄. 补益中药有效活性成分的免疫药理学研究及应用[J]. 军事医学科学院院刊,1988,12:219.

[6] Wang B K, Xing S T, Zhou J H. Effect of Lycium barbarum polysaccharides on the immune responses of T. CTL and NK cells in normal and cyclophosphamidetreated mice. 中国药理学与毒理学杂志,1990(4):39.

[7] 朱继业,王一飞,吴明章,等. 电吹风透热对睾丸精子发生和间质细胞影响的组织学及组织化学观察[J]. 生殖与避孕,1982(3):37~40,44~65.

[8] 胡庆和,韩斌,张焱,等. 枸杞多糖对高温损伤小鼠睾丸曲细精管影响的电镜观察[J]. 宁夏医学院学报,1994(2):112~115.

[9] 鲍世铨,朱梅,王进玲,等. 枸杞、山楂等提取物对家兔降血脂作用的研究[J]. 中国生化药物杂志,1994(4):286~288.

[10] 刘娜,李子良,曹安民. 枸杞在保护大鼠视网膜光损伤中作用的研究[J]. 中华眼底病杂志,1995(1):31~33.

[11] 白洁,杨芝兰,李楚芬. 枸杞多糖对大鼠动脉血压和心脏收缩活动的影

响[J].宁夏医学院学报,1995(4):306~309.

[12] 白寿宁. 宁夏枸杞研究[M]. 银川:宁夏人民出版社,1998:650.

[13] 徐宝圻,牛德群,杨文霞.枸杞绞股茶降糖降脂作用的临床研究[J],辽宁中医杂志,1995(11):510~511.

[14] 白寿宁. 宁夏枸杞研究[M]. 银川:宁夏人民出版社,1998:655~656.

## 第六节 枸杞免疫学研究

### 一、枸杞子粗提物对小鼠T淋巴细胞的免疫增加作用研究

1987年，宁夏药物研究所与军事医学科学院毒物药物研究所的科研人员合作研究了枸杞子粗提物对小鼠T淋巴细胞的免疫作用。采用了T淋巴细胞非特异性酯酶活性（ANAE）染色测定的方法，得出了LBP（5~50）毫克/（千克·天）×7天，ip，能显著增加正常小鼠的脾重和提高外周血T淋巴细胞百分数。LBP 5毫克/千克和10毫克/千克对胸腺重量无明显影响，增加剂量到25~50毫克/千克可使胸腺重量降低。LBP 50~200毫克/千克增强3H-TdR掺入胸腺细胞的数量，在5~100毫克/千克时，又可增ConA诱导的淋巴细胞增殖反应。在ConA一般浓度（5~40微克/毫升）时，LBP 25毫克/千克、50毫克/千克和100毫克/千克对胸腺淋巴细胞增殖均有增强作用；在高浓度ConA 60微克/毫升时，大剂量LBP比低剂量对胸腺淋巴细胞增殖反应具有更强的作用。这些结果说明，在适宜剂量范围，LBP可以增强T淋巴细胞的增殖和作为一种免疫增强剂[1]。

## 二、枸杞多糖对小鼠腹腔巨噬细胞 C3b 和 Fc 受体的影响研究

1990年，宁夏医学院科研人员研究了枸杞多糖对小鼠腹腔巨噬细胞 C3b 和 Fc 受体的影响。采用了 YC 花环和 EA 花环的试验方法。发现枸杞多糖能增加巨噬细胞 C3b 和 Fc 受体的数量和活性，并可减弱醋酸氢化可的松对巨噬细胞 C3b 和 Fc 受体的抑制作用。初步认为枸杞多糖不仅是免疫增强剂，而且有免疫调节作用[2]。

## 三、枸杞多糖对正常小鼠红系造血及集落刺激因子的影响研究

1993年，军事医学科学院毒物药物研究所科研人员以腹腔注射枸杞多糖（LBP）10毫克/（千克·天），连续3天的方式，对正常小鼠进行实验，研究了枸杞多糖对正常小鼠红系造血及集落刺激因子的影响。采用了微量甲基纤维素法测定骨髓红系祖细胞和 CFR-GM 法测定集落刺激活性，得出了小鼠骨髓中爆式红系集落形成单位（BFU-E）和红亲集落形成单位（CFU-E）的变化，BFU-E、CFU-E 分别上升到对照值的342%和192%，外周血网织红细胞比例于给药后第6天上升到对照值的218%，LBP 注射后可促进小鼠脾脏 T 淋巴细胞分泌集落刺激因子，提高小鼠血清集落刺激活性水平；在体外培养体系中，LBP 对粒-单系祖细胞无直接刺激作用，但可加强集落刺激因子（CSF）的集落刺激活性[3]。

## 四、宁夏枸杞对铅免疫毒性影响的研究

1993年，宁夏医学院科研人员研究了枸杞对化学物免疫毒性的影响。用 T 淋巴细胞非特异性酯酶活性（ANAE）染色测定的方法，观察了枸杞子对铅免疫毒性的拮抗作用。观察结果表明，枸杞对铅

的免疫毒性有明显的拮抗作用[4]。

## 五、枸杞胎盘液对小鼠机能的影响

1995年，宁夏医学院中医系与宁夏医学院附属医院的科研人员合作研究了枸杞胎盘液对小鼠机能的影响。以枸杞胎盘液给小鼠灌胃，测定小鼠血清免疫球蛋白的含量并观察其缺氧及游泳耐力时。结果显示：实验组小鼠血清中 1gG、IgA 和 IgM 的含量显著地高于对照组（$P<0.01$）。实验组 IgG，IgA 和 IgM 含量分别为（7 388±3 184）毫克/升、（1 793±259）毫克/升和（2 571±888）毫克/升，对照组 IgG、IgA 和 lgM 分别为（5 415±1 646）毫克/升、（1 596±329）毫克/升和 2 039±770 毫克/升。抗缺氧及游泳耐力时间实验组也较对照组明显增长（$P<0.01$），表明枸杞胎盘液能使机体的体力增强，应激能力提高[5]。

## 六、枸杞对 IL-2 产生和 IL-2 受体（α，β）表达的调节研究

1995年，北京医科大学、山东大学、中国科学院动物研究所计划生育生殖生物国家重点实验室的科研人员合作，研究了枸杞对 IL-2 产生和 IL-2 受体（α，β）表达的调节。采用了 APAAP 酶标法和荧光标记结合 FACS 检测的方法，得出枸杞对于 PHA 活化的淋巴细胞的 IL-2 具有明显的促进作用（$P<0.05$）；APAAP 和 FACS 检测表明，枸杞对经 PHA 活化的淋巴细胞的 IL-2 受体 α 和 β 的表达也有明显的促进作用；在对 FACS 分析的同时表明，枸杞不仅使高表达 IL-2R（α，β）的细胞数量增加，同时也促进了细胞表面的 IL-2R（α，β）表达量的增加。利用 YT 细胞检测的结果表明，在枸杞的作用下，YT 细胞的 IL-2R（α，β）的表达都有所增加，表明枸杞对 IL-2 受体的表达有直接的调节作用[6]。

## 七、枸杞多糖2对辐射损伤小鼠免疫功能恢复的影响研究

1995年,北京医科大学免疫研究中心与昆明医学院的科研人员,联合研究了枸杞多糖2(LBP2)对辐射损伤小鼠免疫功能恢复的影响。采取了脾细胞介导的SRBC溶血分光光度测定法,发现从枸杞子中提取的枸杞多糖(LBP)有较好的免疫增强作用,可促进T、B淋巴细胞的功能,增强机体免疫监视功能以及降低抗肿化疗药物引起的抑制等作用。研究了LBP2对辐射损伤小鼠免疫功能恢复的响,LBP2能明显促进辐射伤小鼠免疫功能的恢复,照射后30天,胸腺指数、脾细胞对ConA、LPS的增殖反应、MLR、DTH及PFC均较照射对照组明显增强[7]。

## 八、枸杞多糖对细胞膜流动性及蛋白激酶C的体外效应研究

1997年,北京医科大学科研人员研究了枸杞多糖(LBP)体外免疫调节效应的作用机制。方法:以DPH作为荧光探剂,采用荧光偏振法观察LBP对兔红细胞膜流动性的影响。并以32P-组蛋白内掺入的放射性强度检测法,观察LBP对淋巴细胞胞膜和胞浆蛋白激酶C(PKC)活性的影响。结果:100毫克/升LBP可明显促进兔红细胞细胞膜的流动性,并能增强10毫克/升和25毫克/升ConA对膜流动性的促进作用。同时100毫克/升LBP尚可增加ConA活化后的小鼠脾淋巴细胞膜上的PKC的活性,但对胞浆PKC的活性无影响。说明,LBP的体外作用途径可能是作用于细胞膜,通过促进细胞膜的流动性及促进ConA活化的小鼠脾淋巴细胞胞浆内PKC从胞浆到胞膜的激活移位而发挥免疫调节效应的[8]。

## 九、枸杞多糖对小鼠胸腺细胞程序化死亡的影响研究

1997年北京医科大学与中国预防医学科学院科研人员,研究了

枸杞多糖对小鼠胸腺细胞程序化死亡的影响。采用电镜、DNA 琼脂糖电泳和 FACS 分析的方法,以枸杞多糖(LBP)对小鼠胸腺细胞凋亡的效应进行了研究。结果发现,100 微克/毫升和 400 微克/毫升的 LBP 可明显抑制小鼠胸腺细胞培养 7 小时和 24 小时自发出现的细胞凋亡(apoptosis),而对(7~10)摩尔/升地塞米松诱导的细胞凋亡则没有影响。说明 LBP 具有抑制小鼠胸腺细胞自发凋亡的作用,显示出枸杞多糖具有一种新的免疫调节效应 [9]。

**本节注释**

[1] 张新,项树林,尹亿民,等.枸杞多糖对小鼠胸腺细胞程序化死亡的影响[J].中华微生物学和免疫学杂志,1997(3):51~54.

[2] 黎如雪,吴慰萱,周娅等.枸杞多糖对小鼠腹腔巨噬细胞 C3B 和 Fc 受体的影响[J].中国实验临床免疫学杂志,1990(5):29~31.

[3] 周志文,周金黄,邢善田.枸杞多糖对正常小鼠红系造血及集落刺激因子的影响[J].中华血液学杂志,1991(8):409~411.

[4] 尹秀琴 黄会堂.宁夏枸杞子对铅免疫毒性影响的研究.中华预防医学杂志,1993(3):184~185.

[5] 张新,李俊,梁惠宾,等.枸杞多糖对细胞膜流动性及蛋白激酶 C 的体外效应[J].北京医科大学学报,1997(2):118~120.

[6] 高岭,张冬青,曹秀琴,等.枸杞胎盘液对小鼠机能的影响[J].宁夏医学院学报,1995(3):201~203.

[7] 王玲,李俊,李欣,等.枸杞多糖 2 对辐射损伤小鼠免疫功能恢复的影响[J].上海免疫学杂志,1995(4):209~212.

[8] 胡国俊,白惠卿,杜守英,等.枸杞对 IL-2 产生和 IL-2 受体($\alpha$,$\beta$)表达的调节[J].中国免疫学杂志,1995(4):253~256.

[9] 耿长山,丁雁,王葛英,等.枸杞子粗提物对小鼠T淋巴细胞的免疫增强作用[J].军事医学科学院院刊,1987(6):476~480.

## 第七节 枸杞抗衰老研究

### 一、枸杞及其多糖对果蝇和小鼠寿命的影响研究

1990年,宁夏医学院科研人员研究了枸杞及其多糖对果蝇和小鼠寿命的影响。用平均寿命和最高寿命两个指标,观察了不同剂量的枸杞不同月龄的小鼠寿命以及不同剂量的枸杞及其多糖对果蝇寿命的影响。结果表明,一定剂量的枸杞或枸杞多糖能分别显著地提高小鼠和果蝇的平均寿命,但对两种动物的最高寿命均无明显影响,说明枸杞及其多糖具有一定的抗(延缓)衰老作用[1]。

### 二、枸杞和枸杞多糖抗衰延寿的功效研究

1992年,宁夏医学院科研人员研究了枸杞及枸杞多糖抗衰延寿功效。对服用枸杞的成年人及喂饲枸杞的实验动物(小鼠和果蝇)测定了平均寿命及其他能反应免疫学、生理、生化学和遗传学技能状态的指标18项。结果表明,枸杞能提高或显著性提高和改善老年人的上述指标中的多项指标;枸杞和枸杞多糖能显著地延长果蝇或非显著地延长小鼠的平均寿命,但对二者的最高寿命均无影响[2]。

### 三、枸杞提取液抗衰老作用的实验研究

1992年,首都医学院科研人员采用体外实验、动物实验和人体试验的方法,研究了枸杞提取液的抗衰老作用。结果发现,枸杞提

取液在试管内有明显抑制小鼠肝匀浆过氧化脂质（LPO）的生成作用，并呈剂量反应关系；小鼠体内试验证实可明显抑制肝 LPO 生成，并使血中谷胱甘肽过氧化物酶（GSH-Px）活力和红细胞超氧化物歧化酶（SOD）活力增高；人体试验显示，可明显抑制血清 LPO 生成，使血中 GSH-Px 活力增高，但红细胞 SOD 活力未见升高。说明枸杞提取液具有抗衰老作用[3]。

## 四、枸杞和骨碎补对人牙龈成纤维细胞体外寿命的影响研究

1993 年，第四军医大学口腔医院科研人员研究了枸杞和骨碎补对人牙龈成纤维细胞体外寿命的影响。以人体二倍体牙龈成纤维细胞为体外寿命实验模型，观察了枸杞和骨碎补的抗衰老作用。实验发现，1.25 毫克/毫升的枸杞和骨碎补溶液，均能使细胞附着率增加，铺展过程加快，群体倍增时间缩短，生长饱和密度增大，分裂代数增加 18.8% 和 20.0%；寿命延长 41.2% 和 38.1%。表明枸杞和骨碎补对体外培养的牙龈成纤维细胞有较明显的延寿作用[4]。

## 五、老年鼠肾线粒体的老化及其药物的防护研究

1994 年，中国人民解放军总医院老年心肾科、北京医科大学泌尿研究所和北京医科大学肾脏疾病研究所科研人员，研究了老年鼠肾线粒体的老化及其药物防护研究。通过应用枸杞多糖、维生素 E-C 合剂等抗衰老药物后，分析老年鼠肾细胞线粒体超微结构、ATP 合成量以及脂质过氧化产物丙二醛水平的改变，发现老年鼠肾线粒体的结构和功能变化伴随着自由基代谢产物丙二醛的增高，老年鼠肾细胞线粒体 ATP 合成量为（120.38±16.2）纳摩尔/毫克·分，较青年组低 18.75 纳摩尔/(毫克·分)；而肾组织丙二醛为（30.40±6.66）微克/100 毫克湿重，是青年组的 2.4 倍。长期服用维生素 E-C 合剂或枸

杞多糖均可在一定程度上对抗自由基的作用，使肾组织丙二醛水平下降，预防线粒体老化，使其功能有所改善[5]。

## 六、参杞口服液的抗衰老作用研究

1996年，第二军医大学科研人员为证实人参与枸杞联合应用的药用价值，研究了参杞口服液的抗衰老作用。以服用参杞口服液的雄性ICR小鼠和果蝇为实验对象，进行了实验研究和临床观察。研究结果显示，参杞口服液具有抗缺氧、抗疲劳、延长果蝇寿命、提高性活力、保护红细胞变形能力、阻止红细胞老化等作用。临床观察结果显示，该剂可明显改善睡眠、增进食欲、降低血压、提高免疫球蛋白和补体含量，并有降血脂等作用。研究结果提示，参杞口服液有抗衰老作用[6]。

## 七、黄芪、枸杞子对老龄大鼠心肌β受体的影响研究

1996年，河南医科大学基础医学院科研人员以大鼠为实验对象。研究了黄芪、枸杞对老龄大鼠心肌β受体的影响。采用放射配基结合分析法，观察大鼠老化过程中心肌β受体的变化及中药黄芪、枸杞子的作用。结果表明，心肌β受体最大结合容量（Bmax）在3月龄、8月龄、15月龄组间无显著差异，26月龄组显著降低。黄芪和枸杞对15月龄大鼠心肌β受体Bmax无明显影响。枸杞子可提高26月龄大鼠心肌β受体Bmax，黄芪虽可使26月龄大鼠心肌β受体Bmax有所升高，但差异无显著性。结果显示，衰老大鼠心肌β受体密度降低，中药枸杞可使之升高。这可能是它对心血管系统发挥作用的分子基础之一[7]。

**本节注释**

[1] 戴寿芝,王慕娣,高乐,等.枸杞及其多糖对果蝇和小鼠寿命的影响[J].老年学杂志,1990(2):94~96.

[2] 戴寿芝,文润玲,李为,等.枸杞和枸杞多糖抗衰延寿功效的研究[J].宁夏医学院学报,1992(1):12~17.

[3] 王惠琴,蒋保季,马忠杰,等.枸杞提取液抗衰老作用的实验研究[J].首都医学院学报,1992(2):83~86.

[4] 刘斌,司徒镇强,吴军正,等.枸杞和骨碎补对人牙龈成纤维细胞体外寿命的影响[J].老年学杂志,1993(5):296~297,319~320.

[5] 李晓玫,王海燕,李丽英,等.老年鼠肾线粒体的老化及其药物防护[J].中华老年医学杂志,1994(3):168~171.

[6] 郭俊生,陈洪章,赵法伋,等.参杞口服液的抗衰老作用[J].中国老年学杂志,1996(1):24~27.

[7] 刘艳红,赵胜利,刘洁,等.黄芪、枸杞子对老龄大鼠心肌β受体的影响[J].中国老年学杂志,1996(3):165~167,193.

## 第八节 枸杞抗氧化效能研究

### 一、枸杞多糖抗过氧化物作用的实验研究

1993年,第四军医大学与北京军区总医院科研人员对枸杞多糖抗过氧化物作用进行了研究。以非洲爪蟾卵母细胞为实验材料,采取了电生理方法。通过对爪蟾卵细胞电学功能的测试,观察到自由基可使膜电学参数受损害,枸杞多糖能有效地对抗自由基过氧化,使受损膜电学功能发生逆转,这点对其应用在临床抗衰老具有指导

意义[1]。

## 二、宁夏枸杞抗氧化效能研究

1994年，宁夏医学院科研人员用Fe（II）-次黄嘌呤-黄嘌呤氧化酶（xo）体系，研究了宁夏枸杞水提物的抗氧化活性。结果表明，宁夏枸杞具有明显的抗氧化活性，并呈剂量-效应关系（$\gamma=0.928$，$P<0.01$）。当宁夏枸杞水提物终浓度为0.52克/升、1.04克/升、2.08克/升、4.17克/升、8.33克/升时，其硫代巴比妥酸反应物的阻断率（TBASI）分别为25.1%、33.94%、59.91%、76.79%和95.01%。同时与水溶性抗氧化剂维生素C进行比较，当终浓度为8.33克/升时，宁夏枸杞的抗氧化活性优于维生素C（$P<0.01$）。从而表明，宁夏枸杞作为天然抗氧化剂，具有良好的开发前景[2]。

## 三、宁夏枸杞子对小白鼠运动能力影响的初步研究

1994年，宁夏大学科研人员采用一次灌胃和长期喂养的方法观察了小白鼠服用宁夏枸杞后其游泳时间、常压耐缺氧存活时间、体重、血红蛋白（Hb）的变化以及定量负荷运动后的血糖和血乳酸水平。结果显示，小白鼠一次服用75毫克/10克的宁夏枸杞子可明显的延长游泳时间（$P<0.01$）和常压耐缺氧存活时间（$P<0.05$）。长期喂养实验结果表明，连续10天服用50毫克/（10克·天）宁夏枸杞后小鼠的体重、Hb以及定量负荷运动后的血糖和血乳酸水平均无明显变化（$P>0.05$）。结果初步提示，宁夏枸杞子具有抗疲劳、提高运动能力和耐缺氧能力的作用[3]。

## 四、枸杞多糖对脑缺血再灌流小鼠学习、记忆的影响研究

1995年，宁夏医学院科研人员研究了枸杞多糖对脑缺血再灌流

小鼠学习、记忆的影响。采用结扎小鼠双侧颈总动脉 1 小时,同时在距尾尖 1 厘米处剪断其尾放血数滴,继之再灌流 24 小时,造成小鼠全脑缺血再灌流的损伤。观察枸杞多糖对脑缺血再灌流小鼠学习、记忆能力的影响。结果表明,枸杞多糖可显著提高脑缺血再灌流小鼠的学习、记忆能力,并促进其学习、记忆能力的恢复[4]。

## 五、宁夏枸杞对红细胞膜质过氧化保护作用研究

20 世纪 90 年代,宁夏医学院科研人员研究了宁夏枸杞对红细胞膜脂质过氧化保护作用。用 HX-Xo 体系在体外诱发大鼠红细胞膜脂质过氧化。观察了加入宁夏枸杞各组分后 MDA 生成率及电镜下红细胞形态的变化。结果表明,浓度在 0.18~2.94 毫克/毫升范围内,枸杞干果、枸杞多糖Ⅰ、枸杞多糖Ⅱ及枸杞渣对 MDA 抑制率范围为 20%~95%、14%~89%、13%~95% 及 7%~93%。鲜果、鲜叶浓度在 0.89~14.3 毫克/毫升范围时,鲜叶抑制率范围为 14%~76%;鲜果浓度为 0.89 毫克/毫升时,抑制率已达 92%。MDA IC50 时,抑制作用大小顺序为:枸杞干果>枸杞多糖Ⅱ>枸杞多糖Ⅰ>枸杞渣>枸杞鲜叶。电镜下未加枸杞各组分的红细胞形态有明显破坏,加有枸杞各组分的红细胞与正常红细胞无明显差异。上述结果提示,宁夏枸杞对红细胞膜脂质过氧化损伤有明显的保护作用,鲜果尤佳[5]。

## 六、枸杞在糖尿病大鼠视网膜组织抗氧化反应中的作用研究

1997 年,连云港市第一人民医院、青岛医学院附属医院和柳州市第一人民医院的科研人员,合作研究了枸杞在糖尿病大鼠视网膜组织抗氧化反应中的作用。研究的目的是探讨枸杞在糖尿病大鼠视网膜组织抗氧化反应中的作用。方法:36 只 Wistar 大鼠随机分为Ⅰ、Ⅱ、Ⅲ组,其中Ⅱ、Ⅲ组大鼠用链脲佐菌素诱发糖尿病,然后

观察枸杞对糖尿病大鼠视网膜组织中剩余抗坏血酸水平、超氧化物歧化酶（SOD）活性及脂质过氧化物含量的短期效应。结果：糖尿病大鼠视网膜组织中 RA 水平、SOD 活性显著下降，LPO 含量明显增加，但糖尿病枸杞治疗组视网膜组织中 RA 水平及 SOD 活性无明显下降，LPO 含量无明显增加，与糖尿病未治疗组比较均有显著差异（$P<0.05$）。说明：枸杞具有保护糖尿病大鼠视网膜组织氧化损伤的作用[7]。

## 七、枸杞多糖对肾性高血压大鼠血管活性物质的影响研究

1997 年，北京医科大学科研人员与 CME 项目研究员，研究了枸杞多糖对肾性高血压大鼠血管活性物质的影响。目的：观察枸杞多糖对肾性高血压大鼠血压的影响并探讨其机制。方法：采用二肾一夹（2KIC）法复制肾性高血压大鼠模型，并给予枸杞多糖观察其作用。结果：枸杞多糖可降低 2KIC 大鼠收缩期、舒张期血压；降低血浆及血管中丙二醛（MDA）、内皮素（ET-1）含量，增加降钙素基因相关肽（CGRP）的释放。研究结论：枸杞多糖通过降低自由基脂质过氧化反应，调节血管活性因子释放的平衡，防止高血压的形成[8]。

## 八、枸杞多糖对运动训练小鼠耐力及体内自由基防御体系的影响研究

1998 年，宁夏医学院科研人员研究了枸杞多糖对运动训练小鼠耐力及体内自由基防御体系的影响。实验选择昆明种小鼠 30 只，按体重随机分成两组：运动组和运动+枸杞多糖组，游泳训练 20 天。实验结果：运动+枸杞多糖组小鼠耗竭游泳时间明显长于运动组（$P<0.01$）；两组丙二醛（MDA）含量无明显差异（$P>0.05$）；血乳酸指数[血乳酸含量（毫摩尔/升），游泳时间（分）]明显低于运动组（$P<$

0.05）；小鼠全血、肝组织、肌组织 SOD 活力，肝组织 GSH-Px 活力明显高于运动组（$P<0.05$）。研究表明，枸杞多糖具有提高小鼠运动耐力及增强机体抗氧化酶活力的作用[9]。其研究为进一步开发利用枸杞多糖提供了依据。

## 九、宁夏枸杞对 $CCl_4$ 诱发大鼠肝脏脂质过氧化损伤的保护作用研究

1997 年，宁夏医学院科研人员以 $CCl_4$ 损伤大鼠肝脏为模型，研究了宁夏枸杞对 $CCl_4$ 诱发大鼠肝脏脂质过氧化的影响。用 $CCl_4$ 诱发大鼠肝脏发生脂质过氧化，观察宁夏枸杞高[0.70 克/(100 克 BW·天)]、低[0.35 克/(100 克 BW·天)]剂量对其肝脏的影响。结果表明，宁夏枸杞高、低剂量均能明显降低肝中丙二醛（MDA）含量及升高 SOD 活性。提示，宁夏枸杞能减轻鼠肝脂质过氧化损伤是其保肝作用的自由基机理[10]。

**本节注释**

[1] 张熙,谢先春.枸杞多糖抗过氧化物作用的实验研究[C]//.白寿宁.宁夏枸杞研究.银川:宁夏人民出版社,1998:881~884.

[2] 李国莉,任彬彬,黄元庆,等.宁夏枸杞抗氧化效能的研究[J].卫生研究,1994(4):234~235.

[3] 牛威,张友松.宁夏枸杞子对小白鼠运动能力影响的初步研究[J].宁夏大学学报(自然科学版),1994(3):59~62,82.

[4] 宋永斌,卫国,李楚芬.枸杞多糖对脑缺血再灌流小鼠学习、记忆的影响[J].宁夏医学院学报,1995(2):109~111.

[5] 沈泳,任彬彬,冯金.宁夏枸杞对红细胞膜质过氧化保护作用的研究[C]//.白寿宁.宁夏枸杞研究.银川:宁夏人民出版社,1998:903~907.

[6] 李国莉,沈泳,任彬彬,等.宁夏枸杞不同组分的抗氧化效能研究[C]//.白寿宁.宁夏枸杞研究.银川:宁夏人民出版社:1998:912~914.

[7] 何剑峰,仇宜解,鲍连云,等.枸杞在糖尿病大鼠视网膜组织抗氧化反应中的作用[J].中国中医眼科杂志,1997(3):4~7.

[8] 贾月霞,时安云.枸杞多糖对肾性高血压大鼠血管活性物质的影响[J].北京医科大学学报,1997(5):429~432.

[9] 李国莉,黄元庆,杨卫东,等.枸杞多糖对运动训练小鼠耐力及体内自由基防御体系的影响[J].中国运动医学杂志,1998(1):56~57,25.

[10] 沈泳,苏利民,杨卫东,等.宁夏枸杞对$CCl_4$诱发大鼠肝脏脂质过氧化损伤的保护作用研究[C]//白寿宁.宁夏枸杞研究.银川:宁夏人民出版,1998:923~924.

## 第九节 枸杞抗肿瘤研究

### 一、宁夏枸杞（果柄和叶）水浸物对小鼠肝癌细胞糖代谢的影响研究

1988年，宁夏医学院与北京医科大学科研人员，采用放射生物测定法，研究了宁夏枸杞的果柄和叶水浸出物对小鼠腹水型肝癌细胞糖代谢的影响。用 Fj-353 液闪计数器测定放射性，观察液闪计数测得癌细胞代谢 U-$^{14}$C 葡萄糖放出的 $^{14}$C 明显低于对照组（无枸杞水浸物）。研究结果表明，宁夏枸杞（果柄和叶）水浸物可使肝癌细胞糖代谢速度减慢[1]。该研究为综合利用枸杞果柄和叶提供科学依据。

### 二、枸杞提取液对 MMC 诱发人淋巴细胞遗传物质损伤保护作用研究

1988年，宁夏医学院科研人员研究了枸杞提取液对 MMC 诱发人体淋巴细胞遗传物质损伤的保护作用。枸杞是宁夏特产中药材之一，具有补肾益精、养肝明目等功效。部分学者对基础及临床研究证明，枸杞子具有提高机体免疫水平、抗癌和抗衰老等多项药理作用。研究以丝裂霉素 C（MMC）诱发人外周血淋巴细胞姐妹染色单体交换（SCE）这一系统为细胞遗传物质损伤指标，对枸杞的抗遗传损伤作用进行初步探讨。结果发现，随着枸杞提取液剂量的增加，MMC 诱发的 SCE 频率逐渐下降。结果表明，枸杞提取液对 MMC 诱发的姐妹染色单体 SCE 具有一定的保护作用[2]。

## 三、枸杞多糖对放射治疗增敏效应研究

1991年,宁夏医学院附属医院与宁夏医学院科研人员,采用机体无毒性作用的中药枸杞主要成分——枸杞多糖作为放射增敏剂进行了动物实验与临床观察。研究了枸杞多糖对放射增敏效应的影响。结果发现,动物实验的剂量修饰因子(DMF)=2.05,大于增敏判断DMF>1的标准。急性乏氧实验联合组与单纯照射组比较,两组肿瘤生长到实验后体积增长产生统计差异,实验结果说明,LBP对Lewis肺癌有显著的放射增敏效应。临床观察,联合组CR为50%、PR为42.3%、CR+PR为92.3%,而对照组为57.7%($P<0.01$)。提示,枸杞多糖合并放疗对原发性肺癌的近期疗效有所提高,临床观察和动物实验结果一致。结果表明,枸杞多糖合并放疗确有增敏效应[3]。

## 四、枸杞水提取物对白细胞介素-6和肿瘤坏死因子产生的影响研究

1994年,北京医科大学科研人员采用了TNF活性检测的方法,研究了枸杞子提取物对细胞白细胞介素-6和肿瘤坏死因子产生的影响。结果显示,LBr单独不能诱导TMF产生,LBr 0.5微克/毫升可明显促进LPS诱导的TNF产生,但LBr 10微克/毫升则对LPS诱导的TNF产生无明显作用;LBr 0.5微克/毫升不仅可促进LPS诱导的IL-6产生,单独亦可诱导IL-6产生,但LBr 10微克/毫升则对IL-6的产生无明显调节作用。结果表明,枸杞子水提取物在一定浓度下可促进脂多糖(LPS)诱导TNF和IL-6的产生[4]。

## 五、枸杞多糖与放化疗合用对脑荷 G422 瘤小鼠的治疗作用研究

1994 年，军事医学科学院附属医院与军事医学科学院科研人员，研究了枸杞多糖与放化疗合用对脑荷瘤 G422 小鼠的治疗作用。采用 $^{60}Co-\gamma$ 为照射源照射小鼠头部，3H-TdR 掺入法检测荷瘤小鼠脾脏 T 淋巴细胞的增殖能力。观察了枸杞多糖与 $^{60}Co$ 头部照射及卡氮介（BCNU）合用，对脑荷 G422 瘤小鼠生存期和脾脏 T 淋巴细胞增殖的影响。结果显示，三者合用不仅能产生明显的协同抑瘤作用，而且可明显改善荷瘤鼠的细胞免疫功能 [5]。

## 六、L.B+G.O 对小鼠 U14 宫颈癌细胞 DNA 合成和超微结构影响研究

1994 年，中国中医研究院与宁夏医学院合作的科研人员，研究了 L.B+G.O 对小鼠 U14 宫颈癌细胞 DNA 合成和超微结构的影响。实验合并应用枸杞有效成分和大蒜有效成分，作用于 U14 腹水型宫颈癌小鼠，腹腔注射第四天，发现状况改善，取腹水观察，癌细胞破损，DNA、RNA 荧光染色强度减弱，有大量白细胞和巨噬细胞围绕；流式细胞分析 $G_1$ 期细胞堆积，超微结构显示胞质中线粒体肿胀，嵴破坏甚至中空，粗面内质网扩大、脱颗粒，肯定了其作用的效果。结果表明，枸杞有效成分活化巨噬细胞与肿瘤细胞紧密结合而起到溶瘤作用，与大蒜有效成分直接杀伤而作用维持短暂结合起来，可大大提高抗癌作用 [6]。

## 七、枸杞精抗恶性肿瘤作用研究

1995 年，北京西苑医院与宁夏中药厂科研人员合作研究了枸杞

精抗恶性肿瘤作用的影响。实验分析枸杞精对大鼠肉瘤 W256 生长的影响及其对小鼠艾氏腹水癌的生命延长作用。结果表明：枸杞精能明显抑制大鼠肉瘤 W256 的生长，其抑制率可达 37.7%；并能延长艾氏腹水癌荷瘤小鼠的生命，其生命延长率可达 35.8%[7]。

## 八、枸杞多糖对 S180 荷瘤小鼠的免疫抑瘤作用研究

1996 年，北京医科大学与贵阳医学院科研人员，以 S180 荷瘤鼠为模型，系统地研究了枸杞多糖（LBP）体内给药对瘤重脾细胞数、脾细胞增殖能力、NK 活性及脾细胞分泌 TNFβ 的影响。研究结果表明，LBP 剂量依赖性地抑制瘤重，恢复和提高荷癌鼠脾细胞数及活化 T 细胞增殖能力，明显促进 NK 活性和 TNF 分泌水平。说明 LBP 增强荷癌鼠细胞免疫功能是其抑制肿瘤效应的机制[8]。

## 九、宁夏枸杞总黄酮类化物（TEL）清除氧自由基及对小鼠 L1210 癌细胞热能代谢的抑制作用研究

1998 年，北京医科大学、武汉大学和宁夏医学院科研人员，合作研究了宁夏枸杞总黄酮类化合物清除氧自由基及对小鼠 L1210 癌细胞热能代谢的抑制作用。研究利用佛波酯诱发多形核白细胞呼吸爆发作为模型，通过生物活性监测仪来连续观察呼吸爆发过程中热能代谢的动态变化，研究 TFL 的抗脂质过氧化与抗癌作用。同时监测 TFL 对小鼠 L1210 癌细胞热能代谢的影响，最后利用电子顺磁共振波谱仪，通过电子自旋捕捉法来研究 TFL 抗氧化的自由基机制。结果表明，TEL 对 L1210 癌细胞热能代谢有明显的抑制作用[9]。

## 十、枸杞抗 γ 射线辐射作用研究

2002 年，滨州医学院与其附属医院科研人员，对枸杞抗 γ 射线

辐射作用进行了研究。采取方法：I、III组每日1次用生理盐水灌胃，每次每只0.5毫升；II、VI组每日1次用枸杞液灌胃，每次每只0.5毫升，与I、III组同时进行。于第6天在灌药/水后半小时，对III、IV组行全身暴露γ射线照射，用等效方野18厘米×18厘米、焦点一鼠距80厘米，每次照射30，剂量为30ciCy，每日1次，共照射5次。检测淋巴细胞转化率表明，IV组淋巴细胞转化影响显著高于I，II，III；腹腔巨噬细胞吞噬功能检测表明，IV组腹腔巨噬细胞吞噬率显著高于I，II，III。研究结果说明，口服枸杞液有明显的抗γ射线辐射、保护机体的作用。本研究为接受放射治疗的患者预先口服枸杞，保护机体的免疫功能提供了实验依据[10]。

### 十一、宁夏枸杞对二乙基亚硝酸胺诱癌作用的影响研究

1998年，宁夏医学院科研人员对宁夏枸杞对二乙基亚硝酸胺（DEN）的诱癌作用进行了研究。把27只成年雄性Wistar大鼠分3组（每组9只）：①阴性对照组；②二乙基亚硝胺（DEN）组；③枸杞对照组。喂养14周后处死大鼠，取肝脏作常规病理检查，结果表明：①组肝脏病变不显著，②③组均有肝硬化的改变，②组有5例，③组有4例合并肝癌或局部恶变。说明枸杞对DEN诱发大鼠肝癌的抑制有一定作用[11]。

### 十二、枸杞水提物抗诱变作用研究

1997年，北京医科大学科研人员以小鼠为研究对象，以骨髓多染红细胞微核率为指标，研究了枸杞水提物对丝裂霉素C诱发微核的拮抗作用，发现枸杞具有明显的抗诱变作用，并且证实这种作用在雌雄小鼠间无显著差异。同时对其诱变作用及其在防癌防畸、优生优育中的可能进行了讨论，讨论结果认为抗诱变作用既可预防、

减少体细胞的癌变,又可保证人类生殖细胞和胚胎细胞的正常生长发育,减少遗传病、畸形的发生。因此,抗诱变研究不仅对肿瘤的防治、而且对优生优育均有重要意义。[12]。

**本节注释**

[1] 马守武,高天顺,胡庆和.宁夏枸杞(果柄和叶)水浸物对小鼠肝癌细胞糖代谢的影响//白寿宁.宁夏枸杞研究[M].银川:宁夏人民出版社,1998:941~942.

[2] 陶茂萱,赵忠良,高文华.枸杞提取液对MMC诱发人淋巴细胞遗传物质损伤的保护作用[J].宁夏医学院学报,1988(4):12~14.

[3] 程炳权,吕长生.枸杞多糖对放射治疗增敏效应的研究[J].中国放射肿瘤学,1990(3):65.

[4] 杜守英,张新,楼黎明,等.枸杞子水提取物对白细胞介素–5和肿瘤坏死因子产生的影响[J].中国免疫学志,1994(6):356~358.

[5] 孙伟建,徐温理,段国升,等.枸杞子多糖与放化疗合用对脑荷G422瘤小鼠的治疗作用[J].中国肿瘤临床,1994(12):67~69.

[6] 胡庆和,高天顺,赵承军,等.L.B–G.O对小鼠U14宫颈癌细胞DNA合成和超微结构的影响[J].中国组织化学与细胞化学杂志,1994,(2):128~133,194.

[7] 罗建宁,张金妹,高凤辉.枸杞精抗恶性肿瘤作用的研究[J].现代应用药学,1995(3):10~11,72.

[8] 刘杰麟,章灵华,钱玉昆.枸杞多糖对S180荷瘤小鼠的免疫抑瘤作用[J].中国免疫学杂志,1996(2):115~117.

[9] 黄元庆,谭安民,沈泳,等.宁夏枸杞总黄酮类化物(TEL)清除氧自由基及对小鼠L1210癌细胞热能代谢的抑制作用[C]//白寿宁.宁夏枸杞研究[M].银川:宁夏人民出版社,1998:993~995.

[10] 李宗山,邱世翠,郭毅.枸杞抗γ射线辐射作用的研究[J].滨州医学院学

报,1996(6):551.

[11] 苏利民,柳勇,郭凤英,等. 宁夏枸杞对二乙基亚硝酸胺诱癌作用影响的初探//白寿宁. 宁夏枸杞研究[M]. 银川:宁夏人民出版社,1998:994~995.

[12] 张涛,郑刚. 枸杞子水提物抗诱变作用的研究[J]. 中国优生优育,1997(2):74~76.

## 第十节 枸杞临床应用试验研究

### 一、口服枸杞子对老年人若干血液指标影响研究

1987年,宁夏医学院免疫研究室科研人员以宁夏回族自治区干部休养所、社会福利院和敬老院的没有明显疾病的志愿者,年龄60~85岁,男40人,女3人为实验对象。研究口服枸杞子对老年人若干血液指标影响。测定了以下指标:血清溶菌酶(LZM)活力(以含量表示)、血清免疫球蛋白(IgG、IgA和IgM)、淋巴细胞转化能力、血清T3和T4含量、血浆睾酮(T)和雌二醇(E2)含量、血浆cAMP和cGMP含量。结果表明,用药后被测的血中大部分免疫指标和生化指标均从已减退或降低了的水平向青壮年健康者具有的水平方向转化[1]。

### 二、宁夏枸杞对机体免疫功能的影响研究

1988年,宁夏医学院附属医院科研人员以受试者:50名本院职工及家属(多数为体质较弱、白细胞计数偏低者)和28例住院和门诊进行放射治疗的恶性肿瘤患者为实验材料。研究志愿者口服宁夏枸杞子后,人体白细胞数量、淋巴细胞转化和巨噬细胞吞噬功能的

变化，结果显示，口服宁夏枸杞子一段时间后体内白细胞数目增加，淋巴细胞转化率提高。说明，枸杞子能增加人体白细胞数量，提高淋巴细胞转换率和巨噬细胞的吞噬功能[2]。

## 三、枸杞子对银屑病等皮肤病患者免疫功能的影响研究

1988年，中国军事医学科学院药理毒理研究所与兰州军区总医院皮肤科科研人员，在皮肤科住院和门诊病人中，选择无重要脏器病变，且不用影响免疫功能治疗药物的常见皮肤病患者为观察对象。分为2组：药物组50例，其中男31、女19，年龄18~72岁。对照组20例，其中男16、女4，年龄20~76岁。70例患者中银屑病30例、湿疹7例、带状疱疹及斑秃各3例，其他慢性皮肤病足癣、结节性痒疹、脓疱疮神经性皮炎、皮肤淀粉样变等27例。研究服用枸杞子对银屑病等皮肤病患者免疫功能的影响。服药后免疫反应的改变，T淋巴细胞转化率（LBT）和活性E花环（EaRFC）于服药后比服药前均有明显增高，而总E花环（EtRFC）及免疫球蛋白IgG、IgA、IgM服药前后均无明显差异。外周血红细胞及血红蛋白（RBC，Hb）也无明显改变。临床疗效观察发现，枸杞子对各型银屑病的疗效较为明显，27人的有效率为73.5%，其细胞免疫指标亦有明显提高，对照组3人均无效。结果表明，枸杞子提取物对银屑病有较明显的增加免疫功能的效果[3]。

## 四、枸杞对60岁以上老年人免疫功能的调节作用研究

1988年，军事医学科学院毒物药物研究所与北京中关村医院研究人员研究枸杞对60岁以上老年人免疫功能的调节作用。在1985~1987年观察了枸杞提取物对30名60岁以上老人免疫功能的影响、肾阴虚症状的改变及二者的相互关系。用单向免疫扩散法测其IgG、

IgM；用直接形态观察法测其淋巴母细胞转化率CT，E-玫瑰花试验，（E-RFC）血胆固醇、β-脂蛋白及甘油三酯按常法测定。结果显示，LCT及E-RFC之值均略低于平均值，免疫球蛋白高于正常值。胆固醇及β-脂蛋白接近正常值，而甘油三酯高于正常值。服药4周及8周后各项测定结果从总体看仅胆固醇酯及淋巴母细胞转化及男性E玫瑰花测定有显著差异，而其他各项测定指标均不显著。女性尤以胆固醇酯更为显著。服药前细胞免疫值低于平均值的老年人在服药后第4周即有明显效果。表明服用枸杞能调节老年人免疫功能[4]。

## 五、枸杞防衰剂的免疫调节效应研究

1989年，北京医科大学科研人员研究了枸杞防衰剂的免疫调节效应。通过对20例服药前后老年人的体检、T淋巴细胞及其淋巴因子IL-2的活性动态观测，发现他们在服用枸杞防衰剂3周后，2/3以上的人T细胞转化功能平均增加3.28倍，IL-2的活性平均增加2.26倍。结果表明，久服枸杞不仅延缓衰老进程，而且可增强抗感染、抗肿瘤和免疫监视功能[5]。

## 六、宁夏枸杞提取物的临床初步观察研究

1989年，银川市第一人民医院科研人员就宁夏枸杞提取物的临床作用进行了初步观察。观察42名无心肝肺肾等疾患者，其临床症状：头昏，易疲劳，胸闷，睡眠不良，食欲不振等2项与衰老有关的症状，结果显示，服药后，大多数人的症状全部消失。结果表明，①枸杞提取物能明显增高老年人总玫瑰花环（Et-RFC）百分率及T-淋巴细胞转化率,具有提高机体工作能力和消除衰老症状的作用；②枸杞提取物具有增加外周白细胞总数及嗜中性粒细胞,以增强特异性免疫、促进细胞免疫与部分体液免疫的作用[6]。

## 七、口服枸杞对老年人DNA修复能力的影响研究

1990年，宁夏医学院科研人员就枸杞对DNA是否有修复能力做了研究。利用非程序DNA合成法（Unscheduled DNA Synthesis. UDs），以紫外线为损伤剂，诱发同位素3H-TdR掺入，测定19名老年人（60~80岁）口服枸杞前后外周淋巴细胞的DNA修复能力。结果表明，口服枸杞后能明显增强人体DNA修复合成能力，且服药后女性DNA修复能力增高的幅度大于男性[7]。

## 八、枸杞对老年人淋巴细胞增殖活力的促进作用研究

1992年，宁夏医学院科研人员观察了银川地区30例健康老年人（60~80岁）服用宁夏枸杞（每日50克）后，SCE频率和淋巴细胞增殖活力的变化，同时选择14例健康青年人（18~22岁）作对照。研究枸杞对老年人淋巴细胞增殖活力的促进作用。结果表明，老年人服用枸杞对淋巴细胞的正常增殖周期和丝裂霉素C（MMC）影响下的增殖周期，都有明显的促进其增殖活力的作用；同时对淋巴细胞的自发SCE和MMC诱发的SCE频率亦有显著的降低作用。说明，服用枸杞子对维护细胞的正常发育、提高DNA的修复能力和促使衰老细胞向年轻化方向逆转都起着有益的作用[8]。

## 九、口服枸杞增高老年人唾液中的SIgA含量研究

免疫可分为全身免疫和局部免疫两方面，局部免疫是以黏膜分泌的SIgA为主的免疫。

1992年，宁夏医学院免疫学研究室科研人员，总结近年来枸杞子的化学成分和药理作用取得的成果。对口服枸杞子能否增高老年人唾液中的SIgA含量进行了研究。采用火箭电泳法，对服用枸杞子

的 23 名老年人唾液 SIgA 含量进行测定。结果显示，23 名受试者服药前唾液 SIgA 含量平均为（18.93±10.94）毫克/分升。服用 10 天后，唾液 SIgA 含量平均为（23.35±12.65）毫克/分升。服药后唾液 SIgA 含量显著高于服药前。结果表明，枸杞子可使老年人的局部免疫功能和局部黏膜抗感染力增强[9]。

## 十、枸杞子对丝裂霉素 C 诱发遗传物质损伤的保护作用研究

1992 年，宁夏医学院科研人员应用姐妹染色单体互换（Sister chromatid exchange，SCE）频率为指标，研究了老年人口服枸杞子对丝裂霉素 C（MMC）诱发遗传物质损伤保护作用。结果表明，MMC 的浓度与 SCE 频率呈剂量反应正相关。老年人口服枸杞子后各组 SCE 频率明显低于服枸杞子前（$P<0.001$）。自发 SCE 频率与青年人自发 SCE 相近似，其诱发 SCE 频率明显下降，低于青年人；0.012 5 微克/毫升 MMC 时，$P<0.001$，0.025 微克/毫升 MMC 时，$P<0.01$。由此可见枸杞子有抗 MMC 诱发 SCE 的作用，对遗传物质损伤具有保护作用[10]。

## 十一、枸杞子对老年人 IL-2 诱生能力的影响研究

细胞白介素 2（IL-2）是淋巴细胞产生的一种淋巴因子，在免疫反应的产生和调节中起着重要的作用，许多老年疾病都与 IL-2 产生的低下等因素有关。1993 年，宁夏医学院科研人员以宁夏老年大学无明显疾病的志愿者 23 名为实验对象。采用 IL-2 依赖细胞株 HTdR 掺入方法，研究了枸杞子对老年人 IL-2 诱生能力的影响。观察 IL-2 的活性及 IL-2 的诱生，结果发现服用枸杞后 IL-2 的诱生水平显著高于服用前。结果表明，老年人口服枸杞子后，能较多量的产生 IL-2[11]。

## 十二、枸杞多糖（LBP）联合 LAK/IL-2 疗法对 75 例晚期肿瘤的疗效观察研究

1994 年，上海第二军医大学与上海长海医院科研人员用枸杞多糖联合 LAK/IL-2 疗法临床试验治疗 79 例晚期肿瘤患者，其中 75 例可评估患者资料分析提示，LBP 联合 LAK/IL-2 疗法组（40.9%）疗效显著优于 LAK / IL-2 疗法组（16.1%）。两种治疗方案对恶性黑色素瘤、肾癌、直结肠癌、肺癌、恶性胸水和鼻咽癌有一定的疗效。LBP 联合 LAK / IL-2 治疗组的缓解持续时间显著长于 LAK / IL-2 治疗组。LBP 联合 LAK / IL-2 治疗组治疗前后外周血淋巴细胞（PBL）的 NK、LAK 活性增高程度均显著大于 LAK / IL-2 治疗组。观察说明，LBP 能够提高 LAK / IL-2 疗法对晚期肿瘤的治疗效果[12]。

## 十三、枸杞对高原健康中老年人甲状腺功能的影响观察研究

1996 年，青海人民医院科研人员以在高原工作 20 年以上的健康男性，45~81 岁，平均年龄 60.5 岁的人为研究对象。给以枸杞口服液服用 30 天，通过测定 T4，血清 3，5，3′-三碘甲状腺原氨酸（T3）。观察了枸杞对高原健康中老年人甲状腺功能的影响。结果显示，服药后 T4 高于服药前，T3 无差异。观察结果表明，枸杞可用来改善高原居民尤其是老年人的甲状腺分泌功能[13]。

## 十四、枸杞多糖对恶性肿瘤放疗患者免疫功能的影响研究

宁夏医学院附属医院科研人员在 1991~1993 年对 171 例恶性肿瘤患者的 T 细胞亚群、淋巴细胞转化率及巨噬细胞吞噬率进行了观察，并对其中 60 例患者采用了枸杞多糖加放疗和单纯放疗随机分组研究。结果显示，恶性肿瘤患者淋巴细胞 $T_3$、$T_4$ 细胞比例、$T_4/T_8$ 比

值、淋巴细胞转化率及巨噬细胞吞噬率明显低于正常人，$T_8$ 细胞比例上升。单纯放疗组放疗后 $T_3$、$T_4$ 细胞比例、$T_4/T_8$ 比值、淋巴细胞转化率及巨噬细胞吞噬率均较放疗前明显下降，外周血白细胞数及淋巴细胞绝对值也明显降低。枸杞多糖加放疗组除外周血白细胞数及淋巴细胞绝对值维持原水平外，以上参数均较放疗前明显增加。研究说明，枸杞多糖可以提高放疗患者的免疫功能，对治疗肿瘤有较好的辅助作用[14]。

## 十五、枸杞子对老年性高脂血症降脂作用的临床研究

1996 年，辽宁中医学院附属医院、沈阳市第十人民医院和辽宁中医学院科研人员研究了枸杞果液对老年男性高脂血症伴有性激素代谢障碍的治疗作用。结果显示，老年男性高脂血症多伴有 T 值下降，$E_2$ 值、$E_2/T$ 比值升高。经枸杞果液治疗 3 个月后，以中医辨证分型的肾阴虚、肝阳亢型血中 TC、TG、LDL-C 浓度明显下降。同时血中 T 值明显上升，$E_2$ 值、$E_2/T$ 比值下降，对肾阳虚、气血虚型其降血脂作用虽不显著，但均有下降趋势。对血中 T 值及 $E_2$ 值影响不明显。

研究表明，枸杞果液有较好的降脂作用及升高血中 T 值和降低 $E_2$ 值作用，其药理作用与中医辨证分型密切相关[15]。

## 十六、宁夏枸杞清除活性氧及抗疲劳作用研究

1996 年，宁夏医学院、宁夏体委体育科学研究所和宁夏区体委体工大队医务室科研人员，以宁夏区体委自行车队运动员为受试对象，将其随机分为二组：对照组和试验组口 10% 的宁夏枸杞鲜汁饮料，相当于服用枸杞鲜汁 50 克/天。实验前后，分别让运动员在功率自行车上以逐级递增负荷的方式运动至力竭，测定最大耗氧量

（Vo2max）及全血 SOD、GSH-Px、MDA、虫乳酸等生理生化指标。研究结果表明，实验组全血 SOD 活性民对照组明显增强；血乳酸合量明显降低；宁夏枸杞能明显抑制 MDA 的生成，具有清除活性氧及抗疲劳作用[16]。

### 十七、枸杞对夏季军训应激损伤的保护作用研究

1997 年，宁夏银川解放军第五医院科研人员以随机选择参加队伍正规化训练的健康男战士 90 名为研究对象。将 90 名参加夏季军训的战士分为 3 组：训练组、训练服枸杞组、对照组。结果训练组与对照组比较，丙二醛（MDA）、超氧化物歧化酶（SOD）显著升高；训练服枸杞组与对照组比较，MDA 略有升高，SOD 升高极为显著。

研究表明，宁夏枸杞具有提高人体 SOD 活性，对应激损伤有一定保护作用[17]。

**本节注释**

[1] 戴寿芝,黎雪如,杜传馨,等. 口服枸杞子对老年人若干血液指标影响的研究[J]. 老年学杂志,1987(1):45~47.

[2] 潘月英,杨宝珍,师贞梅,等. 宁夏枸杞对机体免疫功能影响的探讨[J]. 宁夏医学杂志,1988(2):92~93.

[3] 李习舜,杜华,孙后荣,等. 枸杞子对银屑病等皮肤病患者免疫功能的影响[J]. 中药药理与临床,1988(2):45~47.

[4] 盛宝珠,赵新明,梁克勤,等. 枸杞对 60 岁以上老年人免疫功能的调节作用[J].中药药理与临床,1988(2):43~44,36.

[5] 钱玉昆,白惠卿,殷金珠,等. 枸杞防衰剂的免疫调节效应[J]. 北京医科大

学学报,1989(1):31~32.

[6] 李东阳,袁秀兰,夏惠芳,等.宁夏枸杞提取物的临床初步观察[J].中草药,1989,20(10):26~28,48.

[7] 文润玲,戴寿芝,韩梅等.口服枸杞子对老年人DNA修复能力的影响[J].老年学杂志,1990(6):351~353.

[8] 阚捷,王慕娣,刘菊年,等.枸杞子对老年人淋巴细胞增殖活力的促进作用[J].老年学杂志,1992(2):102~104,129.

[9] 韩梅,文润玲,裴秀英,等.口服枸杞子增高老年人唾液中的SIgA含量[C]//白寿宁.宁夏枸杞研究.银川:宁夏人民出版社,1998:1069~1070.

[10] 王慕娣,阚捷,刘菊年,等.枸杞子对丝裂霉素C诱发遗传物质损伤的保护作用[J].中草药,1992,23(5):251~253,279.

[11] 戴寿芝,杨志伟,韩梅,等.枸杞子对老年人IL-2诱生能力的影响[J].宁夏医学院学报,1993(2):165~166.

[12] 曹广文,杨文国,杜平,等.枸杞多糖联合LAK/IL-2疗法对75例晚期肿瘤的疗效观察[J].中华肿瘤杂志,1994(6):428~431.

[13] 刘菊年,程炳权,张建荣,等.枸杞多糖对恶性肿瘤放疗患者免疫功能的影响[J].中华放射医学与防护杂志,1996(1):18~20.

[14] 张秀芳,张鑫生.枸杞对高原健康中老年人甲状腺功能的影响观察[J].实用医技杂志,1996(7):481~482.

[15] 李国莉,马利琪,贺长乐,等.宁夏枸杞清除活性氧及抗疲劳作用的研究[J].宁夏医学院学报,1996(3):5~6,12.

[16] 王德山,肖玉芳,许亚杰.枸杞子对老年性高脂血症降脂作用的临床研究[J].辽宁中医杂志,1996(10):43~44.

[17] 吴桂琴,李晓卫,刘靖,等.枸杞对夏季军训应激损伤的保护作用[J].宁夏医学杂志,1997(6):10~11.

## 第十一节 枸杞优良品种搭乘太空试验研究

生物界的规律显示，一个品种大面积种植不但市场竞争力相对减弱，而且容易引发病虫害，对产业链影响较大，但品种多样化后就不会受到影响。

为了解决这一问题，2003年8月25日，宁夏农科院枸杞工程技术研究中心精心筛选了6克优质枸杞种子，搭乘第18颗返回式卫星，将其送上太空，当年11月份回收种子，2004年进行播种，2005年将种子定植到地里进行群体观察，从而使"枸杞产业化关键技术研究与示范"项目实现重大突破。首次采用航天育种技术培育枸杞新品系，获得变异株系89个，培育出单果重量超过宁杞1号的枸杞新品系5个；解决了宁夏乃至全国枸杞种植品种单一、抗病能力差、商品等级低、产品安全性不稳定、种质资源流失严重等难题，保证了枸杞产业可持续发展。[1]

2013年6月11日，青海枸杞种子搭载神舟十号飞船，在中国酒泉卫星发射中心，由长征二号运载火箭发射升空。9月28日15时，中国空间技术研究院开启返回舱，取出这份珍贵的枸杞种子。被科研人员寄予厚望的青海枸杞种子，在太空中翱翔了15天后，经过太空微辐射，回到了青海。研究人员将其人工栽培，选出产量高、质量好以及有其他优良特征的植株，进行了栽培育种，实现青海枸杞育种新突破。[2]

**本节注释：**

[1] 新华网.银川,2003年1月1日电(记者:刘晓莉).

[2] 新闻网.青海,2013年6月11日讯(记者:魏金玉).

# 第十章　枸杞加工史

枸杞加工历史，最早应该是从自然晾晒开始。人们不仅在枸杞生产季节食用鲜果，后来也发展到一年四季长期食用和药用，甚至酿酒、配药、熬膏。1996年以来，枸杞加工产品在国内步入了一个多点开花的新时期，枸杞酒、枸杞汁、枸杞粉、枸杞籽油、枸杞茶、枸杞胶囊、枸杞饮料、枸杞奶、枸杞糖、枸杞蜂蜜等相继而生，2002年后，宁夏红枸杞果酒广告"每天喝一点，健康多一点"在中国中央电视台传播，使枸杞在深加工方面取得突破性进展。但就枸杞应有的实际价值而言，枸杞在深加工方面，还有很大的空间。

## 第一节　从鲜枸杞到干枸杞的加工

鲜嫩的枸杞果从枸杞树上采摘下来，如果不及时晾干，就容易腐烂变质。从鲜果怎么变为干果的过程就成了枸杞最原始的加工过程。

为了保持和延长枸杞果的营养价值，经过无数人数千年的摸索实践，枸杞由鲜果变为干果，有了自然晾晒（自然制干）和设施制干（人工制干）两种方法。

## 一、自然制干

### (一)晾晒场地和器具选择

在中国古代,枸杞干果的生产方法以自然晾晒为主。晾晒场地都是根据鲜果数量的多少就近选择,大都利用农家房前屋后或道路边空地及闲置地方,只要通风透光,卫生干净就行。在中国宁夏,中宁枸杞之乡,最早铺设鲜果的器具是利用芨芨草秸秆或较细的柳条编制成长 0.8~1.0 米,宽 0.5~0.6 米的帘子(当地人叫"果栈子"),将采回的鲜果平摊在果栈上,在自然通风的阳光下制干。太阳出来露水下去后,一块一块抬着晾开,晚上或雨天将果栈子一层一层垒起来,过去用布,现在用塑料薄膜将顶部盖严,以免露水和雨淋发霉。遇到连雨天特殊情况时,将果栈子搬到热炕上一一排开,每块上面垒两到三层,火烧热炕加温烘干,以免减少损失。

自然制干的优点是设备简单,成本较低;缺点是受气候和地区限制,受晾晒器具或场地限制,在制干季节遇阴雨,尤其是连绵阴雨,

图 10-1 果栈子晾晒枸杞图

(图片提供 杨月凤)

干燥时间长，常常造成霉烂，严重降低了枸杞的使用价值，减少了收成。

现代，枸杞种植要预留晾晒场地。要求地面平坦，空旷通风，卫生条件好。一般每亩成龄枸杞，要求预留晾晒场地30~40平方米。果栈子是铺鲜果用的器具，可大可小，可简可繁。现代的果栈子大都做成长1.8~2.0米，宽0.9~1.0米的木框，中间夹竹帘用铁钉钉制而成。

### (二)脱蜡技术

枸杞商品化后，人们开始对枸杞的颜色和质量有了进一步要求。于是有人发明了脱蜡技术，将采回的鲜果在晾晒前用食用碱精或含碱的冷浸液处理，打破鲜果表面蜡质层，缩短制干时间，减少晾晒过程的褐变程度。方法：一是食用碱精配成2.5%~3.0%的碱溶液，把采回的鲜果放入其中浸泡15~20秒，之后铺在果栈上晾晒；二是在鲜果中加入鲜果数量的0.2%食用碱精拌匀，闷放20~30分钟，之后铺在果栈上晾晒；三是将采回的鲜果倒入冷浸液中浸1分钟捞出，铺在果栈上。冷浸液的配制法，先将30克氢氧化钾加300毫升95%酒精充分溶解后，慢慢加入185毫升食用油（芸芥油、菜子油、葵花油）边加边搅，直至溶液澄清为止，称皂化液。再另取自来水50升，加入碳酸钾1.25千克，搅拌至完全溶解。将前面的皂化液加入后制的碳酸钾水溶液中，边倒边搅，得到乳白色的油碱乳液，即为冷浸液。

### (三)晾晒技术

将脱蜡后的鲜果铺在果栈上，厚度2~3厘米，要求厚薄均匀，才能干得快。铺好后放在通风的阳光下进行晾晒。为了缩短制干时间，在晾晒时，果栈四角用砖或石头垫高20~30厘米，以利空气流动。在晾晒期间晚间无风，或遇阴雨天，要及时把果栈起垛进行遮盖，以防雨水和露水淋湿枸杞而造成果实变黑或发霉。在果实未干前不宜用手翻动晾晒的果实，如确遇阴雨造成果实发霉非动不可时，只能用小棍从栈底进行拍打。自然晾晒的快慢与气温和太阳照射的时间长短关系密切。气温高，太阳照射时间长，制干时间短，一般4~5天；气温低，太阳照射时间短，制干时间长，一般7~10天。

## 二、设施制干

自然制干虽然简单，成本低，但制干时间长，果实制干后颜色较暗，尤其是制干期间，如果有连阴雨天出现，果实容易发生霉烂变质，造成大量损失。另外，自然制干卫生无法保证，要想有效保证产品质量，最好将自然制干改为设施制干。

设施制干是指人工增加制干设备控制干燥条件，缩短干燥时间，获得较高质量的产品。人工制干要求具有良好的热源装置及保温设备，以保证制干时所需的温度；有良好的通风设备及时排除原料蒸发的水分；还要做到避免产品污染和便于操作管理。同自然制干相比，设施制干设备与安装费用较高，操作技术比较复杂，因而成本也较高。

枸杞人工制干到目前为止可分为人工制热制干和太阳能制热制干两种。

### （一）人工制热制干

进入20世纪80年代，随着改革开放政策的不断深入，国家取消了统购统销政策，放开了枸杞种植生产和销售，随着市场的需求，枸杞种植面积逐年扩大，并向其他外省区扩展，自然晾晒制干不能满足产业发展的需求，于是，人们借助我国南方中药材人工制干方法，引进了人工制热制干枸杞加工方法。

1. 简易制干

用煤作能源进行制干，是一种简便易行的烘干法，尤其适合小规模的生产烘干，根据各地情况不同，变化较大。这种设施制干可就地利用闲置房舍，要求房舍净空宽2.8~3.3米，长4~6米。在室内砌盖口火炉两个，炉口高度与地面平行。两个火炉位置相反。火炉燃烧产生的热量用口径15厘米左右的铸铁火管或砖砌火道导入对面烟囱。砖砌火道宽30厘米，高40厘米。在火管或火墙上方摆设放置果栈的支架，支架宽75~85厘米分8~10层，房舍中间留80~130厘米操作人行道。果栈长1米，宽60厘米，每栈铺鲜果4千克左右。在两边长墙的下部，离地20厘米高，开两个口径15厘米的进气孔，墙上部距地面2米处同进气孔位置错开，开2个同样大小的可变式排湿口，有电的条件下在排湿口位置安装2个50~100瓦的换气扇排湿。

2. 热风烘干

热风烘干与简易烘干相比，又引进了通风设备，可解决烘干房内上下层温度的差异幅度与排湿问题。根据烘干量的大小，目前在生产上主要有以下两种，一种是家庭式热风烘干房：烘干房为长方体，室内净空要求长5.8米，宽4.4米，高2.3米。室内可摆放1米×2米果栈8垛，每垛叠放15层，每日吞吐鲜果600~700千克。二是烘道式烘干：一种大型热风式烘干设备，由热风炉、鼓风机、热风输送管道和烘干隧道四部分组成，热风炉长3.7米，高1.6米，宽1.2米。一般每次进鲜果2 000~5 000千克。

3. 机械制干

机械烘干有加热干燥和真空冷冻干燥两大类。

(1)加热干燥用 油或电做热风干燥加热能源，配合烘干房或者烘干隧道排除湿气，使枸杞鲜果脱水干燥。

(2)真空冷冻干燥 又称真空冷冻升华干燥，是将枸杞在冰点以下冷冻为固态状，然后在较高真空下，将冰升华为蒸气排出，达到脱水干燥的目的。

## (二)太阳能制干加工

太阳能制干,是近十年以来科研人员充分利用大自然能源,根据科学发展和环境保护的要求开展的研究和推广项目。

太阳能制干的原理是利用设施将太阳能接收来,使设施内温度增高,加上排湿设备的作用,使枸杞鲜果中的水分加大蒸发量,达到缩短制干时间的目的。太阳能制干的最大优点是热源来自太阳,制干成本低、环保、经济实惠。太阳能制干时间一般2~5天,比自然晾晒缩短1~3天。主要类型有:日光温室制干和日光设施制干两种。

### 1. 日光温室制干

简易日光温室是用钢管、竹竿、竹片作为棚架材料;用轴流式风机驱动,以烘干室门为排风排湿口;用高保温、长寿无滴膜作棚膜加工成的弓型日光温室。该设施具有建造简易,拆装方便,经济实惠,制干时间短,劳动强度小,雨季无损失,符合卫生条件,制出成品色泽鲜红,商品出成率高等特点。这种设备目前投资少、设备简单、制干量小,制干时间3~5天。目前试验的主要类型有"弓型棚式烘干室""旋转式烘干室"和"强力抽风式烘干室"。

### 2. 日光设施制干

用太阳能吸热板为材料,配备外用热源。这种设备制干投资大,制干量较大,制干时间2~3天。目前,试验主要类型配备的外用热源有煤气、电和配备外用热源用热泵两种。太阳能制干的最大优点是热源来自太阳,制干成本低、环保、经济实惠,但缺点是制干受自然条件制约,一般可选择太阳能和电加热混合交替使用。

## 三、脱把取杂

枸杞经过晒干或烘干后,应及时进行脱把取杂,如果出现回潮,果把不易脱落。

枸杞脱把：在宁夏中宁枸杞之乡，小面积枸杞生产者多采用传统的长布袋来对枸杞进行脱把，将已干燥的果实装在一个长约1.8米，宽0.5米的布袋里，由2人来回拉动，再往地上轻轻摔打，使果把同果实脱离，然后将果实同果把一起倒入风车或利用自然风，扬去果把、叶片等杂质。

20世纪80年代以来，枸杞种植户先用机械脱把，再将脱把后的果实同果把一同倒入风车，扬去果把等杂质。

图10-2　用长布袋对枸杞进行脱把

（图片提供　杨月凤）

### 四、现代枸杞干果生产加工工艺

2000年以后的枸杞由鲜果到干果的加工过程，逐渐规范化，基本要经过这样几个程序：鲜枸杞采摘—自然晾晒或烘干—清洗—烘干—风选—分级—色选—静电毛发分离—金属探测—人工拣选—微波灭菌—成品检测—包装。

### (一)鲜枸杞采摘

**1. 采摘时机**

果实由青绿变成红色或橘红色,果蒂、果肉稍松软时即可采摘。采果宜在晴天早晨太阳出来后,无露水的条件下进行。

**2. 注意事项**

切勿采摘雨后及露水果,采摘时轻拿轻放,连同果柄一起摘下。否则,果汁流出会影响其内在质量。如遇长期阴雨天气,采回的果实应立即薄摊于晒垫上,厚度不超过 5 厘米。自然晾干水分后再进行加工。

### (二)自然晾晒或烘干

**1. 晾晒方法**

把鲜果薄摊在晾晒厂(或干净的晒席)上,互不重叠。头两天以强烈阳光暴晒,中午移至阴凉处晾 1~2 小时,若整天暴晒易成僵子。第 3 天后可整天暴晒,直至干透。

**2. 烘干方法**

把鲜果薄摊在晾晒场(或干净的晒席)上,互不重叠。在设施烘干设备中经过 20~24 小时,直至干透。

**3. 注意事项**

晾晒过程中不可用手或其他物件随便翻动,以免引起果实起泡变黑而降低产品价值。

### (三)清 洗

**1. 清洗方式**

浸泡或喷淋。

**2. 注意事项**

清洗时间不宜过长,以避免破坏干果表面。

## (四)烘　干

烘干应控制好温度，控制干果水分在13%左右。

## (五)风　选

干果进入风选机，从而去除果叶、果柄等杂物。根据加工产品的具体情况，调整控制上料量、风速、风量等参数。

## (六)分　级

利用筛网，将不同粒级的干果分开，从而达到干果分级。根据加工产品不同要求，选择使用不同规格的筛网。

## (七)色　选

分级后的产品进入色选仪，进一步区分产品品质。色选机开机前，注意清除进料斗和通道上的残留物。检查分选室玻璃是否干净，摄像头是否有灰尘覆盖。

## (八)静电毛发分离

从色选机出来的产品进入静电毛发分离机，去除干果中的毛发等杂物，进一步提升产品品质。

## (九)金属探测

输送干果产品进入金属探测器，去除产品中所含微量的金属成分。金属探测器由专人负责。金属探测器开始检测前必须提前30分钟预热。产品在正式进检之前必须抽取10袋让仪器熟悉，如果有报警则要调整仪器参数，无报警才能进行下一步操作。使用期间车间操作工每半小时校准一次。一旦在产品中发现金属杂质，应将检出时间、产品、金属种类、数量记入金属探测记录表。

## (十)人工拣选

### 1.人工拣选的要求

拣选仪器未能检测出来的残果、果柄、果叶等杂物。

2. 注意事项

员工应按照规程操作，避免二次污染。

(十一)微波灭菌

1. 使用仪器

微波灭菌烘干设备。

2. 总体目标

有效去除干果中的菌类，控制菌类符合相关标准。

3. 注意事项

加热杀菌时，产品中不得包含金属屑，以致产生电流放电现象；定期对微波设备进行清洁，清理残余物料，避免再次生产时间太长以至温度过高而发生着火。

(十二)成品检验

每批产品，由质检员按照产品标准中规定的出厂检验项目和产品检验方法对最终产品进行检验，未经检验的产品不得放行。由检验员填写《成品检验报告单》，在进入仓库前，必须经检验合格才可入库定位和出厂。

检验人员必须按规定的检验标准和检验方法进行检验，不得随意改变。应保留所有的原始记录，归档保存。《成品检验报告单》，由化验室保管。

质检员必须对库存的成品进行监控，监督仓库加强产品防护工作，对仓库中存放超过3个月的产品，应定期检测，建立质量检查记录。对发生质量变化的产品，应及时通知化验室和生产部制定应变措施。

上述各项检验中发现不合格，均执行《不合格品控制程序》中的有关规定。

在特殊情况下，因交付需要而来不及完成测量和监控或试验报告未收到，确认需例外放行时，必须严格履行审批手续。

最终产品检验资料由化验室登记核实后存档。

### （十三）包　装

严格按照包装要求包装，避免包装过程中产生二次污染。

在国内市场上，最早利用现代枸杞干果生产加工工艺，生产小袋（盒）装枸杞，供应各大超市零售市场的企业是上海早康保健食品有限公司和银川泰丰生物科技有限公司。

国际市场上，最早利用现代枸杞干果生产加工工艺，生产5千克铝箔袋装有机枸杞批发的企业是宁夏杞乡生物食品工程有限公司和宁夏沃福百瑞生物食品工程有限公司。

## 五、现代 GMP（良好操作规范）枸杞生产加工

现代GMP（良好操作规范）枸杞生产加工过程是参照食品企业通用卫生规范及相关国家和行业标准，规定了经营枸杞的公司在枸杞系列产品生产加工中的人员、工厂建筑和设施、原料、生产过程、成品贮存与运输以及品质保证和卫生管理方面的基本要求。

2016年，宁夏有公司将 GMP 加工技术流程全部引入枸杞加工过程，提高了枸杞从鲜果到干果加工的质量，确保了卫生和枸杞应有的品质。具体做法如下：

将采摘下来的枸杞鲜果先放入密封车间，经过自动化机械操作，清洗掉枸杞表面的灰尘杂物，然后将枸杞自动装入用竹子做成的隔离板，倒入太阳能复合箱式干燥机内，进行烘干。整个操作流程只需要1个人在电脑终端设置技术参数，便可完成智能化烘干。烘干后的枸杞干果经过人工色选、分级、精拣后再送入除尘间，在旋风除尘、静电毛发分离、金属探测后，进入紫外线杀菌环节，最后进行智能包装。这些枸杞干果可以做到开袋即食。彻底改变了传统的

农家晾晒受天气影响、枸杞易受污染的状况，枸杞干果不再与人产生接触，操作工人要穿着防尘服在电脑前进行设置，机器会完成智能包装。

这种GMP技术流程，是枸杞鲜果加工成干果再进行包装的必然趋势。

图10-3　GMP枸杞加工车间

（图片提供　高贵武）

## 第二节　枸杞酒

### 一、古代枸杞酒

历史上，中国古代以枸杞为原料或辅以相关原料酿造的枸杞类名酒很多。

枸酱酒：《史记》《华阳国志》记载，西汉建元六年（公元前135年），鄱阳令唐蒙出使南越，南越人用蜀地"枸酱"酒招待他。"枸酱"酒甘美异常，唐蒙问清了它的产地及销路，回长安后上书汉武帝，建议统一西南疆域，并献上了他带回来的"枸酱"酒。汉武帝品尝"枸酱"酒后，感觉味美异常（武帝"甘枸酱"），"乃拜（唐蒙）为中郎将"。汉武帝品尝赞美的"枸酱"酒是用什么原料酿造的呢？既名之曰"枸酱"酒，应当是用"枸"为原料酿造的醴酒（甜酒）。何谓"枸"？据《神农本草经》《尔雅》《毛诗》《说文解字》《广雅》《康熙字典》的传注及郭璞、陆玑的注释考证，都认为"杞，枸也"；"枸，今枸杞也"。这就是说，"枸"与"杞"为同一种果树的两个名字，通称为"枸杞"。据此可以断定，汉武帝品尝赞美的"枸酱"酒即枸杞酒。

杞本酒：西汉《马王堆帛书五十二病方》是现知我国最古的医学方书，因其目录列有52种病名，故现称《五十二病方》。《五十二病方》载："毒乌（喙）者：取杞本长尺，大如指，削，（春）木臼中，煮以酒。"枸杞酒煮好后，或以汁敷之，或以铁器煮以饮之。

（补虚）枸杞酒：唐代《外台秘要》载，补虚，去劳热，长肌肉，益颜色，肥健人，治肝虚冲感下泪。用生枸杞子五升，捣破，绢袋盛，浸好酒二斗中，密封勿泄气，二七日。服之任性，勿醉（【周按】括弧酒名系编者加，以区别同名酒。下同。）

枸杞地黄酒（原名枸杞酒）：《千金要方》载，补益精血，乌黑须发，洁白肌肤，使行动轻捷，兼治妇女带下。枸杞子三斤，生地黄汁三升。于十月壬癸日，面东采枸杞子，先以好酒二升，于瓷瓶内，浸二十日，开封后再放入地黄汁，不犯生水，同浸，勿搅之，用纸三层封口，至立春前三十日开瓶。空腹温饮一盏。勿食芜荑、葱。

（补肝）枸杞酒：《千金方》载，肝虚下泪，枸杞子二升，绢袋盛，浸一斗酒中（密封）三七日，饮之。

（补肾）枸杞酒：《千金方》载，肾虚腰痛，枸杞根、杜仲、萆薢各一斤，好酒三斗渍之，罂中密封，锅中煮一日。饮之任意。

（生地黄）枸杞酒：《千金方》载，带下脉数。枸杞根一斤，生地黄五斤，酒一斗煮五升。日日服之。

枸杞菖蒲酒：《备急千金要方》载，治缓解风四肢不随，行步不正，口急及四体不得屈伸。枸杞根一百斤，菖蒲五斤。上二味细锉，以水四石，煮取一石六斗去滓，酿二斛米。酒熟稍稍饮之。

益颜枸杞子酒：北宋《证类本草》载，圣惠方枸杞子酒，主补虚，长肌肉，益颜色，肥健人，能去劳热。用生枸杞子五升，好酒二斗，研搦勿碎，浸七日，漉去滓饮之。初以三合为始，后即任性饮之。

枸杞酒（甘州枸杞酒）：据《饮膳正要·卷第三·米谷品》载，"枸杞酒，以甘州枸杞依法酿酒。补虚弱，长肌肉，益精气，去冷风，壮阳道"。

地骨酒：《圣济总录》《本草纲目》载，壮筋骨，补精髓，延年耐老。枸杞根、生地黄、甘菊花各一斤，捣碎，以水一石，煮取汁五斗，炊糯米五斗，细曲拌匀，入瓮如常封酿。待熟澄清，日饮三盏。

明朝《本草纲目》木部第36卷，《枸杞地骨皮》记载，枸杞酒外台秘要云：补虚，去劳热，长肌肉，益颜色，肥健人，治肝虚冲感下泪。用生枸杞子五升捣破，绢袋盛，浸好酒二斗中，密封勿泄气，二七日，服之任性，勿醉。经验后方：枸杞酒：变白，耐老轻身。用枸杞子二升（十月壬癸日，面东采之），以好酒二升，瓷瓶内浸三七日。乃添生地黄汁三升，搅匀密封。至立春前三十日，开瓶。每空心暖饮一盏，至立春后髭发却黑。勿食芜荑、葱、蒜。

枸杞酒的传统加工方法，《中华枸杞应用宝典》（黄河出版传媒集团阳光出版社 2016 年 5 月出版）190~240 页，列录了 151 个枸杞补益酒，10 个枸杞祛风酒，13 个枸杞活血酒处方，详细介绍了每种酒的组方、制法、服法、功能和主治。因此，在中国古代，枸杞已被广泛用于加工成酒，用于饮用、养生、治病。

## 二、现代枸杞酒

现代枸杞酒的加工方法主要有两种：传统浸泡和生物发酵。

### (一)传统浸泡加工

枸杞酒传统浸泡加工：选料—破碎—浸泡—过滤—调配—成品—包装—检验。

枸杞之乡人们做枸杞酒，传统的常用方法是在装有白酒的坛子里或瓶子中泡入一把鲜枸杞果或干枸杞果，再适当加点甘草和红枣等，密封时间越长，枸杞有效成分溶解到白酒里效果越好。

四川中医学院有位教授（也是老中医）编了首《长寿方歌》："杞地人参各五钱，羊藿沙苑牡丹三。一沉远志荔核七，千口一杯饮何欢！"这是用枸杞、熟地、人参各 5 钱，羊藿、沙苑蒺藜、牡丹皮各 3 钱，沉香、远志各 1 钱，外加荔枝核 7 枚，用白酒浸泡 49 天后，作为每天少量服用的滋补品。这类方法现在仍在民间流行。[1]

1985 年中宁县食品厂生产高粱酒和枸杞酒 236 吨。[2]

1984 年中宁县经委立项，于 1985 年建成投产的中宁枸杞制品厂，从 1992 年开始生产销售枸杞酒。[3]

2000 年 4 月宁夏香山酒业有限公司以收购原国有企业中宁枸杞制品厂为基础，成立注册的宁夏中宁枸杞制品有限公司，2000~2003 年，对原有企业进行更新改造，引进国内先进设备，开发出了 12 度、18 度、28 度、38 度四种档次的枸杞酒。2002 年 3 月，在西安"全国春季糖酒商品交易会"上，"宁夏红"系列产品上市，创下历届糖酒会新产品成交最高纪录,宁夏红的销售辐射全国 22 个省,3 个直辖市,80 多个地区,生产能力达 2 万吨,工业总产值 3.5 亿元。2007 年 9 月,宁夏红荣获"中国名牌"产品称号。同年 12 月"宁夏红"商标被国家商标局核准注册,2008 年宁夏红"枸杞酒的生产方法"荣获世界知识产权组织和国家知识产权局联合授予的"中国专利金奖"。[4]

现代规模生产枸杞保健酒的企业,还有湖北劲牌集团酒业公司:劲酒以优质白酒为酒基,配以山药、枸杞子、淫羊藿、黄芪、当归等中药材,采用现代生物工程技术提取其有效活性成分技术精心酿制而成。[5]

### (二)生物发酵加工

枸杞生物发酵酒生产工艺:原料预处置—糖化—酵母活化—醪液发酵—压榨再发酵—陈酿—成品—包装—检验。

枸杞生物发酵酒工艺复杂。1998 年,宁夏中宁有位加工枸杞酒的技术人员,在加工销售枸杞浸泡酒的基础上,应客户需求租用了原中宁啤酒厂中试发酵设备,率先利用常温保鲜枸杞原汁,结合驯化提纯的生物发酵菌种,开展枸杞生物发酵酒加工研究。经过 2 年的试验总结,于 2000 年取得成功。2000 年 7 月,为中宁一家公司生产枸杞发酵酒 60 吨,受到市场欢迎。该项创新技术于 2002 年 1 月 4 日申报国家发明专利,专利号:ZL00214567.8。同时起草了宁夏枸杞生物发酵酒企业标准 Q/QHSW0002S。从此,枸杞生物发酵酒生产揭开了新的一页。

2004~2016 年,宁夏香山酒业有限公司先后研发出了多款枸杞发酵酒,其中有 3 个自主知识产权项目通过宁夏回族自治区科技成果鉴定,分别是:2004 年 7 月,申报的"干枸杞发酵酒工艺技术的研究"项目,证书号:2004034;2008 年 8 月,申报的"枸杞白兰地及其生产方法"项目，证书号：2008043；2009年12月，申报的"宁夏红枸杞保健酒新产品研发"项目，证书号：2009174。有2个项目荣获宁夏回族自治区科技进步奖，分别是：2004年度"枸杞鲜汁低温发酵技术的研究"，获得宁夏回族自治区科技进步三等奖；2016年度，"宁夏枸杞果酒酿造关键技术及应用"，荣获宁夏回族自治区科技进步二等奖。

"宁夏红"先后有2个果酒获得国食健字批准加工和销售。2014年07月21日，申报的宁夏红枸杞果酒【国食健字G20080030】获得批准生产和销售。2015年05月25日，申报的宁夏红牌红樽酒【国食健字G20150449】获得批准生产和销售。

"宁夏红"先后参与制定了两项枸杞酒宁夏回族自治区地方标准，分别为《DBS 64/515—2016食品安全地方标准枸杞果酒》和《DBS 64/517—2016食品安全地方标准枸杞白兰地》。

"宁夏红"自2005年到2018年，在枸杞酒加工方面，先后被国家知识产权局授予发明专利12项。

1. 2005年10月，"枸杞酒的生产方法"专利授权号：ZL02142889.1。

2. 2007年7月，"枸杞白兰地及其生产方法"专利授权号：ZL200410034877.9。

3. 2013年11月，"一种起泡枸杞果酒的生产工艺"专利授权号：ZL201210189972.0。

4. 2013年08月，"一种枸杞蜜酒的酿造工艺"专利授权号：ZL201210190516.8。

5. 2014年02月，"一种年份枸杞果酒的陈酿工艺"专利授权号：ZL201210293625.2。

6. 2014年04月，"干型枸杞果酒的酿造方法"专利授权号：

ZL201110306950.3。

7. 2014年04月,"半干型枸杞果酒的生产工艺"专利授权号:ZL201110300954.7。

8. 2014年04月,"半甜型枸杞果酒的酿造方法"专利授权号:ZL201110309953.2。

9. 2014年08月,"一种女士酒的酿造方法"专利授权号:ZL201310024174.7。

10. 2015年05月,"一种干型枸杞果酒的无菌冷灌装方法"专利授权号:ZL201210486995.8。

11. 2016年09月,"枸杞干红酿造方法"专利授权号:ZL201410376022.8。

12. 2016年12月,"一种无醇枸杞果酒的生产工艺"专利授权号:ZL201510196409.X。

从2014年1月开始,宁夏红研发的"传杞"酒产品成功上市,国际巨星成龙为宁夏红"传杞"代言,"每天喝一点,健康多一点"成为宁夏红的代名词,产品以其独特的品质和时尚的健康消费理念走红全国市场,并出口海外。

**本节注释:**

[1] 中宁县志编纂委员会. 中宁县志[M]. 银川:宁夏人民出版社,1994:274.

[2] 中宁县志编纂委员会. 中宁县志[M]. 银川:宁夏人民出版社,1994:333.

[3] 苏忠深. 中宁枸杞志[M]. 银川:宁夏人民出版社,1994:100.

[4] 中宁县志编纂委员会. 中宁县志(1986-2006)[M]. 银川:宁夏人民出版社,2013:374.

[5] 360百科网站:1978年,(湖北劲牌集团酒业公司)开始涉足保健酒,生产出"莲桂补酒",20世纪80年代初又陆续开发推出了"御品酒""皇宫玉液""曹府莲花白""芙蓉玉液""长寿酒"等滋补保健酒.

## 第三节 枸杞膏

枸杞膏是传统加工和利用枸杞的主要方法。在中国古代,枸杞与有关药材相配,被广泛加工成膏,用于养生和治病。

在中国枸杞之乡中宁县,至今还流传着一种民间加工枸杞膏的方法,人们利用不能商品化的碎而小的枸杞或"油货"(由于采摘或晾晒时鲜枸杞破损后,产出的颜色不好的枸杞),加点细碎的甘草,用水浸泡后放入锅熬煮透,滤去渣皮和种子,再适量加点糖熬成浆膏,然后装入开口比较小的瓦罐,凉冷结晶后,适量加点白酒封口,再把瓦罐密封30天,食用时再挖出来,用瓦制瓶子封装成小剂量,自己或送人食用,用于炒肉或开水化开冲服,浆膏由于糖分高,所以能自然抑菌,放几年都不坏。由于金贵,一般都是老年人或体弱多病者服用,食用后头不昏、眼不花、耳不聋,夜里睡觉不起夜上厕所。

枸杞膏治疗伤寒症,在中宁民间流行较广。别小看中宁枸杞等外货,它也是"红宝"。[1]

枸杞膏从加工类别上来讲,主要有清汁型膏和浊汁型膏;从产品使用方法上来讲,有内服膏和外用膏。

具体配方前人留下来的有260多种[2]。本文每种配方选了最具代表性的3种。

## 一、产品加工类别

### (一)清汁型膏

按膏药配方将精选择净的枸杞及其他药材同置于药锅内,加水煎煮几次。合并煎液、过滤、静置,取上清液浓缩为清膏,同时将其他辅料(如胶、糖等)也加热溶解、过滤,然后与清膏合并、混匀、浓缩即得。

1. 桂圆参杞膏 《单味中药妙用系列——枸杞子》[3]

【组方】中宁枸杞子150克,党参250克,桂圆肉120克,蜂蜜适量。

【制法】将3药择净,放入药罐中,加清水适量,浸泡片刻,水煎取汁,共煎3次,3液合并,文火浓缩后加入适量蜂蜜,至沸停火,候温装瓶。

【服法】每次1汤匙,沸水冲服,每日3次。

【功能】益气养阴。

【主治】适用于气阴两虚所致的全身乏力,反复外感经久不愈,低热,五心烦热,咽干,咽痛,失眠盗汗,周身不适等。

2. 阿胶养血膏(中成药)[4]

【组方】中宁枸杞子22.7克,黄芪45.5克,当归90.9克,党参22.7克,阿胶81.8克,熟地黄、白芍各45.5克,炼糖727克。

【制法】以上药材,除阿胶外,加水煎煮3次,每次3小时,滤过,合并滤液,浓缩为清膏,加炼糖及溶化的阿胶,混匀,即得。

【服法】口服,每次9~15克,每日2次。

【功能】益气养血，滋补肝肾。

【主治】适用于气血两虚所致老年体衰，阳痿遗精等症。

3. 杞芪参膏（《单味中药妙用系列——枸杞子》）[5]

【组方】中宁枸杞子、黄芪、太子参各150克，蜂蜜适量。

【制法】将诸药择净，水煎取汁，共煎3次，3液合并，文火浓缩后，加蜂蜜适量调匀即成。

【服法】每次10克，每日2次，开水冲饮，或调入稀粥中服食。

【功能】补益肺肾。

【主治】适用于小儿体弱自汗，反复呼吸道感染等。

(二)浊汁型膏

按膏药配方将清洗择净的枸杞及其他药材研细，水煎几次，合并煎液，文火浓缩，然后加入其他辅料（如胶、蜜、粉等）煮沸收膏即得。

1. 西洋参滋补膏（《中国保健食品》）[6]

【组方】中宁枸杞子500克，山楂300克，西洋参100克，白砂糖、蜂蜜各200克。

【制法】将诸药择净，研细，水煎3次，3液合并，文火浓缩，加入西洋参汁、白砂糖、蜂蜜煮沸收膏即成。

【服法】每次5克，每日2次，早晚各1次，温开水适量送服。

【功能】免疫调节。

【主治】适用于中老年人及体质虚弱易感冒者。

2. 五益膏（《古方汇精》）[7]

【组方】中宁枸杞子、熟地黄各240克，玉竹、炙黄芪、白术各500克。

【制法】将诸药择净，研细，水煎3次，3液合并，文火浓缩成膏。

【服法】每次10克，每日3次，温黄酒适量送服。

【功能】益气养血，补益肝肾。

【主治】适用于诸虚百损。

3. 滋营养液膏（《医方契度》）[8]

【组方】中宁枸杞子、女贞子、旱莲草、霜桑叶、黑芝麻、黄甘菊、当归身、白芍、熟地黄、黑大豆、南竹叶、白茯神、玉竹、橘红、沙苑蒺藜、炙甘草各12克，阿胶、白蜜各90克。

【制法】将诸药择净，研细，水煎3次，3液合并，文火浓缩，加入阿胶、白蜜煮沸收膏即成。

【服法】每次20克，每日3次，温开水适量送服。

【功能】补益肝肾。

【主治】适用于肝气不和，头晕、耳鸣久不愈等。

## 二、产品使用方法

### （一）内服膏

按照每种膏药的组方、制法、功能和主治，通过直接食用内服，达到治疗效果。

1. 双补膏（《贫血、虚劳证保健药膳》）[9]

【组方】中宁枸杞子、白术各20克，党参、山药、桂圆、黄芪、茯苓各30克，甘草10克、山茱萸、当归各15克，大枣10枚。

【制法】将诸药一同放入锅内，加水1000毫升，煮取汁液500毫升。再加水500毫升，煮取汁液300毫升。将2次药汁混合，文火浓缩至500毫升，加蜂蜜100克收膏即成。

【服法】每次20克，每日3次，温开水冲服。

【功能】健脾补血。

【主治】适用于神经衰弱、脾肾亏虚型缺铁性贫血、再生障碍性贫血等。

## 2. 长春益寿膏（中成药）[10]

【组方】中宁枸杞子、覆盆子、地骨皮各 75 克，天冬、麦冬、熟地黄、山药、牛膝、地黄、杜仲叶、制何首乌、茯苓、木香、柏子仁、五味子、狗肾各 100 克，人参、花椒、泽泻、石菖蒲、远志各 50 克，菟丝子、金樱子各 200 克。

【制法】将以上 23 味，加水煎煮 3 次，合并煎液，滤过，静置 24 小时，取上清液浓缩为清膏，另取清膏 4 倍量的蔗糖，加热溶化，滤过，与清膏合并，混匀，浓缩至稠膏，即得。

【服法】开水冲服，每次 30 克，每日 2 次，早晚各 1 次。

【功能】补五脏，调阴阳，益气血，壮筋骨。

【主治】适用于体虚易倦、早衰健忘、心悸失眠、头晕目眩、腰膝酸软等症。

## 3. 康媛膏（《名药美食话健康》）[11]

【组方】中宁枸杞子、黄芪、当妇、香附各 50 克，柴胡 15 克，茯苓、续断、白芍各 50 克，白术 25 克，甘草、陈皮各 10 克。

【制法】以上 11 味，加水煎煮 2 次，第 1 次 2 小时，第 2 次 1.5 小时，合并煎液，滤过，静置，取上清液浓缩为清膏即得。

【服法】开水冲服。每次 20 克，每日 3 次，从月经周期的第 6 日起连服 14 日。

【功能】疏肝解郁，理气止痛，养血调经。

【主治】适用于经前期紧张综合征及原发性痛经，经前乳房胀痛，经来小腹疼痛。

### (一)外用膏

按照每组膏药的组方、制法、功能和治疗，通过热补外贴，达到治疗效果，千万不能内服。

## 1. 滋肾膏（《理论骈文》）[12]

【组方】中宁枸杞子、牛膝、党参、麦冬各60克，生地黄、熟地黄、山药、山茱萸各120克，丹皮、泽泻、白茯苓、锁阳、龟板各90克，天冬、知母、黄柏、五味、官桂各30克。

【制法】将上药择净，用香麻油同煎至药枯焦，滤净，再熬至滴水成珠，入东丹，搅匀收膏。

【用法】摊用，每次1贴，贴心口、丹田,每日或隔日1换。

【功能】补益肝肾。

【主治】适用于老年水火俱亏，肾气虚乏，下元冷惫，腰痛脚软，夜晚多尿，面黑口干，耳焦枯者。

2. 消脂贴膏（《天津中医》）[13]

【组方】中宁枸杞子、山楂、首乌各150克，丹参、川芎、蒲黄、草决明、泽泻、茵陈、苍术、虎杖、葛根各100克，毛冬青、梧桐叶、檀香、陈皮、冰片各20克，茺蔚子50克。

【制法】将上药择净,研细,加凡士林适量调和成膏即成。

【用法】取穴：膻中、中脘、内关、曲池、合谷、丰隆、足三里、三阴交。每个穴位取5克，膏剂外敷，包扎固定，每日2次，1个月为1个疗程。

【功能】补肾，活血，除湿降浊。

【主治】适用于高脂血症。

3. 腰肾膏（中成药）[14]

【组方】中宁枸杞子、肉苁蓉、八角茴香、熟地黄、补骨脂、淫羊藿、蛇床子、牛膝、续断、甘草、杜仲、菟丝子、车前子、小茴香、附子、五味子、乳香、没药、丁香、锁阳、樟脑、冰片、薄荷油、肉桂油各等分。

【制法】将诸药择净，如法制为片状橡胶膏即成。

【用法】外用，贴于腰部两侧腰眼穴或加贴脐下关元穴，痛症贴患处，每日或隔日 1 换。

【功能】温肾助阳，强筋壮骨，祛风止痛。

【主治】适用于肾虚性腰膝酸痛，肌肉酸痛，夜尿等。

**本节注释**

[1]苏忠深. 中宁枸杞史鉴绪编. 宁新出管字〔2011〕第5029号:99~102.

[2]蒋正国,张万昌. 中华枸杞应用宝典[M]. 银川:阳光出版社,2016.

[3]蒋正国,张万昌. 中华枸杞应用宝典[M]. 银川:阳光出版社,2016:8.

[4]蒋正国,张万昌. 中华枸杞应用宝典[M]. 银川:阳光出版社,2016:43.

[5]蒋正国,张万昌. 中华枸杞应用宝典[M]. 银川:阳光出版社,2016:49.

[6]蒋正国,张万昌. 中华枸杞应用宝典[M]. 银川:阳光出版社,2016:3.

[7]蒋正国,张万昌. 中华枸杞应用宝典[M]. 银川:阳光出版社,2016:4.

[8]蒋正国,张万昌. 中华枸杞应用宝典[M]. 银川:阳光出版社,2016:7.

[9]蒋正国,张万昌. 中华枸杞应用宝典[M]. 银川:阳光出版社,2016:26.

[10]蒋正国,张万昌. 中华枸杞应用宝典[M]. 银川:阳光出版社,2016:31.

[11]蒋正国,张万昌. 中华枸杞应用宝典[M]. 银川:阳光出版社,2016:37.

[12]蒋正国,张万昌. 中华枸杞应用宝典[M]. 银川:阳光出版社,2016:73.

[13]蒋正国,张万昌. 中华枸杞应用宝典[M]. 银川:阳光出版社,2016:79.

[14] 蒋正国,张万昌. 中华枸杞应用宝典[M]. 银川:阳光出版社,2016:79.

## 第四节　枸杞茶

枸杞茶是以枸杞果、柄、叶、花为原料，单独或辅以其他中草药花、果配制的养生保健饮品。唐代《食疗本草》中就记载了枸杞叶用于茶饮的食谱，元代《饮膳正要》中也记载了枸杞叶用于茶和粥的食谱。

## 一、枸杞果茶

枸杞果茶是我国传统饮茶养生方法，按照功能和饮用习惯，分为杞果茶和杞味茶。

### (一)杞果茶

将枸杞干果经焙烤以后，直接作为茶品单独饮用或与其他中草药花果、冰糖等伍配，一同放入壶或杯中，然后注入开水，浸泡2~3分钟后即可饮用。常年饮用，补虚效果良好。

1. 枸杞大枣茶[1]

【组方】枸杞子10克，大枣5枚。

【制法】将枸杞子和大枣择净，同置茶杯中，冲入沸水，密封浸泡5-10分钟后饮服。

【服法】每日1剂，嚼食杞枣。

【功能】健脾补肾。

【主治】适用于高脂血症。

2. 杞子莲芯茶[2]

【组方】枸杞子10克，莲子芯5克。

【制法】将枸杞子和莲子芯择净，同置茶杯中，冲入沸水，密封浸泡5~10分钟后饮服。

【服法】每日1剂，嚼食枸杞。

【功能】清热平肝。

【主治】适用于高血压病。

3. 杞菊决明茶[3]

【组方】枸杞子、白菊花、决明子各10克。

【制法】将枸杞子、白菊花、决明子择净，同置茶杯中，冲入沸水，密封浸泡5~10分钟后饮服。

【服法】每日1剂，嚼食枸杞。
【功能】清热平肝。
【主治】适用于高血压病。

(二) 杞味茶

以枸杞子与茶叶为主，与其他中草药花果、冰糖等伍配，一同放入壶或杯中，然后注入开水，浸泡2~3分钟后即可饮用。饮品不仅具有传统茶的风味，而且具有枸杞等养生功能。是西北地区流行最广的一种茶道。常见的有二仙（枸杞子和茶叶为伍）、五宝、八宝等。在中宁茨乡，一般居民都饮用杞味茶，而且各自选择配伍的方法。回民的盖碗茶都是杞味茶，自己饮用时配伍比较简单，迎接嘉宾贵客时要用八宝茶。

## 二、枸杞果柄茶

枸杞子作为中药材的历史悠久，大约从野生采集的时候起，采摘鲜果都要带柄摘取，精心回收。因此，在晾晒以后必须脱柄，枸杞柄成为副产品。这些副产品经过净化焙烤，就是杞柄茶。杞柄茶气味清淡，品质与枸杞子相似，但营养成分较低。在中宁茨乡，居民常用以代茶，有一些新陈代谢功能较差的中老年人则加工自用，作为滋补饮品。[4]

加工方法是将晾晒好的枸杞果柄收集起来，择净阴干，饮用时按照饮用功能要求，单独或与其他中草药、花、果、冰糖等伍配，一同放入壶或杯中，然后注入开水，浸泡2~3分钟后即可饮用。

1. 杞菊果柄龙眼茶 [5]

【组方】枸杞果柄5克，菊花5克，龙眼肉5克。
【制法】将择净的枸杞果柄与菊花、龙眼肉同时放入壶中，然后注入开水，待泡开后即可饮用。

【服法】久服，每日不间断，少量多次饮用。

【功能】养血疏肝。

【主治】可使皮肤红润有光泽，提高皮肤弹性。

2. 枸杞果柄枣茶 [6]

【组方】枸杞果柄 10 克，大枣 5 枚。

【制法】将择净阴干的枸杞果柄和洗净的大枣，同时放入壶中，然后注入开水，密封浸泡 5~10 分钟后饮服。

【服法】每日 1~2 剂，嚼食红枣。

【功能】健脾补肾。

【主治】适用于高脂血症。

## 三、枸杞叶茶

枸杞叶茶生产工艺是以精选的宁夏枸杞嫩叶和牙尖为原料，将原料水洗干净后，利用一般制茶技术的杀青、揉捻、干燥等方法加工而成。

1995 年，宁夏农业机械化学校有位退休教师在银川市西夏区文昌北街新小线附近开垦了 100 亩荒地，种植了 70 亩枸杞。2001 年 6 月，他以宁夏枸杞嫩叶、芽等为原料，借鉴传统制茶工艺，成功研制出了枸杞叶茶，2002 年公司申报备案了《枸杞叶茶》企业标准 Q/XYZ001。2003 年 5 月，申报了《枸杞叶茶的制备方法》国家发明专利，授权专利号 ZL03138088 3，经过几年努力，又成功研制出了枸杞红茶，于 2018 年以公司申请备案了《枸杞红茶》企业标准 Q/YXGQ0008S-2018。

## 四、无果枸杞芽茶

无果枸杞芽茶生产工艺是：采取树上 6~8 厘米的嫩芽，按照一心二叶的标准,将多余的部位分离,经过清洗、杀青、揉捻、初烘、炒茶、提香、包装等生产工艺,生产而成。

2001年8月,宁夏首届枸杞节召开期间,宁夏农林科学院蔬菜研究所展示了开发培育的新品种"宁杞一号茶"科技成果。中宁县有家枸杞加工企业正在寻找枸杞方面的发展项目,他们了解到"宁杞一号茶"的详细情况是:将一种枸杞属野生植物根苗与宁夏枸杞树嫁接培育出的一种枸杞茶系品种,它不开花不结果,与果品枸杞树相比,根系发达,生长旺盛,主要营养成分囤积在嫩芽之中,集菜叶和枸杞好处于一身,是现代科学技术研究开发的结晶。企业当即决定引进开发,与宁夏农科院蔬菜研究所签订了承包经营8亩"宁杞一号茶"在中宁进行培育发展的合同,同时赋予了"宁杞一号茶"新的名称"无果枸杞芽茶"。2002年,将8亩地所产的枸杞芽茶苗留作种条,于2003年栽种到25亩地里,成功生产出了脱水枸杞芽茶、速冻枸杞芽茶。为了进一步提高产品附加值,公司采样后,送到农业部天津乳品检测中心以茶叶标准进行检测。结果表明,产品各项指标均优于传统茶和枸杞茶。经与中国科学院茶叶研究所合作,开发出了无果枸杞芽茶,2004年种植基地发展到103亩,2005年分别在中宁县恩和镇、新堡镇、余丁乡、石空镇和宁安镇等地发展到1800亩,2007年申报的《无果枸杞芽茶的研制》项目通过宁夏回族自治区科技成果鉴定,批准登记号:2007012。

无果枸杞芽的生产是每年从5月开始采摘,到9月底结束,每5~7天采摘一茬,每年春季从根部留5~8厘米平茬后,对新生长出的嫩芽进行适时采摘,一般亩产量在600~800千克。

**本节注释:**

[1]蒋正国,张万昌.中华枸杞应用宝典[M].银川:阳光出版社,2016:365.

[2]蒋正国,张万昌.中华枸杞应用宝典[M].银川:阳光出版社,2016:365.

[3]蒋正国,张万昌.中华枸杞应用宝典[M].银川:阳光出版社,2016:366.

[4]苏忠深.中宁枸杞史鉴绪编.宁新出管字〔2011〕第5029号,56~57.

[5]蒋正国,张万昌.中华枸杞应用宝典[M].银川:阳光出版社,2016:371.

[6]宁夏杞乡生物食品工程有限公司发明.

## 第五节　保鲜枸杞汁

保鲜枸杞汁是从1998年开始研发加工出的一种枸杞创新产品。枸杞汁以当天手工采摘的新鲜枸杞为唯一原料,结合现代生物科学技术,加工出的纯天然枸杞原果汁。主要产品有:枸杞原汁、枸杞清汁和枸杞浓缩汁三大类。

### 一、枸杞原汁

枸杞原汁加工工艺:选料—清洗—破碎打浆—细碎—护色—杀菌—无菌灌装—检验。

枸杞之乡中宁县有位公务员,1996年掌握了枸杞鲜果保鲜技术。1997年毅然决然辞职创办枸杞加工企业。1998年将加工后的保鲜枸杞空运到深圳、上海、成都等地批发销售。由于零售商没有严格按照有关技术要领操作,导致销售的保鲜枸杞大部分变质,造成损失。在总结经验和对市场进一步分析后,他将研发方向转移到了保鲜枸杞原汁加工方面,借鉴番茄酱加工技术,设计出了一条枸杞原汁生产线,对保鲜枸杞原汁加工进行了三个方面敏感性分析和实证研究:一是通过正交实验,对枸杞原汁抗氧化护色中的抗氧化剂和使用剂量进行了选择;二是通过杀菌条件对产品质量影响的多元分析,确定了巴氏杀菌的具体条件；三是不添加防腐剂，通过调整产品 pH 达到常温保鲜保质。后来聘请原宁夏一家生物食品方面的工程技术人员，共同完成了技术参数调整和优化，最终成功研发出了保鲜枸杞原汁加工技术。2000 年，申报了《枸杞鲜果保鲜工艺》国家发明专利，授权专利号：ZL00103022.1。同年还申报了《常温保鲜枸杞原汁生产工艺》国家发明专利，授权专利号：ZL00103020.5。2000 年 5 月，起草备案了我国首个《枸杞原汁》企业标准 Q/QXSW 0005S。2001 年，先后 3 次向美国 Berryyang 公司提供枸杞原汁小样，经美方反复分析检测确认后，又空运了 3 袋 20 千克装的大样，最终美国客商确认要进口中国枸杞原汁。当即向国家认证认可监督管理委员会申请备案了《枸杞原汁》出口食品生产企业卫生注册，注册编号：6400/Z11003，注册地址：宁夏中宁县古城乡。当年向美国出口 103 吨，创汇 46 万美金。从此宁夏枸杞告别了只有干果出口的历史。

## 二、枸杞清汁

枸杞清汁加工工艺：选料—清洗—破碎打浆—细碎—护色—离心分离—冷析—精滤—巴氏杀菌—无菌灌装—检验

2012 年，应国外气体饮料生产企业和"杞动力"功能饮料加工原料等需求，宁夏中宁加工枸杞原汁企业针对枸杞原汁中含有大量果肉的问题，利用枸杞原汁研究开发加工枸杞清汁。在长达 2 年的研究实践中，排除了酶制剂澄清的化学方法，最终选择了高速离心法结合冷析沉降等相结合的物理法加工工艺，进口意大利超速精密离心机等关键设备，经对有关技术参数优化后，研究开发加工出了客户满意的枸杞清汁产品。2004 年，起草了宁夏首个枸杞清汁企业标准 Q/QXSW 0007S。2015 年公司申报的《高速离心法生产枸杞清汁工艺研究》项目，通过了宁夏回族自治区科技成果鉴定，批准登记号：2015066。加工产品从2015年开始出口，在国际市场上实现了枸杞清汁工业化生产和销售。

### 三、枸杞浓缩汁

枸杞浓缩汁加工工艺：利用加工所得的枸杞原汁或枸杞清汁，按照产品指标要求进行低温真空浓缩后，再经过巴氏杀菌和无菌灌装后检验所得到的产品。

2003年，购买枸杞原汁的美国客户给宁夏中宁枸杞原汁加工企业发来电子邮件提出：能否像其他果汁一样，以枸杞原汁为基础，研究加工出枸杞浓缩汁，以便减少产品包装、运输、仓储等成本。根据客户需求，企业很快制订了方案。针对枸杞汁的特殊性，在理论方面，首先设定了产品的最大浓缩比和浓缩温度2个研究重点。在枸杞浓缩汁加工中，要适时把控最大浓缩比。浓缩比越大，产品的体积就越小，更便于贮存和远距离运输。但原料中含有大量果肉和果胶质，如果含量太高将导致浓缩汁变成半固态的胶状物，无法进行管道输送和无菌灌装。因此，确定产品中的最大浓缩比是加工中的重要问题。

在选择加工工艺时，首先必须保证产品最大限度保存原果汁的风味、色泽、浑浊度和营养成分等，同时，还要达到产品稀释复原后，有原果汁相似的品质。因此在加工中，如何保证设备有很好的蒸发量以加快生产进度，又最大限度保存果汁中的营养成分以确保浓缩汁的质量水平，也是加工中的重要问题。

理论方案确定后，企业首先从上海购来一台20升真空减压浓缩果汁仪器，对枸杞汁的浓缩比例、时间、温度、颜色、质量及稳定性等诸多方面展开研究，最终将技术参数优化后，将产品的浓缩终点设定在了可溶性固性物35%~40%的范围，将浓缩温度设定在了

55℃~60℃。

经过一年多努力，确定了枸杞浓缩汁的加工工艺。样品寄往美国客户后得到了认可，并且在后来的工业化加工和销售中，产品质量始终稳定，客户满意。

2004年，企业起草备案了宁夏首个枸杞浓缩汁企业标准Q/QXSW 0004S。2005年公司申报的《枸杞浓缩汁生产工艺研究》项目，通过宁夏回族自治区科技成果鉴定，批准登记号：2005072，当年荣获宁夏科技进步三等奖。

### 四、枸杞汁市场销售

国际市场：2001年以来，枸杞原汁先后出口美国、日本、欧洲等20多个国家和地区一万多吨，占中国枸杞及其产品出口额20%以上的份额，有力地带动了中国枸杞产业向世界纵深发展。

国内市场：2012年以来，各种品牌的枸杞原汁带动了50毫升、30毫升玻璃瓶和30毫升异型塑料袋装产品的加工和销售。先后带动了青海"大漠红"枸杞原汁、新疆"愿臻牌黑枸杞原液"的加工生产与销售。特别是2018年，先后又有30多家企业，通过贴牌委托加工，扩大了枸杞原汁的市场销售。据不完全统计，仅2018年全国累计销售量超过1 800万瓶（袋）。

## 第六节　枸杞籽油

枸杞籽油的萃取方法有两种：传统方法是有机溶剂萃取技术，现代方法是超临界二氧化碳（$CO_2$）萃取技术。

## 一、有机溶剂萃取技术

枸杞籽油有机溶剂萃取方法：将枸杞籽风选过筛后粉碎，在容器中分别装入粉碎后的枸杞籽和有机溶剂，混合后加热或加压让枸杞籽中的油充分溶解在有机溶剂中，最后进行分离所得。

此法的特点：仪器设备简单，操作方便，分理选择性较高，应用范围广，一次处理量大，便于工业化生产。缺点：有机溶剂易挥发，并对人体有害，分离效率不高，有异味和溶剂残留，产品纯度低，热敏性有效成分易损失，严重影响油的品质。

## 二、超临界 $CO_2$ 萃取技术

超临界 $CO_2$ 萃取枸杞籽油的加工方法：将枸杞籽风选过筛后，粉碎至 40~60 目筛装料，装入萃取罐中，$CO_2$ 经气体净化器进入制冷槽液化，然后由高压泵经混合器、净化器打入萃取罐，升压至预定值，达到超临界流体。此时物料便在萃取罐中提取，当溶有被萃取的液体从萃取罐中进入分离系统减压后，因 $CO_2$ 溶解力下降，萃取油与 $CO_2$ 萃取分离，萃取油从分离器底部放出，$CO_2$ 萃取分离器上方经净化器进入制冷槽液化，循环使用。

其优点：可以在接近室温（35℃~40℃）及 $CO_2$ 气体笼罩下进行提取，有效地防止了热敏性物质的氧化和高温下的热劣化；萃取物无溶剂残留；$CO_2$ 萃取过程中枸杞籽中有效成分不发生化学反应，无味、无臭、无毒，安全；$CO_2$ 纯度高，加工过程中循环使用，可降低生产成本。缺点是：操作压力高，设备一次性投入大。

1996 年，宁夏一家生物与食品工程企业，利用宁夏科技项目资金，从江苏购买一套 "1+5" 超临界 $CO_2$ 萃取小型设备，在中国国内率先开展超临界 $CO_2$ 萃取枸杞籽油的加工研究。针对枸杞籽粉碎目

数、萃取压力和温度、二氧化碳流速、分离压力和温度以及萃取枸杞籽油的出品率和质量提升等系列参数问题，进行优化，于1996年研发出了超临界$CO_2$萃取枸杞籽油加工工艺，同年12月申报了《超临界二氧化碳萃取果实籽油的方法》国家发明专利，授权专利号：ZL99106579.4。2001年9月，申报的《超临界$CO_2$萃取技术及产品的开发研究》项目，通过宁夏科技成果鉴定，同年12月，该项目荣获宁夏科技进步三等奖。

### 三、枸杞籽油的功效

*1. 保护心血管*

枸杞籽油含不饱和脂肪酸、亚麻酸、油酸高达90%以上，并含有磷脂，经常服用能降低总胆固醇，减少血管壁胆固醇沉积，防止血脂异常，动脉粥样硬化等心脑血管疾病。

*2. 养颜、增白*

枸杞籽油可促进皮肤血液循环，增进细胞活力，直接参与皮肤新陈代谢，消除氧自由基，延缓表皮和真皮的衰老，加强皮肤水合功能，使皮肤柔软并富有弹性，有明显的增白效果。

*3. 祛除色斑*

枸杞籽油含有SOD、VE、β-胡萝卜素等生物活性因子，可活化人体皮肤细胞，增强脏器功能，有效地促进人体新陈代谢，减少黑色素的形成和沉积，达到消退和淡化色斑的作用。

*4. 滋阴壮阳*

枸杞籽油含有丰富的β-胡萝卜素、甜菜碱等生物活性物质，可提高性神经的兴奋性。服用后性激素水平有所提高，对人体下丘脑垂体性腺功能有改善作用。

## 5. 明 目

枸杞籽油中的 β-胡萝卜素是人体合成维生素 A 最为重要的合成前体化合物，维生素 A 又称视黄醇，与人体视觉有关，眼球内层视网膜上的感光物质是由维生素 A 和视蛋白结合而成。试验证实，食用后对早期青光眼、白内障、夜盲症、结膜炎、老年眼花等多种眼疾有良好的预防效果。

# 第七节　枸杞粉

枸杞粉的传统加工方法：将枸杞鲜果或干果经低温烘焙熟化后，加工成粉状的一种枸杞产品。枸杞加工成粉不但不会影响功效，反而可以增加人体吸收，促进消化。

枸杞粉最初的加工是枸杞之乡的人们在处理加工碎而小的枸杞时摸索出来的，由于碎而小的枸杞是等外品，卖不上好价钱，甚至卖不出去，于是人们就探索将碎小枸杞（枸杞之乡人们称之为杂枸杞）晒干烘焙后，用石磨、石碾磨成粉末，也能达到效果。但由于加工粗糙，卫生营养达不到理想效果，一般都没有商品化，主要是自己食用或送亲戚朋友食用。经过数代人的摸索探讨，上世纪末本世纪初，枸杞粉加工有了突破性进展，摸索出了真空冷冻干燥、真空干燥和喷雾干燥三种加工方法。

## 一、真空冷冻干燥

真空冷冻干燥是将鲜枸杞或用水清洗后的干枸杞预先快速冻结，并在真空状态下，将枸杞中的水分从固态升华成气态，再由解析干燥除去部分结合水，从而达到产品低温脱水干燥的目的。

真空冷冻枸杞粉不仅保持了枸杞原有的色、香、味、形，而且最大限度地保存了枸杞粉中的维生素、蛋白质、微量元素和生物活性成分。产品具有良好的复水性，食用时将枸杞粉加水既可在几分钟内复原。

1998年，宁夏枸杞加工科技人员针对枸杞干果制取枸杞粉出现的产品颗粒粗、易返潮结块、含有农药残留等一系列问题，进行了反复试验和工艺参数调整修正，对原枸杞真空冷冻加工工艺进行了创造性的改进，成功探索出了枸杞全粉真空冷冻升华干燥工艺，解决了枸杞粉碎时易返潮结块问题，有效降低了产品农药残留，同时保留了枸杞皮、籽中的蛋白质、维生素、微量元素、高级不饱和脂肪酸及其他营养成分。出口美国40多吨，在国际市场上第一个实现了真空冷冻干燥枸杞全粉的加工和出口。2000年2月，申报了国家发明专利，授权专利号：ZL00102108.7，起草了企业标准：Q/WFBR 0005S。

真空冷冻干燥枸杞粉加工技术具有以下特点：

1. 枸杞在低压下干燥，使物料不致氧化变质，同时能抑制细菌的活力。

2. 枸杞在低温（-40℃）低压下干燥，枸杞中的热敏成分能得到有效保护，可以最大限度地保留枸杞中原有的营养成分、风味和色泽。

3. 干燥过程中，由于枸杞在升华脱水以前先经冻结，形成稳定的固体骨架，保持原有形状。它的多孔结构有很理想的速溶性和快速复水性。

4. 由于枸杞中的水分在预冻后，以冰晶形态存在，原来溶于水中的无机盐之类的溶解物质被均匀分配在物料之中。升华时溶于水中的溶解物质就地析出，避免了产品表面硬化结块和营养损失的现象。

5. 枸杞粉脱水彻底、重量轻，适合长途运输和长期保存。采用铝箔袋包装，在常温下，保质期可达2年。

6. 真空冷冻干燥枸杞粉的主要缺点是设备的投资和运转费用高，冻干过程时间长，产品成本高。

## 二、真空干燥

1989年，宁夏枸杞加工企业利用真空干燥技术研究开发生产出了枸杞豆浆精，当时产品在宁夏、甘肃、内蒙古各地销售[1]。

真空干燥枸杞粉加工首先是将枸杞鲜果或枸杞干果原料生产出枸杞乳浊液，杀菌后输入真空浓缩设备中进行浓缩。浓缩至60%~80%，再输入真空干燥罐内进行干燥。与通常的晒干、烘干、其他干燥方法相比，具有以下特点：

1. 真空下枸杞溶液的沸点降低，使蒸发器的传热推动力增大，因此对一定传热量可以节省蒸发器的传热面积。

2. 蒸发操作的热源可采用低压蒸汽或热水加热。

3. 真空干燥的操作是连续的，其系统可全部采用自动控制。

4. 干燥机具有优化设计高效的除湿系统，脱水量大，效率较高，可很好地保持枸杞中的原有成分、味道、色泽和芳香及营养成分。

5. 设备在干燥前可进行自动化清洗和消毒处理，干燥过程始终处在密封条件下，符合GMP要求。

6. 属于静态真空干燥器，故干燥枸杞粉的形态不会损坏。

7. 枸杞粉脱水彻底、重量轻，适合长途运输和长期保存。采用铝箔袋包装，在常温下，保质期可达2年。

8. 真空干燥枸杞粉的主要缺点是，产品在60~70℃的条件下工作，对枸杞粉的热敏成分有一定影响。

## 三、喷雾干燥

喷雾干燥枸杞粉加工首先将枸杞鲜果或枸杞干果原料生产成枸杞原汁,然后将枸杞原汁输入调配杀菌罐后加入辅料,搅拌均匀后进行预杀菌,经过滤器由高压泵输送到喷雾干燥器顶部的雾化器喷雾,同时,新鲜空气由鼓风机经过滤器、空气加热器及分布器等送入喷雾干燥器的顶部,与雾化的果汁接触、混合,进行传热与传质,进行干燥。干燥后的枸杞粉由塔底引出,夹带细粉尘的废气经旋风分离器分离出果粉后再由引风机排出。

2005年,枸杞原汁加工企业应生产功能固体饮料客户要求,以枸杞原汁为原料,突破真空冻干枸杞全粉和真空干燥枸杞粉等产品颗粒快速复水溶解不佳和产品溶解沉淀后有一定渣皮等弱项,先后6次带原料到内蒙古宇航人租用中试设备,研究利用枸杞原汁开发喷雾干燥枸杞鲜果粉加工工艺。获取有关技术参数后,于2006年到青海,利用大型工业化喷雾干燥生产设备完善工艺取得成功,同年起草了中国首个喷雾干燥枸杞粉企业标准Q/QXSW 0006S。2006年,公司先后3次生产销售喷雾干燥枸杞鲜果粉20多吨,在市场上第一个实现了喷雾干燥枸杞鲜果粉的工业化加工。

喷雾干燥枸杞粉加工工艺具有以下优缺点:

1. 只要生产枸杞粉的干燥条件能保持恒定,产品特性就保持恒定,所以产品的品质、色泽、风味都很稳定。

2. 喷雾干燥的操作是连续的,其系统可全部采用自动控制。

3. 枸杞原料从雾化器喷出到干燥成成品,时间非常短,其热敏成分和营养成分损失少,可最大限度地保留枸杞中的原有成分、味道、色泽和芳香。

4. 枸杞粉是在原料雾化的状态下干燥而成,其产品颗粒细小而均匀,具有很好的速溶性和快速复水性。

5. 喷雾干燥操作具有非常大的灵活性,根据生产需求,喷雾能力每小时几千克到 100 吨,生产成本比较低。

6. 枸杞粉脱水彻底、重量轻,适合长途运输和长期保存。采用铝箔袋包装,在常温下,保质期可达 2 年。

7. 喷雾干燥属于对流型干燥器,它的缺点是热效率比较低,一般为 30%~40%。

**本节注释:**

[1]苏忠深. 中宁枸杞志[M]. 银川:宁夏人民出版,1994:101.

## 第八节 枸杞蜂蜜

枸杞蜂蜜有枸杞蜂蜜和枸杞花蜜两种,是 2000 年以后枸杞之乡人们研发配制出来的。

### 一、枸杞蜂蜜

2000 年,有枸杞加工企业在花蜜中加入了枸杞的有效成分,经过提炼,加工出了枸杞浓缩蜂蜜。产品在宁夏、甘肃、内蒙古各地畅销。[1]

### 二、枸杞花蜂蜜

枸杞花蜂蜜是在枸杞开花季节,将蜂箱搬到枸杞田间地头,利用蜜蜂自采枸杞花粉酿得。

1998 年,国营宁夏长山头农场有位职工一边做着枸杞生意,一边养着蜜蜂。2001年,他与上海"沃尔玛"超市谈成了一笔枸杞订单,但"沃尔玛"在农药残留方面要求严格。经多方了解,当时买不到枸杞生长过程中对农药残留快速检测的设备。有一天,他突然产生了利用自己养蜂的便利条件,将蜜蜂放在开花的枸杞园内,根据蜜蜂死亡的多少来判断枸杞种植过程中农药残留多少的问题。让他喜出望外的是:通过放蜜蜂到枸杞园采集枸杞花,自己的蜂箱里竟然酿出了天然枸杞花蜜。2003年9月,宁夏农垦局将他的200瓶枸杞花蜜送给前来宁夏参加第七届全国少数民族运动会的农业部领导,因当时产品没有标签,农业部领导把产品带回北京,委托北京有关食品监督检测单位对花蜜进行了测试。检测结果出来后,发现枸杞花蜜中的淀粉酶活性是行业标准的5倍,还原糖(葡萄糖和果糖)比行业标准高出35%。随后不到一个月,宁夏回族自治区农垦局派人送来了检测报告,还送来了15 000元现金,要求长山头农场要积极支持研究开发"枸杞花蜂蜜"。自此后,"枸杞花蜂蜜"发展迅速。同年起草了中国首个枸杞花蜂蜜的企业标准:Q/JDgp2003003。2005年,"枸杞花蜂蜜"被中国中轻产品质量保障中心评为"国家合格评定质量达标的放心食品"。2017年,销售枸杞花蜂蜜186吨。

### 三、枸杞蜂蜜的浓缩加工方法

一般来讲,无论是枸杞花蜜还是枸杞蜂蜜,形成商品都要经过浓缩加工处理。

*1. 原料蜜验收*

原料蜜的质量直接影响加工后的蜂蜜品质。因此,必须对原料蜜的色泽、气味、水分、蜜种、淀粉酶值(鲜度指标)、农药残留等指标逐一进行严格检测。其中淀粉酶值一般要求在8以上。

## 2. 融 化

将原料蜜在 60℃~65℃ 下加热 30 分钟,加热时应连续搅拌,使蜂蜜在受热均匀的条件下融化。

## 3. 过 滤

将加热后蜂蜜的温度保持在 40℃ 左右,以便过滤、除杂和去除颗粒晶体。并在密封装置中进行加压过滤,以缩短加热时间,减少风味损失。

## 4. 真空浓缩

浓缩设备应在真空度 95.98 千帕(720 毫米汞柱)、蒸发温度 40℃~50℃ 条件下浓缩蜂蜜,可以保证损失降至最低。加工时应用香味回收装置回收芳香挥发性物质,并将其再溶入成品蜜中,以保持蜂蜜特有的香味。

## 5. 冷 却

将浓缩后的蜂蜜尽快降温以保持蜂蜜品质。加工后的蜂蜜所含水分应稳定在 17.5%~18.0% 的范围内。蜂蜜贮存时应避免阳光直射和高温环境,还要经常注意干燥通风,不能把有异味物品与其一同存放。

**本节注释:**

[1] 中宁县志编纂委员会. 中宁县志(1986-2006)[M]. 银川:宁夏人民出版社,2013:330.

## 第九节 枸杞奶

2004年，宁夏一家乳制品企业的科研人员回中宁老家时，了解到枸杞原汁出口美国的信息。他随即产生了将枸杞原汁加工到牛奶中，生产枸杞养生奶的想法，得到企业支持。2005年，他们利用现代生物科学技术，将常温保鲜枸杞原汁与牛奶进行加工，成功研发出了枸杞养生奶生产工艺，创造性地实现了鲜枸杞汁与鲜牛奶的动、植物双倍营养、双倍活力的科学融合。2005年5月，枸杞养生奶开始工业化加工生产。2006年春节期间，在中央电视台做广告，随即全中国开始热销。

## 第十节 枸杞饮料

传统的枸杞饮料是将枸杞果或果柄洗净烘烤后，在饮用时加入白糖或冰糖用热开水泡饮。最常见的一种方法是把洗净烘烤过的枸杞果或果柄加入盖碗茶，增加茶水饮料的品质和风味。

现代枸杞饮料主要有固体和液体两种。

### 一、固体枸杞饮料

固体枸杞饮料是将枸杞果加工成粉状和白砂糖等主料与其他食品添加剂搅拌均匀过筛而成。

1989年，宁夏有枸杞加工企业成功研发加工出了枸杞豆浆精、枸杞豆奶粉，受到市场欢迎。1994年，年产达到600吨，产品在甘肃、宁夏、内蒙古各地畅销[1]。

2002年09月19日，宁夏有企业申报谷瑞甘宝牌鲜枸杞颗粒冲剂【卫食健字（2002）第0636号】获得批准生产和销售。

### 二、液体枸杞饮料

液体枸杞饮料是将枸杞鲜果汁或枸杞复水干果汁单独或加入辅料与其他果汁配伍，调配添加剂等复配后搅拌均匀、过滤、均质后进行无菌定量装瓶或装罐。

2012年，宁夏枸杞加工企业开发加工的"杞动力"牌健康能量枸杞饮料，是一款以枸杞鲜果汁为主要原料的健康植物能量饮品，世界网球冠军李娜在中央电视台代言宣传。

2014年10月31日，宁夏有企业申报的启乐饮料【国食健字G20141184】获得批准生产和销售。

**本节注释：**

[1]苏忠深. 中宁枸杞志[M]. 银川：宁夏人民出版社, 1994:101.

## 第十一节　枸杞糖果

枸杞糖果的生产加工工艺是以白砂糖、淀粉、糖浆、琼脂等为原料，加入枸杞粉或枸杞汁等添加剂，经过化糖—加入高麦芽糖浆—搅拌均匀—烧开过滤—加入辅料—熬制—加入枸杞粉或枸杞汁—浓缩—成型—烘烤—包装—检验等生产工艺精制而成。创始单位是宁夏商业科学技术研究所。

1992年，宁夏商业科学技术研究所4位研究人员，历经9个月，经过数百次试验研究开发出了枸杞鲜果夹心水晶软糖，于1993年春节前加工生产300多千克，成为银川当时各大糖果柜台上的抢手货。随后，批量工业化加工生产，在宁夏及周边宁夏特产店，风靡市场多年。1999年，申报的"鲜果夹心水晶软糖"取得国家发明专利，授权专利号：ZL93121388.6。

2001年，宁夏有企业加工枸杞糖果，申报备案了企业标准Q/NYHS001S—2011。

## 第十二节　枸杞香醋

枸杞香醋有两种生产工艺。一种是将一定数量的枸杞或枸杞汁与淀粉质原料进行天然发酵生产的发酵型香醋，另一种是将淀粉质原料生产好的食醋中加入枸杞有效成分或枸杞汁、红枣汁、蜂蜜、木糖醇等勾兑成型的香醋。

1988年，中宁一家枸杞香醋厂在总结当地传统制醋技术的基础上，添加了枸杞等多种中药材，配曲精酿，成功酿出了枸杞香醋，成色、香、味均优于当地其他食醋，保存期在2年以上。具有开胃健脾、补气安神、强壮人体机能等功能。1988年荣获首届中国食品博览会名、特、优、新产品银质奖。1992年8月荣获中国全国星火计划成果奖。1992年9月，在广东深圳市举办的27种食用醋抽样鉴定中，是唯一各项都合格的产品。1994年，年产能力1000吨，在银川、兰州、西宁、包头、北京等城市畅销。[1]

**本节注释：**

[1]苏忠深.中宁枸杞志[M].银川：宁夏人民出版社,1994:101.

## 第十三节 枸杞胶囊

枸杞胶囊是新世纪之交研发出的枸杞深加工产品。主要有有两种：一种是硬壳胶囊，一种是软胶囊。

### 一、枸杞硬壳胶囊

枸杞硬壳胶囊主要是根据中药组方，以枸杞为主，将各种草药加工成细粉或将各种草药加水煎煮、过滤、浓缩制成稠膏，干燥粉碎过筛后装入胶囊硬壳中，然后进行直接装瓶或压板塑封包装。

1997年到2002年，宁夏有多家制药企业申报的卫食健字牌枸杞硬壳胶囊，获得批准生产和销售。

### 二、枸杞软胶囊

枸杞软胶囊以枸杞提取物为主要原料外加软皮，加工制作一次成型，然后进行直接装瓶或压板塑封包装。

2000年以后，宁夏有多家企业创建了多种品牌，开始加工销售，并有2个品牌获得国食健字牌批准生产和销售。

# 第十一章 宁夏（中宁）枸杞历史沿革与组织管理史

## 第一节 "中宁枸杞"与"宁夏枸杞"

### 一、宁夏枸杞药用史考证

宁夏枸杞天然野生分布区域遍及西北和华北，首次将药用枸杞明确指出在西北的是唐初著名医学家孙思邈（约541~682年，今陕西铜川耀州人）在显庆四年（659年）完成的《千金翼方》，方中记载："甘州者真，叶厚大者是……"（时宁夏隶属甘州辖）。北宋科学家沈括（1031~1095年，浙江杭州钱塘人）《梦溪笔谈》中记载："枸杞，陕西极边生者，高丈余…，甘美异于他出"。到同时代的西夏[1]（1038~1227年）《西夏字典》[2]《西夏书事》[3]中也有枸杞种植记载。沈括于元丰初期（1080年），在延安任知州，兼任鄜延路经略安抚使，驻守边境，抵御西夏，他对当时的陕西"极边"应该是熟悉的，西夏距离延安百余里，他这"极边"的特产枸杞"甘美异于他处"，沈括应该也是十分清楚的。这些均将古时药用枸杞指向宁夏枸杞。

从明代宣德（1426~1435年）第一部宁夏地方志《宣德宁夏志》[4]到《弘治宁夏新志》[5]都在土贡部分列有枸杞，再到明万历六年（1578年）李时珍的《本草纲目》，对枸杞树名及果、叶、根系统详细的药用记载。纵观古今枸杞史料记载和物种功效验证,以及人文积淀和民俗民风,除了宁夏枸杞(中宁枸杞)之外,再没有第二个枸杞产品,能与之争宠。因此,唯一拥有药用"甘美异于他处"的美誉并得到世人认可只能是中宁枸杞(宁夏枸杞),按照有药用明确载入文字的,至少在北宋、西夏之前的唐代算,距今至少在 2 700 年以上。

## 二、宁夏枸杞与中宁枸杞史料考证

有关宁夏(中宁)枸杞的史迹,除民间世代口口相传外,主要依靠县志。清代以前,由于年代久远,以淹没无所考。所幸有清乾隆年间留下了两部县志,即清乾隆中卫县志和续修中卫县志。乾隆中卫县志系时任中卫知县的黄恩锡于乾隆二十五年编纂。续修中卫县志系郑元吉于道光二十一年修纂,他继承了乾隆中卫县志的优点并有所补充发展。这两部志书均记载了张卫东地理、山川、水利、边防、关隘、物产、赋税、户口、教育、人物、艺文、古迹、风俗、民情等,比较客观地反映了当时的社会状况,保存了大量的实用资料,其中就有对枸杞当时的生产、贸易、品牌有明确的记载。20 世纪 90 年代原中卫县组织力量,以续修中卫县志为底本,修订标点,增补注释,矫正勘误并全面审定,再版了《标点注释 中卫县志》,在此版物产药类中枸杞居甘草之后列为第二,"宁安一带,家种杞园。各省入药甘枸杞,皆宁产也。"书中"宁安""甘""宁"旁边均有一标记,实为地名标记,经查证,此时,宁安堡属中卫县,中卫县归属宁夏府,宁夏府先归陕西经略,成立甘肃省后归甘肃辖。所以,此文阐述的很明确,当时,各省入药的甘(肃、州)枸杞均为从宁夏出去的枸杞,也就是宁安枸杞、中宁枸杞,从大的地域称宁夏枸杞。

另外,在明弘治十四年(1501 年)间,枸杞作为宁夏府向朝廷敬献的土贡,始称宁夏枸杞。

中宁（宁安堡）地区作为宁夏枸杞自然分布的中心（核心）区域，从史料反映，中华民国二十三年（1934年）中宁县在宁安堡成立后，"宁安枸杞"逐渐被"中宁枸杞""宁夏枸杞"代替，引种到天津后叫"津枸杞"，为区分宁夏枸杞和津枸杞，将宁夏枸杞（中宁枸杞）称"西枸杞"。

据资料考证，宁夏枸杞于清乾隆五至八年（1740~1743年）传入法国，后来发展成为欧洲枸杞，1753年，瑞典科学家卡尔·林奈将宁夏枸杞正式收录于《世界植物志》[6]，拉丁文为 *Lycium barbarum* Linn，1974年科学出版社出版的《中国高等植物图鉴》第3册708页将 *Lycium barbarum* Linn 译为"中宁枸杞"。1978年该社出版的《中国植物志》第67卷又译为"宁夏枸杞"。从此，宁夏枸杞由过去传统的一味中药名称，又同时作为一个物种进入了世界物种大家庭。而中宁枸杞仍然是中华医药宝典中最道地的一味中药珍品品名。

**本节注释：**

[1] 西夏(1038~1227年)是中国历史上由党项人在中国西北部建立的一个政权,历经十帝,享国一百八十九年。

[2]《西夏字典》:西夏文又名河西字、番文、唐古特文,是记录西夏党项族语言的文字。属表意体系,汉藏语系的羌语支。西夏人的语言已失传,跟现代的羌语和木雅语关系最密切。西夏景宗李元昊正式称帝前的大庆元年,命大臣野利仁荣创制。三年始成,共五千余字,形体方整,笔画繁冗,结构仿汉字,又有其特点。曾在西夏王朝所统辖的今宁夏、甘肃、陕西北部、内蒙古南部等广阔地理带中,盛行了约两个世纪。元明两朝,仍在一些地区流传了大约三个世纪。西夏文专家李范文认为,全部西夏文字共计5 917字,而实际上有意义的字共5 857字。《西夏字典》就是研究西夏文字的字典。

[3]《西夏书事》是纲目体西夏编年史,共42卷。清吴广成编撰。吴广成(生卒年不详),字西斋。江苏青浦(今属上海)人。博闻而精史学。悉心搜采唐以下各种

有关文献资料,历十年编成此书。

　　[4]《宣德宁夏志》:宁夏第一部地方史志,成书于1429。

　　[5]《弘治宁夏新志》:宁夏第二部地方史志,成书于明弘治十四年(1501年)。

　　[6]《植物种志》的作者是瑞典科学家卡尔·林奈(Carl Von Linne),编写历时7年,于1753年出版。

## 第二节　明清时期的宁夏枸杞组织管理

　　宁夏枸杞是宁夏人民最早有野生种驯化而来的,这从宁夏枸杞的核心产区中宁县的民俗民风中可以验证。中宁的老百姓至今仍然将枸杞称为"茨",茨即蒺藜;把枸杞园叫茨园,枸杞树为茨树,枸杞枝为茨条,农村称为茨乡,农村文化称为茨乡文化(如茨戏,茨乡民谣、歌谣等),果实叫"红果子""果子",但是,在药材领域,枸杞即枸杞子,指枸杞干果。

　　从现有史料分析,在明代以前,作为药用的枸杞应该是以采集野生产品为主。到了明代,时局相对稳定,加上宁夏实施了几次大的移民活动,主要是从江浙秦淮一带和山西等地迁徙了大量移民,通过对移民实行屯军制,发展地方经济,既然作为朝廷贡品,宁夏枸杞肯定被当时的宁夏地方统治阶级所独家拥有,并实行专控,促使宁夏枸杞(中宁枸杞)加快了从野生转化为人工栽培的速度,从明庆王朱栴(1378~1438年)组织编纂的宁夏第一部地方志《宣德宁夏志》(1429年)物产部分列有枸杞,(中宁当时叫鸣沙州,是明庆王朱栴护卫部队的屯区),朱栴死后(1438年)不久,1486年宁安堡建堡,堡是明代军屯管理的主要标志。15年后,在第二部明代宁夏志——明代弘治十四年(1501年)的《弘治宁夏新志》中枸杞被列为土贡。宁夏枸杞（中宁枸杞）列为贡品后，庆王府和宁夏地方政权必须每年都要朝贡。

崇祯以后，到了清初，随着宁夏屯军改为农民，宁夏从以前历代战火不断的边塞前沿到百姓安居乐业的内陆米粮之川，枸杞从朝廷专控的土贡逐渐走向需求十分旺盛的民间，激发了宁夏人民发展枸杞的积极性，枸杞种植面积不断扩大，宁夏枸杞产销两旺，出现了第一个鼎盛时期。在这个难逢的历史机遇面前，宁夏人民创造了历史奇迹，使自己精心培育的枸杞，不但仍然以名贵的中药材身份在全国独占鳌头，而且，还用中国古代科举制度最高贵的进士及第之名冠以枸杞的分级标准之名，也是在这一时期，宁夏枸杞走出国门，传到欧洲各地（清乾隆1740~1743年传入法国）。

从传统的宁夏枸杞（中宁枸杞）分为"贡果、魁元、改王、顶王、枣王、大剪6个等级。这一分级标准和等级名称一直延续到1949年。这在当时皇家集权制度下，等级森严，交通、科技、信息极不发达的社会条件下，一个来自西北边塞偏僻地方的小小红果，不但要让世人认识、认知、认可自己，而且还要淘汰野生产品和其他产地的枸杞，独占市场，形成唯一的至此一家的局面，并用朝堂官爵之名来冠一个中药材质量等级之名，若非同时具备独特的品质和卓越药效，是根本不可能做到的。

放眼全中国、全世界，也仅次一家。

清乾隆二十年（1755年）宁夏《银川小志》[1]在药材类中以唯一的评注褒扬宁夏枸杞："枸杞，宁安堡产者极佳，红大肉厚，家家种植。"当时的《中卫县志》[2]记载"各省入药甘枸杞皆宁产也"。时任中卫知县的黄恩锡诗赞"六月杞园树树红，宁安药果擅寰中，千钱一斗矜时价，绝胜腴田岁早丰。"

**本节注释**

[1]《银川小志》作者汪绎辰。书成于清朝乾隆年间,所包括的资料涉及清代宁夏全境。全书 172 页,约 7 万字,虽系民间编修,但它是清代第一部宁夏志书,其所包括的资料涉及清代宁夏全境。

[2]《中卫县志》于清道光二十一年(1841 年)出版的地方县志,共 8 册。

## 第三节 中华民国年间的枸杞组织管理

到了民国时期,宁夏枸杞已发展成为大宗商品,川、湘、鄂、粤、桂的商贩以及英国的外籍商人蜂拥而入,在宁夏或走乡串户收购或设立商铺收购,通过肩挑驴驮运往全国各地,形成的大的集散中心除中宁宁安堡外,还有陕西三原县城。

清末民初(1900~1928 年),天津的新太洋行等直接到宁夏插手收购,从水路至包头转陆路至天津,再分销广东、香港、新加坡等地,宁夏枸杞的销售市场也随之转移到了天津。

据《中宁枸杞志》记载:在清末民初,仅中宁地区就有 30 余家中药商店,平均每 10 个商店就有 1 家药铺,每一个药铺都常年经销枸杞,一般商店也把枸杞作为重点经营项目。中宁最大的商号庆泰恒在光绪三年(1877 年)开业之初就以枸杞为开本生意,后来商号开到了天津、上海、广州、香港等地,枸杞仍然是大宗经营业务。民国三年(1914 年)英商新泰兴在宁安堡南门外修建大土寨,俗称"南洋行",任记行在西门外修建大土寨,俗称"西洋行"。两行均大宗经营枸杞等土特产。到中华民国七年(1918 年)中宁地区枸杞种植面积 5000 余亩,总产量 24 万千克。

中华民国二十六年(1937 年)宁夏省政府在中宁设裕宁枸杞公

司，专营枸杞。翌年，改由宁夏银行及其内部附设的富宁商行中宁办事处经营。

中华民国三十六年（1947年）宁夏省政府出版《宁夏资源志》，记载，抗日战争以前，宁夏全省有枸杞面积540多公顷，年产34.25万千克，年输出枸杞价值50余万元。其中，中宁县就占533.3公顷、年产34万千克，中卫县年产0.25万千克。"七七事变"后，平津相继沦陷，国民经济衰败，枸杞种植再度衰落。

## 第四节　中华人民共和国成立以后的枸杞组织管理

1949年9月，宁夏解放后，枸杞有国营商店、供销社和药材公司专营。

1950年5月，宁夏省人民政府拨专款2万元扶持枸杞生产。

1951年，枸杞改有国营商业（供销社）独家经营。

1954年，宁夏枸杞由国家统购包销，中宁贸易公司为统一经营的国营商业单位。

1955年，枸杞有甘肃省医药公司银川支公司中宁推销转运组收购。

1956年，枸杞改有中国药材公司甘肃省中宁县药材公司药统一经营。

1961年，宁夏中宁县被国务院确定为枸杞生产基地县。

1962年，宁夏回族自治区人民政府第一次向银川、中卫等8市县下达种植枸杞248亩的任务指标。

1963年，中华人民共和国第二版《中国药典》明确规定宁夏枸杞的成熟果实为药用枸杞子。

1964年，国务院商务部和卫生部颁发的《五十四种中药材商品规格标准的通知》，将1949~1964年使用的特等、甲等、乙等、丙等、和等外6个等级分为一等、二等、三等、四等、五等5个验级标准。

自中华人民共和国成立以后，一直由农业部门统一负责。

1963年，宁夏中宁县首次设立枸杞生产管理站，隶属县农业局，后撤销归县农技站管理。1981年又从农技站独立出来分设。

## 第五节 改革开放以来的枸杞组织管理

1962年以前成立了"中宁县枸杞管理站"。1962年12月30日中宁县人民政府以〔62〕宁杨字第625号文件下发了恢复中宁县枸杞管理站的批文。

1983年，市场开放以后，国家把枸杞改为三类物资，再一次形成了供销社、药材公司、私营商业多渠道经营的局面。

1998年，枸杞产业主管部门由宁夏农牧厅调整为宁夏林业厅管理至今。职能管理单位经历了宁夏林业厅宁夏果树技术工作站—宁夏经济林技术推广服务中心（2006年5月）—宁夏葡萄花卉产业发展局（2012年2月）—宁夏林业产业发展中心（2014年10月）—宁夏枸杞产业发展中心（2017年2月）。

截至2017年，全区共有枸杞企业276家（其中生产企业79家，加工企业36家，流通企业55家，生产、加工、流通混合型企业106家）、专业合作社304家，家庭农场52家，专业大户240家、统防统治专业化组织84个，其他服务组织68个。

宁夏枸杞从传统的分散农耕种植和肩挑背扛的原始干果销售，拓展到现代规模化种植，标准生产，现代化营销，枸杞及其制品已经发展到干果、饮品、酒类、果酱、籽油、芽茶、保健品（糖肽）、功能性（特膳）食品、化妆品、药品10大类100余种产品。

在宁夏枸杞核心产区的规模乡镇及专业村，农民来自枸杞收入占到总收入的60%以上。

2017年，全宁夏具有有效出口资质企业48家，通过美国FDA认可认证的枸杞企业达11家以上。1~12月份枸杞及产品出口量与出口额分别达到7 305.5吨和6 105.6万美元，产品远销30多个国家和地区，出口产品主要为枸杞干果、枸杞汁、枸杞粉、枸杞籽油、枸杞酒等，其中枸杞干果占出口份额的85%以上。相继建成国家农业部枸杞工程技术研究中心、国家林业局枸杞工程技术研发中心、国家发改委"国家地方联合共建枸杞工程研究中心"等国家级研发中心和13个宁夏枸杞产业人才高地工作站等。宁夏农林科学院、宁夏林业研究院、宁夏红、百瑞源、沃福百瑞、中宁枸杞职业学院、厚生记等科研院所和枸杞企业建立了院士工作站和国家重点实验室。宁杞系列品种培育已达到宁杞10号，全国种植的枸杞品种95%以上以宁夏枸杞为主。中宁国际枸杞交易中心已成为全国枸杞集散中心，是中国枸杞交易市场的价格"风向标"，宁夏枸杞及其产品已实现全国一、二、三线城市100%全覆盖，已涌现出"中宁枸杞""宁夏红""百瑞源"等5个中国驰名商标，13个宁夏著名商标、3个国家级重点龙头企业、16个自治区级龙头企业。

宁夏已成为全国枸杞产业基础最好、生产要素最全、品牌优势最突出的核心产区。已发布的枸杞产业国家、行业、地方标准共有120余项，其中：国家标准7项（宁夏起草制定4项），行业标准15项（国家农业部11项，国家林业局1项，其他3项），地方标准99项（宁夏制定发布59项）；枸杞产业发展涉及多个厅局（单位），按照宁夏回族自治区编办核定的职能职责，宁夏林业厅主要负责产业发展规划和政策制修订、产业技术指导和新品种、新技术、新工艺的引进、试验示范和良种推广应用；协调科研院所开展品种选育和产品研发，负责全区枸杞产业技术培训、信息咨询，引导企业开拓培育市场，推动宁夏枸杞国际国内宣传推介等。宁夏科技厅负责枸杞新品种、新技术、新工艺研发，功能性成分、作用机理等科技攻关与科技研究、科技示范园区建设、科技型龙头企业打造、科技合作等。宁夏农牧厅负责农药化肥等投入品、农产品市场管理与监督、农产品品牌建设与管理以及枸杞无公害、绿色食品认定（证）等工作。宁夏工商局负责著名商标评定和商标注册管理及市场监督等工作；宁夏质检局（宁夏回族自治区市场监督管理局）负责标准发布，知名品牌评选等；宁夏出入境检验检疫局（银川海关）负责枸杞及其制品出口、出口基地建设、GAP、HACCP认证和有机认证试点等工作；宁夏经信委负责品牌、龙头企业培育壮大等工作；宁夏商务厅负责国际国内宣传推介、电商发展、企业培育等；宁夏气象局负责枸杞病虫害预测预报气象服务工作；宁夏食药监局负责食品、药品质量安全及市场监管等。

# 第十二章 枸杞文化史

## 第一节 枸杞的人本文化

枸杞作为物质与精神文化产品，无论是古籍记载、前贤研究、食用体验，抑或是神话传说、文艺创作，都始终以人为本，关爱生命，将健康长寿奉为神圣宗旨。

《神农本草经》载：枸杞子"主养命以应天，无毒，多服、久服不伤人。欲轻身益气，不老延年者"须常服枸杞。

《名医别录》载：根大寒，子微寒，无毒。主治风湿，下胸胁气，客热头痛，补内伤，大劳、嘘吸，坚筋骨，强阴，利大小肠。久服耐寒暑。

《药性论》载：枸杞，子叶同说，味甘，平。能补益精诸不足，易颜色，变白，明目，安神，令人长寿。叶和羊肉作羹，益人，甚除风，明目。若渴，可煮作饮代茶饮之。

日华子云：地仙苗，除烦益志，补五劳七伤，壮心气，去皮肤、骨节间风，消热毒，散疮肿，即枸杞也。

《开宝本草》载：味苦，根大寒，子微寒，无毒。风湿，下胸胁气，客热，头痛，补内伤，大劳嘘吸，坚筋骨，强阴，利大小肠。

《圣惠方》载：枸杞子酒，主补虚，长肌肉，益颜色，肥健人，能去劳热。

《本草蒙筌》载：枸杞，明耳目安神，耐寒暑延寿。添精固髓，健骨强筋。滋阴不致阳衰，兴阳常使阳举。谚云：离家千里，勿服枸杞，亦以其能助阳也。更止消渴；尤补劳伤。

《本草纲目》载：枸杞，补肾生精，养肝，明目，坚精骨，去疲劳，易颜色，变白，明目安神，令人长寿。

《药性解》载：枸杞子，陶隐居云：去家千里，勿食枸杞。此言其补精强肾也，然唯甘州者有其功。

《本草汇言》载：枸杞能使气可充，血可补，阳可生，阴可长，风湿可去，有十全之妙焉。

《景岳全书》载：枸杞，其功则明耳目，壮神魂，添精固髓，健骨强筋，善补劳伤，尤止消渴。

《本草经解》载：枸杞，久服坚筋骨，轻身不老，耐寒暑。

《医学衷中参西录》载：愚自五旬后，脏腑间阳分偏盛，每夜眠时，无论冬夏床头置凉水一壶，每醒一次，觉心中发热，即饮凉水数口，至明则壶中水已所余无几。唯临睡时，嚼服枸杞子一两，凉水即可少饮一半，且晨起后觉心中格外镇静，精神格外充足。即此以论枸杞，则枸杞为滋补良药

枸杞被古人奉为神秘物种，是家族、种族繁衍，传宗接代的象征。《证类本草》载："陶隐居云，俗谚云：去家千里，勿食箩摩、枸杞。"枸杞枝繁叶茂，夏秋均结果实，汁液如血，娇艳欲滴，硕果累累，采摘不断，繁殖不断，具有神秘色彩。古人从采食枸杞子的实践中认识到：枸杞子具有增强性功能，有利于生殖的神异作用，他们将人的生殖能力与枸杞硕果累累的自然繁殖能力联系到一起，在服食实践中体验到服食枸杞也确有增强性功能的效果，于是人们得出了枸杞"补益精气，强盛阴道""去家千里，勿食箩摩、枸杞"的名言。

枸杞作为家族、种族繁衍，传宗接代的神秘物种与神圣人物结下了不解之缘。《诗经·大雅·生民》是周人歌咏其始祖后稷诞生及其功德、圣迹的叙事诗。其中写到天神把枸杞这样的优良种子赐给了后稷，后稷在农田中种满了枸杞，每块田中收获的枸杞子非常多，人们挑着背着枸杞赶快送回家，回到家中就开始祭祀神灵。从《诗经·生民》诗看出，枸杞种植的历史已成为神农氏后稷诞生、传统种植农业创生、周人祭神盛典的历史传说中的一个重要组成部分。

枸杞是令人长寿，生命之树长青的象征。在古人心目中，枸杞在强身健体，益寿延年方面，是十全十美的极品、神品。这一认识源于对枸杞养生作用、药理作用及其历史文化的长期积累、实践与总结。枸杞在《神农本草经》中是"轻身益气，不老延年"的神仙服食药。明代医圣李时珍在《本草纲目》中还举例说：有一长者常服枸杞，"寿百岁，行走如飞，发白返黑，齿落更生，阳津强健"。

## 第二节 枸杞的农耕文化

枸杞生产被古人视为药食两用的神圣产业，历来很受重视，是一种高度发展的传统农业文明。

甲骨卜辞中关于殷商时期农田生产枸杞的内容颇为神圣，在商代遗址出土的甲骨文中就将枸杞与禾、麦、黍、稷、稻等农作物同样记载，殷商国王对枸杞的丰歉和有无自然灾害还要进行占卜。卜辞中还有"田""作大田"的记载，将枸"杞"与"田""作大田"联系在一起。甲骨卜辞关于枸杞的记载证实：殷商时期枸杞已属人工种植的农田作物，是一种高度发展的传统农业文明。

枸杞在社会生活中是具有特殊需求的物品，人们认为它是一种提升生命价值的神圣产业，是一种历代传承的农业文化。殷商帝王对枸杞生产非常重视。从甲骨卜辞"己卯卜行贞，王其田亡灾，在杞"的记载看，是说殷商国王在"杞""田"中占卜枸杞有无自然灾害。枸杞易遭病虫害，殷商帝王为了祈祷、预测自然灾害和农作物的丰歉，他们经常进行占卜。这种占卜活动，属于殷商时代的农业生产活动中宗教信仰与巫术文化。

西周时期，枸杞种植在农业生产中举足轻重。《诗经》歌咏枸杞的诗篇很多，如："无折我树杞""集于苞杞""言采其杞""南山有杞""在彼杞棘""隰有杞桋""丰水有芑""薄言采芑""维糜维芑"。以上各句中的"杞（芑）"字，均指现今所说的枸杞。从《诗经》对枸杞的歌咏中看出，枸杞作为一种与人健康密切相关的珍贵林木，大规模栽培种植，已成为一种农耕制度。枸杞耕作制度的产生，是农业文化的巨大进步。

《诗经》中与枸杞有关的歌咏，充分反映了周朝时期农耕文化达到的高度。《诗经·将仲子》说"无逾我里，无折我树杞"，通过诗歌反映出周朝时期有些枸杞树是栽种在自家的院子里。《诗经·四牡》通过"翩翩者鵻，载飞载止，集于苞杞"的歌咏，让人看到时飞时停的鸟不时地落在枸杞树上，说明周朝时期田野里栽种的枸杞树是很多的。《诗经·杕杜》通过"陟彼北山，言采其杞"与"王事靡盬，忧我父母"的感叹，反映出周朝农业生产中的劳役制度。《诗经·南山有台》《诗经·湛露》《诗经·文王有声》以种植的枸杞为话题比兴，歌咏宴享、庆贺、祝愿、歌颂、交际、娱乐、礼仪、宗庙祭祀、歌功颂德等宏大场面，既表现了高度发达的农耕文化，也反映了红红火火的社会文化。

《诗经·采芑》反映了周朝的农垦文化。该诗内容丰富,从枸杞种植来说,这是一首以诗歌形式记述农田开发、种植枸杞过程的史诗:种植枸杞是第一年开垦荒地,除去野草,这种田是生荒田,周人叫做"菑田"。第二年,"菑田"被称为"新田",在"新田"中种上枸杞,当年即可采摘收获。第三年,"新田"被称为"畬田",这就是种植枸杞的熟田了。

春秋战国时期,种植枸杞的农耕文化被提升到爱家爱国的高度。《左传·南蒯歌》以"我有圃,生之杞乎"比兴,记述老百姓得知南蒯将要叛乱的消息后,在与南蒯饮酒期间,即以自家园圃中种植的枸杞子为喻,唱了这支歌。老百姓以枸杞子一旦背离了养育自己的园圃,就是可鄙、可耻的背叛者为例,劝告南蒯不要叛乱。《左传·南蒯歌》将热爱自己的枸杞园子与热爱自己的祖国联系起来,将农耕文化与政治文化巧妙结合,号召大家像爱护自己的枸杞园子那样热爱自己的祖国。由此亦可看出春秋战国时期种植枸杞在人们心目中的崇高地位。

中国汉唐以后,对枸杞的栽培种植逐渐形成了一整套完整的农业耕作制度。

汉朝时期,华夏已经有了《氾胜之书》这样研究、记载农耕文化的农林专著。据《氾胜之书》记载,汉代种植林木五谷,田间作业采取"区种"的方法。"凡区种,不先治地,便荒地为之。""区田以粪气为美,非必须良田也。诸山、陵、近邑高危倾阪及丘城上,皆可为区田。""区田不耕旁地,庶尽地力。""区种"法能够充分利用荒山荒地。这种分区作畦,开沟种植的方法,便于水肥集中,为后世种植枸杞"开厢""作坑""作畦"的方法开了先河。

汉代,对枸杞的种植采摘已有研究总结。"汉代《名医别录》载:"枸杞,生常山平泽及诸丘陵阪岸。冬采根,春、夏采叶,秋采茎、实，阴干"。

唐代著名医药学家孙思邈在《千金翼方·卷第十四·种造药第六》中专门总结了前人种植枸杞的四种方法：第一种是开沟法（开圻栽苗），第二种是挖坑法（作坑栽苗），第三种是播种法（畦中撒种），第四种是束草安种法（缚草作圻布种）。从孙思邈总结的种枸杞的四种方法看，唐朝时期，枸杞耕作制度早已发展到成熟阶段，枸杞的农耕文化是中国农业文化高度发达的标志。

北宋都城开封有皇家园林"艮岳"，其中就有专门种植有参、术、杞、菊等药用植物的药园。这既是医药文化，又是园艺文化

明清二代，枸杞作为一种提升生命价值，升华生活的特殊商品进行专业生产，进行商品流通，形成了枸杞的传播文化。

## 第三节 枸杞的饮食文化

《神农本草经》载："枸杞味苦，寒。主五内邪气。热中，消渴，周痹。久服坚筋骨，轻身不老。""久服坚筋骨，轻身不老"是枸杞饮食、医药文化的最早记载。枸杞在《神农本草经》中被列为药材的"上品"，"酒渍"枸杞应是酿造枸杞酒的早期方法之一。《神农本草经·卷三》载："药性有宜酒渍者，亦有不可入汤酒者，并随药性，不得违越"。《本草拾遗》载："酒本功外，杀百邪，去恶气，通血脉，厚肠胃，润皮肤，散冷气，消忧发怒，宣言畅意。"

枸杞作为酒饮食品，文化积淀名列前茅。自古及今，名酒辈出。就历史文献记载，古代最早出现的酒名与现今酒名一直相符者，唯

有枸杞酒；没有任何一种名酒的历史能超过枸杞酒。"枸杞"作为酿酒原料名称和所酿名酒名称，从中国原始社会至今一以贯之，没有歧见与附会。所以，枸杞及枸杞酒的历史至少与中国成文史相始终。就酒文化积淀之悠久厚重而言，枸杞酒在中国名酒中名列前茅。

商周时代的枸杞饮食文化载于甲骨文、《诗经》。商周时代的枸杞是佳酿酒饮。从甲骨卜辞记载看，殷商枸杞是大田生产，产量大。殷商时期生产的枸杞主要用于酿酒，且酿酒技术非常成熟，酒业发达。殷墟酿酒遗址出土的酿酒大缸、青铜酒器就是殷人用水果、粮食进行大规模酿酒的证据。《诗经·湛露》《诗经·北山》将枸杞与酒写在同一首诗中。《湛露》记述了周王夜宴诸侯的盛况，诗歌将喝不醉不归的盛大酒宴与沾满了浓浓露水珠的晶莹透红的枸杞子树联想到一起大唱赞歌。《诗经·北山》将采摘枸杞与饮酒享乐联系在一起大发感叹。这说明，在西周时代，枸杞子生产与酒饮有关。20世纪90年代末期，在《诗经》"北山"所在的宁夏中卫香山，发现了一批新石器时代的彩陶，其中有单耳陶罐和无耳陶杯。1989年，在"北山"所在的宁夏中卫香山北麓西台乡双瘩村狼窝子坑发现了一批西周时期的青铜短剑墓群，出土遗物中有单耳陶罐、单耳陶杯、陶勺、石勺，还有一件小陶罐中盛有糜子种。对照考古发现的新石器时代酿酒遗址出土的被专家定为酒器的单耳陶罐、单耳陶杯，宁夏中卫香山、西台乡双瘩村狼窝子坑出土的上述单耳陶罐、单耳陶杯、无耳陶杯、陶勺、石勺，也应与酒饮有关。从甲骨文、《诗经》记述看，宁夏及其毗邻地区的枸杞栽培种植、酿酒食用由来已久，远早于西周时期。

秦汉时代的枸杞饮食文化载于《史记》《汉书》等史籍。秦汉时代的枸杞酒被美誉为"神仙"服食酒。秦汉前后，枸杞、枸杞酒是帝王及"神仙方士"渴求长生不老、"羽化登仙"而经常饮食服用的"神仙服食药"。成书于秦汉时期的《神农本草经》说枸杞有"轻身不老"的医药功效，其后的各种医药典籍都说枸杞是"神仙服食"的灵丹妙药，都认为常服枸杞酒能"轻身不老""羽化登仙"。汉代《淮南枕中记》说经常服食枸杞汤液可以"老者复少。久服延年，可为真人"；久服枸杞子调成的酒可以"诸疾不生"，使人成为"地仙"。"地仙"就是人间的"活神仙"。《史记》《华阳国志》记载汉武帝盛赞"枸酱"酒甘美异常。"枸酱"酒是果酒，"茅台酒"是白酒，"枸酱"酒绝非"茅台酒"。"枸"即枸杞，"枸酱"酒即是用枸杞子酿造的果酒——枸杞酒。汉代已将枸杞子酿造的美酒称为"枸酱"酒了，这说明枸杞子是酿造美酒的绝好原料，枸杞酒是汉武帝品尝过的历史名酒。

唐宋时代的枸杞饮食文化载于《四时纂要》《千金方》等史籍。枸杞酒在唐宋时代被赞誉为"返老还童"酒。唐代，枸杞是酿造养生保健酒的主要原料，用枸杞酿造的枸杞酒已被列入名牌产品，唐韩鄂编辑的《四时纂要》载有"腊酒""鹿骨酒""枸杞子酒""钟乳酒""屠苏酒"，还说"九月取枸杞子浸酒饮，令人耐老"，"十月，宜服枣汤、钟乳酒、枸杞膏、地黄煎等物，以养和中气"。唐代"药王""药圣"孙思邈在其医学宝典中把枸杞酒列为"返老还童""羽化登仙"的仙方神液。唐代《千金方》载："枸杞子逐日摘红熟者，不拘多少，以无灰酒浸之，蜡纸封固，勿令泄气。两月足，取入沙盆中擂烂，滤取汁，同浸酒入银锅内，慢火熬之。不住手搅，恐粘住不匀。候成膏如饧，净瓶密收。每早温酒服二大匙，夜卧再服。百日身轻气壮，积年不辍，可以羽化也"。"羽化"即"羽化登仙"，指传说中长生不老的神仙。

宋代以枸杞饮食为内容创作了大量优秀诗作。枸杞浑身是宝，全身无弃物。宋元时期种植枸杞，或服食枸杞果实、枸杞根茎、嫩芽、嫩叶、花朵，或将枸杞作为名酒佳肴，或将枸杞作为蔬菜、茶茗，均将其升华为一种高级饮食文化。

在陈棣的《食枸杞菊》中，他从陆龟蒙的《杞菊赋并序》联想到苏轼的《后杞菊赋并序》，说唐朝的陆龟蒙和宋朝苏东坡一度仕途不顺、生活清贫，靠吃枸杞茎叶过日子，但他们还能苦中自乐，写出了旷达处世、聊以自慰的大作！至于自己，他说："我今作掾长苦饥，一区不异耕田时。太仓红腐才五半，举家食粥宁忍炊。颓城草木迷荒榭，绿颖芳苕罗舍下。官间撷取苠春羹，未棘未莎皆不赦。三年享此似无餍，二者谁云不可兼。"《汉书·贾捐之传》载："孝武皇帝元狩六年，太仓之粟，红腐而不可食；都内之钱，贯朽而不可校。"陈棣引用"太仓红腐"之典故，感叹皇家国库之富朽，下层庶民之贫苦！

方回的《治圃杂书二十首》，从今天"初尝枸杞苗"，联想到"灯花昨夜饶"，才明白今天"初尝枸杞苗"也是昨夜灯花所报"喜事集今朝"的喜事之一，可见"枸杞苗"也确实是美味佳肴，方回竟将昨夜"灯花饶"的报喜预兆与今天自己"初尝枸杞苗"的美味联系起来，"初尝枸杞苗"之美味于此可见。

赵蕃在《食枸杞》诗中以食"杞苗"为喻，写出了人的精神境界与精神力量："谁道春风未发生，杞苗试摘已堪羹。莫将口腹为人累，竹瘦殊胜豕腹亨。"

朱翌在《与刘令食枸杞》中，高歌"我盘有枸杞，与子同一箸……更约傅延年，一饭美无度。解衣高声读，苏陆前后赋"。朱翌将一盘枸杞菜与陆龟蒙的《杞菊赋并序》、苏轼的《后杞菊赋并序》并列，可见这盘枸杞菜文化内涵之高！

陆游在《玉笈斋书事》写道："雪霁茆堂钟磬清，晨斋枸杞一杯羹。隐书不厌千回读，大药何时九转成？孤坐月魂寒彻骨，安眠龟息浩无声。"南朝梁陶弘景《真诰·甄命授》说:"道有八素真经,太上之隐书也;道有九真中经,老君之秘言也。""隐书"多指道家修炼正果、秘不示人的隐秘书籍。陆游《次韵师伯浑见寄》说:"万钉宝带知何用,九转金丹幸有闻。""九转"一般指道教修行炼制的长生不老的仙丹神药,指"九转金丹"。陆游从自己"晨斋枸杞一杯羹"的实践中,低头读书,抬头问天:"隐书不厌千回读,大药何时九转成?",他充分发挥想象,把枸杞的文化地位提升到道家羽化登仙的"九转金丹"地位。

李石在《食枸杞猫头笋》中写道:"仙狗吠林堪小摘",是说自己在枸杞园林中采摘枸杞,由此联想到"尚献一芹裨玉食,天庖回首隔重城",文学想象竟然把采食枸杞与天帝的庖厨联系起来,把枸杞的身价地位列入天帝之美食系列。

枸杞餐饮是一种健康的社会时尚。宋元以来,除服食枸杞果实、根茎外,还将枸杞嫩芽、嫩叶作为茶叶、蔬菜饮食中的名茗佳肴食用。宋代许多名人得益于枸杞的养生健体,他们以自身的体验写了很多赞颂枸杞养生益寿的诗文。从上层名流歌咏枸杞的诗文中,可以看出枸杞养生功效之好,保健身价之高,应用之广泛,文化气息之浓厚。

元明时代的枸杞饮食文化载于《饮膳正要》等史籍。元明时代的枸杞酒是宫廷御酒。在钦定13种宫廷御酒中名列前茅。据《饮膳正要·卷第三·米谷品》载:"枸杞酒,以甘州枸杞依法酿酒。补虚弱,长肌肉,益精气,去冷风,壮阳道"。

《饮膳正要·卷第二·神仙服饵》篇记载,用酒浸泡熬煎而成的枸杞酒叫"金髓煎",并说常服这种枸杞酒(金髓煎)能"延年益寿,填精补髓,久服发白变黑,返老还童"。这不但是服食枸杞对养生保健的赞美,也是以枸杞为内容的文学创作。

元代，枸杞已作为宫廷名茶饮用。元《饮膳正要》载：枸杞茶，枸杞五斗，水淘洗净，去浮麦，焙干，用白布筒净，去蒂萼、黑色，选拣红熟者，先用雀舌茶展溲碾子，茶芽不用，次碾枸杞为细末。每日空心用一匙头，入酥油搅匀，温酒调下，白汤亦可。忌与酪同食。

明太祖朱元璋的第五子周王朱橚在其《救荒本草》中说：枸杞"作羹食皆可；子红熟时亦可食；若渴煮叶作饮，以代茶饮之。"明代医药家兰茂著《滇南本草》载："枸杞尖做菜，同鸡蛋炒食，治年少妇人白带。"

曹雪芹《红楼梦》"第六十一回　投鼠忌器宝玉瞒赃　判冤决狱平儿行权"写道，柳家的忙道："……连前儿三姑娘和宝姑娘偶然商议了要吃个油盐炒枸杞芽儿来，现打发个姐儿拿着五百钱来给我。我倒笑起来了，说：'二位姑娘就是大肚子弥勒佛，也吃不了五百钱的去，这三二十钱的事，还预备的起。'"一盘"油盐炒枸杞芽儿"，寥寥数语，烘托出了两个妙龄美女的生活情趣。

清初唐甄著有《潜书》二卷。据清王闻远《西蜀唐圃亭（即唐甄）先生行略》载：唐甄"僦居吴市，仅三数椽，萧然四壁，炊烟尝绝，日采废圃中枸杞叶为饭"，一笔10个字，将一位启蒙思想家"日采废圃中枸杞叶为饭"的人生境界呈现于世人面前，也将枸杞叶的救饥、救荒作用告诉了世人。

## 第四节　枸杞的医药文化

枸杞自古被视为灵丹妙药，是养生保健，强身健体，益寿延年的极品。以枸杞为内容的医药创作，是中国医药文化中的瑰宝。

从《山海经》将枸杞子的液汁比喻为人或动物的"血液（其汁如血）"、可以调养良马（可以服马）来看，原始社会人类对枸杞的营养、药理、酿酒作用就有了认识，已引人关注，就作为酒饮、医药的原始文化载入了史籍。

原始社会，枸杞已成为人类养生保健、医疗疾病、强身健体、祈望长生不老的神奇药食两用物品。流传至今的《神农本草经》成书于战国至秦汉时期，传说源自神农氏时代，总结记载了上古以来华夏族群的医药学知识，是我国现存最早的药学专著。枸杞在《神农本草经》中被列为中药药材"木"类药品中的"上品"药。《神农四经》说：上药令人身安命延，升为天神；中药养性；下药除病。所谓"上品"药，即养命之药。服食了"上药"枸杞，就可以"升为天神"！这就是赞誉枸杞的医药文化。

西汉淮南王刘安主持编纂的《淮南枕中记》中，将服食枸杞使人轻身健体、延年益寿说成是"神仙服枸杞方"，说久服枸杞子调成的酒可以使人"诸疾不生"，使人成为"地仙"。所谓"地仙"，亦即人间之"活神仙"。1972年，湖南长沙马王堆汉墓出土了《五十二病方》，这已说明枸杞在汉代作为医疗保健品已得到高度重视，生者与逝者都想长期服用它。这是在宗教信仰文化中宣扬枸杞等药品对人类性命延续的重要性。

唐代著名医药学家孙思邈《千金要方》《千金翼方》中总结了自上古至唐代的医疗经验和药物学知识。

孙思邈把枸杞酒列为"返老还童""羽化登仙"的仙方神液。所谓"返老还童""羽化登仙",其实就是益寿延年、长生不老的代称,对枸杞与养生的关系采取了神仙文化的宣传方式。

唐代大诗人刘禹锡[1]在其《咏枸杞井》诗中说:"僧房药树依寒井,井有香泉树有灵。翠黛叶生笼石磴,殷红子熟照铜瓶。枝繁本是仙人杖,根老新成瑞犬形。上品功能甘露味,还知一勺可延龄。"该诗对枸杞的"灵丹妙药"功效用文学语言进行了神性的夸耀:说枸杞树有神灵,枸杞枝是神仙的"仙人杖",枸杞根是吉祥的"瑞犬"。枸杞子的药性是上品,是"甘露"。所谓"甘露",《老子》云:"天地相合,以降甘露。"古人认为甘露是太平瑞兆。明李时珍《本草纲目·水一·甘露》(〔释名〕)引《瑞应图》说:"甘露,美露也。神灵之精,仁瑞之泽,其凝如脂,其甘如饴,故有甘、膏、酒、浆之名。"刘禹锡说,服食枸杞就如同饮"甘露",即可"延龄",即可"羽化登仙"进入仙界了。通过《咏枸杞井》诗的拟人化夸耀,将枸杞的养生健体功效具体化了,神圣化了。

唐代大诗人白居易[2]在其《和郭使君题枸杞井》诗中说:"山阳太守政严明,吏静人安无犬惊。不知灵药根成狗,怪得时闻吠夜声。"白居易将枸杞根神化为"杞狗",说"杞狗"是"灵药",夜里还能听到"杞狗"的吠叫声,他通过民间传说将枸杞药食功效的神奇描述得活灵活现。

北宋张邦基《墨庄漫录》说:"枸杞神药也,修真之士服食多升仙。"宋金时期的著名医学家李东垣在《本草注》中也说:"淮有枸杞井,水味甘,补脏明耳目,止腰膝疼痛,固精气,圣水也。"李东垣将枸杞根浸润过的井水称之为"圣水",可见枸杞养生保健功效享誉之高。北宋道教经典《云笈七签》载:"但常以此日取枸杞菜,煮作汤沐浴,令人光泽不病。"枸杞之功效被神性化,这是枸杞医药文化的宣传特点。

明代医圣李时珍根据历代对枸杞的研究记载，在其《本草纲目》中对枸杞的养生保健功效进行了历史性的总结："枸杞使气可充，血可补，阳可生，阴可长，火可降，风可祛，有十全之妙用焉"。他在其所著《本草纲目》中筛选记载的枸杞类酒饮服食药方就有33个，这是对枸杞医药文化的重大贡献。

宋代至于明朝，社会名流以诗歌形式歌颂枸杞在医疗方面的许多神奇功效。他们认为枸杞是"神药"，具有治病、理疗、乌发、健身、长寿等神奇功用。以枸杞为对象的医药诗歌，在医药文化中是独树一帜的。

南唐沈汾撰《续仙传》云：朱孺子见溪侧二花犬，逐入于枸杞丛下。掘之得根，形如二犬。烹而食之，忽觉身轻。北宋宋张耒《赠翟公巽》诗："千年药根蟠井底，灵液浸灌通寒浆。人言枸杞精变狗，夜吠往往闻空廊。"南宋周密（1232~1298年）《浩然斋日抄》载："宋徽宗时，顺州筑城，得枸杞于土中，其形如葵状，驰献阙下，乃仙家所谓千岁枸杞，其形如犬者。"金元好问撰《续夷坚志·枸杞》载："泰和初，定陶古城崩摧。出一枸杞根，方广一尺许，作卧狗状。足尾皆具，嘴亦有细毛。上一枝直出。县（悬）外一农家得之，里社传玩。寻为县官所夺。崔君佐见此，时年十五六矣。"

《续仙传》《浩然斋日抄》及刘禹锡、白居易、苏轼、张耒等人说："千岁枸杞"其根化为"葵犬"，还能"夜吠"，被誉为"杞狗"，饮"杞狗"浸润过的井水或药酒，能使人长寿或给人治病。这种说法，是极言老枸杞根的药理作用。对"杞狗"的药理作用，西汉马王堆帛书《五十二病方》已有记载，言之不虚。

至于"千岁枸杞"根化为"葵犬"之说，源于对《山海经》"九枸"说的穿凿附会，并非真有此事，是枸杞的一种医药文化。对此，清人王士禛《香祖笔记》说得有些道理：汤调鼎，淮之清河人，顺治初进士，著《辨物志》，议论多发人神智，偶笔其记人参二则于此："隋高祖时，上党民宅后闻人呼声，求之得人参一本，根五尺余，具体人状。占者谓晋王阴谋夺宗，故妖草生。予曰非妖也，人参如人形者，食之得仙，根至五尺而具人状，盖岁久神灵之物，而上党又人参之所出。惜时无张华其人，故其物不著，而以为阴谋夺宗之应。文帝以丞相僭帝位，何尝不以阴谋得哉？"又"《元览》云：人参千岁为小儿，枸杞千载为犬子。按参以人名，伏土岁久，而具体人状，气类神灵之感，无足怪者。枸杞字不从犬，何以岁久为犬？《广韵》云：春名天精子，夏名枸杞，秋名却老根，冬名地骨皮。是枸杞特四名之一。考《山海经》：建木上有九欘，下有九枸。枸根盘错也，与犬义绝不相涉。使枸杞而为犬，天精、却老、地骨皮又何化乎？"查《山海经·海内经》记载："西南海黑水之间，有都广之野……有木，青叶紫茎，玄华黄实，名曰建木，百仞无枝，上有九欘，下有九枸，其实如麻，其叶如芒，大皞爰过，黄帝所为。"由此看来，《山海经》是说通天大树"建木"下面有九棵巨大的枸杞树，盘根错节，上面结满了密密麻麻的枸杞子。伏羲通过"建木""九枸"这架天梯登上天庭，这都是黄帝栽种下的。所以"杞狗"之说，是将枸杞的"枸"字依音附会为犬狗的"枸"音，据此而讹传为"杞狗"的神话了。其实，郭璞早就说过，"九枸"者，指"根盘错也。《淮南子（说林篇）》曰：木大则根欋。音劬》"。

关于杞狗夜吠的记载，源自狗是天狗，狗长寿，狗有九条命的民俗传说。杞狗夜吠是以老枸杞根盘根错节似狗的形象，盛赞枸杞根养生益寿的保健功用。将枸杞木植、枸杞果实、枸杞叶苗美誉为"仙人杖""王母杖""九节杖""仙人杞""神药""仙苗"等，都是盛赞枸杞浑身是宝，服食枸杞可致神仙，寿同王母。从枸杞的

**本节注释**

[1] 刘禹锡（772-842），唐代文学家、哲学家。代表作有《陋室铭》《竹枝词》《杨柳枝词》《乌衣巷》等。有"诗豪"之称。

[2] 白居易（772年-846年），唐代著名诗人，代表诗作有《长恨歌》、《卖炭翁》、《琵琶行》等。有"诗魔"和"诗王"之称。

## 第五节 枸杞的著述文化

枸杞在古人心目中是生命之树。枸杞能使人"轻身益气，不老延年"，能使人"补益精气，强盛阴道"传宗接代，能使人"诸疾不生"，成为"地仙"，能使人"返老还童""羽化登仙"。枸杞在祭祀、交际场所是礼仪的载体与象征。因此，枸杞成了信仰崇拜的占卜记录，成了文学、艺术的创作源泉与素材宝库。

### 一、甲骨文中的枸杞

枸杞是巫术占卜的对象，是祭祀、交际场所的礼仪载体。殷墟甲骨文是华夏族群成文史的最早开篇，枸杞文献有幸列入其中，与华夏成文史同步。

以枸杞为对象的甲骨文字占卜记录。殷商帝王对枸杞生产非常重视。为预测枸杞生产的丰歉与自然灾害，以枸杞为占卜对象的甲骨文字记录见载于甲骨卜辞："己卯卜行贞，王其田亡灾，在杞"等等。这类甲骨文字占卜记录，是说殷商国王在"杞""田"中占卜枸杞有无自然灾害。枸杞易遭病虫害，殷商帝王为了祈祷、预测自然灾害和枸杞等农作物的丰歉，他们经常进行占卜。这种记载于甲骨文字中的占卜记录，就是传统农业生产中最早的田野观测记载。这种田野观测记载，给后世留下了成文史中最早的枸杞等植物的宗教信仰记载与巫术活动著录。

以枸杞为贵重礼品的甲骨文字赏赐记录。殷商时期，枸杞就被视为神圣的贵重物品，殷商国王将枸杞作为贵重礼品赏赐于人。殷商武丁时期的卜辞载："癸巳卜,令登赍杞。"关于"赍杞"，《商君·汤誓》[1]载："予其大赍汝。""赍"，《说文》曰："赐也。""杞"，《尔雅·释木》载："杞，枸檵。舍人曰：句，杞也。孙曰：即今枸芑。"甲骨文名家罗振玉依据《说文解字》解释说："杞，枸杞也，从木己声"。

殷商国王用枸杞子赏赐下属，证明枸杞子在殷商时期就是殷商国王的珍贵礼品。殷墟甲骨卜辞关于"令登赍杞"的记载，这是华夏成文史中将枸杞子作为珍贵礼品进行赠送的最早文字记载，也是以枸杞为占卜对象的最早帝王实录文献。

殷墟甲骨文记载枸杞的卜辞证实，说明华夏族群认识、服食枸杞远在殷商之前。

## 二、《诗经》中写到的枸杞

《诗经》以诗歌这种文艺形式开创了歌咏枸杞的先河。枸杞是药食兼用的农林特产，是人们企盼健康长寿、寄托思想情感的载体。古人赋予了枸杞丰富的文化内涵和表现其内涵的各种文艺形式——《诗经》将枸杞与贤惠的君子、忠贞的爱情、情感的家园、力量的源泉、尊贵的场面、建功立业等精神追求、情感寄托、文化内涵紧密联系，任意比兴，纵情歌咏，创作了多篇脍炙人口的诗歌佳作。

以枸杞为媒介的礼仪交际诗歌。《诗经·湛露》将枸杞与酒写在同一首诗中。

### 《诗经·湛露》

湛湛露斯，匪阳不晞。厌厌夜饮，不醉无归。
湛湛露斯，在彼丰草。厌厌夜饮，在宗载考。
湛湛露斯，在彼杞棘。显允君子，莫不令德。
其桐其椅，其实离离。岂弟君子，莫不令仪。

旧说《诗经·湛露》是记载国王宴请诸侯时演奏的乐诗。《左传·文公四年》说："昔诸侯朝正于王，王宴乐之，于是乎赋《诗经·湛露》，则天子当阳，诸侯用命也。"宴会厅周围遍植枸杞、荆棘、乔木等树木，树木上挂满了果实，特别是枸杞树上红彤彤的枸杞子，沾满了晶莹透彻的夜露。此诗第三章以"枸杞"起兴，高歌"湛湛露斯，在彼杞棘。显允君子，莫不令德"。宴会厅中觥筹交错，宾主尽欢。诗歌将喝不醉不归的盛大酒宴与沾满了浓浓露水珠的晶莹透红的枸杞子树联想到一起，与神圣的宗庙祭祀、喝不醉不归的盛大宴饮联系在一起，赞颂君子的光明磊落，颂赞君子的好名声，使人感到枸杞子与酒成了神圣祭祀的灵魂导引，盛大宴饮的礼仪高潮，红红火火的激情象征，将周王夜宴诸侯的盛况推上了高峰。

"湛湛露斯，在彼杞棘。显允君子，莫不令德。"这四句话以种植的枸杞比兴赞誉尊贵君子的美德美名，说明周朝时期枸杞在人们的生活中享有盛誉，富含文化内涵。

《诗经·四月》以"山有蕨薇，隰有杞桋。君子作歌，维以告哀。"的吟咏表达自己内心深处的感情。

### 《诗经·四月》

四月维夏，六月徂暑。先祖匪人，胡宁忍予？
秋日凄凄，百卉具腓。乱离瘼矣，爰其适归？

冬日烈烈，飘风发发。民莫不榖，我独何害？
山有嘉卉，侯栗侯梅。废为残贼，莫知其尤！
相彼泉水，载清载浊。我日构祸，曷云能榖？
滔滔江汉，南国之纪。尽瘁以仕，宁莫我有？
匪鹑匪鸢，翰飞戾天。匪鳣匪鲔，潜逃于渊。
山有蕨薇，隰有杞桋。君子作歌，维以告哀。

歌咏者以"山有蕨薇，隰有杞桋"这两句话比兴，作为君子以"四月"这首诗歌"告哀"发誓的证据。这说明，周朝时期枸杞在人们的社会生活中享有众所周知的重要地位。

以枸杞为比兴的歌功颂德诗歌。《诗经·文王有声》是歌颂西周开国君主周文王、周武王在周朝建立过程中立下的继往开来的丰功伟绩。

## 《诗经·文王有声》

文王有声，遹骏有声。遹求厥宁，遹观厥成。文王烝哉！
文王受命，有此武功。既伐于崇，作邑于丰。文王烝哉！
筑城伊淢，作丰伊匹。匪棘其欲，遹追来孝。王后烝哉！
王公伊濯，维丰之垣。四方攸同，王后维翰。王后烝哉！
丰水东注，维禹之绩。四方攸同，皇王维辟。皇王烝哉！
镐京辟雍，自西自东，自南自北，无思不服。皇王烝哉！
考卜维王，宅是镐京。维龟正之，武王成之。武王烝哉！
丰水有芑，武王岂不仕？诒厥孙谋，以燕翼子武王烝哉！

在周族漫长的艰苦创业历程中，周族先祖始兴于西域，五帝之末扩展到大西北，最早在河西走廊的今甘肃张掖地区建立了"西周之国"。周族先祖公刘二迁于豳州，在华夏西北的原、宁、庆三州建立了古豳国。周族先祖古公亶父三迁于岐下，在今陕西岐山县周原建立了先周古国。周族先祖文王西伯姬昌四迁于丰邑，在今陕西长安县沣河西建立了先周古国。周族先祖武王姬发五迁于镐京，周武王姬发在今西安建立了周朝都城。

诗篇中心是歌颂周文王、周武王父子两代在周朝建立过程中的丰功伟绩：周文王继承前代君王功业，继续壮大力量，在周原建立了先周古国，为推翻殷商王朝奠定了坚实的基础。周武王继承父辈志向，又进一步扩展势力，终于完成了消灭殷商的统一大业。

《诗经·文王有声》最后一章以丰水（今陕西西安沣水）旁边生长的枸杞子树上接满了鲜红的累累果实作比喻，以之象征周武王创建的丰功伟业，教育人们要向伟大的周武王学习，建功立业，泽及后人与后世。由此看出，西周时代，人们已经切身感受到了枸杞子在强身健体、生命延续、国计民生方面的功能作用非常显著，所以，枸杞产业竟然成了周武王功在当代，泽及后世的功业象征！

从《诗经·文王有声》看出，歌咏枸杞成了一种高尚的文化现象。所以，孔颖达疏说："丰水是无情之物，犹以润泽而生菜为己事，况武王岂不以功业为事乎？言实以功业为事，思得泽及后人。故遗传其所以顺天下之谋以安敬事之子孙。"

《诗经·文王有声》的出人意料之处是以丰水（今陕西西安沣水）旁边生长的枸杞子树比兴，教育周武王的子孙要像枸杞子树那样永远生长茂盛，结出红艳艳的累累硕果，将周朝的江山如磐石永固。

《诗经》305篇，写到枸杞的就有10篇：《郑风·将仲子》《小雅·四牡》《小雅·杕杜》《小雅·南山有台》《小雅·湛露》《小雅·四月》《小雅·北山》《大雅·文王有声》《小雅·采芑》《诗经·大雅·生民》。不但反映了周朝的枸杞生产，而且通过诗歌这种文学创作形式，使人们在 3 000 多年之后依然看到，在西周时代，枸杞就已走红人们的物质世界与精神世界，对枸杞的歌咏唱红了当时的社会生活。

### 三、古代散文中的枸杞

以枸杞为内容的散文佳作。苏轼[2]考究陶渊明[3]《桃花源记（并诗）》的来源，以之寻找自己梦中的"桃花源"，寄托自己的真情实感。苏轼认为自己经历见闻中的南阳菊水、青城山溪枸杞水可与之相比。又以自己在颍州梦中所见的仇池与武都仇池相比，认为武都仇池堪比桃花源，可以作为自己的避世之地，故寄聊情感于斯文。

#### 《桃花源诗序》
#### （宋）苏 轼

世传桃源事多过其实，考渊明所记止言先世避秦乱来此，则渔人所见似是其子孙，非秦人不死者也。又云杀鸡作食，岂有仙而杀者乎？旧说南阳有菊水，水甘而芳，民居三十余家，饮其水皆寿，或至百二三十岁。蜀青城山老人村，有见五世孙者，道极险远，生不识盐醯，而溪中多枸杞，根如龙蛇，饮其水故寿，近岁道稍通，渐能致五味，而寿亦益衰。桃源盖此比也欤，使武陵太守得而至焉，则已化为争夺之场久矣。尝思天壤之间若此者甚众，不独桃源。余在颍州，梦至一官府，人物与俗间无异，而山川清远，有足乐者，顾视堂上，榜曰仇池。觉而念之，仇池武都氏故地，杨难当所保，余何为居之。明日以问客，客有赵令畤德麟者曰：公何为问此，此乃福地小有洞天之附庸也。杜子美盖云万古仇池穴，潜通小有天。神鱼人不见，福地语真传。近接西南境，长怀十九泉。何时一茅屋，送老白云边。他日工部侍郎王钦臣仲至谓余曰：吾尝奉使过仇池，有九十九泉，万山环之，可以避世如桃源也。

  凡圣无异居，清浊共此世。心闲偶自见，念起忽已逝。
  欲知真一处，要使六用废。桃源信不远，藜杖可小憩。
  躬耕任地力，绝学抱天艺。臂鸡有时鸣，尻驾无可税。
  苓龟亦晨吸，杞狗或夜吠。耘樵得甘芳，龁啮谢炮制。
  子骥虽形隔，渊明已心诣。高山不难越，浅水何足厉。
  不知我仇池，高举复几岁。从来一生死，近又等痴慧。
  蒲涧安期境，罗浮稚川界。梦往从之游，神交发吾蔽。
  桃花满庭下，流水在户外。却笑逃秦人，有畏非真契。

南宋理学家张栻[4]从吃枸杞与菊花切入，写了一篇阐述自己哲学思想的《后杞菊赋》。他以"杞菊"呈现中和之意象，表现物我相得的恬然自适心态，说明天、性、心三者均为天理的直接体现。

## 《后杞菊赋》
### （宋）张　栻

张子为江陵之数月，时方中春，草木敷荣，经行郡圃，意有所欣。非花柳之是问，眷杞菊之青青。爰命采掇，付之庖人。汲清泉以细烹，屏五味而不亲。甘脆可口，蔚其芬馨。盖日为之加饭，而他物几不足以前陈。饭已扪腹，得意讴吟。客有问者曰：异哉，先生之嗜此也乎？苏公之在胶西，值党禁之方兴，叹斋厨之萧条，乃览乎草木之英。今先生当无事之时，据方伯之位，校吏奔走，颐指如意，广厦延宾，毯场享士，清酒百壶，鼎臑俎裁，宰夫奏刀，各献其技，顾无求而弗获，虽醉饱其何忌！而乃乐从夫野人之餐，岂亦下取乎荁菲，不然得无近于矫激，有同于脱粟布被者乎？张子应之曰：天壤之间，孰为正味？厚或腊毒，淡乃其至；猩唇豹胎，旋取诡异；山鲜海错，纷纠莫计。苟滋味之或偏，在六府而成赘；极口腹之欲，初何出于一美！惟杞与菊，中和所萃，谓劲不苦，滑甘靡滞。非若他蔬，善呕走水。既了目而安神，复沃烦而涤秽。验南阳于西河，又颓龄之可制，此其为功，曷可殚纪。况于膏粱之习，贫贱则废。隽永之求，不得则恚。兹随寓之必有，虽约居而足恃。殆将与之终身，又可贻夫同志。子独不见吾纳湖之阴乎？雪销壤肥，其茸葳蕤，与子婆娑，薄言掇之。石铫瓦碗，啜汁咀蘱，高论唐虞，咏歌诗书。嗟乎！微斯物，孰同先生之归！于是相属而歌，殆日晏以忘饥。

以枸杞为题材的志怪小品。志怪小品是以记叙神异鬼怪故事、传说为主体内容的文学作品。枸杞在养生保健方面时创奇迹，因此枸杞也就成了志怪小品的创作对象与创作内容。历代作者通过以枸杞为题材的志怪小品，保存、宣传了关于枸杞的许多具有积极意义的历代传说和民间故事。

汉代《淮南枕中记》通过常服枸杞可延年益寿的事实，创造了一个久服枸杞可以长生不老的生动神话故事。秦汉时期传世的《神农本草经》记载："枸杞味苦，寒。主五内邪气。热中，消渴，周痹。久服，坚筋骨，轻身不老。"在西汉淮南王刘安主持编纂的《淮南枕中记》中，将久服枸杞总结为可以轻身健体、延年益寿的"神仙服枸杞方"。在此基础上，《淮南枕中记方》说经常服食枸杞汤液可以长生不老，"老者复少。久服延年，可为真人"；久服枸杞子调成的酒可以"诸疾不生"，活如"神仙"。

《淮南枕中记》为了言之有据，又根据传说，创作了一个神奇的故事：据其记载，有一人，往河西为使，路逢一女子，年可十五六，打一老人，年可八九十。其使者深怪之，问其女子曰："此老人是何人?"女子曰:"我曾孙。""打之何故?""此有良药不肯服食,致使年老不能步行,所以决罚。"使者遂问女子:"今年几许?"女曰:"年三百七十二岁。"使者又问:"药复有几种,可得闻乎?"女云:"药唯一种,然有五名。"使者曰:"五名何也?"女子曰:"春名天精,夏名枸杞,秋名地骨,冬名仙人杖,亦名西王母杖。以四时采服之,令人与天地齐寿。"使者曰:"所采如何?"女子曰:"正月上寅采根,二月上卯治服之;三月上辰采茎,四月上巳治服之;五月上午采叶,六月上未治服之;七月上申采花,八月上酉治服之;九月上戌采子,十月上亥治服之;十一月上子采根,十二月上丑治服之。但依此采治服之,二百日内身体光泽,皮肤如酥;三百日内徐行及马,老者复少;久服延年,可为真人矣"。

服食枸杞令人"轻身不老"的传说源远流长。汉代积医药前贤服食枸杞经验的《名医别录》[5]称枸杞根茎为"仙人杖""西王母杖"。李时珍在其《本草纲目》中解释说:"枸、杞二树名。此物棘如枸之刺,茎如杞之条,故兼名之。道书言:千载枸杞,其形如犬,故得枸名,未审然否? 颂曰:仙人杖有三种,一是枸杞;一是菜类,叶似苦苣;一是枯死竹竿之色黑者也。"

李时珍关于"千载枸杞,其形如犬"之解说,究其实,源自道家志怪小说《续神仙传·朱孺子》:朱孺子,永嘉安国人也。幼而事道士王玄真,居大箬岩。深慕仙道,常登山岭,采黄精服饵。一日,就溪濯蔬,忽见岸侧有二小花犬相趁。孺子异之,乃寻逐入枸杞丛下。归语玄真,讶之。遂与孺子俱往伺之,复见二犬戏跃,逼之,又入枸杞下。玄真与孺子共寻掘,乃得二枸杞根,形状如花犬,坚若石。洗挈归以煮之。而孺子益薪看火,三日昼夜,不离灶侧。试尝汁味,取吃不已。及见根烂,告玄真来共取,始食之。俄顷而孺子忽飞升在前峰上。玄真惊异久之。孺子谢别玄真,升云而去。到[3]今俗呼其峰为童子峰。玄真后饵其根尽。不知年寿，亦隐于岩之西陶山。有采捕者，时或见之。

宋黄休复根据"杞狗"传说，亦记载了一个同类的枸杞志怪小品。黄休复在其著《茅亭客话·卷九》[6]载："华阳邑村民段九者，常入山野中采枸杞根茎货之，有年矣。因于紫山脚下见枸杞一株甚大，遂斸之，根本怪异不类常者，长尺余，四茎如四足，两茎如头尾，若一兽形。持归村舍，家狗吠之不已。至夜四隅村落群狗聚而吠之，终夕不辍。不堪其喧也。迟明，妻怒，将充朝爨。群狗乃不复吠矣。休复见道书云：枸杞、茯苓、人参、薯药、术等，形有异者饵之，皆获上寿。或除嗜慾啬神抱和，则必有真灵降顾，接引为地仙尔。"

明朝时期，还有人在继续收集创作"杞狗"志怪小品。明人谢肇淛著《五杂俎 卷十一·物部》[7]载："千年枸杞，根作狗形，中夜时出游戏，烹而食之，能成地仙。""维扬一老叟常扰众酒食，一日，邀众治具，丐者数人捧二盘至，一蒸小儿，一蒸犬也。众呕哕不食。道士恳请不从，乃叹息自食之，且尽，其余分诸丐者，乃谓众曰：'此千岁人参、枸杞，求之甚难，食之者白日升天。吾感诸公延遇，特以相报，而乃不食，信乎仙分之难也。'言未已，群丐化为金童玉女，拥道士上升矣。"

甲骨文、《诗经》以来，枸杞作为大千世界亿万物种中的一个产品，其受历代名家记述、赞颂之多，推崇之高可谓空前绝后。

## 四、古代名家诗词中的枸杞

历代许多名家都喜欢种植枸杞、服食枸杞。他们得益于枸杞的养生保健作用和文化影响，又都喜欢赞颂枸杞，书写枸杞。他们以自身的体验创作了很多歌咏枸杞的传世佳作。

唐代，枸杞的益寿延年作用深入人心，服食枸杞在达官贵人、文士名流中尤为盛行。唐代大诗人杜甫、孟郊、刘禹锡、白居易、包佶、贯休等名流利用"千年枸杞根"变灵犬、枸杞又名"王母杖"的传说，创作了脍炙人口的浪漫诗文。

孟郊在《井上枸杞架》诗中利用渲染的手法，说枸杞"深锁银泉甃，高叶架云空"，一下就将枸杞"不与凡木并，自将仙盖同"的不同凡响的气势烘托了出来，为"花杯承此饮，椿岁小无穷"奠定了歌咏基础。也就是说，喝了这样"高叶架云空""不与凡木并"的枸杞仙水，人一定会长生不老，不长生不老（椿岁）还由不了你！孟郊在《怀南岳隐士》中将枸杞与高雅的归隐生活、禅茶境界联系在一起，抒发自己对高雅宁静的追寻。

刘禹锡在楚州开元寺井旁北院，看见枸杞蓊郁，触景生情，一首《七言律诗·楚州开元寺北院枸杞临井繁茂可观，群贤赋诗》成为赞美枸杞茎叶、枝形、根，历数其别名及药效的名作："僧房药树依寒井，井有香泉树有灵。翠黛叶生笼石甃，殷红子熟照铜瓶。枝繁本是仙人杖，根老新成瑞犬形。上品功能甘露味，还知一勺可延龄。"

白居易的《七言绝句·和郭使君题枸杞》更是充满了诗人丰富的想象"山阳太守政严明，吏静人安无犬惊。不知灵药根成狗，怪得时闻吠夜声。"

中国唐代后三大白话诗人之一寒山[8]为"暖腹茱萸酒，空心枸杞羹。终归不免死，浪自觅长生。"人们喝茱萸酒、枸杞羹，是为了"觅长生"，延年益寿。

皎然[9]《湛处士枸杞架歌》"天生灵草生灵地，误生人间人不贵。独君井上有一根，始觉人间众芳异。"赞美了枸杞"天生灵草生灵地"，与人间众芳相异，超凡脱俗的气质；并对湛处士幽居林泉，率性自由的生活表达了由衷的向往。

包佶[10]在《答窦拾遗卧病见寄》诗中、贯休在《送僧归天台寺》

诗中，也是将枸杞推崇为仙家之服食。

宋代许多名人养生健体得益于枸杞，他们以自身的体验写了35首（据不完全统计）赞颂枸杞养生益寿的诗文。从上层名流歌咏枸杞的诗文中，可以看出枸杞养生功效之好，保健身价之高，种植之广泛，通过歌咏枸杞提升自己的生命价值与精神追求。

宋代大诗人苏轼赞美枸杞为神药的诗作有5首之多：《小圃五咏·枸杞》《周教授索枸杞因以诗赠录呈广倅萧大夫》《七言古诗·次韵正辅同游白水山》《以黄子木拄杖为子由生日之寿》《显圣寺庭枸杞》。在《以黄子木拄杖为子由生日之寿》诗中，通过赠送枸杞拐杖，写出了"贵从老夫手，往配先生几。相从归故山，不愧仙人杞"的赞颂枸杞的诗句，将枸杞拐杖视为神仙的"仙人杖"。他在《小圃五咏·枸杞》诗中说："神药不自闭……大将玄吾鬓，小则饷我客。似闻朱明洞，中有千岁质。灵庞或夜吠，可见不可索。仙人倘许我，借杖扶衰疾。"苏轼将枸杞视为"神药""灵庞"，并将其与"朱明洞"中的"千岁"仙人联系到一起。所谓"朱明洞"，指的是传说中的秦朝安期生、汉朝朱真人、东晋葛洪之类仙人、方士寻找长生不老药、修炼太清神丹、九转金丹的洞天福地：《史记·封禅书》载："安期生，仙者，通蓬莱中，合则见人，不合则隐。"晋皇甫谧《高士传》载："安期生者，琅琊人也，受学河上丈人，卖药海边，老而不仕，时人谓之千岁公。秦始皇东游，请与语三日三夜，赐金璧直数千万"。在《七言古诗·次韵正辅同游白水山》中觉得千年枸杞成了神，能在夜晚如狗嚎叫，遮掩在遍地荆棘草木中："千年枸杞常夜吠，无数草棘工藏遮。但令凡心一洗濯，神人仙药不我遐。"

宋代大诗人陆游[1]在《七言律诗·玉笈斋书事》将枸杞作为修身养性的首选："雪雾茆堂钟磬清，晨斋枸杞一杯羹。隐书不厌千回读，大药何时九转成？孤坐月魂寒彻骨，安眠龟息浩无声。剩分松屑为山信,明日青城有使行。"他在《七言绝句·道室即事之二》中,通过对枸杞的赞美,使其人生达到了一个新的境界:"松根茯苓味绝珍,甑中枸杞香动人。劝君下箸不领略,终作邙山一窖尘。"

宋代大诗人杨万里[12]在《尝枸杞》中用白描的手法记述自己很高兴地烹调、品尝枸杞"仙苗"的过程:"芥花菘菌饯春忙,夜吠仙苗喜晚尝。味抱土膏甘复脆,气含风露咽犹香。作齑淡著微施酪,芼茗临时莫过汤。"并由此回忆起当年采摘枸杞的场景:"却忆荆淡古城上,翠条红乳摘盈箱。"杨万里将过去、现在采摘、烹调、品尝枸杞的生活场景用文学语言饱含感情地呈现出来。

元明清时期的文人们创作了10首(据不完全统计)描写歌颂枸杞的诗词,汤显祖[13]的《送艾太仆六十韵》为其代表。

从文艺鼻祖《诗经》中10首写到枸杞的诗篇,到清末民初近100首名家歌咏枸杞的诗文中可以看出,以枸杞为内容的诗文创作成为赞誉枸杞养生功效之好,保健身价之高,种植利用之广泛的生花妙笔,成为传播枸杞普世价值的文艺典范,成为表达自己真情实意的思想寄托。

### 《怀南岳隐士》

(唐)孟 郊

见说祝融峰,擎天势似腾。

藏千寻布水,出十八高僧。

古路无人迹,新霞吐石棱。

终居将尔叟,一一共余登。

千峰映碧湘,真叟此中藏。

饭不煮石吃,眉应似发长。

枫杞楂酒瓮,鹤虱落琴床。

强效忘机者，斯人尚未忘。

## 《舟中行自采枸杞子》

（宋）梅尧臣[14]

野岸竟多杞，小实霜且丹。

系舟聊以掇，粲粲忽盈盘。

助吾苦羸苶，岂必采琅玕。

自异骄华人，百金求秘丸。

昔闻王子乔，上帝降玉棺。

此焉即不免，但愿在心安。

## 《野人致枸杞青蒿》

（宋）刘 敞[15]

（押豪韵）

味薄时共笑，野人犹相高。春田有余暇，馈我杞与蒿。

酌酒谢其意，采之亦诚劳。城中多好事，过半称贤豪。

杯肴具五鼎，珠玉轻一毫。将之献门下，皆有千金褒。

何故背此计，而反从吾曹。淡泊徒自乐，膏芗未能叨。

信知老农美，颇欲耕东皋。因闲有余力，从尔观荵薅。

## 《显圣寺庭枸杞》

（宋）黄庭坚[16]

仙苗寿日月，佛界承露雨。

谁为万年计，乞此一抔土。

扶疏上翠盖，磊落缀丹乳。

去家尚不食，出家何用许。

正恐落人间,采剥四时苦。
养成九节杖,持献西王母。

黄庭坚说:他要将显圣寺庭院中的长大的枸杞根茎作为"九节杖"奉献给西王母,知"九节杖"即"仙人杖",亦即枸杞根茎拐杖。

### 《秋蔬》
### (宋)张 耒[17]

荒园秋露瘦韭叶,色茂春菘甘胜蕨。
人言佛见为下箸,芼炙烹羹更滋滑。
其余琐屑皆可口,芜菁脆肥台蒩辣。
藏鞭雏笋纤玉露,映叶乳菇浓黛抹。
已残枸杞只留柎,晚种莴苣初生甲。
南来食鱼忘肉味,久思吾土牛羊茁。
软炊一饱老有味,痛饮百壶今不说。
蒲团斋罢欠伸时,自觉少年心解脱。

### 《慈恩寺枸杞》
### (宋)李 复[18]
### (押庚韵)

枸杞始甚微,短枝如棘生。今兹七十年,巨干何忻荣。
偶以遗樵薪,遂有嘉树名。雨露养秋实,错落丹乳明。
细蔓如牵牛,半枯犹络縈。晚叶已老硬,不堪芼吾羹。
根大多灵异,岁久精气成。为取入刀圭,颓颠扫霜茎。

## 《同伯氏还乡》

（宋）胡　宏[19]

江村沙暖蒌蒿长，味比枸杞新甘香。

茁茁荻芽生近渚，紫花台菜初未尝。

白羊乌犊俱在牧，茅舍竹篱是故乡。

人生未必须富贵，万里且愿身康强。

径买官场旧醅酒，共醉春风殊未央。

## 《晴望》

（宋）杨万里[20]

愁於望处一时销，山亦霜前分外高。

枸杞一丛浑落尽，只残红乳似樱桃。

## 《和黄山谷琼芝诗韵》

（宋）易　祓[21]

千岁蟾蜍犹得仙，百年枸杞足延命。

也须点铁自成金，未信磨砖能作镜。

## 《地仙堂》

（宋）洪咨夔[22]

龟胜寺枸杞大如椽，陈日华发其根而枯，堂犹以地仙名。

地仙蜕骨归何许，独有棱花三四树。

鹿头风月夜三更，老魇吠入青云去。

该诗原题："龟胜寺枸杞大如椽，陈日华发其根而枯，堂犹以地仙名"。此数语显系原作者诗前小序。为规整全书标题，故现以小序中"堂犹以地仙名"句简化为《地仙堂》,并以此作为该诗标题。

## 《水龙吟》
### (宋)葛长庚[23]

层峦叠巘浮空,断崖直下分三井。苍苔路古,鹿鸣芝涧,猿号松岭。露浥凤箫,烟迷枸杞,绿深翠冷。笑携筇一到,登高眺远,是多少、仙家景。

长念青春易老,尚区区、枯蓬断梗。人间天上,喟然俯仰,只身孤影。世事空花,春心泥絮,此回还省。向琼台双阙,结间茅屋,坐千峰顶。

## 《自宽》
### (宋)邱一中[24]

仙都有敕到林泉,谁信祠官无俸钱。
陶醉犹能麾客去,颜饥何至乞人怜。
鹿蕉已是今无梦,枸杞曾传昔有仙。
饿死亦堪垂不朽,无缘个个珥貂蝉。

## 《枸杞井》
### (宋)蒲寿宬[25]

四时可以采,不采当自荣。
青条覆碧甃,见此眼已明。
目为仙人杖,其事因长生。
饮此枸杞水,与结千岁盟。

## 《赋枸杞》

（宋）蒲寿宬

神草如蓬世不知，壁间墙角自离离。
辛盘空苎仙人杖，药斧惟寻地骨皮。
千岁未逢朱孺子，四时堪供陆天随。
霜晨忽讶春樱熟，间摘殷红绕断篱。

## 《采枸杞子作茶饼子》

（元）黄玠[26]

流水河边见碧树，上有万颗珊瑚珠。
此疑仙人不死药，黄鹄衔子来方壶。
露犹未晞手自采，和以玉粉溲云腴。
卧听松风响四壁，未老更读千车书。

## 《秋征》

（明）肖如薰[27]

新秋呈霁色，塞草正在茸。
杞树珊瑚果，兰山翡翠峰。
山郊分虎旅，乘障息狼峰。
坐乏纡筹策，天威下九重。

**本节注释**

[1] 商君：商鞅也。《商君书》也称《商子》，现存26篇，是战国时期法家代表商鞅及其后学的著作汇编，记载了商鞅的思想言论，又称《商君》《商子》，文体多样，

议论体有《农战》《开塞》《划策》等十数篇,或先综合后分析,或先分析后综合,兼用归纳演绎,首尾呼应;有时也运用比喻、排比、对比、借代等修辞手法;《徕民》篇运用了"齐人有东郭敞者"的寓言,以增强说理的效果和形象性,说明体有《垦令》《靳令》《境内》等篇,是对秦政令的诠释;辩难体有《更法》,通过人物对话相互驳辩来阐述中心论点。司马迁录入《史记·商君列传》,用以表明商鞅的主张。

[2] 苏轼(1037~1101年),字子瞻,又字和仲,号铁冠道人、东坡居士,世称苏东坡、苏仙,眉州眉山(今属四川省眉山市)人,祖籍河北栾城。北宋著名文学家、书法家、画家,是北宋中期的文坛领袖,在诗、词、散文、书、画等方面取得了很高的成就,其文纵横恣肆;其诗题材广阔,清新豪健,善用夸张比喻,独具风格,与黄庭坚并称"苏黄";其词开豪放一派,与辛弃疾同是豪放派代表,并称"苏辛";其散文著述宏富,豪放自如,与欧阳修并称"欧苏",为"唐宋八大家"之一。苏轼亦善书,为"宋四家"之一;擅长文人画,尤擅墨竹、怪石、枯木等。有《东坡七集》《东坡易传》《东坡乐府》《潇湘竹石图卷》《古木怪石图卷》等传世。与其父苏洵、弟苏辙(1039~1112年)合称"三苏"。

[3] 陶渊明(352年或365~427年),字元亮,又名潜,私谥"靖节",世称靖节先生,浔阳柴桑(今江西省九江市)人。东晋末至南朝宋初期伟大的诗人、辞赋家。曾任江州祭酒、建威参军、镇军参军、彭泽县令等职,最末一次出仕为彭泽县令,八十多天便弃职而去,从此归隐田园。他是中国第一位田园诗人,被称为"古今隐逸诗人之宗",有《陶渊明集》。

[4] 张栻(1133~1180年),字敬夫,后改钦夫,又字乐斋,号南轩,学者称南轩先生。南宋汉州绵竹(今四川绵竹市)人,抗金主将右相张浚之子。张栻是南宋初期学者、教育家。著有《南轩先生文集》四十四卷,由朱熹编定并作序。

[5]《名医别录》,系历代医家陆续汇集,故称为《名医别录》。原书早佚。梁·陶弘景撰注《本草经集注》时,在收载《神农本草经》365种药物的同时,又辑入本书的365种药物,使本书的基本内容保存下来。主要见《证类本草》《本草纲目》等书。

[6]《茅亭客话》,宋黄休复撰。是编乃杂录其所见闻。始王、孟二氏,终于宋真宗时,皆蜀中轶事,无一条旁涉他郡。

[7]《五杂俎》是明代的一部著名的笔记著作,明谢肇淛撰。全书十六卷,说古道今,分类记事,计有天部二卷,地部二卷,人部四卷,物部四卷,事部四卷。本书是作者的随笔札记,包括读书心得和事理的分析,也记载政局时事和风土人情,涉及社会和人的各个方面,是一部名作。

[8] 寒山(生卒年不详),字、号均不详,长安(今陕西西安)人,寓居浙东天台山。唐代著名诗僧,出身于官宦人家,多次投考不第,后出家,三十岁后隐居于浙东天台山,享年一百多岁。严振非《寒山子身世考》中更以《北史》《隋书》等大量史料与寒山诗相印证,指出寒山乃为隋皇室后裔杨瓒之子杨温,因遭皇室内的妒忌与排挤及佛教思想影响而遁入空门,隐于天台山寒岩,自号"寒山"。他以桦树皮作帽,破衣木屐,喜与群童戏,言语无度,人莫能测。常至天台国清寺,与寺僧丰干、拾得为友,将寺院残余饭菜倒进竹筒,背回寒石山维持生活。他经常在山林间题诗作偈,其诗通俗,表现山林逸趣与佛教出世思想,蕴含人生哲理,讥讽时态,同情贫民。后人辑成《寒山子诗集》3 卷,《全唐诗》存诗 312 首。元代传入朝鲜、日本,后译成日、英、法文。

[9] 皎然(约 720~约 805 年),唐代诗僧,俗姓谢,字清昼,吴兴(今浙江湖州)人,谢灵运的十世孙,唐代著名诗人。在文学、佛学、茶学等方面颇有造诣。与颜真卿、灵澈、陆羽等和诗,现存 470 首诗。多为送别酬答之作。情调闲适,语言简淡。皎然的诗歌理论著作《诗式》。

[10] 包佶,唐代诗人,字幼正、润州延陵(今江苏省丹阳市)人,天才赡逸,气宇清深,心醉古经,神和《大雅》,诗家老斫(音卓,指技艺精湛、经验丰富)。

[11] 陆游(1125~1210 年),字务观,号放翁,汉族,越州山阴(今浙江绍兴)人,尚书右丞陆佃之孙,南宋文学家、史学家、爱国诗人。陆游一生笔耕不辍,诗词文俱有很高成就。其诗语言平易晓畅、章法整饬谨严,兼具李白的雄奇奔放与杜甫的沉郁悲凉,尤以饱含爱国热情对后世影响深远。词与散文成就亦高,刘克庄《后村诗话续集》谓其词"激昂慷慨者,稼轩不能过"。有手定《剑南诗稿》85 卷,收诗 9000 余首,《渭南文集》50 卷(其中包括《入蜀记》6 卷,词 2 卷)、《老学庵笔记》10 卷及《南唐书》等。书法遒劲奔放,存世墨迹有《苦寒帖》等。

[12] 杨万里(1127~1206 年),字廷秀,号诚斋。汉族江右民系。吉州吉水(今江

西省吉水县黄桥镇湴塘村)人。南宋大臣,著名文学家、爱国诗人,与陆游、尤袤、范成大并称"南宋四大家"(又作"中兴四大诗人")。因宋光宗曾为其亲书"诚斋"二字,故学者称其为"诚斋先生",一生做诗两万多首,传世作品有四千二百首,被誉为一代诗宗。他创造了语言浅近明白、清新自然,富有幽默情趣的"诚斋体"。诗歌大多描写自然景物,且以此见长。著有《诚斋集》等。

[13] 汤显祖(1550~1616年),中国明代戏曲家、文学家。字义仍,号海若、若士、清远道人。江西临川人。他不仅于古文诗词颇精,而且能通天文地理、医药卜筮诸书。在汤显祖多方面的成就中,以戏曲创作为最,其戏剧作品《还魂记》《紫钗记》《南柯记》和《邯郸记》合称"临川四梦",其中《牡丹亭》是他的代表作。这些剧作不但为中国人民所喜爱,而且已传播到英、日、德、俄等很多国家,被视为世界戏剧艺术的珍品。汤氏的专著《宜黄县戏神清源师庙记》也是中国戏曲史上论述戏剧表演的一篇重要文献,对导演学起了拓荒开路的作用。汤显祖还是一位杰出的诗人。其诗作有《玉茗堂全集》四卷、《红泉逸草》一卷,《问棘邮草》二卷。

[14] 梅尧臣(1002~1060年),字圣俞,世称宛陵先生,北宋著名现实主义诗人,宣州宣城(今属安徽)人。曾参与编撰《新唐书》,并为《孙子兵法》作注。著有《宛陵先生集》60卷等。

[15] 刘敞(1019~1068年),北宋史学家、经学家、散文家,字原父,一作原甫,临江新喻(今江西新余)人。学识渊博,尤长于史学,曾助司马光撰《资治通鉴》。欧阳修说他"自六经百氏古今传记,下至天文、地理、卜医、数术、浮屠、老庄之说,无所不通;其为文章尤敏赡"(《集贤院学士刘公墓志铭》),与弟刘攽合称为北宋二刘,著有《公是集》。

[16] 黄庭坚(1045~1105年),字鲁直,自号山谷道人,江西人。北宋著名诗人、词人、书法家,为"苏门四学士"之一,其书法之精妙,与苏、米、蔡并称"宋四家"。

[17] 张耒(1054~1114年),字文潜,号柯山,人称宛丘先生、张右史。生于北宋至和元年(1054年),殁于政和四年(1114年),享年六十一岁。他是苏门四学士之一(秦观、黄庭坚、张耒、晁补之),也是"苏门四学士"中辞世最晚而受唐音影响最深的作家。诗学白居易、张籍,平易舒坦,不尚雕琢,但常失之粗疏草率;其词流传很少,语言香浓婉约,风格与柳永、秦观相近。

[18] 李复,字履中,长安人(今陕西西安),时称潏水先生。据《宋史翼》记载,崇宁年间李复担任熙河转运使时,泾原经略使邢恕曾采纳许彦圭的策略,提出建造战车三百辆,运输船五百艘进攻西夏的灵武(今宁夏灵武),李复上书极力指出这个计划不切实际,徽宗感悟,取消了这个计划。靖康年间李复老病在家,宋高宗强起之,担任秦州知州。秦州无兵无饷,金兵破城,李复死于乱兵之中。撰有《潏水集》四十卷,已佚。

[19] 胡宏(1102~1161年),字仁仲,号五峰,世称五峰先生,建宁崇安(今福建崇安)人。南宋初期一位爱国主义和影响较大的进步思想家。著有《知言》《皇王大纪》《易外传》等。

[20] 杨万里(1127~1206年),字廷秀,号诚斋,吉州吉水(今江西省吉水县黄桥镇湴塘村)人。南宋大臣,著名文学家、爱国诗人,与陆游、尤袤、范成大并称"南宋四大家"(又作"中兴四大诗人")。因宋光宗曾为其亲书"诚斋"二字,故学者称其为"诚斋先生"。一生作诗两万多首,传世作品有四千二百首,被誉为一代诗宗。他创造了语言浅近明白、清新自然,富有幽默情趣的"诚斋体",诗歌大多描写自然景物,且以此见长。著有《诚斋集》等。

[21] 易祓(1156~1240年),字彦章,一作彦伟,又作彦祥,号山斋居士,湖南长沙宁乡县人。南宋中后期著名学者,为孝宗、宁宗、理宗三朝重臣。著有《周礼周易释义》《禹贡疆理记》《易学举隅》《周礼释疑》《汉南北军制》《山斋集》等。

[22] 洪咨夔(1176~1236年),字舜俞,号平斋,於潜(今属浙江临安县)人。南宋诗人,著有《春秋说》3卷、《西汉诏令揽钞》等。

[23] 葛长庚(1194~?),南宋道士,字白叟,又字如晦,号白玉蟾、又号海琼子,祖籍福建闽清,生于琼州,入道武夷山。善篆隶草书,所著《海琼集》,附词一卷。

[24] 邱一中(1210~1275年),字汝澄,号履常,兰溪(今属浙江)人。仕至武学博士,尝添差通判江州。

[25] 蒲寿宬,宋末元初泉州人,原籍西域。有心泉学诗稿六卷。

[26] 黄玠,浙江慈溪人,元代诗人。著有《弁山集》《知非稿》《唐诗选纂》《韵录》《弁山小隐吟录》等书。

[27] 肖如薰,字季馨,陕西延安人,明万历年间任宁夏总兵。

[28] 于右任,原名伯循(1864~1964年),陕西泾阳人,清举人。留学日本,加入中国同盟会,是民国风云人物,后去台湾,擅书法,著有《右任诗书》。

## 第六节 枸杞的民间文化

枸杞民间文化很早就在民间广为流传,但查无确切年代。这种口耳相传的民间文化,形象生动,极具生命力,比如《枸杞》:相传很远很远的地方,每次瘟疫一来,有钱人就吃一颗枸杞,没钱人把一颗枸杞含在嘴里,待瘟疫一过吐出来,下次瘟疫来了再含上,准能保全性命。这样的故事查不出最初流传产生的年代,但却在枸杞之乡耳熟能详——大凡枸杞种植户劳作时,老年人总要对年轻人常常讲起。每次讲完,还要嘱咐一句:枸杞是救命的宝贝,我们要像爱惜人命一样爱惜枸杞。

### 一、民间故事节选

枸杞民间故事逸闻传说很多,涉及枸杞由来、枸杞渊源、枸杞的传说等。

#### (一)枸杞的由来——王母施恩

最初的故事,是才貌出众的女药农杨回德行蜚声四方,传到天庭,被玉皇大帝看中,成为了母仪天下的西王母。贤德的新王母身在天庭却心系民间,发愿:"愿人间有人能代替妾身,采药行医,普救苍生。"

于是西王母来到人间寻找中意的衣钵传人。在宁夏香山之侧的清水河边,看中了一个勤劳孝悌的樵夫。化装为老妪,几度测试后,不但向其传承了衣钵,还将手中仙杖、耳垂红耳环赐予了樵夫,命他在自己别离后试种,自会得到仙药。樵夫遵嘱种下拄杖,挂上耳坠。树生果长,成为生命圣果,养生圣果。种子繁衍,渐渐生满山河两岸。于是樵夫发愿:"遵王母意愿,我将改行行医,悬壶济世,造福一方。"

### (二)枸杞溯源——龙子龙凤,天作佳缘成圣果

相传4 000多年前,卫宁平原是一片汪洋大海,海北是北海龙王辖区,海南是清河龙王辖区。二龙各司其职,执掌风雨雷电、山川水势。多年来,勤于职守,故而属地风调雨顺、丛林茂盛、风物靓丽、山清水秀,二龙相处也算和谐安宁。

天有不测风云,人有旦夕祸福。命乖时蹇,风波横生。二龙以意外事故心生间隙,相互争斗不休。幸得王母娘娘、太上老君调停,双方争战才得消弭。

一日,北海公主带着随从上山游玩,失足掉下山崖。恰逢清河公子打猎路过,救下了公主,并带其到神仙洞疗伤。公主的随从望着公主坠下悬崖,不知后来事态的发展。为逃避责任,回龙宫谎报:"公主被清河龙子抢走。"北海龙王听说后不加调查研究,就大发雷霆,即刻发兵到清河地界兴师问罪。清河龙王不明原因,一边宽慰北海龙王,一边派兵将四处找寻公子,却始终不见公子踪影。为此,北海龙王焦灼不安,以为清河龙王故意包庇,遂发兵攻打清河龙宫。七七四十九天,二龙打得难解难分,电闪雷鸣、暴雨成灾、山洪暴发,致使生灵涂炭,由此惊动了天庭。值日星官将二龙征战上奏玉皇大帝。帝大怒,令托塔天王李靖带天兵天将捉拿二龙上天庭问罪。王母娘娘知此事蹊跷,遂奏道:"请陛下息怒,待臣妾下界查清原因,再做处理不迟。"太上老君也请旨:"愿同王母娘娘一同下天界查明此案。"帝准奏。王母娘娘便和太上老君出了天宫,打算以"当

"和为贵"为宗旨解决问题。其实他们各有心思，王母娘娘在成仙之前得到过北海龙王的恩惠，而太上老君与清河龙王私交甚好，双方都有开脱二龙之意。故此商定，北海龙王由王母娘娘出面调解，清河龙王由太上老君劝解。

到卫宁地界，王母娘娘找北海龙王讲清利害关系，希望化干戈为玉帛；太上老君则劝说清河龙王"风物常宜放眼量"，应与北海握手言欢，造福苍生。正在这时，清河龙子带着北海公主从神仙洞疗伤归来，太上老君问明情况后，见公主貌若天仙，龙子英俊潇洒，真是天生的一对。与王母愿意作伐，成就北海、清和秦晋之好。龙王也知自己鲁莽行事，惹下大祸，遂至清河龙宫负荆请罪。清河龙王宽恕了北海，双方对成就公主、龙子百年和好均无异议。王母喜道："今天风和日丽，正是好日子。我和老君主婚，公子公主成婚，也顺便讨杯喜酒喝，好回天宫复旨。"

婚礼上二龙歃血为盟，愿世代相和，永葆大地安宁。其会盟之山，自此便变成了一座红土山。中宁县龙坑、跌绊沟、红石嘴便因此而得名。

回天宫前，王母娘娘把自己的红耳坠赠送给了龙女，太上老君则把自己的仙人杖送给了清河龙子。自此二龙和好，及时行雨，当地风调雨顺、百姓幸福安康、永世安宁。龙子与公主把太上老君的仙人杖和王母的红耳坠插入清河与黄河交汇的地方，来纪念他们忠贞的爱情。吸收了日精月华后，仙人杖变成了枸杞树，红耳坠变成了枸杞果，造福了一方百姓！

**(三)枸杞的得名——狗子传奇**

先秦时，黄河前套之滨的河南岸泉眼山下，有一座美丽的小村庄。青年农夫狗子打鱼归来，进入自家整洁的小院。屋门开处，美丽贤惠的妻子迎接着他。眉目传情间，取下他肩上的桨板，接过他手中的鲜鱼，殷勤而亲昵，甚是相得。他们一块侍奉着老母，日出而作，日落而息，于贫贱中也自有鱼水之欢，燕儿之乐。

但好景不长，吏胥传达衙门命令："北方游牧民族匈奴，时时侵犯边境，朝廷要筑长城以卫社稷。昭告天下，各家各户需出男丁一人，修筑万里长城！"

吏胥来到狗子家："狗子，你要出行，快整理行装吧！"

狗子夫妻难舍难分，但万般无奈，只能告别妻子老母，凄凄惶惶踏上旅途。

长城工地，服役的民夫，艰苦的劳作，日月飞逝，狗子日益憔悴的面容，渐渐白了青丝。

十余年苦役，终于服完了劳役，狗子带着复杂莫名的心绪回家。不知山河依旧，人事可非。家乡正在闹蝗灾，田园荒芜，饿殍遍野，一片萧条。近乡情更怯，不知老母、妻子境况如何，可否平安？

进得家门，恍如梦境。老母银发未白，反而转黑油亮，神采奕奕。妻子不改旧颜，宛若初嫁娘时。狗子甚为惊讶，思忖："一路所见，人皆饥馑，满脸菜色。独老母、妻子犹如天人，不敢想象。"

妻子依偎在他身边，告诉他："我那天打柴，见山崖下有一棵叶背泛白、树枝披拂的灌木，枝条上结满了红色的小果实，味道甘甜而别有滋味。俺们娘俩就靠这果子解渴充饥。日子长了，竟然容光焕发，精神抖擞，不知饥馑。"

"是嘛？"狗子心下稍稍释然。自己半信半疑服食红果半月。精神逐渐康健，白发竟然又青了。

乡人闻神果之名，纷纷讨要种子栽培，泉眼山一带渐渐长满这种树，声名远播，四方求购者络绎不绝。因无名，读书人以发现者狗妻杞氏命名："这仙果是狗子老婆杞氏发现的。不如将'狗子'的'狗'改为木旁的'枸'叫它'枸杞'吧！"

"好啊，好！"

众人赞赏，于是"枸杞"出名。

**(四)枸杞的传说——红果子嘉名传世**

枸杞因结红果，又名红果子，据说其来历与中宁红石嘴有关。

红石嘴在舟塔南麓山塬，那里土层深厚，土质肥沃，崖下是弯弯曲曲的清水河，河水源自六盘山，得天独厚以当地物候条件生长出的红果子，品质绝佳。上古时期，每年六七月，红石嘴山上枸杞子开花、结成红果，一片彩霞。但当地人谁也不敢上山采摘，因为山上有老虎镇守。

红石嘴山下住着几户穷汉，其中，李老汉养了个儿子叫李小虎。长到十七八岁时，身体健壮，力能顶牛。他看见山顶上的一片云霞，非要上去看个究竟。终于选择时机，瞒着爹妈，偷偷拿了绳子和一把大斧来到红石嘴，费了好大的劲，才爬到山顶，就碰见一只斑斓大老虎。见有人来，老虎猛扑过来，可李小虎是个傻二愣，胆大包天，加上有一身好武艺，遂身子轻轻一闪，躲过了老虎的猛扑。还未等老虎转过身来，他就手持大斧、朝老虎的脑袋狠狠地劈了下去。虽未劈着老虎，但把大树劈成了两半，老虎也给吓跑了。

李小虎的爹长年有病，夏天还行，一到数九寒天就腰不便。他没钱给老爹看病，就想到山顶上的红果子，能吃味甘，可以安慰老人。就摘了些拿回家给老爹熬汤喝。

即打了虎，又摘了红果子，爹妈自然以儿子化险为夷而高兴。小虎从包里掏出红果子让爹妈品尝。老爹品尝红果，味美而甜，不觉吃了半把。第二天，就觉得腰腿痛好多了，人也轻松了许多。李小虎一看红果子能治病，就提了个筐子到红石嘴山上去摘，然后把摘来的红果子晒干熬汤让老爹喝。喝了十多天，老爹的病就好了。于是，李小虎把剩下的红果子种到田边沟旁，几年后，那里的枸杞树连片成林，红果子挂满了枝头。来往的行人看后喜欢，有的摘几颗拿回家去种。红果子于是在中宁这块土地上传播开了，人们都用红果子治病，疗效甚佳，红果子的名声便越传越远。

**(五)枸杞的传播——东方神果的传奇**

据说大唐天宝年间，有一队西域商人从丝绸北路自河西进入灵州境内天景山下，日暮宿于客栈。见栈内有一红颜少女正在鞭笞一老者。西域胡商老大不忍，于是上前夺下少女手中皮鞭，并斥责道："大唐礼仪之邦，尊老爱幼，蜚声邻邦，似你等如此虐待老人，岂不毁了贵国声名？"

少女不悦，反诘道："我责骂自己曾孙，与你何干，无来由干涉什么？"

西域胡商瞠目结舌，不知作何回答。一旁店伙计笑了："你呀，真是个瞎眼鹰，那老妇貌似少女，已经300余岁，而老者却仅有90余岁，太奶奶打曾孙，你管得着吗？"。

而少女气犹未平，含恨道："这小子顽劣异常，不听老人良言，不肯坚持服用家传圣果枸杞。这圣果浑身是宝，春天采其叶，名为天精草，烹茶养生佳品；夏天采其花，名为长生草，炼丸药可以强身补肾；秋天采其果，名为枸杞子，延年益寿，生命佳果；冬天采其根，名为地骨皮，可以凉血除蒸，清肺降火。我家代代坚持服用此仙草仙果，才人寿月圆，香火旺盛。唯有此小子，万事不上心又心性疏懒，常不能坚持，才未老先衰，岂不可气？"。

奶奶孙子形体相貌天壤之别，哪能不让人惊诧。商人听后无语，倒对那圣果、神草产生了兴趣，遂四下采购，满载而归。枸杞从此享誉西域，声名远达欧陆。

## 二、逸闻轶事选编

逸闻轶事一词来自宋代周密《武林旧事》。逸闻是世人不太知晓的传说,轶事则是不见于正式记载的事迹。虽然是世人不太知道而感兴趣的传闻和故事,但大都事出有因,查无实处,且故事完整,首尾详备。一部分来自作者耳闻目睹,一部分是听亲友、知情者叙说大都几乎真实。因此可以备野史之用,以补史实之残缺。枸杞的逸闻轶事,不见于史册的部分,不乏这样生动而传奇的记载。

### (一)书生与枸杞

相传有一个体弱多病的书生,到终南山寻仙求道,在山中转了好几天,也没有见到神仙踪影。正在烦恼时,忽然见到一位年轻的女子正在痛骂责打一位年迈的妇人,便赶忙上前劝阻,并指责那年轻女子大逆不道行为。那女子听了,笑道:"你当她是我什么人?她是我的儿媳妇。"书生不信,转问那老妇,老妇答道:"千真万确,她是我的婆婆,今年92岁了。我是她第七个儿子的媳妇,今年快五十了。"书生看来,以枸杞为生,春吃苗、夏吃花、秋吃果、冬吃根,越活越健旺,头发也黑了,脸也光润了,看上去如三四十岁。你那几个儿媳妇看去,怎么也不像,随后便追问缘由。那婆婆说:"我是一年四季照我说的常常吃枸杞,也都祛病延年。只有这个小儿媳妇好吃懒做,不光不吃枸杞,连素菜也不大吃,成天鸡鸭鱼肉,吃出这一身毛病。"书生听了这番言语,回到家里,多买枸杞服食,天长日久,百病消除,活到八十多岁。

### (二)百岁老人李青云

四川省250岁老人李青云(中华民国十九年逝世)有一段自述:我139岁那年,还没有遇到我的老师之前,我也能轻身、健步、看来有点功夫,于是便有人怀疑我是神仙、剑客。当时我只觉得好笑,我活了139岁而能健康如恒,那是因为我40岁以后便能做到"不动心",因而心常泰然,心泰而神宁,神宁而远一切疾病,所以我既健康又快乐。50岁那年我入山采药,遇见一位老者,仿佛是不食人间烟火的。他在深山大岩之中健步如飞;我拔腿飞奔却也追不上他,过了一段时间又遇见他,于是我跪地向他求教。那位老者拿出一些野果给我,说:我不过常吃这个东西而已。接来一看,原来是枸杞子。从此我一天吃三钱,久而身轻履健,走一百里路也不疲倦,而且气力脚力都胜于常人。

李青云又名陈荫昌,籍贯不详,传说是上海或云南人,自称生于清康熙十七年(1678年)或十九年,18岁时随人入山采药,后游历陕、甘、新疆及波斯、印度、越南等地,游踪也到过岭南、河北,长江两岸各名山胜地。大约在嘉庆年间(1806~1814年)移居四川开县。生平娶妻24个(一说15个)。其人面色微黄,很有光泽,所谓泥金面容。身材高大健壮,两耳长垂若佛陀,稀稀拉拉的胡须,张口显露缺齿(自称三度换新牙又三度掉牙),说话中气足,音色亮,步履稳健。生活异于常人,不饮酒、吸烟、喝茶、吐痰,也绝不白昼睡觉。饮食定量而不拘荤素,不好厚味;每逢闲暇,便如老僧入定,昂首挺胸,两手置于膝上,岿然不动;睡时侧卧,口闭以鼻呼吸,入夜即眠,鸡鸣则起,有时面壁坐禅,可通宵达旦;因手蓄长指甲,左手常套六七寸长的小竹管保护;平时寡言少语,从不说题外之话。

开县修志时,修史者问及曾在李青云身边生活过、高龄80岁的老人黎广松。据黎广松言,李青云约在清嘉庆二十五年(1820年),来开县陈家场,来时面容似50岁左右的老人,但自称150多岁。此后,李青云请了一个叫向此阳(生于1806年)的14岁少年,让其挑药担随己走街串户,后与向之孀姊结婚。但双方无实事婚姻关系,女方仅供侍奉而已。向此阳卒于清光绪二十五年(1899年),享年93

岁，当时李尚健在。民国时期李青云两次应邀去万县讲长生之道，精髓仅一"静"字。即为人凡事不做他想，遇事简单处理，不存戒心，则自长生。四川军阀、国民革命军二十军军长杨森以之为奇，特备置全新衣帽供养李青云，并摄像放大，陈于照相馆橱窗，好事者亦争购相传。《开县志》编辑室曾征得名士胡英华先生献出的李青云照片一幅，上书"开县二百五十岁老人李青云肖像民国十六年春三月摄于万州"。李青云卒于1933年，葬于开县长沙镇狮寨村。向此阳的外孙黎广松为其料理后事。彼当年20余岁，见李之情况大致若此。

**(三) 吃枸杞长寿的功效**

明初，朱元璋分封诸子为王，使之分居要地，形同"藩镇企图"以同姓治异姓"，巩固其统治。他将24个儿子都封了亲王，其中有一位皇子被分封到宁夏为王，他就是朱元璋第十六子朱栴。

朱栴到宁夏为王期间，兴修水利，创建儒学，也确实很有作为。朱栴有一曾孙叫朱镇江，年轻时体虚多病，弱不禁风，后来他信奉佛教，想使自己的身体好起来，于是从兴庆府来到牛首山拜佛求医。他在山中寺庙中待了很长时间，身体也不见好转，有一天烦恼，下山到白马寺去游玩，走到离白马寺不远的村庄，忽见一年轻女子正在痛骂责打一年迈白胡子老人，朱镇江赶忙上前劝阻，并指责那年轻女子违背尊老道德。那女子听后，呵呵笑道："你有所不知，你当他是我什么人？他是我第四个小儿子。"朱镇江不信。老人答道："千真万确，她是我母亲，今年125岁，我是她第四个儿子，今年96岁，我的三个哥嫂都已过百岁。"朱镇江看来看去，怎么也不像，于是追问缘由。那年轻女子说道："我一年四季靠枸杞为生，春吃苗、叶，夏吃花，秋吃果，冬天把果加根皮当茶喝，结果越活越年轻。"他一看这年轻女子头发乌黑，颜面光润，肌肤细白柔嫩，看上去也就40多岁光景。她那几个儿子媳妇照她说的常年吃枸杞，看上去都很年轻，也都祛病延年，身体健壮。年轻女子对他说："这个村子的人也都坚持吃枸杞，80岁以上老人都很多，唯有这个小儿子，从小娇生惯了，养成了挑食的坏毛病，不光不吃枸杞，连素菜也不吃，成天大鱼大肉，吃出一身毛病，年纪轻轻已是老态龙钟。"朱镇江听了这番言语，恍然大悟，回到家中，坚持采食野枸杞，天长日久，身体也越来越好，气色红润，百病不生，身体健康，结果也活到90多岁。这虽然是一个传说，但枸杞抗衰延龄的功效却是古今公认的。

### (四)五福进膳，红宝贡果

塞外江南，风景如画。中卫县衙。衙役从外来报："圣旨到！"

知县率一班佐吏，从后堂涌出，跪于堂前。

太监大摇大摆，走进大堂，面对众人："圣上口谕，此番访宁夏到中卫，一路山川风景尽在眼中，山珍海味也已尽尝。今日来中卫，不要别的，就要尝尝民间盛传的枸杞长面、五福长寿菜。大家好自为之吧！"

众人送走太监，县令焦急万分，束手无策，问主簿："我到中卫数年，枸杞长寿面只是听说，也没尝过，那五福长寿菜更如何做得？"

主簿成竹在胸："好说，此地有个厨师，已一百岁，叫王长寿，年轻时曾在深山杀死两只饿狼，后来学了厨师，手艺不错。这差事就交给他吧，胡乱应付过去就得了！"

县令无奈，摊开手："只好如此吧，传王长寿！"

王长寿上堂："参拜知县大人，请问有何吩咐？"

知县皱眉，端详着王长寿："让你做碗枸杞长寿面，做道五福长寿菜，供贵人享用。做不好了，小心你的脑袋！"

王长寿无所惧："不就做碗长面，做道五福菜吗？把咱们宁安的枸杞新叶，红黄黑白紫五色枸杞采来，再准备些豆腐、木耳，一只呱呱鸡，一条黄河鸽子鱼，我自有办法。"

县衙后堂，銮驾齐备，康熙皇帝高居于八仙桌上方，一旁有大太监和县令小心伺候。

大太监："传御膳！"

百岁老翁，鹤发童颜，健步端托盘上来，将盘面点缀着鲜艳欲滴的各色枸杞的一盘五凤朝阳炖呱呱鸡、一盘红黄黑白紫五色枸杞鲜芽素菜、一盘鸽子鱼羊鱼鲜、一碗点缀有鲜枸杞的蒿籽长面，端上台面，并一一唱名。

康熙看面、菜肴，品香味，龙颜大喜，急不可耐大口饕餮。

县令谄媚地："这五福菜和呱呱鸡、羊鱼鲜所用的枸杞芽，枸杞果乃中卫特产，全身是宝，枸杞叶是天精草，唯有神仙才可以享用。枸杞蒿籽长面更是风味独特。天天食用，万岁爷比这厨师还长寿呢！"

康熙将桌面佳肴扫尽："好好，以后给寡人进贡，就这菜肴吧！"

县令为难："此菜原料都要及时采取，无法运到京城，万岁要尝，就到宁夏来吧。不过咱们的红宝枸杞果实，可以适时进贡！"

"那就以红宝为贡品吧！"康熙拍板了。

县令长出了一口气，额上渗满汗珠。

## 第七节　当代枸杞之乡作家群及主要作品

当代枸杞之乡作家群主要由宁夏中宁县枸杞之乡的一群爱好文学创作的作家组成。20世纪60年代在枸杞之乡兴起。主要作家有刘文惠（宁夏电视台专职编剧）、严光星（国家一级专业作家）、杨森林（资深媒体人）、胡歌（国防大学教授）、闫福寿、王非凡、叶光彩、苏忠深、杨炳生、田永前、王自贵、刘涧玉、王海荣、陆岩、柳风、张永祥、朱彦荣、王晓晴、白小山、陈晓希、李志宏等。

## 一、红枸杞作家群的发展历程

红枸杞作家群的形成，经历了自发和自觉两个阶段。

### （一）自发阶段

1960年，闫福寿、王非凡、宋福自发搜集整理枸杞方面的民间故事，陆陆续续在报刊上发表。

1970年，叶光彩、苏忠深等人经常在报刊上发表自己创作的枸杞诗歌。

1974年，刘文惠围绕枸杞园创作出了快板剧《枸杞红了》。剧本于1974年在刚刚复刊的《宁夏文艺》（宁夏文学期刊《朔方》前身）第一期上发表，引起宁夏文坛关注。

1975年，严光星创作了以种枸杞为故事情节的眉户戏《喜鹊桥》，由中宁基层文艺团队搬上了舞台。

1986年，刘文惠以枸杞园为背景，创作出了秦腔剧本《月难圆》，由宁夏秦腔剧团演出后大获成功，宁夏电视台录制后多次在全国各地电视台交换播出，反响热烈。

1990年，宁夏人民出版社出版了严光星作品集《红枸杞》。"红枸杞"文学引起关注，但创作者还处于朦朦胧胧的自发阶段。真正把红枸杞作为一种文学流派，自觉创作红枸杞作品，是2000年以后。

### （二）自觉阶段

2000年，中宁县文化馆主办的县办文学刊物《鸣雁》改由县文联主办，刊物正式更名为《红枸杞》，特邀知名作家、宁夏画报社总编杨森林担任名誉主编。围绕怎样打造红枸杞文艺，编辑部邀请宁夏文化界知名人士到中宁出谋划策。编辑人员到银川向著名作家张贤亮当面请教。张贤亮进行了热情具体指点，并给刊物题字。《红枸杞》刊物推出了一系列红枸杞作品，培养出了刘乐牛、白小山、王晓晴等一大批红枸杞文学新人。

2000年，《严光星红枸杞丛书》由宁夏人民出版社出版，宁夏回族自治区主席马启智在书中撰写了序文和赞扬诗，对红枸杞文学进行了充分肯定与热情鼓励。

2004年，杨森林出版了红枸杞作品集《黄土高原的"花儿"》。

2005年，闫福寿、王非凡、宋福出版了民间故事集《杞乡传奇》。

2006年以后，红枸杞创作成果显著：

1. 柳风、刘乐牛出版了红枸杞诗集；

2. 杨炳生出版了红枸杞戏剧集；

3. 田永前出版了红枸杞随笔集；

4. 王晓晴出版了红枸杞报告文学集；

5. 白小山出版了红枸杞长篇小说；

6. 陈晓希出版了红枸杞作品集；

7. 王海荣主编出版了《红枸杞历史文化丛书》《红枸杞文学丛书》。

红枸杞作家群从自发到自觉，历经半个多世纪，到2018年，加入国家、省、市级各种文艺协会的会员有50多人。文学创作还引领出了红枸杞剪纸、红枸杞扑克等艺术品种的创作。

## 二、主要作品

### (一)小说

长篇：严光星的"三天"枸杞长篇系列《天虎》《天豹》《天禅》由宁夏人民出版社出版。《大官侠》《沙湖公主》《石空大师》《黄河壮元湖》《大明宁夏贡》《西夏公主》等6部长篇小说，均以枸杞之乡为创作背景。

中篇：杨森林的《涯面子上悬挂着的两棵枸杞树》，刘警中的《骨箫》，吕振宏的《紫月》，刘钧的《杞乡魂》。

短篇：王晓睛的《木殇》，张永祥的《枸杞丛中的孤孤等》、《小木屋前的黑枸杞》，刘乐牛的《李老汉的枸杞园》，秦中全的《杞乡情缘》、《枸杞娃》，骆少卿的《红项链》。

## （二）散文

1985年，在宁夏著名剧作家刘文惠的帮助下，鸣沙乡残疾青年刘涧玉以自己的人生经历，创作了以枸杞为精神依托的散文《壬戌重克》，立即被《朔方》选登并获奖。

1988年，杨森林在人民日报出版社出版了以枸杞为题材的散文集《梦系朔方》。

2000年，陈晓波在新疆出版社出版了散文集《在生长枸杞的土地上》。

2000年以后，出版的枸杞散文集有：柳风的《茨园往事》《中宁枸杞甲天下》，吕振宏的《杞园风语》，陈晓希的《红枸杞的畅想》，陆岩的《枸杞灯》等。

## （三）诗词赋

1978年以来，红枸杞作家和杞乡文化人创作了3000多首有关枸杞的古体诗词，在国家级和省级刊物发表200余首，地（市）级刊物发表1000余首。在《诗刊》《作家》《人民文学》《朔方》等30多家省级以上刊物发表诗词作品100余首。比较有影响的有：刘警中的诗集《开花季节》，白小山、白小川的诗集《心被雨淋过》，曹骜的《枸杞赋》，陆岩的《中华杞乡赋》《中宁枸杞赋》，朱彦荣的《杞乡赋》，田永前的《中宁赋》，严光星的《枸杞颂》。

### (四)故事

朱彦荣搜集出版的枸杞故事集《中华枸杞故事集》《天香枸杞》，王海荣、田永前编著的《中宁民间文学卷》。

### (五)剧本

刘文惠以枸杞之乡为背景，创作了电视连续剧本：《黄河渡》《黄河浪》《黄河情》，杨炳生以枸杞之乡为背景，创作出版了《杨炳生戏剧集》，严光星以枸杞之乡为背景，创作出版了《严光星戏剧集》。

### (六)影视

2010年7月，在庆祝中宁荣获"全国枸杞生产基地县"50周年活动期间，枸杞之乡宁夏中宁县举行了电影《杞乡》及大型电视纪录片《中国地理标志·中宁枸杞》（由中宁与北京影视公司合拍）首映式。

### (七)动漫

2014年，中宁枸杞产业集团策划、创作动漫游戏《枸杞密码》，由该集团下属子公司宁夏中宁县广源枸杞文化旅游有限公司和中宁县鼎源网络科技有限公司具体实施。《枸杞密码》漫画版图书（上下册）中、英、阿三种文字出版，发行130多个国家。

2017年，胡歌创作出了跨千年时空跨天地空间的36集枸杞动漫文学剧本《枸杞姑娘》（枸杞仙子）。

## 三、主要作家

### (一)刘文惠：

刘文惠（1947~2002年）中宁县鸣沙人，"老三届"（1966年、1967年、1968年三届）高中回乡知识青年。从1974年创作《枸杞红了》剧本开始，到2002年去世，几十年的剧本创作，始终围绕枸杞和枸杞之乡的故事展开。先后创作了快板、小品、话剧、秦腔、电影、电视剧等多种剧本 20 多部。影响较大的有：话剧《陈三元告状》《庄稼汉》《天下第一难》，秦腔《月难圆》，小品《给枸杞园放水》，电影《枸杞缺苗的时候》，电视连续剧《黄河渡》《黄河浪》《黄河情》，20 集电视连续剧《红枸杞了》（故事梗概）。

1982 年，刘文惠创作的单本电视剧《枸杞红了的时候》通过一位勤劳善良的老茨农（枸杞种植户）被儿媳虐待，小孙子对爷爷却关怀有加的故事，讴歌了童心之美，鞭挞了不尽孝道的丑恶行为。剧情跌宕起伏，人物形象鲜明，语言生动活泼。此剧由宁夏电视台拍摄，1982 年 12 月 26 日，在中央电视台一套黄金时段播出，荣获当年全国电视剧评奖提名。

1985 年，刘文惠以枸杞之乡为背景，创作的秦腔剧本《月难圆》由宁夏秦腔剧团演出后大获成功，宁夏电视台在中宁枸杞园实地录制后，多次在各地电视台播出，反响热烈。

2000 年 10 月，刘文惠从银川返回故乡中宁，深入到枸杞之乡体验生活。历时半年，刘文惠完成了 21 集长篇电视连续剧《枸杞红了》故事梗概。2001 年 6 月，刘文惠将剧本故事梗概寄往中央电视台。中央电视台很快确定为重点拍摄剧目，并且确定了导演与刘文惠联系修改剧本。可惜刘文惠因劳累过度一病不起，于 2002 年 5 月过早地离开了人世。

**(二)严光星**

严光星（1954~），中宁县舟塔人。从 10 岁读小学四年级时，发表了第一篇作文《我爱家乡的红枸杞》，萌发了红枸杞作家梦，历经 54 年，写出了 1000 多万字的红枸杞文学作品，包括小说、散文、诗歌、戏剧、影视、纪实文学、随笔、小品、文学评论等。有两部长篇小说荣获国际炎黄文化第三届龙文化金奖，七部中短篇小说获全国大型征文特等奖和一等奖。2018 年，严光星荣获宁夏"枸杞文化传播典型代表人物奖"。

### (三)杨森林

杨森林(1956~),中宁县鸣沙人。资深媒体人,文化学者,民俗学家,作家。著有《〈文心雕龙〉与新闻写作》《笑问客从何处来——访德前后日记》等6部著作。从小在枸杞园劳作,聆听枸杞故事长大。作为文革与新时期之交的大学文科毕业生和中央党校研究生,杨森林从回乡知青、教师、记者,到宣传部公务员、宁夏画报社总编辑、阳光出版社社长、文化公司董事长,多年以枸杞为题材,创作出了一系列枸杞作品:散文集《梦系朔方》(1988年,人民日报出版社)、作品集《七彩人生》(1994年,三秦出版社)、作品集《黄土高原的"花儿"》(2004年,宁夏人民出版社)。中篇小说《悬挂在崖面子上的两棵枸杞树》,1999年在文学期刊《朔方》发表,引起文学界关注。小说以黄土高原窑洞崖面子上两棵枸杞树为线索,描写了枸杞之乡两位身怀绝技的大木匠和拳师,被迫背井离乡,依靠枸杞般顽强的生命力,求生存、思故乡的传奇故事。2018年出版了《枸杞雅集》(与曹雄合作,中国农业科学技术出版社)。

### (四)胡歌

真实姓名胡玉山,笔名胡歌(1969~),宁夏中宁人。国防大学教授,大校军衔,中央电视台讲武堂栏目授课专家。作为从枸杞之乡走出去的学者作家,秉持枸杞子药食同源可膳可医的浓浓情怀,始终关注枸杞发展,研究枸杞文化,创作枸杞诗文,充分发挥身处中国首都的区位优势,积极为枸杞在各地展销和文化宣传牵线搭桥。历时多年,创作出了36集枸杞动漫文学作品《枸杞姑娘》(又名《枸杞仙子》),集神话传说、民间故事、中医药知识、名人轶事、诗歌、民谣等于一体,将枸杞由来、种植、发展、药食功能、红动天下,进行了历史穿越与演绎,引起了社会各界的广泛关注。

## 第八节　枸杞文化艺术节（2001~2018年）

2001年8月6~9日，"中国宁夏首届枸杞节"由中华人民共和国科技部批准，宁夏回族自治区人民政府主办，宁夏农林科学院和上海实业（集团）有限公司承办，在宁夏银川召开了"枸杞及抗衰老中药国际学术研讨会"。

2002年8月18~20日，由吴忠市人民政府主办，中宁县人民政府承办，宁夏吴忠第五届（中宁）商品交易会暨"中宁第一届枸杞节"地点在中宁北街枸杞市场举办。

2003年9月9~11日，宁夏回族自治区人民政府主办，宁夏回族自治区林业局和中宁县共同承办"中国宁夏第三届暨中宁第二届枸杞节"，突出"成果展示，商品展销，招商引资，文化交流"四个重点。

2004年8月8~10日，国家林业局和宁夏回族自治区人民政府主办，宁夏回族自治区林业局、中卫市人民政府和中宁县人民政府在中宁县人民广场共同承办"中国宁夏第四届枸杞节"。

2005年8月3~5日，宁夏回族自治区人民政府主办，宁夏回族自治区林业局、招商局、中卫市人民政府和中宁县人民政府共同承办，主题为"招商、合作、开拓、发展"的"宁夏第五届枸杞节"。

2008年7月18~20日，"中国（宁夏·中宁）枸杞节"开幕式在中宁县一中广场举办。本届枸杞节在上海、广州、福州举办了三场新闻发布会，邀请韩国、德国、澳、台及外国驻华领事馆官员40多人，宁夏回族自治区党委、人大、政府、政协的领导及有关部门负责人参加。

2010年7月18~19日，宁夏回族自治区中宁县荣获"全国枸杞生产基地县"50周年，纪念大会在中宁中国枸杞博物馆西侧广场隆重举行。同时举办电影《杞乡》及大型电视纪录片《中国地理标志·中宁枸杞》首映式，中国枸杞博物开馆揭牌，中宁县出口枸杞质量安全示范区授牌，中宁国际枸杞交易中心授牌、中宁现代枸杞加工城示范园授牌仪式。

2013年9月16~20日，"中国-阿拉伯国家博览会""中国枸杞论坛暨中宁枸杞文化节"在宁夏中宁县举行：此次活动借中阿博览会正式转移到宁夏，并正式纳入"中阿博览会农业板块"的契机，以"中华杞乡、红动中国，中宁枸杞、养生天下"为主题，在新落成的宁夏中宁国际枸杞交易中心举办。9月16日，宁夏回族自治区政府邀请国家农业部、国家林业局、中科院、国家中医药管理局、同仁堂、相关院校、企业的领导、专家、学者和中阿博览会中外客商代表一起，共同在宁夏回族自治区首付银川市参加了"中国枸杞论坛"。期间，还举办了"中国枸杞产业博览会""枸杞书画摄影展""中华杞乡·枸杞美食节""招商引资签约仪式"。此次枸杞文化节的举办，让"中宁枸杞"驰名商标正式成为世界了解宁夏的一扇窗口。

2015年9月9~12日，第二届中阿博览会在宁夏召开。中宁县在银川、中宁两会场举办了"中国枸杞论坛暨中宁枸杞文化节"，邀请来自阿尔巴尼亚、埃及等国家的友好人士、全国20多个省市自治区的枸杞产业客商代表、枸杞主产区友好市县代表及相关企业代表，分别参加了"'一带一路'探寻起源地，万里行走进中宁"启动仪式和央视纪录片《杞源》开机仪式。

2016年4月15日，"首届中宁政府枸杞文化节暨南京中宁枸杞馆揭幕仪式"，在江苏省南京市秦淮区正式举办。通过4D，首次展示了枸杞与人类的结缘。

2018年6月26~28日，"枸杞产业博览会"在宁夏中宁国际枸杞交易中心举行。会议以"绿色·品牌·融合"为主题，以展示枸杞产业高质量发展成就为主线，以加强全国各枸杞产区间的交流与合作为主旨，以杞为媒，共襄枸杞产业发展大计。

## 第九节 枸杞艺术作品

### 一、枸杞歌曲

最早的枸杞民歌，应属《诗经·国风·郑风·将仲子》。这是一首爱情歌曲，多情的姑娘告诉情人：不要到我的村里来，不要折我的枸杞花，不是我不爱你，我也怕父母的责备。

唐宋时期的枸杞诗歌，大都是名家和诗人的作品。明代开始有了河湟花儿，文人作品中有关枸杞的歌曲较多，曾作过著名《朝天子·咏喇叭》的王磐（约1470~1530年），其散曲《野菜谱》就是用来歌唱枸杞的："枸杞头，生高丘，实为药饵出甘州，二载淮南谷不收，采春采夏还采秋，饥人饱食为珍馐。"。

清代乾隆年间中卫知县黄恩赐的枸杞《竹枝词》，本身就是乐府歌曲，用来传唱的。

到了现代，枸杞之乡的歌曲创作方兴未艾，尤其是进入21世纪以后，红枸杞歌曲流传盛广。2004年，王自贵作词、陆元生谱曲的《美丽的杞乡我的家》，唱红了杞乡，唱红了枸杞节：

美丽的杞乡是我的家,我的家,黄河浇开茨园的花,茨园的花,
家乡的枸杞,贡果展风华。中宁枸杞甲天下,中宁枸杞甲天下,
哎嗨哎咿呀咿得喂,哎嗨哎咿呀咿得喂,
红枸杞,枸杞红,红红的枸杞,红又红,
红红的枸杞,红出了中宁,红出了中宁我的家,我的家。

美丽的杞乡是我的家,我的家,牛首山下映彩霞,映彩霞,
家乡的枸杞,药典济华夏。中宁枸杞甲天下,中宁枸杞甲天下。
哎嗨哎咿呀咿得喂,哎嗨哎咿呀咿得喂,
红枸杞,枸杞红,红红的枸杞,红又红,
红红的枸杞,红火了神州,红火了神州大中华,大中华。

美丽的杞乡是我的家,我的家,塞上江南美如画,美如画,
家乡的枸杞,世上人人夸。中宁枸杞甲天下,中宁枸杞甲天下。
哎嗨哎咿呀咿得喂,哎嗨哎咿呀咿得喂,
红枸杞,枸杞红,红红的枸杞,红又红,
红红的枸杞,红遍了欧美,红遍了欧美亚非拉,亚非拉。

哎……
美丽的杞乡我的家!美丽的杞乡我的家!
美丽的,美丽的杞乡是我的家!我的家!

### 家乡的枸杞红了

红了,红了
红了春光,红了夏阳哟!

## 第十二章 枸杞文化史

是什么，红的这样哟千般绚丽
哎嗨哟
是什么，是什么红出了哟万种风情
那是我家乡，那是我家乡的枸杞红了！

枸杞红了，红了枸杞，
红了妹妹初恋的梦哟
红了哥哥燃烧的情哟
红了父老乡亲的期盼
哎嗨哟，哎嗨哟
红了九曲黄河的涛声哎

枸杞红了，红了枸杞
红了母亲牵绕的魂哟
红了父亲盘结的根哟
红了回汉儿女的憧憬
哎嗨哟，哎嗨哟
红了塞上江南我的家乡哎

红了 红了
红了秋色，红了冬雪哟
是什么，红的这样哟剔透晶莹
哎嗨哟
是什么，是什么红出了哟绚丽人生
那是我家乡，那是我家乡的枸杞红了！

2010年，严光星创作出版的歌词《请你共饮枸杞酒》，荣获在韩国、新加坡举办的世界中老年艺术大赛金奖。

2011年，符点作词，方芳作曲的《枸杞红了宁夏川》，曲调充满了花儿风格，高亢明亮，婉转流丽，穿云裂帛，响遏流云，具有野性的粗犷和风情。第一次由中国原创音乐家协会会员、中国原创音乐基地音乐人王月华老师倾情演唱，即躁动一时：

风光秀美艳阳天
尕妹妹住在黄河边
枸杞红来绿叶翠
美不够的家园赛江南呀
再看尕妹妹的笑脸脸
哥哥的花儿绕过云端
哎……绕过云端

风光秀美艳阳天
尕妹妹恋着黄河边
枸杞红来绿叶翠
亲不够的家园赛江南
再看尕妹妹的笑脸脸
知心的话儿飞出心尖
哎……飞出心尖

红红的枸杞红红的天
枸杞红了宁夏川
红红的光阴红火的过

红红的秧歌扭红了天

红红的枸杞红红的天

枸杞红了宁夏川

哎……红了宁夏川

随后，马令文作词、刘国民编曲的歌曲《枸杞花儿开 染红中国梦》盛行于歌坛。

2016年，吴颂今词曲，魏梓月演唱的《摘枸杞的尕妹妹》反响剧烈。

2017年，刘爱斌作词，黄金勇作曲，彭青演唱的花儿《枸杞红，盖头白》；何新南作词，李云翔作曲，林萍演唱的《枸杞红豆寄相思》；陈少杰作词，金蕊作曲的《枸杞红了》相继问世，备受欢迎。

2017年夏，宁夏枸杞产业发展中心举办"枸杞文化活动"，获奖歌曲《枸杞红了》（作词胡建国，作曲方石），花儿风格，奔放流丽，副歌变式叠句，韵味无穷，摘得桂冠：

贺兰山下黄河边

有一片望不到边的枸杞园

七月的风吹过山尖

枸杞园一天就红了一片片

花儿哟朵朵张嘴笑

红红的珍珠一串串

串串珍珠红艳艳

映红了尕妹妹的脸

枸杞红了哟

贺兰山笑了哎

枸杞红了哟

黄河边也红了……

贺兰山下黄河边

有一片望不到边的枸杞园

七月的风吹过黄河滩

枸杞园一下就映红了天

红红的果儿甜又甜

惹得那哥哥好眼馋

摘一颗枸杞尝一尝

甜水水流进心坎坎

枸杞红了哟

塞上人笑了哎

枸杞红了哟

黄河边也红了

## 二、剪 纸

红枸杞文学创作催生了枸杞剪纸作品的涌现。枸杞之乡的艺术家们通过传统民间剪纸艺术与宁夏枸杞文化、枸杞风情的融合，剪辑出了一系列枸杞民间故事剪纸艺术作品，影响较大的有百米剪纸长卷《贡果图》、系列故事《枸杞传奇》、剪纸作品集《宁夏华彩——枸杞乐章》。

### (一)百米长卷《贡果图》(见彩图)

百米长卷《贡果图》是宁夏中宁一家红枸杞文化传媒完成的巨幅剪纸：以传统剪纸为载体，反映了枸杞的历史文化，记录了枸杞原产地茨农的生活史和奋斗史。共有10卷，既纵向反映枸杞起源地的栽培发展历史，又从野生、种植、工具、文化、生活、食用、药用等方面，横向记录了枸杞园艺和产品的演进创新——枸杞从山崩海啸中走来、枸杞从华夏经典中走来、枸杞从千古神话中走来、枸杞从音韵文化（诗词曲赋）中走来、枸杞从宴乐饮食文化中走来及枸杞海陆路丝绸之路走向世界。场景繁复，大气磅礴，精工描绘，荡气回肠。

撰写、构图、剪纸历时5年。参与者创作者多达20多人。主编田永前，策划严光星，书法余今晓、周宗武等。

**(二)《枸杞传奇》剪纸被瑞士苏黎世大学植物园图书馆收藏**

2015年7月，一位就读于瑞士苏黎世大学民族植物学专业的博士返校时，中宁县红枸杞作家王自贵将自己编著的《神奇的宁夏枸杞》一书赠予他。博士回校后给王自贵传来微信说：他的导师、世界知名民族植物学家Caroline Weckerle教授看到《神奇的宁夏枸杞》书中有关枸杞剪纸插图和枸杞传统故事，询问能否选择几个枸杞故事用剪纸形式表现出来，用于科学研究？王自贵与文友陆元生、王鑫、李振宇、于登和等一起协商，由王自贵等撰写画稿文字，李振宇、于登和俩人将画稿绘制成画，中宁县文化馆工作人员杨月凤、赵闯二人帮助在中宁县范围内寻找民间剪纸艺人，开始了《枸杞传奇》剪纸创作。最后由剪纸艺人李淑英、李秀英姐妹俩承接了剪纸工作。2016年10月，由9个枸杞民间传统故事组成的70副《枸杞传奇》剪纸作品装裱结束，共创作4套，配置中英文文字说明各2套。2016年11月，瑞士苏黎世大学收到捐赠的作品后，随即对作品进行整理和收藏。2018年2月27日~5月14日，《枸杞传奇》剪纸作品在苏黎世大学植物园科普平台进行了主题展览，Caroline Weckerle教授亲自向公众介绍枸杞及枸杞剪纸故事。该作品收藏于苏黎世大学植物园图书馆用于科学研究。

**(三)剪纸作品集《宁夏华彩——枸杞乐章》**

2018年6月,朱彦荣、朱彦华挑选了枸杞故事中183个有代表性的故事,组织剪纸艺人,创作了枸杞剪纸作品集《宁夏华彩——枸杞乐章》,由黄河出版传媒集团宁夏人民出版社出版。故事生动,剪纸独到,制作精美,配以中英文。

**(四)伏兆娥的《摘枸杞》**

伏兆娥,女,宁夏海源人,著名民间传承剪纸艺术家,中华剪纸促进会会员,中国工艺美术家协会会员,宁夏民间文艺家协会副主席兼剪纸协会副会长,宁夏首届民间工艺美术大师。其父喜欢画画,母亲热衷剪纸。耳濡目染让伏兆娥受益匪浅,从小热衷于剪纸。

## 三、绘 画

枸杞之乡的画作起步很早,但真正留下来的不多。最早发现的是中华民国二十三年(1934年)在枸杞之乡民间收藏的一个纸糊的装枸杞干果的坛子外壁上面:枸杞之乡的妇女带着幼儿在枸杞园里采摘枸杞。

20世纪80年代以后,枸杞画作在枸杞之乡逐渐形成规模。代表性画家有时平太、赵闯、施立祥、杜宁旭等。

**(一)时平太的枸杞画**(见彩图)

时平太(1957~),宁夏中宁县人。1982年,宁夏大学美术系毕业。历任中宁县文化局办公室主任、中国枸杞博物馆馆长、文物所所长。2016年退休以后,自费到北京中央美术学院宗教绘画高研班学习。2017年,又转到中央美术学院山水高研班学习。枸杞画作别具一格:2014年5月创作的杞乡特色山水人物画《王母耳坠图》,获宁夏红动中国画展大赛二等奖。2017年创作的水墨画作《润物细无声》,被国家新长城组委会评为金奖并铭刻在八达岭新长城上。2018年在中央美院创作的山水画《贺兰山下枸杞红》,被学院选为优秀作品入展。2018年创作的山水画《中国枸杞之乡·六月红图》,被宁夏回族自治区文化和旅游厅选征,悬挂在银川河东机场贵宾大厅。

**(二)施立祥的《红枸杞》系列**(见彩图)

施立祥,男,1958年生,中宁县白马人,宁夏美术家协会会员,中卫市美术家协会会员,中宁县美协副主席,红枸杞画派画家,主要以家乡枸杞为创作题材,绘制了许多栩栩如生的枸杞画作。

**(三)赵闯的枸杞画**(见彩图)

赵闯,笔名雨山,中宁县文化馆馆长,红枸杞画派画家。从事美术创作30余年,参加全国、省、市各类美术展览40多次,获各类奖项20多次。先后为中国枸杞馆创作枸杞壁画《杞园聚贤图》,中国枸杞博物馆创作壁画《深山问杞图》,为多家枸杞企业展馆专题创作枸杞题材美术作品。获"中宁枸杞文化贡献奖"和"中宁县杞乡英才——文化名人"称号。宁夏美术家协会理事,中卫市美术家协会名誉主席。

**(四)杜宁旭的枸杞画**(见彩图)

杜宁旭,男,宁夏美术家协会会员,中卫市美术家协会会员,中宁县美协副主席,中宁中学美术教师,红枸杞画派画家。杜宁旭在自己画枸杞画作的同时,教学生画枸杞画。

# 主要参考文献

[1] 杨继国,胡迅雷.中国地域文化通览·宁夏卷[M].北京:中华书局,2014.

[2]吴天墀.西夏史稿[M].南宁:广西师范大学出版社.2006.

[3]胡忠庆.枸杞优质高产高效综合栽培技术[M].银川:宁夏人民出版社,2004.

[4]胡玉冰.万历·朔方新志[M].北京:中国社会科学出版社,2015.

[5]李沛.宁夏通志·农业卷[M].北京:方志出版社,2009.

[6]白寿宁.宁夏枸杞研究:上下册[M].银川:宁夏人民出版社,1999.

[7]周兴华,周小娟.枸杞史话[M].银川:宁夏人民出版社,2009.

[8]曹有龙,何军.枸杞栽培学[M].银川:黄河出版传媒集团阳光出版社,2013.

[9]姜涛,主编.[北魏]郦道元.水经注[M].北京:线装书局,2016.

[10][唐]孙思邈.千金方.健康大学堂编委会,编著[M].石家庄:河北科学技术出版社,2013.

[11]胡玉冰.正统·宁夏志[M].北京:中国社会科学出版社,2015.

[12][清]朱亨.乾隆盐茶厅志.李有成,主编.[M].银川:宁夏人民出版社,2007.

[13][清]张金成,修.[清]杨浣雨,纂.乾隆宁夏府志:上下册[M].陈明猷,点校.银川:宁夏人民出版社,1992.

[14][后魏]贾思勰.齐民要术选读本[M].北京:农业出版社,1961.

[15]胡汝砺,编.[明]管律,重修.嘉靖宁夏新志[M].陈明猷,校勘.银川:宁夏人民出版社,1982.

[16][清]黄恩锡,编纂.[清]郑元吉,修纂.中卫县志[M].宁夏中卫市县志编纂委员会,点注.银川:宁夏人民出版社,1990.

[17]白永金,苏忠深.中宁诗词纂·三百首,宁夏回族自治区中宁史志办公室,宁新出管字,1999.

[18]苏忠深.中宁枸杞志[M].银川:宁夏人民出版社,1994.

[19]闫福寿,王非凡,宋福.杞乡传奇[M].银川:宁夏人民出版社,2005.

[20]安巍,石志刚.枸杞栽培技术[M].银川:宁夏人民出版社,2005.

[21]石志刚,杜慧莹,门惠芹.枸杞种质资源——描述桂法和数据标准[M].北京:中国林业出版社,2012.

[22]曹有龙,石志刚.宁夏枸杞标准化规范生产技术[M].银川:黄河出版传媒集团阳光出版社,2014.

[23]董峰,刘欣,曹有龙.宁夏农业综合开发大果枸杞(宁杞3号)栽培技术[M].银川:宁夏人民出版社,2006.

[24]曹有龙,巫鹏举.中国枸杞种质资源[M].北京:中国林业出版社,2015.

[25]闫福寿.宁夏枸杞[M].银川:宁夏人民出版社,1959.

[26]秦国峰,王培蒂.枸杞[M].银川:宁夏人民出版社,1978.

[27]李润淮.枸杞高产栽培技术[M].北京:中国盲文出版社,2000.

[28]钟铥元.枸杞高产栽培技术[M].北京:金盾出版社,2000.

[29]安巍.枸杞规范化栽培及加工技术[M].北京:金盾出版社,2005.

[30][苏联]A.保雅柯娃.中亚和中国产红果枸杞属植物的种类[M].北京:科学出版社 1950.

[31]李清亚.枸杞子的保健功能与药用便方[M].北京:金盾出版

社,2001.

[32]王作生.枸杞养生[M].青岛:青岛出版社,2010.

[33]王自贵,王鑫.神奇的宁夏枸杞[M].北京:中国文化出版社,2007.

[34]朱彦荣,朱彦华.中华枸杞故事[M].银川:黄河出版传媒集团宁夏人民出版社,2010.

[35]李锋.枸杞病虫害可持续调控技术[M].银川:黄河出版传媒集团阳光出版社,2012.

[36]刘静.宁夏枸杞气象研究[M].北京:气象出版社,2003.

[37]杨森林,曹雄.枸杞雅集[M].北京:中国农业科学技术出版社,2018.

[38]蒋兴民.宁夏枸杞[M].银川:黄河出版传媒集团宁夏人民出版社,2010.

[39]杨月凤,田永前.杞乡老照片[M].银川:黄河出版传媒集团阳光出版社,2013.

# 后 记

枸杞是宁夏的地域符号、特色产业、文化品牌。2015年，宁夏回族自治区党委、人民政府作出"再造宁夏枸杞产业发展新优势"战略部署，发布了《再造宁夏枸杞产业发展新优势规划（2016—2020年）》（以下简称《规划》），提出了"基础研究、良种培育、基地建设、精深加工、品牌建设、文化引领"六个主攻方向。在《规划》制订过程中，针对当时宁夏枸杞产业发展现状和制约宁夏枸杞产业发展的瓶颈及外部压力，宁夏枸杞产业主管部门在向有关专家学者、枸杞生产经营主体等征询再造宁夏枸杞产业发展新优势的意见建议过程中，大家纷纷反映：宁夏枸杞产业现代化发展已初具规模，但枸杞质量安全体系建设和品牌打造、文化引领等方面仍有待于进一步加强，尤其是对宁夏枸杞起源、历史沿袭、文化传承等方面，需要进行系统的研究。文化是产业的灵魂，枸杞产业的现代化发展离不开文化的引领。

改革开放40年来，枸杞种植面积由宁夏向外迅速扩张，青海、甘肃、新疆等地区的枸杞发展经历了从无到有或从少到多的快速发展历程，并拥有了一些地理标志产品和具有自主知识产权的企业商标，宁夏枸杞一家独大的辉煌业绩已成为历史，国内多个产区打出"中国枸杞之乡"的牌号。一些产区、部分企业都在标榜"唯我正宗"，"各唱各的调，各吹各的号"。枸杞业界对枸杞品质、功效说法也各异，大有唯我正宗之势。枸杞市场杂音很多，市场营销各自为战,竞相低价竞争。个别产区、企业相互攻击,都说自己是枸杞的原产地,自己的枸杞最正宗,再加上一些专家学者把《中华药典》中阐述的"宁夏枸杞"解释成宁夏枸杞种的言论,违背了中医药学道地性,导致宁夏枸杞产品名称与宁夏枸杞种名混淆不清,误导消费者对枸杞子(药用枸杞产品)形成错误认知,宁夏枸杞史料记载的唯一正宗源头受到质疑,给整个枸杞行业持续健康发展带来了严重影响。

2017年,宁夏回族自治区人民政府授权宁夏枸杞产业发展中心,向原国家工商总局申报"宁夏枸杞"地理标志证明商标。在申报过程中,收集挖掘了许多史料及文献,先后走访了核心产区、主产区枸杞种植户、企业及枸杞科研、枸杞文化、中医研究院、考古等领域的专家学者。虽然获取了宁夏枸杞不但是唯一人工驯化栽培近千年的枸杞物种,而且还是唯一经过4 000余年人类繁衍验证的唯一入药枸杞的有力证据,但同时也发现现存的史料、文献缺乏对枸杞的起源和宁夏枸杞道地产区、历史沿革、文化传承等的系统描述,大多是父授子承,口口相传,零散的存在于民俗、民风中。大家一致建议:深度挖掘枸杞起源、文化传承和历史演变等,理清脉络,筑牢话语权。全面解析宁夏枸杞的历史传承和产业优势,全方位挖掘和展示宁夏枸杞文化,不断提升宁夏枸杞品牌形象和产品形象。亟须编纂一部涵盖枸杞历史渊源、成分价值、药用食用、文化内涵、科研发展等内容的史料类书籍。以此为宁夏枸杞道地产区的历史地位和品质优势正名,尽快改变目前"种的是宁夏枸杞的品种,栽的是宁夏培育的种苗,推广的是宁夏研发集成的技术,大部分以宁夏枸杞之名销售,却还诋毁宁夏枸杞声誉"的现象。同时,也为国内外研究枸杞的专家学者提供一部权威性著作。

编纂《枸杞通史》动议于2016年,始于2017年。2017年经宁夏回族自治区林业厅党组会议研究同意,开展此项工作。同年12月

# 后　记

20日，时任宁夏回族自治区党委常委、人民政府副主席的马顺清和宁夏回族自治区人民政府副主席王和山同志，共同主持召开"自治区推进枸杞产业持续健康发展"专题会议，把《枸杞通史》编撰作为今后十二项工作中的第十项任务（政府专题会议纪要2017年·第113期），要求于2018年7月底完成《枸杞通史》。时任宁夏回族自治区林业厅党组书记、厅长马金元同志，副厅长平学智同志和陈建华同志，高度重视此项工作，多次组织会议，听取宁夏枸杞产业发展中心专题汇报，对编纂工作作出具体指示。2018年2月，经公开招标，由宁夏阳光季节文化传媒有限公司中标，承担此项任务。为高质量完成编撰任务，特邀请袁汉民（农业科学家、研究员）、李后魂（绿化专家、昆虫学博士、教授、博导）、王英华（中医药专家、研究员）、吴忠礼（地方史专家、研究员）、鲁人勇（地方史专家、研究员）、汪一鸣（地理专家、研究员）、刘炜（农作物遗传育种专家、研究员）、王毅（主任医师）、李生滨（教授）、严光星（一级作家）、漠月（一级作家）、马晖（副研究员）、陈浪（辞书编辑）等人为顾问，指导编纂工作。由杨森林（资深媒体人、文化学者、作家）任主编，曹有龙（枸杞专家、博士、研究员）、周兴华（考古专家、历史学者）任副主编，拟定编纂框架提纲，经反复征求各方面专家学者意见，几经推敲修改，最终确定了具体编写大纲。聘请了曹有龙（枸杞专家、博士、研究员）、周兴华（考古专家、历史学者）、胡忠庆（枸杞专家、教授）、秦垦（枸杞专家、研究员）、李锋（研究员）、李惠军（枸杞产业管理专家）、祁伟（教授）、曹雄（文化学者）、袁海静（副研究员）、赵建华（副研究员）、周晓娟（高级工程师）、王自贵（企业家、红枸杞作家）、王鑫（枸杞企业家）、姚入宇（外籍博士）、杨昊（工学硕士）、尹德相（韩国枸杞专家、研究员）等国内外专家学者承担各章节编纂和整部书稿的文字统筹任务，安排布署了编纂进度。

编纂人员认真搜集查阅大量史志文献、古诗词以及国内外枸杞产地的详细资料，无数次文字打磨，形成一、二、三稿后，征求了宁夏回族自治区林业厅原党组书记、厅长孙长春同志、马金元同志、副厅长王洪界同志及时任宁夏回族自治区林业厅副厅长平学智同志、陈建华同志以及宁夏中医研究院王英华教授等领导和枸杞行业知名专家、学者的意见建议，经反复酝酿和吸纳意见后形成第四稿。宁夏枸杞产业发展中心又组织力量对第四稿各章节、段落的内容逐章逐节进行仔细审读，提出了全面修改意见，于2018年3月形成第五稿后，提前送呈相关专家及枸杞企业界和枸杞文化界人士审阅。2019年5月23日，宁夏林业和草原局党组成员、总工程师徐忠同志主持召开《枸杞通史》书稿审读会，采取现场评审和函审的方式，现场评审的5位专家分别是袁汉民、汪一鸣、王英华、刘炜、马晖，函审的5位专家分别是李后魂、吴忠礼、鲁人勇、李生滨、王毅一一发表了较为详细的审读意见与修改建议。

评审专家一致认为：《枸杞通史》体例规范，结构严谨，图文并茂、风格独特、历史脉络清晰，客观反映了枸杞发展的历史沿革和现状，有益当代，惠及后世。编纂者聚集了枸杞方方面面的专家，克服无蓝本资鉴，无正史指引，史料、文献、典籍零碎散乱的困难，精研细梳，系统整理了现存史料，充分收集了民间遗迹及物证，进行了广泛的查访和校订核实。从目前已经成型的征求意见稿看，整体布局合理，框架结构科学，所设12章纲目得当，各章各节领属分明，条理清晰，所叙述内容资料翔实丰富，令人信服又有可读性，将枸杞的来龙去脉娓娓道来，将零星的知识变成完整的通史，具有很高的实用价值。《枸杞通史》资料丰富，表述适当，语言通畅，从世界的视角编辑整理了国内外的枸杞研究方向和研究成果，特别

# 后 记

是较为详细地介绍了韩国枸杞的良种培育、种植栽培、精深加工、文化引领、科研成果等内容，对中国枸杞产业发展有一定的促进作用，是中国枸杞产业追根溯源和理清行业脉络的一本史书和科学专著。《枸杞通史》书稿已基本达到了出版条件，待修改后将尽快付梓。

《枸杞通史》编纂工作期间，适逢机构改革，经历了多届领导更迭。最早由时任宁夏回族自治区林业厅党组书记、厅长马金元同志支持立项，原主管副厅长陈建华主抓。张柏森同志继任原宁夏回族自治区林业厅党组书记、厅长后，继续大力支持，平学智副厅长分管，前后几任领导都对通史框架结构提出了具体指导意见。2018年年底，机构改革后，现任宁夏林业和草原局局长徐庆林同志高度重视，分管副局长王自新同志精心指导，徐忠总工程师主持第五稿（修订稿）的审读，才最终得以完成这项工程。

传承挖掘宁夏枸杞光辉灿烂的历史文化和悠久渊源的历史积淀，如实反映中华人民共和国成立70年来枸杞产业取得的重大成就，是编辑此书的基本原则，是枸杞人"不忘初心，牢记使命"的具体实践。作为第一部枸杞史书，我们也自知此书编纂远未达到预期目标。如果《枸杞通史》的出版发行能对枸杞的历史研究和传承发展起到一点梳理归纳的作用，达到为中国枸杞产业建史、资治、正听、育人的目的，我们将深感欣慰。

《枸杞通史》全书50多万字，分上、下两卷，共设十二章，上卷六章，下卷六章。

第一章枸杞史源（袁海静、周兴华、周晓娟 执笔），第二章古代枸杞种植史（周兴华、周晓娟 执笔），第三章现代枸杞栽培史（胡忠庆 执笔），第四章枸杞食用史（周兴华、周晓娟 执笔），第五章枸杞医药史（袁海静、周兴华、周晓娟 执笔），第六章枸杞传播与产区形成史（李惠军、祁伟、袁海静、曹雄、尹德相〔韩国〕 执笔），

第七章枸杞病虫害防治史（李锋、胡忠庆、李晓莺 执笔），第八章枸杞优良品种选育史（秦垦、祁伟 执笔），第九章枸杞科学研究史（赵建华、杨斌、刘廷达 执笔），第十章枸杞加工史（王自贵、姚入宇、王鑫 执笔），第十一章宁夏（中宁）枸杞历史沿革与组织管理史（李惠军、祁伟 执笔），第十二章 枸杞文化史（周兴华、周晓娟、曹雄、杨昊 执笔）。

韩文翻译：袁汉民。文字统筹修订：杨昊、祁伟。照片提供：王毅、杨月凤、赵永琪、邢学武、马德。封面题字：郭进挺。图片编辑：赵永琪、乔文君。

清代史学家章学诚认为，编纂通史要谨防"三弊"，就是："无短长，仍原题，忘标目"。《枸杞通史》虽经编纂者反复修改论证，但由于时间紧、任务重、工作量大，搜集的资料有限，有的数据、史料论证不足，加之我们文薄才浅，又无编史经验，难免出现挂一漏万或交叉重复等缺憾不足，尚祈广大读者批评指正。

最后，谨向关怀、支持、参与《枸杞通史》编纂工作的各位领导、有关同志表示诚挚的感谢！向大力支持和悉心指导《枸杞通史》编纂工作的枸杞同仁及审读专家特致谢意！尤其要特别感谢农业科学家袁汉民先生为本书撰写的热情洋溢的序。

（文中采用部分图片来源于网络，由于无法与原作者联系，如有作者发现请与本书作者联系。特此声明！）

编者

2019 年 6 月 1 日

时平太枸杞画

时平太枸杞画

施立祥枸杞画

赵闯枸杞画

杜宁旭枸杞画

枸杞通史 GOUQI TONGSHI

枸杞百米长卷

杞乡百岁寿星

老寿星常吃枸杞